Springer-Lehrbuch

Springer
Berlin
Heidelberg
New York
Barcelona
Budapest
Hongkong
London
Mailand
Paris
Santa Clara
Singapur
Tokio

Hariolf Grupp

Messung und Erklärung des Technischen Wandels

Grundzüge einer empirischen Innovationsökonomik

Mit 40 Abbildungen
und 26 Tabellen

Springer

Dr. habil. Hariolf Grupp
Fraunhofer-Institut für Systemtechnik
und Innovationsforschung (ISI)
Breslauer Str. 48
D-76139 Karlsruhe

ISBN 3-540-63155-0 Springer-Verlag Berlin Heidelberg New York

Die Deutsche Bibliothek - CIP-Einheitsaufnahme
Grupp, Hariolf:
Messung und Erklärung des technischen Wandels : Grundzüge einer empirischen Innovationsökonomik / Hariolf Grupp. - Berlin ; Heidelberg ; New York ; Barcelona ; Budapest ; Hongkong ; London ; Mailand ; Paris ; Santa Clara ; Singapur ; Tokio : Springer, 1997
(Springer-Lehrbuch)
ISBN 3-540-63155-0

Umschlaggestaltung: design & production GmbH, Heidelberg
SPIN 10631722 42/2202-5 4 3 2 1 0 - Gedruckt auf säurefreiem Papier

Vorwort

In der Politik, in den Medien und in der breiten Öffentlichkeit ist die zentrale Bedeutung der Innovation erkannt worden. Die Wettbewerbsfähigkeit der Wirtschaftsunternehmen und des Standorts Deutschlands, die Arbeitsplätze der Zukunft, die Verbesserung der Umweltsituation und viele andere soziale Brennpunkte bedürfen fortwährend neuer, besserer Lösungen. Auch viele Denkschulen der Wirtschaftswissenschaften haben sich inzwischen der Aufgabe angenommen, dem Innovationsthema nicht nur Randplätze zuzuweisen, sondern es etwas mehr in das Zentrum von Theorie, Empirie und Lehre zu rücken. Doch trotz aller neueren Bemühungen sind Untersuchungen zur Messung des technisch-wissenschaftlichen Wandels vor allem in Deutschland immer noch nicht zahlreich vertreten, und dies, obwohl das Gebiet der Innovationsökonomik in den 80er und beginnenden 90er Jahren weltweit stark angewachsen ist.

Das vorliegende Buch versucht, diesen Rückstand durch einen Beitrag zur weiteren Erforschung des Gebiets etwas abzutragen. Es richtet sich gleichermaßen an Lehrende und Lernende, die sich dem Innovationsthema quantitativ nähern möchten, und reiht die wichtigsten deutschsprachigen Forschungsbeiträge gleichsam an einem „roten Faden“ auf. Vor allem aber bringt es der Leserin und dem Leser den sehr viel umfangreicheren englischsprachigen Literaturstand in Deutsch nahe. Obwohl der Verfasser jederzeit den Rat erteilt, sich direkt der englischsprachigen Literatur zu bedienen, musste er doch die Erfahrung machen, dass mit deutschsprachigen Texten im Hauptstudium viel geholfen werden kann.

Der Anlass zum Abfassen dieses Manuskripts geht unmittelbar auf die deutsche Einigung zurück. Nachdem in der zweiten Hälfte der 80er Jahre ein neues Konzept zur Messung der Innovation, die sogenannte Technometrie, entstanden und im Hinblick auf eine spätere Habilitationsschrift niedergeschrieben worden war, wurde ich 1990 aufgefordert, eine Teilzeitdozentur an der Humboldt-Universität zu Berlin mit finanzieller Unterstützung durch das Sonderprogramm „Hochschulförderung DDR“ des Deutschen Akademischen Austauschdiensts anzutreten. Ich bin diesem Wunsch gerne nachgekommen und habe im Winter- und im folgenden Sommermester die Vorlesung „Konzeptionen zur Bewertung des technischen Wandels“ und „Konzeptionen zum Technologiemanagement“ gehalten. Weil geeignete deutschsprachige Lehrbücher nirgendwo zur Verfügung standen, habe ich mir vorgenommen, die empirische Innovationsökonomik, also das Messen des Fortschritts, in einem geeigneten Buch herauszubringen.

Im Hauptteil II wird die Messung der Innovationsprozesse erläutert. Sie beginnt bei der Messung der technischen Eigenschaften von Innovationen (Technometrie; Kapitel 3) und ergänzt, was die Wirtschaftsforschung zuvor schon an anderen Indikatoren hervorgebracht hat (Patentstatistik, Innovationsstatistik etc.; Kapitel 4). Ein vergleichsweise kurzer theoretischer Rahmen wird vorangestellt (Teil I), weil kein eigenständiges Buch zur Innovationstheorie, sondern lediglich eine gezielte Hinführung auf die theoretischen Vorstellungen beabsichtigt ist, die jedem Messkonzept zugrundeliegen müssen. Der Teil III verdeutlicht, wie die Messverfahren auf mustergültige Problemfelder der Innovationsforschung anzuwenden sind. Es geht dabei aber nicht um Routineanwendungen oder gar Übungsbeispiele, sondern letztlich um die exemplarische Betrachtung der Gültigkeit der Messkonzeption aus verschiedenen Blickwinkeln. Teil III zeigt, was wir schon messen können und was auf der Wunschliste zukünftiger Verbesserungen stehen bleibt.

Gegenüber meiner Habilitationsschrift, die naturgemäß sehr forschungsorientiert angelegt sein musste, liegt vor Ihnen nunmehr eine überarbeitete Buchfassung, die stärker didaktischen Anliegen verpflichtet ist. Hinweise auf Voraussetzungen aus den allgemeinen Lehrbüchern der Wirtschaftswissenschaften, die man in Arbeiten an der „Forschungsfront" für entbehrlich hält, werden ebenso gegeben wie übersetzte Passagen aus der englischsprachigen Literatur, damit der Leser sich selbst ein Bild machen kann, ohne die Zitate mühsam nachschlagen zu müssen. Das Manuskript zu diesem Buch hat an der Fakultät für Wirtschaftswissenschaften an der Universität Karlsruhe seine ersten Bewährungsproben bestanden, an der ich als Lehrbeauftragter die prüfungsrelevante Vorlesung „Volkswirtschaftliche Aspekte von technischem Wandel I und II" halte.

Dieses Buch ist so angelegt, dass man es auf verschiedene Arten lesen kann. Ich weise an vielen Stellen auf die Widersprüchlichkeiten und Ungereimtheiten des Forschungsstandes hin. Ich hielte es für töricht, diese in einem frühen Buch zu einem erst entstehenden Lehrgebiet zu verbergen. Gleichzeitig sollten entsprechende Hinweise das Verständnis aber nicht unnötig erschweren, so dass ich sie in eine große Zahl von Fußnoten verlegt habe. Wer das Buch zum Einstieg benutzt, kann die Fußnoten getrost übergehen. Die Studierenden (oder Lehrenden) jedoch, denen der Haupttext keine intellektuelle Herausforderung mehr bietet, können im Anmerkungsapparat vielleicht Anregungen für eigene Forschungsarbeiten finden.

Bei der Erstellung des vorliegenden Bandes haben viele Personen mit Rat und Tat zur Seite gestanden, denen ich außerordentlich dankbar bin. An vorderster Stelle möchte ich dem „Habilitationsvater", Herrn Professor Dr. Hans-Jürgen Ewers (Universität Münster; dann Technische Universität Berlin), für die mehrjährige Begleitung des Werks danken. Wichtige Anregungen zur Anlage des Buches und die Beseitigung der gröbsten Fehler gehen auf Förderer an der Wirtschaftswissenschaftlichen Fakultät der Universität Münster zurück. Namentlich erwähnen möchte ich die Herren Professoren Klaus Backhaus, Heinz Grossekettler und Jochen Schumann. Am Fachbereich „Wirtschaft und Management" der Technischen Universität Berlin haben vor allem Herr Professor Dr. Jürgen Kromphardt sowie Herr Professor Jürgen Franke hilfreiche Vorschläge unterbreitet; für weitere Diskussionsbeiträge bin ich Herrn Professor Gerd Ronning von der Universität Tübingen dankbar.

Ein steter Ideengeber und Förderer am hiesigen Fraunhofer-Institut für Systemtechnik und Innovationsforschung (ISI) in Karlsruhe war dessen Gründungsdirektor, Herr Professor Dr. Helmar Krupp, sowie sein Nachfolger, Herr Professor Dr. Frieder Meyer-Krahmer (Universität Strasbourg). Die exzellenten Doktorarbeiten, die ich in der einen oder anderen Weise betreuen konnte, haben Eingang in dieses Buch gefunden. Für tagelange Diskussionen bin ich Dr. Olav Hohmeyer, Dr. Beatrix Schwitalla, Dr. Gunnar Münt, Dr. Sibylle Breiner und den Doktorinnen in spe Sybille Hinze und Kerstin Cuhls dankbar. Für die notwendige Interdisziplinarität des Ansatzes sorgten meine Kollegen Abteilungsleiter am ISI, Dr. Knut Koschatzky (regionale Innovation), Dr. Stefan Kuhlmann (Politologie der Innovation), Dr. Thomas Reiß (neues biotechnologisches Paradigma der Innovation) und Dr. Ulrich Schmoch (Patentwesen und Soziologie der Innovation). Allen anderen Mitarbeiterinnen und Mitarbeitern des ISI so zu danken, wie es angemessen wäre, fehlt hier der Platz.

Das Manuskript, das vier- oder fünfmal umgeschrieben wurde, haben Frau Monika Silbereis, meine langjährige Sekretärin, und ihre Mutter, Frau Roselinde Welke, geschrieben, korrigiert, vom obersten zum untersten gekehrt und wieder in Fassung gebracht. Ohne diese perfekte Unterstützung wäre es wohl nie in die heutige Form gekommen. Meine Familie hat dies alles mit Verständnis ertragen, obwohl die Arbeit zu lange „auf dem Tisch des Hauses“ lag. Mit dem Verlag zusammenzuarbeiten, war zum wiederholten Mal eine Freude. Schließlich gilt mein Dank den Studentinnen und Studenten in Berlin und Karlsruhe, die durch aufgeweckte Fragen und Kritik zu Verbesserungen beigetragen haben, wahrscheinlich, ohne es selbst zu bemerken. Dennoch ist der vorliegende Text nicht endgültig und der Verbesserung fähig. Zuschriften aus der Leserschaft werde ich dankbar aufnehmen.

Karlsruhe, im März 1997 Hariolf Grupp

Inhaltsverzeichnis

Seite

Teil II:
Ökonomik der Innovationsprozesse

Teil III: Anwendungen auf mustergültige Problemfelder der Innovationsforschung

Editorischer Hinweis

Alle Übersetzungen der als Originalzitate gekennzeichneten Passagen in das Deutsche sind vom Verfasser vorgenommen worden. In diesem Buch wurde versucht, die neue Rechtschreibung zu verwenden.

Teil I

Stand und Probleme der Innovationstheorie

Was ich nicht gern sehe: Wenn in einer Kritik steht: Die Farbe meines Hutes sei zu dunkelblau und wäre besser hellblau, wenn die Farbe meines Hutes gelb ist.

Bertolt Brecht

1 Referenzschema für innovationsgerichtete Vorgänge

Alles wäre so einfach, wenn das einfache alles wäre.

Peter Maiwald

1.1 Problemstellung und Messaufgaben

Die Wurzeln von Wissenschaft und Technik können bis in das Altertum zurückverfolgt werden. Gemäß den überlieferten Beispielen spielten schon damals zwei Dinge gleichermaßen eine Rolle: Erkenntnisgewinn und Wohlstandsmehrung. Beispielsweise ist Archimedes (287 bis 212 vor unserer Zeitrechnung) sowohl wegen der Bestimmung der Zahl π, als auch wegen der Erfindung modernster Kriegswaffen in die Geschichte eingegangen.[1] Die Arbeiten Galileo Galileis (1564 bis 1642) brachten im Mittelalter Erkenntnisfortschritt hin zum heliozentrischen Weltsystem aber auch - über verbesserte holländische Fernrohrtechnik und exzellente Linsenschleiferei - verbesserte Technik für die Schiffsnavigation.[2] Wegen der schon damals offensichtlichen Kopplung des technischen Fortschritts an ökonomisches Wohlergehen stand für die frühen Neuerer die Bedeutung der Wissenschaft für ökonomischen und sozialen Fortschritt außer Frage.

Im 18. und 19. Jahrhundert beschäftigten sich die ökonomischen Klassiker mit der Bedeutung von Wissenschaft und Technologie für das Wachstum und den gesellschaftlichen „Reichtum der Nationen".[3] Trotz dieser Vorläufer lassen sich die Anfänge dessen, was man als Innovationsforschung bezeichnen kann, auf die zwanziger Jahre dieses Jahrhunderts datieren. Sie sind untrennbar mit dem Namen Schumpeters verbunden.[4] Zwar wurden vor diesem Zeitraum Innovationen nicht nur erfolgreich hervorgebracht, sondern auch die zugrunde liegenden innovatorischen Prozesse beschrieben; „das Bewusstsein, zu einem spezifischen Forschungsgegen-

---

1 Die Beispiele sind prinzipiell gemeint, so dass hier die moralische Bewertung offen bleiben kann, ob Eroberungskrieg ein probates Mittel zur Ausdehnung des Handels und nicht paretooptimale Wohlstandsmehrung ist.

2 Weitere Beispiele lassen sich zahlreich nachweisen; auf die entsprechende Literatur zur wissensbasierten Innovation gehen mehrere Beiträge in Granstrand (1994) ein. Rosenberg (1974a, S. 715f.) stellt verstreute Beispiele aus den Marx-Engels-Werken zusammen, die bis in die Pharaonenzeit zurückreichen.

3 Adam Smith (1776).

4 Schumpeter (1911, S. 100 f.).

stand mit eigenem Erkenntnisinteresse beigetragen zu haben, geht jedoch den früheren Abhandlungen ab."[5]

Zweck des Buchs

Was kann eine Schrift in heutiger Zeit - d. h. mehr als achtzig Jahre nach Schumpeters Frühwerk - zur Messung und Erklärung des technischen Fortschritts und damit zur Innovationsforschung beitragen? Zunächst einmal steht eine formale, mathematische Theorie der Innovation im Unternehmen aus. Trotz vielfältiger Bemühungen entlang der mikroökonomischen Hauptströmungen ist eine einigermaßen realistische, geschlossene Theorie erst in jüngster Zeit in Sicht.[6] Die neuesten theoretischen Ansätze versprechen zwar, „ein in sich geschlossenes Theoriegebäude über den Innovationsprozess zu erstellen, das auf der Entscheidungsstufe eines einzelnen Unternehmens ansetzt und dann schrittweise 'bottom-up' die Marktebene, die gesamtwirtschaftliche Ebene und schließlich die weltwirtschaftliche Ebene miteinbezieht."[7] Die mathematische Modellierung des Innovationsprozesses ist aber aufgrund seines unstetigen stochastischen Verlaufs kein leichtes Unterfangen[8] und wird die Theorie noch lange beschäftigen.

Die empirische Innovationsforschung hat dagegen bereits seit mehreren Jahrzehnten vielfältige, wenn auch unverbundene deskriptive und statistisch schließende Ergebnisse hervorgebracht. Das erste Ziel dieser Abhandlung ist es daher, zu einer *expliziten Begriffsbildung* innovationsgerichteter Vorgänge beizutragen, welche die vorliegenden Befunde einzuordnen gestattet und - bis auf weiteres - an die Stelle modelltheoretisch formulierter Begrifflichkeiten treten kann. Es wird gezeigt werden, dass für eine entsprechende Begriffsbildung ein Verweilen im wirtschaftswissenschaftlichen Gedankengut nicht immer hinreicht und dass mindestens der soziologisch geprägte Stand der Wissenschafts- und Technikforschung, wenn nicht noch weitere wissenschaftliche Disziplinen beachtet werden sollten.[9] Eine überzeugende und übersichtliche Begriffsbildung ist eine zwingende Voraussetzung, um Fragen der Angemessenheit der Messverfahren und damit die Erklärungskraft der Empirik überhaupt diskutieren zu können.

---

5 Pfetsch (1975, S. 9).

6 Niehans (1981, S. 175) resümierte, dass Schumpeter eine tragische Figur in der Historie der ökonomischen Analyse sei, weil er nicht in der Lage war, seine Visionen der Innovation in ein analytisches Modell zu übertragen.

7 Stadler (1993, S. 160).

8 Ebenda, S. 184.

9 Es darf dabei nicht übersehen werden, dass auch eine soziologische Theorie des technischen Wandels fehlt (Rammert, 1992).

Ein weiteres Ziel dieser Arbeit ist es, die Tragfähigkeit des Einbezugs *qualitativer Veränderungen* im technischen und ökonomischen Fortschritt zu prüfen. Die Notwendigkeit hierzu ergibt sich aus der Natur der Denkschemata selbst, die kognitiver Art sind. Viele für Innovationsprozesse relevante Beobachtungsgrößen sind weder Mengen noch Preise. Auch sie erzwingen eine Befassung mit Qualitätsgrößen, wenn man den technischen Fortschritt messen und die Gültigkeit dieser Messungen prüfen will.

Schließlich ist in den vergangenen Jahrzehnten die „Verwissenschaftlichung der Technik“ bzw. die „Science-Based Industry“ zum Bestandteil der sozialwissenschaftlichen bzw. der wirtschaftswissenschaftlichen Forschung geworden. Es wird daher nicht mehr als ausreichend angesehen, innerhalb der Innovationsforschung nur den *technischen* Wandel zu berücksichtigen; vielmehr müssen gleichermaßen *Fortschritte in den Wissenschaften* und ihre Beziehungen zur Technik gemessen werden.

Interdisziplinäre Aspekte

Es wird heute nicht mehr bestritten, dass innerhalb der Innovationsforschung ein intensiver Gedankenaustausch über Forschungsdisziplinen hinweg *erforderlich* ist.[10] Insgesamt sind jedoch wenige Kontaktpunkte zwischen den Disziplinen festzustellen. Es wäre geboten, das Schrifttum dieser Disziplinen auf einen Nenner zu bringen. Wegen der geringen Vorarbeiten ist eine interdisziplinäre Abhandlung von Konzeptionen zur Bewertung des Innovationsgeschehens im Rahmen dieser Arbeit aber bei weitem nicht leistbar.[11] Die Behandlung des Themas ab dem 2. Kapitel ist daher im wirtschaftswissenschaftlichen Gedankengebäude zentriert. Dieses einleitende Kapitel will aber für disziplinäre Offenheit bei der Gedankenführung werben, die von einer gegenstandsgemäßen Darstellung her naheliegt. Letztlich ist eine Allianz der (sozialwissenschaftlichen) Wissenschafts- und Technikforschung mit der (wirtschaftswissenschaftlichen) Innovationsforschung von Nöten. Ein Desideratum für zukünftige Forschung wäre es folglich, die institutionellen Strukturen für eine derartige Forschung zu schaffen.[12]

Welche Wissenschaften wären bei einem umfassenden Ansatz zur interdisziplinären Innovationsforschung einzubeziehen? Unbestritten sind dies neben der *Volkswirtschafts-* und der *Betriebswirtschaftslehre* die *Soziologie*, die *Technikphilosophie* und die *Wissenschafts- und Technikgeschichte*. Die Innovationsforschung hat - über

---

10 So schon Schumpeter (1965, S. 57ff.). Heute etwa Harhoff und König (1993, S. 48), Coombs et al. (1992, S. 25) sowie Steele (1995, S. 222) für die Wirtschafts- und Rammert (1994a) sowie Bredeweg et al. (1994, passim) und Krupp (1996) für die Sozialwissenschaften.

11 Auf ein laufendes Forschungsprogramm wird hingewiesen (Grupp und Schmoch, 1995).

12 Entsprechende Vorschläge unterbreiten Grupp und Schmoch (1995).

das Verhalten von innovativen Unternehmen und Einzelpersönlichkeiten - Anleihen bei *Anthropologie* und *Psychologie* genommen. Unter den *Naturwissenschaften* stehen die *biologischen Wissenschaften* oft Modell für evolutionäre Vorgänge; zum Verständnis der letzteren tragen auch die *Thermodynamik* des Nichtgleichgewichts und die *Synergetik* bei.

Diese Einzeldisziplinen sind keinesfalls um das Innovationsthema herum zentriert; fast immer spielt es eine randständige Rolle. So ist etwa die *Wissenschaftsgeschichte* über viele Jahrzehnte als nationales Prestigeobjekt betrieben worden und erst in kürzlicher Zeit scheint sie sich besser zu organisieren.[13] Oftmals treten neben geschichtswissenschaftlichen Analysen kursorische Anmerkungen von aktiven Naturwissenschaftlern stärker in Erscheinung. Einige von ihnen sind vollwertige Wissenschaftshistoriker geworden.[14] So ist es nicht erstaunlich, dass Biographien und Autobiographien einen wichtigen Zugang zur historisch geprägten Wissenschafts- und Technikforschung bilden.[15] Aber diese Quellen, die von mehr oder weniger berufenen aktiven Naturwissenschaftlern oder Technikern verfasst wurden, kombinieren oftmals Anekdotisches mit oberflächlicher Dokumentation, die einer kritischen Prüfung nicht standhält. Dennoch kann die von Akteuren im Innovationsprozess eingebrachte Evidenz aufgrund der oben beschriebenen Theoriemängel für eine adäquate Begriffsbildung nicht außer acht bleiben, zumal diese Quellen den naturwissenschaftlichen Aspekten größere Aufmerksamkeit als den technologischen schenken. Der historische Zugang hat daher einen komplementären Vorteil gegenüber der wirtschaftswissenschaftlichen Forschung, die den technischen Wandel betont. Allerdings schwenkt auch die Wissenschaftsforschung zur Zeit auf Technikforschung um, eine Entwicklung, die außerordentlich vielversprechend ist. Ökonomische oder gar ökonometrische Bezüge fehlen aber weitgehend.[16] Die Bedeutung der Wissenschaftsgeschichte mag auch daran gemessen werden, dass eine kürzlich erschienene Bibliographie 87 Zeitschriften erwähnt, welche Artikel zur Wissenschafts- und Technikgeschichte publizieren.[17]

---

13 Dhombres (1990, S. 187 u. 200). Das konstante Auftreten von Neuigkeit und Vielfalt im Innovationsgeschehen ist aus wissenschaftsgeschichtlicher Sicht eine genuine Eigenschaft der historischen Entwicklung. Diese müsste von den heutigen Ökonomen in der Nachfolge Schumpeters zu jeder Zeit beachtet werden (Dockès 1991).

14 Dhombres (a. a. O.) weist darauf hin, dass z. B. Max Planck in seinen physikalischen Werken um das Jahr 1900 große Mühe darauf verwandte, die Geschichte der Thermodynamik aufzuarbeiten, um eine bestimmte Denkrichtung in der Physik als überholt zu disqualifizieren.

15 So z. B. Fantini (1990, S. 297 f.).

16 Jedenfalls kommen sie in einer Aufzählung von Nachbardisziplinen, die Pinch (1990, S. 224) gibt, nicht vor.

17 Diese werden von den Herausgebern der Zeitschrift *Impact of Science on Society*, No. 160, auf den Seiten 379 bis 383 aufgezählt.

Eine besondere Nähe bei der Behandlung des technischen Wandels wird von der Mikroökonomie und der *Mikrosoziologie* behauptet.[18] Demnach könnten Unternehmensstrategien, die sich auf Innovationen beziehen, nicht innerhalb einer der beiden Disziplinen allein beschrieben werden. Insbesondere sei die Annahme des rational handelnden Unternehmers oder Unternehmens nicht ohne die Organisationssoziologie zu verstehen, die insbesondere die Bedingungen des Zusammenspiels von Akteuren, die Belohnungssysteme und das Verhalten in sozialen Systemen (z. B. „Science Communities") analysiert. In der Tat sind technische und ökonomische Aktivitäten eingebettet in eine komplexere soziale Struktur, mit der sie wechselwirken. Innovationsaktivitäten im Unternehmen sind nur eingeschränkt rational. Die Grenzen der Rationalität[19] liegen z. B. in begrenzter Kompetenz, nicht nur im Mangel an vollständiger Information. Auch sind die handelnden Personen in firmeninterne Belohnungssysteme eingebunden, die ihr soziales Fortkommen bestimmen.[20] Einige Wissenschaftssoziologen betonen, dass rational entscheidende Innovatoren ihnen günstig erscheinende Ressourcen und damit soziale, ökonomische oder politische Konstellationen mobilisieren können.[21] Oftmals sind die Ressourcen, die benötigt werden, um eine soziale Umorganisation zustandezubringen, die mit dem technischen Fortschritt untrennbar verbunden ist, von solchem Ausmaß, dass sie die Möglichkeiten eines individuellen Unternehmers übersteigen. Im Zusammenhang mit den innovativen Aktivitäten können organisierte Akteursgruppen Märkte entstehen lassen.[22]

Konvergenz der Disziplinen?

Diese Überlegungen deuten auf eine *Konvergenz* zwischen ökonomischen und soziologischen Ansätzen hin, die jedenfalls bezüglich einer zeitweisen Konvergenz und eingeschränkt auf die Mikroebene als belegt gelten kann.[23] Die Parallelität der

18 Coombs et al. (1992, S. 1).

19 Der Begriff „eingeschränkte Rationalität" wurde von dem behavioristischen Ökonomen Herbert Simon (1957, 1986) geprägt. Allerdings habe sich eine präzise Modellierung dieser Idee als extrem schwierige Aufgabe erwiesen, und der Ansatz habe bisher keinen nachhaltigen Einfluss auf die ökonomische Theorie gehabt (Holler und Illing, 1993, S. 170). Erst in den letzten Jahren hat sich die Spieltheorie mit Modellen zur Einschränkung der Rationalität beschäftigt. Demnach unterliegen alle Spieler einer gewissen Trägheit und sind *nicht* darauf aus, jeden noch so kleinen Vorteil auszunutzen (Radner, 1980, 1986). Solche theoretischen Ansätze sind gerade für die Erklärung der oligopolistischen Innovation sehr verheißungsvoll, können sie doch die beobachteten, kollusiven Innovationsstrategien abbilden.

20 Siehe z. B. bei Blume (1992, S. 57). Die Bedeutung soziologischer Faktoren zur Erklärung von Wachstum und Fortschritt betont neuerdings auch Solow (1991, passim).

21 So z. B. Burns (1985) sowie Law und Callon (1987).

22 Blume (1992, S. 58). Ingham (1996, S. 268) beschreibt die „soziale Konstruktion von Märkten".

23 So ausdrücklich Coombs et al. (1992, S. 12). Allgemeiner noch Blume (1992, S. 39). Granovetter (1985) weist aber auf die prinzipiellen Verständnisunterschiede zwischen diesen Diszi-

Ansätze und der Gegenstände der Analyse bedeutet aber nicht, dass die spezifisch verwendeten Untersuchungsmethoden sich nicht deutlich unterscheiden können. Vielmehr kann gerade das methodische Instrumentarium mittel- und langfristig auch zu einer Auseinanderentwicklung des soziologischen und des ökonomischen Gedankenguts zur Innovation führen.

Diese Standortbestimmung hat Konsequenzen für die Ableitung eines Referenzschemas, das im ökonomischen Kontext anwendbar ist. Denn die Literatur weist Innovationsschemata ganz unterschiedlicher Provenienz nach. Die konvergierenden disziplinären Ansätze begründen die Hoffnung, dass es überhaupt gelingt, aus dieser Vielfalt ein Referenzmodell abzuleiten. Allerdings sind Konflikte zwischen einem disziplinär offenen Ansatz und denjenigen Hauptströmungen der Volkswirtschaftslehre, die den technischen Fortschritt als Restgröße und exogenen Faktor behandeln, vorprogrammiert. Die Inkorporierung institutioneller Aspekte in die Beschreibung von innovationsgerichteten Vorgängen, wie sie etwa auch die neue Institutionenökonomik bei der Minimierung nicht nur der Produktions-, sondern auch der Transaktionskosten vornimmt, und die randhafte Berücksichtigung soziologischer und historischer Ansätze kann aber umgekehrt dazu verwendet werden, die Begrenzungen der gegenwärtigen ökonomischen Theorien in Richtung auf eine realitätsgerechtere, detaillierte Messung innovationsgerichteter Vorgänge zu überwinden.

Der Konvergenzansatz hat - insbesondere bei Berücksichtigung auch der wissenschaftshistorischen und der naturwissenschaftlichen Quellen - eine weitere Konsequenz für den Aufbau dieses Buches. Bei so verstandener Innovationsforschung muss gewährleistet sein, dass neben volkswirtschaftlichen Kenntnissen naturwissenschaftlich-technische oder wissenschafts- und technikhistorische Kenntnisse einbezogen werden. Die Einzelphänomene des wissenschaftlichen und technischen Wandels stellen eine formalisierende und monetarisierende Wissenschaft wie die Ökonomie vor Probleme.[24] Um diese Art Innovationsforschung voranzubringen, müssen Volkswirte, Ökonometriker, Betriebswirte, Organisationswissenschaftler, Technologen und Naturwissenschaftler sowie Patentfachleute und andere in interdisziplinären Teams zusammenarbeiten. Es ist kein Zufall, dass der vorliegende Band im organisatorischen Umfeld der Fraunhofer-Gesellschaft für angewandte Forschung, also einer technischen Gesellschaft, entstanden ist. Der direkte Zugang zur naturwissenschaftlichen oder technologischen Expertise war jederzeit möglich, sei es zur Präzisierung der mikroökonomischen Fragestellung, sei es zur Interpretation der Ergebnisse. Auch kam es dem Verfasser zugute, vor einer fünfzehnjährigen Arbeitsperiode in der Innovationsforschung sowohl eine gründliche naturwissen-

---

plinen hin. Demnach verstehe die Soziologie menschliches Handeln als „übersozialisiert", die Ökonomie hingegen behandele es als „untersozialisiert". Granovetter plädiert für einen adäquaten Mittelweg. Siehe auch Schneider und Mayntz (1995, S. 108 und 110) sowie Ingham (1996), der eine skeptische Haltung zur Konvergenz dartut.

24 Freeman (1982, S. 202, und 1994a, S. 483).

schaftliche, wie auch eine mathematische Ausbildung durchlaufen zu haben. Auch unter früheren Beiträgen zur Messung des technischen Wandels in der Industrie waren solche von Naturwissenschaftlern maßgeblich.[25]

Grundsätzliches zur Messung

Dieses Buch versucht einen neuen Beitrag zur *Messung und Erklärung des technischen Fortschritts*. Die Darstellung des disziplinübergreifenden Literaturstands zur Beschreibung von Innovationsprozessen und die Aufstellung eines Grundschemas sind letztlich kein Selbstzweck, sondern sollen den Rahmen abgeben, innerhalb dessen *Messzwecke* und *Messfehler* diskutiert werden können, die bestimmend dafür sind, wie die *Erklärung* des technischen Wandels ausfällt. Ein Messverfahren definiert sich nicht selbst, sondern bedarf einer Konvention, die von einem mehr oder weniger großen Kreis von Wissenschaftlern getragen wird. „Die wissenschaftliche Erörterung eines holistischen Systems setzt voraus, dass es in irgendeiner Form gegliedert ist (...). Vorbedingungen für jede Gliederung des (...) Objektbereiches sind erstens ein sprachregelndes Begriffssystem und zweitens eine Aggregationsmethode, die es erlaubt, die unzähligen Einzelerscheinungen des Wirtschaftslebens zu einem überschaubaren und damit aussagefähigen Gesamtbild zu verdichten."[26]

Neben einem Referenzmodell ist daher insbesondere das *Adäquationsproblem* zu erörtern (Frage der Gegenstandsgemäßheit der verwendeten Indikatoren), welches die *Güte* und die *Verlässlichkeit* der Analyseergebnisse maßgeblich mitbestimmt. Erst wenn die Angemessenheit der verwendeten Messverfahren und Indikatoren unter Beachtung der bestehenden Konventionen hinreichend plausibel belegt ist, können die anderen Aspekte der Verlässlichkeit von statistischen Resultaten, nämlich die *Objektivität*, *Zuverlässigkeit* (Reliabilität) und *Gültigkeit* (Validität) sinnvoll bestimmt werden. Bei den Überlegungen zur Adäquation sind nicht nur Abgrenzungen, Definitionen und Festlegungen zu bewerten. Vielmehr spielen dabei auch ökonometrische Zweckmäßigkeitserwägungen eine Rolle, denn in der empirischen Innovationsforschung sind immer auch die Möglichkeiten der amtlichen und nichtamtlichen Statistik zu berücksichtigen und ihre Fähigkeit, entsprechende Daten bereitzustellen.[27]

---

25 Freeman (1992, Vorwort) weist z. B. auf J. D. Bernal und dessen Studie von 1939 hin. Neumark (1980, S. 11) schreibt in der Einführung zur Neuausgabe von Ricardos „Grundsätze der politischen Ökonomie und der Besteuerung", dass Ricardo selbst gleich vielen anderen Volkswirten früherer Jahrhunderte sich zunächst mit naturwissenschaftlich-mathematischen Fragen beschäftigte. Schumpeter (1939) riet seinen Schülern, mit dem Studium der Geschichte und der Mathematik zu beginnen, und zunächst Texte zur Geschichte von Unternehmen und der Technik, Jahresberichte von Unternehmen und technische Zeitschriften zu lesen, bevor sie sich im postgraduierten Teil ihres Studiums der Volkswirtschaftlehre zuwenden sollten (so Freeman 1994a, S. 466).

26 Handwörterbuch der Wirtschaftswissenschaft (Band 9, 1982, S. 298 f.).

27 Ziegler (1991, S. 92).

Der Teil I dieses Buches versucht, einen kurzgerafften Überblick über Stand und Probleme der Innovationstheorie zu geben. Nach dieser Einleitung wird ein Überblick über Begriffsbestimmungen und Konventionen gegeben (Abschnitt 1.2) und sodann ein funktionales Referenzschema (Abschnitt 1.3) inklusive eines zeitlichen Schemas der Marktentstehung (Abschnitt 1.4) eingeführt. Grundsätzliche Fragen der Operationalisierung von Messverfahren, ihrer Adäquation und Verlässlichkeit werden im Abschnitt 1.5 aufgeworfen. Damit sind alle Elemente angesprochen, die benötigt werden, um die *Gliederung* und damit den *Aufbau des Buches* im einzelnen zu erläutern (Abschnitt 1.6). Kapitel 2 geht auf die bestehenden Innovationstheorien ein.

1.2 Begriffsbestimmungen und Überblick über Konventionen

Unter *Wissenschaft* wird die Schaffung, Entdeckung, Überprüfung, Zusammenstellung, Umorganisation und Verbreitung von Wissen über die physikalische, biologische oder soziale Natur verstanden.[28] *Technologie* bezeichnet zunächst im engeren Sinne das Wissen über, die Lehre oder die Wissenschaft von der Nutzbarmachung der Naturwissenschaften für den Menschen.[29] Der Begriff „Technologie" wird jedoch mehrdeutig verwandt.[30] Der genannte Begriff „Technologie" bezieht sich häufig nicht nur auf die Lehre (oder die Wissenschaft) von der Technik. Weil im Englischen die Begriffe für Technologie und Technik weitgehend identisch gebraucht werden („Technology") und ein Großteil der einschlägigen Literatur aus dem Englischen stammt, wird zunehmend auch im Deutschen „Technologie" als identisch zu „Technik" verstanden. *Technik* umfasst aber nicht nur das Wissen über die Anpassung wissenschaftlicher Ergebnisse, also die Gesamtheit der Verfahren, sondern jede zweckmäßige Handlung, Methode, Arbeitsweise und Kunstfertigkeit zur Nutzbarmachung naturwissenschaftlicher Erkenntnisse sowie die Artefakte selbst.

Soziale Systeme

Aus der Sicht der sozialwissenschaftlichen Systemtheorie[31] besteht die Gesellschaft aus autonomen Subsystemen, die jeweils in der ihnen eigenen systemischen Rationalität reagieren. Die Systemtheorie betrachtet die jeweiligen System-Umwelt-Differenzen, wobei die jeweiligen Subsysteme sich gegenseitig Umwelt sind. Ziel von

28 Kline und Rosenberg (1986, S. 287).

29 Siehe u. a. bei Lenk (1979, S. 135 ff.). In diesem engen Sinne hat das Wort keinen Plural.

30 Darauf hat insbesondere Langenheder (1988, S. 263) hingewiesen.

31 Luhmann (1988).

Systemen ist ihre eigene Reproduktion bzw. ihr Überleben.[32] Die Argumentation von Stankiewicz[33], nach der die Technik ein autonomes sozio-kognitives Subsystem darstellt, ist also bedeutsam; das technologische Subsystem *kann* mit dem wissenschaftlichen oder dem ökonomischen in Konflikt treten.[34] In der Tat beobachtet man in Europas Geschichte eine lange Tradition der strikten Trennung zwischen Wissenschaft und Technik.[35] Wissenschaftler werden gegenüber den Technologen als intellektuell und moralisch überlegen angesehen, was auf Platos Unterscheidung zwischen der überlegenen Arbeit des Geistes und derjenigen der Hand zurückgeht. Dem setzt Skolimowski[36] entgegen, dass die Wissenschaft sich mit dem befasse, was sei, während die Technik sich um das bemühe, was sein soll, also eine schöpferische und gestaltende Funktion bei der Umgestaltung der Natur habe. Lenk[37] sieht daher die Technik als gleichwertig mit der Wissenschaft an. Sie ist allerdings von einem unterschiedlichen Bewertungsmuster gekennzeichnet. Es bleibt zu zeigen, inwieweit diese Unterscheidung im Bereich der wissensbasierten Innovation noch gilt: Eine der vielen Aufgaben für eine adäquate Konzeption.

Es geht auf Bernals weitsichtige und klar analysierende Arbeiten zurück, die Wissenschaft als soziales Subsystem anzusehen, seine Grenzen zu umreißen, erste Definitionen und Messungen zu versuchen und dies auf die sozialen Systeme im weiteren Sinne und ihre historische Entwicklung zu beziehen.[38] Bernals frühe Arbeiten

---

32 So formuliert der Volkswirt Biervert (1992, S. 220) die Kernaussagen der Systemtheorie.

33 Stankiewicz (1992, S. 23).

34 Granberg (1993, S. 1) sowie Carlsson und Stankiewicz (1991) verstehen unter einem technologischen System ein „Netzwerk von Akteuren", die in einem spezifischen Technikgebiet und unter spezifischen infrastrukturellen Bedingungen interagieren, und die entweder an der Hervorbringung, der Verbreitung oder der Nutzung der Technik interessiert sind. Wegen des Einbezugs der Techniknutzer ist eine technologische „Community" in der Praxis sehr viel komplexer und differenzierter als eine wissenschaftliche (Clark und Juma, 1987, S. 101), weist stärkere hierarchische Strukturen auf und ist von einem geringeren Grad an Autonomie gekennzeichnet.

35 Kranzberg (1984, S. 27 - 37).

36 Skolimowski (1966).

37 Lenk (1979, S. 140): „Während die wissenschaftliche Forschung theoretische Tiefe, Präzision, Reichweite, riskante Neuansätze sucht, prämiiert die technologische Entwicklung praktische Bewährtheit, Haltbarkeit, Sicherheit, Verlässlichkeit, Standardisierung, Routinisierung, Empfindlichkeit, Schnelligkeit, Kostenminimierung, Nutzwert, Effektivität und Effizienz der Verfahren."

38 Bernals frühe Arbeit (1939) wurde lange Zeit übersehen, vermutlich deshalb, weil er als Naturwissenschaftler zur Wissenschafts- und Technikgeschichte gekommen war und sich marxistischen Kreisen verbunden fühlte. Freeman (1992, S. 3) berichtet aber, dass die Qualität seiner Publikation aus dem Jahr 1939 von Anfang an und auch außerhalb marxistischer Kreise anerkannt wurde. Freeman hatte als Student Gelegenheit, Bernals Vorlesungen an der London School of Economics (!) mehrfach vor, während und nach dem Weltkrieg zu hören. Diese Vorlesungen waren allerdings kein Teil des regulären Lehrplans, sondern von studentischen Zirkeln organisiert worden (a. a. O., S. 4). Etwas besser bekannt sind Bernals spätere Werke (1953 und 1971).

sind für diese Abhandlung einschlägig, weil ihn gerade der Zusammenhang zwischen dem Wissenschaftssystem und dem ökonomischen System interessierte. Er unterschied die Rolle der *wissenschaftlichen Forschung* in der zivilen Wirtschaft wie auch - aus gegebenem Anlass - in der Kriegswirtschaft. Begriffsbildungen wie *Forschungsintensität* und die Formulierung der Notwendigkeit, die finanziellen und anderen Ressourcen zu *messen*, die für Forschung aufgewendet werden, sowie die Frage, wie sie sich zwischen verschiedenen Wirtschaftszweigen und Unternehmen unterscheiden, gehen auf ihn zurück.

Bernal erkannte trotz der damals kaum vorhandenen Daten und Begriffsbildungen die elektrotechnische und die chemische Industrie bereits als forschungsintensiv. In den verschiedenen „langen Wellen“ wirtschaftlicher Entwicklung waren jeweils verschiedene Sektoren die Träger von Fortschritt und Wachstum.[39] In der Welle, die Bernal charakterisierte, sind auch aus heutiger Sicht die genannten Industrien tatsächlich die Fortschrittsfaktoren gewesen.[40] Für diese Industrien sei die Entwicklung neuer Produkte ein akzeptierter Teil des unternehmerischen Verhaltens. Diese Industrien unterschieden sich von anderen dadurch, dass jene die *Funktionen* von Forschung, Erfindung und Entwicklung noch nicht internalisiert hätten. Bernal geht damit über die Ansätze Schumpeters hinaus, indem er dem Forschungsprozess eine explizite Rolle zuordnet und die Wechselwirkungen mit Innovationsvorgängen im Unternehmen prominent behandelt.

Bernals wesentlicher Beitrag zur wirtschaftswissenschaftlichen Innovationsforschung und zu anderen Sozialwissenschaften waren seine klaren Vorstellungen zur Professionalisierung des Forschungsprozesses im Unternehmen, zur Organisiertheit von Forschung und Entwicklung, zur zentralen Bedeutung der Allokation von Ressourcen für den Forschungsprozess, die verbundenen wissenschaftlichen und technischen Dienste und ihr effizientes Management. Bezogen auf die Kriegs- wie die (erwartete) Zivilwirtschaft in Großbritannien prägte er bereits Begriffe wie Wissenschafts- und Technologiepolitik als wichtige Bestandteile der Staatsintervention.

Die Bedeutung des Forschungsprozesses beim Hervorbringen von Innovationen ist heute unbestritten. Allerdings haben sich die Begriffe gegenüber Bernals frühem Werk verändert und präzisiert. Gemäß dem heute für die Forschungsstatistik gültigen Regelwerk muss zwischen Grundlagenforschung, angewandter Forschung und experimenteller Entwicklung unterschieden werden.[41] Die drei im folgenden unterschiedenen Begriffe werden oft zu *Forschung und Entwicklung (FuE)* zusammengefasst.

---

39 Freeman (1987) und Gerster (1988).

40 Zur Deutung der „langen Wellen“ siehe unten und bei Freeman (1987).

41 OECD (1993); die Begriffe gehen auf frühere Festlegungen von 1980 zurück und wurden 1992 überarbeitet.

Forschung und Entwicklung

Forschung und Entwicklung ist systematische, schöpferische Arbeit zur Erweiterung des Kenntnisstandes, einschließlich der Erkenntnisse über den Menschen, die Kultur und die Gesellschaft sowie deren Verwendung mit dem Ziel, neue Anwendungsmöglichkeiten zu finden. *Grundlagenforschung* bedeutet dabei experimentelle oder theoretische Arbeit, die „in erster Linie" auf die Gewinnung neuer Erkenntnisse über den zugrundeliegenden Ursprung von Phänomenen und beobachtbaren Tatsachen gerichtet ist, ohne auf eine besondere Anwendung oder Verwendung abzuzielen. *Reine Grundlagenforschung* wird dabei nicht nur „in erster Linie", sondern ausschließlich zum Zweck des Erkenntnisfortschritts betrieben, ohne dass dabei eine ökonomische oder soziale Wohlstandsmehrung erwartet wird, auch nicht langfristig, noch die Lösung praktischer Probleme. Von *anwendungsorientierter* oder *orientierter Grundlagenforschung* spricht man in den Fällen, in denen Grundlagenforschung auf gewisse Bereiche allgemeinen Interesses abzielt oder an ihnen ausgerichtet ist. Für diesen Grenzbereich zwischen reiner Grundlagenforschung und angewandter Forschung haben sich auch andere Begriffe wie *strategisch* oder *langfristig anwendungsorientiert* eingebürgert[42], die jedoch nicht Bestandteil der oben genannten gültigen Regelwerke sind.

Angewandte Forschung bezeichnet ebenfalls originelle Untersuchungen, um neues Wissen zu gewinnen. Sie sind jedoch vorzugsweise auf spezifische und praktische Ziele oder Zwecke gerichtet. *Experimentelle Entwicklung* (oft kurz Entwicklung) ist systematische Arbeit, die auf existierendem Wissen aufbaut, das entweder aus der Forschung oder aus der Praxis stammt und das auf die Produktion neuer Materialien, Produkte, Geräte oder der Installation neuer Prozesse, Systeme oder Dienstleistungen gerichtet ist (oder die bereits existierenden Produkte, Prozesse oder Dienste verbessern kann).

Forschung und Entwicklung werden als treibende Kraft für das Innovationsgeschehen angesehen, die auch die zeitlichen Dimensionen bestimmen. In den frühen Arbeiten wurde die Forschung, oder genauer die Grundlagenforschung, mit Wissenschaft gleichgesetzt. Dies gilt es aber zu unterscheiden. Wissenschaftliche Tätigkeit ist u. a. durch die Befolgung bestimmter methodischer Regeln und Arbeitsnormen gekennzeichnet, die sich als verbindliche Spielregeln des wissenschaftlichen Betriebs herausgebildet haben.[43] Mit diesen Regeln kann aber auch die orientierte Grundlagenforschung, die angewandte Forschung und die experimentelle Entwicklung betrieben werden. Wichtig ist es, an den verschiedenen *Funktionen* von FuE festzuhalten.

---

42 Siehe Irvine und Martin (1984), Krupp (1984) und vor allem Brockhoff (1994).

43 Z. B. Schmidt-Tiedemann (1992, S. 253), um eine neuere Quelle zu nennen.

FuE vis-à-vis Wissenschaft und Technik

Oft werden Wissenschaft und Technik von Forschung und Entwicklung durch eine institutionelle Abgrenzung unterschieden und bezeichnen dann den Ort, an dem FuE stattfindet. Mit diesem Verständnis ist *wissenschaftliche Forschung* diejenige FuE, die sich außerhalb der Unternehmen vollzieht, also im öffentlichen Bereich. *Industrielle FuE* sind Unternehmenstätigkeiten.

Der Begriff *Wissenschaft* schließt die Hochschullehre ein, während FuE-Tätigkeit zur Erweiterung des allgemein verfügbaren Wissens, des „Standes der Wissenschaft" führt, sie steht für die *Produktion von Wissen.*[44] Im Unterschied zur Hochschullehre, also der Pflege des Wissensbestands und seiner Weitergabe, schrieb der Ökonom Machlup der Produktion von Wissen bereits 1962, als sichtbar wurde, welche Bedeutung Forschungsprozesse auf das Wirtschaftswachstum nehmen können, die Qualität einer ökonomischen Aktivität zu.[45] Die Begriffsbildungen „Wissenschaft" und „Technik" sollte man besser als soziale Subsysteme verstehen und von FuE (einer ökonomischen Tätigkeit) abgrenzen, und nicht mit dem institutionellen Ansatz. Denn ist es nicht die Wissenschaft, für die ein Industrieforscher mit dem Nobelpreis ausgezeichnet wird? Und ist etwa alles, was eine Hochschule tut, schon deshalb Wissenschaft?[46] *Forschung ist nicht gleich Wissenschaft und experimentelle Entwicklung nicht gleich Technik.*

So wie wegen der partiellen Überlappungen der Subsysteme Wissenschaft und Technik diese nur idealtypisch deutlich zu trennen sind[47], können auch FuE-Tätigkeiten nur analytisch in die verschiedenen Typen unterteilt werden, in der Praxis nicht immer. Wie aus den jeweiligen Definitionen hervorgeht, lässt sich jedoch oftmals die Arbeit in der reinen Grundlagenforschung dem wissenschaftlichen und die Arbeit in der experimentellen Entwicklung dem technischen Subsystem zuordnen. Orientierte Grundlagenforschung und angewandte Forschung vagabundieren zwischen diesen.

In den sechziger Jahren kamen wesentliche Beiträge zum Verständnis von Forschungsprozessen aus der Wissenschaftstheorie. Kuhn und Lakatos kritisierten die

---

44 Essig (1977, S. 628). Eine präzise Grenzziehung zwischen der Aufarbeitung des vorhandenen Wissens, z. B. der Analyse bereits vorliegender Forschungsergebnisse, und dem „Betreten geistigen Neulands" ist dem individuellen Wissenschaftler aber oft nicht möglich.

45 Machlup (1962, S. 9): „Die Produktion von Wissen ist eine ökonomische Aktivität, eine Industrie, wenn Sie wollen, (...) aber die Ökonomen haben es versäumt, die Produktion von Wissen zu analysieren."

46 So geißelt etwa Mittelstraß (1993, S. 30) die ungenügende Abgrenzungen dessen, was Wissenschaft ist: „Es geht nicht an, dass alles Wissenschaft und Forschung ist, was die Universität in falsch verstandener wissenschafts-systematischer Liberalität dazu erklärt."

47 Lenk und Ropohl (1976) sowie Brooks (1994).

vorherrschende kumulative Beschreibung der Entwicklung der Wissenschaft und wiesen dem *Paradigmenwechsel* zentrale Bedeutung zu, was auf diskrete Muster der Fortentwicklung der Wissenschaften hinauslief.[48]

Diese Denkrichtung wurde in der ökonomischen Innovationsforschung bald auf das Subsystem der Technologie übertragen und führte zum Postulieren *technologischer Paradigmen*.[49] Noch stärker vom Innovationsprozess her gedacht wird auch der äquivalente Begriff des *Entwurfsparadigmas* oder der *technischen Konzeption* gebraucht.[50] Unter einem *technologischen Paradigma* versteht man ein bestimmtes Muster von Such- und Lösungsmethoden, die zu einem wohldefinierten naturwissenschaftlichen Prinzip gehören, wobei die Abläufe zur Aneignung dieses Wissens und zur Verhinderung seiner alsbaldigen Diffusion, also etwa material- oder produktionstechnische Aspekte, ausdrücklich dazugehören.[51] Genau genommen müsste man von *wissenschaftlich-technischen Paradigmen* sprechen.

Innovation und technischer Wandel

Innovation bezieht sich als Substantiv auf eine realisierte Menge von Ideen. In diesem Sinne wird Innovation als diskretes Ereignis verstanden. *Innovieren* bezeichnet als Verb den zugehörigen Entwicklungsprozess (*innovationsgerichteter Prozess*). Diese weite Definition folgt dem Verständnis Mertons[52] und subsummiert darunter alle spezifischen Ausprägungen von Innovationen, d. h. ökonomische und technologische, politische, kulturelle und soziale. Im Bereich der Wirtschaftswissenschaften setzt die ergebnisorientierte Begriffsbildung durch Schumpeter Maßstäbe, nach der alles Innovation ist, was einem Unternehmer Gewinne (sog. Quasi-Renten oder *Innovationsrenten*) aus Vorsprüngen bringt. Quasi-Renten der Innovation sind Faktorrenten, welche die Tendenz haben, sich im Zeitablauf aufgrund des Wirkens von Konkurrenzprozessen wieder aufzuheben. Innovationen können in der Form neuer Konsumgüter, neuer Produktions- oder Transportmethoden, neuer Märkte oder neuer Organisationen auftreten.[53] Identisch zum Innovationsbegriff ist der Begriff der *Neuerung*. Das Ergebnis eines Innovationsprozesses, das neue Produkt oder der neue Prozess, wird ebenfalls als Innovation bezeichnet.

---

48 Kuhn (1962) und Lakatos (1974).

49 Albrecht und Kant (1978), Albrecht et al. (1982), Dosi (1982, 1988).

50 „Entwurf" und „Konzeption" stehen für den in der angelsächsischen Literatur eingeführten Begriff des *Dominant Designs*, siehe Utterback und Abernathy (1975).

51 Dosi (1988, S. 1127).

52 Merton (1964, S. 141 ff. und S. 176 ff.).

53 Schumpeter (1942, S. 136ff.). Eine genauere Unterteilung des Innovationsbegriffs und eine Operationalisierung für Messungen wird später vorgenommen, denn für Messzwecke müssen die damit zusammenhängenden Begriffe wie *Imitation, Produktdifferenzierung* etc. unterschieden werden. Siehe als einschlägiges Regelwerk zu den Begriffskonventionen OECD (1992).

Ott definiert den *technischen Fortschritt* einerseits als „Schaffung *neuer*, d. h. bis zu der betreffenden Zeit unbekannter *Produkte*", und andererseits als „Übergang zu *neuen Produktionsverfahren*, die es gestatten, eine gegebene Menge von Produkten mit geringeren Kosten bzw. mit den gleichen Kosten eine größere Produktmenge herzustellen".[54] Damit ist der Begriff des technischen Fortschritts enger als der des Innovierens gefasst und auf *technologische Innovationen* eingeschränkt. Ein Grundproblem der Beschreibung des technischen Fortschritts ist jedoch die hierin enthaltene Bewertung dessen, was „Fortschritt" sein soll. Neutral ist der Begriff des *technischen Wandels*, der nicht von vorneherein eine positive Wertung enthält, da ein Wandel auch ein „Rückschritt" sein kann. Beide Begriffe, Fortschritt wie Wandel, sind aber nur dann sinnvoll definierbar, wenn die Kategorien der Bewertung genauer gefasst und die Ausprägungen der technischen Veränderungen genauer gemessen werden. Die Verbesserung der Eigenschaften technischer Systeme muss durch deren Qualitätsverbesserung beschrieben werden, sollen Merkmale wie „neu", „besser" etc. objektiven Gehalt bekommen. Das Messproblem und insbesondere das Adäquationsproblem ist daher bereits für die Definition der in der Innovationsforschung verwendeten Begriffe zentral.

Viele Jahrzehnte hatte die makroökonomische Wachstumstheorie das größte Interesse an einer Berücksichtigung des technischen Fortschritts in ihren mathematischen Modellen. Das Hinzufügung einer sogenannten Fortschrittskomponente zu den traditionellen Produktionsfaktoren Arbeit und Kapital mag im Rahmen der Makroökonomik weiterhin befriedigen. Die Begriffsbildung des technologischen Paradigmas in den frühen 80er Jahren zeigt jedoch an, dass der Innovations- wie auch der Diffusionsprozess seit etwa fünfzehn Jahren aus unternehmerischen Einzelentscheidungen oder aus den Marktstrukturen des für das Paradigma wichtigen Wirtschaftszweigs abgeleitet wird. Damit ist eine wirtschaftstheoretische Forschungsrichtung eröffnet worden, die gelegentlich auch als „Schumpeter-Renaissance" bezeichnet wird. Die mikroökonomische Fundierung der Innovation weist der Industrieökonomik eine neue Aufgabe zu, die diese begierig aufgenommen hat. Auch wenn das Forschungsgebiet der Innovation noch wenig erschlossen ist, so gibt es doch schon eine Vielzahl von Einzelansätzen, die bei der mikroökonomischen Fundierung des Innovierens schematisch ähnliche Abläufe unterstellen.

Sequentielle Modelle („Lineare Modelle")

Wie hängen die eingeführten Begriffe aus zeitlicher Sicht zusammen? Auf die entscheidende Rolle Schumpeters zur Konstituierung des Innovationsbegriffs wie auch der Innovationsforschung wurde bereits hingewiesen. Sein Denken unterscheidet stark zwischen Invention, Innovation und *Diffusion*. Schumpeters Denkmodell geht davon aus, dass neue wissenschaftliche Ergebnisse zur Technologie werden, diese

---

54 Ott (1959, S. 302).

zur Innovation, welche dann über Märkte diffundiert. Auch wenn Schumpeter die Analysen des dynamischen Unternehmers im Laufe seines Schaffens modifizierte, so geht das sequentielle Denken gerade wegen der Unterscheidung des dynamischen Unternehmers vom weniger dynamischen „Wirt" doch „unzweifelhaft auf Schumpeter zurück".[55] Obwohl die Literatur erdrückende Belege für die Unbrauchbarkeit aller sequentiellen Innovationsschemata mindestens seit 1980 geliefert hat[56], können sie sich für einfache Überlegungen in der wettbewerbspolitischen Diskussion halten. Das sequentielle oder irreführend auch „linear" genannte Modellieren entspricht dem „Science Push" Ansatz, der auf Bush zurückgeführt werden kann.[57] Folgt man diesem Gedanken, dann sagt das sequentielle Ablaufschema nichts anderes, als dass mehr Wissenschaft zu mehr Innovation führe. Ein solches Ablaufschema wurde von Schmidt-Tiedemann als „Pipeline-Modell" karikiert.[58]

Zur empirischen und historischen Begründung für seine Gültigkeit mögen ausgewählte Großprojekte herangezogen werden (etwa das Manhattan-Projekt, das in den USA innerhalb weniger Jahre von der wissenschaftlich grundlegenden Entdeckung der Urankernspaltung zur praktisch nutzbaren Atombombe führte), die jedoch zu einmalig sind, als dass sie für die systematische Innovationserklärung eine Bedeutung haben könnten.[59] Die pragmatische Suggestivität des linearen Modells im Bereich der Wirtschaftspolitik wird aber mutmaßlich sein weiteres Überleben sichern, vor allem um staatliche Förderung in protektionierten Bereichen zu rechtfertigen. An dieser Stelle wird bereits deutlich, wie vorteilhaft die interdisziplinäre Sicht des Innovationsgeschehens sein kann: Vor dem Hintergrund der soziologischen Systemtheorie, nach der Wissenschaft, Technik und Wirtschaft konfligieren können, kann das sequentielle Modell auch schon theoretisch nicht bestehen, ohne dass es empirischer Belege bedürfte.

Rückgekoppelte Modelle

So gesehen stellen die *rückgekoppelten Ablaufschemata* einen bedeutenden Fortschritt dar. Ihnen liegt eine Kombination des „Science Push" mit Nachfrageaspekten zugrunde. Aus der Steuerungs- und Kontrolltheorie werden entsprechende Rückkoppelungsmechanismen zwischen den Blöcken „Wissen", „Produktion" und „Nutzung" zugelassen.[60] Aus dem angelsächsischen Raum sind mehrere solcher Ansätze bekannt, wobei vor allem das sogenannte „Chain-Linked" Modell von

---

55 Silverberg (1990, S. 177 f.).

56 Schmidt-Tiedemann (1982).

57 Bush (1945); dabei werden Nachfragefaktoren vollständig außer acht gelassen.

58 Schmidt-Tiedemann, a.a.O.

59 Grupp et al. (1992, S. 8).

60 Siehe z. B. die Systemtheorie von Ropohl (1979, 1989).

Kline besonders einflussreich ist. Dieses Modell geht von einer sehr komplexen Struktur aus und unterteilt die innovationsgerichteten Prozesse in fünf Kategorien, die von „Wissen" und „Forschung" unterstützt werden.[61]

Die rückgekoppelten Innovationsmodelle sind zweifellos realitätsnäher als das sequentielle. Sie können allerdings nicht deutlich machen, wie wissenschaftliches und technologisches Wissen aus mikoökonomischer Sicht mit dem Innovationsprozess in Berührung kommt. Ohne eine explizite Einbeziehung dieser Aspekte kann zumindest der wissensbasierte Teil der Innovation nicht erklärt werden. Während die Pipeline-Modelle in stereotypischer Weise vom sequentiellen Durchlaufen des wissenschaftlichen, technologischen und innovatorischen Prozesses ausgehen, nehmen die rückgekoppelten Modelle alles ökonomisch Zielgerichtete aus dem Innovationsprozess heraus. Rückkoppelungen zwischen dem wissenschaftlich-technischen Lösungsangebot und der Nachfrage sind zwar plausibel, ja, unverzichtbar, vor dem Hintergrund der ökonomischen Prozesse ist es aber nicht hinreichend, die Existenz solcher Rückkoppelungen zu postulieren ohne sie selbst zu beschreiben. Die rückgekoppelten Schemata können nicht erklären, warum Innovationen überhaupt zustandekommen, denn Rückkoppelung allein führt ohne mikroökonomisches Kalkül nicht notwendigerweise zum Zustandekommen von Neuerungen. Die rückgekoppelten Vorstellungen sind immer dann hinnehmbar, wenn wissenschaftliche und technologische Faktoren keine große Rolle im Innovationsprozess spielen. Sobald diese ins Zentrum des Innovationsgeschehens treten, werden die Modelle stumm.

Da dieses Buch die wissensbasierte Innovation nicht ausklammern will, ergibt sich eine zentrale Forderung an adäquate Messverfahren und Begriffe. Anders als in den Hauptströmungen der Wirtschaftswissenschaften und über die soziologische Systemtheorie hinausgehend müssen im Sinne eines Neuansatzes die wissenschaftlichen und technologischen Prozesse ins Zentrum der Beschreibung und der Ökonometrie gerückt werden. Insbesondere muss - anders als bei den rückgekoppelten Schemata - die zeitliche Dimension explizit behandelt werden, um die vorwärtsgerichteten Abläufe nicht aus den Augen zu verlieren, das heißt, es werden *strukturierte Ablaufmodelle* angestrebt.[62]

Es gibt in der Tat einige Ansätze, die von der Begrifflichkeit her den Bogen zwischen wissenschaftlichen Lösungspotentialen und dem marktlichen Innovationsgeschehen schlagen. Schmidt-Tiedemann führte ein sogenanntes „Gleichzeitigkeits"-Modell ein, das ebenfalls von vielfältigen Rückkoppelungen gekennzeichnet, aber in seiner Struktur zweidimensional ist. Eine Dimension betrifft indirekt die Zeit-

---

61 Rückgekoppelte Modelle im angelsächsischen Raum wurden z. B. von Roy und Cross (1983), Kline (1985), Kline und Rosenberg (1986) und Baumol (1993, Kapitel 3) vorgestellt.

62 So fordert etwa Blume (1992, S. 53) ausdrücklich, dass Innovationen als Prozesse verstanden werden müssen, die sowohl eine soziale (über Akteure und Rückkoppelungen) wie auch eine zeitliche Dimension besitzen.

achse, die in gewohnter Weise von Entdeckung über Innovation zu Diffusion fortschreitet. Auf der anderen Achse werden forschende, technische und kommerzielle Aktivitäten unterschieden. Diese Dreiteilung soll der entsprechenden Teilung von Aufgabenbereichen im Industrieunternehmen gerecht werden.[63]

Das Gleichzeitigkeitsschema stellt einen weiteren Fortschritt zum mikroökonomischen Verständnis innovationsgerichteter Vorgänge dar. Allerdings ist die funktionale Kopplung an unternehmensinterne Organisationsformen von fraglichem Wert, da sich die Unternehmensorganisation zwischen Unternehmen, zwischen Wirtschaftszweigen und im Laufe der Zeit unterscheiden kann. Für das zu erarbeitende Referenzschema festgehalten werden muss auf jeden Fall die zweidimensionale Darstellung von innovationsgerichteten Phasen und bestimmten unternehmerischen Tätigkeiten in Forschung und Entwicklung.[64]

Allen bisher dargestellten Innovationsschemata mangelt es auch bei sequentieller Auffassung der Abläufe an einer expliziten Zeitachse, insbesondere aber wird sie bei Aufgabe des sequentiellen Ansatzes erforderlich. Systemtheoretisch gesehen können Rückkoppelungsprozesse sowohl zum Erliegen wie auch zum „Aufschaukeln" von Innovationsprozessen führen; dies hängt von der zeitlichen Struktur und der Stärke der Wechselwirkungen ab. In der Mikroökonomik ist folglich eine Reihe von Phasenmodellen gebildet worden, die das Aufeinanderabfolgen von innovationsgerichteten Prozessen anders als in sequentieller Weise beschreiben wollen. Die meisten derartigen Vorstellungen sind zum Verständnis von Produktlebenszyklen hilfreich, aber im Zusammenhang mit der Darstellung wissensbasierter Innovationsprozesse weniger brauchbar, weil sie die Wechselwirkungen zwischen Wissenschaft, Technik und Innovation außer acht lassen oder als „Black Box" behandeln.[65]

Die bisherigen Überlegungen haben gezeigt, dass der Entstehungszusammenhang technischer Innovationen wesentlich aus dem Wechselspiel zwischen den wissenschaftlichen, technischen und wirtschaftlichen Einheiten erklärt werden kann. Zentrale Bedeutung hat dabei die Unterscheidung mehrerer Funktionen in Forschung

---

63 Schmidt-Tiedemann, a. a. O.

64 Ähnlich wie Schmidt-Tiedemann argumentieren Clark und Juma (1987, S. 105), die ihr Modell interaktiv nennen. Da Clark und Juma aus der Soziologie heraus argumentieren, bezeichnet die eine Achse anders als in Schmidt-Tiedemanns betriebswirtschaftlichem Ansatz die „Interessensziele", während die andere Achse wiederum Wissenschaft und Technik repräsentiert.

65 Diese Modelle werden hier nur erwähnt, nicht dargestellt, da der vorliegende Band sich auch auf die wissensbasierte Innovation erstreckt. Für wenig wissenschaftsbasierte Innovationsprozesse sind die Modelle von großem Wert: siehe etwa Pfeiffer und Bischof (1982, S. 136), Utterback und Abernathy (1975, S. 645) oder Teece (1986, S. 289). Diese Ansätze wurden kürzlich von Schmoch et al. (1996a, S. 87 ff.) ausführlich gewürdigt. Zu den makroökonomischen Phasenmodellen, den Kondratieff-Zyklen, siehe unten.

und Entwicklung. Beiträge zum modernen Verständnis stammen aus der soziologischen Technikgeneseforschung[66] oder der „neuen Ökonomik der Wissenschaft".[67] Diese Literatur bildet den Ausgangspunkt für das sogenannte *funktionale Referenzschema*, welches im folgenden Abschnitt dargestellt wird.

Wirtschaftszyklen?

Am Ende des Überblicks über Begriffsbildungen zu innovationsorientierten Prozessen sind zwei abgrenzende Hinweise angebracht. Die Nichtlinearitäten, Wechselwirkungen, Funktionen oder Zyklen beziehen sich auf *einzelne* Innovationen, nicht auf Wirtschaftszweige, Volkswirtschaften oder die Weltwirtschaft. Sie müssen eindeutig mikroökonomisch im Zusammenhang mit der *Marktentstehung und -entwicklung* verstanden werden. Insoweit dürfen sie weder mit den *Konjunkturzyklen* noch mit den sogenannten *langen Wellen der wirtschaftlichen Entwicklung* gleichgesetzt werden. Dennoch gibt es einige Grenzfälle und mittelbare Zusammenhänge, die es zu beachten gilt.

In den Regelwerken zur Typologie von Innovationen[68] hat es sich eingebürgert, die technologische oder ökonomische Reichweite von Innovationsvorhaben begrifflich zu unterscheiden. Für besonders durchdringende und die gesamte Volkswirtschaft umfassende technologische Paradigmen, die auch organisatorische Innovationen einschließen, wird der Begriff der *technologischen Revolution* gebraucht. Sie kommt oft durch das Zusammenwirken von mehreren miteinander verbundenen Innovationen zustande und ist so weitreichend in ihren Auswirkungen, dass sie die gesamte Volkswirtschaft betrifft und durchdringt.[69] Perez hat hierfür im Unterschied und in Erweiterung des Begriffs des technologischen Paradigmas den des *techno-ökonomischen Paradigmas* geprägt.[70] In einer ganzheitlichen Weise und unter Einbezug gesellschaftlicher, politischer und firmeninterner Aspekte werden die umfassenden techno-ökonomischen Paradigmen als Auslöser der *langen Wellen* verstanden. Dieses Verständnis löst das ursprünglich mechanistische ab, nach dem die langen Wellen regelmäßig auftreten und auch vorausgesagt werden können. Gerster hat mit Hilfe der Filtertheorie gezeigt, dass die in der Literatur behaupteten langen Wellen mit Periodizitäten zwischen 20 und 60 Jahren stark schwanken und

66 Rammert (1988a, 1988b) oder Bijker et al. (1987).

67 Dasgupta und David (1994).

68 OECD (1992).

69 Beispiele aus der Literatur sind die sektorweise konzentrierten Wachstumsschübe anlässlich des jeweils auf wissenschaftlichen Durchbrüchen beruhenden technologischen Paradigmas der Dampfkraft (Thermodynamik), des elektrischen Stroms (Elektromagnetismus) oder der Informationstechnologie (Festkörperphysik), die jeweils eine der langen Wellen konstituiert haben.

70 Perez (1983), Freeman und Perez (1988) und Freeman (1988, 1994).

dass sie nach Verlauf und Wellenlänge nicht uniform sind.[71] Erst mit dem ganzheitlichen Ansatz und der Rückführung auf wissenschaftlich-technische Revolutionen und techno-ökonomische Paradigmen behalten sie ihren Sinn.

Das zyklische Wechselspiel der Mikroebene geht also im allgemeinen Grenzfall der technologischen Revolution in eine lange Welle über. Die mikroökonomisch sich vollziehenden Rückkoppelungen können somit über ein erweitertes Umfeld innerhalb des Sektors oder auf volkswirtschaftlicher Ebene konstituiert sein, vor allem bei Vorliegen von Diffusion und Imitationswettbewerb.

Die *Konjunkturzyklen* sind - gemessen an der Zeitskala für Prozesse der wissensbasierten Innovation und der entsprechenden Wechselwirkungen zwischen den Subsystemen - kürzer und dürfen daher ebenfalls nicht mit jenen verwechselt werden. Berührungen bestehen allenfalls über die Allokation von Mitteln für FuE-Prozesse in Zeiten knapper Investitionsmittel. Konjunkturzyklen berühren jedoch insbesondere das Wissenschafts- und Technologiesystem kaum.[72]

1.3 Funktionales Referenzschema der Innovation

Als Ergebnis des Literaturüberblicks über die Begriffsbildungen zu Innovationsprozessen in den (Sozial- und) Wirtschaftswissenschaften, die für die Messaufgabe, also die Konzeption von angemessenen und validen Indikatoren, zentral sind, werden vier Merkmale deutlich:

- die innovationsgerichteten Stadien weisen starke Rückkoppelungen auf,
- Forschung und Entwicklung stellen keine Einheit dar, sondern zerfallen in verschiedene Prozesse, die explizit benannt werden können,
- das Wechselspiel zwischen den FuE- und den Innovationsprozessen ist funktional aufzufassen,[73]

---

71 Gerster (1988).

72 Freeman und Perez (1988). Allerdings kann eine nicht befriedigende Absatz- oder Gewinnlage innovationsstimulierend wirken (so Perlitz und Löbner 1985). Zur expliziten theoretischen Modellierung von endogenem technischen Fortschritt und den Konjunkturzyklen siehe Fan (1995). FuE-Faktoren können demnach mittlere gesamtwirtschaftliche Zyklen von etwa 7 bis 10 Jahren sowie das langfristige Wachstum, aber nicht die kurzfristigen Konjunkturzyklen beeinflussen. Zur Kontroverse, ob reale Konjunkturzyklen theoretisch durch technologische Schocks erklärt werden können, vergleiche Prescott (1986) und Unkelbach (1995, S. 27 und 113).

73 „Funktional" meint hier die Erklärung sozialer oder ökonomischer Phänomene mit der Nützlichkeit der wechselseitigen Beiträge innerhalb des Gesamtsystems. Der Funktionalismus ist immer wieder kritisiert worden (zusammenfassend etwa von Ingham, 1996, S. 251 f.), hat jedoch gerade für die neueren ökonomische Strömungen weiterhin Bedeutung (ebenda).

- die zeitliche Dimension ist sensibel für das Fortschrittsverständnis, wobei ebenfalls explizit verschiedene Stadien angegeben werden können (mit welchen Begriffen auch immer hantiert wird: Paradigmen, Produktzyklen, Phasen).

Das *funktionale Referenzschema*, das in diesem Abschnitt aufgestellt wird, erfüllt die genannten Anforderungen und integriert somit die aus der Literatur bekannten Ansätze und Begriffe. Es ist in Abbildung 1-1 *graphisch* dargestellt, die zeitliche Achse ist dabei nicht zu erkennen (siehe Abschnitt 1.4). Das Schema kann als heuristisches Arbeitsmodell charakterisiert werden, um die zu messenden Sachverhalte theoretisch zu strukturieren. Es ist gemäß dem Literaturstand zweidimensional und zusätzlich orthogonal aufgebaut. Es sollte mit seiner Hilfe auch möglich sein, die Gültigkeitsbereiche der Messverfahren systemtheoretisch zu veranschaulichen.

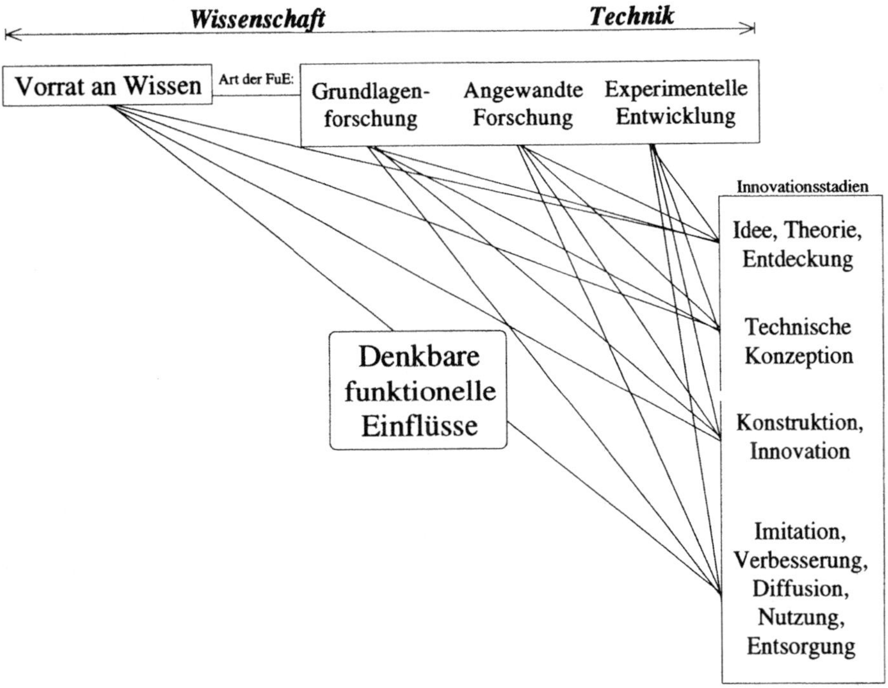

Abbildung 1-1: Referenzschema gekoppelter Fortschrittsfunktionen.

Auf der vertikalen Achse sind vier idealtypische innovationsgerichtete Stadien dargestellt mit dem Verständnis, dass die Grenzziehungen zwischen ihnen nicht immer eindeutig gegeben sind. Es wird nicht angenommen, dass sie sequentiell aufeinander folgen. Orthogonal dazu sind verschiedene Arten von FuE-Prozessen angeordnet. Die FuE-Prozesse erhöhen den Vorrat an Wissen. Es wird keine eindeutige Zuordnung zwischen den Arten der FuE und den Innovationsstadien unterstellt.

Innovationsstadien

Eine mögliche Funktion der FuE-Prozesse ist es, zu verbesserten *Theorien* zu führen. *Ideen* werden realisiert und *Entdeckungen* gemacht. Es entstehen neue formale mathematische Modelle, mentale Modelle oder physische Modelle (z. B. für die Kristallstruktur oder die Erbanlagen). Die entsprechenden Funktionen in den Natur- und Ingenieurwissenschaften können im Hinblick auf konkrete Technik folgenlos bleiben, dann handelt es sich um reine Grundlagenforschung. Dies ist kein Qualitätsurteil über den entsprechenden Forschungstyp. Man kann mit Recht die Frage stellen, inwieweit diese Funktion überhaupt relevant für Innovationsvorgänge in Wirtschaftsunternehmen ist.[74] Jedoch ist angesichts der Bedeutung der wissensbasierten Technik nicht zu leugnen, dass die Erhöhung des Vorrats an grundlegendem naturwissenschaftlichen Wissen zu einem wichtigen Bestandteil des Innovationssystems im weiteren Sinne werden kann.[75]

Eine andere Funktion von FuE ist die Hervorbringung *technischer funktionsfähiger Konzeptionen* (im Sinne technisch machbarer Lösungen). Erneut gilt, dass nicht jede technische Konzeption zur Innovation auf kommerziellen Märkten führt. Oft „endet" ein entsprechendes Vorhaben mit der Errichtung einiger funktionstüchtiger Prototypen.[76] Während manche technische Lösung für kommerzielle Märkte folgenlos bleibt, führen andere Konzeptionen zu Konstruktion und Innovation.

Unter *Konstruktion* wird hier verstanden, dass FuE-Tätigkeiten, in der Regel innerhalb von Unternehmen, stattfinden, die über die technische Funktionalität hinaus Fragen der Kosten und Preise, der Herstellungsprozesse, der Gewährleistung, der Einhaltung von Standards und vieles andere mehr berücksichtigen.[77] Die über das Demonstrieren der technischen Funktionalität hinausgehenden Tätigkeiten werden in manchen Wirtschaftszweigen unter dem Stichwort „(Produkt-)Design" zusammengefasst.[78]

---

74 Rammert (1992) weist z. B. darauf hin, dass in der Literatur häufig unterstellt wird, dass der Wirtschaft (und dem Militär) bei der Technikentwicklung ein Primat zukommt, wobei den frühen Forschungsfragen ungeprüft ihre Relevanz abgesprochen wird. Der forschungsstrategisch zentrale Ort der sozialen Genese neuer Technologie sei aber im öffentlichen Forschungssystem zu suchen.

75 David et al. (1992) sowie Glismann und Horn (1989, S. 119f.).

76 Typische Beispiele sind etwa der Brutreaktor, der Wankelmotor, der Zeppelin als Fortbewegungsmittel, nicht als Werbeträger, etc. Viele militärische Prototypen gehören in diese Kategorie.

77 Ebenso wie Innovation sowohl für eine Aktivität wie auch für deren Ergebnis stehen kann, bedeutet „Konstruktion" gleichermaßen einen industriellen Vorgang oder sein Resultat; siehe bei Walsh (Walsh, 1995, S. 490 f.). Hier ist der Vorgang gemeint.

78 Dem Begriff „Konstruktion" entsprechen im Englischen die Ausdrücke „Engineering Design" oder „Product Design", nämlich „die spezifische Konfiguration von Bauelementen, Materialien und Komponenten, die einem Produkt seine speziellen Eigenschaften in Funktion, Aussehen,

Der Vorgang der *Innovation* muss an dieser Stelle sehr eng gefasst werden, um Innovation von Imitation unterscheiden zu können, und findet nur in demjenigen Unternehmen statt, welches die industrielle FuE als erstes mit einem auf die Märkte eingeführten Produkt zu Ende bringt. Konkurrierende Neuerungen, die lediglich etwas später auf dem Markt eingeführt werden und ansonsten gleich sind, werden hingegen als Imitationen bezeichnet, auch wenn im betriebsinternen Sinne sehr ähnliche FuE-Prozesse ablaufen. Der Imitator muss vom (Erst-) Innovator nicht notwendigerweise Kenntnis haben und profitieren können. *Imitationen* können somit genauso ressourcenintensiv, insbesondere FuE-intensiv sein wie die Erstinnovation. In diesem Sinne können Imitation, Verbesserung und Diffusion nicht als Routineangelegenheit des Unternehmenmanagements angesehen werden und benötigen in gleicher Weise funktionale Unterstützung durch FuE-Prozesse.[79]

Die *Diffusion* (*Verbreitung*) schließt begrifflich sowohl die Verbreitung neuen Wissens als auch die Nachahmung von Innovationen, also von woanders bereits durchgeführten Neuerungen, ein. Diese werden sich zwar in der Regel nicht auf die Grundlagenforschung beziehen, aber systemtheoretisch braucht an dieser Stelle der Fall nicht ausgeschlossen werden, dass z. B. die Klärung gewisser grundlegender Werkstoffeigenschaften erst während des Diffusionsprozesses in neue Anwendungen hinein auftritt (etwa aus spät erkannten Gründen der Gewährleistung oder Entsorgung).[80] Bei der Verbreitung von Produkten werden Aspekte der Nutzung und Entsorgung immer wichtiger. Es ist heutzutage nicht mehr zu leugnen, dass FuE-Prozesse benötigt werden, um Eigenschaften von Innovationen so zu beeinflussen, dass sie bezüglich Nutzung und Entsorgung „verträglich" werden. Umgekehrt kann die ökologische Problematik Auslöser für wiederum neue FuE-Vorhaben sein.[81]

Mehr Innovationsstadien

Die begriffliche Etablierung von *Nutzung* und *Entsorgung* der neuen Produkte als diffusives Innovationsstadium, das der Unterstützung von FuE bedarf, mag für die ältere Mikroökonomik als unakzeptabel erscheinen. Für Ökonomen werden FuE-

---

Haltbarkeit, Sicherheit, technischer Leistung, Verlässlichkeit und Einfachheit im Gebrauch verleihen und festlegen, wie es hergestellt und benützt wird" (a. a. O., S. 490).

79 Ähnlich auch Freeman (1991). Nelson (1990, S. 17) weist in diesem Zusammenhang auf die hohen Kosten der Imitation hin.

80 Kromphardt und Teubner (1986, S. 238) weisen ebenfalls darauf hin, dass nicht nur die Grundlagenforschung die angewandte FuE beeinflusse, sondern dass oftmals Probleme, die im angewandten Kontext aufträten, zum Anstoß für Änderungen grundlegender Einsichten würden. Die Richtung des Innovationsprozesses sei wegen solcher Rückwirkungen nicht eindeutig vorgegeben.

81 Franke (1992) und Freeman (1996). Neidhardt (1993) betont die Rückwirkungen auf FuE aus der Öffentlichkeit.

Prozesse erst zu einem Beobachtungsobjekt, wenn und sofern ihre Ergebnisse auf einem Markt tatsächlich angeboten, also zu Innovationen werden. Die wirtschaftliche Bedeutung von Innovationen ist dabei offenbar um so größer, je stärker sie sich gesamtwirtschaftlich bemerkbar machen, und dies wiederum ist wesentlich eine Frage ihrer Verbreitung. Zumindest unter gesamtwirtschaftlichem Aspekt ist somit die Diffusion von Neuerungen von erheblicherem Gewicht als der Vorgang der Innovation. Bei aller Bedeutung der Angebotsfaktoren für die Hervorbringung von Innovationen entscheidet letztlich allein die Nutzung, also die Verwendbarkeit, über das Ausmaß ihrer Verbreitung. Innovationen konkurrieren wie andere Güter um die Gunst der Nachfrager und die Erwähnung der Stichworte „Nutzung und Entsorgung" neben Diffusion wäre somit tautologisch.

Derartige Überlegungen zur Markträumung gehen von einer vollständig internalisierten Kostenstruktur aus, während in neuer Zeit bei vielen Produkten ihre sozialen (oder externen)[82] Kosten problematisiert werden. Dies ist Gegenstand der Theorie der Handlungsrechte, die oft auf den Begriff der Eigentumsrechte verkürzt wird und einer gewissen Unzufriedenheit mit der älteren Mikroökonomik entsprungen ist. Die innovativen Güter sind bei ihrer Verwendung durch ein ganzes Bündel von Eigenschaften zu kennzeichnen, wie noch zu zeigen ist (Abschnitt 2.4). Einige Eigenschaften, möglicherweise die *weniger* innovativen, wirken auf andere Wirtschaftseinheiten z. B. nutzen- oder gewinnminimierend ein. Die Theorie der Handlungsrechte untersucht die Handlungsordnung dahingehend, ob diese externen Effekte hingenommen werden müssen, womöglich unentgeltlich.[83]

Die Theorie der Handlungsrechte setzt am nichttauschwirtschaftlichen Teilbereich an und versucht, eine Ausgestaltung von Handlungsrechten zu finden, die zu einer Internalisierung externer Effekte führt und das Entstehen funktionierender Märkte veranlasst. Die Feststellung und Quantifizierung solcher externer Effekte auch unter geänderten Internalisierungsbedingungen kann nun - und dies ist der hier unterbreitete konzeptionelle Erweiterungsvorschlag - nach neuen technischen Lösungen verlangen und somit technischen Fortschritt auslösen. Auch können die Internalisierungsmaßnahmen Innovationen erzwingen, die z. B. die externen Effekte durch technischen Fortschritt minimieren, so dass es als zweckdienlich erscheint, im Refe-

---

82 Nach Osterkamp und Schneider (1982, S. 15) ist die Summe der internen *und* der externen Kosten mit dem Begriff der sozialen Kosten belegt.

83 Das Standardbeispiel in Lehrbüchern (z. B. Schumann 1992, S. 461) verweist z. B. auf die Erzeugung von Lärm oder die Verbrennung von Gartenmüll durch private Haushalte, was für die Nachbarhaushalte nutzenmindernde externe Effekte sind. Dieses Beispiel zur Nutzung eines Grundstücks könnte im Hinblick auf *Produktinnovationen* dahingehend erweitert werden, dass der Hauseigentümer ein neues elektronisches Haussicherungssystem nutzt, das regelmäßig beim Vorbeigehen nächtlicher Passanten eine die Nachbarn blendende Lampe oder ein akustisches Signal auslöst, das jene dulden müssen, weil die (zukünftig!) herrschenden Rechtsverordnungen zur Verbrechensbekämpfung die Nutzung solcher Anlagen zulassen.

renzmodell auf die Rückkoppelungen von Nutzung und Entsorgung auf das FuE-Geschehen ausdrücklich hinzuweisen.

Es ist dabei keinesfalls so, dass erst mit wachsender Umweltproblematik die Frage der Bedeutung von Nutzung und Entsorgung für Innovationsvorgänge aufgeworfen wird. Vielmehr hat Pfetsch bereits 1975 darauf hingewiesen, dass die Innovationsforschung den von ihm als „nichtfunktionale Ideen" bezeichneten Aspekten zu wenig oder kaum Beachtung schenke. Gegenweltprojektionen, Oppositionsvorhaben oder Umorientierungen, wie sie sich z. B. in der sogenannten Lebensqualität-Forschung ankündige, seien für die Innovationsforschung aber relevant.[84] Pfetsch regte an, die Innovationsforschung näher an das Ziel der Analyse der sozialen Folgen technologischer Innovationen heranzuführen, wobei die Idee der sogenannten Technikfolgenabschätzung eine Rolle spiele.

Green führt am Beispiel des Klimaproblems detailliert aus, wie Umweltaspekte den technischen Wandel und das Innovationsgeschehen beeinflussen und gibt erste Hinweise auf die ökonomische Behandlung der Fragestellung.[85] Krupp verallgemeinert diese Überlegungen für die gesamte Energiepolitik und auf die gesamte wirtschaftliche Entwicklung Japans.[86] Er weist auf das dringliche Problem hin, dass die langfristige Stabilisierung des kapitalistischen Wirtschaftssystems die Umorientierung der Innovationsvorgänge auf die Energie- und Umweltproblematik geradezu erzwinge. Witt verallgemeinert diese Ansicht weiter auf das gesamte technologische System, d. h. auf alle Innovationen technologischer Art, welche Umweltschäden hervorrufen. Er deutet an, dass ökonomischer Fortschritt, der gesamtwirtschaftlich zu einem Rückschritt wird, gegebenenfalls nur noch durch einen Bann des Innovationsgeschehens abgewendet werden könne, wie es in vielen traditionellen Gesellschaften der Fall war.[87] Insgesamt scheint die Orientierung von FuE-Funktionen auf gesellschaftliche Zielwerte, die im wesentlichen an der Nutzung und Entsorgung von Innovationen festgemacht werden, durchaus gut begründet zu sein. Auch bei der Entsorgung ist es nicht undenkbar, dass grundlegende FuE-Fragen, z. B. bei der Ausbreitung von Schadstoffen, aufgeworfen werden.

---

84 Pfetsch (1975, S. 17 f.). O'Connor (1993, S. 285) spricht von „unkontrollierter technologischer Innovation", die teilweise aus der Beseitigung unerwünschter „Überschüsse" (von Nebenprodukten und Abfällen ökonomischer Aktivitäten) entstünde.

85 Green (1992). Green wurde im Jahr 1992 mit dem „Schumpeter-Preis" der International Joseph A. Schumpeter Society ausgezeichnet.

86 Krupp (1992 und 1996).

87 Witt (1992a, S. 20).

FuE und Innovation

Trotz aller diskutierten Unterschiede in den innovationsorientierten Stadien und FuE-Arten gemäß Abbildung 1-1 haben diese vieles gemeinsam. Alle Stadien der wissensbasierten, technologischen Innovation werden von wissenschaftlich oder technisch ausgebildeten Personen zustandegebracht und sind insoweit in ihrer Gesamtheit an den Vorrat an Wissen und damit das Ausbildungssystem gekoppelt. Zumindest wegen der personengebundenen Kopplung an das jeweilige nationale Bildungssystem können nationale Besonderheiten in den Innovationsystemen ausgemacht werden.[88] Auf der anderen Seite werden potentiell *alle* FuE-Arten benötigt, um Innovationen hervorzubringen, seien es Funktionen aus der reinen Grundlagenforschung, der orientierten Grundlagenforschung, der angewandten Forschung oder der experimentellen Entwicklung. Im funktionellen Referenzschema wird Forschung und Entwicklung als eine Art der *Problemlösung* verstanden, auf die zu *jedem* Zeitpunkt der Innovationsprozesse zurückgegriffen werden kann. Ein Unternehmen besitzt eine interne Wissensbasis, innerhalb der es Lösungen zu den Problemen sucht, die unvermeidbar beim Hervorbringen von Innovationen auftreten. Das Wissenschafts- und Techniksystem greift im Sinne der neuen Institutionenökonomik längerfristige Probleme[89] auf, die auf der firmeninternen Wissensbasis nicht gelöst werden können und trägt dazu bei, eben diese Wissensbasis zu erweitern. Dies setzt Transaktionsvorgänge zwischen dem unternehmensinternen FuE-Bereich und den öffentlichen Instituten voraus, die nicht immer leicht zu organisieren sind.

Der Mangel vieler literaturbekannter Innovationsmodelle besteht in einer festen Zuordnung von FuE-Arten zu Innovationsstadien, im Extremfall in Form eines linearen, sequentiellen Modells. Aber auch die eindimensional rückgekoppelten Modelle ordnen die Grundlagenforschung der Theorieentwicklung und die experimentelle Entwicklung dem eigentlichen Innovationsvorgang zu. Diese Auffassung kann gemäß dem Referenzschema nicht aufrecht erhalten werden. Oft treten erst im Spätstadium der industriellen Innovation Probleme auf, die den Rückgriff auf die Grundlagenforschung notwendig machen (etwa verbesserte Materialien aus Umwelt- oder Kostengründen etc.). „Weil FuE sich auf jede Phase des Innovationsprozesses beziehen kann, ist es eine komplexe und intern differenzierte Aktivität, die potentiell eine große Vielfalt von Funktionen hervorbringen kann. FuE ist der Gehilfe der Innovation, nicht ihre Voraussetzung; in der Tat werden viele der Problemgebiete von innovativen Ideen herrühren, die anderswo erzeugt wurden."[90]

---

88 Siehe z. B. Nelson (1993).

89 Siehe etwa North (1994) in seinem Osloer Nobelpreisvortrag.

90 Smith (1990).

Modelleigenschaften

Das funktionale Referenzschema gemäß Abbildung 1-1 ist vom Typ der kognitiven Modelle, die nichtmathematisch formuliert sind. Es ist berechtigt, auch ein solches Schema „*Modell*“ zu nennen, wenn man damit andeuten will, dass im Sinne von Hilfskonzepten damit ein theoretisches „Modell“ der Realität gemeint ist, das ausschließlich „dem Zweck der Erklärung und Berechnung“[91] dient und damit eine Abstraktion der Wirklichkeit darstellt.[92] Auch wenn eine Einordnung des konzeptionellen Ansatzes in die Wirtschaftsforschung dem 2. Kapitel vorbehalten ist, muss an dieser Stelle bereits die Frage gestellt werden, welche Gründe dazu geführt haben, ein im klassischen Sinn wenig anspruchsvolles nichtmathematisches Modell zur Grundlage der Ökonometrie zu machen.

Zur adäquaten Modellierung des Innovationsprozesses hat Stadler unlängst ausgeführt, dass selbst die leistungsfähigsten mathematischen Modelle noch hochgradig stilisiert sind und kaum mehr besitzen als „Parabelcharakter“.[93] Dabei seien bereits beachtliche Fortschritte beim allmählichen Erklimmen der „Modell-Qualitätsleiter“ erreicht worden. Die Konturen einer neuen konsistenten Innovationstheorie würden bereits sichtbar. Bei den mathematischen Modellen werde allerdings in allzu deutlicher Affinität zur klassischen Theorie am Maximierungs- und am Gleichgewichtsprinzip festgehalten, deren Gültigkeit aufgrund der speziellen Eigenschaften von Innovationen in Frage gestellt sei.

Freeman pflichtet bei, dass viele Modellbauer in ihrer „ängstlichen Besorgtheit, die theoretische Physik der Sozialwissenschaften zu sein,“ zu sehr nach logischer Eleganz und mathematischer Formalisierung streben und dabei einige entscheidende Elemente des technischen Wandels negieren.[94] Da es momentan unmöglich ist, eine ausreichende Alternative zu finden, die mit der in den Wirtschaftswissenschaften üblichen Mächtigkeit und Rigorosität Innovationsprozesse modellieren könne, müsse man gegenwärtig auf (im klassischen Sinne) weniger anspruchsvolle Modelle zurückgreifen. Auch Schumann weist im Zusammenhang mit der Erläuterung wichtiger Ergänzungen zur mikroökonomischen Theorie darauf hin, dass die Entwicklung solcher neuer Gebiete ein Indiz dafür sei, dass „der eigentliche wissenschaftli-

---

91 Margenau (1950, S. 45).

92 Ebenda, S. 71 f. Machlup (1960, S. 569) nennt den Begriff „Modell“ im Gebrauch von Wirtschaftswissenschaftlern ein „Catch-All“-Wort, das für Konzept, Schema, Abstraktion, Analogie, Annahme, Theorie, Gleichungssystem und vieles andere mehr stehen könne. Zum Bedeutungswandel des Wortes „Modell“ und den methodischen Grundlagen der mathematischen Modellbildung siehe auch Weber (1980, S. 45 - 65).

93 Stadler (1993, S. 184); der Begriff Parabelcharakter findet sich bei Ramser (1991, S. 325).

94 Freeman (1988, S. 3). In jüngster Zeit spricht sich auch Solow (1991, S. 16) dafür aus, keine „starken“ mathematischen Annahmen bei der Modellierung der Erzeugung neuen Wissens und neuen Humankapitals zu treffen.

che Fortschritt auch heute noch in der vorläufigen Anwendung relativ einfacher Grundideen" bestehe, die erst später in einen mathematisch formalisierten allgemeinen Theorierahmen übergingen.[95]

In der Tat ist es eine zentrale Fragestellung dieses Buches, den technischen Fortschritt zu messen. Aus Mangel an Alternativen wird das Messproblem im Bereich der Innovationsforschung heute weit überwiegend mit Hilfe von Indikatoren angegangen. Wenn das oben eingeführte Referenzschema für die Beziehungen der Indikatoren untereinander und die Festlegung ihrer Definitionsbereiche ausreicht, stellt es damit einen Kompromiss zwischen dem aus der Messproblematik herrührenden Anspruch an die Messverfahren einerseits und der Adäquation mit dem Innovationsprozess andererseits dar, was noch zu zeigen sein wird.

Vergleichbare Modellbildungen

Das funktionale Referenzschema kann mit früheren Überlegungen aus der Sozialforschung verglichen werden, die auf Majer zurückgehen.[96] Einerseits wird dabei die Anwendungsnähe der Forschungsergebnisse für den Innovationsprozess unterschieden, nämlich die Grundlagennähe der Forschungsergebnisse von der Anwendungs- und der Endproduktnähe (vgl. unten Abbildung 1-2). Die andere Betrachtungsebene ist orthogonal und kegelsymmetrisch angeordnet und bezieht die Rückkoppelungsprozesse zwischen den verschiedenen wissenschaftlichen Disziplinen ein. Majer nennt sein Modell den „Forschungskegel". Meyer-Krahmer fügte in logischer Fortsetzung der Majerschen Arbeiten eine Innovations- und Diffusionsphase an und überführte damit den Forschungskegel in einen „Innovationskegel".[97] Aus dem Innovationskegel lässt sich eine Typologie ableiten, die speziell für kleine und mittlere Unternehmen von Bedeutung ist (hoher Innovationsgrad, inkrementale Innovationstätigkeit, Adoptoren).

Das hier vorgelegte Referenzschema hat mit den Kegelansätzen von Majer und Meyer-Krahmer die orthogonale Interpretation gemeinsam.[98] Interpretiert man die „Nähe" von FuE-Ergebnissen im funktionalen Sinne und unterscheidet dabei die

---

95 Schumann (1978, S. 311). Es geht dabei um eine Charakterisierung der „neuen" Mikroökonomik und der Theorie der Eigentumsrechte.

96 Majers Arbeit (1978, S. 75) beruht auf einer empirischen Analyse der Abhängigkeiten industrieller FuE-Aktivitäten von der wissenschaftlichen Forschung, die in einer schriftlichen Befragung in ausgewählten Wirtschaftszweigen Baden-Württembergs erhoben worden waren.

97 Meyer-Krahmer (1989, S. 38 - 41).

98 Auch Blume (1992, S. 68 ff.) verwendet ein ähnliches Phasenmodell und unterscheidet die vier Phasen Exploration, Entwicklung, Diffusion (incl. Evaluierung und Bewertung) und Rückkopplung. Es scheint aber im ökonomischen Ansatz nicht sinnvoll zu sein, alle denkbaren Rückkoppelungen (vor allem jene aus der Nachfrage, Nutzung und Entsorgung) von den einzelnen Phasen zu trennen, die ja notwendigerweise von Rückkoppelungen bestimmt werden.

genannten FuE-Arten und desweiteren die innovationsorientierten Phasen, die in den zitierten „Kegeln" nicht näher unterschieden werden, im obigen Sinne, kann das

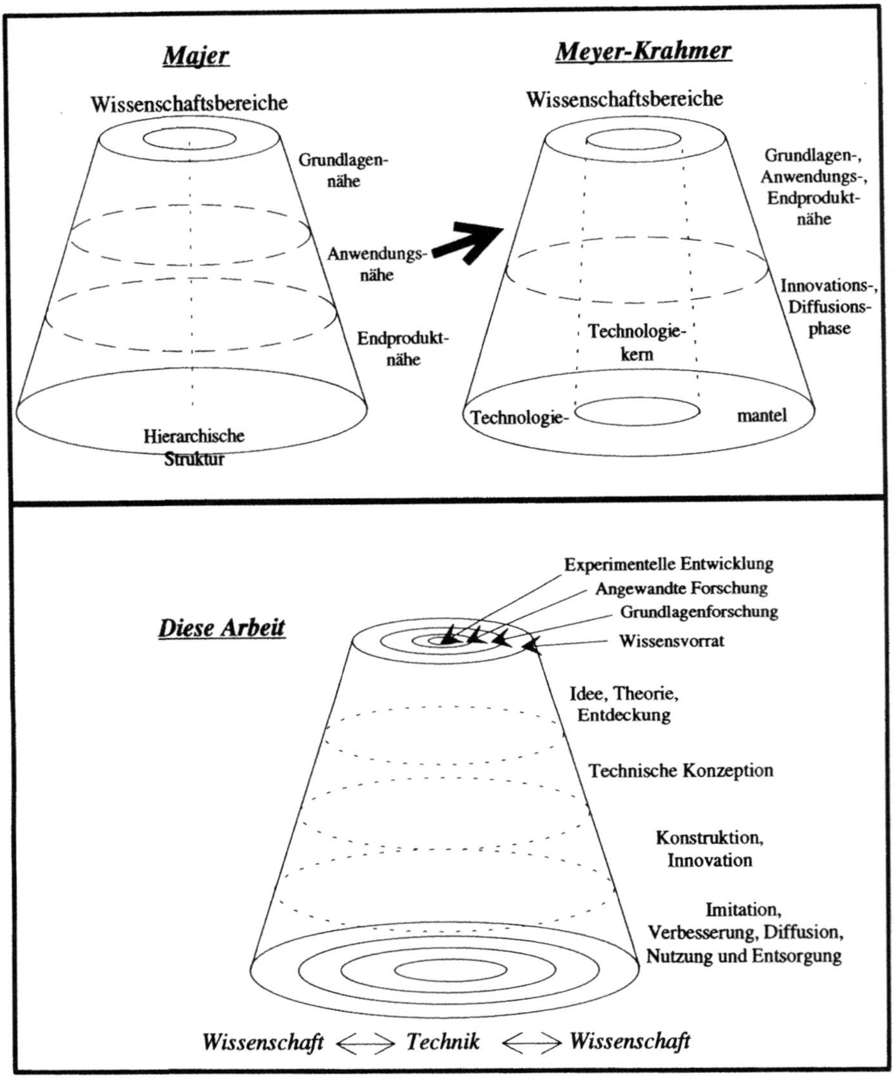

Abbildung 1-2: Aus der Sozialforschung bekannte Kegelansätze und ihre formale Analogie zum hier verwendeten ökonomischen Referenzschema.

funktionale Referenzschema auch als Kegel dargestellt werden, wobei eine der Achsen in Abbildung 1-1 als Kegelachse fungiert (vgl. Abbildung 1-2).

Inhaltlich besteht jedoch kaum eine Analogie der Kegelansätze zum eigenen Schema. Aus der Sicht dieser Arbeit kann die Kegelachse keine hierarchische Struktur darstellen wie bei Majer, sondern ist im Sinne idealtypischer Innovationsstadien zu interpretieren, denen sich die Tätigkeiten der jeweiligen sozialen Akteure bzw. Wirtschaftssubjekte gemäß ihrem eigenen Selbstverständnis zuordnen lassen. Die radiale Erstreckung bezieht sich nicht auf verschiedene Wissenschaftsbereiche und insbesondere nicht auf einen Technologiekern bzw. -mantel. Auch dürfen Wissenschaft und Technologie (Technik?) nicht gleichgesetzt werden. Vielmehr müssen hier gemäß dem funktionalen Modell die Einbringung des Wissensvorrats über Humankapital und die Erzeugung neuen Wissens durch verschiedene Arten der FuE, also einer Tätigkeit, unterschieden werden.

Inhaltlich gesehen stellt das Referenzschema eine Erweiterung des wirtschaftswissenschaftlichen Literaturstands insofern dar, als wesentliche neuere Ergebnisse der nichtökonomischen Sozialforschung einbezogen werden und eine Begriffsklärung von Wissenschaft, Technik und FuE aus ökonomischer Sicht erfolgt ist. Insofern darf die formale Ähnlichkeit mit den Kegelmodellen nicht überzogen werden.

1.4 Schema der Entstehung innovativer Märkte

Das Referenzschema ist in der bisherigen Darstellung in der Zeitdimension nicht explizit. Die zeitlichen Aspekte lassen sich in einem geschlossenen Modell nur unvollkommen darstellen, so dass hier die Diskussion der zeitlichen Achse, also der *Entstehung innovativer Märkte*, getrennt erfolgt.[99] Da FuE-Aktivitäten als Begleiter von Innovationsprozessen verstanden werden und die funktionellen Beziehungen letztlich die Interaktion von Wirtschaftssubjekten repräsentieren, wird deutlich, dass entstehende Märkte nicht als „S-Kurven" modelliert werden können, zumindest nicht aus mikroökonomischer Sicht.[100] Vielmehr führen die Rückkoppelungen und funktionellen Mehrfachzuordnungen modelltheoretisch zu einem Auf und Ab, also zu den erwähnten zyklischen Charakteristika. Alternative Vorstellungen zum S-

---

99 Schmoch et al. (1996a, S. 115 ff.) machen gleichwohl den Versuch der Einbeziehung der Zeitachse in ihr interaktives Modell des Innovationsprozesses. Dieses Modell ist damit zwar schwierig zu überblicken, trägt aber vielen, wenn auch nicht allen Standardsituationen Rechnung.

100 Inzwischen wird auch in der betriebswirtschaftlichen Literatur Kritik am S-Kurven-Konzept geübt, siehe z. B. bei Höft (1992, S. 116). Lindqvist (1994, S. 274 f.) setzt sich ebenfalls mit der Unbrauchbarkeit der S-Kurven für die Beschreibung der technologischen Entwicklung auseinander und weist darauf hin, dass die Übertragung des Ansatzes aus Diffusionsstudien und dem Bevölkerungswachstum eine unzulässige Vereinfachung sei.

Kurvenmodell finden sich allerdings in der wirtschaftswissenschaftlichen Literatur nur spärlich. Ein kurzer Exkurs zu den empirischen Befunden ist angebracht.[101]

Mikroökonomische Innovationszyklen

Ein erstes Beispiel stammt aus der Betriebswirtschaftspraxis. Marketingfachleute schätzen z. B. die Entwicklung der Oberflächentechnik so ein, dass sie in zwei wesentlichen Wellen verläuft. Nach grundsätzlichen Entdeckungen (im Jahre 0) folgen etwa 15 bis 20 Jahre, gefüllt mit FuE-Aktivitäten, die das Problemlösungspotential der Technik demonstrieren. Es treten vielfältige Probleme auf und der technische Fortschritt verlangsamt sich. Nach Umorientierungen und unter Einbezug neuer wissenschaftlicher Lösungen beschleunigt sich die Entwicklung wieder und auf niedrigem Niveau beginnt kommerzielle Produktion. Nach einer Lernkurve gerät die Technik in ihre Sättigung auf hohem Niveau.[102] Die zweite Welle beginnt damit typisch 30 Jahre nach der ursprünglichen Entdeckung, die Sättigung tritt nach typisch 50 Jahren ein. Die Verfasser dieser Analyse zur Oberflächentechnik sind aufgrund ihres Erfahrungshintergrundes davon überzeugt, dass ähnliche Verhältnisse auch für andere Paradigmen mit möglicherweise geänderter Zeitskala gelten.[103]

Weitere empirische Befunde für mikroökonomische Zyklen im Innovationsgeschehen hat eine Gruppe von Forschern um Achilladelis hervorgebracht. In einer Serie von Publikationen zur Dynamik der technologischen Innovation im Bereich der antibakteriellen Medizin, der chemischen Industrie allgemein und der Pestizid-Industrie im besonderen haben sie gezeigt, dass mit unterschiedlichen Messverfahren starke innovationsgerichtete Aktivitätszyklen nachgewiesen werden können (weltweit, auf Länderebene und bezüglich großer Unternehmen in mehreren Ländern).[104] An dieser Stelle können die verwendeten Messverfahren nicht gewürdigt werden.[105] Gemeinsam ist diesen Fallbeispielen, dass die Grundlagenforschung neben der angewandten Forschung eine wichtige Rolle spielt und die Existenz einer internen Forschungsgruppe in den beteiligten Unternehmen entscheidend ist. Öffentliche Forschungsstellen und Universitäten spielen eine katalytische Rolle und stehen insbesondere in Wechselwirkung mit den betroffenen Unternehmen. Die Trendbrüche in den Aktivitätszyklen sind meist verbunden mit der Ablösung weni-

---

101 Greiner und Hanusch (1994 und 1994a) sowie Greiner und Semmler (1995) beschäftigen sich theoretisch mit makroökonomischen innovationsinduzierten Zyklen.

102 Rickerby und Matthews (1991).

103 Briefwechsel zwischen dem Verfasser und Prof. A. Matthews, The University of Hull, vom Mai 1993.

104 Achilladelis et al. (1987, 1990), Achilladelis (1993).

105 Es handelt sich um die Innovationsstatistik (siehe Abschnitt 4.7), die Patentstatistik (siehe Abschnitt 4.3), die Umsatzstatistik mit Innovationen (siehe Abschnitt 4.7) sowie die Investitionsstatistik (siehe Abschnitt 4.2).

ger effizienter durch effizientere wissenschaftliche und technologische Verfahren oder Stoffklassen. Die Zyklen fallen im einzelnen unterschiedlich akzentuiert aus und haben typische Perioden von 15 bis 30 Jahren.

Weitere Innovationszyklen werden in der Polymerchemie, für die Lasertechnik, für Brennstoffzellen und kürzlich auch im Bereich der Gentechnik nachgewiesen.[106] Unter Verwendung ähnlicher Messinstrumente wie der von Achilladelis et al. eingesetzten ist es möglich, hinreichende Erklärungen für die Zyklen zu finden. Es lässt sich ein erstes Aufleben von wissenschaftlichen, technologischen und innovativen Aktivitäten kurz nach den ersten Entdeckungen erkennen, die zu technischen Konzeptionen und Prototypen führen. Innovation im Sinne von gelungener Markteinführung findet nicht statt, Umsätze werden praktisch nicht erzielt. Häufig geht die technologische Tätigkeit dann wieder zurück und frühstartende Firmen erleben bedrohliche Gewinn- und Umsatzeinbrüche. Ausgelöst durch Nachfragefaktoren einerseits und neue Lösungen aus der Wissenschaft andererseits lebt die technologische und innovative Tätigkeit jedoch wieder auf und lässt die Umsätze stark anwachsen.

Gemeinsam ist diesen Verläufen, wie auch an den obigen Beispielen schon deutlich wurde, dass in einer frühen Phase durch starke FuE-Tätigkeit die neuesten wissenschaftlichen Erkenntnisse versuchsweise technisch realisiert werden. Ob eine Nachfrage nach Innovationen hierfür bereits gegeben ist, spielt in dieser Phase für die Innovationsstrategie der Unternehmen keine große Rolle und wird selten zur Begründung der Innovationsaktivitäten herangezogen. Die Nachfragepräferenzen formen aus der Vielfalt technisch denkbarer (und im Sinne des technologischen Paradigmas realisierter) Lösungen erst im Laufe der Zeit diejenigen, welche nach Preis- und Qualitätsgesichtspunkten konkurrenzfähig sind, heraus.[107] Die neuen Anwendungen greifen nicht notwendigerweise auf alle Vorleistungen der Entstehungsphase zurück, sondern gehen Hand in Hand mit *neuen* wissenschaftlichen Erkenntnissen.

Stilisierte Modelle der Marktentstehung

Obwohl die Erkenntnisse zur zeitlichen Dynamik noch auf schwankendem theoretischen Grund ruhen, liegen also bereits ausreichende empirische Belege vor, um idealtypisch die Marktentstehung im funktionalen Referenzmodell so definieren zu können, wie in Abbildung 1-3. Dabei wird von einer unterstellten festen Beziehung zwischen dem Ausmaß von Wissenschaft, Technik[108] sowie der kommerziellen Produktion ausgegangen, die allerdings nicht in jedem Einzelfall gleichermaßen

---

[106] Grupp (1994).

[107] Wie schwierig diese Formung ist, beschreibt Rosenberg (1994).

[108] Hier werden die Systembegriffe verwendet, die in loser Assoziation zu den FuE-Arten stehen.

gelten muss, aber in vielen Fällen anwendbar erscheint. Das relativ straffe Schema entspricht dem Wunsch, soweit als möglich standardisierte Aussagen zur Dynamik des Innovationsprozesses machen zu können. Dabei wird eingeräumt, dass es zeitliche Abläufe geben kann, die gemäß diesem Schema nicht darstellbar sind. Die in Abbildung 1-3 eingezeichneten Aktivitätskurven stellen ein willkürliches Beispiel

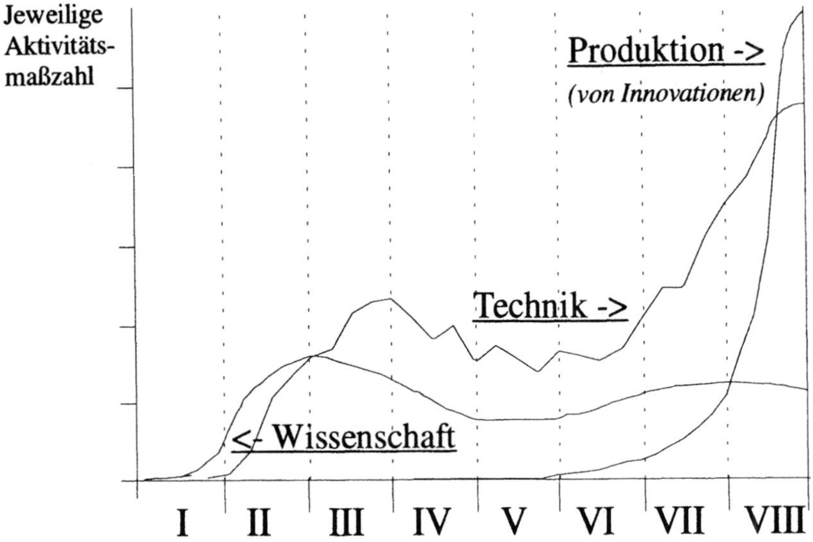

I: Erste Explorationen im wissenschaftlichen Bereich.
II: Gut entwickelte Wissenschaft; erste technische Realisierungen.
III: Wissenschaft entfaltet; Technik noch ausbaufähig; Prototypen.
IV: Schwierigkeiten bei der wirtschaftlichen Umsetzung erkennbar.
V: Zeitweilige Stagnation in Wissenschaft und Technik; Umorientierungen.
VI: Industrielle FuE sieht neue Möglichkeiten; aber noch ausbaufähig.
VII: Erste kommerzielle Anwendungen; industrielle FuE und wirtschaftliche Entwicklung entfalten sich voll.
VIII: Durchdringung aller Märkte; FuE nimmt bezogen auf den Umsatz an Bedeutung ab.

Abbildung 1-3: Standardisiertes Schema zur Einordnung des wissenschaftlich-technischen Fortschritts bei der Marktentstehung mit acht idealtypischen Standardsituationen (die Kurvenverläufe für das Ausmaß der jeweiligen Aktivitäten stellen ein willkürliches Beispiel dar).

dar; als Modell der Marktentstehung gelten nur die qualitativen Festlegungen der acht Standardsituationen. Empirische Beispiele zum Ausmaß der Beziehungen zwischen Wissenschaft, Technik und Produktion von Innovation finden sich in Abschnitt 8.2.

Die acht Standardsituationen sind dabei absichtlich so definiert worden, dass jeweils zwei benachbarte zu den Innovationsstadien der Abbildung 1-1 passen. In den ersten beiden Stadien werden Prinzipien und Phänomene wissenschaftlich bzw. theoretisch aufgeklärt, Modelle aufgestellt und Basiseffekte entdeckt. Die wissenschaftliche, d. h. außerindustrielle Forschung hat hieran den größten Anteil. Kommt es zu technischen Konzeptionen (III und IV), treten industrielle Akteure in Forschung und Entwicklung hinzu, wobei die außerindustrielle Forschung, meist eher an Grundlagen orientiert, weiterhin wichtig bleibt. Auch beim Hervorbringen von Innovationen (V und VI) spielen gemäß diesem zeitlichen Modell FuE-Aktivitäten außerhalb der Unternehmen eine bedeutende Rolle; die erwähnten Trendbrüche und Nachfrageanpassungen, die aus den Fallstudien abgeleitet sind, orientieren das wissenschaftlich-technische Lösungspotential auf marktgängige Lösungen hin. Schließlich kommt es zur breiten Nutzung und allgemeinen Verwendung von neuen Produkten und Verfahren (VII und VIII), die aufgrund der Argumente zu Imitation und Diffusion ebenfalls nicht ohne das außerindustrielle FuE-System abzulaufen brauchen. Die bisher vorliegenden empirischen Belege deuten darauf hin, dass das Durchlaufen derartiger Stadien mehrere Jahrzehnte betragen kann.[109]

Die acht Standardsituationen der *Marktentstehung* sind detaillierter herausgearbeitet worden, als es bei der Beschreibung der *Marktentwicklung* üblich ist, um den unterscheidbaren FuE-Prozessen in Technik *und* Wissenschaft gerecht zu werden. Die Stadien I bis IV liegen dabei *vor* der üblicherweise an den Beginn des Lebenszyklus eines Produkts gesetzten Innovationsphase,[110] die in dem von Heuß entwickelten Marktphasenschema auch technisch-ökonomische Experimentierphase genannt wird, und die in seiner Interpretation die Erfindungstätigkeit und organisatorische Neuerungen mit einschließt.[111] Der Innovationsphase entsprechen V und VI; der Produktionsprozess ist noch flexibel ausgelegt und Qualitätswettbewerb überwiegt.

109 So gibt z. B. Mansfield (1991) aufgrund einer Industriebefragung in den USA an, dass der mittlere Zeitverzug, bis ein neues wissenschaftliches Ergebnis zur ersten marktgängigen Anwendung führt, etwa sieben Jahre beträgt. Dies entspräche etwa dem zeitlichen Abstand der Phasen I und IV. Kitch (1977, S. 272) zählt aus weiteren Quellen 50 Erfindungen auf, bei denen die Zeitspanne zwischen der ersten „Patentfähigkeit" und kommerziellen Produkten zwischen zwei und ungefähr 30 Jahren schwankt; im Extremfall beträgt sie 90 Jahre. Die Kitchsche Spanne entspricht den Phasen II und V.

110 Vernon (1966).

111 Heuß (1965). Kaufer (1980, S. 147 - 174) behandelt die Prozesse *vor* der Schaffung und Expansion eines Marktes unter der Überschrift „Der innovatorische Wettbewerb bei Forschung und Entwicklung".

Dosi[112] konnte zeigen, dass die Nachfrage in der Experimentierphase preisunelastisch ist und erst in späteren Phasen, also nach dem Verlust des Innovationscharakters, preiselastisch wird. Die ausreifenden Produkte (Vernon) oder die Expansionsphase (Heuß), in der die Nachfrage von neu hinzukommenden Abnehmern geprägt wird, werden durch VII und VIII repräsentiert. Die Marktanpassungen eröffnen neue Verwendungsmöglichkeiten und erschließen zusätzliche Märkte, welche die Nachfrager mehr als die Anbieter entdecken.[113]

Die Standardisierungsphase (Vernon), welche Heuß seinerseits Ausreifungsphase nennt, bei der die Produkte im Wortsinne bereits ausgereift sind,[114] ist in Abbildung 1-3 nicht mehr enthalten. Auch die Stagnations- und die Rückbildungsphasen werden in Abbildung 1-3 ausgeklammert, da hier die Entstehung neuer Märkte, also die *frühe* Marktentwicklung akzentuiert wird.

1.5 Messung oder Bewertung? Gültigkeitsprobleme bei der Erklärung des Fortschritts

Am Anfang einer empirischen Untersuchung steht immer eine realwissenschaftliche Fragestellung, welche nicht in den Begriffen der Statistik formuliert ist. Sie „muss in möglichst vollkommener Form in eine für eine empirisch-statistische Untersuchung geeigenete Form umgegossen werden."[115] Das eingeführte Referenzschema inklusive seiner zeitlichen Dimension wird dabei benötigt, um Messzwecke und Gültigkeitsbereiche der Indikatoren angeben und sie einordnen zu können. Es stellt ein Hilfskonzept für die Erklärung des Fortschritts dar, der von theoretischer Seite ein Mangel an Fundierung vorgeworfen wird.[116] Wie im Kapitel 2 gezeigt wird, kann die mikroökonomische Theorie eine adäquate geschlossene Modellbildung von wissenschaftsgetriebenen Innovationsprozessen gegenwärtig nicht leisten, so dass gar kein anderer Ausweg bleibt, als mit angewandten Arbeiten auf der Basis nichtmathematischer Denkschemata fortzufahren. Es ist dabei vordringlich, sich den *Messzwecken* und den *Messfehlern* zuzuwenden.

---

112 Dosi (1986).

113 Kaufer (1980). Die Produktdifferenzierungen werden aber nicht ausschließlich durch die Nachfrage-, sondern auch durch technikendogene Faktoren ermöglicht.

114 So bei Kaufer (a.a.O., S. 206). In dieser letzten Expansionsphase des Marktes werden langsam seine Grenzen erkennbar, wobei nach Heuß (1965) zunächst bedeutende, später belanglose Produktdifferenzierungen realisiert werden.

115 Schaich (1984, S. 52).

116 Ein frühes Beispiel hierfür ist die Arbeit von Fisher und Temin (1973).

Den verschiedenen bisher publizierten Untersuchungen ist gemeinsam, dass sie nicht auf komplizierten, aus mikroökonomischen Maximierungskalkülen abgeleiteten Modellen basieren, sondern eher einfache Beziehungszusammenhänge für eine Branche, eine Erfindung etc. empirisch aufdecken wollen.[117] Die Verfügbarkeit geeigneter *Indikatoren* zur statistischen Erfassung des Innovationsprozesses spielt eine wichtige Rolle. Die Innovationsökonomik muss sich dabei die Frage gefallen lassen, was sie sich über die Feststellung ökonometrischer Sachverhalte hinaus zutraut, wenn sie relevante, über die Daten hinausgehende Antworten geben will.[118] Damit stehen die in diesem Abschnitt zu betrachtenden Themenblöcke fest. Zunächst müssen Überlegungen zur Operationalisierung von Fortschrittsindikatoren angestellt werden, sodann ist zu diskutieren, wie es um die Adäquation der Messverfahren und die Gültigkeit der Indikatoren bestellt ist.

Ideale Indikatoren

Zum Messproblem: Der neoklassische Verweis zum Beispiel auf die Produktivitätsentwicklung stellt eine Konstitutivdefinition des technischen Wandels dar: Ein relativ vager theoretischer Begriff wird mit Hilfe von anderen theoretischen Begriffen umschrieben, die man in der methodologischen Literatur auch „Konstrukte", „Konzepte", „latente Größen" oder „intervenierende Variablen" nennt. Die Erläuterung des einen Begriffs durch den anderen präzisiert zwar, wie ein Messkonzept aussehen kann, stellt aber keine eindeutige Messanweisung dar. Wenn „das Messen" das regelgebundene Zuordnen von Zahlen zu Sachverhalten ist[119], dann werden Vergleiche erforderlich. Der zu messende Innovationsprozess oder ein Teil desselben wird einem Urbild oder Referenzprozess gegenübergestellt und auf Abweichungen hin untersucht. Die Eigenschaften, die beim Vergleichen des untersuchten Prozesses mit einem Urbild beachtet werden müssen, nennt man *Indikatoren.* Werden gleichzeitig unterschiedliche Indikatoren für plausibel gehalten (was in der Innovationsökonomie gang und gäbe ist), ist damit ausgesagt worden, dass es verschiedene Operationaldefinitionen und damit verschiedene Messverfahren für Innovationsprozesse oder ihre Teile gibt, was angesichts des skizzierten funktionalen Referenzschemas nicht überraschen kann.

Die Aufgabe lautet dann, ein einziges Messverfahren per Konvention festzulegen, von dem man theoretisch gut zeigen kann, dass es genau das misst, was es messen soll. Dann kann die Gültigkeit (Validität) aller anderen Verfahren daran geknüpft werden und mit Hilfe des *Idealindikators* geprüft werden. Bei unwesentlichen Un-

---

117 So wird das Messproblem der Innovationsökonomik von Schwitalla (1993, S. 90) beschrieben.

118 Die generelle Instrumentalismus-Gefahr des „Measurement without Theory" stellt Kromphardt (1988) zusammenfassend dar.

119 Wobei die Zahlen nach Grossekettler (1978, S. 223) nicht unbedingt Kardinalzahlen zu sein brauchen.

terschieden zwischen dem Idealindikator und den *korrelativen Indikatoren* könnten Zweckmäßigkeitsgesichtspunkte die Auswahl der Indikatoren bestimmen. Literaturstand der Innovationsforschung ist es aber, dass es aufgrund der mehrfach beschriebenen Theoriedefizite kein einziges ideales Messverfahren gibt. Eine wichtige Aufgabe dieses Buchbandes ist es daher, zu versuchen, zu einem solchen zu kommen. Zuvor ist jedoch die Messproblematik begrifflich genauer abzuklären.

Der Operationalismus und die *Operationalisierung* wissenschaftlicher Begriffe gehören zu den zentralen wissenschaftstheoretischen Problemen des 20. Jahrhunderts. Die eigentlichen wissenschaftstheoretischen (oder im vorliegenden Fall durch ein Referenzschema definierten) Grundbegriffe sind keine „Realität" irgendwelcher Art, sondern erst ihre „Operation" (Lösungsverfahren) auf formalem oder empirischem Gebiet. Die wissenschaftlichen Objekte werden nicht „an sich" als existierend aufgefasst, sondern sie werden erst durch die spezifische Art des wissenschaftlichen Zugriffs konstituiert.[120] Sehr anschaulich hat Margenau dargelegt, wie wichtig „der Übergang von den Daten zu geordnetem Wissen" ist.[121] Demnach wird ein wissenschaftliches Untersuchungsobjekt nicht „gegeben", sondern es wird dem Forscher „aufgegeben", d. h. er muss eine Messkonzeption finden. Die Konstruktion oder sinngleich in der englischsprachigen Literatur, die „Konstrukte", können dabei nicht fertig vorgefunden werden. Deshalb habe das Aufstellen einer Konstruktion oder eines Messverfahrens viele Qualitäten einer Erfindung.[122]

Dieser Vorgang der Konstruktion von Indikatoren, also der numerischen Repräsentation empirischer Phänomene, der kurz als *Messung* bezeichnet wird, zerfällt in zwei Abschnitte. Neben der Operationalisierung, welche die Frage nach dem „Was" der Messung beinhaltet, ist eine Zuordnungsvorschrift oder *Messfunktion* zu finden, die das „Wie" der Verknüpfung von empirischen und numerischen Systemen regelt.[123] Dabei bedingen beide Abschnitte einander in gewissem Grade, denn eine als optimal geltende Operationalisierung könnte zwangsläufig zu ungenauen Messergebnissen oder einem unangemessen hohem Erhebungsaufwand führen, während eine weniger optimale Lösung der Operationalisierung sich unter Umständen für Messvorgang und Messergebnis als vorteilhafter herausstellen könnte. Es ist auch eine Situation denkbar, in welcher der Idealindikator in seiner Operationalisierung von der Fachwelt per Konvention allgemein anerkannt wird, aber selten anwendbar ist, während korrelative Indikatoren daran gemessen schlecht operationalisiert und ungenügend validiert sind, sich aber großer Verbreitung erfreuen.

---

120 Siehe hierzu und zum Wandel grundlegender wissenschaftstheoretischer Auffassungen im 20. Jahrhundert bei Klüver (1971, S. 11). Bezogen auf die Wirtschaftswissenschaften ist Machlup (1960) einschlägig.

121 Margenau (1950, S. 57 ff.).

122 Ebenda, S. 70.

123 Handwörterbuch (1982, Band 9, S. 301).

Wird in der wissenschaftlichen Literatur eine neue Operationalisierung oder eine veränderte Zuordnungsvorschrift (Messfunktion) vorgeschlagen, so kann sie im Moment ihres Entstehens noch nicht allgemein akzeptiert sein. Eine derartige neue Konzeption für einen Idealindikator ist zunächst ein *Quasi-Idealindikator* und wird erst im Laufe der Zeit zu einem Idealindikator, wenn sich eine tatsächliche oder auch fiktive und von der wissenschaftlichen Leserschaft formierte Konferenz auf diese Konvention geeinigt hat. Zur Herbeiführung dieser Einigung ist es zweckmäßig, nicht nur die Messvorschrift, sondern auch die Anwendungsmöglichkeiten und die im Vergleich zu alternativen Messungen weggefallenen Messfehler darzulegen.[124]

Statistische Adäquation

Die im Zusammenhang mit dem Referenzschema oder anderen literaturüblichen Modellen eingeführten Begriffe sind Bestandteile einer theoretischen Sprache, die durch generalisierende Abstraktion aus der Anschauung empirischer Sachverhalte entstanden ist. Machlup spricht von einer Dualität von theoretischem und operationalem Begriff, die in etwa dem Begriffspaar Idealtypus - Realtypus entspräche, das in den deutschen Sozialwissenschaften große Tradition hat.[125] Hartwig hat die Bezeichnung „Adäquation" für die Forderung eingeführt, die begriffliche Diskrepanz zwischen Idealtypen und Realtypen möchlichst klein zu halten.[126] Weil der Idealtyp durch einseitige Steigerung eines oder einiger einseitig herausgehobener Gesichtspunkte gewonnen werde, träten bereits bei den „einfachsten" Tatbeständen der Messung enorme begriffliche Schwierigkeiten auf.[127] Diese logische Diskrepanz zwi-

---

124 Grossekettler (1995).

125 Machlup (1960/61, S. 29): „Die 'Realtypen' sind etwas in der empirischen Wirklichkeit *Beobachtetes*; (...). Die 'strengen, rein ideelen Typen' sind etwas aus gedanklich isolierten Elementen der realen Welt *Konstruiertes*; (...)." (Hervorhebungen im Original). Zu dem Idealbegriff des *Preises* gehörten z. B. mehrere Realtypen. Bei einer Erhebung von Einzelhandelspreisen seien dies die „Schildchen in Geschäftsläden oder in deren Auslagen", in anderen empirischen Kontexten Preislisten, Kataloge, Preisberichte, Geschäftsbücherpreise, rabattbereinigte Preise etc. (S. 51f.). Die typologischen Begriffe hat Machlup aus der Zeit des „Methodenstreits" in der deutschen Sozialwissenschaft zu Beginn des Jahrhunderts bei Menger entlehnt, siehe Machlup (1960, S. 567) sowie Ingham (1996, S. 255). Die Konzipierung idealtypischer Begriffe ist nach Grohmann (1976, S. 330ff.) eine Aufgabe der Wirtschaftstheorie, reale Begriffe kommen in der Wirtschaftsstatistik vor.

126 Hartwig (1956). Hartwig gilt als Vertreter der Frankfurter Schule (Menges, 1976, S. 290). Der Begriff selbst ist bereits 1950 geprägt worden (Menges, 1982, S. 289). Der Stand des Wissens zur statistischen Adäquation als einer „sachgerechten Abstimmung" zwischen Theorie und Empirie wurde auf einer Tagung des Instituts für Angewandte Wirtschaftsforschung, Universität Tübingen, 1988 zusammengefasst; siehe bei Grohmann (1988, S. 25).

127 So Hartwig wörtlich (a. a. O., S. 261). Um die Unwägbarkeiten der Messung exakter zu erfassen, ist heute das Konzept der unscharfen Logik (Fuzzy Logic) entstanden (Menges, 1976, S. 295). Synonym mit dem Begriff der Adäquation wird der Begriff „Korrespondenz" gebraucht, siehe ebenfalls bei Menges an anderem Ort (1982, S. 290, Fußnote 1).

schen den beiden Begriffstypen ist grundsätzlich unüberwindlich, man müsse sie jedoch auf das überhaupt mögliche Minimum reduzieren, was zur primären und genuinen wissenschaftlichen Aufgabe der wirtschaftsstatistischen Methodologie werde.

Die spezifische Aufgabe, die durch die Zielsetzung festgelegten Begriffe des untersuchten Sachbereichs und die für die reale Erfassung der Gesamtheit benötigten statistischen Konzepte einander möglichst nahezubringen, wird ebenfalls als *Adäquation* bezeichnet.[128] Wird sie unbefriedigend gelöst, liegt ein *Adäquationsfehler* vor: Jede wesentliche Abweichung zwischen den Begriffen führt zwangsläufig zu Fehlern bei der Rückübertragung der statistischen Aussagen über den Sachbereich. Während in den üblichen Lehrbüchern auf die Bedeutung der Zuverlässigkeits- und Gültigkeitsfehler hingewiesen wird und Verfahren zum Abschätzen der Stichprobenfehler seit langem bekannt sind, fehlt der Hinweis auf mögliche Adäquationsfehler weitgehend. Umso wichtiger ist es, in der noch im Entstehen begriffenen Ökonometrie der Innovation das Adäquationsproblem nicht zu übersehen.

Gültigkeit (Validität)

Güte und Verlässlichkeit einer neuen Konzeption zur Fortschrittsmessung hängen neben einer befriedigenden Lösung des Adäquationsproblems von der Objektivität und Reliabilität (Zuverlässigkeit) des Indikators ab. Als objektiv können Ergebnisse dann gelten, wenn sie einer intersubjektiven Überprüfung durch einen methodisch versierten Fachmann uneingeschränkt standhalten. Die Reliabilität eines Erhebungsverfahrens äußert sich in der Stabilität des Ergebnisses bei Wiederholung der Messvorgänge. Die Validität (Gültigkeit) ist immer nur in einem bestimmten Ausmaß und in bezug auf einen spezifischen Validitätsaspekt prüfbar.[129] Da die Konzeption eines Idealindikators letztlich das Resultat einer Konvention ist, ist jeder Versuch einer gewissermaßen endgültigen Festlegung der Gültigkeit von Innovationsindikatoren von vorneherein zum Scheitern verurteilt. Der Anspruch an die Gültigkeitsprüfung reduziert sich darauf, zu zeigen, unter welchen Umständen und für welche innovations- oder mikroökonomische Objekte ein bestimmtes ökonometrisches Schätzverfahren ein anderes ersetzen kann. Das in Abbildung 1-1 eingeführte Referenzschema wird dabei benötigt, die Gültigkeitsbereiche der einzelnen später zu diskutierenden Variablen voneinander abzugrenzen.

---

128 Schäffer (1977, S. 235).

129 Handwörterbuch (1980, Band 5, S. 125). Die Gültigkeitsprüfung bei einem Idealindikator *ist* eine Adäquationsprüfung, bei einem Hilfsindikator kann sie als Korrelationstest mit dem Idealindikator verstanden werden (Munsberg, 1994, S. 34 - 36).

In einem Überblicksartikel wird auf die besondere Messproblematik in der Innovationsforschung hingewiesen.[130] Mit dieser Arbeit *soll* das theoretisch gut beherrschte Fundament relativ simpler Fortschrittsmodelle verlassen werden, um im Sinne einer positiven Wissenschaft dem Unbehagen an der Wirklichkeitsnähe der Theorie etwas Neues entgegenzusetzen. Dass dabei die beschriebenen Messprobleme verschärft auftreten, muss billigend in Kauf genommen werden.

Den gegenwärtigen methodischen Zustand der Messung in der Innovationsökonomik hat Griliches kürzlich prägnant umrissen.[131] Am Beispiel eines speziellen Innovationsindikators, des Patentindikators, schrieb er in einer Übersichtsarbeit über 30 Jahre empirischer Forschung: „Wofür sind Patente Indikatoren? Es gibt zwei Möglichkeiten, diese Frage zu formulieren: Welche Aspekte ökonomischer Aktivitäten umreißt die Patentstatistik wirklich? Und, was möchten wir, dass sie messen könnten? Letztendlich ist ausschließlich die erste Frage relevant, aber es ist zweckmäßig, einige Zeit auf die zweite zu verwenden, weil sie mehr Verständnis für die Forschung in diesem Gebiet bringt."[132] Im weiteren Text verweist Griliches auf Früharbeiten mit der Patentstatistik, in der namhafte Autoren valide Zusammenhänge zu anderen ökonomischen Größen herstellen wollten, damit jedoch scheiterten (2. Fragestellung!). Erst im Laufe der Zeit verstanden sie, dass die Patentindikatoren über andere innovative Aktivitäten eine valide Auskunft geben als diejenigen, nach denen sie fahndeten (1. Fragestellung!).[133]

Griliches hat als einen vielversprechenden Weg zur Abmilderung des Gültigkeitsproblems von Innovationsindikatoren und gleichzeitig auch zur Ankoppelung der qualitativen Indizes an monetäre Größen das Konzept der *hedonischen Preise* vorgeschlagen. Dieser Ansatz ist ursprünglich entwickelt worden, um die Preisentwicklung eines Gutes, bereinigt um Qualitätsänderungen (z. B. aus dem Innovationspro-

---

130 Cohen und Levin (1989, S. 1061).

131 Griliches (1957 und 1958) gilt als einer der Pioniere im weiten Feld der empirischen Innovationsforschung, der bereits im Jahre 1957 Untersuchungen zur regionalen und zeitlichen Diffusion einer innovativen Maissorte sowie der sozialen Ertragsrate des dafür benötigten FuE-Aufwandes ermittelte.

132 Griliches (1990, S. 1669).

133 In der deutschen Literatur ist das Adäquationsproblem von Innovationsindikatoren so beschrieben worden: „Wie in anderer Stelle dargelegt, sind Indikatoren keine Messgrößen mit einer Messvorschrift, die in der Definition der Größe bereits eindeutig angelegt ist. (...). (Es) wurde bereits die Hypothese formuliert, dass Patentindikatoren sowohl den Ertrag von FuE als auch das strategische Marktinteresse des Anmelders „messen" können. Ein gutes Qualitätsmerkmal für einen Ertragsindikator wird aber wohl nicht gleichzeitig Qualitäten bei der Abbildung von Markt-Präferenzen besitzen können. Daher lässt sich die Forderung nach Qualitätsmerkmalen umformulieren: Es geht darum, die verschiedenen vorgeschlagenen Patentindikatoren dahingehend zu bewerten, für welche separiert gedachten Observablen sie jeweils „gut" sind, bzw. darum, neue Patentindikatoren einzuführen, welche die eigentlich gewünschten Observablen (z. B. FuE-Ertrag, Marktpräferenz, Technologietransfer) möglichst gut abbilden." (Schmoch et al., 1988, S. 30).

zess), erfassen zu können. Er wird in der neueren Literatur zur Messung des technischen Wandels zweckentfremdet und zur Ermittlung der Qualitätsentwicklung selbst anhand der Preisänderungen benutzt.[134] Voraussetzung für die Anwendung dieses Ansatzes ist, dass bereits ein Markt für dieses Gut existiert, dessen Qualitätsänderungen erfasst werden sollen, und eine ausreichende Zahl von Konkurrenzgütern vorhanden ist. Allen Marktteilnehmern müssen die Informationen über die qualitativen Unterschiede bekannt sein, sonst können sie sich nicht in den hedonischen Preisen ausdrücken. Die Lösung des Adäquationsproblems der Messkonzeption mit hedonischen Preisen setzt also voraus, dass Preise überhaupt ermittelbar sind und den Eigenschaften des innovativen Produkts entsprechen. Diese Annahmen sind in der Regel nicht erfüllt,[135] insbesondere nicht bei innovativen öffentlichen Gütern.

Stilisierte Fakten

In der *Bewertungstheorie* wird unterschieden, ob ein Ansatz den Charakter einer subjektiv begründeten oder einer intersubjektiv fundierten Bewertung hat oder als Messmodell interpretiert werden kann.[136] Sofern die Analysen auf statistischen Daten und Indikatoren beruhen, die nicht vertraulich sind, gilt auf jeden Fall, dass die Innovationsforschung Ansätze zur intersubjektiv fundierten Bewertung leisten kann. Nur insoweit gezeigt werden kann, dass die Adäquationsfehler eines Indikators klein sind, handelt es sich um eine Messung; dies ist im Einzelfall für jeden vorgeschlagenen Indikator zu entscheiden.[137]

Bei der Quantifizierung des Innovationsprozesses wird oft auf *„stilisierte Fakten"* zurückgegriffen. Dies ist eine Vorgehensweise, die von Kaldor[138] eingeführt wurde. Nach Kaldor bedarf jede Erklärung wirtschaftlicher Phänomene der empirischen Fundierung unter Einbeziehung einer „Summe von Fakten", aus denen sich

---

134 Vergleiche u. a. Alexander und Mitchell (1985) und Dorison (1992, S. 68 ff.). Nur das ursprüngliche Konzept der hedonischen Preise geht auf Griliches (1961, 71) zurück.

135 Dorison (1991, S. 121).

136 Bechmann (1978, S. 327). Der Vollständigkeit halber sei an dieser Stelle darauf hingewiesen, dass die Verwendung des Begriffs Bewertung in der Innovationsökonomik nichts mit dem Gebrauch dieser Vokabel durch die Nationalökonomen der Jahrhundertwende zu tun hat, so wie etwa Max Weber in seiner Antrittsvorlesung an der Universität Freiburg im Frühjahr 1895 ausführte, dass der Wertmaßstab des deutschen volkswirtschaftlichen Theoretikers nur ein deutscher sein könne, sondern auf die oben beschriebenen Faktoren des Theoriemangels und des Adäquationsproblems eingegrenzt werden soll.

137 So spricht z. B. Cordero (1990, S. 187) in einer Zwischenüberschrift von „Measures to evaluate technical performance", also wörtlich „Maße zur Bewertung der technischen Leistungsfähigkeit". Der zitierte Autor bringt die beiden Begriffe mit dem ausdrücklichen Hinweis zusammen, dass die Outputs der Technik normalerweise in monetären Größen nicht gemessen werden können.

138 Kaldor (1961).

Tendenzen ableiten lassen, die zur Hypothesenbildung geeignet sind.[139] Solche stilisierten Fakten sind nützlich, sofern sie drei Bedingungen genügen[140]: Sie müssen für die Fragestellung relevant sein (*Erklärungsrelevanz*), dürfen nicht für eine ganz bestimmte Theorie aufgestellt werden (*Theorieneutralität*) und sollen einen häufig beschriebenen Tatbestand erfassen (*Nicht-Strittigkeit der Fakten*). Das Hilfsmittel der stilisierten Fakten wird in innovationsökonomischen Arbeiten gern und auch in diesem Buch (Teil II) angewendet, auch wenn es das Adäquationsproblem nicht aufheben kann.

Innovationsindikatoren und Aufgaben der Ökonometrie

An dieser Stelle erscheint ein erster Überblick über wichtige in der innovationsökonomischen Literatur vorfindbare Indikatoren angezeigt, die in den Kapiteln 3 und 4 im einzelnen eingeführt und erläutert werden. Es hat sich eingebürgert und ist gegenstandsgemäß, die Indikatoren in drei Kategorien einzuteilen, die allerdings immer wieder anders genannt werden. Eine eindeutige Zuordnung ist eben wegen des Adäquationsproblems erschwert; außerdem lassen heuristische Typologien dieser Art immer eine Reihe von Freiheitsgraden.

Im deutschen Sprachgebrauch üblich ist die Einteilung in Input-Indikatoren, Byput-Indikatoren und Output-Indikatoren.[141] Input-Indikatoren sind demnach Variablen, die technischen Fortschritt[142] verursachen. Byput-Indikatoren messen Begleit- oder Teilerscheinungen des technischen Fortschritts. Als wesentlicher Begleiter der Innovation müssen gemäß dem verwendeten Referenzschema die FuE-Prozesse angesehen werden. Output-Indikatoren stehen für die qualitativen, mengen- oder wertmäßigen Fortschritte in den Produktionsprozessen oder Produkten. Die drei Typen von Indikatoren finden sich auch in der angelsächsischen Literatur[143] und suggerieren nichtrückgekoppelte Input-Output-Modelle, die sich nach dem oben Ausgeführten nicht halten lassen. In diesem Buch wird es daher vorgezogen, von *Ressourcen-Indikatoren*, *FuE-Ertragsindikatoren* und *Fortschrittsindikatoren* zu sprechen. Alle Gruppen zusammen sollen *Innovationsindikatoren* genannt werden.

Der *Ökonometrie* fällt die Schlüsselrolle zu, die Hypothesen, welche durch die Innovationstheorien vorgegeben sind, dadurch zu überprüfen, dass sie sie mit der

139 Oppenländer (1991, S. 166).

140 Romer (1989); siehe auch Oppenländer (a. a. O.).

141 Siehe etwa Grossekettler (1978, S. 227, 229 und 230) sowie Audretsch (1996, S. 206).

142 Die Vokabel „technischer Fortschritt" wird hier mit „Innovationsoutput" gleichgesetzt, siehe bei Schwitalla (1993, S. 105, Fußnote 1).

143 Siehe z. B. Freeman (1982, S. 8 ff.).

empirischen Evidenz konfrontiert.[144] Meist stellt die Wirtschaftsstatistik systematisch aggregierte Daten (Volkswirtschaft, Sektoren, Märkte) zur Verfügung, jedoch werden in der jüngeren Innovationsforschung zunehmend Individualdaten erhoben. In diesem Fall bringt die *Mikroökonometrie* Modelle bei, um für die häufig qualitativen oder beschränkten Variablen Schätzungen zu spezifizieren sowie die eventuell „fortgepflanzten" Messfehler zu errechnen.[145]

Die heute eingesetzten ökonometrischen Verfahren sind sehr anspruchsvoll.[146] Es gibt aber keine wirtschaftswissenschaftliche Theorie, welche in der Lage wäre, das Verteilungsgesetz eines statistischen Indikators vor der oder ohne Messung anzugeben. Da die Innovationsökonomie keine experimentelle Wissenschaft in dem Sinne ist, dass unter vom Wissenschaftler eingestellten, kontrollierbaren und auch kontrollierten Einflussbedingungen präparierte, das heißt speziell zugerichtete Innovationsobjekte beobachtet werden könnten, enthalten die den realen Objekten durch die Messvorschriften zugeordneten Daten möglicherweise Beimischungen aus unkontrollierten Einflüssen. Wegen des nichtexperimentellen Charakters der Innovationsforschung kann aus den Messdaten selbst die zugrundeliegende Stochastik nicht erschlossen werden, denn „dies würde voraussetzen, dass wir das Verhalten der betreffenden Maßzahl unter notorisch gleichen 'allgemeinen Bedingungen' in einer hinreichend langen Versuchsreihe wiederholt zu beobachten Gelegenheit haben."[147]

Es ist daher vorgeschlagen worden, neben den oben genannten ökonometrischen Standardtests, den sogenannten parametrischen Methoden, die in den letzten Jahrzehnten erheblich weiterentwickelten „parameterfreien" Methoden[148] verstärkt anzuwenden, weil sie nicht auf bestimmte Verteilungsgesetze zurückzugreifen brauchen. Auch die anspruchsvollsten ökonometrischen Schätzverfahren versagen jedoch, wenn Adäquation und Gültigkeit der Messverfahren nicht gegeben sind. In großen Teilen der angewandten Literatur zur Innovation wird diesen Gesichtspunkten vergleichsweise wenig Beachtung geschenkt. Da in jedem neuen Beitrag schon aus Platzgründen Schwerpunkte gesetzt werden müssen, werden in diesem Band häufig einfache, oft nur beschreibende Statistiken und überwiegend parametrische Methoden aus der Ökonometrie eingesetzt. Auch wird den fortgepflanzten statistischen Fehlern weniger Aufmerksamkeit zuteil als den primären.

---

144 Ronning (1996, S. 78).

145 Ronning (1991).

146 Johnson et al. (1989) und Johnston (1984).

147 Hartwig (1956, S. 264).

148 Siehe z. B. Abschnitt 5.2.

1.6 Gliederung und Aufbau des Buchs

Dieser Band zerfällt in vier unterschiedliche Teile. Teil I zeigt den theoretischen Stand auf, wobei besonderes Gewicht auf die Erklärungsproblematik gelegt wird. Im Kapitel 1 wird ein breiter Ansatz verfolgt, der über das wirtschaftswissenschaftliche Gedankengut hinausgeht und ansatzweise die Wissenschafts- und Technikgeschichte sowie die soziologische Wissenschafts- und Technikforschung einbezieht.

Im weiteren Gang der Darlegungen werden die Theorien und sonstigen Ansätze im Bereich der ökonomischen Innovationsforschung näher erläutert und ausgeführt. Das im Abschnitt 1.3 nur aus einem Überblick über literaturübliche Begriffe zur Beschreibung des Innovationsprozesses (Abschnitt 1.2) abgeleitete funktionale Referenzschema hat viele Anleihen bei der Wirtschaftstheorie genommen. Die entsprechenden Theorien und Ansätze werden in Kapitels 2 referiert. Außer der Innovationstheorie scheinen vor allem nachfragetheoretische Ansätze für die Konzeption der Messfunktionen aussichtsreich zu sein. Diese Aufteilung der Kapitel 1 und 2 folgt pragmatischen Erwägungen. Ein ausführlicher Einbezug des Standes der wirtschaftswissenschaftlichen Theoriebildung in das einleitende Kapitel 1 hätte eine Überfrachtung der grundlegenden Ideen bedeutet. Insofern wird in Kauf genommen, dass theoretische Querbeziehungen erst „nachträglich" aufgehellt werden können.

Bei diesem Band handelt es sich um einen Beitrag zur angewandten Forschung. Sie lebt wesentlich von neuen Daten.[149] Im Teil II wird eine neue empirische Konzeption[150] erläutert, bei der sich die technometrischen Messverfahren als zentral herausstellen, die im Kapitel 3 definiert und diskutiert werden. Der technometrische Ansatz kann als das Bindeglied („Missing link") zwischen den Funktionen der FuE-Tätigkeiten und der Innovationsprozesse gelten. Der Technometrieindikator wird als Idealindikator für die Fortschrittsmessung vorgeschlagen. Seine Adäquation mit dem Innovationsbegriff wird im Abschnitt 3.3 kritisch diskutiert. Aus dem Technometriekonzept ergibt sich eine valide Neuinterpretation anderer, gängigerer Indikatoren im Bereich der Innovationsökonomik. Mögliche korrelative Indikatoren werden in Kapitel 4 vorgestellt.

Die Innovationsökonomik hat bisher kein eigenes Methodenrepertoire entwickelt. Sie schöpft vielmehr aus den umliegenden Disziplinen die jeweils benötigten Methoden und fügt sie zu einem Mix zusammen. Obschon keine spezifischen mathematischen Algorithmen entwickelt wurden, ist auffällig, dass gewisse Ansätze häu-

---

149 So u. a. Scherer (1992, S. 1421).

150 Der Begriff „Konzeption" ist an den der „wirtschaftspolitischen Konzeption" von Pütz (1975, S. 208 f.) angelehnt. Nach Grossekettler (1985 S. 125) sind wirtschaftspolitische Konzeptionen „Entwürfe, welche Leitbilder für die Gesamtheit der Entscheidungen aller wirtschaftspolitischen Entscheidungsträger und damit Grundsätze, Ziele und Maßnahmen für deren Handeln umfassen."

figer auftreten als in der sonstigen Ökonometrie, und andere, weit verbreitete Algorithmen, hingegen seltener. Das Kapitel 5 sucht Zugang zu methodologischen Aspekten der Innovationsökonomik über die Frage, welche speziellen Akzente es sind, die in diesem Zusammenhang gesetzt werden.[151] Welche der bewährten Ansätze gehen in den üblicherweise verwendeten Methodenmix ein und welche treten zurück? Wie kommt es zur Bevorzugung gewisser Methodiken und was verspricht sich diese Forschungsrichtung davon? Wofür ist das in der Praxis verwendete Methodenrepertoire zweckmäßig?

Logik von Teil III

Teil III dieses Bandes ist von gänzlich anderer Struktur. Nach der Darlegung der Konzeption einer Innovationsökonomik, ihrer Messprobleme und ihrer Messverfahren verbleiben viele Argumente im Abstrakten. Da im Bereich der Innovationsökonomik die Menge der ökonometrischen Befunde häufig das Repertoire theoretischer Aussagen übertrifft, soll der Gültigkeitsprüfung des Konzepts entsprechend großer Raum gewidmet werden. Teil III stellt fünf Anwendungen nebeneinander, die mustergültig insofern sind, als dass wichtige und typische Aspekte der Innovationsökonomik systematisch *erklärt* werden.

Die Gliederung dieses Buchs in vier Teile und die Anlage des Teils III bedarf einer besonderen Begründung. Es ist für solche Bücher üblich, einen Fall, z. B. eine Industrie oder einen Markt, zu analysieren und daraus allgemeingültige Innovationsmodelle abzuleiten.[152] Dabei prägen oft die Spezifika des Fallbeispiels auch die Ableitungen des allgemeinen Modells und können nicht genügend abgestreift werden. Das daraus abgeleitete Referenzschema erhält dabei einen „Farbstich“, der bei der Abhandlung anderer Fallbeispiele stört. Zur Abhilfe soll in dieser Darstellung zuerst, im Teil II, eine möglichst allgemeine Messkonzeption erläutert werden, die dann mustergültig einer Verdeutlichung der Gültigkeit in verschiedenen Fallbeispielen dient. In diesem Sinne behandelt Teil III nicht nur die *Anwendung* eines Modells, sondern die *Betrachtung der Gültigkeit* der Messkonzeption aus verschiedenen Blickwinkeln. Für solche Betrachtungen sind umfangreiche Daten, teilweise neuer Art, nötig. Sie aufzuarbeiten wird durch eine Verankerung in der empirischen Innovationsforschung vorteilhaft unterstützt.[153] In den ersten zwei Kapiteln des

---

151 Im Kapitel 5 ist damit *keine* Befassung mit der Evolutionsmethodik im Sinne einer evolutionären Erkenntnistheorie gemeint (letztere bei Dopfer 1990, S. 20 ff).

152 Beispielsweise hat Dosi (1982) sein Modell aus der Betrachtung der Ablösung der Elektronenröhre durch den Transistor abgeleitet, während Clark (1985) die Halbleiter- und die Automobilindustrie studierte, um seine Modellauffassungen auszubreiten. In gleichem Sinne äußern sich Cohen und Levin (1989, S. 1087, Fußnote 31).

153 Clark (1951, S. V) zitiert im Vorwort zu seinem Werk über die Bedingungen des ökonomischen Fortschritts den folgenden Sinnspruch zu den notwendigen Bedingungen bei der Abfassung einer guten Abhandlung: „(...) Drei Männer sind nötig: ein Deutscher, um alle möglichen und unmöglichen Daten zu sammeln; ein Engländer mit Urteilskraft bei der Auswahl dessen, was

Teils III werden gesamtwirtschaftliche Aspekte betrachtet, drei Kapitel sind durch einen Markt bestimmt, der jeweils sehr verschieden strukturiert ist.

Im Kapitel 6 wird gezeigt, dass das neu vorgeschlagene Messverfahren in der Lage ist, Fortschrittsrückstände zwischen hochentwickelten Volkswirtschaften zu erklären, die relevant für Wachstum und Außenhandel sind. Bei der entsprechenden Querschnittsbetrachtung wird ein innovativer Warenkorb analysiert. Kapitel 7 beschäftigt sich mit der zeitlichen Entwicklung des gesamtwirtschaftlichen Fortschritts zwischen hochentwickelten Volkswirtschaften. Die vorgeschlagenen Innovationsmaße ermöglichen den Vergleich der Fortschritts- und Imitationsgeschwindigkeit zwischen Ländern.

Die Kapitel 8 bis 10 beziehen sich auf einzelne Märkte. Kapitel 8 erklärt die Aneignung von Innovationsrenten auf dem wissenschaftsgetriebenen Lasermarkt, auf dem öffentliche Güter eine Rolle spielen. Es wird gezeigt, dass die vorgeschlagenen Fortschrittsindikatoren auch dann valide bleiben, wenn einzelne Marktteilnehmer stärker als andere mit öffentlichen Institutionen zusammenarbeiten und am Gebrauch der öffentlichen Güter, die das Wissenschaftssystem hervorbringt, partizipieren. Kapitel 9 dient der messtechnischen Feststellung von Koordinationsmängeln bei Fortschrittsstörungen, die auf dem Photovoltaikmarkt vermutet werden. Verfahren zur Diagnose von Koordinationsmängeln werden getestet; ferner ergibt sich, wie der internationale Marktanteil mit dem Produktfortschritt zusammenhängt. Kapitel 10 verdeutlicht, wie die vorgeschlagenen Innovationsindikatoren zur Identifikation von Lücken auf dem Sensormarkt, einem Investitionsgütermarkt, eingesetzt werden können. Das Kapitel zielt auf die betriebswirtschaftlich interessante Frage ab, ob es Fortschrittsmaße gibt, die helfen können, Marktlücken zu erkennen. Die Fortschrittsmaße dienen auch dazu, Präferenzen der industriellen Nachfrager offenzulegen.

Den Abschluss (Teil IV, Kapitel 11) bildet eine kurze synoptische Betrachtung der Angemessenheit und Gültigkeit der vorgeschlagenen Art der ökonometrischen Fortschrittsbestimmung sowie ein Ausblick auf die offenen Fragen bei der Erklärung des technischen Wandels. Mit der Aufteilung in einen theoretischen, einen konzeptionellen und einen validierenden Teil wird die Hoffnung und Erwartung verbunden, die Überlegungen zu einer Innovationsökonomik vom allgemeinen und vom konkreten Standpunkt aus näher zu bringen. Da die vorgeschlagenen Innovationsindikatoren verschiedenen gesamtwirtschaftlichen und partialanalytischen Messzwecken gleichermaßen dienen können, sollten sie in zukünftigen Untersuchungen eine zentrale Rolle spielen.

---

nützlich und wichtig ist; und zuletzt ein Franzose mit literarischem Instinkt, um es aufzuschreiben.“ Darf man daraus scherzhaft schließen, dass diese Arbeit der Daten wegen bei all' ihren Mängel jedenfalls in Deutschland entstehen musste?

2 Abriss des Stands der Innovationstheorie

Als das Reich der Seher zugrunde gegangen war, meldeten sich die Blinden als Augenzeugen.

Peter Maiwald

2.1 Überblick und klassische Ansätze

Es gibt eine ganze Reihe von Schulen ökonomischen Denkens zum technischen Fortschritt, so dass eine Einordnung der vorliegenden Konzeption nicht gerade einfach gemacht wird. Diese Schulen sind nicht notwendigerweise in einem Rivalitätsverhältnis zueinander in dem engen Sinne, dass dann, wenn eine wahr wäre, alle anderen falsch sein müssten.[1] Die hauptsächliche Schule in der Ökonomie mit Beiträgen zum Verständnis der Innovation ist die Neoklassik.[2]

Die einzelnen Abschnitte des Kapitels 2 sind gemäß der historischen Entwicklung der ökonomischen Lehrmeinungen angeordnet. In diesem Abschnitt 2.1 ist ein Hinweis auf die Art der Behandlung des wissenschaftlichen und technischen Wandels und der Innovation im Werk zweier *Klassiker*, dem von A. Smith und K. Marx vorangestellt. Vor allem aber rückt Abschnitt 2.1 die *Schumpetersche Innovationstheorie* ins Zentrum der Überlegungen. Jetzt, am Ende des 20. Jahrhunderts, kann festgestellt werden, dass Schumpeters Werk alle ökonomischen Lehrmeinungen zumindest bei der Behandlung der Innovationsprozesse befruchtet hat, und sein Name daher mit gutem Recht unter den Klassikern der Innovationstheorie genannt werden darf.

Struktur von Kapitel 2

Abschnitt 2.2 beginnt mit einer kurzen Darstellung einiger *neoklassischer Beiträge* zur Modellierung der Innovation. Kurz gestreift werden die Beiträge, welche die *neue Wachstumstheorie* für das Innovationsverständnis bietet. Am Ende des Abschnitts 2.2 werden die Beiträge kritisch betrachtet und Argumente der Unzufrie-

1 Die Schulen sind also komplementär zueinander; jede hat einen spezifischen Beitrag zu unserem Verständnis des Wirtschaftsgeschehens zu leisten, so Miller und Maer (1991, S. 18).

2 Miller und Maer (1991, S. 19) weisen darauf hin, dass zur Erklärung der Bedeutung bzw. Dominanz einer ökonomischen Schule nicht nur ihr Forschungsbeitrag herangezogen werden muss, sondern gleichermaßen auch die Eignung ihrer Ergebnisse für wissenschaftliche Publikationen („Artikel-Kriterium") und die Lehrfähigkeit („Lehrfähigkeits-Kriterium").

denheit mit der neoklassischen Erklärung des technischen Wandels genannt. Die Kritikpunkte werden (nur) unter dem Aspekt der Adäquationsproblematik geprüft.

Im Abschnitt 2.3 werden *institutionen- und evolutionsökonomische Ansätze* dargestellt und einer vorläufigen Gliederung unterzogen. Diese werden sich ebenfalls als nützlich für das moderne Verständnis des Zusammenspiels von Wissenschaft, Technik und Wirtschaft herausstellen, so dass schon im Abriss der klassischen und neoklassischen Ansätze immer wieder Randbemerkungen zu finden sind, die belegen, dass evolutionäre Ansätze in den Wirtschaftswissenschaften sehr weit zurückreichen, aber erst seit kurzem als neue Schule des Denkens verstanden werden. Auch sie werden anschließend der Kritik unterzogen.

Abschnitt 2.4 vertieft die für eine erfolgreiche Innovation so bedeutsamen Aspekte der Nachfrage und problematisiert die Definition und Abgrenzung von Produkten, Prozessen und technischen Dienstleistungssystemen. Der Literaturstand zur Beschreibung der Qualität von innovativen Produkten, vor allem auch von Investitionsgütern, wird herausgearbeitet. Die *neue Konsumtheorie* von Lancaster[3] wird hierbei auch auf neue Güter und andere als Haushaltsnachfrage angewendet. Im Abschnitt 2.5 wird das eigene Messkonzept in die durchgesehene wirtschaftswissenschaftliche Literatur eingeordnet. Daraus ergeben sich zusätzliche Interpretationsvorteile und Hinweise zu methodischen Fragen, insbesondere zur Messproblematik.

Abgrenzung der Innovationsökonomie

Abbildung 2-1 gibt zu Gliederungszwecken einen simplen Überblick über die Ausdehnung dessen, was hier als Innovationsökonomik bezeichnet wird. Ausgehend vom Werk Schumpeters sind die wichtigsten in Kapitel 2 besprochenen Innovationstheorien nach vorherrschenden Lehrmeinungen geordnet worden, was immer eine fragwürdige Unternehmung bleibt. Bezieht man auch die aus den Sozialwissenschaften bekannten systemtheoretischen Ansätze zur Innovationsforschung mit ein (siehe Kapitel 1; sie werden von den Nachbardisziplinen der Wirtschaftswissenschaften meist unter das Stichwort Technikgenese gestellt), dann lässt sich auf einfache Art versinnbildlichen, wo die vorliegende Konzeption einzuordnen ist.

Das diesem Buch theoretisch zugrundegelegte *funktionale Referenzschema* kann dadurch charakterisiert werden, dass es ausgehend von nichtmathematisch formulierten, systemanalytischen Zusammenhängen unter Zulassung von Rückkopplungen in die aus den ökonomischen Innovationstheorien bekannten funktionalen Zusammenhänge die neuesten Erkenntnisse aus der sozialwissenschaftlichen Technikgeneseforschung einbezieht - so weit dies möglich erscheint. Begreift man die Fortschrittsprozesse funktional, erhält, wie oben zusammengefasst, die um Innova-

---

3 Lancaster (1991).

tion und unternehmerische Nachfrage erweiterte Nachfragetheorie eine Schlüsselstellung. Dem einfachen Überblick zuliebe ist in Abbildung 2-1 auch die gegenwärtige Grenze der mathematischen Formalisierung eingetragen worden.

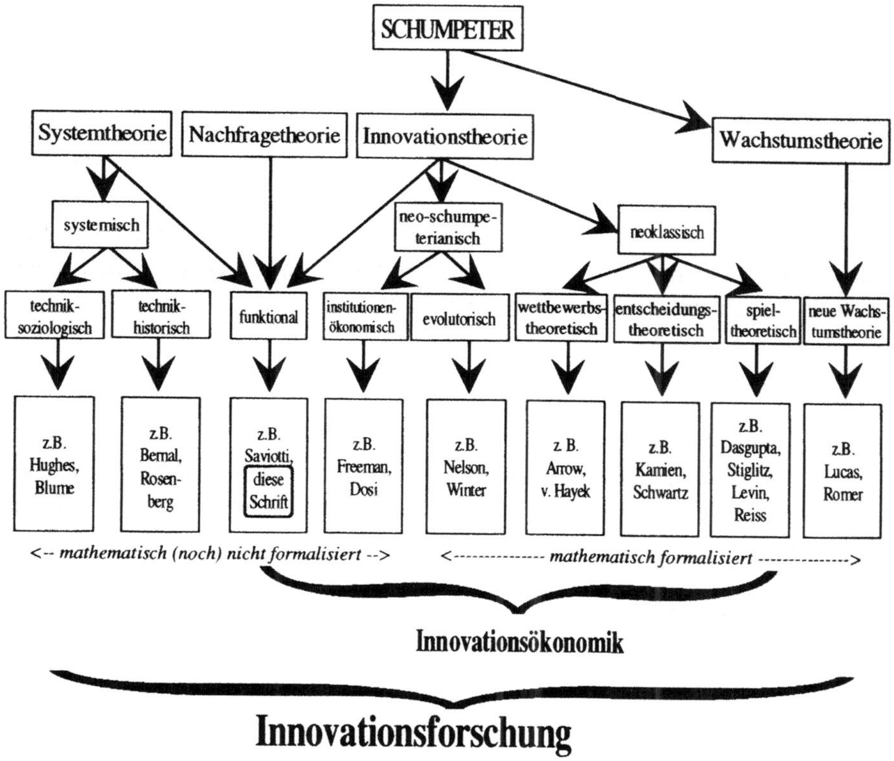

Abbildung 2-1: Überblick über formale Theorien und andere Ansätze der Innovationsforschung und Innovationsökonomik.

Der Begriff der *Innovationsökonomik* wird noch uneinheitlich abgegrenzt. In dem 1990 von Freeman herausgegebenen Überblicksband zu diesem Thema findet sich unter 26 Beiträgen kein aus Deutschland stammender Autor.[4] Eine starke Fragmentierung der Innovationsforschung in Deutschland wird beklagt.[5] Man kann die Innovationsökonomik als eine Teildisziplin der Industrieökonomik auffassen,[6] in

4 Freeman (1990). Zu den Ursprüngen des Begriffs siehe Hounshell (1996, passim).

5 Meyer-Krahmer (1993, S. 5).

6 Audretsch (1996).

die neoklassische und andere Innovationstheorien Eingang gefunden haben. Eine entsprechende Verortung ist in Abbildung 2-1 ebenfalls eingetragen worden.

Neoklassische vis-à-vis evolutionär-institutionenökonomische Schulen

In verschiedenen neuen Beiträgen zur deutschen Innovationsforschung wird ein Bekenntnis abgelegt, dass die Modellbildung entweder „neoklassisch"[7] oder „evolutorisch"[8] sei, so dass man den Eindruck gewinnt, es gäbe unterschiedliche, wenn nicht widersprüchliche Zugänge zum Innovationsverständnis. Dabei ist eine *sachliche* Einordnung innovationswissenschaftlicher Arbeiten in die Kategorien „neoklassisch" und „evolutorisch" nicht eindeutig möglich; sie folgt eher Konventionen als strengen wissenschaftssystematischen oder -logischen Ansprüchen.[9] Da dies keine systematisierende Arbeit sein will, werden die verschiedenen Ansätze heuristisch nach drei Gegensatzpaaren geordnet:

- Der technische Wandel ist im ökonomischen Modell exogen/endogen,
- das ökonomische System wird durch Gleichgewichtszustände/sich entwickelnde Prozesse beschrieben und
- das Zusammenwirken wirtschaftlicher Akteure wird nach rationalem, entscheidungstheoretischem Kalkül/als selbstregulierendes Erfahrungslernen verstanden.[10]

Die Unterscheidung, ob technischer Wandel als exogenes Faktum oder endogen verstanden wird, ist vor dem Hintergrund des Referenzschemas in Kapitel 1 nahe-

---

7 Siehe z. B. Stadler (1993, S. 160).

8 Siehe z. B. Schwitalla (1993, S. 69 f.).

9 Nichtsdestoweniger verweisen die abstrakten Unterscheidungsmerkmale auf eine interessante Analogie. Die neoklassische Innovationsforschung lebt wesentlich von der Mathematik und ist entsprechend formuliert. Die evolutorische Richtung stützt sich auf die Wissenschaften von lebenden Populationen, sei es die Biologie im Tier- oder Pflanzenreich oder die Theorie der sozialen Systeme im Falle des Menschen. Die letzteren sind weitgehend argumentativ aufgebaut und wenig formalisiert - so auch die evolutorische Innovationsforschung. Nun liegt die Mathematik im Grenzbereich der Natur- und der Geisteswissenschaften und könnte als *Strukturwissenschaft* bezeichnet werden (Küppers 1993). Sie untersucht abstrakte Strukturen, ohne zunächst danach zu fragen, wo diese Strukturen konkret vorkommen. Die wissenschaftslogische Analogie besteht darin, dass die modernen Lebenswissenschaften sich ebenfalls im Grenzbereich zwischen Natur- und Geisteswissenschaften weiterentwickeln. Stichworte sind: Selbstorganisation, Synergetik, Autopoiese, neuronale Strukturen. Somit scheint neben der Mathematik eine *neue Strukturwissenschaft* im Entstehen zu sein. Offenbar vollzieht sich ein ähnlicher Paradigmenwechsel in der Innovationsforschung: Die Strukturstütze der Mathematik wird durch die neuere Strukturstütze der modernen Lebenswissenschaften ersetzt bzw. ergänzt. Vor diesem Hintergrund scheint die Ergänzung der neoklassischen durch die evolutorische Innovationsforschung eine erkenntnistheoretische Zwangsläufigkeit zu sein, der sich die Wirtschaftswissenschaften letztlich nicht entziehen können, auch falls sie sich eine Zeitlang dagegen sperren sollten.

10 Siehe auch Clark und Juma (1988, S. 198 f.) und Witt (1992, S. 44).

liegend. Die Unterscheidung zielt darauf ab, den Prozess der Technikgenese und ihrer Determinanten explizit modellieren zu wollen oder ihn als gegeben hinzunehmen, das heißt, Wechselwirkungen zwischen dem technischen (und gegebenenfalls dem wissenschaftlichen) und dem wirtschaftlichen System auszuschließen[11]. In eine ähnliche Richtung geht das zweite Kriterium. Der Akzent ist hier jedoch auf die zeitliche Dimension des Innovationsgeschehens gerichtet. Die neoklassischen Ansätze etwa behandeln die Eigenschaften des Gleichgewichtszustands sorgfältig, definieren aber weniger detailliert, wie genau, wie schnell und auf welchem Wege das System dahin gekommen ist. Den evolutorischen Ansätzen ist hingegen gemeinsam, dass die relevanten Prozesse sorgfältig definiert und die Wege beschrieben sind, mit denen man Gleichgewichtszustände oder stationäre Zustände erreichen kann, oft ohne die Eigenschaften des Endzustandes anzugeben.

Die Unterscheidung zwischen rationalen und selbstregulierten Ansätzen ist nicht nur auf die Wirtschaftswissenschaften begrenzt. Entsprechende Auseinandersetzungen zwischen Denkschulen spielten auch in Physik, Chemie und Biologie eine wichtige Rolle. Es geht darum, ob es zulässig ist, ein System durch sorgfältig definierte und stabile Beziehungen zwischen den Konstituenten aufzufassen, was dem Ansatz rationaler Akteure entspricht. Die andere Denkschule argumentiert, dass das Ganze nicht in dieser Weise reduziert werden kann, sondern dass sich vielmehr die Eigenschaften komplexer Systeme aus nichtlinearen Wechselwirkungen ihrer selbstregulierenden oder organischen Kompenten entwickeln.

Die drei Gegensatzpaare scheinen für die Unterscheidung in neoklassische Theorien verschiedener Provenienz und evolutorische Ansätze aller Schattierungen hilfreich zu sein. Es wird an dieser Stelle nicht geprüft, ob sie auch hinreichend sind, die wesentlichen Unterscheidungen in zwei disjunkt gedachte Denkschulen zu bewerkstelligen.

Adam Smith über Innovation

Zunächst zu den Klassikern. Es werden nur A. Smith und K. Marx betrachtet, und dies noch dazu äußerst verkürzt. Adam Smith wies bereits 1776 in seinem Buch über „Das Wesen und die Gründe für den Reichtum der Nationen" ausdrücklich darauf hin, dass „jedes Individuum ein immer größerer Experte im Arbeitsbereich wird (...) und die Menge an Naturwissenschaft beträchtlich anwächst."[12] Bereits hieraus wird der exogene Ansatz deutlich; das naturwissenschaftliche Geschehen hat keinen Bezug zur Arbeit. Smith verwendete schon damals Begriffe wie „Gleichgewicht", „Bewegungsgesetze" und „wissenschaftliche Objektivität", die er

11 Die Technik fällt für die Wirtschaftssubjekte in letzterem Fall wie „Manna vom Himmel", siehe etwa bei Rose (1971).

12 Smith (1776, S. 8).

der Physik Newtons entnahm. Smith war wie andere frühe Ökonomen von der Ordnung des ökonomischen Systems beeindruckt, wie sie sich ihnen darstellte. Eine Analogie mit der Ordnung der physikalischen Welt lag nahe: Kräfte wirken zwischen Angebot und Nachfrage, werden von einer unsichtbaren Hand, den „Marktkräften", geleitet, die gemäß dem Gravitationsprinzip dafür sorgt, dass sich alles in die richtige Richtung bewegt und zu einem kräftemäßig ausbalancierten Endzustand führt.

Gemäß der Auffassung von Clark und Juma nahmen Smith und seine Zeitgenossen damals keinen Anstoß an den fundamentalen Unterschieden zwischen der physikalischen und der ökonomischen Welt, die aus dem bewussten und willkürlichen Handeln von Individuen resultieren, welche in der physikalischen Welt keine Rolle spielen.[13]

Karl Marx über Innovation

Für Karl Marx führt der Kapitalismus zur Expansion des wirtschaftlichen Geschehens, weil das System mächtige Anreize bietet und Institutionen hervorbringt, die den technischen Wandel beschleunigen und Kapital akkumulieren. Die Akkumulation des Kapitals und die Arbeitsteilung erhöhen die technische Produktivität und die Kapitalrenditen, bis das System ein hohes Ausmaß an fallenden Profitraten erreicht und hinweggefegt wird. Marx machte an den verschiedensten Stellen seiner Werke nicht nur auf den technischen Wandel aufmerksam, sondern betonte, dass die Wissenschaft eine notwendige Voraussetzung für neue Maschinen, Produktionsmethoden oder allgemein für neue Technologie sei und damit auch das ökonomische Wachstum und den gesellschaftlichen Reichtum bedinge.[14] Ein Originalbeispiel: „Mit der capitalistischen Production wird (...) der wissenschaftliche Factor zuerst mit Bewusstsein und auf einer Stufenleiter entwickelt, angewandt, und ins Leben gerufen auf einem Maßstab, von dem frühere Epochen keine Ahnung. (...) Erst in dieser Productionsweise stellen sich die practischen Probleme dar, die nur wissenschaftlich gelöst werden können."[15]

Aus dieser Sicht erscheint die wirtschaftliche Produktionsweise der damaligen Zeit sowohl als besonderer Förderer wie auch als Nutznießer des wissenschaftlichen Fortschritts. Der endogene Charakter der Technologie wird in den klassischen Werken von Marx nicht besonders betont, da die Technik im dialektischen Denken mit einer internen Einflussnahme auf den wissenschaftlichen Fortschritt verschränkt ist. Seine Ansichten über die sozio-ökonomische Evolution betonten die Übergänge

---

13 Clark und Juma (1988, S. 200).

14 Siehe z. B. Holland (1988, S. 137); ähnlich auch Rosenberg (1974a und 1976a, S. 63).

15 Marx (1862). Das Originalzitat mit seinem unvollständigen Satzbau ist unverändert übernommen worden.

von einem Zustand der Produktion zum nächsten. Diese Übergänge resultierten aus inneren Antagonismen oder Konflikten, die sich in einer neuen Synthese lösten.[16] Marx verwandte - obschon Klassiker - Begriffsbestimmungen der frühen Evolutionstheoretiker wie Darwin, wenngleich dessen Folgerungen nicht akzeptiert wurden. Wichtig für den vorliegenden Kontext ist jedenfalls die im Wirtschaftssystem endogene Behandlung des technischen Wandels.[17]

Schumpeter - der Klassiker der Innovation

Schumpeter zog aus den Arbeiten von Marx die Erkenntnis, die auch zentraler Bestandteil des obigen Zitats ist, dass der kapitalistische Wirtschaftsprozess auf der fortwährenden Veränderung der Produktion aufgrund neuer Maschinen und technischer Verfahren beruht, und folglich von der Dynamik des technischen Wandels lebt. Das Verständnis des Wirtschaftens als eines dynamischen Prozesses vor sozialem und institutionell-politischem Hintergrund durchzieht Schumpeters gesamtes Werk.[18] Es gibt so zahlreiche Würdigungen des Werkes Schumpeters, dass an dieser Stelle ein ebenso knapper Abriss wie für die eigentlichen Klassiker genügen mag.

Schumpeter war ein Schüler Mengers, der als Begründer der sogenannten (älteren) Österreichischen Schule gilt, und einer der ersten Kritiker der Neoklassik war. Menger führte verschiedene Güterklassen ein, von denen die übergeordneten komplexe Produktionsmittel sind.[19] Vor diesem Hintergrund des Bildes von einer komplexen, wissensbasierten Produktionsstruktur versuchte Schumpeter das Phänomen der Konjunkturzyklen zu erklären. Neue Kombinationen von Produktionsmitteln seien zentral für die Entwicklung der Wirtschaft; sie träten aber diskontinuierlich auf. Die Unternehmer setzten die neue Kombination bis zur Herstellung neuer Produkte (oder eines bekannten Gutes in neuer Qualität), zur Einführung bisher nicht bekannter Absatz- oder Produktionsmethoden, zur Erschließung neuer Bezugs- oder Absatzmärkte oder zur Schaffung einer organisatorischen Neuerung (innerhalb oder außerhalb der Branche) durch.

Schumpeter stellt den Unternehmer als Wirtschaftssubjekt mit einem ganz bestimmten Verhalten ins Zentrum seiner Betrachtung. Schumpeters Unternehmer ist immer

16 Clark und Juma (1988, S. 201). Marx hat damit in erheblichem Umfang soziologisches Gedankengut einerseits geprägt, andererseits in die Innovationstheorie eingebracht (ähnlich auch Ingham, 1996, S. 244).

17 Siehe auch Rosenberg (1974a). Gemäß dieser Interpretation sprach Marx (sowie Engels) der Wissenschaft den Charakter eines vollständig autonomen sozialen Systems mit ausschließlich endogenen Wachstumskräften sogar ab und wies dem Produktionssystem eine Schrittmacherrolle auch für den wissenschaftlichen Fortschritt zu (ebenda, S. 715 ff.).

18 Schumpeter (1911), (1939) und vor allem (1942).

19 Menger (1871, S. 147).

bereit zur Risikoübernahme und zeigt fortwährend Mut zur Innovation. Die anderen Wirtschaftssubjekte, die nicht die Eigenschaften des Unternehmers haben, die Wirte, erledigen ihre Aufgaben hingegen pflichtbewusst und verwaltungsmäßig.[20] Die Unterschiede zwischen diesen beiden idealtypischen Wirtschaftssubjekten liegen im psychologischen Bereich.

Schumpeter setzte die Mathematik zur Beschreibung seiner Vorstellungen nicht ein, und selbst seine „Theorie der wirtschaftlichen Entwicklung" ist nie in formalisierter Weise dargelegt worden. Abgesehen von dieser Grundeinstellung wäre es ihm mit den beschränkten damaligen Möglichkeiten der Mathematik vermutlich auch objektiv nicht möglich gewesen, eine stark dynamische Entwicklung zu modellieren. Der geringe Formalisierungsgrad mag ein wichtiger Grund gewesen sein, warum die Bedeutung des Werkes Schumpeters für die Fortentwicklung einer Innovationstheorie in den Wirtschaftswissenschaften lange Zeit nicht erkannt wurde.

Zurückkommend auf die obigen Unterscheidung der ökonomischen Theorien nach drei Kriterien wird die Einordnung von Schumpeters Innovationstheorie schwierig. In seinen frühen Werken war die Entstehung des technischen Wissens im Wirtschaftsablauf exogen. Der Unternehmer des obigen Typus war zuständig für die Anwendung dieses Wissens, also für Geschäftstüchtigkeit und Gewinnstreben. In Schumpeters späteren Arbeiten wird der technische Wandel neu interpretiert. Der technische Erfindungsprozess wird nicht mehr dem zufälligen Geniestreich des Einzelerfinders überlassen, sondern wird selbst zum Gegenstand planvollen Handelns, um im kapitalistischen Konkurrenzkampf Wettbewerbsvorteile durch die Erschließung neuer Märkte zu erzielen.[21] Für die Richtungsänderung in Schumpeters Denken werden die starken Änderungen in der Wirtschaftsstruktur und vor allem das Aufkommen der großen Konzerne in den zwanziger und dreißiger Jahren genannt.

Schumpeter hat alle weiteren Innovationstheorien dieses Jahrhunderts stark beeinflusst und darüber hinaus die Wachstumstheorie. In einer Art Schumpeter-Renaissance werden seine Gedanken im neoklassischen Ansatz zur Erklärung des Innovationsverhaltens weiterentwickelt, bei denen das gewinnmaximierende Unternehmerverhalten im Zentrum der Analyse steht.

---

20 Schumpeter (1911, S. 138). Freeman (1994a, S. 466) bemerkt hierzu, dass Schumpeter von Nietzsche und anderen Anhängern der „Super-Mann"-Theorien beeinflusst war und daher sein Frühwerk auf einem „etwas romantischen Modell" aufbaue.

21 Schumpeter (1942, S. 215).

2.2 Neoklassische mikroökonomische Ansätze und neue Wachstumstheorie

Die von Schumpeter beeinflusste neoklassische Innovationstheorie hat mikroökonomische sowie makroökonomische Ausprägungen genommen. Einige Grundannahmen kann man nicht einfach genug ausdrücken: In der Neoklassik sind die Produzenten mengenanpassend und die Nachfragemenge richtet sich nach individuellen Nutzenkalkülen der Haushalte. Was für die Konsumgütermärkte wahr ist, gilt auch für die Produktionsfaktoren, also Arbeit, Boden und Kapital. Fasst man alle Märkte zusammen, gelangt man zu einem Gleichgewicht der Preise und der Produktion, da jede beliebige Abweichung zu einer gleichgewichtswiederherstellenden Verhaltensänderung führen würde.[22] Eine Volkswirtschaft im sogenannten Pareto-Optimum kann kein Individuum mehr besserstellen, ohne ein anderes zu benachteiligen. Bei vollständiger Konkurrenz auf allen Märkten ist - wie Walras zeigen konnte - die Determinierbarkeit aller ökonomischen Größen gewährleistet, so dass nur ein einziger Gleichgewichtszustand denkbar ist. Dieser Zustand wird als der Normalfall eines Marktsystems beschrieben, bei dem die Angebotsmenge und der jeweilige Produktpreis in einem Verhältnis zueinander stehen, der eine Pareto-optimale Nutzenmaximierung aller Wirtschaftsobjekte ermöglicht. Betont werden muss, dass es in der neoklassischen Theorie um Mengen und Preise geht und nicht um die Qualität der Produkte noch der Produktionsverfahren.

Mikroökonomische, neoklassische Innovationserklärungen treten seit den 60er Jahren in der Literatur auf. Die entsprechenden Ansätze stützen sich zwar weiterhin auf den rationalen, gewinnmaximierenden Unternehmer, beziehen nun aber neben Preisen und Produktionsmengen auch Forschung und Entwicklung als Ressourcen optimierender Unternehmen ein. Einige dynamische bzw. stochastische Modelle werden unten referiert. Innerhalb dieses Rahmens werden neue Entscheidungskalküle aufgezeigt. In den neueren Modellen treten typisch dynamische Aspekte auf, die zu Wettbewerb führen bzw. - wie es in den einzelnen Ansätzen oft genannt wird - zu Wettläufen rivalisierender Unternehmen (z. B. um Patente). Als die wesentlichen Elemente neoklassischer Innovationstheorien stellen sich somit Elemente der Wettbewerbstheorie, der Entscheidungstheorie und der Spieltheorie heraus. In dieser Reihenfolge sollen einige ausgewählte Beispiele betrachtet werden.

Schumpeter-Hypothese

Schumpeters spätere Arbeiten können selbst unter dem Aspekt des Wettbewerbs betrachtet werden, was allerdings unüblich ist. Aus seiner Beobachtung des Unternehmerverhaltens in innovierenden Branchen kommt er wie die Theorie der monopolistischen Konkurrenz zum Ergebnis, dass sich trotz Anwendung sogenannter

---

22 Eine ähnlich simple Hinführung gibt Samuelson (1980, S. 39f.)

„monopolistischer Praktiken“ die Gesamtproduktion verbessern kann. Überlegungen zur Unternehmensgröße und der Marktstruktur als erklärende Variablen für das Innovationsgeschehen werden oft unter dem Stichwort der sogenannten „Schumpeter-Hypothese“ zusammengefasst. Nelson und Winter[23] formulieren sie so: „Eine Marktstruktur, die große Firmen mit einem beträchtlichen Maß an Marktmacht enthält, ist der Preis, den die Gesellschaft für raschen technologischen Fortschritt bezahlen muss.“ Korrekterweise dürfte nur die Behauptung eines abnehmenden Innovationsrisikos unter dem Einfluss von Marktmacht auf das Werk Schumpeters zurückgeführt werden,[24] nicht das, was man heute unter der Schumpeter-Hypothese versteht.

Eine empirische Überprüfung der Schumpeter-Hypothese mit einer großen Stichprobe deutscher Unternehmen ist von Schwitalla vorgelegt worden.[25] Danach ergeben sich keinesfalls durchschlagende Ergebnisse, sondern je nach Betrachtungsart sehr differenzierte. Darauf kann an dieser Stelle nicht eingegangen werden. Dem theoretischen Argument, dass Großunternehmen mit ihrer FuE effizienter umgehen und Innovationen schnell in großem Maßstab gewinnbringend verwerten können, wird in der Literatur gewöhnlich entgegengesetzt, dass erstens die bürokratischen Managementstrukturen der Großfirmen einen Teil der latenten Vorteile wieder zunichte machen.[26] Zumindest bezüglich des wissenschaftlichen Wandels muss zweitens berücksichtigt werden, dass die staatliche Wissenschafts- und Technologiepolitik eine weitere Determinante im Innovationsprozess darstellt, so dass es vorstellbar erscheint, dass durch öffentliche Subvention und das Vorantreiben bestimmter FuE-Programme zusätzliche Effekte auf die Marktstruktur eintreten.[27]

Wie bereits erwähnt ist es unüblich, diesen Teil aus Schumpeters Schaffen als Beitrag zur Wettbewerbstheorie aufzufassen. Nach gängiger Auffassung kann man vielmehr den Zeitpunkt der Entstehung der ersten *wirklichen wettbewerbspolitischen Konzeptionen* auf die dreißiger und vierziger Jahre dieses Jahrhunderts datieren und gedanklich dem Ordoliberalismus zuschreiben.[28] Zwar halten die Wettbewerbstheoretiker weiterhin an den neoklassischen Beschreibungen zur maximalen Befriedigung der Konsumentenwünsche und zum Wohlstand für alle Wirtschaftssubjekte fest, aber die Aufmerksamkeit der ökonomischen Analyse richtet sich nunmehr auf bestimmte Schwachstellen, nämlich zum Beispiel künstliche Verknap-

---

23 Nelson und Winter (1982a, S. 114). Eine ähnliche Formulierung gibt Witt (1987, S. 48).

24 Nelson und Winter (ebenda).

25 Schwitalla (1993).

26 Nelson und Winter (1982a, S. 115).

27 Dosi (1988).

28 So Grossekettler (1985, S. 130). Gemäß dieser Quelle ist der Ordoliberalismus die deutsche Variante des Neoliberalismus, der von der „Freiburger Schule“ vertreten wird (ebenda, S. 132).

pungspolitik durch Monopole, Informationsmängel bei den Konsumenten oder, was im Zusammenhang mit dem technischen Fortschritt bedeutsam ist, einer mangelhaften Bereitstellung von Kollektivgütern, z. B. im Bereich von Wissenschaft und Ausbildung. Da dieser Band nicht mit der Wettbewerbstheorie insgesamt befasst ist, sondern nur insoweit, als sie Bedeutung für die neoklassische Innovationstheorie hat, kann es bei der Erwähnung ausgewählter Beiträge bleiben.

Arrows Wettbewerbstheorie

Arrow legte in der Schumpeter-Tradition einen der ersten neoklassischen Beiträge zur modernen Innovationstheorie unter wettbewerbstheoretischen Aspekten vor und hebt die *Marktstruktur* als bedeutende Variable hervor. Seine Ergebnisse zeigen, dass vollkommener Wettbewerb gegenüber der Monopolstellung einen größeren Innovationsanreiz bietet.[29] Seine Ergebnisse wurden unter einer Reihe restriktiver Annahmen abgeleitet und beziehen sich u. a. nur auf Prozessinnovationen, die außerhalb der anwendenden Industrie entstehen und an diese verkauft werden. Der Arrowsche Ansatz stellt die Zusammenhänge zwischen Marktstruktur und Innovationsanreiz formal sehr elegant dar und wird oft als Widerlegung der entsprechenden Hypothesen Schumpeters angesehen. Allerdings zeigt eine genaue Gegenüberstellung,[30] dass das Arrow-Modell gerade den Wettbewerb durch Innovationen in Form neuer Produkte oder bekannter Produkte mit neuen Qualitäten nicht erfasst, die für Schumpeter wichtig sind. Das Modell ist in neoklassischer Tradition auf die Wettbewerbsparameter Mengen und Preise beschränkt. Von einer Widerlegung der sogenannten Schumpeter-Hypothese kann also keine Rede sein.

Von Hayeks Wettbewerbstheorie

Eine andere wettbewerbstheoretische Konzeption geht auf von Hayek zurück.[31] Von Hayek untersucht die Bedeutung des Wissens in der Ökonomie. Es bezieht sich auf die Kapazität von Unternehmen, durch die Marktmechanismen informiert zu sein, welche Güter oder Dienstleistungen nachgefragt werden. Wettbewerb sei in diesem Sinne ein Entdeckungsverfahren, indem innovationsbereite Unternehmen in einem „Explorationsprozess“ nach bisher noch ungenutzten Möglichkeiten suchen,

---

29 Arrow (1962). Der Beitrag Arrows zur Wettbewerbstheorie wird heute in vielen Lehrbüchern übersehen. Zu Arrows innovationsökonomischem Frühwerk siehe Hounshell (1996).

30 Kürzlich u. a. bei Schwitalla (1993, S. 20 ff.).

31 Von Hayek (1978); die englische Publikation geht gemäß einer Fußnote des zitierten Autors auf einen Vortrag mit dem Titel „Wettbewerb als Entdeckungsverfahren“ zurück, den dieser bereits 1968 in Kiel gehalten hat. Auch wenn von Hayeks Wettbewerbskonzept den deutschen Zweig der neoklassischen Schule, den Freiburger Ordoliberalismus, befruchtet haben mag, ist sein Werk ansonsten der Österreichischen Schule zuzurechnen (siehe u. a. Leschke und Wessling, 1993, S. 15). Auch Kaufer (1980, S. VII) weist darauf hin, dass die Wettbewerbstheorie mit von Hayek und anderen eine österreichische Schule habe.

was für den Fortschritt des technischen Wissens eine unbezweifelbare Rolle spiele.[32] Von Hayek stellt in der zitierten Quelle auch einen Zusammenhang zwischen technischem Fortschritt und Wachstum her, wenn er betont, dass „die Möglichkeiten zum Wachstum wahrscheinlich größer sind, je extensiver die noch ungenutzten Möglichkeiten eines Landes sind."[33] Er kommt dann aber zu der Warnung, dass eine große Wachstumsrate, mehr als einem lieb sei, Evidenz dafür liefere, dass in der Vergangenheit diese Möglichkeiten durch mangelnden Wettbewerb vernachlässigt worden wären. Eine hohe Wachstumsrate könne daher sehr wohl eine schlechte Wettbewerbspolitik bezeugen.[34]

Kantzenbachs Wettbewerbstheorie

Die Wettbewerbstheorie Kantzenbachs,[35] der argumentiert, dass die optimale Wettbewerbsintensität und die bestmöglichen Marktergebnisse bei mäßiger Produktdifferenzierung und dem Vorliegen eines Oligopols mit nicht zu geringer Anbieterzahl erreicht werde, ist für das hier verwendete Referenzschema unter zwei Aspekten interessant. Zum einen wird die Rolle des Ausmaßes an Produktdifferenzierung bei der Erklärung des Wettbewerbs hervorgehoben, was einen wichtigen Merkposten bei der Konzeption des Messkonzepts bildet. Daraus kann die Forderung abgeleitet werden, dass ein idealer Innovationsindikator Produktdifferenzierung überhaupt messen kann. Darüber hinaus bedeutet die Forderung nach einer genügenden, aber nicht zu großen Produktdifferenzierung, dass sich die Fortschrittsökonometrie - anders als bei Schumpeter - nicht auf die „großen" Innovationen einschränken lassen darf. Konsequenterweise nennt Kantzenbach unter den wichtigsten Wettbewerbsfunktionen den raschen technischen Fortschritt bei Produkten und Verfahren und ein entsprechend großes Wachstum.[36]

Der zweite Punkt berührt erneut die Schumpeter-Hypothese. Sowohl mehrere neoklassische wie auch das im nächsten Abschnitt skizzierte evolutionsökonomische Modell von Nelson und Winter bestätigen Schumpeters Ansicht, dass vollständige Konkurrenz als wettbewerbspolitisches Ideal in Zweifel zu ziehen sei, weil es nicht mit einem raschen technischen Fortschritt verträglich ist. Kantzenbach behauptet ebenfalls, dass bei Vorliegen vollständiger Konkurrenz die Unternehmen wegen zu geringer Gewinne und wegen mangelnden Risikos entweder zur Forschung nicht

---

32 A. a. O., S. 188.

33 A. a. O., S. 189.

34 Ebenda.

35 Kantzenbach (1967).

36 A.a.O. (1967, S. 15 ff.).

fähig oder nicht bereit seien und es „deshalb auch keinen Fortschritt, allenfalls eine 'Schlafmützenkonkurrenz' gebe."[37]

Grossekettlers Koordinationsmängelkonzept

Ein weiteres wettbewerbstheoretisches Konzept stellt das Koordinationsmängelkonzept von Grossekettler dar.[38] Es ist eine empirisch anwendbare, für das Aufspüren nichtfunktionsfähiger Märkte geeignete Konzeption. Unter den fünf näher betrachteten Marktfunktionen (Markträumung, Renditennormalisierung, Übermachterosion, Produktfortschritt und Verfahrensfortschritt) haben drei unmittelbar mit dem vorliegenden Thema zu tun: Die Frage des Zusammenhangs zwischen Monopolstellungen und anderen Strukturvariationen (insbesondere Eintritte von Unternehmen auf einen Partialmarkt durch Innovation) mit der Innovation selbst (bezogen auf Produkte oder Verfahren). Durch Einbeziehen des Produktfortschritts in die wettbewerbspolitische Funktionsfähigkeitsprüfung kann - anders als in Arrows Modell - insbesondere auch die Qualität neuer Produkte geprüft werden. Dabei ist das Preis-Leistungs-Verhältnis das aus Sicht der Konsumenten relevante Beurteilungskriterium. Das Koordinationsmängelkonzept stellt die fünf Marktfunktionen lediglich aus heuristischen Gründen getrennt dar, geht aber davon aus, dass ein und derselbe soziale Vorgang, zum Beispiel ein Innovationsvorgang, mehrere Funktionen und damit auch mehrere Prozesse betrifft. Damit ist im Rahmen dieses Konzepts auch ein Zusammenhang zwischen Marktstruktur und Fortschrittsrate darstellbar.[39]

Das Koordinationsmängelkonzept wird als eine der Empirie sehr nahestehende wettbewerbstheoretische Konstruktion im Zusammenhang mit einer empirischen Diskussion der Messfehler in Kapitel 9 herangezogen, so dass an dieser Stelle weitere Ausführungen entbehrlich sind.

Entscheidungstheorie und Innovation

In Fortführung der neoklassischen Ansätze zur Innovationstheorie bildeten sich *entscheidungstheoretische Überlegungen* heraus. Diese modellieren das Innovationsverhalten insofern realistischer als das Arrow-Modell, als sie die für das Innovationsgeschehen typischen Phänomene wie Unsicherheit, Dynamik, Externalität und anderes berücksichtigen.[40] Wichtige Vertreter dieses Ansatzes sind Kamien und Schwartz, welche ein Rechenmodell aufstellen, das die Entwicklungsdauer einer substitutiven Produktinnovation durch das innovierende Unternehmen unter be-

---

37 Ebenda (1967, S. 42 ff.), siehe auch Grossekettler (1985, S. 141), von dem das Zitat stammt.

38 Grossekettler (1985, 2. Teil, Kapitel 3, und 1991).

39 A. a. O., S. 243.

40 Siehe etwa bei Schwitalla (1993, S. 24).

stimmten Annahmen optimiert.[41] Das sehr elegante Modell führt exemplarisch vor, wie das Entscheidungskalkül eines Unternehmens aussehen müsste, wenn es sich im Innovationswettbewerb risikoneutral verhielte und den erwarteten Gewinn maximierte. Allerdings fehlt im Modell die Darstellung der Wechselwirkung zwischen Unternehmen und insbesondere der Rivalität bei innovationsorientierten Entscheidungen innerhalb eines Wirtschaftszweiges, da zu den Modellannahmen gehört, dass mehrere Unternehmen unabhängig voneinander die Verwirklichung eines bestimmten FuE-Projektes anstreben. Die Restriktion bedeutet, dass das FuE-Investitionsverhalten des optimierenden Unternehmens keinen Einfluss auf das seiner Konkurrenten hat.

In diesem Wettlauf um das gleiche Innovationsvorhaben wird der Wettbewerb zugelassen, so dass jedes beteiligte Unternehmen damit rechnen muss, dass mit einer Wahrscheinlichkeit W (h, z, t), die von der Wettbewerbsintensität (oder Wagnisrate) h, dem Zinssatz z und der Zeit t abhängt, eine konkurrierende Unternehmung ebenfalls innoviert bzw. imitiert.[42] Die Gewinnfunktion G für das Unternehmen, die zu maximieren ist, stellt sich dann wie folgt dar:

$$G = P \cdot W(h,z,t_0) - \int_0^{t_0} FuE\,(t) \cdot W\,(h,z,t)\,dt. \qquad (2\text{-}1)$$

Darin bedeutet P den Wert aller Erträge aus dem dadurch gesicherten Monopolvorsprung, und FuE bezieht sich auf die (gegebenenfalls inflationsbereinigten) FuE-Aufwendungen; der Innovationszeitpunkt ist t_0.

Kamien und Schwartz können dieses Modell, das hier nur sehr prinzipiell dargestellt ist, soweit ausformulieren, dass die Existenz eines eindeutigen Optimums für t_0 nachgewiesen werden kann. Wird die Konkurrenz zu stark, gibt es auch Situationen, wo der Gewinnerwartungswert negativ und das FuE-Projekt gar nicht erst begonnen wird. Der entscheidungstheoretische Ansatz ist auch unter wettbewerbstheoretischen Fragestellungen interessant und lässt Aussagen zur Schumpeter-Hypothese zu. Die Innovationsaktivitäten werden je nach Wahl der Parameter bei zunehmender Konkurrenz entweder ständig abnehmen oder nach einer gewissen Zunahme nach Erreichen eines Maximums abnehmen. Daraus folgt ein Maximum für die Innovationstätigkeit in einem vorgegebenen Markt bei einer mittleren Konzentration im zweiten Fall. Der erste Fall bestätigt die ursprüngliche Schumpeter-Hypothese.[43]

---

41 Kamien und Schwartz (1982, S. 112 ff.); die Quelle stellt eine Zusammenfassung früherer Beiträge der Autoren dar.

42 Stadler (1989, S. 38) irrt, wenn er davon ausgeht, dass in diesem Modell Imitation ausgeschlossen ist.

43 Witt (1987, S. 48) fasst sie so zusammen: „Die Möglichkeit, monopolistische Praktiken anzuwenden, erhöht die Bereitschaft zur Übernahme des Innovationsrisikos und begünstigt daher die Durchsetzung neuer Kombinationen mit einem positiven Effekt auf das Innovationstempo."

Spieltheorie und Innovation

Der dritte wesentliche neoklassische Beitrag zur Innovationstheorie, der im Rahmen dieses knappen Überblicks erwähnt werden kann, ist die *Spieltheorie*. Die spieltheoretischen Ansätze können als Fortführung der entscheidungstheoretischen angesehen werden, weil es nun möglich wird, einige Wechselwirkungen zwischen FuE-Entscheidungen der Unternehmen einzubeziehen. Ein frühes spieltheoretisches Modell wurde von Scherer entworfen, bei dem die Marktteilnehmer die Entwicklungsdauer von Innovationen unter Berücksichtigung der Reaktionen ihrer Wettbewerber optimieren.[44] Ohne Anspruch auf Vollständigkeit in der Aufzählung spieltheoretischer Modelle sollen die Grundprinzipien der neueren Ansätze von Dasgupta und Stiglitz erwähnt werden[45], welche vor allem auf wohlfahrtstheoretische Wirkungen abheben.

Das analytisch sehr aufwendige Modell ist vom Typ eines nichtkooperativen Innovationsspiels; sein Annahmensatz kann an dieser Stelle nicht adäquat dargestellt werden. Das Modell zielt darauf ab, die Frage zu klären, welche Marktstruktur zu einem gesellschaftlich optimalen Umfang von FuE führt. Als Preis wird ein Patent ausgesetzt, das keine Kosten verursacht und zu einem beliebig langen Monopolvorsprung führt. Die übrigen Unternehmen erhalten keinen Preis, d. h., sie können weder sofort, noch nach Ablauf des Patents imitieren. Es finden „Patentrennen" statt; Imitationsgewinne sind ausgeschlossen. Wegen der durch die Annahmen ausgeschlossenen Möglichkeit zur Imitation der Wettbewerber brechen diese ihr FuE-Projekt zum Zeitpunkt t_0 ab, ebenso wie der Gewinner, der es in diesem Zeitpunkt erfolgreich beschließt.

Im Hinblick auf die obigen Kriterien soll erwähnt werden, dass es die Marktstruktur als endogene Größe modelliert. Der freie Marktzutritt erfolgt solange, bis der erwartete Nettogewinn für alle Marktteilnehmer zu Null wird. Der technische Wandel ist als exogene Größe für alle Unternehmen im Innovationswettlauf gleich, sie unterscheiden sich aber durch die Unsicherheit über das technische Gelingen ihrer FuE-Projekte. Das Modell wurde im Sinne dynamischer Strategienformulierung durch Reinganum weitergeführt,[46] und von Lee und Wilde um eine Entwicklungskostenfunktion erweitert.[47] Deren „Stabilitätsannahmen" führen zu Ergebnissen, nach denen Marktkonzentration innovationshemmend ist. Unter der Annahme Lourys,[48] nach denen nur die fixen, aber nicht die variablen FuE-Kosten innovationswirksam

---

44 Scherer (1967).

45 Dasgupta und Stiglitz (1980).

46 Reinganum (1981, 1982) spielt mehrere aufeinander folgende Patentrennen durch.

47 Lee und Wilde (1980).

48 Loury (1979).

sind, kommt das gegenteilige Ergebnis zustande: Die FuE-Aufwendungen der Unternehmen wachsen mit der Konzentration der Marktstruktur an.

Einfaches spieltheoretisches Modell mit Spillover-Effekten

Einfachere spieltheoretische Modelle legten insbesondere Levin und Reiss vor.[49] In Ergänzung zum Dasgupta-Stiglitz-Ansatz lassen sie produktbezogene FuE neben der Prozessinnovation zu, ebenso wie Effekte industrieweiter, übergreifender FuE auf das individuelle Unternehmen. Die industrieweiten Effekte von FuE, die sogenannten Spillover-Effekte oder Externalitäten, führen nach Stewart, sofern sie positiv sind, bei einer zu gering ausgeprägten Aneignungsfähigkeit durch die Unternehmen wieder zu einer Abnahme der Innovationsaktivitäten bei Marktkonzentration.[50]

Wiederum kann nicht auf die Details der Strukturgleichungen des Levin-Reiss-Modells eingegangen werden.[51] Ihre Ergebnisse verdeutlichen, dass der Zusammenhang zwischen Marktkonzentration und FuE-Intensität nicht auf einfachen Kausalitäten beruht, sondern dass diese Variablen durch gemeinsame Determinanten bestimmt sind. Diese Einflussfaktoren ergeben sich u. a. aus dem Umfang des technologischen Spillovers. Damit tritt unmittelbar wieder das Messproblem auf und zwar im doppelten Sinne: Wie würde man den technologischen Spillover definieren und operationalisieren und wie ließen sich statistische Daten beibringen? Levin und Reiss setzen in ihren Modellgleichungen zwei verschiedene Spillover-Maße für produkt- und prozessbezogene Innovationen ein. Wie aber lässt sich diese Unterscheidung ökonometrisch operationalisieren? So macht gerade das unter allen neoklassischen Innovationstheorien besonders um realistische Modellannahmen bemühte Modell von Levin und Reiss deutlich, wie komplex ein einigermaßen problemadäquatisches, ökonometrisch prüfbares neoklassisches Modell des unternehmerischen Innovationsverhaltens eigentlich sein müsste.

Neoklassische Wachstumstheorie

In der *neoklassischen Wachstumstheorie* spielt der technische Fortschritt als Wachstumsdeterminante eine ebenso wichtige Rolle wie in den mikroökonomischen Modellen.[52] Dabei liegt der Schwerpunkt der Argumentation auf den Wirkungen des technischen Wandels, nicht so sehr auf seinem Entstehungszusammenhang. Der Begründer dieser Theorie, Solow, definiert beispielsweise den technischen Fort-

---

49 Levin und Reiss (1984, 1988).

50 Stewart (1983).

51 Siehe z. B. bei Schwitalla (1993, S. 33 - 38) oder bei Stadler (1993, S. 164 - 170).

52 Siehe etwa Krelle (1985).

schritt über dessen Wirkungen als „Verschiebung der Produktionsfunktion“,[53] indem er neben Kapital und Arbeit als dritten Faktor die technische Fortschrittsrate in die makroökonomische Produktionsfunktion einstellt. Allerdings ergibt sich die Wachstumsrate des technischen Fortschritts dann als Residualgröße aus der Differenz der Wachstumsraten des Sozialprodukts und der Produktionsfaktoren Kapital und Arbeit.[54] Wie der technische Fortschritt letztlich produziert wird und aufgrund welcher unternehmerischer Motivation bzw. Kalküle er entsteht, bleibt offen. Solows Modell ist zwar mikoökonomisch fundiert, kann aber etwa intersektorale Unterschiede im Rahmen eines technischen Paradigmas nicht erfassen.

Die Wachstumstheorie wird in diesem Überblick nicht weiter erläutert; es gibt umfangreiches Schrifttum hierzu. Heute viel diskutiert wird insbesondere die *neue Wachstumstheorie*, die im Unterschied zur Annahme Solows davon ausgeht, dass für den Erwerb des technologischen Wissens Mittel aufgewendet werden müssen. Innovationstätigkeit erscheint so als eine spezifische Art der Investition, die von bewusst handelnden, rationalen Unternehmern durchgeführt wird. So interessant diese Überlegungen - vor allem im Hinblick auf den Außenhandel - auch sein mögen, so stehen sie jedoch nicht im Zentrum dieses Buches, und werden hier ebenfalls nur kurz abgehandelt.[55] In der neuen Wachstumstheorie sind Informations-Spillovers eine der am häufigsten diskutierten Quellen eines systemimmanent generierten Wachstums.[56] Insofern gibt es Anknüpfungspunkte zu den spieltheoretischen, mikroökonomischen Ansätzen.

Neue Wachstumstheorie

In den siebziger Jahren entstanden erste Einführungen in die Theorie rationaler Erwartungen, die davon ausgehen, dass die Wirtschaftssubjekte bei der Bildung ihrer Erwartungen an die zukünftige Entwicklung verschiedener ökonomischer Variablen alle verfügbaren Informationen zugrundelegen und dabei systematische Fehler ausschließen.[57] Die Hypothesen beziehen sich dabei nicht auf Güter-, sondern auf Finanzmärkte.

---

53 Siehe Solow (1957, S. 312).

54 Kendrick (1991) und Bollmann (1990, S. 19 f.).

55 Im übrigen bezweifelt Scherer (1994, S. 341) das Charakteristikum des Neuen an der „neuen“ Wachstumstheorie und verweist auf die Vorläufer David Ricardo, Friedrich List und Bertil Ohlin. Für einen aktuellen Überblick über die zentralen Entwicklungen der neuen Wachstumstheorie siehe Schneider und Ziesemer (1995).

56 Harhoff und König (1993, S. 56). Homburg (1995, S. 339) nennt die neue Wachstumstheorie *endogene* Wachstumstheorie.

57 Vgl. Lucas (1972) sowie Sargent und Wallace (1976).

Zugespitzt auf den technischen Fortschritt, um den es hier geht, bedeutet dies, dass die Annahme Solows, die Rate des technischen Fortschritts sei als exogene Größe gegeben, überprüft werden musste. Die Wirtschaftseinheiten stellen nun auch an den technischen Fortschritt Erwartungen. Konsequenterweise mündete die Theorie rationaler Erwartungen in einer neuen Wachstumstheorie, die eine Endogenisierung des technischen Fortschritts vollzog.[58] Lucas nimmt beispielsweise an, dass die Produktivität des Humankapitals in zukünftigen Perioden von heutigen Allokationen abhängt.[59] Die Endogenisierung des technischen Fortschritts, die bedeutet, dass Allokationsprozesse von Marktanreizen abhängig gemacht werden, gelingt mit der Annahme, dass das neue technische Wissen vom entsprechend ausgebildeten Personal der Unternehmen teilweise innerhalb des Unternehmens erzeugt wird und dabei über eine mögliche Steigerung der Produktivität des Humankapitals mit überdurchschnittlichen Wachstumsraten wachsen kann.[60] Die FuE-Ergebnisse werden also nicht mehr als öffentliches Gut angesehen, das allen Unternehmen gleichermaßen zur Verfügung steht, sondern als ein Gut, für welches das Unternehmen eigene Mittel aufwenden muss. Dies ist eine auffällige makroökonomische Parallele zu den entscheidungs- und spieltheoretischen mikroökonomischen Ansätzen, bei denen ebenfalls verlangt wird, dass den Unternehmen FuE-Aufwendungen entstehen. Makroökonomisch gesehen zerfällt die Gesamtwirtschaft nunmehr in zwei Sektoren, wobei das Humankapital der einzige Produktionsfaktor im Sektor der FuE ist; der andere Sektor ist die Produktion.

Romer kann zeigen, dass die Steigerung der Produktivität des Humankapitals zu endogenem Wachstum führt. Dieses Modell ist insofern interessant, als es die Bevorzugung des exogen modellierten technischen Wandels in der neoklassischen Innovationstheorie überwindet. Dies war eines der Gegensatzpaare, das im Eingang des Abschnitts 2.1 als charakteristisch bezeichnet wurde. Die Aufgabe der Konstanz der Skalenerträge in der Produktionsfunktion hat allerdings zur Folge, dass nicht mehr jeder Produktionsfaktor nach seiner Produktivität entlohnt werden und daher nicht auf allen Märkten vollständiger Wettbewerb herrschen kann.

---

58 Wiederum war es Lucas (1988 und 1990), der bahnbrechende Arbeiten leistete, sowie Romer (1986 und 1990). Lucas veröffentlichte auch diese Arbeiten teilweise noch in finanzwissenschaftlichen Zeitschriften und interessierte sich weiterhin für die rationalen Erwartungen in die Kapitalflüsse zwischen Volkswirtschaften, für deren Aufklärung er 1995 mit dem Nobelpreis für Wirtschaftswissenschaften ausgezeichnet wurde, nunmehr aber speziell für Unterschiede im *Humankapital* und die Humankapitalflüsse (1990, S. 92f.). Solow (1991) selbst bezeichnet die Endogenisierung des Wachstums in den neueren Modellen als „intellektuellen Fortschritt" (S. 6).

59 Lucas (1988, S. 17).

60 Romer (1990, S. 83). Damit ist die Annahme konstanter Skalenerträge aufgehoben. Für empirische Daten zur deutschen Situation siehe Smolny (1995).

Kritik der neoklassischen Innovationstheorien

Zur Kritik der neoklassischen Innovationstheorien. Obwohl alle hier nur äußerst kurz referierten neoklassischen Innovationstheorien ihren spezifischen Aufklärungswert haben, können sie nicht alle für die Innovationserklärung wichtigen Aspekte plausibel abbilden. Lassen wir einige restriktive Annahmen Revue passieren:[61] Gemäß Arrows Annahmen wird die Erfindung außerhalb des betrachteten Industriezweiges gemacht und dann an den entsprechenden Sektor verkauft. Gemäß Kamien und Schwarz entwickelt das betrachtete Unternehmen ein einziges neues Gut, das ein einziges altes ersetzt. Die Konkurrenzfirmen reagieren bezüglich ihrer FuE darauf nicht. Bei Scherer ändert sich die Marktstruktur durch das Innovationsgeschehen nicht, und sein Modell kann technische Unsicherheiten hinsichtlich der Fertigstellung der Innovation im angestrebten Zeitraum nicht zulassen. Damit ist jedes Innovationsrisiko ausgeschlossen. Im Modell von Dasgupta und Stiglitz erhält der Gewinner des Innovationswettlaufes als einziger eine Prämie in Form eines Patents. Der Verlierer erhält nichts, insbesondere kann er auch keine Imitation anstrengen. Reinganum lässt keinen Raum für externe Effekte von FuE. Levin und Reiss legen mit einem anspruchsvollen Modell, das sowohl Spillover-Effekte wie verfahrens- und produktbezogene FuE zulässt, eine besonders realitätsnahe neoklassische Abbildung des Innovationsgeschehens vor. Ihr Modell ist in einigen Größen nichtlinear und lässt sich mathematisch deswegen nicht auf eine reduzierte Form bringen. Es erlaubt im allgemeinen Fall keine eindeutigen Aussagen bezüglich der Einflüsse auf die endogenen Größen.

Die erwähnten Beispiele sind Indizien für ein *Unbehagen* an der Realitätsnähe der neoklassischen Ausdeutung der Innovationslehre Schumpeters. Entsprechend deutlich wurde sie kritisiert. So schreibt Rosenberg bereits 1976, dass die neoklassische Auffassung vom technischen Wandel hinter den Klassikern zurückbliebe, die den Rückkoppelungsprozessen, dem Verständnis des technischen Wandels als einer problemlösenden Aktivität und der Beziehung zwischen Wissenschaft und Technik bereits mehr Aufmerksamkeit zugedeihen ließen, als die neoklassischen Apologeten einbeziehen könnten.[62] Er führt dies darauf zurück, dass die Wirtschaftswissenschaften sich bei der Behandlung des technischen Wandels disziplinär verschlossen geben und die Befunde von Technikhistorikern und aus den technischen und ingenieurwissenschaftlichen Disziplinen nicht zur Kenntnis nehmen, ja ausdrücklich ignorant gegenüber der Genese von wissenschaftlichen und technischen Ergebnissen bleiben wollen.

---

61 Um kein Missverständnis aufkommen zu lassen: Derartige restriktive Annahmen sind in der mikro- und makroökonomischen Theorie üblich. Versteht man die Innovationsforschung im gegebenen Zusammenhang aber als positive Wissenschaft, die Realphänomene messen und die Adäquation der Messverfahren mit den theoretischen Konstrukten zeigen will, müssen solche Annahmen - wie in der Literatur gelegentlich vermerkt - als „heroisch“ bezeichnet werden.

62 Rosenberg (1976, S. 3).

Vertreter der neoklassischen Position bestreiten nicht, dass die materiellen Grundstrukturen in heutigen Marktwirtschaften nicht homogen und der Strukturwandel evolutionär geprägt ist.[63] Allerdings wird die modelltheoretische Integration evolutionärer Annahmen für vernachlässigbar gehalten, da dies nicht zu grundlegend anderen Ergebnissen für Produktions- und Maximierungsstrategien führe. Der Fortschritt im theoretischen Verständnis der Innovationsprozesse ist aber in den jüngsten neoklassischen Beiträgen sehr beachtlich und zukunftsweisend.

Neoklassik und reale Innovationsvorgänge

Aus empirischer Sicht hat der Versuch, ein Messkonzept des technischen Wandels im Rahmen der neoklassischen Ansätze zu operationalisieren, allerdings bis jetzt nur einen beschränkten Fortschritt gebracht, da sich ökonometrische Tests wegen Datenmangels und wegen konzeptioneller Messprobleme in der Literatur nur in den wenigsten Fällen finden.[64] Als Ergebnis der Bemühungen, die neoklassischen Innovationstheorien empirisch zu bestätigen, ist die Erkenntnis gewachsen, dass der technischen Fortschritt nicht mit einem einzigen Parameter erfasst und quantitativ gemessen werden kann, der dann mit anderen Bestimmungsfaktoren in eine Regressionsgleichung integriert und anschließend geschätzt wird.[65]

Wegen der prominenten Behandlung von Fragen der Marktstruktur in den neoklassischen Ansätzen gilt es als gesichert, dass die Marktform entscheidend für den Ablauf des Wettbewerbs ist, insbesondere wenn man bilaterale Oligopol- oder Polypolmärkte untersucht. Obwohl deren mikroökonomische Unterscheidung viele Einsichten theoretischer Art liefert, ist sie bei der empirischen Untersuchung realer Wettbewerbsprozesse nur begrenzt aufrecht zu erhalten, da Mischformen überwiegen und häufig sogar im Zeitablauf wegen des Fortschritts Übergänge von einer Marktform zu einer anderen erfolgen.[66] Das Modellieren von Marktstrukturen durch Gleichgewichtszustände im Zusammenhang mit Innovationsvorgängen mag die mathematische Eleganz erhöht und damit das ökonomische Denken geprägt haben; pointiert formuliert[67] ist dies, so scheint es, dem Ersatz von Realphänomenen im Wirtschaftsablauf durch Fiktion geschuldet worden.

---

63 Siehe etwa bei Stoneman (1983), Jäger (1986) oder Ramser (1986).

64 Harabi (1993, S. 10).

65 A. a. O., S. 11.

66 So Gerybadze (1982, S. 90). Reinganum (1981, 1982) kann im Falle aufeinanderfolgender Patentrennen auch theoretisch, nämlich spieltheoretisch, zeigen, dass die „Karten“ auch für die früheren Innovationsgewinner immer wieder neu gemischt und dynamische Strategien formuliert werden. Dies zieht veränderte Marktstrukturen nach sich.

67 Wie bei Witt (1992a, S. 19).

Bei der Erläuterung des eigenen Referenzschemas wird auf erste wirtschaftswissenschaftliche Beiträge verwiesen, die zeigen, dass auch während Diffusion, Nutzung und Entsorgung von Gütern Innovationsprozesse ausgelöst werden können, z. B. um negative externe Kosten zu internalisieren (etwa über den Ersatz umweltbelastender durch neue, umweltfreundliche Materialien). Dies wirft Fragen nach geeigneten Messverfahren für die Richtung des technischen Fortschritts, und nicht nur nach einer Rate oder Geschwindigkeit auf, also der gesellschaftlichen Bewertung als Fort- oder Rückschritt.

Die mikroökonomischen, neoklassischen Lehrmeinungen behaupten von sich, in dieser Hinsicht wie auch generell wertfrei zu sein. Sie stellen nicht in Frage, dass z. B. das Kriterium der Pareto-Optimalität, welche die Effizienz der Allokation von Ressourcen betrifft, eine Wertaussage darstellt.[68] Die Annahme, dass die Befriedigung von Bedürfnissen eine gute Sache sei, entspricht der Wertvorstellung, dass die jeweiligen Bedürfnisse für das soziale Optimum maßgeblich seien.[69] In bezug auf die Innovation akzeptiert die Neoklassik somit die jeweils vorherrschende Verteilung gesellschaftlicher Faktoren, was im grundlegenden Konflikt mit dem weiten Innovationsgedanken Schumpeters zu sein scheint, der bis zur Neuorganisation von industriellen Institutionen reicht.

Die Unzufriedenheit mit der Neoklassik unter dem Aspekt der Adäquation von Messverfahren mit ihren Konstrukten wird schließlich vor allem im Zusammenhang mit dem Wachstumsparadigma deutlich. Da die Neoklassik keine systematische Integration der Entstehung von Wissenschaft, Technik und Innovation bietet und den technischen Fortschritt - unter Ausnahme der allerjüngsten Beiträge - als exogenen Faktor betrachtet, treten gerade bei der Behandlung von Wachstumsprozessen (also Übergängen zwischen stationären Zuständen) Schwierigkeiten auf. Dies wird als das Paradoxon der neoklassischen Innovationstheorien bezeichnet[70]: „Unser heutiges Wirtschaftssystem begünstigt in einem im historischen Vergleich exzeptionellen Ausmaß Neuerungen und Wandlungsprozesse; die (noch) vorherrschende Art der ökonomischen Theoriebildung hat zugleich methodologische Probleme, damit angemessen umzugehen.“ Oder, wie Fagerberg formuliert,[71] in der traditionellen Literatur entsteht der technische Fortschritt, wenn er nicht wie Manna vom Himmel fällt, als Nebenprodukt aus anderen ökonomischen Aktivitäten außer den betrachteten. Die Modelle schlössen eine dritte Möglichkeit aus, nämlich die Innovation als das Ergebnis einer beabsichtigten Aktivität von Unternehmen zu verstehen, und übersähen damit die wichtigste Quelle des technologischen Wandels in kapitalistischen Volkswirtschaften.

---

68 Miller und Mair (1991, S. 13).

69 Gee (1991 S. 105).

70 Biervert und Held (1992, S. 8).

71 Fagerberg (1992, S. 9) schreibt „traditionell“ für „neoklassisch“.

Zukunftsweisend ist allerdings die jüngste Entwicklung, bei der die neuen Wachstumstheorien innerhalb des neoklassischen Denkgebäudes Ansätze gefunden haben, von den starken Gleichgewichtsannahmen wegzukommen und „bis zu einem gewissen Maß"[72] zu einer Konvergenz in den Annahmen eines endogen herbeigeführten Fortschritts zu gelangen.

Es ist unbestritten, dass Schumpeter stärker als andere Wirtschaftswissenschaftler die fundamentale Bedeutung des technischen Wandels für das wirtschaftliche Wachstum erkannt hat. Dennoch galt sein Hauptinteresse nicht der Aufklärung der Innovationsprozesse und der Kräfte, die sie zustande bringen. Zwar assoziiert man mit dem Namen Schumpeter häufig den Innovationsbegriff. Sein Hauptinteresse lag jedoch in der Erklärung des Zinses, der Konjunkturzyklen und des Wachstums.[73] Das „Übersehen" von Schumpeters Theorie der wirtschaftlichen Entwicklung und den darin skizzierten Erklärungen zur Innovation durch die Neoklassik wird allgemein auf den Nachteil der mangelnden Formalisierbarkeit von Schumpeters Ansatz zurückgeführt.[74] Im folgenden werden weniger formalisierte theoretische Ansätze betrachtet.

2.3 Institutionen- und evolutionsökonomische Ansätze

Um die Jahrhundertwende entwickelten sich unorthodoxe Richtungen in den Wirtschaftswissenschaften, von denen im Hinblick auf ihre Befassung mit der Innovation zunächst die *Institutionenökonomik* betrachtet werden soll. Sie geht davon aus, dass der institutionelle und organisatorische Aufbau einer Volkswirtschaft für eine effektive Allokation der Ressourcen und die Verteilung der Einkommen betrachtet werden müsse, nicht nur die Marktmechanismen. Dabei werden die Marktmechanismen in ihrer Bedeutung durch die Vertreter der Institutionenökonomik keineswegs geleugnet; sie bestehen aber auf einem breiteren Kranz von erklärenden Variablen, als sie üblicherweise bei der ökonomischen Analyse von Angebot und Nachfrage verwendet werden.[75] Während viele erkenntnisleitende Fragen für die Neoklassik und die Institutionenökonomik identisch sind, dringt letztere vor allem auf die Behandlung der folgenden Themenbereiche:

- Die Bildung von Institutionen,

---

72 A. a. O. Auch Homburg (1995) verweist auf verbleibende, durchaus grundsätzliche theoretische Probleme der neuen Wachstumstheorie. Homburgs eigenes endogenes Wachstumsmodell ist dem neoklassischen empirisch überlegen.

73 So urteilt Gerybadze (1982, S. 115).

74 Siehe etwa Gerybadze (a. a. O., S. 115) oder Greiner und Hanusch (1994a, S. 157).

75 Hierzu und zur Unterscheidung von der Neoklassik siehe Foster (1991, S. 211).

- die sich verändernden Beziehungen zwischen dem ökonomischen und dem Rechtssystem und
- die Wirkungen des technischen Wandels auf die institutionelle Struktur.

Institutionenökonomische oder evolutorische Theorie?

Eine gewisse Willkürlichkeit in der Verwendung der beiden Begriffe ist in dieser Denkrichtung von Anfang an kennzeichnend. Dominieren in einem Beitrag die beiden ersten Punkte, dann wird meist von einem Beitrag zur *Institutionenökonomik* gesprochen. Tritt hingegen der letzte Punkt in das Zentrum der Analyse, findet sich gleichermaßen die Kennzeichnung als *evolutorische Ökonomik*,[76] teilweise paraphrasiert mit *evolutionärer Ökonomik*.[77] Angesichts des noch sehr frühen Stadiums der neueren Strömungen gibt es unter den wirtschaftswissenschaftlichen Denkschulen noch keine eindeutig festgelegte und einheitlich verwendete Kennzeichnung der institutionellen und der evolutorischen Ökonomik.

Als Schlüsselfiguren der Institutionenökonomik gelten neben anderen vor allem Veblen und Commons.[78] Die Bezeichnungen der ökonomischen Lehrmeinungen sind aber damals schon nicht eindeutig gewesen. So steuerte beispielsweise Veblen in zwei unmittelbar aufeinanderfolgenden Jahren zwei wichtige Beiträge bei, von denen einer die Frage stellte, warum die Ökonomie keine evolutionäre Wissenschaft sei, und der andere im Titel eine ökonomische Studie von Institutionen ankündigte.[79] Foster bringt rückblickend beide Richtungen zur Deckungsgleichheit und überschreibt das entsprechende Kapitel „Die institutionalistische (evolutionäre) Schule".[80]

---

76 Freeman (1994a, S. 464) zieht in einem kritischen Übersichtsartikel die absichtlich sehr breite Bezeichnung „Neo-Schumpeterianische" Richtung vor und setzt sie mit „evolutorisch" gleich. Er erinnert daran, dass Schumpeter die Idee der „Jüngerschaft" niemals geliebt habe und seinen Lesern riet, sein Werk nur als eine erste Annäherung zu betrachten, die nicht den Rang eines Dogmas habe. Auch Samuels (1995, S. 569) hat keine Präferenz für die Begriffe Institutionen- oder Evolutionsökonomik.

77 Siehe bei Biervert und Held (1992, S. 19, Anmerkung 2) und bei Reuter (1994). Straßberger (1995, passim) verwendet den Begriff „Evolutionsökonomie".

78 Als zentrale Werke sind nach Samuels (1995, S. 575) Veblen (1899) und Commons (1934) anzusehen. Zur dogmengeschichtlichen Bedeutung siehe auch Feldmann (1995).

79 Veblen (1898 und 1899). Veblen interessierte sich sehr für die Analyse der Rollen, die Wissenschaft und Technik spielen, die er als die wichtigsten Abtriebskräfte für ökonomischen und sozialen Fortschritt begriff; siehe bei Hodgson (1993, S. 136). Reuter (1994) überschreibt einen Band unter dem Eindruck „größter Konfusion" (S. 29) über institutionelle Richtungen in der gegenwärtigen Debatte mit: „Der Institutionalismus. Geschichte und Theorie der evolutionären Ökonomie".

80 Foster (1991, S. 207).

Im vorliegenden Zusammenhang geht es nicht um die ganze Breite der Institutionenökonomik, sondern speziell um die Wechselwirkungen zwischen Innovationsvorgängen und institutionellen Strukturen. Bei der Besprechung von Theorien, die Innovation mit verhaltenstheoretischen Elementen erklären, wird der Begriff *evolutorische Innovationstheorie* benutzt werden. Werden hingegen institutionenhistorische Elemente herangezogen, wird der Begriff *institutionenökonomische Innovationstheorie* vorgezogen. Diese Unterscheidung scheint auch wegen des unterschiedlichen Formalisierungsgrades - wie zu zeigen sein wird - sinnvoll zu sein.

Neue Institutionenökonomik

Coase stieß das an, was heute die „neue Institutionenökonomik" genannt wird.[81] Die *Neue Institutionenökonomik* geht zentral davon aus, dass die Nutzung der Institution Markt und des Preismechanismus entgegen den Vorstellungen der neoklassischen Theorie nicht kostenfrei sein könne. Vielmehr entstünden Transaktionskosten, die zur Zusammenfassung von Transaktionen in der Form dauerhafter Unternehmungen führen. Damit sind nicht nur Märkte als eine Institution definiert, auf der Wirtschaftssubjekte ihre Aktivitäten koordinieren müssen, sondern auch die Unternehmen selbst sind zu einer Institution geworden, welche ebenfalls wirtschaftliche Aktivitäten koordiniert. Damit lassen sich insbesondere hierarchisch organisierte (Groß-)Firmen besser verstehen, die ihre Organisationsform aus einer Minimierung von Transaktionskosten herleiten. Die institutionellen Begrenzungen innerhalb eines Unternehmens können zu einem nichtmaximierenden Verhalten führen, so dass die Vorstellung von unbegrenzt rational agierenden Wirtschaftsakteuren von der Annahme eingeschänkter Rationalität abgelöst wird, die unter Informationsmangel, also nicht aufgewendeten Transaktionskosten, zustandekommt. Im ökonomischen System gibt es dann institutionelle Vielfalt und „die Evolution einer gegebenen Institution im Laufe der Zeit hängt kritisch von der Technik der Transaktion ab."[82]

Diese neue Institutionenökonomik ist in vielerlei Hinsicht mit der konventionellen Institutionenökonomik identisch, ist in mancherlei Hinsicht vom Ansatz her begrenzter und geht nur an wenigen Stellen über sie hinaus.[83] Bedeutend ist aber die

---

81 Coase (1937). Williamson (1964 und 1985) argumentiert im wesentlichen konsistent mit Coases Frühwerk, das jener im Alter von 26 Jahren publizierte, geht aber insofern wesentlich darüber hinaus, als er die kaum operationalen Thesen von Coase in einer Weise operationalisiert, dass sie der systematischen Analyse zugänglich werden. Siehe auch bei Coase (1988, S. 35f.) im Rückblick und kritisch Samuels (1995).

82 So Foster (a. a. O., S. 225).

83 Die neue Institutionenökonomik wurde viele Jahrzehnte kaum beachtet, was sich erst in den siebziger Jahren änderte (Coase 1988, S. 23). Vergleichend siehe Richter (1994) sowie Samuels (1995) und Reuter (1994), die auf die Einschränkungen gegenüber dem ursprünglichen Institutionalismus hinweisen. Eine Renaissance des Institutionalismus ist in allen Sozialwissenschaften zu beobachten, vor allem in Politologie und Soziologie (DiMaggio und Powell, 1991,

Definition des Individuums innerhalb eines Unternehmens als die wesentliche entscheidungsfähige Einheit. Entscheidungen auf dieser Ebene lässt die Neoklassik nicht zu, aber auch Schumpeters mehr oder weniger innovativer Unternehmer wird in seinem Frühwerk gleichgesetzt mit dem Unternehmen als ganzes. Eine landläufige Ansicht geht dennoch dahin, dass die grundlegenden Arbeiten Schumpeters - wegen des oben Gesagten - nahtlos in der Institutionen- und Evolutionsökonomik aufgegangen sind, deren wichtigste Vertreter, soweit sie sich explizit mit dem technischen Fortschritt beschäftigen, in diesem Abschnitt kurz referiert werden sollen.[84]

Schumpeter-Nachfolge

Neben der neoklassischen auch die oben umrissene Wirtschaftsforschung als *Schumpeter-Nachfolge* aufzufassen, liegt nahe, da Schumpeter das Wirtschaftsgeschehen in der Tat als evolutionären Prozess dargestellt hat, dessen Triebkräfte die Innovationen in Form neuer Konsumgüter, neuer Produktions- und Transportmethoden, neuer Märkte und neuer industrieller Organisationen sind.[85] Allerdings sind diese Innovationstheorien selbst kein einheitliches Gedankengebäude, und Schumpeter hat Ansichten vertreten, die den Auffassungen der Vertreter der evolutionsökonomischen Richtung widersprechen.

Freeman fasst das *institutions-* bzw. *evolutionstheoretische Unbehagen* so zusammen:[86] Demnach gibt es Schwächen in den Grundannahmen Schumpeters, weil dessen Verständnis von Innovation nicht adäquat sei. Zwar sei die Definition der Innovation breit, schließe technische, organisatorische und Managementinnovationen ein und betrachte neue Produktmärkte, neue Quellen des Angebots und modifizierte finanzielle Praktiken. Jedoch sei die Anerkennung der Wechselwirkungen zwischen Innovationen sowohl im technischen wie auch im ökonomischen Sinn mangelhaft ausgeprägt und der Verbesserunginnovation, also der kleinen Innovation, werde ein relativ zu geringes Gewicht beigemessen. Freeman führt diese Gewichtungen direkt

---

Schneider und Mayntz, 1995, Mayntz und Scharpf, 1995); „die Antwort" der Soziologie auf die neue Institutionenökonomik wird auch „neue ökonomische Soziologie" genannt (Ingham, 1996, sowie Smelser und Swedberg, 1994).

84 Kromphardt und Teschner (1986, S. 235) datieren das wiedererwachte Interesse an Schumpeter auf Mitte der achtziger Jahre und verweisen dabei auf Giersch (1984a), der vom „nun angebrochenen Zeitalter" spricht.

85 Zusammenfassend in Clark und Juma (1988, S. 211 - 214), Rahmeyer (1993, S. 260) und Schwitalla (1993, S. 39). Schumpeter, in der österreichischen Tradition Mengers stehend, ist aber niemals als Vertreter der Institutionenlehre angesehen worden. In Mengers Werk gibt es aber Anklänge an die „alte" Institutionenlehre, siehe bei Hodgson (1993, S. 118f.). Freeman (1994a, S. 483) führt das große Interesse der „Neo-Schumpeterianer" nicht nur am technischen, sondern auch am institutionellen Wandel auf die Notwendigkeit zurück, erklären zu müssen, wie ein relativ geordneter Prozess des technischen Wandels aus Vielfalt und Unsicherheit entstehen kann.

86 Nach Freeman (1990a, S. 22 ff.).

auf das vorwiegende Interesse Schumpeters an finanziellen Aspekten der Konjunkturzyklen zurück und ebenso auf dessen Modellbildung des herorisch handelnden individuellen Unternehmers[87].

Grundsätzliche Annahmen der evolutorisch-institutionellen Innovationstheorie

Es ist also plausibel, den Überblick über die institutionenökonomischen und evolutionären Innovationsansätze nicht zwanghaft aus dem Ursprungswerk Schumpeters allein ableiten zu wollen, sondern von weitergefassten Grundrissen auszugehen. Gemäß heutigem Verständnis[88] müssen drei Grundannahmen erfüllt sein, damit ein Ansatz hierzu zu rechnen ist:

- Auf der Mikroebene handeln *eingeschränkt rationale Akteure*,
- die *Transaktionen* sind nicht gleichgewichtsorientiert und können weitab von Gleichgewichtszuständen auftreten[89] und
- Märkte und andere Einrichtungen stellen die *Selektionsmechanismen* zwischen heterogenen Institutionen und technischen Möglichkeiten dar.[90] Die Selektionsmechanismen sind im Verlauf des Abschnittes noch näher zu erläutern.

Aus Sicht des heutigen Forschungsstands wird leicht vergessen, dass das evolutionäre Denken eine lange Tradition in den Sozialwissenschaften, und gerade in den Wirtschaftswissenschaften, hat. Wie Witt ausführt, war der Begriff der Evolution lange vor Darwins Vererbungslehre präsent.[91] Auf die frühen Beeinflussungen des Denkens ökonomischer Klassiker wie Marx wurde bereits hingewiesen. Die heutigen Beiträge zu dieser Art der Innovationstheorie spannen ein großes Feld auf. Witt[92] nennt sechs Richtungen:

- Veränderungen in makroökonomischen Aktivitäten unter dem Einfluss eines möglicherweise diskontinuierlichen Zuflusses von Innovationen,
- das Durchsetzen von Industrien und Unternehmen im innovativen Wettkampf und die Relevanz des Darwinschen Konzepts zum Verständnis dieses Problems,

---

87 A. a. O.

88 Siehe etwa die Übersicht von Dosi und Nelson (1994, S. 154 ff.), die bemerkenswerterweise in einer neuen, seit 1990 erscheinenden Zeitschrift publiziert haben, die sich „Journal of Evolutionary Economics" nennt.

89 Tichy (1985).

90 In Anlehnung an Dosi und Freeman (1992, S. 3).

91 Witt (1992a, S. 1). Schwitalla (1993, S. 40) weist darauf hin, dass auch von Hayek (1969, S. 142) den Evolutionsgedanken in den Sozialwissenschaften früher verankert sieht als in der Vererbungslehre, so dass ein umgekehrter Einfluss der Sozialwissenschaften auf die Biologie behauptet werden könne.

92 Witt (1992b, S. XIV).

- die Funktionsfähigkeit von Märkten und die Bahnabhängigkeit der historischen Wirtschaftsentwicklung,
- das Entstehen und das Abwandeln von gesellschaftlichen Regeln und Institutionen, welche den sich verändernden Rahmen für ökonomische Wechselwirkungen abgeben,
- der Wandel der Produktionstechnologie, Auswirkungen auf das Wachstum der Erdbevölkerung und die gesellschaftliche Wohlfahrt in langfristiger Hinsicht und
- die Antriebskräfte für Veränderungen des Niveaus individuellen Verhaltens.

So verschieden diese Forschungsfragen auch sein mögen, gemeinsam ist das Interesse am technischen Wandel und seinen Ursachen, an den Motiven und dem Verständnis der beteiligten Akteure, an den Prozessen, in denen sich der Wandel niederschlägt und an deren Konsequenzen.[93] Allen diesen Richtungen gleichermaßen gerecht zu werden, ist in diesem Band unmöglich.[94] Ihre Vertreter haben nicht im gleichen Umfang und mit gleichem Gewicht auf andere Schulen der Wirtschaftswissenschaften einwirken können. Bis zur Mitte der 80er Jahre sah es so aus, als ob die Vertreter der Institutionenökonomik im engeren Sinne den wesentlichen Beitrag zur evolutionären Innovationsforschung erbringen würden. Aber im Verlauf der 80er Jahre „mussten sie erkennen, dass die evolutionäre Ökonomik nicht länger ihre ausschließliche Provinz (ist)“.[95] Nunmehr verwenden anerkanntermaßen verschiedene Denkschulen evolutionstheoretisches Vokabular. Dies wird von den Pionieren der modernen evolutionären Ökonomik zwar begrüßt, gleichzeitig wächst die Besorgnis, dass innerhalb der noch nicht gefestigten evolutionären Denkschule eine Zersplitterung und letztlich eine Marginalisierung eintritt.[96]

Die wachsenden Überlappungen insbesondere zwischen der institutionenhistorischen und der verhaltenstheoretischen Erklärung des technischen Wandels sind eine direkte Folge eines verbesserten Verständnisses der Innovationsdynamik und mögen insofern als der unvermeidliche Vorgang der internen Differenzierung neu entstehender Forschungszusammenhänge verstanden werden. Die Artenvielfalt, die in der biologischen Evolution eine große Rolle spielt, scheint auch im Sinne der Zahl der Innovationsforscher, ihrer Aktivitäten und ihrer Forschungsinteressen zu wachsen und den gegenwärtigen Zustand der Innovationsforschung zu kennzeichnen.

---

93 Ebenfalls aus Witt (1992b, S. XIII).

94 Auf eine kürzlich erschienene Sammlung von 25 wichtigen Beiträgen seit Schumpeter wird verwiesen: Witt (1992b).

95 So Foster (1991, S. 226).

96 A. a. O.

Evolutorische Innovationstheorie (im engeren Sinn)

Wegen ihrer Bedeutung für das in diesem Buch behandelte Messproblem werden nur die wichtigsten verhaltenstheoretischen und institutionenhistorischen Innovationstheorien näher ausgeführt. Die *verhaltenstheoretische oder behavioristische Richtung* setzt bei der Erklärung wirtschaftlicher und gesellschaftlicher Phänomene am Individuum an, das auch eine juristische Person, also eine Organisation oder eben eine „Institution", sein kann, und macht sich psychologische Forschungsergebnisse zu eigen.[97] Dies kann man durchaus als Fortführung der Auffassung Schumpeters verstehen, der die Wirtschaftssubjekte nach verschiedenen Persönlichkeitsmerkmalen in Unternehmer und Wirte einteilte und aus dieser Einteilung unterschiedliches Innovationsverhalten ableitete.[98] In dieser Tradition steht eine Reihe von Unternehmertypologien und auch im wirtschaftspolitischen Alltagsgebrauch erinnern Begriffe wie *Pionier* oder *Verfolger* an Persönlichkeitsmerkmale. Unter allen behavioristischen Innovationsmodellen soll an dieser Stelle - stellvertretend für andere - nur der Ansatz von Nelson und Winter kurz dargestellt werden.[99]

Nelson-Winter-Modell ...

Das evolutorische Innovationsmodell von Nelson und Winter verbindet behavioristische Auffassungen des Unternehmerverhaltens mit dem biologischen Evolutionsmodell im engeren Sinn.[100] Unternehmer (Unternehmen) sind bei Nelson und Winter ständig auf der *Suche* nach Möglichkeiten, ihre Gewinnsituation zu verbessern.[101] Ihr Verhalten definiert sich zu jedem Zeitpunkt aus dem Potential an Wissen und Fertigkeiten und der Anwendung bestimmter Entscheidungsregeln. Durch die im Laufe der Zeit gewonnene Erfahrung und zufällige Ereignisse verändert sich

---

97 Zum Beispiel hat Mokyr (1990) die Zusammenhänge zwischen der technologischen Kreativität und dem ökonomischen Fortschritt untersucht.

98 Da von den Verhaltenstheoretikern mit dem Begriff „Unternehmer" oft juristische Personen gemeint sind, wird der Zusatz „individualistisch" in diesem Buch vermieden. Genausogut könnte man von einer „institutionen-behavioristischen" Denkrichtung sprechen. Rosegger (1992, S. 208) spricht der behavioristischen Schule eine Brückenfunktion zwischen den „Wissenschaften vom Menschen und der Wissenschaft der Unternehmung" zu. Das verhaltenstheoretische Standardwerk ist Cyert und March (1963).

99 Andere Arbeiten zur Unternehmertypologie und zur Marktdynamik wurden kürzlich von Schwitalla (1993, S. 41 - 42) zusammengefasst.

100 Dies ist ein Unterschied zur oben vertretenen Auffassung, nach der die evolutionstheoretischen Richtungen in den Wirtschaftswissenschaften seit langem darüber hinausgehen. Nelson und Winter (1982, S. 9) orientieren sich hingegen explizit an der Darwinistischen Evolutionstheorie und insbesondere am Gedanken der natürlichen Auslese im Marktgeschehen. Deshalb ist das Modell ein gutes Beispiel für die evolutorische Richtung. Zur Entstehungsgeschichte und zur frühen Verbindung mit Arrows Ansatz siehe Hounshell (1996).

101 Dass das Management von Unternehmen Suchverhalten zeigen kann, wird seit den sechziger Jahren in der Verhaltenstheorie der Unternehmung beschrieben (Cyert und March, 1963).

sowohl ihr Potential von Fähigkeiten wie auch der Umgang mit den Entscheidungsregeln. Die verschiedenen Unternehmen rivalisieren miteinander am Markt, wobei die am wenigsten erfolgreichen Unternehmer verdrängt werden.[102] Die Anwendung von Entscheidungsregeln wird als *Routine* bezeichnet. Die Veränderung der Routinen und die Anwendung neuer oder veränderter Entscheidungsregeln ergeben sich aus Suchstrategien, die selbst wieder zur Routine werden. Die Routinen sind im einzelnen nicht immer speziell bezeichnet und erläutert; im Modell werden darunter sowohl operative Regeln (Produktionstechnik, Kapital- und Faktorausstattung), wie auch Investitionsregeln und strategische Entscheidungsregeln verstanden.

Das Nelson-Winter-Innovationsmodell will auf der Grundlage mikroökonomischer, routinengebundener Verhaltensmuster den dynamischen Prozess aufzeigen, der die Marktergebnisse im Innovationsgeschehen bestimmt. Es handelt sich um ein formales Modell des Innovationswettbewerbs, wobei - im Unterschied zu neoklassischen Formalmodellen - die dynamischen Beziehungen so komplex werden, dass eine analytische Lösung nicht mehr möglich ist und auf Simulationsexperimente ausgewichen werden muss.[103]

Im Kontext des vorliegenden Bandes ist besonders hervorzuheben, dass bezüglich Wissenschaft und Technik zwei Fälle unterschieden werden. Im wissenschaftsbasierten Fall wächst der technische Leistungsstand im Zeitverlauf mit konstanter Wachstumsrate an und die daraus resultierenden technologischen Chancen werden als exogen gegeben angenommen. Ansonsten, also im anderen Fall, sind die technologischen Bedingungen endogen vorherbestimmt; wenn ein Unternehmen einen großen Innovationserfolg realisiert, verbessert es nicht nur seine Produktionstechnik erheblich, sondern vergrößert auch die Chancen bei der Suche nach neuen Techniken in der nächsten Periode. Technik (außer im wissenschaftsbasierten Fall) wird also als kumulativ modelliert. Wir kommen hierauf zurück. In bezug auf Innovation bzw. Imitation haben die Unternehmer zwei Möglichkeiten, je nach dem, ob sie ein *Forschungslos* oder ein *Imitationslos* gezogen haben.[104]

Mit dem Simulationsmodell von Nelson und Winter ist es gelungen, den Innovationswettbewerb als Prozess in einem formalen mathematischen Modell darzustellen. Ohne ins einzelne zu gehen, ergibt sich aus den diversen Ansätzen, Hypothesen und zugeordneten Simulationsläufen immer, dass die erfolgreichen Unternehmen stärker wachsen und dabei die Innovationsrenten aus den technologischen Möglichkeiten

---

102 Nelson und Winter (1982, S. 14 - 21).

103 In konkreten Anwendungen wurden zwischen 2 und 32 Marktteilnehmer, 10 verschiedene Konstellationen und typisch 100 periodische Durchläufe zugelassen. Jeder Simulationslauf entspricht einem Experiment.

104 Für die wichtigsten mathematischen Notierungen und eine Erläuterung wichtiger Simulationsläufe und Konstellationen wird auf die Originalliteratur und für eine deutschsprachige Zusammenfassung auf Schwitalla (1993, S. 43 - 56) verwiesen.

besser als die weniger erfolgreichen aneignen. Aufgrund ihres Größenwachstums sind nach den Anfangserfolgen weitere technologische Erfolge wahrscheinlicher als für die zurückgebliebenen Unternehmen. Im Zeitverlauf ergibt sich eine Zunahme der Konzentration im Wettbewerb, die dann besonders stark ausfällt, wenn die wissenschaftliche Basis große Fortschritte verzeichnet, Nachahmung erschwert ist und aggressives Investitionsverhalten vorherrscht.

... und seine kritischen Aspekte

Der uneingeschränkte Verdienst von Nelson und Winter ist es, dass man mit ihrem Modell durch Simulationstechniken die Gesamtheit der Wirkungen einzelner Variablen herausfinden und durch systematische Variation direkte wie indirekte Effekte numerisch bestimmen kann. *Kritisch* muss eingewendet werden, dass es mit diesem Ansatz nicht gelingt, Wettbewerbsprozesse rein analytisch zu untersuchen und auf einfache Formulierungen zu reduzieren.[105] Auch wird der technische Wandel vor allem im Falle wissenschaftsbasierter Technik nicht erklärt und im letzteren Fall weiterhin exogen angenommen. Die Generalisierbarkeit der Modellannahmen ist stark eingeschränkt, weil für jede sinnvolle Interpretation der numerischen Ergebnisse vorab die plausiblen Parameterwerte festgesetzt werden müssten. Die Möglichkeiten und die Bedingungen des Marktzutritts werden nicht berücksichtigt, obwohl aus den neoklassischen Innovationstheorien überzeugend hervorgeht, dass die Marktstruktur eine endogene Größe sein muss. Zwar kann im Simulationsverlauf differentielles Unternehmenswachstum aufgrund einer unterschiedlichen Aneignung der Renten aus dem technischen Potential auftreten, die Zahl der Unternehmen bleibt dabei aber konstant.

Wie in den meisten neoklassischen Ansätzen sind im verhaltenstheoretischen Modell von Nelson und Winter nur Prozessinnovationen zugelassen. Konsequenterweise wurde ihr Ansatz im Hinblick auf den Einbezug von Produktinnovationen weiterentwickelt.[106] Aber nur unter sehr restriktiven Annahmen lassen sich damit inhaltlich analoge Ergebnisse wie im Falle von Prozessinnovationen ableiten. Eine weitere vereinfachende Annahme des Nelson-Winter-Ansatzes ist die im Zeitverlauf konstante Nachfrage, die beim Einbezug von Produktinnovationen nicht aufrecht erhalten werden kann. Aber auch bei Veränderungen der Produktionstechnik ist nicht zu erwarten, dass etwa der Materialverbrauch nicht sinke etc.[107] Diese Kritik an der evolutionsökonomischen Innovationstheorie von Nelson und Winter soll aber nicht so verstanden werden, dass es möglich wäre, die Defizite ohne weiteres zu beheben und in ein verbessertes Simulationsmodell einzuführen. Ein generelles ma-

---

105 Siehe etwa Gerybaze (1982, S. 119 - 120).

106 Durch Gerybaze (1982, S. 170 ff.), wobei zwei substitutive Güter zugelassen sind.

107 Wegen der Bedeutung der Nachfrage für die Innovationserklärung widmet sich der folgende Absatz den nachfragetheoretischen Ansätzen.

thematisches Modell der industriellen und technischen Entwicklung im formalen Sinne aufzustellen und - wenn schon nicht analytisch, so doch simulationstechnisch - zu lösen, dürfte weiterhin ein aussichtsloses Unterfangen sein. Die Konzeption von Innovationsindikatoren, also partiellen ökonometrischen Messungen, und eine Auseinandersetzung mit ihrer Adäquation bleibt so gesehen weiterhin eine aussichtsreiche Alternative.

An dieser Stelle soll kurz auf eine behavioristische Ausprägung der Wettbewerbstheorie eingegangen werden, obgleich die wettbewerbstheoretischen Ansätze zur Innovation - bei allen Schwierigkeiten der Abgrenzung und Zuordnung - unter dem Stichwort der Neoklassik abgehandelt wurden. Die Entwicklung des obigen Innovationsmodells durch Nelson kann der sogenannten „Harvard-Schule" zugerechnet werden, die eine eigene Wettbewerbstheorie geschaffen hat, die das Geschehen auf den Märkten durch differenzierte Modelle und durch die Einbeziehung zusätzlicher, oft auch marktspezifischer Variablen erklären will und so erst „die Basis für eine Wettbewerbsgestaltungstheorie und damit rationale Wettbewerbspolitik" liefert.[108] Die Harvard-Schule verbindet damit wettbewerbstheoretische mit behavioristischen Ansätzen.[109] Eine deutsche Variante der wettbewerbstheoretischen Konzeption der Harvard-Schule legte Kantzenbach vor.[110]

Institutionenökonomische Innovationstheorie (im engeren Sinn)

Anders als Nelson und Winter gehen die Institutionalisten und Historiker vor, wenn sie auch Simulationsmodelle aufgeben und die Innovationsforschung zwischen Ökonometrie und institutionenökonomischer Theorie fortentwickeln. Diese Schule entnimmt aus der alltäglichen Anschauung des realen technologischen Wandels Typologien und Klassifikationen, bezieht die technik- und die sozioökonomische Strukturentwicklung aus einem historischen Blickwinkel heraus ein und leitet daraus und aus statistischem Datenmaterial Hypothesen über technisch-wirtschaftliche Zusammenhänge ab, die qualitativer Art sind.[111] Die institutionenhistorische Innovationsforschung versucht damit einen noch deutlicheren Gegenpol zum neoklassischen Innovationsverständnis zu bilden, indem nicht mehr versucht wird, Formalmodelle zu konstruieren.

---

108 So charakterisiert Grossekettler (1985, S. 157 f.) die Harvard-Wettbewerbstheorie. Siehe auch Nelson (1995, S. 171). Nelson beharrt darauf, dass die Wettbewerbspolitik („Industrial policy") institutionenökonomisch erklärt werden muss. Zu den Ursprüngen der Innovationsökonomik von Nelson und Winter siehe Hounshell (1996, insbesondere S. 45).

109 Siehe z. B. auch Scherer (1980, S. 6 f.).

110 Kantzenbach (1967); siehe im vorigen Abschnitt. Die Harvard-Schule stimmt mit Nelson und Winter sowie Kantzenbach darin überein, dass vollständige Konkurrenz unter dem Innovationsaspekt ungünstig zu bewerten ist.

111 So jedenfalls Schwitalla (1993, S. 60).

Freemans Innovationsmodell

Die wesentlichen Impulse dieser Denkschule gehen von Freeman und Mitarbeitern aus der Science Policy Research Unit (SPRU) der Universität Sussex aus. Freeman überschrieb den ersten Teil seines zentralen Werks mit „Der Aufstieg der wissenschaftsbezogenen Technik" und nahm damit frühere Auffassungen von Marx und Bernal wieder auf.[112] Er zeigt im historischen Rückblick anhand der im 20. Jahrhundert wachstumsstärksten Wirtschaftszweige (Chemie, Mineralöl, Kunststoffe) sowie für die Entwicklung der Atomtechnik und der Elektronik auf, dass die industrielle Innovationstätigkeit immer professioneller betrieben und die Technikentwicklung immer mehr von wissenschaftlichen Erkenntnissen abhängig wird. Damit zerreißt er die etwas romantische Vorstellung vom ideenbesessenen Tüftler, dessen Innovationen im wesentlichen in Garagen hervorgebracht werden, und verweist auf die große Bedeutung von institutionalisierten Forscherteams in- und außerhalb von Unternehmen, die in jahrelangen geplanten und durchstrukturierten FuE-Arbeiten zu den technologisch umwälzenden Entwicklungen in diesem Jahrhundert beigetragen haben. Die Professionalisierung des FuE-Systems beruht nach Freeman aber nicht nur auf dem zunehmenden wissenschaftlichen Charakter der Technologie,[113] sondern auch auf der wachsenden Komplexität, den hochentwickelten System- und Netzwerktechniken und dem allgemeinen Trend zur Arbeitsteilung und Spezialisierung. Somit könne die Ökonomie den Komplex der Technikentwicklung als Erkenntnisgegenstand nicht länger ignorieren oder als exogen vorgegeben betrachten.

Pavitt geht so weit, den Denkansatz Freeman bis hin zu einer Typologie von Innovationsmustern weiterzuentwickeln. Dabei identifiziert er ökonometrisch vier Industriegruppen, nämlich die lieferantenbeherrschten Sektoren, die skalenintensiven Sektoren, die Spezialanbieter und - ähnlich wie in der neuen Wachstumstheorie - einen wissensbasierten Sektor. In diesem Sektor stehen Innovationen im direkten Zusammenhang mit dem wissenschaftlichen Fortschritt[114], während in der neuen Wachstumstheorie das Abgrenzungskriterium das Humankapital ist.

---

112 Freeman (1982, S. VIII).

113 Freeman (1982, S. 10 ff.); ein zentraler Beleg i. S. einer Fallstudie stellt die Entwicklung des Transistors dar, ein Fall, in dem die Entdeckung gewisser quantenmechanischer Eigenschaften von Festkörpern sowohl den Nobelpreis für Physik (wissenschaftsorientiert) wie auch gleichzeitig die technologische Durchentwicklung eines mikroelektronischen Geräts hervorbrachte.

114 Pavitt (1984, S. 354 ff.).

Dosis Innovationstheorie

Dosi fügte die verschiedenen Arbeiten der institutionen-historischen Schule zu einer mikroökonomisch formulierten Gesamtheit zusammen.[115] Dosi knüpft an die wissenschaftssoziologische Auffassung des Paradigmas an[116] und führt in Analogie in die Institutionenökonomik den Begriff des *technologischen Paradigmas* ein. Er fasst Innovationen als paradigmen-gebundene Problemlösungsprozesse auf, die im wesentlichen von zwei Faktoren beeinflusst werden: Den *technologischen Chancen* und den *Aneignungsmöglichkeiten* der Innovationsrenten durch die Institution der Unternehmen. Das technologische Paradigma umfasst also nicht nur ein naturwissenschaftliches Prinzip oder eine Schlüsseltechnologie, sondern auch ein bestimmtes Muster von Such- und Lösungsmethoden sowie die Definition der wirtschaftlich relevanten Probleme. Der tatsächliche technische Wandel verläuft nach Dosi wie auf einer technologischen Bahn (Trajektorie) entlang den ökonomischen und technischen Zielkonflikten innerhalb des Paradigmas.

Im Zentrum der Mikrofundierung der Innovationstheorie[117] steht die Art und Weise, mit der die Wirtschaftssubjekte Wissen und Fähigkeiten anhäufen, um ihre technologischen oder organisatorischen Probleme zu lösen. Da das technische Wissen nicht nur - aber auch - aus frei verfügbarer Wissenschaft besteht, sondern auch firmenspezifischen und kumulativen Charakter hat, sehen sich die Institutionen, die Unternehmen wie die Branchen, unterschiedlichen technologischen Chancen ausgesetzt.

Damit zerfällt Dosis Innovationstheorie in zwei wesentliche Betrachtungsebenen, die *intersektorale* und die *intrasektorale*. Die technologischen Chancen und die Aneignungsmöglichkeiten sind im Hinblick auf Patentschutz, Geheimhaltung, technische Eignung, Unterstützung durch das öffentliche Forschungssystem u.s.w. je nach Technik und Wirtschaftszweig sehr unterschiedlich. Die marktgerichteten Anreizmechanismen, wie z. B. das Nachfragewachstum, rechtliche Rahmenbedingungen, die Einkommenselastizitäten oder preisliche Aspekte führen ebenfalls zu differentiellem Branchenverhalten in bezug auf die Innovation.

Innerhalb einer Branche verbleibt neben dem branchentypischen Innovationsmuster noch ein großer unerklärter Rest institutionenspezifischen Innovationsverhaltens, das aus den vom Branchentypus abweichenden Unternehmensstrukturen, Größenverhältnissen und Innovationsstrategien hervorgeht. Vor allem unterscheiden sich die Unternehmen einer Branche durch den bereits erreichten wissenschaftlich-technischen Kenntnisstand. Zu den Innovationsstrategien des individuellen Unterneh-

---

115 Dosi (1988).

116 Dosi (1982).

117 Die Brücke zur Makroökonomie versuchen Dosi und Orsenigo (1994) zu skizzieren.

mens gehören wesentlich seine Lernfähigkeiten in bezug auf den individuell erreichbaren zukünftigen Kenntnisstand, wie auch das Aktivieren und Umsetzen der bisher akkumulierten Kenntnisse.

Mit der ausdrücklichen Zweiteilung seines Modells auf intersektorale und intrasektorale Bestimmungsgrößen wendet sich Dosi gegen die in neoklassischen Innovationstheorien gebräuchliche Annahme des repräsentativen Unternehmens und nimmt damit einen typischen Standpunkt der neuen Institutionenökonomik ein. Als mögliche Typisierung sektoralen Innovationsverhaltens schlägt Dosi die oben erwähnte Industriegruppeneinteilung von Pavitt vor.[118] Anders als bei Nelson und Winter werden in Dosis Modell Unternehmensgröße wie auch Industriestruktur als endogene Größen des Innovations- und Wettbewerbsprozesses aufgefasst. Kritisch anzumerken ist, dass Dosis Modell nur für einen Sektor wissenschaftsgebundenen technischen Wandel vorsieht, was voraussetzt, dass die vier vorgeschlagenen Sektoren orthogonal zueinander sind - eine unrealistische Annahme.[119] Aber auch bei Begrenzung auf *einen* wissenschaftsgebundenen Sektor müsste der Einfluss der staatlichen und sonstigen nichtindustriellen Wissenschaftsinfrastruktur berücksichtigt werden. Dass diese gezielt auf die Richtung und Rate des technischen Wandels einwirken kann, ist offensichtlich.[120] Staatliche Wissenschafts- und Technologiepolitik beeinflusst sowohl die technischen Chancen - gegebenenfalls sektorspezifisch - als auch die Aneignungsmöglichkeiten - z. B. über Risikokapital - und setzt marktliche Nachfrageanreize. Durch staatliche Programme wird ggf. direkt in den wettbewerblichen Selektionsprozess eingegriffen, indem etwa staatliche Zuwendungen explizit an die Unternehmensgröße gebunden sind.[121]

Kritik an der institutionenökonomisch-evolutionären Innovationstheorie

Die institutionenökonomische Innovationsschule, vor allem die Arbeiten Freemans, Pavitts und Dosis verweisen allesamt in der einen oder anderen Weise auf die Bedeutung von Technik *und Wissenschaft* für die Erklärung modernen Innovations-

---

118 Diese Einteilung ist aber nicht notwendig mit Dosis Modell verknüft; die Vierteilung nach Pavitt wird in Grupp (1995b) anhand empirischer Daten kritisiert.

119 Ebenda.

120 Stichworte sind: Mittelverausgabung für bevorzugte Technologiebereiche, gesetzliche Rahmenbedingungen, öffentliche Beschaffung technologieintensiver Güter, Ausbildungssystem und damit Schaffung von Humankapital. Einerseits muss es prinzipiell dem Staat übertragen werden, wichtige Kollektivgüter in Wissenschaft und Ausbildung zur Verfügung zu stellen, andererseits ist er auch für die Institutionen der Rechtspflege (z. B. Patentschutz) zuständig, ganz im Sinne der neuen Institutionenökonomik.

121 Siehe z. B. Ewers und Fritsch (1987), Meyer-Krahmer (1989) oder Grande und Häusler (1994, Kapitel 1) zur Mittelstandsförderung.

verhaltens der Unternehmen.[122] Mit professioneller industrieller FuE in Wechselwirkung steht die staatliche Wissenschafts- und Technologiepolitik. Die Beobachtung realer Vorgänge nicht nur auf volkswirtschaftlicher, sondern auch auf gesellschaftlicher Ebene (z. B. von innovationshemmenden Institutionen des Rechts etwa beim Technologietransfer zwischen Universität und Unternehmen)[123] gehört zu den starken Seiten dieser Innovationsschule, die Unmöglichkeit, Erkenntnisse mit formalen mathematisierten Modellen darzustellen, zu den schwachen, was einen entscheidenden *Kritikpunkt* mit Relevanz für die Messaufgabe abgibt. Auch wenn einzelne Aspekte gemessen werden können, bleibt immer die kritische Frage offen, wie sich die Partialergebnisse zusammensetzen. Daraus ergibt sich als wichtigste Forschungsaufgabe im Rahmen der institutionenökonomischen Innovationstheorie, an der Schaffung eines geeigneten Messprogramms zu arbeiten, das die stringente Zusammensetzung von Partialbeobachtungen ermöglicht.

2.4 Nachfragetheoretische Ansätze

Der Zweck jeden Wirtschaftens ist es, die privaten Haushalte mit Verbrauchsgütern und dauerhaften Konsumgütern zu versorgen, um gemäß dem Nutzen dieser Güter ihre Bedürfnisse zu befriedigen. Die Nachfrage nach einem Gut regelt sich aus seinem Preis im Vergleich zu anderen Gütern sowie dem Einkommen. Meist wird die Haushaltsnachfrage oder die Endnachfrage der Konsumenten so verstanden, dass sie auf Produkte gerichtet ist. Im Zusammenhang mit dem Innovationsthema ist daher unter nachfragetheoretischen Aspekten die *Produktinnovation* im Zentrum des Interesses. Betrachtet man hingegen die Nachfrage der Unternehmen nach Gütern, dann ist es gebräuchlich, von Investitionsgütern zu sprechen, also Produkten, mit denen man andere Güter herstellen kann. Es finden sich ebenfalls die Bezeichnungen Vor- oder Zwischenprodukte oder Kapitalgüter. Führt ein Unternehmen innovative Investitionsgüter in seinem Produktionsprozess ein, so ist hierfür die Bezeichnung der *Prozessinnovation* üblich.

Wie in den vorigen Abschnitten gezeigt werden konnte, behandelt die Innovationstheorie häufig entweder nur Prozess- oder nur Produktinnovationen und schließt damit aus formalen Gründen jeweils einen Teil des gesamtwirtschaftlichen Innova-

---

122 Allerdings hat bereits Vernon (1966, S. 191) darauf hingewiesen, dass der wissenschaftlich-technische Fortschritt nicht auf die Unternehmen begrenzt ist, was in der neoklassischen Literatur weitgehend übersehen wurde: „Wir beginnen mit der Annahme, dass die Unternehmen in irgendeinem fortgeschrittenen Land der Erde nicht unterscheidbar verschieden sind von denen in irgendeinem anderen fortgeschrittenen Land, was ihren Zugang zum *wissenschaftlichen Wissen* und ihre Fähigkeit angeht, die *naturwissenschaftlichen* Prinzipien zu begreifen." (Hervorhebungen hinzugefügt.)

123 Siehe z. B. Freeman (1982, Kapitel 9).

tionsgeschehens aus der Betrachtung aus. Im Hinblick auf die Formulierung eines adäquaten Messkonzepts für den technischen Fortschritt scheint mithin eine Auseinandersetzung mit nachfragetheoretischen Ansätzen zur Beschreibung von Konsum- *und* Investitionsgütern und damit eine genauere definitorische Befassung mit Produkt- und Prozessinnovationen erforderlich zu sein. Sie ist Gegenstand dieses Abschnitts.

Produkt- vis-à-vis Prozessinnovation

Gemäß gängiger Auffassung versteht man unter einer *Produktinnovation* entweder ein substantiell neues Produkt oder eine wesentliche Leistungsverbesserung bei einem existierenden zur Befriedigung der Haushaltsnachfrage. Eine *Prozessinnovation* dagegen ist die Einführung neuer oder wesentlich verbesserter Produktionsmethoden. Diese können durch neue Ausrüstungsgüter oder durch eine Umorganisation der Produktion oder beides hervorgerufen werden.[124] Diese Unterteilung geht wenigstens bis auf Schumpeter zurück, der bereits u. a. neue Güter, neue Produktionsmethoden und Organisationsänderungen unterschied.[125]

Die Prozessinnovation kann den Zweck haben, ein neues Produkt herzustellen, dann ist sie mit der Produktinnovation untrennbar verbunden. In diesem Fall kann das neue Produkt mit konventionellen Anlagen und Produktionsmethoden nicht, oder nicht mit maximalem Gewinn, herstellt werden. Eine Prozessinnovation kann aber auch dann nützlich sein, wenn existierende Produkte mit höherer Effizienz hergestellt werden sollen. Bereits aufgrund dieser allgemein üblichen Abgrenzungen zeigt sich,

- dass es Produktinnovationen geben kann, die keiner Prozessinnovation bedürfen,
- dass beide gleichzeitig auftreten können, wenn die Produktinnovation die Prozessinnovation erzwingt oder
- dass Prozessinnovationen durchgeführt werden, um konventionelle Produkte faktorsparend herzustellen.[126]

Die meisten der bisher im Überblick kurz behandelten Innovationstheorien bleiben stumm bezüglich dieser *notwendigen Fallunterscheidungen.* Die für die formalen

---

124 Siehe z. B. OECD (1992, S. 26).

125 Schumpeter (1911, S. 100 f.); die übrigen Innovationsfälle sind neue Absatz- und neue Angebotsmärkte.

126 Das moderne Schlagwort des „Simultaneous Engineering“ versucht den Firmen plausibel zu machen, dass durch eine *Parallelisierung* der Produkt- und der Prozessentwicklung die Zeit bis zur Markteinführung verkürzt werden kann und setzt deshalb bereits in den konzeptionellen Phasen der Produktentwicklung eine Befassung mit Prozessinnovationen voraus (Eversheim, 1989). Demnach wäre der erste der drei Fälle heutzutage nur mehr selten.

Theorien entscheidenden Festlegungen auf einen Typ der Innovation stellen daher in aller Regel eine sehr starke Abstraktion dar. Zumindest aber scheinen die Theorien vorauszusetzen, dass man überhaupt eine (reine) Produkt- von einer (reinen) Prozessinnovation unterscheiden kann. In vielen Ansätzen ist ausdrücklich nur von der effizienzerhöhenden oder faktorsparenden Prozessinnovation die Rede, ohne dass neue Produkte auftreten dürfen.

Die Produktinnovation eines Sektors ist die Prozessinnovation eines anderen

Zurückkommend auf Dosis Unterscheidung zwischen der intersektoralen und der intrasektoralen Betrachtungsweise erhebt sich die Frage, ob die Definition der Prozess- versus der Produktinnovation invariant gegenüber den Sektoren ist (wie auch immer sie geschnitten sein mögen).[127] Ein Beispiel: Eine in der Literatur prominent behandelte Prozessinnovation in der Automobilbranche ist die Einführung von Robotern. Nehmen wir einmal an, die Verwendung von Industrierobotern sei rein faktorsparend und würde das Produkt, das Automobil, in keiner Weise verändern.[128] Stellt der Automobilhersteller die für die Prozessinnovation neu installierten Industrieroboter nicht selbst her,[129] sondern bezieht sie von anderen Unternehmen, tritt das Problem uneindeutiger Bezeichnungen auf. Der neue (schnellere, flexiblere etc.) Roboter wird für den Roboterhersteller eine Produktinnovation sein, für den Anwender im Automobilbau eine Prozessinnovation. Setzt gar der Roboterhersteller für die Produktion seiner Geräte wiederum selbst Roboter ein, die er auch selbst herstellt, verschmelzen die Begriffe in eins. Dasselbe gilt für viele andere Produktinnovationen, die von industriellen Kunden nachgefragt werden. Coombs et al. umreißen den Sachverhalt so: „Obwohl es zutrifft, dass die Produkttechnologie der einen Industrie manchmal die Prozesstechnologie der anderen ist, so ist dies doch nicht notwendigerweise für alle Endprodukte der Fall.“[130]

Die Frage der Unterscheidbarkeit von Produkt- und Prozessinnovationen scheint sich darauf zu reduzieren, das Ausmaß (empirisch) festzustellen, in dem eine solche Unterscheidung möglich und intersektoral eindeutig ist. Auf der Grundlage briti-

---

127 Siehe Dosi (1988).

128 Was zu beweisen wäre, denn das Lackieren oder Schweißen mit Robotern kann zu einer veränderten Qualität des Lacks bzw. der Schweißnähte führen, die für Lebensdauer und Haltbarkeit des Produkts relevant sind; siehe etwa Grupp et al. (1988, S. 305 ff.). Eine interessante theoretische Diskussion zur faktorsparenden Qualitätsveränderung führt Payson (1994, S. 20-27). Auch Archibugi et al. (1994, S. 21) weisen darauf hin, dass effizienzerhöhende neue Produktionsprozesse einzelne Eigenschaften eines Gutes verändern können, so dass überlegt werden müsse, ob es dadurch nicht schon ein neues Produkt ist. Im übrigen sei an dieser Stelle auf das aktuelle wirtschafts- und wettbewerbspolitische Thema der *Kennzeichnungspflicht* hingewiesen. Oft bezieht sich diese Pflicht nicht auf Inhaltsstoffe, sondern auf Herstellungsverfahren (z. B. gentechnisch hergestellt, chlorfrei gebleicht etc.).

129 Was bei einigen Kraftfahrzeugherstellern tatsächlich früher der Fall war, z. B. bei Volkswagen.

130 Coombs et al. (1987 S., 29).

scher Innovationsdaten wurde gefunden, dass die Gesamtzahl der Produkt- und Prozessinnovationen in dieser Datenbasis von der zugrunde gelegten Definition abhängt. Nur 3,1 % aller Innovationen konnte eindeutig entweder als eine Produkt- oder eine Prozessinnovation gekennzeichnet werden, während 96,9 % in eine Grauzone fallen, in der die verwendete Branchensicht oder sonstige definitorische Feinheiten das Ergebnis der Klassifikation bestimmen.[131] Ein Weg aus dem Definitionsdilemma wäre es, alle Innovationen als Produktinnovationen zu verstehen[132] und aufgrund der spezifischen Nachfragesituation zu unterscheiden, ob es sich um ein Investitionsgut handelt, das potentiell beim unternehmerischen Anwender als Prozessinnovation verstanden wird, oder ein für private Haushalte gedachtes Endprodukt (Haushalte als nichtproduzierende Wirtschaftseinheiten wären in diesem Fall niemals prozessinnovativ).[133]

Die bisher zusammengetragenen grundsätzlichen Überlegungen und empirischen Belege repräsentieren bislang die Ansicht einiger Außenseiter. Die Fallunterscheidung und die Unterscheidbarkeit werden jedoch aller Wahrscheinlichkeit nach zu einem zentralen Problem bei der Fortschrittsmessung und bedürfen einer besonderen mathematischen Formulierung bei der Konzeption einer Innovationsökonometrie.

Produktpreis und Prozessinnovation

Gemäß gängiger Auffassung besteht hingegen ein fundamentaler Unterschied zwischen Prozess- und Produktinnovationen, der letztlich an den *Eigenschaften* des hergestellten Produkts festgemacht wird.[134] In der neuesten Literatur zur monopolistischen Angebotskonkurrenz, die weiterhin von einer Unterscheidung beider Innovationstypen ausgeht, finden sich Hinweise auf die damit zusammenhängende *Produktdifferenzierung*, nach der letztlich die Präferenz der Nachfrage über die

---

131 Archibugi et al. (1994, S. 16); diese Quelle enthält auch eine ausführliche Diskussion der Definitionsproblematik. Kromphardt und Teschner (1986, S. 236) weisen darauf hin, dass die Unterscheidung gerade bei gesamtwirtschaftlicher Betrachtung Fragen aufwerfe.

132 Dies schlägt z. B. Grossekettler (1985, S. 240) vor, wenn er Verfahrensfortschritt als einen *Produktfortschritt* einer vorgelagerten *Erfindungsindustrie* auffasst.

133 Auch diese Annahme zur Rettung des Definitionskonzepts der Prozessinnovation hinterlässt Graubereiche, denn die Einführung einer effizienten Haushaltsheizung könnte man als Faktoreinsparung bei der Dienstleistung „Raumwärme" darstellen. Den makroökonomischen Effekten wird wirtschaftspolitisch enorme Aufmerksamkeit geschenkt, aber in der mikroökonomischen Theorie würde dieser Fall als Mengenanpassung im Haushaltskonsum behandelt.

134 So etwa Cohen und Klepper (1992, S. 5): Prozessinnovationen ändern die Eigenschaften des Produkts nicht, sondern nur seine Herstellungskosten, während Produktinnovationen sich in veränderter Leistungscharakteristik, zusätzlichen Eigenschaften oder in einem gänzlich neuen Produkt äußern.

zutreffende Klassifikation entscheidet.[135] Sofern der private oder industrielle Nachfrager zwischen einem konventionellen Produkt, das prozessinnovationsbedingt preisgünstiger angeboten wird, weil der günstigere Herstellungspreis langfristig an die Nachfrager weitergegeben wird,[136] und einem technisch gleich anspruchsvollen Produkt wählen kann, wird der fortschrittsbedingt günstigere Anbieterpreis zu *einer* Produktvariablen unter allen denkbaren Produkteigenschaften. Insofern kann man eine reine Prozessinnovation auch als Spezialfall einer Produktinnovation verstehen, wobei das Produkt sich in seinen technischen Eigenschaften vom substituierten Produkt in *nichts, aber dem Preis* unterscheidet. Alle übrigen Produktinnovationen sind mit Prozessinnovationen verbunden, die sowohl den Herstellungspreis, als auch die Produkteigenschaften betreffen können.

Diese Auffassung ist nicht radikal neu. Sie lässt sich vereinzelt in der wirtschaftswissenschaftlichen Literatur bereits seit Jahrzehnten finden.[137] In der Nachkriegsliteratur schrieb Salter bereits 1960, dass es schwierig sei, ein operationales Modell des technischen Wandels zu identifizieren, solange man nicht einen „direkten Appell an die Konsumentenpräferenzen" einbezieht.[138] Gerybadze verweist darauf, dass die Wirtschaftstheorie die Analyse von Produktinnovationen vernachlässigt habe. Wenn man jedoch den Anspruch erhebe, den Ablauf technischer Fortschrittsprozesse zu analysieren, um daraus Bedingungen für die Erhöhung der Rate technischer Entwicklung oder gar der gesellschaftlichen Wohlfahrt abzuleiten, müsse durch vorgegebene Präferenzen oder Preise sichergestellt sein, dass ein eindeutiger Bewertungsmaßstab für alte und neue Produkte vorliege. Andernfalls ließe sich nicht sagen, wann ein neues Gut gegenüber einem alten Gut eine „Verbesserung" darstelle. Dies ließe sich nur bei reinen Prozessinnovationen ohne Rückgriff auf Präferenzen beantworten, weil nur der Preis betroffen ist.[139]

Diese Überlegungen führen zu einem hohen Stellenwert der *Produkteigenschaften* bei der Fortschrittsmessung und ihrem Zusammenhang mit Präferenzen und somit

---

135 Dieser sog. Endverbrauchsansatz der Innovation wird von Archibugi et al. (1994, S. 12) zusammenfassend dargestellt.

136 Trajtenberg (1990a).

137 Selbst unter den Klassikern des vorigen Jahrhunderts gibt es bemerkenswerte Problematisierungen zur Definition eines Produkts bzw. einer Ware. So beginnt K. Marx sein „Kapital" nicht mit der Definition von Kapital, sondern mit einem einleitenden Kapitel „Die Ware": „Die Ware ist zunächst ein äußerer Gegenstand, ein Ding, das durch seine *Eigenschaften* menschliche Bedürfnisse irgendeiner Art befriedigt. (...) Es handelt sich hier auch nicht darum, wie die Sache das menschliche Bedürfnis befriedigt, ob unmittelbar als Lebensmittel, d. h. als Gegenstand des Genusses, oder auf dem Umweg, als Produktionsmittel." (Marx, 1867, S. 17; Hervorhebung vom Verfasser). Waren als Produkte und als Produktionsmittel (Prozesstechnik) werden prinzipiell gleichbehandelt.

138 Salter (1960, S. 88).

139 Gerybadze (1982, S. 157 - 158).

der Nachfrage. Im Rest dieses Abschnittes werden deshalb einige konzeptionelle Vorstellungen zu dieser Thematik aus innovationstheoretischer Sicht gemacht. Das Nachfragethema in der Innovationsforschung ist seit alters mit dem Namen Schmookler besetzt.[140] Schmookler hat auf der Basis umfangreicher patentstatistischer Analysen des Investionsgütersektors zu belegen versucht, dass die technologischen Chancen für alle Wirtschaftszweige gleich seien und sie sich nur darin unterschieden, wie sich Nutzung und *Nachfragewachstum* (hier auch „Nachfragesog" oder „demand pull" genannt) entwickelten. Diese Auffassung ist mehrfach und heftig vor allem aus neoklassischer Sicht kritisiert worden, denn wenn der technische Wandel exogen abgebildet wird, muss immer ein Technologieschub-Modell unterlegt werden, was mit dem Nachfragemodell konfligiert. Die wohl umfassendste Replik auf Schmookler hat Rosenberg 1974 verfasst[141], in der er die Bedeutung der Wissenschaften als unabhängiges soziales System betont und - wie in der späteren Innovationsliteratur - auf die *unterschiedlichen* Aneignungschancen der Wirtschaftszweige verweist.

Lancasters Eigenschaftenbündel

Da innerhalb der Innovationsforschung konsistente *Theorien zur Nachfragepräferenz* nicht vorliegen, werden die Ansätze Lancasters herangezogen, die aber nicht auf die Innovation bezogen sind.[142] Gemäß der neoklassischen Nachfragetheorie nach Lancaster werden Güter als *Eigenschaftenbündel* definiert, was voraussetzt, dass alle Güter objektive Eigenschaften besitzen. Die Eigenschaften sind im wesentlichen technisch bedingt. Die Beziehungen zwischen Gütern und Eigenschaften sind objektiver Natur und gelten gleichermaßen für alle Individuen. Der Ansatz Lancasters weicht von der traditionellen Nachfragetheorie an der Stelle radikal ab, wo er postuliert, dass die primäre Nachfrage auf die Eigenschaften, nicht die Güter selbst gerichtet ist.[143] Die Nachfrage nach Produkten im üblichen Sinne kann dann aus der Nachfrage nach gewissen Eigenschaften abgeleitet werden. Damit schiebt Lancaster in die traditionellen Beziehungen zwischen den Wirtschaftseinheiten und den Produkten subjektive, auf die Produkteigenschaften gerichtete Nutzenfunktionen, die durch die Präferenzstrukturen der Nachfrager geprägt werden.

---

140 Siehe Schmookler (1966).

141 Rosenberg (1974).

142 Lancaster (1971 und 1977). Anfängliche Überlegungen, wie sich die Vorstellungen zur Evolution von „Design-Bahnen" in den Begriff der Produktdifferenzierung gemäß Lancaster einordnen lassen, hat Anderson jüngst (1994) vorgelegt.

143 Neuere mikroökonomische Theorien, z. B. die Theorie der Handlungsrechte, gehen aber ebenfalls davon aus, dass die Güterverwendung durch ein Bündel von Eigenschaften gekennzeichnet ist.

An dieser Stelle sei erneut eine Nebenbemerkung zum Nutzen von interdisziplinären Ansätzen gestattet. Die Soziologie und insbesondere der Akteursansatz aus der Theorie sozialer Systeme verzichtet auf die Analyse von Märkten[144] und kann daher Aussagen über die Produktvielfalt durch Innovation weder auf die Funktionalität noch die Vielfalt von Märkten zurückführen noch auf Nachfragepräferenzen und ihre Begrenzung (z. B. durch Kaufkraft). Sie kann aber subjektive Wechselwirkungen im Zusammenhang mit Innovation zulassen, z. B. dass sich wegen gemeinsamer Interessen Akteurskonstellationen aus Käufern und Anbietern herausbilden, die ein Innovationsvorhaben auch *gegen* den Preismechanismus voranbringen. Beispiele hierfür sind in der entsprechenden Literatur zahlreich vorhanden.[145]

In seiner *modernen Konsumententheorie* artikuliert Lancaster noch stärker, dass sich die Produkte um die Eigenschaften herum „arrangieren", welche nachfragt werden oder aus denen die Nachfrager Bedürfnisbefriedigung erwarten. Diejenigen Güter, die Eigenschaften in einer solchen Kombination anbieten, dass sie den Nützlichkeitsfunktionen der Käufer am besten entsprechen, werden auf größte Nachfrage treffen, wobei der erzielte Verkaufspreis die Bedürfnisbefriedigung und die Nützlichkeit im Verhältnis zur Kaufkraft des Konsumenten reflektiert.[146] In funktionsfähigen Märkten, auf denen sowohl Produzenten wie auch Nachfrager über die Eigenschaften der rivalisierenden Produkte informiert sind, muss man daher eine empirische Relation zwischen den quantitativ gemessenen Eigenschaften der Produkte und ihren Preisen feststellen können. Mit den üblichen Methoden sollte es möglich sein, die Koeffizienten der Eigenschaften festzustellen und damit Aussagen zu gewinnen, wie der Markt die einzelne Eigenschaft bewertet. Voraussetzung für die *Innovationserklärung* ist allerdings die Existenz eines Idealindikators für die *eigenschaftentreue Fortschrittsmessung*.

Die Konsumententheorie ist in der Betriebswirtschaft bis zur Analyse individueller Nutzenvorstellungen weiterentwickelt worden. So ist z. B. die Conjoint-Analyse ein Verfahren, das auf der Basis empirisch erhobener Gesamtnutzenwerte versucht, den

---

144 Siehe etwa bei Blume (1992, S. 54 - 55).

145 Auch Freeman (1994a, S. 479) betont den Wert soziologischer Beiträge gerade bei der Beschreibung des Wechselspiels zwischen dem Nachfragesog nach und dem Technikangebot von Innovationen. So ist beispielsweise die Deutsche Bundespost der zentrale Akteur auf dem Telekommunikationsmarkt, der viele Jahre seine subjektive Sicht der Einheitstechnik durchsetzte (Grupp und Schnöring, 1990 und 1991). Weitere Beispiele geben Blume (a. a. O.) zur Innovation im Gesundheitswesen und Krupp (1992) zur energietechnischen sowie Krupp und Weyer (1988) zur raumfahrttechnischen Innovation. In großer Voraussicht auf die Moderne konstatierte bereits Marx: „Eine Ware scheint auf den ersten Blick ein selbstverständliches, triviales Ding. Ihre Analyse ergibt, dass sie ein sehr vertracktes Ding ist, voll metaphysischer Spitzfindigkeit und theologischer Mucken." (1867, S. 50). Er spielte damit ebenfalls auf sich „hinterrücks" vollziehende soziale Beziehungen bei der ubiquitären Warenproduktion an.

146 Lancaster (1991).

Beitrag der *einzelnen Produkteigenschaften* zum Gesamtnutzen zu ermitteln. Hierzu werden Kunden befragt.[147]

Was ist Produktqualität und Qualitätsänderung?

Die Messung von Produkteigenschaften anders als in Mengen oder Preisen wird üblicherweise unter dem Schlagwort der *Produktqualität* zusammengefasst. Seit der Phase der Industrialisierung hat der Begriff Qualität eine neue Dimension erhalten. Reichte es früher, von guter oder schlechter Qualität als Eigenschaft eines Guts zu sprechen, so existiert inzwischen für die Warenproduktion in der Bundesrepublik eine genormte Definition.[148] Demnach ist die Qualität die Gesamtheit von Eigenschaften und Merkmalen eines Produkts, die sich auf dessen Eignung zur Erfüllung angegebener Erfordernisse bezieht.[149] Der Qualitätsbegriff ist dabei auf Produkte (bzw. Dienstleistungen) fixiert. Bei der betriebsinternen Qualitätsverbesserung spielen jedoch maßgeblich prozessurale Aspekte eine Rolle, so dass auch von daher eine Ununterscheidbarkeit von Produkt- und Prozessinnovationen nahegelegt wird.

In der Betriebswirtschaftslehre wird der Qualitätsbegriff seit Jahren diskutiert. Grundlagen für die Qualitätsbeurteilung sind auch dort meist die Verwendungszwecke von Produkten, die von Konsumenten unterschiedlich gewichtet werden, wobei die Produkte je nach ihren Eigenschaften im Hinblick auf ihre Gebrauchstauglichkeit beurteilt werden.[150] Aber Konsumenten kaufen bekanntlich nicht das, was Qualität sein kann, sondern das, was sie individuell als solche wahrnehmen. Auf eine wichtige Unterscheidung ist hinzuweisen: Der betriebswirtschaftliche Zugang zur Qualitätsfrage wird meist nicht über Produkteigenschaften und Produktdifferenzierung vorgenommen wie in der Mikroökonomik, sondern an den Markeneigenschaften und der Differenzierung zwischen Marken festgemacht. Das Qualitätsurteil Q_{ck} des Konsumenten c über die Marke k wird dann wie folgt gemessen:

$$Q_{ck} = \sum_{j=1}^{r} x_{cij} \cdot y_{cjk}. \tag{2-2}$$

Dabei misst x die Wichtigkeit der Eigenschaft j am Produkt i für Konsument c und y die wahrgenommene Ausprägung der Eigenschaften j an der Marke k.[151] Die

---

147 Siehe z. B. Green und Wind (1975), Green und Srinivasan (1978 und 1990), Kucher und Simon (1987), Payson (1994, S. 87-91) und zusammenfassend Backhaus et al. (1990, Kapitel 8).

148 DIN 55350.

149 Zitiert nach Cuhls (1993, S. 12); der Qualitätsbegriff hat in der Betriebswirtschaftslehre vor allem für die Qualitätszirkel zentrale Bedeutung.

150 Weinberg und Behrens (1978, S. 15). Ähnlich auch Steenkamp (1989) sowie Shillito (1994).

151 Siehe die explizite Angabe dieses Zusammenhangs bei Weinberg und Behrens (1978, S. 16).

grundlegenden Elemente dieses Qualitätsmaßes sind die Multiplikativität von wahrgenommener Wichtigkeit und wahrgenommener Ausprägung und die Additivität der errechneten Eigenschaften. Alle Marken gehören zu derselben Produktgruppe, so dass die Wichtigkeit der Eigenschaften dieses Produkts nicht mit der Marke variiert. Die Differenzierung zwischen den Marken erfolgt über die wahrgenommene Ausprägung der Eigenschaften.

Majer[152] geht soweit, den Begriff des technischen Fortschritts mit dem der *Qualitätsveränderung* zu identifizieren, denn könnten sowohl die quantitativen als auch die qualitativen Veränderungen der Produktionsfaktoren, des Produktionsverfahrens und der Produkte einbezogen werden, so wäre (in neoklassischer Sicht) jegliche Erklärungslücke in den Formalmodellen des technischen Fortschritts verschwunden. Allerdings wurde oben bereits ausgeführt, dass zur Zeit nur Partialmessungen zum technischen Wandel möglich erscheinen, so dass die angedeutete grandiose Vereinigung der Nachfragetheorien mit der Innovationstheorie evolutorischer und neoklassischer Ausprägung noch lange auf der Forschungsagenda stehen wird.

Verallgemeinerung von Lancasters Ansatz

Bei der Konzeption eines Messverfahrens für den technischen Fortschritts liefern die nachfragetheoretischen Ansätze Lancasters die erforderlichen theoretischen Klärungen. Allerdings bezieht sich die Nachfragetheorie auf den Endverbrauch durch die privaten Haushalte. Sein Ansatz wird daher gemäß den Dualitätsüberlegungen der Mikroökonomie uminterpretiert und im gegebenen Zusammenhang auf *neue Produkte* und auch auf die *Nachfrage nach Investitionsgüter* durch Unternehmen angewendet. Lancasters Konsumententheorie wird somit als verallgemeinerte Nachfragetheorie verstanden, in deren Rahmen auch der technische Fortschritt bei Produktionsmitteln, also auch die Prozessinnovation, aus Sicht des anwendenden Unternehmens analysiert werden kann.

Damit ist die Lücke zwischen der neoklassischen Nachfragetheorie Lancasters und den Innovationstheorien geschlossen: Wenn sich die veränderten Eigenschaften von Produktinnovationen operationalisieren und messen lassen, können die marktlichen und präferenzbedingten Einflussfaktoren der Nachfrage auf die neuen Haushaltsgütern dargestellt werden. Wird die Nachfragetheorie auf die Nachfrage der Unter-

---

152 Majer (1989). Er bezeichnet dies als „Identitäts-Hypothese" und spricht damit ein Forschungsprogramm an, an dessen Ende vielleicht eine allgemeine Theorie des technischen Fortschritts steht. Unabhängig von Majer kommt auch Payson (1994, S. 1) zu der Feststellung, dass im Rahmen eines evolutionsökonomischen Verständnisses von technischem Wandel die Qualitätsverbesserung mit einem „abweichenden Namen" in Beziehung gebracht werden könne, nämlich dem der „Produktinnovation." Der subtile Unterschied bestünde darin, dass eine Qualitätsverbesserung nicht-technische Aspekte haben und somit umfassender als eine technische Innovation verstanden werden könne (ebenda, S. 39). Die zitierte Arbeit Paysons ist unter Anleitung Lancasters entstanden (ebenda, S. XII).

nehmen nach Investitionsgütern übertragen, lässt sich formal elegant die Prozessinnovation identisch behandeln. Voraussetzung hierfür ist in allen Fällen eine direkte Messung des technischen Fortschritts im Hinblick auf die Produkteigenschaften. Solche Messungen haben in der mikroökonomischen Literatur nur ein Schattendasein gefristet,[153] sind aber aus dem Marketing bekannt.[154]

2.5 Fazit und Einordnung des funktionalen Referenzschemas

Die Unterscheidung verschiedener FuE-Typen, der Einbezug der wissenschaftsbasierten Technik, die Zulassung von Produkt- neben Prozessinnovationen, Rückkoppelungen aus der Nutzung und Entsorgung von Produkten auf die Innovation, kurz die verschiedenen aus der Beobachtung von Realphänomenen des technischen Fortschritts abzuleitenden *funktionalen Anforderungen* an eine Endogenisierung des wissenschaftlichen und technischen Fortschritts und die geforderten multiplen Wechselwirkungen können im Rahmen der neoklassischen Modelle erst in ihren jüngsten Erweiterungen und Verästelungen ansatzweise abgebildet werden. Auch dabei sind einige Grundannahmen im Hinblick auf wichtige Innovationsfunktionen ungünstig gesetzt worden.[155]

Die evolutionstheoretischen Ansätze sind der neoklassischen Betrachtung vor allem bei der Bewertung des Konkurrenzmechanismus „weit überlegen".[156] Unter den institutionen- und evolutionsökonomischen Innovationstheorien scheinen die institutionell-historischen Ansätze am besten geeignet zu sein, die oben erwähnten Aspekte des Innovierens zu integrieren, denn der Wunsch nach Einbezug anderer Wirtschaftseinheiten als der Haushalte und der Unternehmen steht im Vordergrund (insbesondere im Hinblick auf die öffentliche FuE-Infrastruktur und von Institutionen des Rechts). Allerdings wird kein mathematisch-analytisches, noch ein Simulationsmodell vorgelegt. Die behavioristischen Innovationsmodelle werden in den mathematischen Formulierungen für Simulationsläufe im Einzelfall so restriktiv, dass wichtige Ingredienzien des funktional verstandenen Innovierens verloren gehen (wie z. B. prozessinnovationsgestützte Produktinnovationen).

---

153 Für eine Übersicht siehe Grupp und Hohmeyer (1986), Majer (1985) und Dorison (1991).

154 Siehe z. B. Backhaus (1992, vor allem Kapitel E).

155 North (1994, S. 359). Über die Günstigkeit der neoklassischen Annahmen zur Beschreibung realer Vorgänge in anderen ökonomischen Kontexten *außerhalb* der Beschreibung von Innovationsprozessen und insbesondere, wenn man sie als eine normative Disziplin begreift, ist damit *kein* Urteil abgegeben worden. Für einen allgemeinen, die Innovationsproblematik übergreifenden Vergleich der neoklassischen und der evolutorischen Theorie siehe Leschke und Wessling (1993). Im übrigen bestehen auch zwischen der Schumpeterschen und der Keynesianischen, nachfrageorientierten Theorie Gegensätze, die etwa Giersch (1984) herausgearbeitet hat und die hier übergangen werden (siehe etwa bei Kromphardt und Teschner 1986, S. 236).

156 So Kromphardt und Teschner (1986, S. 240).

Die institutionen- und evolutionsökonomischen Innovationstheorien kommen ferner zu einer anderen Beurteilung der *Marktformen* als die neoklassisch geprägte Gleichgewichtstheorie.[157] Für sie ist der „vollständige Wettbewerb" keineswegs ideal, weil er mit dem Innovationswettbewerb nicht vereinbar scheint; die innovatorische Vielfalt führt demnach meist zu unvollständiger Konkurrenz. Das Wettbewerbsverhalten von Unternehmen, die nicht in vollständiger Konkurrenz zueinander stehen, ist also theoretisch nicht eindeutig definiert, sondern ein offener Prozess,[158] so dass der Wirtschaftsverlauf nicht streng vorhergesagt werden kann, der sich aus dem Ringen um Innovationsrenten ergibt.

Herausforderungen für die Messung

Aus keiner der Innovationstheorien gleich welcher Lehrmeinung lassen sich unmittelbare, konstitutive Messvorschriften für die Fortschrittsmessung ableiten. Dies stellt für die angewandte Innovationsforschung das Problem dar, zu ungenügend „zugerichteten" theoretischen Konstrukten passende Indikatoren konstruieren zu müssen. Wenn die Empirie unkritisch gerade verfügbares Zahlenmaterial zu ökonometrischen Tests heranzöge, also „measurement without theory" betriebe, würde ein Adäquationsfehler begangen. Die Adäquationsaufgabe ist aber auch der Theorie zu stellen, der häufig - und gerade auch beim Fortschrittsbegriff - der Vorwurf des „theory without measurement" zu machen ist. Er besteht darin, dass idealtypische Termini entwickelt werden, die zwar den theoretischen Erfordernissen auf das Beste genügen, aber die Messkonzeption nicht angeben.[159]

Wichtige Impulse ergibt die Nachfragetheorie in der Ausführung Lancasters. Dem funktionalen Innovationsverständnis und der Nachfragetheorie Lancasters gemeinsam ist, dass die Darstellung und Messung der Eigenschaften von Produkten (bei Lancaster: aller Produkte, hier: von Innovationen) zentral wird. Überträgt man die Nachfragetheorie auf andere Nachfrager als die Haushalte, dann lässt sich gut modellieren, wie die Information über Eigenschaften zwischen den Wirtschaftssubjekten und den Produkten vermittelt wird. Damit erscheint es insbesondere möglich, vom Ansatz des Wissenschafts- und Technikangebots zu einer adäquaten, fallspezifischen und disaggregierten Einbeziehung von Nachfragepräferenzen und Nutzenfunktionen zu gelangen und diese als Determinanten für das Innovationsgeschehen einzubeziehen. In der zuletzt dargelegten Form[160] wird formuliert, dass sich Produkte um Eigenschaftenbündel herum gruppieren, die auf besondere Bedürfnisbefriedigung zurückgehen und damit nachfrageintensiv sind.

---

157 Diese Bewertung folgt Kromphardt und Teschner (1986, S. 241).

158 Ebenda.

159 Munsberg (1992, S. 39).

160 Lancaster (1991).

Einordnung des funktionellen Innovationsschemas in einen Kranz ökonomischer Determinanten

Unter den nichtmathematischen Innovationstheorien scheint besonders die mikroökonomische Formulierung Dosis für die Aufstellung von Messverfahren entlang des vorgestellten Referenzschemas hilfreich zu sein. Dosi formuliert qualitativ die wichtigsten Zusammenhänge des sektoralen und unternehmensspezifischen technischen Wandels. Dabei ist die analytische Trennung von intersektoralen und intrasektoralen Bestimmungsgrößen nur als Abstraktionshilfe gedacht.[161] Eigentlich sind die intersektoralen Faktoren mit den intrasektoralen eng verflochten. Da Dosi die Sektoren nur grob skizziert, muss ohnehin festgestellt werden, dass damit nicht die Wirtschaftszweige in den üblichen statistischen Abgrenzungen gemeint sind. Die intersektoralen Determinanten muss man vielmehr aus Sicht des funktionalen Referenzschemas als die Menge der für Konkurrenten um die gleichen neuentstehenden Märkte identischen Determinanten auffassen, während die intrasektoralen Determinanten in der Terminologie Dosis für diejenigen Determinanten stehen, welche für die rivalisierenden Unternehmen in den gleichen neuentstehenden Märkten unterschiedlich gelten.

In Abbildung 2-2 ist die Einordnung des mit dieser Arbeit vorgestellten funktionalen Referenzschemas in das Denkgebäude der neuen institutionenökonomischen Innovationstheorie in der Formulierung Dosis skizziert worden. Im Kern steht das technologische Paradigma, das im Sinne des Referenzschemas als wissenschaftlich-technisches Paradigma gemäß Abbildung 1-1 ausgeführt ist. Auf der linken Seite der Abbildung finden sich die Determinanten, die für die konkurrierenden Unternehmen in den sich entwickelnden Märkten gleich sind und rechts diejenigen, die selektiv auf sie wirken. In Ergänzung der institutionenökonomischen Literatur sind ausdrücklich die Nachfragepräferenzen und die Orientierung von innovativen Produkten auf Eigenschaftenbündel mit mutmaßlich großer Nachfrage einbezogen worden. Ebenfalls wurde sie um die nichtindustrielle FuE-Infrastruktur im öffentlichen und halböffentlichen Bereich, die entsprechende Bindung zur Wissenschaft und die durch Maßnahmen der Wissenschafts- und Technologiepolitik[162] beeinflussbaren wettbewerblichen Rahmenbedingungen erweitert. Im Hinblick auf die neue Wachstumstheorie ist eine explizite Erwähnung von Spillover-Effekten der FuE-Tätigkeit vorgenommen worden, von deren Wirkung das gesamtwirtschaftliche Wachstum profitieren kann. Diese wiederum setzen rückgekoppelte Wechselwirkungen und kumulierende Prozesse voraus. Abbildung 2-2[163] deutet an, dass die

---

161 Dosi (1988). Siehe auch Schwitalla (1993, S. 68) und Rahmeyer (1993, S. 260).

162 Siehe z. B. Meyer-Krahmer (1989) oder Rahmeyer (1995).

163 Adaptiert nach Dosi (1988) und Schwitalla (1993), wesentlich erweitert und neu interpretiert. Siehe auch Klevorick et al. (1995).

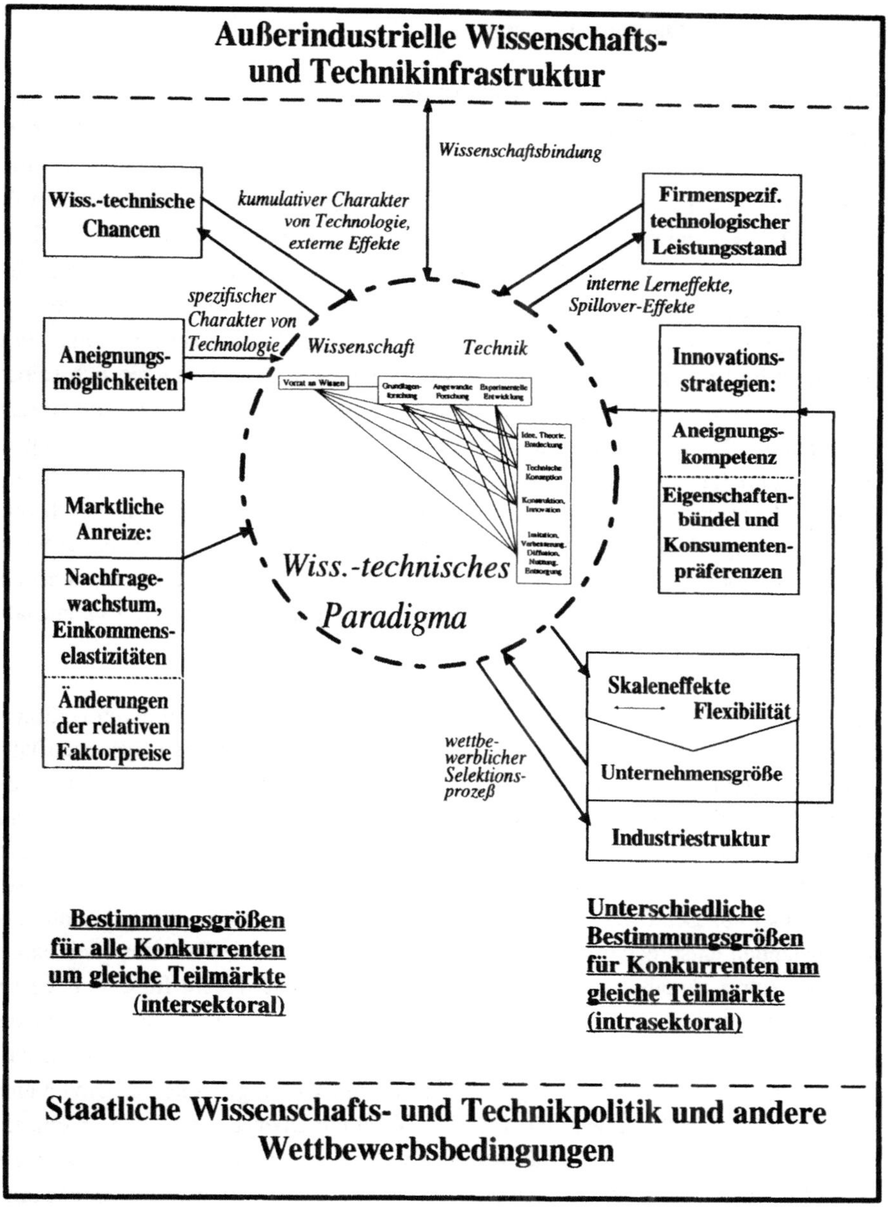

Abbildung 2-2: Einordnung des funktionalen Referenzschemas gemäß Abbildung 1-1 in die ökonomischen Grundstrukturen.

Spillover-Phänomene sowohl intrasektorale wie auch intersektorale Aspekte haben können und letztlich über die funktionalen Beziehungen auch mit dem wissenschaftlich-technischen Paradigma verbunden sind.

Ausblick über die Ökonomie hinaus

Abschließend sei ein Ausblick über die Wirtschaftswissenschaften hinaus gegeben. Der Gedanke evolutionärer Prozesse spielt in verschiedenen wissenschaftlichen Disziplinen außerhalb der Vererbungslehre eine Rolle, nicht nur in der Innovationsökonomik. Üblicherweise wird die Evolutionstheorie mit der Thermodynamik des Nichtgleichgewichts und der Systemtheorie in Verbindung gebracht.[164] Die Thermodynamik des Nichtgleichgewichts unterscheidet zwischen offenen und geschlossenen Systemen. Offene Systeme sind solche, welche Materie, Energie und Information mit ihrer Umgebung austauschen können. Geschlossene Systeme sind dazu nicht in der Lage. Geschlossene Systeme tendieren dazu, wenn sie sich selbst überlassen werden, Gleichgewichtszustände anzunehmen, die durch maximale Unordnung oder Zufälligkeit gekennzeichnet sind.[165] Offene Systeme dagegen nehmen keine Gleichgewichtszustände, sondern sogenannte stationäre Zustände[166] an, die für eine gewisse Zeit anhalten, obwohl ein kontinuierlicher Austausch mit der Umgebung stattfindet. Fern vom thermodynamischen Gleichgewicht können mehrere stationäre Zustände gleichzeitig auftreten; Verzweigungspunkte werden Bifurkationspunkte genannt. Offene Systeme haben daher die zentrale Eigenschaft der Unbestimmtheit, die zum Auftreten neuer Spezies führt.[167]

Überträgt man diese allgemeinen Gesetzmäßigkeiten analog auf die Innovationstheorie, dann würde die (ältere) Neoklassik sich mit geschlossenen Systemen und daher im Grundsatz mit Gleichgewichtszuständen befassen, während die neuen institutenökonomischen Innovationstheorien von offenen Systemen ausgehen und stationäre Zustände modellieren. Die Innovationsstadien gemäß Abbildung 1-1, die - wie dort erläutert wird - zwar unterscheidbar sind, aber andererseits nicht klar voneinander abgesetzt werden können, würden in dieser Sprache ebenfalls stationären Zuständen entsprechen. In zeitlicher Hinsicht wären auch die unterscheidbaren Zustände (etwa gemäß Abbildung 1-3) stationärer Art. Sie dauern für eine gewisse Zeit an, aber wegen der erheblichen Wechselwirkungen mit der Umgebung gehen sie zu gegebener Zeit in andere, evtl. auch mehrere neue Zustände über. Die Übergänge treten dann auf, wenn aufgrund der Wechselwirkungen mit der Umgebung die Umstände „günstig geworden sind“.[168] Wann ein Übergang und wie im einzelnen er passiert, wird oft von zufälligen Wechselwirkungen ausgelöst. Diese können auf Erfindungen beruhen, auf unvorhergesehenen wissenschaftlichen Entdeckun-

---

164 So etwa Saviotti und Metcalfe (1991, S. 6), Dosi und Metcalfe (1991), Haken (1990) u. a.

165 Der Grad der Unordnung wird dabei durch das Entropiemaß bestimmt, wie im Abschnitt 5.3 erläutert wird.

166 Manchmal auch Fließgleichgewichte genannt.

167 Allen (1988).

168 Haken (1993, S. 338).

gen, auf Neuorganisationen, auf der Fluktuation von Humankapital zwischen Sektoren und innerhalb von Sektoren, auf einem Wertewandel in den Nachfragepräferenzen, auf Maßnahmen der öffentlichen Politik, auf dem Setzen neuer Wettbewerbsbedingungen und auf anderen Faktoren mehr.

Weil in der Walrasianischen Theorie die Wirtschaft stets *einem* bestimmten Gleichgewicht zustrebt, fasste die ältere Mikroökonomik die z. B. durch Fortschritt ausgelösten Nachfrage- oder Angebotsüberschüsse als Ungleichgewichtszustände auf, die normalerweise durch Preisanpassungen beseitigt werden. Die neue Mikroökonomik begreift solche Überschüsse nicht mehr als nur vorübergehende friktionelle Erscheinungen. Erst wenn man zulässt, dass ein bestimmter Anteil der Ressourcenallokation auf die Information entfällt, ist wieder ein allgemeines Gleichgewicht darstellbar. Die neuen institutionenökonomischen bzw. Neo-Schumpeterianischen Ansätze lassen ein Wirtschaftssystem als aus vielen Teilsystemen zusammengesetzes zu, das dynamisch ist und auch komplizierten und gegenläufigen Prozessen unterworfen sein kann. Gleichgewicht im neoklassischen Sinn kann nicht nur durch exogene Störungen wie dort, sondern aus sich selber heraus Ungleichgewichtsprozesse auslösen.[169] Es lassen sich auch Zustände vorstellen, bei denen in Analogie zu Thermodynamik und Systemtheorie Wirtschaftschaos einsetzt.[170] Da die Gleichgewichtsthermodynamik als Spezialfall der Nichtgleichgewichtsdynamik dargestellt werden kann, erscheint beim Zuendeführen der Analogie die institutionenökonomisch geprägte Innovationsforschung als der allgemeine Fall, wobei die neoklassische Innovationsforschung den Spezialfall der geschlossenen Systeme und der Gleichgewichtsprozesse darstellt. Wegen ihres Charakters als Spezialfall gelingt die geschlossene mathematische Formulierung der neoklassischen Innovationstheorie, während sich dem Allgemeinfall höhere Hürden in den Weg stellen.

---

169 So Kromphardt und Teschner (1986, S. 235).

170 Die Möglichkeit des Eintretens von Chaos räumt Baumol (1993, S. 107 ff.) in einer spieltheoretischen Analyse ein.

Teil II

Ökonomik der Innovationsprozesse

Gedanken ohne Inhalt sind leer, Anschauungen ohne Begriffe sind blind. Daher ist es ebenso notwendig, seine Begriffe sinnlich zu machen (d. i. ihnen den Gegenstand in der Anschauung beizufügen), als seine Anschauungen sich verständlich zu machen (d. i. sie unter Begriffe zu bringen). (...) Der Verstand vermag nichts anzuschauen und die Sinne nichts zu denken. Nur daraus, dass sie sich vereinigen, kann Erkenntnis entspringen.

Immanuel Kant

3 Messung der technischen Eigenschaften von Innovationen (Technometrie)

Es verändert sich die Wirklichkeit; um sie darzustellen, muss die Darstellungsart sich ändern.

Bertold Brecht

3.1 Überblick über Messverfahren zu Produkteigenschaften

Die *direkte Messung des technischen Wandels* anhand der Eigenschaften neuer Produkte ist ein Desideratum für die ökonomische Analyse. Solche Messungen sind für die moderne Nachfragetheorie ebenso wie für das Studium der Produktqualität und insbesondere die Produktdifferenzierung erwünscht. Allerdings haben derartige Messungen in der volkswirtschaftlichen Literatur nur ein Schattendasein gefristet.

Dieses Kapitel widmet sich einem solchen Fortschrittsindikator, dem *technometrischen Indikator*. Der technometrische Indikator, dessen mathematische Definition im Abschnitt 3.2 gegeben wird, gehört zur Gruppe der Indikatoren, welche die technischen Spezifikationen von Innovationen und ihre Veränderung direkt messen, und wird daher als *Idealindikator* zur Fortschrittsmessung angesehen. Da es aber für diesen Messzweck (noch) keine allgemein anerkannte Konvention gibt, und - wie in diesem Abschnitt gezeigt werden wird - technometrische Indikatoren in der Literatur wenig verbreitet sind, muss korrekt von einem *Quasi-Idealindikator* gesprochen werden.[1] Der einleitende Abschnitt gibt daher zunächst einen Überblick über die wenigen Arbeiten, welche sich mit den Messverfahren für die Eigenschaften von Innovationen beschäftigen. Ob der technometrische Indikator als Idealindikator für die Fortschrittsmessung adäquat ist, wird in Abschnitt 3.3 untersucht.

Dominante Konstruktion

Warum lassen sich die Eigenschaften von Innovationen überhaupt messen? Liegt es nicht im Wesen der Innovation, dass sich die Produkteigenschaften unkalkulierbar, ja womöglich unvorhergesehen ändern? Im Kapitel 2 wurde theoretisch abgeleitet, dass die technologische Innovation gleichbedeutend ist mit der Lösung eines Problems. Die technologischen Paradigmen, welche die Eigenschaften des neuen Produkts oder sein Leistungsprofil begründen, bilden sich in einer komplexen Wechselwirkung zwischen Produzenten und Nachfragern, also als Folge sozio-ökonomi-

---

1 Grossekettler (1995, S. 19) und Munsberg (1994, S. 37 - 39).

scher Prozesse, aus technischen Möglichkeiten und Nachfragepräferenzen im Laufe der Zeit heraus. Die Unternehmen sind beim Verfolgen ihrer Innovationsaktivitäten selektiv und kumulativ und orientieren die Ausschöpfung der technischen Möglichkeiten in Richtung auf ihre (zukünftigen) Geschäftsfelder. Dabei ist viel Trägheit im Spiel, so dass zu jedem technologischen Paradigma aus den unvergleichlich vielen theoretisch denkbaren Lösungswegen nur wenige „natürliche“ Bahnen verfolgt werden.[2] Äquivalente Konzepte zu dem der Bahnen werden ebenfalls diskutiert; danach mündet das Paradigma in eine „technologische Allee“ oder führt zu einem „technologisches Regime“.[3] Die Trägheit im Innovationsprozess bringt unter allen denkbaren Lösungen schließlich ein *dominantes Produktdesign* hervor.[4]

Eine dominante Konstruktion nimmt gewöhnlich die Form einer neuen Produktklasse mit einem feststehenden Satz von Eigenschaften an, die sich synthetisch aus individuellen technologischen Innovationsschritten ergeben, die kumulativ in früheren Prototypen oder Produktvarianten ausgetestet wurden. Die Herausbildung dominanter Konstruktionen hat auch mit der benötigten bzw. erzwungenen Standardisierung zu tun, so dass Skaleneffekte in der Produktion erzielt werden können.[5] Die „Vielfalt“ aller möglichen neuen Produkte innerhalb eines gegebenen technologischen Paradigmas wird z. B. in der Sprache der Evolutionsökonomik auf einige wenige „Arten“ verkürzt, nämlich die tatsächlich realisierten Produkte oder Innovationen - wie im biologischen Vorbild. Der Markt übernimmt dabei die Funktion der „natürlichen Auslese“ und verdrängt die am wenigsten erfolgreichen Produktvarianten bzw. ihre Unternehmer. Das unternehmerische Entscheidungskalkül gehorcht dabei gewissen Routinen, die letztlich die oben erwähnten Trägheitseffekte hervorbringen.[6]

Ökonomische Auslese

Somit ist es mit den theoretischen Vorstellungen verträglich, nach Konzepten zur Messung der technischen Eigenschaften von Innovationen zu suchen. Dabei kann nach dem oben gesagten auch z. B. im Falle monopolistischer Angebotskonkurrenz, also unvollkommener Konkurrenz, erwartet werden, dass die Zahl der zu betrach-

---

2 Nelson und Winter (1977 und 1982).

3 Siehe bei Sahal (1985b) oder Dosi (1988).

4 „Dominant product design“ (Utterback und Abernathy, 1975) könnte auch mit „dominanter Produktkonzeption“, „Konfiguration“ oder (leicht missverständlich) „dominanter Konstruktion“ übersetzt werden (siehe bei Walsh, 1995, S. 490). In Abbildung 1-1, dem Referenzmodell, ist der letztere Begriff gewählt worden.

5 Utterback und Suárez (1993).

6 Nelson und Winter, a. a. O.

tenden Produktvarianten überschaubar ist.[7] In der Tat können dominante Konstruktionen auf vielen Märkten mit heterogener Konkurrenz identifiziert werden. Sie haben in der Praxis oft den erwünschten Effekt einer drastischen Reduzierung der Zahl der Leistungsparameter, die festgestellt, kontrolliert und nachgewiesen werden müssen, weil sie implizit die dominante Konfiguration ausmachen und bestimmen und somit unter den potentiellen Nachfragern zu einer wichtigen Entscheidungsgröße im Vergleich zu Konkurrenzprodukten werden.[8] Damit ist der Ausgangspunkt für die direkte technologische Messung von Produkteigenschaften die Definition einer Charakteristik oder eines *Kennzahlensatzes* für dominante Produktkonstruktionen.

Die Einführung neuer technischer und wissenschaftlicher Erkenntnisse in innovative ökonomische Aktivitäten geschieht oft - das ist jedenfalls die gängige Annahme - mit einer sehr hohen Geschwindigkeit, so dass die Vorstellung von trägen Entwicklungsbahnen, die zu einer Selektion führen, von daher nicht erklärt werden kann.[9] Es ist daher wichtig, festzuhalten, dass die Trägheitskräfte aus institutionenökonomischen Suchroutinen, psychologischen Argumenten oder - im Falle der Standardisierungseffekte - aus den Bedingungen des Markteintritts resultieren, aber nicht aus dem technologischen oder wissenschaftlichen Paradigma selbst. Das Entstehen weniger Produktvarianten im Innovationsgeschehen kann nicht aus inneren Eigenschaften von Wissenschaft und Technik allein erklärt werden, sondern resultiert aus dem Verhalten der individuellen oder kollektiven Wirtschaftssubjekte und ihren Transaktionen bzw. den Einsparungen von Transaktionskosten.[10] Deshalb ist die Vorstellung einer immanenten „optimalen“ technisch-wissenschaftlichen Lösung, wie sie vielen technischen Konstrukteuren in Entwicklungslabors vorschweben mag, die nach Mengen und Preisen vollständig zu bewerten ist, im Lichte des neueren mikroökonomischen Forschungsstands nicht haltbar. Erst die über Markt und Wettbewerb, also letztlich Institutionen- und Nachfragepräferenzen, vermittelte oder unterstellte Ausprägung der technischen Eigenschaften kann die Selektionsprozesse erklären.

„Allgemein gesprochen können Techniken - und die soziotechnischen Systeme, von welchen sie integrale Bestandteile sind - eine Vielfalt von Formen und Eigenschaften annehmen. Welche davon entstehen und erfolgreich sind - oder wieviele von

---

7 Die *Produktvarianten* sind im Urteil der Nachfrager zwar ähnlich und stehen aus Sicht der Anbieter in enger Substitutionskonkurrenz, sie sind aus Sicht der Nachfrager aber nicht gleich, weil diese jeweils für bestimmte Anbieter besondere Präferenzen haben; siehe z. B. kürzlich Benzoni und Fenoglio (1995).

8 Utterback und Suárez (1993). Anderson (1994) diskutiert die Evolution von komplexen Produktdesigns unter dem Aspekt der Standardisierung der Qualitätsanforderungen.

9 Witt (1992a, S. 15).

10 Witt (a. a. O., Fußnote 14).

mehreren gleichermaßen erfolgversprechenden Arten - kann nicht a priori bestimmt werden. Dies reflektiert die Tatsache, dass die Entwicklung der Technik (...) eine Vielzahl von technischen, ökonomischen und soziopolitischen Problemen aufbürdet, die in einer konkreten Situation durch eine bestimmte Konstellation der Akteure gelöst werden müssen."[11] Dabei kann eine erfolgreiche Innovation ganz im Sinne Schumpeters die Beziehungen der Institutionen zueinander durchaus umstrukturieren; es ist nicht notwendig anzunehmen, dass diese unveränderlich seien. Einige Innovationsvorhaben werden zu einer größeren Organisationsänderung führen, andere nicht.[12]

Adäquationskriterien

Nachdem die prinzipielle Lösbarkeit der Aufgabe, nämlich der direkten Messung von innovativen Produkteigenschaften, gezeigt wurde, muss gemäß den Ausführungen in Abschnitt 1.5 die Adäquation geeigneter Indikatoren mit dem Innovations- bzw. Fortschrittsbegriff sichergestellt werden. Da in diesem idealtypischen Begriff die im 2. Kapitel diskutierten theoretischen Vorstellungen sowie auch Werturteile enthalten sind, muss die „Adäquationsarbeit"[13] oder das „Inswerksetzen der Indikatorkonstruktion"[14] folgende Aspekte berücksichtigen:

- Das Ergebnis der Messung der Produkteigenschaften muss nicht nur intersubjektiv überprüfbar sein, sondern auch *intersubjektive Gültigkeit* besitzen.
- Die Messung der Produkteigenschaften darf ausschließlich technisch bedingte Zusammenhänge abbilden, die von wahrgenommenen *Präferenzen unabhängig* sind.
- Das Messkonzept muss eine Fallunterscheidung der Innovationshöhe zulassen, die den theoretischen Konstrukten „Produktdifferenzierung", „inkrementelle" oder „Verbesserungsinnovation" und „radikale Innovation" adäquat ist.
- Der Indikator muss eine *kardinale Messung* ermöglichen können, die ausschließlich auf technisch-funktionalen Beziehungen basiert, also auf einer Intervall- oder Ratioskala beruhen.

---

11 So beschreibt Burns (1985) die Situation.

12 Abernathy und Clark (1985).

13 Munsberg (1992, S. 12).

14 Grohmann (1988, S. 36 f.).

- Die *Aggregationsvorschrift* ist zu explizieren, um, ausgehend von bestimmten Märkten (mit z. B. unvollkommener Konkurrenz), makroökonomische Effekte des technischen Fortschritts bestimmen zu können.

- Um den technischen Fortschritt oder Wandel bestimmen zu können, müssen *Veränderungen* der Produkteigenschaften *in der Zeit* beobachtbar sein. Dies bedeutet, dass Vergleiche zwischen unterschiedlichen zeitlichen Perioden möglich sein müssen.[15]

- Nicht zwingend, aber für die angewandte wirtschaftspolitische Forschung zweckdienlich ist es, wenn die Beobachtung der zeitlichen Veränderung *aktuelle Zeitvergleiche* und nicht nur historische Betrachtungen ermöglicht.

- Ebenfalls nicht zwingend, aber für die Mikroökonomik sowie insbesondere betriebswirtschaftliche Anwendungen relevant ist die messtechnische Möglichkeit der *Produktvarianten- bzw. Markenunterscheidung.*

Es soll nicht geleugnet werden, dass gerade die Forderung nach intersubjektiver Gültigkeit in der Praxis nicht leicht einzulösen ist, wenn z. B. marktbestimmende Teilnehmer ihre Partialansichten als allgemeinverbindlich ausgeben. Dies erschwert die Umsetzung des ersten der oben genannten Kriterien in ein Messkonzept. Beim Aufbau von solchen Indikatoren darf man trotz der Verknüpfung von wissenschaftlichem Detailwissen durchaus auf den gesunden Menschenverstand vertrauen; allerdings müssen die Auswahlargumente für die zu messenden technischen Eigenschaften nachvollziehbar, und daher als Mindestanforderung an die Objektivierung wenigstens dokumentiert sein.

Durchsicht früherer Messkonzepte

Nachdem die Anforderungen an Indikatoren zur direkten Messung der technischen Eigenschaften und ihrer Veränderungen formuliert sind, werden die wichtigsten Ansätze kurz referiert, soweit sie in der *Literatur der letzten fünfzehn bis zwanzig Jahre* niedergelegt sind. Die einzelnen Ansätze werden bezüglich ihrer Stärken und Schwächen zusammen mit dem hier vorgeschlagenen technometrischen Indikator in Abschnitt 3.3 zusammenfassend klassifiziert und typisiert. Die Anordnung der literaturbekannten Ansätze auf den folgenden Seiten ist so gewählt worden, dass sich ein möglichst geraffter Überblick ergibt. Daher ist auf eine strenge chronologi-

---

15 Siehe u. a. Schaldach (1985, S. 51 - 53) und Dorison (1991, S. 29). Wegen dieser letzten Forderung werden die aus dem Bereich des Marketing bekannten Verfahren zur Bestimmung von Produktspezifikationen hier übergangen. Diese sind gleichwohl zur momentanen oder strategischen Positionierung von Unternehmen wichtig; siehe z. B. Backhaus (1992).

sche Aufzählung zugunsten einer Zusammenlegung ähnlicher Arbeiten verzichtet worden.[16]

Ayres[17] diskutiert historische technische Daten zur Entwicklung der stationären Dampfkraftmaschine und des mobilen Verbrennungsmotors. Sein Modell schließt auch Produktionsfaktoren ein und ist daher gemäß der obigen Anforderung nicht auf rein technische Daten begründet. Souder und Shrivastava[18] benützen eine Skalenmessung für 33 Produkte und 14 Prozesstechnologien, wobei die Daten aus einer Experteneinschätzung stammen. Den Autoren scheint eine Menge von Daten vorzuliegen, die sie jedoch nicht publizieren. Damit ist das von diesen Autoren vorgeschlagene Messverfahren zumindest im obigen Sinn nicht nachprüfbar wertneutral und auch nicht validierbar. Lindemann und Müller[19] beschreiben eine sehr klare Prozedur zum internationalen Vergleich technologischer Spezifikationen auf dem Gebiet der Nahrungsmitteltechnik. Allerdings werden wiederum keine Daten publiziert. Die Autoren argumentieren, dass der internationale Vergleich von technischen Spezifikationen für eine Volkswirtschaft sehr wichtig sei, um am Beginn von Innovationsvorhaben den momentanen technischen Leistungsstand zu bestimmen.

Eine ganze Gruppe von Veröffentlichungen handelt von rein technologischen Spezifikationen, schöpft sie jedoch aus *historischen Quellen* (häufig ohne sie zu nennen). Zeitgenössische Innovationsprozesse werden nicht betrachtet. Diese Arbeiten unterscheiden in der Regel weder nach Unternehmen noch nach Ländern, sondern beschreiben den welthöchsten technischen Leistungsstandard. So wendet Dodson[20] verschiedene Modelle an, um den Fortschritt von Rückstoßsystemen in Düsenflugzeugen und von in der Luftfahrt eingesetzten Computern zu beschreiben, während Knight[21] ähnliche Verfahren zur Bestimmung des Fortschritts bei Digitalcomputern gebraucht. Lienhard[22] verfolgt den evolutionären Gang der Dampfkrafttechnologie, die mechanischen Uhrwerke, die verkehrsträgerunabhängige Transportgeschwindigkeit und das Erreichen von Niedrigtemperaturen mit nur einem technischen Parameter. Das Eigenschaftenbündel ist damit eindimensional. Martino[23] wendet das Dodsonsche Konzept, bei dem der Radialabstand von einer aufgrund von Expertenangaben festgelegten Oberfläche von Produkteigenschaften

---

16 In den Literaturüberblick sind frühere Bibliographien eingegangen; siehe Grupp und Hohmeyer (1988, S. 617 - 621) und Saviotti (1988, S. 602 - 610).

17 Ayres (1985).

18 Souder und Shrivastava (1985).

19 Lindemann und Müller (1984).

20 Dodson (1985).

21 Knight (1985).

22 Lienhard (1985).

23 Martino (1985).

bestimmt und planare und konvexe Oberflächen zugelassen werden, auf Schnellsegler, Triebwerke, propellergetriebene Flugzeuge und Leistungstransistoren an, während Sahal die Flugzeugtechnik[24] und später die Lokomotivtechnik[25] mit holistischen Modellen abbildet. Dabei wird die mathematische Form der sogenannten Machalanobis-Entfernung verwendet, aber es werden keine expliziten Kriterien für die Selektion der charakteristischen Eigenschaften angegeben. Derselbe Autor[26] untersuchte in einer Folgearbeit Flugzeuge, landwirtschaftliche Traktoren und Computer.

Ganz anders ist der *zeitgenössische Ansatz* von Takei[27]. 22 moderne Produkte, von Mikrowellenherden, Farbfernsehern bis zu häuslichen Klimaanlagen, werden durch ein ordinales Rangbildungsverfahren nach rivalisierenden Unternehmen dargestellt. Die einzelnen Spezifikationen bleiben ohne Erwähnung und es wird nur gesamthaft eine Rangordnung gebildet, die nicht überprüfbar ist. Hierbei ist die Mindestforderung nach einer Intervallskala nicht erfüllt. Gordon und Munson[28] schlagen dagegen eine Konvention zur Messung der technischen Eigenschaften von Produkten und Prozessen vor, deren Mathematik Ähnlichkeiten zum hier vorgestellten Technometriekonzept hat, und wenden ihr Verfahren auf Computer und Antibiotika an. Es fehlt aber eine Aggregationsvorschrift, um zu gesamtwirtschaftlichen Aussagen zu kommen. Mit dem sogenannten RAND-MITRE-Ansatz[29] wurde zwar ebenfalls eine Methode entwickelt, um den technischen Fortschritt in zeitgenössischen Produkten zu studieren, er zielt jedoch prinzipiell auf eine Risikoanalyse ab und gehört daher zu einem anderen Forschungsprogramm als dem hier verfolgten. Konkrete Daten werden für Flugzeugturbinen, Feststoffraketenantriebe, unbemannte militärische Flugkörper und Drohnen präsentiert, also für den wehrtechnischen Bereich. In dieser Branche sind Marktsignale und Marktausleseprozesse nur eingeschränkt möglich, so dass die Abwägung des ökonomischen Risikos anderer Verfahren, zum Beispiel der vorgeschlagenen, bedarf.

Lenz[30] schlägt einen heuristischen Ansatz zur Technologiemessung vor, der für die empirische Forschung wertvoll sein mag, aber prinzipiell unüberprüfbar ist. Jedoch mag der sehr pragmatische Ansatz für betriebswirtschaftliche Entscheidungspro-

---

24 Sahal (1977).

25 Sahal (1985a) gibt als Datenquellen Enzyklopädien an.

26 Sahal (1985b).

27 Takei (1985) ist ein Mitarbeiter der japanischen Firma Toshiba; der Ansatz ist auch als „Toshiba-Ansatz“ bekannt.

28 Gordon und Munson (1981).

29 Zusammenfassend siehe bei Hutzler et al. (1985) sowie in den dort zitierten Quellen. Zur frühen Entwicklung einer Innovationsökonomik bei RAND siehe Hounshell (1996).

30 Lenz (1985).

zesse ausreichen. Evidenz wird für die elektrische Glühbirne, Kommunikationssatelliten und andere Produkte gegeben. Majer[31] betrachtet den technischen Fortschritt als Qualitätsverbesserung im Laufe der Zeit. Mit Hilfe eines linearen Ansatzes wird der Fall der Geschirrspülmaschine untersucht, um diesbezüglich, mit Daten der Stiftung Warentest über mehrere Jahrzehnte (mehrere Tests), den technischen Fortschritt auf etwa 3 % pro Jahr zu bestimmen (bis einschließlich 1981).

„Manchester-Schule"

Mehrere Beiträge zur Technologiemessung stammen von der Universität Manchester. Saviotti und Bowman[32] sammelten Daten für 196 Flugzeugtypen aus den Jahren 1915 bis 1983. Unter Anwendung der Faktorenanalyse konstruieren sie ein Messmodell für den Fortschritt der Luftfahrttechnik. Eine andere Publikation dieser Gruppe beschäftigt sich mit landwirtschaftlichen Traktoren und dem technologischen Fortschritt zwischen 1959 und 1978. Für diese Produkte werden Indikatoren des technischen Wandels und der technischen „Spitzfindigkeit" konstruiert.[33] Gibbons et al.[34] präsentieren in einer weiteren Veröffentlichung der Gruppe aus Manchester Daten über Traktoren auf dem britischen Markt. Sie vergleichen britische mit westdeutschen, italienischen und RGW-Unternehmen in den Jahren 1957 bis 1977. Dieselbe Untersuchung wird mit Produkten durchgeführt, die auf dem holländischen Agrarmarkt zu finden sind. Die Autoren stellen fest, dass sich in der britischen Traktorindustrie ein schnellerer technischer Wandel vollzieht und dass dies durch mehr oder weniger kontinuierliche Verbesserungsinnovationen unterstützt wird. Schließlich bringt Saviotti[35] Daten und Argumente für die Automobilindustrie auf dem britischen Markt zwischen 1955 und 1983 bei. Die Prioritäten oder die Gewichte der technischen Spezifikationen werden mit Faktorenanalyse und alternativ mit der Methode der hedonischen Preise bestimmt. Saviotti kann zeigen, dass der technische Fortschritt nach 1979 schneller verläuft als vor diesem Jahr. Außerdem wird eine Konvergenz der technischen Spezifikationen konkurrierender Hersteller auf dem britischen Markt beobachtet.

Schaldach[36] schlägt ein isofunktionales Modell vor, in welchem von einem theoretischen Standpunkt aus sehr stringent idealisierte Parameter für jeden Satz von Spezifikationen berechnet werden, die für einen „natürlichen" Nullpunkt stehen und daher eine Verhältnisskala ermöglichen. Nur sehr wenige empirische Daten werden

---

31 Majer (1985).

32 Saviotti und Bowman (1984).

33 Saviotti et al. (1982). Der Originalausdruck für „Spitzfindigkeit" ist „Sophistication".

34 Gibbons et al. (1982).

35 Saviotti (1985).

36 Schaldach (1985).

analysiert. Daher ist es schwierig, die Funktionsweise des Modells in der Praxis zu verstehen. Theoretisch gilt, dass für viele technische Produkte ideale Parameter nicht definiert werden können, da sie asymptotisch gegen einen nicht erreichbaren technischen Wert konvergieren. Als Beispiel sei genannt, dass der ideale Benzinverbrauch des Kraftfahrzeugs gegen 0 konvergiert, wobei der physikalische Energieerhaltungssatz lediglich den Wert 0 selbst verbietet. Ein „idealer" oder natürlicher Parameter kann weder bei 4 Liter/km noch bei 2 l/km definiert werden; technologisch könnte jede gegebene Untergrenze im Laufe des anhaltenden Innovationswettlaufs unterschritten werden. Nur der Nullpunkt ist naturgesetzlich verboten. Das Schaldachsche Modell ist daher nicht konvergent.

In Japan publizierte die Behörde für Wissenschaft und Technik[37] eine groß angelegte komparative Analyse von 83 innovativen industriellen Produkten wie dem Laserdrucker, dem Schnellbrutreaktor, dem Kabelfernsehen und vielen anderen. Diese Untersuchung folgt einer früheren Untersuchung[38] mit ähnlicher Ausrichtung, die ebenfalls eine Fülle von Daten über 43 ausgewählte Industrieprodukte aus den USA, Japan und mehreren europäischen Ländern enthält. Beide japanischen Ansätze sind reich an Daten, aber schwach im Hinblick auf die Messverfahren; sie verwenden ordinale Maße und wählen ausschließlich einige repräsentative Produktspezifikationen aus. Dabei werden ungefähr 90 % der diskutierten Daten nicht vom Modell erfasst, weil sie nicht als prioritär oder repräsentativ angesehen werden. Eine Neubewertung des zuletzt genannten japanischen Datensatzes wurde mit Hilfe des hier vorgeschlagenen technometrischen Modells unter Einbezug *aller* angegebenen Daten durchgeführt; es konnte gezeigt werden, dass dabei andere Ergebnisse erzielt werden als mit dem ursprünglichen Ansatz, also mit ordinalen Maßen und ausgewählten, repräsentativen Einzelspezifikationen.[39] Damit bleibt die Forderung nach Unabhängigkeit von Präferenzen im ursprünglichen Ansatz der japanischen Autoren ganz offensichtlich unerfüllt.

Kritik älterer Modelle

Alexander und Mitchell[40] gehen mit direkten technologischen Output-Maßen sehr kritisch ins Gericht. Allerdings präsentieren sie dennoch Daten und Ergebnisse im Bereich Computertechnik, Kraftfahrzeuge, Turbinen und turbinengetriebene Flugzeuge (1958 bis 1983). Sie kommen zum Ergebnis, dass die direkte technologische Messung interessante, aber möglicherweise unvollständige „Geschichten" liefern kann. Deshalb müssten notwendigerweise andere empirische Beobachtungen hinzu-

---

37 Behörde für Wissenschaft und Technik (1984).

38 Agentur für industrielle Wissenschaft und Technik (1982).

39 Grupp und Hohmeyer (1986).

40 Alexander und Mitchell (1985); die Verfasser sind Mitarbeiter der RAND Corporation in den Vereinigten Staaten und stehen dem oben erwähnten RAND-MITRE-Ansatz nahe.

genommen werden, um zu adäquaten Ergebnissen zu gelangen. Raz et al.[41] behandeln ebenfalls technische Spezifikationen von Computern aus den Vereinigten Staaten und der (damaligen) Sowjetunion. Da ihnen kein Aggregationsverfahren zur Verfügung steht und die mathematische Behandlung der Gewichtung mehrerer technischer Spezifikationen ebenfalls nicht gelingt, umgehen sie das Eigenschaftenproblem durch Verwendung wiederum nur eines repräsentativen Parameters. In diesem Falle wird ausschließlich die Zahl der Rechenoperationen pro Sekunde verglichen.

Die bisher vorgestellten Verfahren zur Bemessung der technischen Eigenschaften von Innovationen zeigen eine deutliche Publikationshäufung in der ersten Hälfte der 80er Jahre. Zu dieser punktuellen Forschungsanstrengung (auf niedrigem Niveau) haben vor allem zwei Umstände beigetragen. Zum einen hat die National Science Foundation (NSF) in den Vereinigten Staaten eine Reihe von Forschungsprojekten in diesem Bereich gefördert, um bei der Bewertung des technischen Wandels über die eingeführten ökonomischen Maße hinauszukommen. Bestandteil dieser konzentrierten Bemühungen war auch eine entsprechende Konferenz in den Vereinigten Staaten. Die wichtigsten Konferenzbeiträge wurde in einem Sonderheft der Zeitschrift *Technological Forecasting and Social Change* zusammen publiziert (1985). Einige weitere Autoren, die auf diesem Gebiet arbeiteten, veröffentlichten ihre verstreuten Ergebnisse daraufhin ebenfalls, so dass die genannte Zeitschrift im Nachgang weitere Veröffentlichungen zu diesem Thema an sich zog. Trotz vielversprechender Einzelansätze verlief diese „Welle" von Forschungsbemühungen in den Vereinigten Staaten letztlich enttäuschend, weil das hochgespannte technologiepolitische, wirtschaftswissenschaftliche und unternehmenspraktische Interesse an Fortschritten nicht so leicht wie erhofft befriedigt werden konnte. Auch war in den vielfältigen Ansätzen kein roter Faden zu erkennen, den man hätte weiterführen können. In der zweiten Hälfte der 80er Jahre und am Beginn der 90er Jahre wurden an Zahl nur mehr wenige weitere Publikationen in dieser Forschungsrichtung bekannt, die nachfolgend kurz aufgezählt werden.

Durchsicht gegenwärtiger Messkonzepte

Eine Untersuchung zu den technischen Eigenschaften von Baukränen stammt aus dem Jahr 1988.[42] Dabei werden Produkte aus Polen, der UdSSR, den USA, Japan und Großbritannien mit Hilfe von nahezu 20 technischen Spezifikationen verglichen. Die Arbeit behandelt einen Querschnitt und lässt die zeitliche Dimension offen. Im Ergebnis zeigt sich, dass die verglichenen Produkte grob in zwei Klassen („dominante Konstruktionen") fallen, die unter sich sehr ähnlich sind. Ein ähnliches

---

41 Raz et al. (1983); eine Forschungsgruppe der Universität Tel Aviv.

42 Roslanowska-Plichcinska (1988), polnische Akademie der Wissenschaften, Institut für Management.

Modell legt Barbiroli mit einer Serie von Veröffentlichungen vor.[43] Mit einer großen Zahl von technischen Parametern werden Kraftfahrzeuge, Flugzeuge, landwirtschaftliche Geräte, elektrische Haushaltsgeräte und Klimaanlagen verglichen. Der „Leistungsfähigkeitsindex" beruht ausschließlich auf technischen Daten und hat die Eigenschaften einer Metrik. Allerdings werden für die verglichenen Produkte oder Marken nur Bandbreiten angegeben; sie lassen sich nicht auf bestimmte Hersteller oder Herstellungsländer zurückführen. Ein Vorteil des verwendeten Modells liegt darin, dass sich die einzelnen technischen Spezifikationen mit Hilfe von Relevanzbäumen auf strategische Aspekte verkürzen lassen.

Trajtenberg untersucht Produktinnovationen am Beispiel von Computertomographen.[44] Die umfangreiche Arbeit führt den Eigenschaftenansatz nach Lancaster bedeutend weiter. Außerdem werden Anleihen beim Verfahren der hedonischen Preise genommen und die Bedeutung der Qualitätsdimension für Produktinnovationen herausgestellt. Die Computertomographen werden nicht nur nach den anbietenden Unternehmen, sondern auch nach Marken unterschieden und mit mehreren technischen Eigenschaften sowie ihrem Preis beschrieben. Mit Hilfe der hedonischen Preise wird daraus ein monetär gemessener Grenznutzenindex abgeleitet und somit die soziale Wohlfahrt gemessen. Mit dieser Arbeit wird eine ältere Tradition aus dem Anfang der 70er Jahren wiederbelebt.[45] Die unternehmensspezifische Innovationsmessung Trajtenbergs beruht auf der Patentstatistik und wird in Abschnitt 4.3 im einzelnen kommentiert.

Dorison untersucht ebenfalls den produktbezogenen technischen Fortschritt am Beispiel von Mikrowellenherden.[46] Sortiert nach Anbietern und Marken werden vielfältige technische Maßzahlen verglichen, gewichtet und mit einem erweiterten Funktionenansatz bezüglich ihres technischen Fortschritts in zeitlicher Hinsicht beurteilt. Esposito arbeitet mit einem zusammengesetzten Ansatz, der neben technischen Spezifikationen Kosten und Nachfragepräferenzen berücksichtigt. Am Beispiel von Transportflugzeugen werden die Daten verschiedener Hersteller und Marken untersucht (67 Flugzeuge zwischen 1964 und 1992).[47]

Ein spezielles Verfahren zur Messung und Bewertung des Technikstandes wird in der Mikrosystemtechnik angewendet.[48] Da es bei der Mikrosystemtechnik um einen

---

43 Barbiroli (1989a, b, 1992), Universität Bologna, Wirtschaftswissenschaftliche Fakultät.

44 Trajtenberg (1990a), Harvard-Universität.

45 Griliches (1961, 1971).

46 Dorison (1991), Universität Stuttgart, Institut für Sozialforschung. Die Arbeit entwickelt den Majerschen funktionalen Ansatz (1985) weiter; siehe auch oben.

47 Esposito (1993), Universität Neapel, Zentrum für Organisation und technische Innovation.

48 Gronau et al. (1993).

technologischen Kontext geht, zu dem ganz verschiedene Produktinnovationen und ganz verschiedene Märkte gehören, wird in diesem Fall der Stand der Technik nicht nur aufgrund technischer Eigenschaften beurteilt, sondern enthält neben den erfassbaren technischen Leistungsdaten auch Expertenschätzungen bezüglich des Entwicklungsstandes, der Verfügbarkeit, des Preises und anderer Größen der zu betrachtenden Technik.

Payton[49] erschließt die Eigenschaftsänderungen von Herrenschuhen, Sofas, Kameras, Gasherden und Ventilatoren, also von Konsumprodukten, zwischen 1928 und 1993 indirekt. Er entnimmt aus dem amerikanischen Sears-Katalog die jeweiligen Preise aller entsprechenden Produkte, wählt je eine repräsentative Marke mit mittlerem Preis aus und vergleicht den Preis dieser Marke in der Vorperiode, sofern es damals schon identisch angeboten wurde, mit dem mittleren Preis der Warengruppe in der Vorperiode. Mit Deflatoren wird daraus die Qualitätsverbesserung berechnet. Insgesamt gibt es eine Reihe von interessanten Ansätzen zur Messung der technischen Eigenschaften von Innovationen, die jedoch sehr heterogen und wenig verbunden sind und insbesondere kaum aufeinander aufbauen. Der *methodische Fortschritt* mit solchen Verfahren ist daher in den 80er und beginnenden 90er Jahren *bescheiden* geblieben. Bevor die referierten Vorschläge und Messverfahren, die technischen Eigenschaften von Innovationen direkt zu messen, systematisiert, bewertet und einander gegenübergestellt werden, wird zunächst das eigene Messverfahren vorgestellt und diskutiert.[50]

3.2 Formulierung der Technometrie

Wie lässt sich die gestellte Aufgabe im Sinne der mikroökonomischen Innovationstheorie adäquat formulieren? Beim detaillierten Vergleich von Produkteigenschaften spielt der Begriff der *Produktdifferenzierung* (vgl. Abschnitt 2.4; zur wirtschaftsstatistischen Operationalisierung siehe die nächsten Absätze) eine zentrale Rolle. Die Zahl der Produktvarianten auf einem Markt mit unvollkommener Konkurrenz wird als die Zahl der *unterscheidbaren Produkte* oder *Marken* verstanden. Die Erzeugung einer Mannigfaltigkeit innerhalb eines wissenschaftlich-technologi-

---

49 Payton (1994, Kapitel 4). In seinem Kapitel 7 werden die zugehörigen technischen Eigenschaftsänderungen beschrieben und zeitlich exakt terminiert, aber nicht in das Fortschrittsmaß einbezogen.

50 Es ist unter Federführung des Verfassers im Frühjahr 1985 entstanden und wurde zusammen mit O. Hohmeyer in einer rudimentären Weise 1986 erstmalig veröffentlicht. Die endgültige Formulierung durch den Verfasser allein datiert von 1989. Durch Verzögerungen im Begutachtungsverfahren ist die Arbeit erst 1994 in einer Zeitschrift erschienen (nämlich Grupp, 1994b). Nach Angaben der Zeitschrift sind die Verzögerungen wesentlich dadurch bedingt gewesen, dass es für dieses Forschungsgebiet kaum unabhängige Gutachter gibt, ein weiteres Indiz für sein Schattendasein.

schen Paradigmas macht Innovation *und Imitation* erforderlich, wobei gewisse Fallunterschiede in der Innovationshöhe zu diskutieren sind.[51] Bringt ein solches Paradigma nur ein einziges neues Produkt hervor, kann die Querschnittsmessung seiner Eigenschaften aus Mangel an vergleichbaren Objekten entfallen und es bleibt nur die zeitliche Dimension interessant. Erst wenn mehrere Produktvarianten gleichzeitig oder aufeinander folgend den heterogenen Markt „bevölkern", wird die Frage ihrer Unterscheidbarkeit und somit der Begriff Mannigfaltigkeit sinnvoll. Dem zugrundeliegenden wissenschaftlich-technischen Paradigma wird in der Literatur das Potential zugeordnet, den Variantenreichtum auf einem gegebenen Markt zu erhöhen und somit die qualitativen Ausprägungen der Produkte zu beeinflussen.[52]

Gemäß den Überlegungen im Abschnitt 2.4 wird fortan nicht mehr zwischen einer Produktinnovation oder einer Prozessinnovation unterschieden, weil sich eine Unterscheidung dort als überwiegend definitorisches Problem herausgestellt hat. In Anknüpfung an die Theorie der Nachfragepräferenzen[53] bedeutet Mannigfaltigkeit daher die Zahl der Varianten innerhalb eines spezifischen *Gütermarkts*. Die Schaffung völlig neuer Produkte außerhalb des betrachteten Markts wird gewöhnlich nicht als weitere Produktvariante in Betracht gezogen.[54] Wann ein neues Paradigma vorliegt, also ein neuentstehender Markt betroffen ist, und wann von weiterer Produktdifferenzierung innerhalb eines gegebenen Markts auszugehen ist, ist eine der durch die Konstitution des Messverfahrens zu klärenden Aufgaben. Hierzu liegen inzwischen auch einschlägige Begriffsbildungen zur Verwendung des Innovationsbegriffs in international vergleichenden Statistiken vor.

Definition des Gütermarkts

Zunächst ist zu klären, was messtechnisch unter dem mikroökonomisch definierten Begriff des Gütermarkts zu verstehen ist.[55] Während die Unternehmungen sich als Teile von Branchen verstehen, ist ein Markt eine für die Nachfrager relevante Einheit. Unternehmen bilden eine *Branche*, wenn sie produktionsverwandt sind. Die in Deutschland übliche Operationaldefinition folgt der Systematik der Wirtschaftszweige (WZ) oder der Fassung der Statistik im produzierenden Gewerbe (SYPRO). Ein *Wirtschaftszweig* wird meist mit einer zweistelligen SYPRO-Kennziffer identifiziert, einer Unterabteilung der WZ. Die übergeordneten Einsteller nennt man *Sek-*

---

51 Saviotti (1994). Die Qualitätsdimension in vertikal differenzierten Märkten modellieren Benzoni und Fenoglio (1995).

52 Ebenfalls bei Saviotti (a. a. O.).

53 Nach Lancaster (1991).

54 Lancaster (1979, 1990).

55 Die Operationaldefinitionen entsprechen dem in Deutschland üblichen Vorgehen der Monopolkommission, wie es von Grossekettler (1985, S. 274 incl. Fußnoten) referiert wird.

toren oder Wirtschaftsabteilungen. An die Stelle von SYPRO und WZ tritt im internationalen Bereich die International Standard Industrial Classification (ISIC).

Während die Produktionsverwandtschaft Branchen definiert, führt die Nachfrageverwandtschaft zur Bildung von *Gütermärkten*. Güter mit einer hohen positiven Kreuzpreiselastizität der Nachfrage, also Substitutionsgüter mit einer hohen funktionalen Austauschbarkeit, fasst man zu Märkten zusammen. Eine in Deutschland akzeptierte statistische Operationaldefinition ist die vierstellige Warenklasse im systematischen Güterverzeichnis für die Produktionsstatistik (GP) oder im Warenverzeichnis für die Außenhandelsstatistik (WA). Im internationalen Gebrauch ist es die Standard International Trade Classification (SITC). Die verschiedenen Güter auf dem definierten Markt, die *Produktvarianten*, werden in der Betriebswirtschaftslehre als *Marken* bezeichnet, wenn sie vom gleichen Unternehmen angeboten werden, die Wirtschaftsstatistik spricht auf Vierstellerebene von *Gütergruppen* oder *Produktgruppen*.[56]

Algorithmus der Technometrie

Eine der Adäquationsaufgaben ist es, direkte Indikatoren zur Feststellung von Produkteigenschaften, soweit sie intersubjektiv überprüfbar sind, auf metrischen Skalen aufzubauen, auch um möglichst nahe am klassischen Gedankengebäude der Wirtschaftswissenschaften zu bleiben. Die Konstruktion von technologischen *Distanzmaßen* bietet sich an.[57] Ein metrischer Raum ist dann definiert, wenn zu einer gegebenen Menge alle Distanzen zwischen den Elementen der Menge definiert sind. Für die Distanzfunktion müssen vier Anforderungen erfüllt sein (die Distanzfunktion kann alle reellen, positiven Zahlen annehmen; ihr Wertebereich ist ein bei Null nach unten abgeschlossenes und nach oben offenes Intervall). Erstens muss die Distanz zwischen einem Element und sich selbst Null sein, zweitens gilt für jedes Paar von Elementen aus der Menge, für welches die Distanz Null ist, dass es identisch ist, drittens ist die Distanz des Elements A zu B gleich der Distanz des Elements B zu A (Reflexivität) und schließlich gilt, viertens, die sogenannte Dreiecksungleichung.[58] Ist kein natürlicher Nullpunkt definiert und die Skala nach oben begrenzt, spricht

---

56 Genaugenommen ist eine Gütergruppe auf der dreistelligen Ebene definiert und auf der Marktebene müsste der Begriff „Untergruppe" verwendet werden. Der Sprachgebrauch ist jedoch nicht einheitlich.

57 In einem theoretischen Ansatz hat Granstrand (1994, S. 189 - 221) diese wohldefinierten mathematischen Begriffe auf die Messung des technischen Wandels übertragen. Lesenswert ist in diesem Zusammenhang vor allem der mathematische Anhang (a. a. O., S. 216 - 218).

58 Die Dreiecksungleichung besagt populär gesprochen, dass es keine Abkürzungswege gibt. Mathematisch formuliert bedeutet sie, dass die Distanz zwischen dem Element A und C kleiner oder gleich so groß ist wie die Distanz zwischen A und B plus der Distanz zwischen B und C, es gibt keine kürzere Distanz. Wenn man von A nach C über B geht, kann die Distanz nur länger werden.

man von einer Intervallskala. Sie ist ebenfalls metrisch und kann also akzeptiert werden.

Gegeben sei eine wie oben definierte Produktgruppe i. Zu ihrer Charakterisierung seien Eigenschaften j notwendig. Die Festlegung der Eigenschaften j ergibt sich aus dem wirtschaftlich-technischen Verständnis des Marktes, auf dem sich dominante Konfigurationen herausbilden; sie wird also letztlich durch das kollektive Urteil von technischen und wirtschaftlichen Akteuren auf diesem Markt festgelegt und durch den Wettbewerb „abgestimmt".[59] Das Tupel für die technischen Eigenschaften heiße K.[60] Da von heterogener Konkurrenz ausgegangen wird, gibt es Produkte k verschiedener Unternehmen oder Marken k derselben Unternehmen, die am Markt angeboten werden. Die technischen Eigenschaften sind somit durch K(i,j,k,t) zum Zeitpunkt t hinreichend beschrieben. Allerdings muss berücksichtigt werden, dass die einzelnen technischen Eigenschaften in verschiedenen Maßeinheiten gemessen werden und damit nicht miteinander verrechnet werden können.[61] Die Maßeinheiten („units") seien u(j). Nehmen wir an, auf diesem Markt gäbe es s_0 Marken (oder Wettbewerber) und r Eigenschaften. K(i,j,k,t) soll auf eine solche Weise metrisiert werden, dass die unterschiedlichen Maßeinheiten entfallen können. Die *metrisierende Relation* durch *Verknüpfung* von K und u werde im Falle der Messung technischer Eigenschaften von Innovationen *Technometrik* genannt, das Messen der technischen Eigenschaften *Technometrie*:[62]

---

59 Zur Konvergenzproblematik siehe unten. Von Hayek (1978) spricht dem Wettbewerb die Entdeckungsfunktion zu. Rammert (1994, S. 6) führte hierzu folgendes aus: „Was überhaupt als technisches Problem angesehen wird, was als technische Problemlösung Anerkennung findet und was jeweils als Maßstab technischer Effizienz heranzuziehen ist, ist nicht objektiv vorgegeben, sondern wird sozial konstruiert und zwischen den Akteuren ausgehandelt. Ob ein Atomkraftwerk sicher funktioniert oder ob ein Benzinmotor mit der Krücke eines Katalysators einen technischen Fortschritt bedeutet, das kann nicht nach scheinbar neutralen technischen Kriterien entschieden werden. Darüber streiten die sozialen Akteure in den technologischen Debatten und das entscheiden die Aushandlungsprozesse in den Diskursarenen."

60 K steht für Kennzahl.

61 Die Vektoreigenschaften sind nicht erfüllt.

62 Die genaue Herkunft des Begriffs Technometrie in den Wirtschaftswissenschaften lässt sich nicht eindeutig klären. Im Sommer 1984 trafen sich der Institutsleiter H. Krupp, der Verfasser dieses Buches und F. Kodama (Universität Saitama, Japan) im Fraunhofer-Institut für Systemtechnik und Innovationsforschung in Karlsruhe, um die technologische Herausforderung durch das Erstarken der japanischen Wirtschaft sowie die wiederaufgelebte Lückendiskussion zwischen USA, Europa und Japan zu diskutieren. Dabei entstand bei den Beteiligten der dringende Wunsch, zu besseren Messverfahren für die technologische Lücke zu kommen. Im Sinne eines Wortspiels fiel dabei der Begriff „Technometrie" und fand allseits Zustimmung als Bezeichnung für ein in den nächsten Jahren durchzuführendes Forschungsprogramm (der Projektbeginn und der Begriff wurden im Tätigkeitsbericht 1984 des Instituts bekannt gemacht). Von daher kommt das Prioritätsrecht diesen Personen zu. Allerdings publizierte D. Sahal im Jahr 1985 einen Aufsatz, den er mit „Foundation of Technometrics" überschrieb. Das Manuskript zu dieser Publikation war nach Angaben der Zeitschrift vor dem erwähnten Sommertreffen in Karlsruhe eingegangen, nämlich am 26. August 1983. Es lässt sich nicht klären, ob einem der drei Anwesenden auf der Karlsruher Besprechung, z. B. aufgrund einer Begutachtung des Aufsatzes von Sahal, dessen Begriff bereits bekannt war. Sahal macht seinerseits keinerlei Angaben zur

$$\begin{pmatrix} K(i,1,k',t) \\ K(i,2,k',t) \\ \dots \\ \dots \\ K(i,r,k',t) \end{pmatrix} \circ \begin{pmatrix} u(1) \\ u(2) \\ \dots \\ \dots \\ u(r) \end{pmatrix} \longrightarrow \begin{pmatrix} K^*(i,1,k',k,t) \\ K^*(i,2,k',k,t) \\ \dots \\ \dots \\ K^*(i,r,k',k,t) \end{pmatrix} \quad (3\text{-}1)$$

Dabei soll jedes K^* für den metrisierten Wert einer bestimmten Marke (Firma), die mit k' gekennzeichnet sei, stehen. K^* soll nicht mehr in physikalisch-technischen Maßeinheiten gemessen werden, sondern im Vergleich zu den Merkmalsausprägungen aller (s_0-1) konkurrierenden Marken und k'. Die Metrik für jedes j wird dann wie folgt definiert:

$$K^*(i,j,k',k,t) = [(K(i,j,k',t) - K(i,j,k_{min},t_0))]/ [(K(i,j,k_{max},t_0) - K(i,j,k_{min},t_0))]. \quad (3\text{-}2)$$

k_{min} und k_{max} bezeichnen diejenige Marke oder dasjenige Produkt, für welches K(i,j,k,t) minimal bzw. maximal wird.[63] Wenn der technische Fortschritt bezüglich eines j invers verläuft, d. h., ein kleinerer Zahlenwert in der gegebenen physikalisch-technischen Maßeinheit einem Fortschritt entspricht, wie es z. B. beim Benzinverbrauch eines Kraftfahrzeugs der Fall ist, dann gilt eine inverse Formel:

$$K^*_{inv}(i,j,k',k,t) = [(K(i,j,k',t) - K(i,j,k_{max},t_0))]/ [(K(i,j,k_{min},t_0) - K(i,j,k_{max},t_0))] = 1 - K^*(i,j,k',k,t). \quad (3\text{-}3)$$

Die genannten Formeln (3-2) und (3-3) sind so konstruiert, dass sie von den Maßeinheiten u(j) nicht mehr abhängen, also dimensionslos und nichtnegativ sind. Sie enthalten den Laufindex t für die Zeit; die Vergleichseigenschaften müssen zu einem gegebenen Zeitpunkt t_0 festgestellt werden.

Herkunft des Begriffs. Für die physikalische, chemische und ingenieurwissenschaftliche Statistik ist der Begriff „Technometrie" als Sammelbegriff hingegen eingeführt. So wird seit 1959 die Zeitschrift „Technometrics" herausgegeben.

63 Die Definitionen (3-2) und (3-3) haben die Eigenschaften einer Intervallskala, da kein „natürlicher" Nullpunkt gegeben ist ähnlich wie etwa bei der Temperaturskala (in °C). Weitere Erläuterungen zum Skalenniveau finden sich bei der Diskussion von Abbildung 3-1 unten. Zur Mathematik der Intervallskalen siehe Kallmann (1979, S. 17f.)

Ökonomischer Hintergrund: Es gibt keinen Walrasianischen Auktionär für Innovationen

Zum Verständnis des mathematischen Algorithmus, der durch die obigen Formeln hinreichend beschrieben ist, seien folgende qualitativen Erläuterungen und Beispiele gegeben. Wenn $t = t_0$, das heißt, für einen Querschnittsvergleich, kann K^* maximal den Wert 1 annehmen, d. h., das Distanzmaß im so definierten metrischen Raum ist nach oben begrenzt. Der Wert $K^* = 1$ wird derjenigen und nur derjenigen Innovation zugeordnet, die bezüglich der betrachteten technischen Eigenschaft j den Maximalwert unter allen verglichenen Innovationen erreicht hat. Für zeitliche Betrachtungen bedeutet dies, dass der zuletzt erreichte technische Stand gegenüber einer früheren Vergleichsmenge berechnet wird, welche die damaligen Maximalwerte definiert. Der „Fortschritt" im quantitativen Sinn ergibt sich dann aus der Veränderung von K^* gegenüber früheren Perioden, d. h. dem Abstand von K^* von 1. In diesem Fall ist die Wertemenge von K^* nach oben offen. Ein „Rückschritt" ergibt sich, wenn $K^*(t) < 1$ wird (ausführlicher siehe unten).

Die Festlegung eines Maximalwerts (sowie analog eines Minimalwerts) für die Vergleichsmenge von Produkten entbehrt nicht einer gewissen Willkür; ein nach oben offenes Intervall für Zeitvergleiche kann diese Willkür nicht prinzipiell beheben. Allerdings wird in der Literatur üblicherweise so verfahren: Man kann sich vorstellen, dass die Produkte im Laufe der Zeit mit jeder weiteren Innovation oder Produktdifferenzierung eine weitere Stufe auf der vertikalen „Qualitätsleiter" erklimmen. Dabei wird vorgeschlagen, dass das Qualitäts- oder Technologieniveau, das dem technologischen Wissen des führenden Unternehmens im Markt i entspricht, zu einem bestimmten Zeitpunkt t_0 auf 1 festgesetzt werden soll.[64]

Der Verzicht auf eine Absolutmessung der Merkmalsausprägungen selbst und damit auf eine Ratioskala folgt direkt aus der Auffassung, dass der Wettbewerb selbst das Entdeckungsverfahren für optimale Produkte darstellt.[65] Auf Bedürfnisse der Nachfrager, die noch nicht manifest sind, kann der Markt nicht mit Angeboten reagieren. Da es in der positiven Ökonomik keinen Walrasianischen Auktionator für Innovationen gibt, der die optimale Angebotsstruktur bereits kennt, kann man die Distanz des momentanen $K(k_{max})$von einem optimalen, zukünftig sich ergebenden Wert nicht bestimmen. Mit anderen Worten: Man kann nicht alle dereinst sich ergebenden Innovationen im voraus wissen. Gäbe es den Auktionator, wäre es „sinnlos, Volkswirtschaften als Marktwirtschaften zu organisieren."[66]

---

64 So jedenfalls argumentiert auch Stadler (1993, S. 171).

65 Von Hayek (1978).

66 Grossekettler (1985, S. 225). Das ist der Grund, warum das Modell von Schaldach (1985), das auf eine Ratioskala abzielt, nicht überzeugt: Es müssen für jede Merkmalsausprägung

Eine weitere Willkür scheint in der Zahl der zu beschreibenden Eigenschaften (r) zu liegen. Die Konsequenzen des Weglassens einer Eigenschaft wird schon 1971 von Lancaster diskutiert.[67] Auch Lancaster verlässt sich darauf, dass durch Interaktionen zwischen Entwicklern (FuE-Personal), Marketing-Personal und Konsumenten (bzw. Nachfragern nach Investitionsgütern) sowie bei Vorliegen von Wettbewerb eine fehlende Eigenschaft zu Marktverzerrungen führen würde, die jener schnell korrigieren könne. Eine hinreichende Bedingung für die Diagnose, dass eine wichtige Charakteristik fehlt, wäre dann erfüllt, wenn sich eine bezüglich der beschriebenen r Eigenschaften unterlegene Produktvariante am Markt gut verkauft. Dann hätte es sicher eine Eigenschaft aufzuweisen, die noch nicht beschrieben werde.[68] Auch empirisch wurde festgestellt, dass nach einer Handvoll Interviews mit Fachleuten aus der Entwicklung, dem Marketing und dem Vertrieb, bei denen durchaus Uneinigkeit über die Menge und die Art der einzubeziehenden Eigenschaften zutage treten kann, sich durch Befragen weiterer Personen keine zusätzlichen Gesichtspunkte mehr ergeben. Offenbar konvergiert in Expertenkreisen die Auffassung über die zugrunde zu legende Eigenschaftenmatrix für ein technologisches Paradigma bereits beim Befragen von wenigen repräsentativ ausgewählten Personen, die hinreichend dafür sorgen, dass einige Außenseitermeinungen (z. B. wettbewerbsbestimmte) korrigiert werden.[69]

Veranschaulichung des Algorithmus

In Abbildung 3-1 ist ein zeichnerischer Vergleich zwischen verschiedenen Merkmalsausprägungen einer technischen Eigenschaft bei sieben Marken oder Produktvarianten im Zeitpunkt t_0 dargestellt.[70] Folgt man Lancaster[71] und dem Verständnis des Fortschrittsprozesses als einem Evolutionsprozess, beobachtet man zum Zeitpunkt t_0 eine bestimmte Anzahl von Varianten mit verschiedenen Preis-Leistungs-Kombinationen, die sich aus einem Experimentier-, Selektions- und Imitationsprozess ergaben.[72] Da die Leistungskombinationen durch eine oder mehrere Verände-

---

„idealistische" Zukunftsparameter angesetzt werden; vgl. die Kurzbeschreibung des Schaldach-Modells in Abschnitt 3.1.

67 Lancaster (1971, S. 158 ff.).

68 Lancaster (a. a. O., S. 162 f).

69 Von Grupp et al. (1987) wurden sechs Produktgruppen untersucht; die Zahl der „hinreichenden" Experten aus drei Ländern lag zwischen neun und etwa 20 pro Markt. Clark (1985) führt diese Konvergenz unter den Fachleuten auf bestimmte Muster der Kommunikation zwischen Herstellern und Kunden zurück, die zu einer Hierarchisierung von Eigenschaften und einem gemeinsamen Verständnis aufgrund der Erfahrung im Umgang mit dem Produkt hinauslaufen.

70 Zeichnerische Erläuterungen haben in mikro- und makroökonomischen Monographien Tradition.

71 Lancaster (1979, 1990).

72 Grossekettler (1995, S. 13).

rungen im Eigenschaftenbündel entstehen, muss man jede Spezifikation für sich betrachten. Weil die Nachfrager im Selektionsprozess darüber entscheiden, welche Preis-Leistungs-Kombination der Anbieter besonders erfolgreich ist, wird eine kleine Streuung, d. h. eine geringe Produktdiversifizierung bezüglich der betrachteten technischen Eigenschaft bei den meisten Anbietern, zu einer stärkeren Auffälligkeit von einem „Außenseiter" führen, die sich im Messwert ausdrücken sollte. In der Standardsituation, bei der die am Markt nachgefragten Produkte zum Zeitpunkt t_0 bezüglich der Eigenschaft sehr stark streuen, dürfte eine entsprechende Außenseitereigenschaft nicht zu beobachten sein.

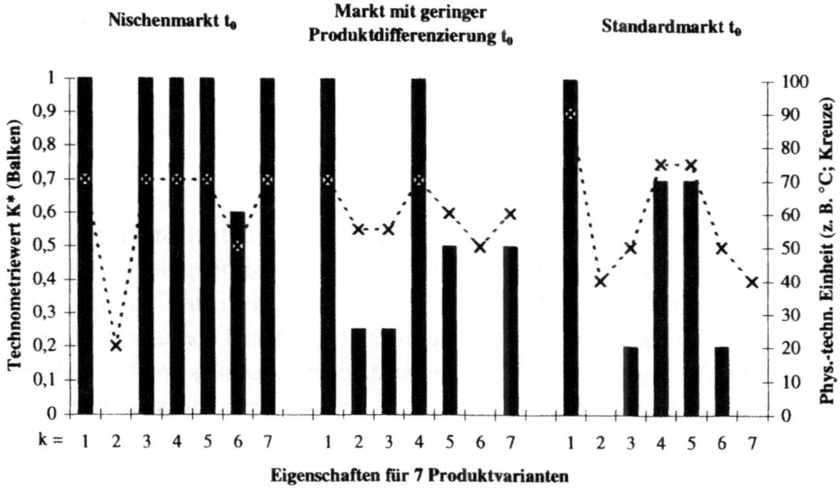

Abbildung 3-1: Typische technometrische Indikatoren: Sieben fiktive innovative Produktvarianten in drei typischen Marktsituationen im Vergleich.

Nehmen wir zunächst an, alle Eigenschaften der Produktvarianten an einem Markt sind differenzfrei bis auf eine und betrachten für diese drei Ausgangszustände: Im Standardmarkt (rechte Sequenz in Abbildung 3-1) streuen die Merkmalsausprägungen bezüglich der gemessenen Eigenschaft zwischen den sieben Produkten beträchtlich. Der technometrische Indikator zeichnet in diesem Fall die Rangordnung und die kardinale Reihung bezüglich der ursprünglichen technisch-physikalischen Einheit ähnlich nach.

Im Falle einer geringen Produktdifferenzierung bezüglich der gemessenen Eigenschaft, wie im mittleren Teil der Abbildung 3-1, wird eine Situation widergespiegelt, bei der sich in einem Markt die Merkmalsausprägungen der differentiellen

Eigenschaft bereits weitgehend angeglichen haben und folglich ein etwas stärker abweichendes Produkt schon „auffälliger" ist als bei einer großen Streuung. Die technometrische Intervallskala bildet diese Situation dadurch adäquat ab, dass gleichsam eine Ähnlichkeitsabbildung mit „Zoom"-Effekt entsteht, welche die absolut geringen Unterschiede stärker diskriminiert.

Wenn fast alle Produkte bezüglich der Merkmalsausprägung ihrer technischen Eigenschaft ungefähr auf gleichem Niveau um den gleichen Mittelwert streuen wie im mittleren Fall, aber ein Produkt (oder wenige Marken) stärker davon abweichen (linker Fall in Abbildung 3-1), führt die technometrische Intervallskala zu einer dem oberen Fall vergleichbaren Ähnlichkeitsabbildung der gegebenen Ratioskala ohne „Zoom-Effekt". Hier wird idealtypisch einer Situation Rechnung getragen, in der sich Angebot und Nachfrage gut aufeinander eingestellt haben und ein Produkt aus wettbewerblichen Gründen, z. B. wegen einer Nischenstrategie, bezüglich dieser Eigenschaft sehr weit zurückbleibt.

Ein Beispiel: typische Hitzebeständigkeit

Zur Verdeutlichung des verwendeten Skalenniveaus sei Produkt oder Marke 6 näher betrachtet. Nehmen wir an, es ginge um die differentielle Eigenschaft „Hitzebeständigkeit", die im Falle von Produkt 6 50°C betrage.[73] In den physikalisch-technischen Einheiten ist der Mittelwert (60°C) und der Abstand des Produkts 6 vom Mittelwert in allen Märkten exakt derselbe. Daraus ergeben sich jedoch keine identischen Distanzmaße, da es sich um eine Intervallskala handelt. Der technometrische Wert für Produkt 6 unterscheidet sich in den drei Fällen der Abbildung 3-1 erheblich: Er ist am höchsten im linken, und am niedrigsten im mittleren Fall. Im sogenannten Standardmarkt liegt die Spezifikation trotz einer gewissen Abweichung vom Mittelwert in der Variationsbreite der übrigen angebotenen Produkte, so dass sich ein respektabler Fortschrittswert ergibt. Das Angebot an diesem Markt umfasst nämlich auch die Produkte 2 und 7, bei denen die Hitzebeständigkeit nur 40°C beträgt, während das fortgeschrittendste Produkt bereits bis 90°C hitzebeständig ist. Dieses erhält gemäß der Messvorschrift (3-2) den relativen Fortschrittsgrad für Hitzebeständigkeit $K^* = 1$ zugewiesen, während Produkt 6 mit $K^* = 0{,}2$ gleichsam 20 % des Wegs zwischen den Produkten 2 und 7 mit der niedrigsten und Produkt 1 mit der höchsten Hitzebeständigkeit zurückgelegt hat: Dies ist eine für dieses Skalenniveau zutreffende Interpretation.

In einem Markt mit geringer Diversifizierung liegen alle Konkurrenzprodukte viel näher am physikalischen Mittelwert; industrielle Lerneffekte mögen hierzu beigetragen haben. Innovation 6 liegt am unteren Ende des „innovativen Angebots", was

---

73 Das Beispiel ist in einer privaten Mitteilung von Grossekettler vorgeschlagen worden (11. 1. 1995); allerdings wurde es hier modifiziert. In vielen Lehrbüchern wird die Temperaturskala (in °C) als typisches Beispiel für eine Intervallskala angesehen.

durch die Zuordnung des technometrischen Werts K* = 0 ausgedrückt wird, denn alle übrigen Produkte sind bis mindestens 55°C hitzebeständig. Der Fortschritt im Angebotsspektrum ist hier bei nur 70°C stehen geblieben (Produkt 1).

Auch im linken Fall konzentrieren sich die Varianten der angebotenen Innovationen um ähnliche Temperaturwerte, bis auf ein Nischenangebot mit einer sehr geringen Spezifikation (das aber gegebenenfalls wegen eines attraktiven Preises seinen Kundenstamm findet, der diesen Leistungsparameter nicht präferiert, sondern niedrige Merkmalsausprägungen toleriert, in diesem Fall eine Hitzebeständigkeit von 20°C. Es könnte sich z. B. um Plastikkörbe handeln, die vor allem in Tiefkühltruhen eingesetzt werden.). Der Innovation 6 wird bei nach wie vor unverändertem Abstand zum Mittelwert auf der physikalischen Ratioskala ein relativ günstiges Fortschrittsmaß von K* = 0,6 zugeordnet, das sich von der Fortschrittsfront weniger unterscheidet als im rechten Fall.

Intervallskala vis-à-vis Verhältnisskala

Das Einführen einer Intervallskala ist einerseits eine Notwendigkeit, da das wettbewerbliche Entdeckungsverfahren die Festlegung absoluter Bezugspunkte als wenig adäquat erscheinen lässt. Damit einher geht der Verzicht auf multiplikative Verknüpfungen, die auf Intervallskalen nicht definiert sind. Ein Produkt mit K* = 0,5 ist nicht halb so hitzebeständig wie die fortschrittlichste Variante; vielmehr werden dadurch Fortschrittsdistanzen zwischen Eigenschaftenausprägungen auf dem vorliegenden Markt gemessen. Das Produkt ist in diesem Fall genau so weit vom rückständigsten wie vom fortschrittlichsten entfernt. Dies gilt für eine *gegebene* Ausgangsverteilung (zu zeitlichen Veränderungen siehe unten).

Auf eine empirische Besonderheit ist hinzuweisen: Bei gewissen charakteristischen Innovationsvorgängen treten Sprünge auf, also abhängig von einer stetigen und monotonen Eigenschaftsausprägung liegt qualitativ eine andere Eigenschaft vor. So tritt z. B. das Merkmal der Supraleitung (eine elektrische Eigenschaft) bei einer bestimmten Temperatur auf, eine (laminare) Flüssigkeitsströmung schlägt bei bestimmten Werten z. B. des Rohrquerschnitts und der Strömungsgeschwindigkeit in eine turbulente um, oder eine Emissionsquelle für gewöhnliches Licht sendet unterhalb einer bestimmten Temperatur kohärentes Licht (Laserlicht) aus. Hier muss gemäß Lancaster[74] entschieden werden, ob wegen der ökonomischen Qualität der zusätzlichen Eigenschaft ein neuer Markt vorliegt, was z. B. im Falle der Unterscheidung von gewöhnlichen Lichtquellen und von Laserlichtquellen wirtschaftsstatistische Praxis ist (z. B. WA 8539 für elektrische Glühlampen und WA 901320 für Laser), oder die fehlende Eigenschaft muss in das auf dem gegebenen Markt gültige Eigenschaftenbündel eingefügt werden. Der (heterogene) Wettbewerb

---

74 Lancaster (1971, S. 158 ff.).

würde die aus der nichtbewerteten Eigenschaft entstehenden Marktverzerrungen ohnehin schnell korrigieren.[75] In diesem Fall bietet sich das binäre Maß an, das sich nahtlos in die Definitionsgleichung (3-2) einordnet. Bei Vorliegen des innovativen Sprungs wird die zugehörige Eigenschaft j zu K*(j) = 1, bei Nichtvorliegen gilt K*(j) = 0; außerdem ist K*(j) = K (j).[76]

Veranschaulichung der zeitabhängigen Technometrie: Hitzebeständigkeit fortgesetzt

Der im Zeitablauf sich einstellende Fortschritt wird durch Festhalten des Intervalls an einer gegebenen Ausgangsverteilung zum Zeitpunkt t_0 bei Fortschreibung des beobachteten Angebotsspektrums im Zeitpunkt t, K*(i,j,k',k,t), berechnet (siehe Messvorschrift 3-2). Dabei muss zugelassen werden, dass sich die Zahl der s_0 Marken oder Produktvarianten dadurch verändert, dass neue, gegebenenfalls fortschrittlichere Produkte eingeführt, und vorhandene, nicht notwendigerweise rückständige Produkte vom Markt verschwunden sind, z. B. durch Konkurs des Anbieters.

Man kann sich ohne Einschränkung der Allgemeinheit vorstellen, dass die drei Angebotsspektren in Abbildung 3-1 nicht *verschiedene* Märkte zum Zeitpunkt t_0 bezeichnen, wie oben angenommen, sondern *denselben* Markt zu den Zeitpunkten t_0, t_1 und t_2 beschreiben (von links nach rechts wie in Abbildung 3-2). Der bisher verwendete Markenindex k = 1,...,7 muss allerdings entsprechend ausgedehnt werden, da die Zahl der Marken nunmehr im Zeitverlauf variieren kann. Dass zu jedem Zeitpunkt sieben Marken angeboten werden, ist eine willkürliche Annahme.

Betrachten wir in Fortführung des obigen Beispiels Produkt 6, das zusammen mit Produkt 4 bis t_2 durchgehend angeboten wird. Man berechnet nunmehr $K^*(6,t_0)$ = 0,6 wie oben, aber da das untere Angebotsspektrum für t_0 intervallbildend bleibt, wird nunmehr ebenfalls $K^*(6,t_1) = K^*(6,t_2) = 0{,}6$. Der Fortschritt zum Zeitpunkt t_1 kommt auf klassische Art zustande, da das Nischenprodukt 2 vom Markt genommen wurde, z. B. weil sich die mangelnde Hitzebeständigkeit oberhalb von 20°C auch beim Einsatz in Tiefkühltruhen und trotz des günstigen Preises nicht bewährt hat (bei unsachgemäßer Handhabung und bei Auftauphasen im Sommer etc.). Produkt 6 bildet jetzt das anspruchloseste Produkt ceteris paribus. Ohne Einfluss auf $K^*(6,t_1)$ bleibt, dass anstelle der Produkte 2, 3, 5 und 7 neue, gegenüber 6 etwas fortgeschrittenere Produkte angeboten werden.

Zum Zeitpunkt t_2 werden sowohl Neuerungen angeboten, die in der Hitzebeständigkeit noch weiter fortgeschritten sind (12), aber es treten auch Produkte auf, die be-

---

75 Lancaster (a. a. O.).

76 Siehe bei Grupp et al. (1987, S. 173 und S. 325). Dieses Verfahren wird analog bei der ökonometrischen Schätzung verwendet, wenn Scheinvariablen („Dummies“) zum Einsatz kommen.

züglich dieses Merkmals wieder anspruchsloser sind (13 und 16 sind nur bis 40°C beständig). Produkt 6 wird damit scheinbar relativ dazu aufgewertet, denn mancher Haushalt mag in t_2 tatsächlich zur Ansicht gekommen sein, bei Alltagstemperaturen sei eine Sicherheitsmarge bis 40°C ausreichend. Wenn die Produkte 13 und 16 in preislicher Hinsicht attraktiver sind, und der bisherige Markt aus Nachfragegesichtspunkten „über das Ziel hinausgeschossen" ist, erscheint das Messergebnis immer noch adäquat zu sein. Im 1. Kapitel wurde bereits angemerkt, dass die zeitliche

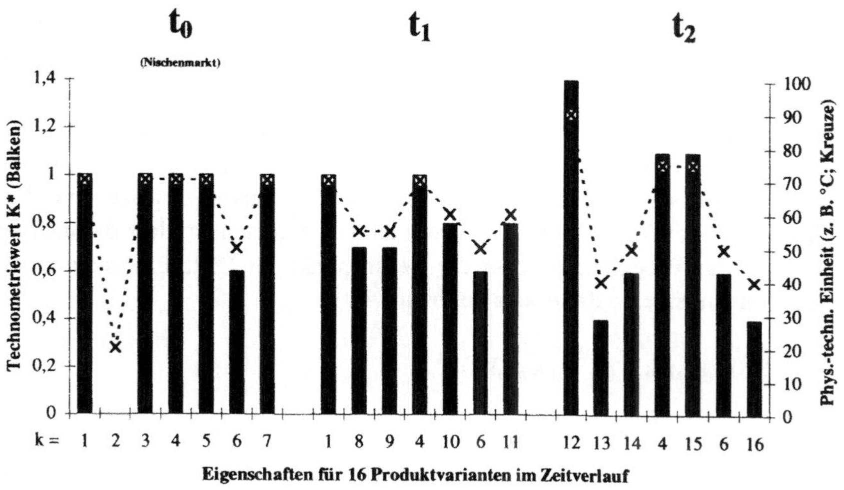

Abbildung 3-2: Typische technometrische Indikatoren für einen sich entwikkelnden Markt mit 16 fiktiven Produktvarianten.[77]

Richtung des Fortschritts als offen angesehen werden muss und ein adäquates Messverfahren nicht verlangen darf, dass sich die Eigenschaftsausprägungen neuer Produkte immer nur monoton erhöhen. Das K^*-Intervall reicht zum Zeitpunkt t_2 bis zum Wert 1,4 (für Produkt 12), d. h. die „Fortschrittlichkeit" des Produkts 6, die in t_0 und t_1 60 % der Distanz zwischen Marktführer und dem einfachsten Anbieter (in t_0) betrug, ist jetzt in Bezug auf den weiter fortgeschrittenen Markt auf 43 % gefallen.

Messung der „technologischen Lücke"

Stadler kommentiert eine solche Marktentwicklung spieltheoretisch: Zwischen einem etablierten Unternehmen (hier beispielsweise 6) und den Herausforderern

77 Die Darstellung der Eigenschaften (Kreuze, rechte Skala) entspricht unverändert und absichtlich Abbildung 3-1.

finde ein ständiger Innovationswettbewerb statt, wobei sich die Qualität der Produkte mit jeder technologischen Weiterentwicklung am Ende eines Patentrennens schlagartig um einen konstanten Faktor $\lambda > 1$ erhöhe (hier um $\lambda = 1{,}4$ beim Übergang von t_1 zu t_2). Der Markt „erklimmt" sozusagen mit jeder Produktneuheit eine weitere Stufe auf der vertikalen „Qualitätsleiter".[78] Mit dem Technometrieverfahren wird der theoretische Ansatz auf die Innovationsmessung übertragen. Allerdings fordert Messvorschrift (3-2) weder, dass $\lambda > 1$ sein soll (beim Übergang von t_0 auf t_1 ist $\lambda = 1$), noch, dass alle λ_t gleich zu sein haben.

Die Messungen lassen sich pro Eigenschaft mit jeweils einem $K^*(j)$ durchführen. Will man etwa den Fortschrittsrückstand einer Volkswirtschaft auf ein vorbildliches Vergleichsland messen, so mag es als Bestandteil der Messaufgabe angesehen werden, dass die Spitzenorientierung dieser Volkswirtschaft auf diesem Markt interessiert, also die Frage, ob es *mindestens einen Anbieter gibt*, der einen geringen Fortschrittsrückstand zum Weltführer aufweist. Ist L die Vereinigungsmenge aller L Anbieter (Marken) des Landes l, dann muss der international gemessene Fortschrittsabstand von $k_{max}{}^1 \in L$ bestimmt werden (zu beachten ist, dass die Intervallskala immer bei 0 beginnt, so dass der Bezugspunkt der Distanzmessung entfällt und damit nunmehr eine Ratioskala definiert wird):

$$K^*(i,j,k_{max}{}^1,k,t)\,/K^*(i,j,k_{max},k,t). \qquad (3\text{-}4)$$

Für $t = t_0$ genügt es dabei, $K^*(i,j,k_{max}{}^1,k,t_0)$ zu bestimmen. Je näher dieser Wert bei 1 liegt, desto kleiner ist der Forschungsrückstand (siehe auch die empirischen Ausführungen in Kapitel 6). Dieses Maß ist besonders dazu geeignet, Quasi-Renten der Innovation zu bestimmen.[79]

Ein einziger, nahe an der internationalen Fortschrittsfront produzierender Hersteller kann für den gegebenen Markt bedeutungslos sein. Häufig wird daher der Vergleich von Volkswirtschaften nicht wie oben elitär verstanden, sondern es wird nach der Wissensdiffusion in einer Volkswirtschaft gefragt. Sind nur wenige Spitzenprodukte im (Weltmarkt-)Angebot oder weist eine größere Gruppe von Produkten geringe Rückstände auf? Bei diesem breitenorientierten, auf gesamtwirtschaftliche Effekte zielenden Verständnis von Fortschritt sollte eine weitere Variable verwendet werden. Hierfür soll der Häufungs- oder Modalwert der Merkmalsausprägungen herangezogen werden, $K_{mod}(i,j,k^l,t)$.[80] Daraus errechnet sich nach (3-2)

78 Stadler (1993, S. 171).

79 Dabei sollte die Diffusion ausgeschlossen sein, siehe van Reenen (1996, S. 200).

80 Der *Modalwert* ist der in einer Verteilung am häufigsten vorkommende Messwert. Er spielt in der heutigen Ökonometrie neben dem Mittel- und dem Medianwert nur mehr eine nachgeordnete Rolle. Er lässt sich auch nur dann bestimmen, wenn die Häufigkeiten der Messwerte sich unterscheiden. Ein weiterer *Nachteil* ist, dass er keine algebraische Funktion der Messwerte ist, sondern von der Größe der Klassen abhängt, in welcher die Messwerte zusammengefasst wer-

$K^*_{mod}(i,j,k^l,k,t)$. Für die Fortschrittsrückstandsmessung in der Breite gilt dann entsprechendes wie oben.

Eine derartige Messung sollte ergänzt werden um die Breitenmessung selbst. Zur Beurteilung des Rückstands am Häufungswert ist es wichtig zu wissen, ob *alle* nationalen Anbieter etwa auf dem Fortschrittsniveau des Häufungswerts angekommen sind oder ob die Produkte auf diesem Markt starke Heterogenitäten aufweisen. Zur Breitenmessung der meist schiefen Verteilung wird ein sehr einfaches Heterogenitätsmaß vorgeschlagen; kompliziertere Disparitätsmaße, wie etwa die Varianz oder der mittlere Interquartilsabstand, kommen ebenfalls infrage. Das Heterogenitätsmaß K^*_{het} ist wie folgt definiert (siehe auch die empirischen Ausführungen in Kapitel 7):[81]

$$K^*_{het}(i,j,k^l,k,t) = [K\,(i,j,k_{max}{}^l,t) - K(i,j,k_{min}{}^l,t)] \,/\, [K(i,j,k_{max},t_0) - K(i,j,k_{min},t_0)]. \qquad (3\text{-}5)$$

Die Rückstandsmessungen können analog für beliebige andere Produktmengen als national abgegrenzte, z. B. für Stichproben von Marken verschiedener Anbieter, durchgeführt werden. k^l bezeichnet dann die Menge der Marken des Anbieters l.

Aggregationsvorschriften

Bislang wurde der technometrische Indikator als Tupel dargestellt, der in jeder Dimension metrisch ist, und nur bezüglich *einer* Eigenschaft Produktdifferenzierung aufweist. Zwar können die ursprünglichen Kennzahlen für die Eigenschaften in physikalisch-technischen Einheiten nicht miteinander verrechnet werden, wohl aber die auf ein dimensionsloses Zahlenintervall festgelegten technometrischen Indikatorwerte. Mit entsprechenden Gewichten und Rechenvorschriften lässt sich daraus ein über *alle Eigenschaften* aggregierter Indikator berechnen. Während Formel (3-1) hinreicht, um ein *technologisches Leistungsprofil* für ein Produkt darzustellen und auch hinreicht, um multidimensionale Verfahren anzuwenden oder Produktivitäts-

Marken oder Produkten auf einem (nationalen) Markt am häufigsten vorkommende Fortschrittsstand offensichtlich für die Diffusion des Wissens innerhalb der Stichprobe kennzeichnend ist. Der Modalwert ist ferner dazu geeignet, mehrgipflige Verteilungen zu markieren; die Verteilung wäre dann bimodal oder trimodal usw. Bei symmetrischen Verteilungen fällt der Modal- mit dem Median- und dem Mittelwert zusammen. Bei linksschiefen Verteilungen ist der Modalwert kleiner, bei rechtsschiefen größer als die beiden Vergleichsmaße. In McElroy (1979) finden sich einsichtige Beispiele (S. 96 - 99) und die genaue Definition. Für den deutschen Sprachraum siehe Benninghaus (1974, S. 36 - 39 und S. 48).

81 Nach Benninghaus (a.a.O., S. 50) sind auch die Bezeichnungen „Spannweite", „Variationsweite" oder (englisch) „range" in Gebrauch.

berechnungen durchzuführen[82], kann es Situationen geben, in denen ein skalarer aggregierter technometrischer Indikator benötigt wird.

Lancaster führt bereits 1971 aus,[83] dass kein Konsument ein ineffizientes Gut aus einer gegebenen Kollektion auswählt, welches bezüglich einiger Eigenschaften schlechter als andere ist und in keiner Eigenschaft besser. Ein Produkt, welches tatsächlich verkauft wird, kann nicht Teil einer ineffizienten Kollektion sein. Allerdings mag die Situation besonders häufig auftreten, in welcher der Konsument eine bestimmte Eigenschaft so stark bevorzugt, dass er geringere Merkmalsausprägungen bei den übrigen in Kauf nimmt. Daraus ergibt sich, dass das *Aggregationsproblem* nur dann allgemein gelöst werden kann, wenn sich die Menge der Nachfrager wie der Anbieter über ihre Präferenzen und damit die Gewichtung der Eigenschaften einig ist. Da sowohl Konsumenten- wie Produzentensouveränität herrscht, ist auch dann eine einheitliche Bewertung der Preis-Leistungs-Kombination nicht gewährleistet, wenn beim Entstehen einer Innovation vermittelt durch den Wettbewerb eine intensive soziale Kommunikation stattfindet.[84] Dennoch gibt es in der Literatur Hinweise, die es für möglich halten, dass eine relativ widerspruchsfreie Bewertung der wichtigen Eigenschaften und ihrer Gewichtung erreicht werden kann.[85] Es wurde oben bereits herausgestellt, dass eine unvollständige Eigenschaftenliste gravierende Folgen für das Bemessungsverfahren haben kann und wie solche Auslassungen entdeckt werden können. Daran gemessen scheint eine nicht zutreffende Präferenzgewichtung deutlich geringere Folgen auf das Messergebnis zu haben.[86]

---

82 Mit multidimensionalen Verfahren können z. B. Technologieportfolios abgeleitet werden, wie sie auch in der Betriebswirtschaft üblich sind; siehe z. B. Asenkerschbaumer (1987). Für Produktivitätsberechnungen nach der DEA-Methode siehe Abschnitt 5.2.

83 Lancaster (1971, S. 157 f).

84 Siehe etwa bei Grossekettler (1985, S. 222 f.).

85 Siehe Clark (1985) und Grupp et al. (1987). Payson (1994, S. 3 ff.) betont, dass die Produktqualität ein dem Produkt (oder der Dienstleistung) selbst innewohnender Aspekt sei, unabhängig davon, ob man sie messen könne oder nicht. Die ökonomische Qualität, also eine Funktion der physischen Warencharakteristik, sei mithin ein objektives Konzept. Dementgegen könne die Wertzumessung als subjektives Konzept aufgefasst werden. Dabei spielt möglicherweise der „gute Ruf" bekannter Hersteller sowie „rationale Erwartungen" eine wichtige Rolle (von Weizsäcker, 1980, S. 83 - 86, 92). In Deutschland haben die Erfahrungen der Stiftung Warentest gezeigt, dass die Präferenzgewichtungen der unterschiedlichen Sachverständigen selten gravierend voneinander abgewichen sind. Die Abweichungen liegen meist unter 5 % und maximal bei 10 % (Hüttenrauch, 1977, S. 436). Majer (1985, S. 342, S. 344 und S. 348) kommt zu demselben Ergebnis, nämlich, dass die Gewichtung relativ robust zu sein scheint und dies um so mehr, je mehr Eigenschaften eines Produktes berücksichtigt werden. Nach von Weizsäcker (1980, S. 120) konkurrieren Warentests mit dem „guten Ruf", sind also alternative Konzepte, um Informationen über die Produktqualität beizubringen.

86 Siehe auch zusammenfassend bei Dorison (1991, S. 119 ff). Zu beachten ist, dass diese Aussage auf empirischen Untersuchungen beruht, genauer: auf Sensitivitätsanalysen von Messergebnissen. Theoretisch muss darauf bestanden werden, dass die Präferenzgewichtung von der *individuell* wahrgenommenen Zweckeignung der Eigenschaften eines Produktes ausgeht, siehe bei Weinberg und Behrens (1978, S. 16).

Die Aggregationsgewichte könnten statt über Präferenzen über hedonische Preise festgelegt werden, wenn es solche gibt.[87] Eine Alternative zum hedonischen Verfahren ist die Einführung von sogenannten *Dienstleistungscharakteristiken*, die zuerst Saviotti und Metcalfe theoretisch vorgeschlagen haben. Dabei werden die Gewichte aus einer Zuordnung der technischen Eigenschaften zu ihren „Dienstleistungsfunktionen" abgeleitet, die angibt, welchen Zwecken das Produkt dienen kann.[88] Das Verfahren habe Ähnlichkeiten zu den in den Ingenieurwissenschaften verbreiteten Wertebaumanalysen[89], die auch nutzentheoretisch erklärt werden können.[90] Die Dienstleistungscharakteristik wird also nicht aus Nutzenfunktionen abgeleitet, sondern es handelt sich um eine axiomatische Formulierung der Präferenzstruktur, wobei die Axiome durch Selbst- (introspektive Version) oder Marktbeobachtung (behavioristische Version oder bekundete Präferenz) gewonnen werden.[91]

Die Dienstleistungscharakteristik F hängt wie die Präferenz nicht vom einzelnen Anbieter oder der Marke ab (also nicht von k) und soll ebenfalls invariant gegenüber der Zeit t sein. Ferner ist $F(i,j) \geq 0$. Dann lässt sich der aggregierte technometrische Indikator wie folgt formulieren:[92]

$$K^* (i,k',t) = \Sigma_j \, [K^*(i,j,k',k,t) \cdot F(i,j)] \, / \, \Sigma_j F(i,j). \qquad (3\text{-}6)$$

Der aggregierte Indikator K^* gilt für das Produkt k' zum Zeitpunkt t und liegt ebenfalls im Zahlenintervall [0,1], wenn $t = t_0$ gilt. Es versteht sich von selbst, dass der

---

87 Die hedonischen Preise wurden von Griliches (siehe den Rückblick 1971) eingeführt. Zur Kritik siehe Dorison (1991, S. 121) und Abschnitt 1.5.

88 Saviotti und Metcalfe (1984), Saviotti (1995) sowie Benzoni und Fenoglio (1995). Man kann ohne Einschränkung der Allgemeinheit die Dienstleistungscharakteristik als *abgestimmte* Konsumenten- und Produzentenpräferenzen auffassen.

89 Saviotti und Metcalfe (a. a. O., S. 143).

90 Siehe z. B. Krelle (1968).

91 Zur introspektiven Version siehe etwa Luckenbach (1975, S. 78 ff.), zur „bekundeten" Präferenz aus Marktbeobachtung Samuelson (1938).

92 In Analogie zur „bekundeten" Präferenz (behavioristische Version) entsprechen sich die Messvorschriften für den aggregierten mikroökonomischen Indikator $K^*(i,k',t)$ nach (3-6) und für die Produktqualität Q_{ck} in betriebswirtschaftlicher Sicht nach (2-2) bis auf die Normierung: x_{cij} entspricht $F(i,j)$, wobei wegen der Abstimmungsprozesse der Index für den Individualkonsumenten c entfällt, und y_{cjk} entspricht $K^*(i,j,k',k,t)$, wobei erneut c entfällt, da nicht die individuell *wahrgenommenen*, sondern die aus Produktvergleichen *berechnete* Ausprägung der Eigenschaft genommen wird. Es ist darauf hinzuweisen, dass (3-6) ein gewogenes arithmetisches Mittel darstellt. Für intervallskalierte Größen sind Transformationen mit jeder positiven Linearfunktion zulässig, insbesondere das arithmetische Mittel (siehe z. B. Kallmann, 1979, S. 17 ff., oder Backhaus et al., 1990, S. XIII). Durch Transformation (3-6) wird nunmehr eine Ratioskala definiert.

technometrische Indikator in seiner aggregierten Form einen geringeren Informationsgehalt hat, denn zeitliche Veränderungen können sich auf nur eine Eigenschaft oder auf alle gleichzeitig beziehen oder sogar gegenläufige Entwicklungen widerspiegeln. Es verbleibt die Aufgabe, jede einzelne Analyse, bei der der entsprechende Indikator zum Einsatz kommt, im Hinblick auf ihre Nützlichkeit zu überprüfen. Häufig wird sich herausstellen, dass wegen der qualitativen Aspekte des technischen Fortschritts besser mit dem mehrdimensionalen Profil (Tupel) gearbeitet werden muss, als mit seinem Aggregat.

Aggregierte „Lücken"-Messung

Für die Betrachtung von Fortschrittsrückständen von Volkswirtschaften (oder anderen Stichproben unter allen betrachteten Produkten) auf einem gegebenen Markt mit Hilfe des über das Eigenschaftsbündel aggregierten Indikators, d. h. wenn *mehr als eine* Eigenschaft Produktdifferenzierung aufweist, gilt dasselbe wie oben. Entweder das Messkonzept ist auf den führenden Anbieter des Landes abgestellt oder auf die gesamtwirtschaftlich eher relevante Breite der Anbieter (Modalwerte) auf diesem Markt. Das elitäre Konzept kann noch verfeinert werden, indem nicht nach dem führenden Produkt bezüglich aller Eigenschaften gefragt wird, das ja bezüglich bestimmter Eigenschaften durchaus beträchtlich hinter dem Fortschrittsniveau des Aus- wie des Inlands zurückliegen kann. Einem Kompromiss kommt es gleich, wenn man im Hinblick auf gesamtwirtschaftlichen Fortschritt und ein möglichst vollständiges binnenwirtschaftliches Angebot für alle Nachfrager gleich welcher Präferenzstruktur fordert, dass *möglichst für jede Eigenschaft* mindestens ein weit fortgeschrittener Anbieter am Binnenmarkt auftritt. Dies läuft messtechnisch darauf hinaus, dem internationalen Fortschrittsvergleich jeweils ein *artifizielles* nationales Produkt zugrunde zu legen, das aus der jeweils höchsten Merkmalsausprägung pro Eigenschaft zusammengesetzt ist. Dieses Produkt gibt es in der Regel nicht; vielleicht ist es wegen technisch-logischer Widersprüche naturgesetzlich unmöglich. Das Konstrukt stellt lediglich ein Anschauungsbeispiel für folgendes Aggregationsschema dar, das zu einem nationalen Fortschrittsmaß K^*_{nat} auf dem Markt i führt:

$$K^*_{nat}(i,k^l,t) = \Sigma_j[K^*(i,j,k^l_{max},k,t) \cdot F(i,j)] \,/\, \Sigma_j F(i,j). \qquad (3\text{-}7)$$

Datenverfügbarkeit und -erhebung

Nach der theoretischen Darlegung der Aggregationsvorschriften sei abschließend auf die mit der Lösung des Aggregationsproblems verbundenen Schwierigkeiten der Datenbeschaffung hingewiesen. Prinzipiell stehen zur *Ermittlung der Daten* Produzenten, Konsumenten, Experten oder die Fachliteratur zur Verfügung. Verwendet man Messematerialien, die unmittelbar die Eigenschaften der Exponate beschreiben, bindet man die Datenbasis an die Herstellerseite. Oft sind die Anbieter jedoch gezwungen, den Bedürfnissen der Nachfrager dadurch entgegenzukommen, dass sie bewusst die Eigenschaften ihrer Produkte offenlegen und mit ihnen werben. Problematisch kann die Feststellung der technischen Eigenschaften dann sein, wenn oligopolistischer Wettbewerb oder eine Situation besteht, in der verschiedene Hersteller ein Abkommen über die Markenbezeichnung getroffen haben und den Nachfrager in Unkenntnis darüber lassen, von wem das Produkt stammt („weiße Marken", „no names"). Auch stellen sogenannte OEM-Komponenten eine aus analytischen Gründen ungünstige Situation für die Anwendung technometrischer Indikatoren dar.[93] Das Verarbeiten von Messematerialien, Werbematerialien, Prospekten, technischen Datenblättern, Gebrauchsanleitungen und ähnlichen Materialien im Zusammenhang mit Expertengesprächen hat sich als die zuverlässigste Methode der Datenbeschaffung erwiesen.[94] Anders als bei den im nächsten Kapitel diskutierten Innovationsindikatoren gibt es jedoch praktisch keine standardisierten Quellen oder Datenbanken zu technischen Eigenschaften von Produkten.

Eine weitere Erschwerung bei der Datenbeschaffung liegt darin, dass ein Produkt nicht immer die genau gleichen Eigenschaften hat, sondern in seiner Qualität herstellungsbedingt schwanken kann. Dies ist der Grund, dass vor allem japanische Unternehmen Qualitätszirkel eingerichtet haben.[95] Man kann jedoch davon ausgehen, dass der Wettbewerb und Gewährleistungsaspekte sowie das Einräumen von Garantiezeiten die Schwankungen in den Merkmalsausprägungen gegenüber der festgelegten Darstellung (z. B. in technischen Anleitungen) weitgehend unterdrückt.

Alle bisherigen Ausführungen gelten für einen bestimmten Markt i. Will man den *gesamtwirtschaftlichen Fortschrittsstand,* und nicht nur gesamtwirtschaftliche Effekte einzelner Märkte, wie zum Beispiel das Marktanteilswachstum fortgeschrittener Märkte in der Gesamtwirtschaft, abschätzen, und will man dies mikroökonomisch auf der Technometrie fundieren, dann wird eine allgemeine präzise Aggregationstheorie, die alle Märkte bzw. Sektoren einbezieht, benötigt. Eine solche Theorie ist bislang nicht in Sicht. Stünde sie zur Verfügung und wäre sie empirisch operationalisierbar, wäre es vermutlich immer noch sehr schwierig, sämtliche Eigenschaftsdaten zu beschaffen und sämtliche Präferenzen zu ermitteln, was nach den oben ausgeführten bereits für einzelne Märkte große Schwierigkeiten bereitet.

---

93 OEM-Güter (Original Equipment Manufacturer) werden als Komponenten an einen *Erstausstatter* geliefert und in der Regel nicht als Gebrauchsgüter gehandelt (Backhaus, 1992, S. 235).

94 Die Datenbeschaffung für Nachfragemodelle nach Lancaster ist immer als schwierig anzusehen, so Cohen und Levin (1989, S. 1082). Grupp et al. (1987) berichten von mehr als 226 Interviews in drei Ländern und sechs Produktgruppen zur Festlegung technometrischer Indikatoren. Frenkel et al. (1994a) befragten 28 Biotechnologiefirmen in Israel und verglichen die technometrischen Daten mit denen von Reiß (1990), der über 100 Unternehmen in Deutschland, USA und Japan konsultiert hatte.

95 Siehe Cuhls (1993).

Daher bietet sich das Konzept des *Warenkorbs* an, wie er zur Berechnung des Lebenshaltungspreisindex verwendet wird. Das Wägungsschema besteht dort aus der Zusammenstellung von wichtigen Gütern und Dienstleistungen des Verbrauchs eines privaten Haushalts. Im vorliegenden Fall geht es darum, für den technischen Fortschritt relevante Märkte auszuwählen, die meist Gütermärkte sein werden. Diese sind dann mit gesamtwirtschaftlichen Größen (wie Produktionswerten oder der Beschäftigung) zu beschreiben, die eine aus der Theorie abgeleitete Beziehung zur Fortschrittsvariablen haben.

Nach der Formulierung der Technometrie wird im folgenden Abschnitt ihre Abgrenzung und Einordnung in die literaturüblichen Messverfahren vorgenommen. Dabei wird insbesondere der Fallunterscheidung zwischen „großer" und „kleiner" Innovation Aufmerksamkeit geschenkt und untersucht, wie das vorgeschlagene Messverfahren die verschiedenen Innovationstypen im technometrischen Indikator abbildet.

3.3 Adäquation zum Innovationsbegriff und Kritik der Messkonzeption

Das Innovationsgeschehen wird durch Ressourcen-Indikatoren, FuE-Ertragsindikatoren und Fortschrittsindikatoren beschrieben. Der technometrische Indikator ist wie alle anderen Indikatoren, welche die technischen Eigenschaften von Produkten direkt zu messen gestatten, ein *Fortschrittsindikator*. Die technischen Spezifikationen, die gemessen werden, können auf ganz unterschiedliche Weise hervorgebracht worden sein - man sieht es ihnen nicht an. Während die FuE-Ertragsindikatoren die kodifizierten Ergebnisse wissenschaftlicher oder technischer Arbeit messen, also die Ergebnisse von FuE-Prozessen, soweit sie in Dokumenten niedergelegt sind, können die technischen Spezifikationen darüber hinaus vom sogenannten *stillschweigenden Wissen* (Erfahrungswissen) in einer Unternehmung beeinflusst worden sein.

Die technometrischen Indikatoren unterscheiden nicht nach den Quellen des technologischen Wissens im Unternehmen. Das neue Produkt kann innerhalb der Unternehmung durch eigene FuE, als Ergebnis des „Learning by Doing", durch „Learning by Using", durch „Reverse Engineering", durch die Ausnutzung von Lizenznahmen, externe technische Beratung oder durch Adoption innovativer Lösungen entstanden sein, die in anderen Unternehmen oder Industrien entwickelt wurden, oder von neuen Investitionsgütern des innovierenden Unternehmens beeinflusst sein (vgl. Abschnitt 1.3). Insofern misst der technometrische Indikator die dokumentierten Innovationsanstrengungen eines Unternehmens inklusive weiterer Funktionen im Unternehmen, welche die Innovation unterstützen. Die Ressourcen- und FuE-Ertragsindikatoren können also nicht äquivalente, wohl aber korrelative Indikatoren abgeben, wenn man den technometrischen Indikator als (quasi-)idealen

Fortschrittsindikator begreifen will. Nimmt man in einer validen Kombination einige korrelative Ressourcen- und Ertragsindikatoren zur Bemessung der Wissensquellen im Unternehmen hinzu, so können aus Widersprüchen in den Indikatorwerten eventuell Diskrepanzen zwischen Innovationsquellen und Fortschrittsergebnissen aufgeklärt werden.

Adäquationsaspekte

Am Beginn dieses Kapitels sind die wichtigsten Adäquationsaspekte angegeben worden, nämlich, ob sie dem Merkmal der intersubjektiven Überprüfung standhalten, von individuellen Präferenzen unabhängig sind, eine Fallunterscheidung der Innovationshöhe sowie eine metrische Messung zulassen, Zeitvergleiche sowie Aggregationen ermöglichen, aktuelle Vergleiche zulassen und Produkt- bzw. Markenunterscheidung ermöglichen. Unter den intersubjektiv nicht überprüfbaren Ansätzen sollten ferner solche unterschieden werden, die maßgeblich von subjektiven Bewertungen leben und andere, welche andere als technische Beurteilungsmaße zusätzlich einsetzen. „Maßgeblich" soll dabei bedeuten, dass die Beschreibung der technischen Eigenschaften auf andere als technische Maße zurückgeht (etwa Arbeitsproduktivitäten, Preise, Marktreifekriterien etc.). Nicht in diese Kategorie sollen solche Ansätze fallen, die auf technischen Eigenschaften beruhen, aber lediglich als Gewichtungsfaktoren andere Größen zulassen (wie etwa hedonische Preise) oder abgestimmte Präferenzen. Diese werden als maßgeblich technische Verfahren bezeichnet.[96]

Mit diesen Fallunterscheidungen ergibt sich ein Schema gemäß Abbildung 3-3, in welches die einzelnen diskutierten Ansätze sowie das technometrische Messkonzept eingeordnet werden können. Die Einordnung ist nicht in jedem Fall zweifelsfrei, weil häufig die zu unterscheidenden Aspekte in den publizierten Arbeiten nicht diskutiert werden und sich erst implizit aus dem Gang der Argumente und der Struktur der Formeln erschließen lassen. In der Kategorie der subjektiv bewertenden Verfahren könnten noch wesentlich mehr Ansätze aufgezählt werden, die aus der Betriebswirtschaft stammen und hier insbesondere die Portfolio-Verfahren umfassen. Technologische Portfolio-Methoden benötigen in der Regel eine Eingruppierung der in Frage stehenden Innovation in qualitative Stufen wie „hoch - niedrig" oder

96 Es lässt sich kritisch einwenden, warum Preise als technometrische Eigenschaftsdimension ausgeschlossen werden und nur als Gewichte zulässig sein sollen, zumal Preisen eine zentrale Stelle in der mikroökonomischen Theorie zukommt. Hierzu führt Dorison (1992, S. 71) aus, dass man bezweifeln kann, ob Marktpreise in der Realität wirklich dem Grenznutzen des Verbrauchers entsprechen und sich eindeutige Rückschlüsse von Preisänderungen auf output-bezogenen technischen Wandel ziehen lassen. Ein pragmatisches Argument kommt hinzu: Würde man Preise als technometrische Eigenschaften zulassen, brächte man sich analytisch um die Möglichkeit, den Zusammenhang von technischem Qualitätsfortschritt und endogenen Marktpreisen interferenzstatistisch zu untersuchen. Entsprechende Analysen finden sich in den Kapiteln 8, 9 und 10. Im übrigen schließt auch Lancaster (1979) Preise als Bestandteil des Eigenschaftenbündels aus.

„attraktiv - nicht attraktiv". Alle derartige Ansätze wurden im Schema der Abbildung 3-3 übergangen, weil ihre jeweiligen Verfasser sie nicht als Messverfahren zur Produktfortschrittsmessung im Zeitverlauf verstehen, sondern als ein strategisches Instrument im Technologiemanagement, und deshalb keine metrischen Skalen fordern.[97]

Einteilen der einschlägigen Literatur

Die Klasse von Messverfahren, die zwar von technischen Beurteilungsmaßen ausgeht, aber gleichrangig Stückkosten, Arbeitsproduktivitäten, Mengen, Skaleneffekte, Marktreifeschätzungen, typisierte Schätzungen des Produktzyklus etc. gleichwertig ins Kalkül nimmt, ist in Abbildung 3-3 links verzeichnet worden. Diese Verfahren könnten in reine Technologiemodelle umgewandelt werden, wenn man die übrigen Größen beseitigt. Für viele Untersuchungszwecke kann die gleichrangige Behandlung nichttechnischer Eigenschaften bei der Produktqualitätsmessung in Kauf genommen werden. Dennoch scheint es analytisch sinnvoll zu sein, diese von den übrigen Messkonzepten analytisch zu unterscheiden.

Unter den intersubjektiv überprüfbaren, rein technologischen Modellen gibt es überraschenderweise kaum solche, die auf ordinalen Maßen beruhen. In diese Kategorie werden auch solche Modelle einsortiert, die zwar metrische Maßstäbe definieren, aber nur eine Eigenschaft zulassen. Damit wird das Problem der Aggregation umgangen, was für die übrigen Messansätze zentral ist. Eine eindimensionale Skala lässt sich immer in eine Rangskala überführen, was für die metrischen Skalen mit mehreren Qualitätsdimensionen nicht mehr ohne weiteres möglich ist.

Unter jenen kommen eine Reihe von historischen Untersuchungsansätzen vor, die letztlich auf eine Aufklärung der langfristigen technologischen Entwicklung abzielen. Sie sind fast immer ohne Unterscheidung der Produktvarianten und behandeln etwa die Evolution der Dampfkraft, der Eisenbahnlokomotive etc. Eine weitere Gruppe von Modellen mit metrischen Maßen ist ohne zeitliche Dimension formuliert worden und kann daher zur Fortschrittsmessung nicht herangezogen werden. Hierzu zählen zwei pragmatische Modelle, die von japanischen Regierungsagenturen publiziert wurden; für das in den 80er Jahren aufholende Land spielte nicht so sehr die Selbstreflektion des eigenen Fortschritts eine Rolle, als vielmehr die Orientierung am Weltniveau, was ein hinreichendes Moment für das Aufstellen und Anwenden von Fortschrittsrückstandsmaßen ist, die aber im vorliegenden Kontext nicht brauchbar erscheinen.

---

97 Gute Zusammenfassungen für den deutschsprachigen Raum finden sich bei Pfeiffer et al. (1986), Specht (1986) oder Bühner (1988). Neuerdings dringen aber auch in der Betriebswirtschaft objektivierte Daten vor; die entsprechenden Arbeiten gehören dann in die Kategorie „ohne Zeitachse".

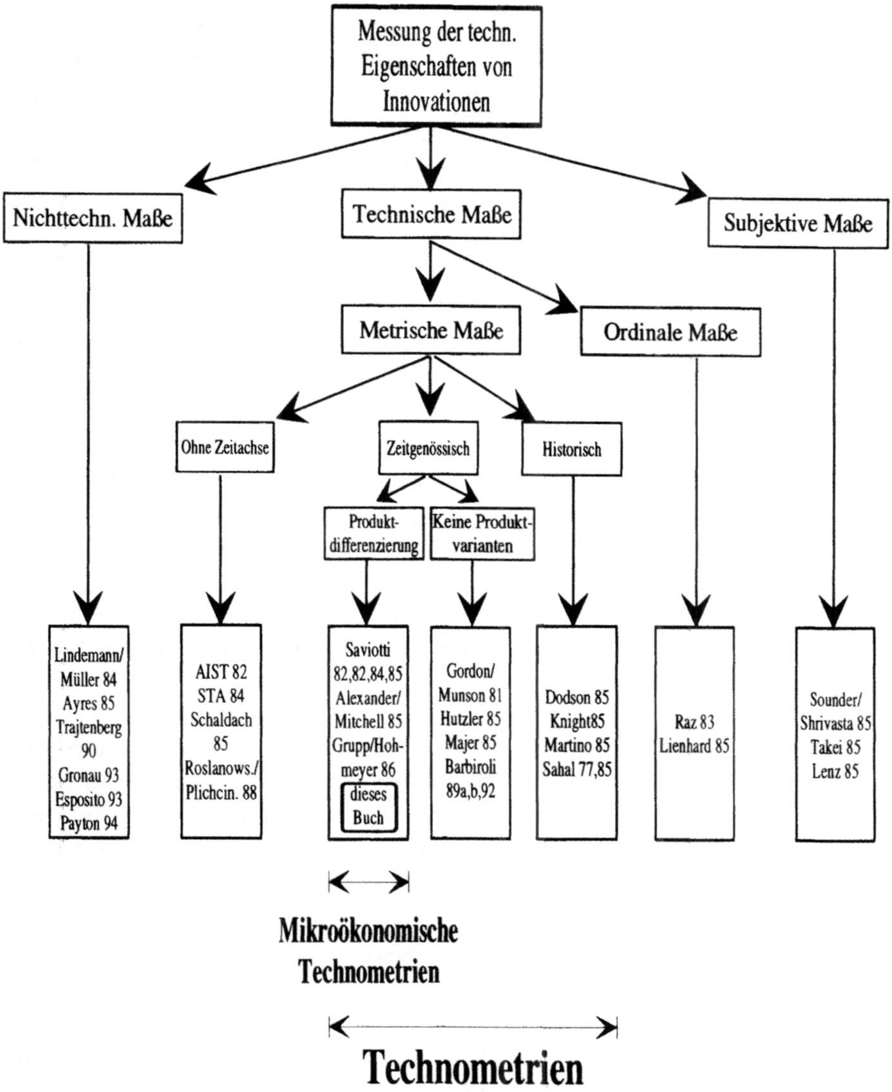

Abbildung 3-3: Systematisierte Übersicht über Messverfahren zu technischen Eigenschaften von Innovationen (bei mehr als zwei Autoren wird nur der Hauptautor genannt).

Im Zentrum des wirtschaftspolitischen Interesses stehen die Modelle, welche aktuelle Zeitvergleiche erlauben, d. h. eine Beschreibung des technischen Fortschritts im Rahmen von wenigen Jahrzehnten ermöglichen (z. B. in den 70er und 80er oder in den 80er und 90er Jahren). Viele dieser Modelle kommen ohne Produkt- und Markenunterscheidung zurecht, weil sie sich für rivalisierende Unternehmen und Wettbewerbsprozesse nicht interessieren. Zur Aufklärung der mikroökonomischen Wirkungen der Innovation ist jedoch ein Produktvariantenvergleich erforderlich. Unter denjenigen, welche dies ermöglichen, ist an erster Stelle eine Serie von Arbeiten der Manchester-Gruppe zu nennen.[98] Von derselben Gruppe stammen auch die grundlegenden Arbeiten zur Einbeziehung von Nachfragepräferenzen in die Technologiemaße vermittels der Dienstleistungscharakteristik. Als Gewichte werden hedonische Preise verwendet. Die Arbeiten datieren alle aus der ersten Hälfte der 80er Jahre; sie wurden gegen Ende der 80er Jahre aufgegeben.[99]

Ebenfalls in der ersten Hälfte der 80er Jahre haben Mitarbeiter der RAND Corporation solche Modelle publiziert. Die Arbeiten waren stark von der Praxis angetrieben, da die RAND Corporation Vertragsforschung im Rüstungs- und Raumfahrtbereich betreibt, also in Sektoren, in denen bei der Bewertung von Innovationsprozessen kaum Marktsignale vorliegen (monopolisierte Märkte und Identität des Auftraggebers für die Entwicklungsprojekte und des einzigen Nachfragers, nämlich des Staatssektors). Die RAND-Modelle entspringen der frühen Befassung mit einer Innovationsökonomik.[100] Sie sollen in einer pragmatischen Weise bis heute angewendet worden sein, wobei jedoch das Interesse an einer systematischen Weiterentwicklung im Rahmen der Wirtschaftswissenschaften nicht mehr besteht. Schließlich trägt die Universität Stuttgart zu dieser Art der Technologiemessung mit vereinzelten Arbeiten bei; der vorliegende Technometrieansatz mit seinen Vorläufern gehört ebenfalls in diese Klasse.

Wenn die Adäquation mit dem theoretischen Konstrukt „Innovation" verlangt, dass ein Messverfahren erstens auf metrischen Maßen für die technischen Eigenschaften beruhen muss und ferner die Erfassung der zeitlichen Dimension zwingend verlangt, können alle in der Mitte der Abbildung 3-3 angeordneten Arbeiten als gleichwertig mit der in diesem Buch vorgestellten Technometrie angesehen werden. Sie bilden den Kern der *Technometrien.* Unter diesen sollen lediglich solche, die Produktvariantenvergleiche erlauben, als mikroökonomisch relevant angesehen werden. Innerhalb dieser engeren Kategorie scheint das in diesem Kapitel vorgestellte Modell das einzige zu sein, das heute noch angewendet und verbessert wird und auf allen Ebenen aggregationsfähig ist (über Eigenschaftenbündel, über Märkte, über Volkswirtschaften). Die wenigen anderen Ansätze sind aus den verschiedensten Gründen weder theoretisch noch praktisch weiterentwickelt worden.

---

98 Sie sind ohne Ausnahme mit dem Namen Saviottis sowie wechselnden Ko-Autoren verbunden.

99 Persönliche Mitteilung von P. P. Saviotti. Er räumt der empirischen Forschungsrichtung deswegen geringe Chancen ein, weil es an der Datenbeschaffung hapere. Außerdem seien bisher nur ausgewählte Märkte betrachtet worden und es mangele ihm an einer Aggregationsvorschrift. Statt dessen behandeln Saviotti und Mani (1995) den Zusammenhang zwischen Wettbewerb, Produktvielfalt und technischem Wandel nunmehr mit systemdynamischen Modellen auf theoretische Art.

100 Siehe bei Hounshell (1996).

Neben den bereits genannten Eigenschaften ist das technometrische Modell linear wie auch praktisch alle bisher betrachteten Ansätze. Dodson[101] postulierte neben mehreren linearen auch einen ellipsoiden Ansatz, hat jenen nach eigenem Bekunden aber wegen eines Mangels an Rigorosität nicht weiterverfolgt. Mit dem linearen Ansatz soll in keiner Weise gesagt sein, dass eine äquidistante Erhöhung technometrischer Indikatorwerte gleiche Inputs erforderlich machen würde; vielmehr ist anzunehmen, dass weitere Verbesserungen bei bereits hoch entwickelten technischen Eigenschaften nach unverhältnismäßig mehr Innovationsressourcen verlangen, als die Verbesserung rückständischer Produkte. Die Zusammenhänge können vermittels korrelativer Indikatoren geklärt werden. Aufgrund der mehrfach angesprochenen Mängel in der Theoriebildung ist jedes andere als ein lineares Messverfahren ebensowenig plausibel zu begründen; in einer solchen Situation ist es sicherlich von Vorteil, den einfachsten Ansatz zu verfolgen.

Große vis-à-vis kleine Innovation

Damit sind alle Adäquationsaspekte bis auf einen abgearbeitet. Das theoretische Konstrukt „Innovation" bzw. „technischer Fortschritt" ist selbst nicht eindeutig festgelegt. Vielmehr existieren in der Literatur verschiedene, teilweise widersprüchliche Bezeichnungen und Festlegungen dessen, was Innovation genannt wird. Auch weichen die Ansichten der Volkswirte („Weltneuheit")[102] von denen der Betriebswirte („Neuer Anbieter auf einem Markt, d. h. neu für den Betrieb") erheblich ab.[103] Innerhalb der OECD wird seit Jahren an Richtlinien zur Definition der technologischen Innovation für statistische Zwecke gearbeitet. Dabei ist das sogenannte „Oslo-Manual" entstanden.[104] Nach dieser Quelle umfasst der Begriff der technologischen Innovation sowohl substantiell neue Produkte (die „große Innovationen" genannt werden) wie auch signifikante technologische Veränderungen an bestehenden Produkten und Prozessen. Eine Verbesserung der Leistungscharakteristik wird inkrementelle Produktinnovation genannt. Die „kleineren" technischen oder ästhetischen Modifikationen von Produkten, also die nicht fortschrittsrelevanten Produktdifferenzierungen, werden nicht als inkrementelle Innovation angesehen und nicht unter den Innovationsbegriff gefasst.

---

101 Dodson (1985, S. 133).

102 Z. B. bei Schumann (1992, S. 361) in Anlehnung an Schumpeters (1912) breite Definition: „Als Innovation ist ferner die *Einführung eines neuen Gutes*, damit das Schaffen eines neuen Marktes, aufzufassen." (Hervorhebung im Original.)

103 Z. B. Brockhoff (1994, S. 28): „Liegt eine Erfindung vor und *verspricht* sie wirtschaftlichen Erfolg, so werden Investitionen für die Fertigungsvorbereitung und die *Markterschließung* erforderlich, Produktion und Marketing müssen in Gang gesetzt werden. Kann damit die Einführung *auf dem Markt* erreicht werden (...), so spricht man von einer Produktinnovation (...)" (Hervorhebungen hinzugefügt; die Auslassungen betreffen analoge Worte zur Prozessinnovation.

104 OECD (1992).

Andere Quellen unterscheiden nach der Wichtigkeit der Innovation und geben die vier Stufen inkrementelle Innovation, radikale Innovation, Veränderung des technologischen Systems und technologische Revolution an.[105] Die inkrementelle Innovation bezieht sich dabei auf Veränderungen innerhalb eines vorherrschenden technologischen Paradigmas oder auf geringe Änderungen der dominanten Konstruktion und kann durch die innovative Unternehmung bei Anwendung der normalen organisatorischen Routinen bewältigt werden. Als paradox wird dabei angesehen, dass innerhalb der üblichen Gabelung der Begriffe in „inkrementell" versus „radikal" gerade die radikale Innovation eine relativ kohärente Kategorie darstellt, weil sie in der Praxis weniger häufig vorkommt, während das Konzept der inkrementellen Innovation letztlich die große Restmenge allen übrigen Innovationsgeschehens, was weniger auffällig ist, umfasst. Gordon[106] argumentiert, dass die „Standardinnovation" exakt in die große Leere zwischen den radikalen und den kleineren Formen der Innovation fällt, welche in der üblichen Zweiteilung der Begriffe fälschlicherweise außer acht gelassen wird.

Allen diesen theoretischen Konstrukten ist gemeinsam, dass sie versuchen, die verschiedenen Innovationstypen in einer qualitativen Weise auseinanderzuhalten. Die Grenzlinie zwischen ihnen verläuft nach verbalen, graduellen Unterscheidungen wie „größer", „signifikant" oder „substantiell". Die verbleibende Adäquationsaufgabe lautet somit: Ist es möglich, mit dem vorgeschlagenen Idealindikator alle Innovationstypen zu messen und kann das Messverfahren eine Typunterscheidung operationalisieren? Es wird zunächst die Behauptung aufgestellt, dass mit dem dargelegten technometrischen Messkonzept theoretisch eine formale, mathematische Definition der Innovationstypen erreicht werden kann. Aber erst mit verbesserten Messverfahren können die axiomatisch notwendigen Begriffsfestlegungen operationalisiert werden. Neben der begrifflichen Eindeutigkeit gestattet der Zugang zur Messung der Innovation über die Technometrie auch innovationsstatistische Unterscheidungen.

Technometrische Typisierung der Innovation

Die technometrische Typologie der Innovation ist die folgende. *Kleinere Modifikationen* oder nicht fortschrittsrelevante *Produktdifferenzierungen* sollen dann vorliegen, wenn vor und nach dem Innovationsereignis das charakteristische r-Tupel für das Eigenschaftenbündel des Produkts und seine Ausprägungen unverändert bleiben. Die Zahl r der j Eigenschaften und ihre Merkmalsausprägung wird dadurch

---

105 Freeman (1987, 1994). Der Begriff „technologische Revolution" erinnert an den der „industriellen Revolution". Eine weitergehende Assoziation mit politischen Revolutionen ist jedoch wegen der Zeitskalen unbefriedigend. Während eine politische Revolution die Verhältnisse innerhalb kürzester Frist umstürzt, verlaufen technologische und industrielle Umstülpungen großen Ausmaßes über mehrere Jahrzehnte (Rammert, 1994, S. 4).

106 Gordon (1992).

nicht beeinflusst. Für das neue Produkt, das im folgenden mit $K^{\#}$ bezeichnet wird, gilt also (für alle j):

$$K^{\#}(i,j,k,t) = K^{*}(i,j,k,t_0). \qquad (3\text{-}8)$$

Dabei bezeichnet t_0 den Zeitpunkt vor der Produktdifferenzierung und t die Zeit danach. Diese Operationalisierung ist mit der Auffassung verträglich, dass keine Innovation vorliegt, denn $K^{\#} = \lambda \cdot K^{*}$ mit $\lambda = 1$. In der Praxis gibt das innovierende Unternehmen in solchen Fällen kein neues Anleitungsbuch für das Produkt heraus, weil in allen Produktanleitungen ohnehin die standardisierte Bemerkung zu finden ist, dass Änderungen in den Produkteigenschaften, die „dem Fortschritt dienen", vorbehalten seien. Damit sind genau solche Fälle gemeint, in denen sich die Merkmalsausprägungen in den Eigenschaften nicht, oder um so unwesentliche Beträge ändern, dass dies nicht bekanntgegeben wird. Nichtsdestoweniger, sei es für Zwecke der Wartung, der Distribution oder der Werbung, ist ein neues, modifiziertes Produkt entstanden, was firmenintern eine andere Seriennummer der Produktion trägt.

Für eine *inkrementelle Innovation* oder *Verbesserungsinnovation* mit einer signifikant verbesserten Leistungscharakteristik, aber keinen Änderungen in der dominanten Konstruktion, werden neue Leistungsparameter zur Beschreibung erforderlich. In technometrischer Logik bleiben alle Eigenschaften erhalten, die konkreten Merkmalsausprägungen ergeben sich aber als Linearkombination der früheren (für eine, mehrere oder alle j):

$$K^{\#}(i,j,k,t) = c_j K^{*}(i,j,k,t_0). \qquad (3\text{-}9)$$

Die *(Standard-)Innovation* kann hingegen nicht mehr als Linearkombination der früheren Spezifikationen beschrieben werden, sondern benötigt *eine* neue technische Eigenschaft (oder das Wegfallen einer Eigenschaft):

$$K^{*}(i,j=1\ldots r,k,t_0) \rightarrow K^{\#}(i,j=1\ldots r+1,k,t). \qquad (3\text{-}10)$$

Um ein Beispiel zu geben: Mitte der 80er Jahre wurde der erste Industrieroboter auf dem Markt eingeführt, der einen sogenannten Direktantrieb besaß. Der Direktantrieb (nicht über Ketten, Keilriemen oder Bänder vom Motor auf die Roboterhand übertragen) hatte die gleichzeitige Verbesserung mehrerer Merkmale zur Folge. Er änderte die technischen Eigenschaften der Geschwindigkeit, der Wiederholgenauigkeit, der Positioniergenauigkeit, der Anfahr- und Bremsbeschleunigung, der Wartungsfreundlichkeit und darüber hinaus noch einige andere, ließ aber die grundsätzlichen Eigenschaften des Montageroboters ungeändert. Einige der zuvor definierten Merkmalsausprägungen haben sich somit gemäß (3-9) verändert, insbesondere wurde es aber wichtig, das Vorliegen eines Direktantriebs im Sinne einer binären Skala zusätzlich zum Eigenschaftenbündel hinzuzunehmen.[107]

Eine *radikale* oder *größere Innovation* liegt dann vor, wenn das Eigenschaftenbündel des Ausgangsprodukts sich stark (d. h. in mindestens zwei Eigenschaften) verändert hat und nur in einer unwesentlichen Beziehung zum früheren steht:

$$K^* \rightarrow K^{\#}. \tag{3-11}$$

Ein Beispiel hierfür wäre der Ersatz des gewöhnlichen chirurgischen Skalpells durch ein Laserskalpell. In diesem Fall ist ein neuer Markt entstanden, den die Wirtschaftsstatistik bei der nächsten Revision der Warenverzeichnisse zu unterscheiden hat.[108]

Aufgrund dieser Überlegungen kann das Technometriekonzept nicht nur zur Messung des technischen Fortschritts pauschal herangezogen werden, sondern auch für Fallunterscheidungen, wie sie für die Innovationsstatistik, aber auch die volkswirtschaftliche Analyse, von Bedeutung sind. Die Unterscheidung der Innovationstypen ist auch für betriebswirtschaftliche Fragen, etwa Marktstudien und Bedürfnisanalysen, von Bedeutung. Werden mit einem verbesserten Gut lediglich alte Zwecke besser erfüllt, so liegt in der Regel eine Produktdifferenzierung vor. Sind im anderen Extrem alle Eigenschaften eines Produktes neu, so erfüllt es mit einer an Sicherheit grenzenden Wahrscheinlichkeit auch neue Zwecke und es kann neue Bedürfnisse befriedigen bzw. neue Märkte begründen.[109] Somit kann das Kernproblem der Qualitätsveränderung durch technischen Fortschritt mit der Technometrie adäquat beschrieben werden.

Auch die in der Theorie eingeführten Konstrukte der technologischen Bahn (Trajektorie) bzw. der dominanten Produktkonzeption können mit Hilfe des technometrischen Ansatzes schärfer gefasst werden. Inkrementaler technischer Fortschritt entwickelt sich, ganz im Gegensatz zum radikalen Fortschritt, eher kontinuierlich entlang der erwähnten Bahnen oder innerhalb der dominanten Konstruktionen. Er liegt solange vor, wie das Eigenschaftenbündel gemäß (3-8) und (3-9) beibehalten werden kann. Die Abfolge von Neuerungen diesen Typs können als auf der gleichen Bahn liegend angesehen werden. Der Fall (3-11) gehört klarerweise nicht in diese Kategorie. Strittig ist die Situation gemäß (3-10). Vielleicht könnte

---

107 Grupp et al. (1987, S. 325).

108 Eine ähnliche Überlegung findet sich bei Freeman und Perez (1988), die vorschlugen, dass eine radikale Innovation in einer vollständigen Input-Output-Tabelle wohl eine neue Spalte und Reihe erforderlich machen würde, inkrementelle Innovationen jedoch nur neue Koeffizienten.

109 Dorison (1991, S. 38). Payson (1994, S. 5) bemerkt hierzu, „wenn man den technischen Wandel behandelt, dann wird die Grenzlinie, die ein Gut von einem anderen trennt, in vielerlei Hinsicht uneindeutig, was Probleme für die Qualitätsmessung schafft."

dieser Fall mit den in der Theorie des Nichtgleichgewichts definierten Bifurkationspunkten interpretiert werden (siehe Abschnitt 2.5). Es würden dann zwei stationäre Zustände bzw. Pfade koexistieren, solange die nicht innovative Produktlinie im Sinne der Fallunterscheidung (3-10) am Markt nicht verdrängt ist.

Absoluter, relativer und sozialer Fortschritt

Mit der Logik der Technometrie kann auch die eingeführte Begriffbildung vom absoluten bzw. relativen technischen Fortschritt in ein neues Licht gestellt werden. *Absoluter technischer Fortschritt* kann streng genommen nur dann prostuliert werden, wenn mindestens eine Eigenschaft des Produkts sich verbessert, während sich keine andere verschlechtert. In technometrischer Notierung ist dieser Fall ohne weiteres festzustellen. Relativer technischer Fortschritt liegt dann vor, wenn sich einzelne Merkmale eines Produkts durch Innovation verbessern, andere hingegen verschlechtern.[110] Auch dies lässt sich mit Hilfe der Technometrie in jedem Einzelfall operationalisieren.

Der eingeführte Begriff des *sozialen Fortschritts*, der oft in sehr diffusen Kontexten verwendet wird, könnte ebenso einer schärferen Operationalisierung zugeführt werden. Er kann dann diagnostiziert werden, wenn sich die Dienstleistungscharakteristik, also z. B. bekundete Nachfragepräferenzen, ändern. Dieser Fall wurde, gestützt durch die relevatene Literatur[111], bisher ausgeschlossen. Sozialer Wandel drückt sich in einer Veränderung der Nutzenfunktion der Wirtschaftssubjekte aus.[112] Die Individuen bewerten die einzelnen Eigenschaften anders als vorher oder sie nehmen neu hinzugekommene Eigenschaften in ihre Bewertung auf oder streichen einige Nutzenfunktionen. Unabhängig von der diffizilen Frage, ob dies für die Gesamtheit der Nachfrager gilt und wann solche Änderungen manifest werden,[113] ist doch immerhin mit der Technometrie eine theoretische Messvorschrift auch für sozialen Wandel möglich. Der Wertewandel hat enorme Konsequenzen für die Gestaltung des technischen Fortschritts: Verbesserungen bezüglich Eigenschaften, die durch Wertewandel niedriger bewertet werden, hätten ihren ökonomischen Sinn verloren bzw. können den Anbieter nicht auf eine Amortisierung der FuE-Kosten am veränderten Markt hoffen lassen. Eine innovationsstrategisch wichtige Aufgabe könnte es sein, mutmaßliche Präferenzänderungen durch Wertewandel zu antizipieren und die technischen Innovationsprojekte so daran auszurichten, dass der aggregierte Technometrie-Indikator auch bei sozialem Wandel zunimmt.

---

110 Siehe u. a. Gerybadze (1982, S. 33).

111 Lancaster (1991), Weinberg und Behrens (1978).

112 Dorison (1991, S. 39).

113 Die Literatur kennt Arbeiten, die den vom Wertewandel betroffenen Bevölkerungsanteil mit den Wahlergebnissen der grünen Partei gleichsetzen; siehe z. B. Meyer-Abich und Schefold (1981).

Kritik der Technometrie

Abschließend wird die Kritik[114] am technometrischen Messkonzept zusammengefasst, die teilweise bereits anklang. Die *Brauchbarkeit der Operationalisierung* ist, vom Standpunkt der Adäquation zu theoretischen Konstrukten des Fortschritts, sehr günstig zu beurteilen. Das Messverfahren bildet alle theoretisch geforderten Aspekte der Innovationstheorie nicht nur adäquat ab, sondern kann die teilweise unscharfen bzw. widersprüchlichen Typunterscheidungen sogar formalmathematisch operationalisieren. Die Begriffsbildungen der praktischen Wirtschaftsstatistik werden getroffen. Die *Bewährtheit* des Konzepts ist hingegen fraglich. Bislang sind keine konkreten empirischen Anwendungen erörtert worden (siehe Teil III). Aber auch ohne sie muss konstatiert werden, dass die Literatur der letzten 20 Jahre wenige überzeugende Anwendungen enthält; einige verwandte Arbeiten anderer Forschergruppen sind inzwischen aufgegeben worden.

Die Adäquationsdiskussion hat die *Offenlegung* der wesentlichen Messziele (Fortschrittsrückstand, Marktentwicklung, intertemporale und querschnittsorientierte Vergleiche auf Märkten, Pionier- versus Diffusionsfortschritt usw.) ergeben. Sie entsprechen den in der Fortschrittsliteratur niedergelegten Desiderata. Rudimentäre erste Veröffentlichungen zum Prinzip der Technometrie sind in den letzten 10 Jahren entstanden; das Konzept wurde verschiedentlich auf Konferenzen vorgestellt. *Logische Fehler* sind bisher nicht beanstandet worden.[115]

Der wesentliche Mangel bezieht sich auf das Vorhandensein adäquater Daten. Wie oben erläutert ist die *Datenbeschaffung* immer sehr kostenaufwendig und gelingt in gewissen Fällen nur unvollständig oder gar nicht. Deshalb ist auch die *Zuverlässigkeit* kritisch zu sehen, denn bei hohen Erhebungkosten ist der Luxus der intersubjektiven Überprüfung (Reliabilitätsprüfung) kaum bezahlbar. Dies gilt insbesondere für Präferenzdaten und Dienstleistungscharakteristiken, weniger für technische Merkmalsausprägungen. Besonders ungünstig wird die Datenbeschaffung für *Zeitreihen* beurteilt. Da die Daten instantan erhoben werden (Datenbanken sind nicht bekannt), und da in früheren Jahrzehnten praktisch keine technometrischen Erhebungen durchgeführt wurden, können intertemporale Vergleiche kaum durchgeführt werden. Dies ist zwar ein im Prinzip behebbarer Kritikpunkt, aber auch wenn ab jetzt regelmäßig entsprechende Daten erhoben würden, erledigte sich diese Kritik erst im Laufe der Zeit. Retrospektive Daten heute zu erheben ist fast unmöglich, da keine dokumentierten Datensammlungen existieren und die Erinnerung an die genaue Terminierung früherer Produktspezifikationen auch bei Experten verblasst ist.

---

114 Die Kritik lehnt sich an das Vorgehen Grossekettlers (1985, S. 139 ff.) an.

115 Siehe z. B. die Überblicksarbeit von Patel und Pavitt (1995, S. 27-28) über verschiedene Innovationsindikatoren.

Kritisch zu sehen ist das *Aggregationsproblem.* Gerade wegen der Kosten und der anderen Schwierigkeiten der Datenbeschaffung werden ökonometrische Untersuchungen eher auf einzelne Märkte beschränkt sein. Obwohl befriedigende Aggregationsvorschriften für alle Ebenen (Eigenschaftenbündel, Märkte, Volkswirtschaften) vorliegen, werden sie in der Breite wegen des Fehlens vergleichbarer Angaben sehr schwierig sein. Aussichtsreich wird hingegen die selektive Aggregation mit Hilfe von Warenkörben beurteilt. Hierbei ist jedoch eine sorgfältige Repräsentationsprüfung der Stichproben erforderlich. Eine abschließende, die Erkenntnisse aus den Fallstudien in Teil III einbeziehende Kritik ist in Kapitel 11 zu finden.

4 Messung des technischen Fortschritts mit korrelativen Indikatoren

Alles sollte so einfach wie möglich gemacht werden, aber nicht einfacher.

Albert Einstein

4.1 Typisierung von korrelativen Indikatoren

Der Innovationsoutput wird häufig als die wichtigste Fortschrittskenngröße angesehen, jedoch sind die Begriffsfestlegungen in der Literatur uneinheitlich.[1] Wenn Ott den technischen Fortschritt als „Schaffung" neuer Produkte und als „Übergang" zu neuen Produktionsverfahren definiert[2], dann wird hierbei das Prozessurale („byput") mehr als das Outputorientierte betont. Es wird daher vorgeschlagen, die output-, byput- und auch die inputorientierten Indikatoren in ihrer Gesamtheit *Innovationsindikatoren* zu nennen. Die Input-Indikatoren sind dann die Untermenge der *Ressourcen-Indikatoren* der Innovation.

Bei der Aufstellung des theoretischen Referenzschemas in Kapitel 1 (siehe Abbildung 1-1) wurde die Wichtigkeit der Unterscheidung zwischen FuE-Tätigkeiten und Innovationsstadien deutlich. Deshalb bietet es sich an, outputorientierte Indexwerte, die zu FuE-Prozessen gehören, als eine eigene Untermenge aufzufassen und sie *FuE-Ertragsindikatoren* zu nennen. Das, was in der Literatur als „byput"[3] oder „throughput"[4] bezeichnet wird, weil damit „Begleit- oder Teilerscheinungen"[5] des technischen Fortschritts gemessen werden, wird also als Ertrag der FuE-Aktivitäten verstanden, der nicht in jedem Falle eine Voraussetzung für Fortschritt und für diesen auch nicht hinreichend ist. Diejenigen outputorientierten Messverfahren, die auf die Erfassung von ökonomisch relevanten Innovationswirkungen zielen, sollen *Fortschrittsindikatoren* heißen. Fortschrittsindikatoren gehen von den mengen- oder wertmäßigen oder auch qualitätsverändernden Wirkungen auf die Produktion aus.

---

1 Zur wachstumstheoretischen Tradition siehe kürzlich Schwitalla (1993, S. 105, Fußnote 1). Nach Kenntnis des Verfassers stammt die erste systematische Arbeit zur Messung des Innovationsoutput vermittels Indikatoren von Freeman (1969).

2 Ott (1959, S. 302).

3 Grossekettler (1978, S. 227).

4 Freeman (1982, S. 8 ff.).

5 Grossekettler (a. a. O., S. 229).

Ressourcen, FuE-Erträge, Fortschritt

Ressourcen-Indikatoren, die im einzelnen in Abschnitt 4.2 behandelt werden, sollen als Oberbegriff für alle Messmöglichkeiten stehen, die es gestatten lassen, personelle, monetäre, investive und sonstige Aufwendungen für Forschung, Entwicklung und Innovation zu messen. Hierzu zählen etwa FuE-Ausgaben, die FuE-Personalstatistik, die Investitionsstatistik, die Lizenzbilanz und anderes mehr.

Unter den FuE-Ertragsindikatoren sollen alle Erträge von Forschung und Entwicklung in unmittelbarem Sinn verstanden werden, also unabhängig davon, ob sie für den Erfolg der Innovation, ihre Markteinführung etc. von Bedeutung sind. Die wichtigsten Ertragsindikatoren ergeben sich aus der Publikations- und Patentstatistik und ihren Zitaten. Abschnitt 4.3 gibt zunächst einen Überblick über patentstatistische Messungen, wobei sich zeigen wird, dass sie eine lange Tradition in der wirtschaftswissenschaftlichen Forschung haben, und nicht etwa nur als Erkenntnisobjekt der Rechtswissenschaften gelten können. Da die Patentanalyse für verschiedene Zwecke eingesetzt wird (in den Rechtswissenschaften, der Betriebswirtschaft, der soziologischen Technikgeneseforschung usw.), versucht Abschnitt 4.4 herauszuarbeiten, welche speziellen Patentindikatoren für die Industrie- und Innovationsökonomik relevant sind. Wie im Abschnitt 4.5 näher ausgeführt wird, repräsentieren Patente und Publikationen lediglich den kodifizierten, schriftlich niedergelegten Teil der technologischen und wissenschaftlichen Kenntnisse.[6] Ferner erschwert das Konkordanzproblem (Abschnitt 4.6) ihre Verkettung bzw. Gegenüberstellung.

Die Fortschrittsindikatoren beziehen sich nicht auf die einzelnen FuE-Tätigkeiten, sondern auf die Eigenschaften und die mikro- oder makroökonomischen Wirkungen der Innovation. Als idealer Fortschrittsindikator wird im Rahmen dieses Buches der technometrische Indikator angesehen, der ausführlich im Kapitel 3 diskutiert wird. Andere literaturübliche Fortschrittsindikatoren, die auf Innovationszählungen durch Unternehmensbefragungen (Abschnitt 4.7), Messungen auf Hochtechnologiemärkten (Abschnitt 4.8) oder der Berechnung der totalen Faktorproduktivitäten und anderen gesamt- und außenwirtschaftlichen Indikatoren (Abschnitt 4.9) beruhen, beschließen das Kapitel.

Abbildung 4-1 ist im Kern identisch mit dem in Abschnitt 1.3 theoretisch vorgestellten Referenzschema (Abbildung 1-1). Es ergänzt jenes um die Messmöglichkeiten und ist in diesem Sinne weder vollständig noch umfassend, sondern greift die literaturüblichen Indikatoren heraus und stellt sie relativ übersichtlich gemäß der Unterteilung in die drei Teilmengen zusammen. Wegen der vielfältigen funktionalen Zusammenhänge zwischen FuE-Prozessen und Innovationsstadien sind die An-

---

6 Dasgupta und David (1987).

wendungsbereiche der einzelnen Indikatoren oft nicht genau festzulegen. Die groben Zuordnungen, die mehrere Gültigkeitsbereiche überstreichen, und die nicht greifbaren Funktionen stellen besondere Schwierigkeiten für die Validierungsaufgabe dar.

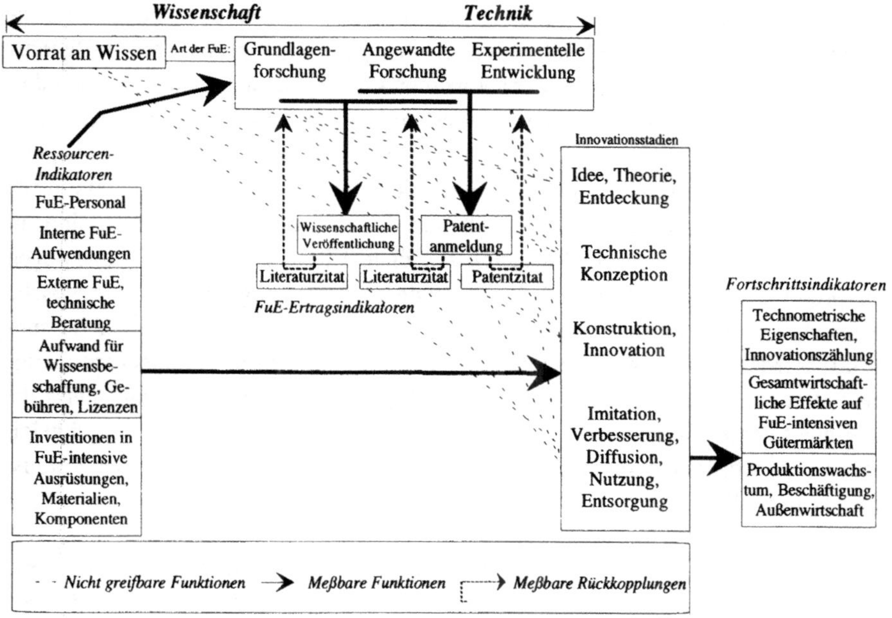

Abbildung 4-1: Überblick über wichtige Innovationsindikatoren und ihre Typologie.

Substitutives Messen

Bevor auf die Definition und Abgrenzung der Indikatoren im einzelnen eingegangen wird, soll die Aufmerksamkeit auf ein eingangs beschriebenes methodisches Problem der Innovationsökonomik gerichtet werden. Da die Technometrie die Idealindikator-Lösung darstellen soll, müssen die erwähnten Indikatoren als korrelative Indikatoren aufgefasst werden.[7] Das Prinzip des korrelativen oder *substitutiven Messens* besteht darin, anstelle der kostenträchtigen und für Zeitreihen nur schwer zugänglichen technometrischen Variablen andere, sachlich verwandte Konstrukte zu operationalisieren, die geeignet erscheinen, hinreichend genaue Rückschlüsse auf den Fortschritt zuzulassen. Die Unterteilung in Abbildung 4-1 und die Zuordnung zum Referenzmodell verdeutlicht zunächst, dass die übrigen Fortschrittsindikatoren am ehesten für substitutives Messen in Frage kommen. Res-

7 Handwörterbuch (1978, S. 307).

sourcen- und FuE-Ertragsindikatoren sind auf anderen Anwendungsbereichen definiert als Fortschrittsvariablen. Dabei können insbesondere mit FuE-Indikatoren aber Teilerscheinungen des Fortschritts erfasst werden, so dass es a priori nicht ausgeschlossen ist, dass Korrelationen bestehen.

Sollte sich in den empirischen Schätzungen im Teil III zeigen, dass die anderen Innovationsindikatoren im Definitionsbereich des technometrischen Fortschrittsindikators kaum zur Substitution verwendet werden können, dann behalten sie doch ihre Gültigkeit in ihrem eigenen Anwendungsbereich (was durch andere Ideal- und Hilfsindikatoren geprüft werden müsste). Die Hilfsindikatoren werden nachfolgend unter dem Aspekt diskutiert, ob sie an Stelle des technometrischen Indikators, da es oft an den notwendigen Daten mangelt und die Ermittlungskosten hoch sind, in Frage kommen. Oft wird der Vergleich zwischen Hilfs- und Idealindikator wegen der prohibitiven Ermittlungskosten des letzteren nicht möglich sein. Statistische Daten stehen nicht unbeschränkt zur Verfügung, und die Konstruktion valider substitutiver Messgrößen stellt letztlich die Bewältigung eines Knappheitsproblems dar.[8] Wenn die Validierung in der ökonometrischen Praxis nicht gelingt, muss die Gültigkeit des Hilfsindikators aus theoretischen Plausibilitätsüberlegungen abgeleitet werden, wofür eine gedankliche Befassung um ihrer selbst willen eine Voraussetzung darstellt.

Die Betrachtungen der substitutiven Indikatoren in Teil III sollen am Ende ergeben, ob die systematischen Fehler als „gering“, „mäßig“, „tolerierbar groß“ und „inakzeptabel groß“ eingestuft werden können. Ihre Gültigkeit ist dann mit den Sukzessivkategorien „hoch“, „befriedigend“, „tolerierbar“ und „unbefriedigend“ einzustufen, woraus Hilfsindikatoren 1., 2. und 3. Ordnung sowie nicht valide Indikatoren unterschieden werden können.[9]

4.2 Überblick über Ressourcen-Indikatoren der Innovation

Lange Zeit dominierte ein einziges Messkriterium, nämlich die finanziellen FuE-Aufwendungen für interne und externe FuE.[10] Dabei ist nicht gesagt, dass das innovierende Unternehmen diese Aufwendungen selbst aufbringt; Abgrenzungskriterium ist vielmehr, dass das Unternehmen über deren Allokation verfügen kann. Die Finanzierungsquellen können Geschäftseinheiten des Unternehmens nach dem Ver-

8 Munsberg (1992, S. 40).

9 Ebenda (S. 11). Zu den sukzessiv kategorial skalierten Merkmalen siehe Grossekettler (1978, S. 249, Fußnote 38).

10 Freeman (1982a, S. 2.1) weist darauf hin, dass die ersten Statistiken auf einen aktiven Naturwissenschaftler, den bekannten Evolutionsbiologen Julian Huxley (1934), zurückgehen.

ursacherprinzip (interne Verrechnung) sein, ein Umlageverfahren über die Konzernzentrale und diverse Finanzierungsquellen von außen (staatliche Forschungsprogramme, Subventionen, Mittel der Europäischen Union etc.).[11] Das Messkriterium geht von der Überlegung aus, dass es keine FuE-Ergebnisse geben kann, wenn die Inputs am technischen Wissen nicht finanziert sind. Es ist gängige Praxis, die FuE-Aufwendungen als konstitutive Messgröße für den Umfang einer FuE-Operation eines Unternehmens anzusehen, ohne die allgemeinen Indikatorenproblematik zu bedenken.

FuE-Aufwand ist nicht der einzige Innovationsinput

Vor dem Hintergrund moderner mikroökonomischer Auffassungen ist die Identität zwischen FuE-Aufwand und Innovationsinput nicht aufrechtzuerhalten. Denn sie beruht auf der Annahme, dass es möglich sei, strikt zwischen dem formalisierten intern erzeugten technischen Wissen (finanziert durch monetären FuE-Input) und dem institutionenökonomischen Arrangement zu unterscheiden, welches externes FuE-Wissen durch Zusammenarbeit (evtl. in größeren Innovationsnetzwerken), aus Lizenzierung, durch Erwerb FuE-intensiver Komponenten oder aus anderen transaktionskostenminimierenden Quellen einbinden kann. Die anderen Quellen können z. B. das Lernen aus Nachahmung durch die produzierenden Einheiten sein.[12] Diese Argumente deuten daraufhin, dass die FuE-Aufwendungen nur einen Teil des Innovationsinputs erfassen.

In die gleiche Richtung deutet Freeman, der kürzlich erneut darauf hinwies, dass Schumpeters scharfe Unterscheidung zwischen Innovation und Diffusion aus der Auffassung resultiere, dass man zwischen kreativen Unternehmern und Routinemanagern unterscheiden könne, während doch in der Realität die Diffusion von Produkten und Prozessen so vielen kontinuierlichen Verbesserungen und Modifikationen unterliege, dass Diffusion selten, wenn überhaupt, aus der Nachbildung durch einfallslose Imitatoren erklärt werden könne.[13] Auch Diffusion kann daher FuE-intensiv sein (siehe das Referenzmodell in Abbildung 1-1).

Insgesamt führt die weitverbreitete Verwendung des monetären FuE-Inputs als das einzige Kriterium für FuE-Intensität[14] im Unternehmen zu beträchtlicher Enttäu-

---

11 Siehe umfassend bei Brockhoff (1992).

12 Dieser umfassende FuE-Inputbegriff ist von Dosi (1988) zusammenfassend referiert worden. Siehe auch Cohen und Levinthal (1989). Unter „reverse engineering" wird dabei verstanden, ein innovatives Produkt der Konkurrenz käuflich zu erwerben, im eigenen FuE-Betrieb zu analysieren und die Erkenntnisse sodann für eigene Zwecke einzusetzen.

13 Freeman (1991).

14 Die FuE-Intensität ist gewöhnlich der Quotient von FuE-Aufwendungen und Umsatz oder Produktionswert.

schung. Ferner vergleicht man mit dieser Identität den FuE-Aufwand für *künftige Erzeugnisse* mit den heutigen Produktionswerten, was dann, wenn man die FuE-Intensität zum Idealindikator für die Innovationsorientierung eines Unternehmens erklärt, den Innovationsaufwand für künftige Erzeugnisse ins Verhältnis zur Herstellung neuer *und* alter Produkte setzt. Dabei muss man die Annahme voraussetzen, dass Produktgruppen ihrer Art nach FuE-intensiv sind und es über mehrere Produktfolgen hinweg bleiben.[15]

FuE-Finanzierung und FuE-Ausgaben

Die technisch detaillierte Analyse der FuE-Finanzierung und der FuE-Ausgaben kann dennoch zu einem wichtigen korrelativen Ressourcen-Indikator führen, wenn man sich der Selektivität der Betrachtung bewusst ist. Seine Erfassung macht immer noch merkliche Schwierigkeiten. Meist führt die Gliederung der relevanten Statistiken zu einem hohen Aggregationsniveau. In der Regel werden die Aufwendungen für ganze Wirtschaftszweige angegeben, weil das Statistikgesetz die Möglichkeit der Rückschlüsse auf einzelne Unternehmen nicht zulassen darf. Wesentlich seltener findet sich eine Statistik, welche die FuE-Aufwendungen nach Produktgruppen oder Märkten erfasst, aber auch dann werden in der Regel zu viele Güter zusammengefasst, andererseits möglicherweise aber nicht alle, die zu einem technischen Paradigma gehören.

Die wichtigste supranationale Datenbank über FuE-Aufwendungen und ihre Finanzierung wird von der OECD geführt. Die von der Science, Technology and Industry Indicators Unit (STIIU) erstellte Datenbank enthält Zeitreihen seit 1971 und ist nach der internationalen Wirtschaftsklassifikation ISIC gegliedert. Sie beruht auf Meldungen aus den einzelnen OECD-Ländern und ist nicht auf Primärerhebungen gestützt. Die Daten können daher nicht detaillierter aufbereitet werden, als es die Meldegewohnheiten der (säumigsten) Länder zulassen. In Deutschland wird die Unternehmensstatistik vom Stifterverband für die Deutsche Wissenschaft im Auftrag des Bundesministeriums für Bildung und Forschung erstellt; sie unterliegt den nämlichen Begrenzungen wie die Daten der OECD, schließt aber wesentlich eine Produktgruppenorientierung der FuE-Daten ein. Aus einzelbetrieblichen Quellen lassen sich weitere Daten gewinnen, z. B. aus den jährlichen Tätigkeitsberichten.

Seit wenigen Jahren gibt es in Deutschland eine zusätzliche Datenquelle, nämlich die im Bundesanzeiger veröffentlichten Geschäftsberichte großer Kapitalgesell-

15 Legler et al. (1992, S. 28). In der Tat kann Branch (1974) für den Zeitraum 1950-1965 nachweisen, dass die FuE-Intensität und die Profitabilität simultan bestimmt sind, weil für 111 US-Unternehmen sowohl signifikante, zeitverteilte Korrelationen mit einem Vorlauf der FuE vor dem Betriebsergebnis, wie auch mit einem Vorlauf des Betriebsergebnisses vor der FuE bestehen: „... überdurchschnittliche FuE-Intensität und überdurchschnittliche Gewinne neigen dazu, sich gegenseitig zu verstärken." (Ebenda, S. 1002).

schaften. Aufgrund des 1985 verabschiedeten Bilanzrichtliniengesetzes sind große Kapitalgesellschaften verpflichtet, ab dem 1987 beginnenden Geschäftsjahr sämtliche Rechnungslegungsinstrumente, d. h. Bilanz, Gewinn- und Verlustrechnung, Anhang und Lagebericht, innerhalb von neun Monaten nach Ende des Geschäftsjahres im Bundesanzeiger zu veröffentlichen. Während bisher nur Aktiengesellschaften publizitätspflichtig waren, ist es nun auch die nicht unerhebliche Gruppe großer GmbHs. Eine weitere Neuerung ist die Verpflichtung nach § 289 Abs. 2 HGB, auf den Bereich Forschung und Entwicklung im Lagebericht einzugehen.[16]

Nach allem gesagten erscheint der *FuE-Aufwandsindikator* als ein nach wie vor wichtiger Innovationsindikator, dem jedoch dieselbe Hilfsfunktion zukommt wie allen anderen. Für jede gestellte Aufgabe ist eine sorgfältige Prüfung der Gültigkeitsbereiche in ähnlicher Weise wie für andere korrelierende Innovationsindikatoren notwendig. Die Auffassung, der FuE-Aufwand sei identisch mit dem *Innovationsaufwand*, ist nicht haltbar. Daher ist in Abbildung 4-1 eine Aufteilung der FuE-Ressourcen vorgenommen worden. Ein Pfeil zeigt direkt in die Innovationsstadien hinein, ein anderer in die formalisierten FuE-Aktivitäten des Unternehmens. Die internen FuE-Aufwendungen haben für letzteres mutmaßlich eine günstiger zu beurteilende Validität als für andere Innovationsaufgaben; allerdings gibt es komplementäre Ressourcen-Indikatoren, bei denen es sich umgekehrt verhält. Bevor diese besprochen werden, sei ein Hinweis auf die Statistik des FuE-Personals angebracht.

FuE-Personal

Auch hier herrscht in der Literatur teilweise die irrige Auffassung vor, nach welcher der *FuE-Personalindikator* mit dem FuE-Aufwandsindikator identisch sei und sich aus der Proportionalitätskonstante des Faktors Arbeit errechnen ließe. Dies trifft aber nicht zu, denn die FuE-Aufwendungen werden zwar zu einem nicht unerheblichen Teil für die Entlohnung des FuE-Personals eingesetzt und sollten sich daher im internationalen Vergleich in grober Näherung wie die Lohnkosten (inklusive aller Nebenkosten) verhalten. Allerdings wird ein weiterer großer Teil der FuE-Aufwendungen für sachliche Ausgaben verwendet, wie für Geräte und Laborausrüstungen, die sich zwischen Unternehmen und Ländern sowie zwischen technischen Paradigmen sehr unterscheiden können und teilweise abgeschrieben werden.

Aus prinzipiellen Gründen sollte großer Wert auf die gesonderte Behandlung des Indikators für FuE-Personal als weiterer korrelierender Variablen zur Beschreibung von Innovations-Ressourcen gelegt werden. Wenn es zutrifft, dass Erfahrungswis-

---

16 Siehe ausführlich bei Schwitalla (1993, S. 118), die diesen Datenzugang als Ausgangspunkt ihrer Arbeit gewählt hat. Als groß gelten Unternehmen, die zwei der folgenden drei Bedingungen erfüllen: Umsatz mehr als 32 Mio. DM, Bilanzsumme mehr als 15,5 Mio. DM oder mehr als 250 Beschäftigte. Vergleiche hierzu Hilke (1991, S. 14).

sen eine Rolle spielt, ist für den Innovationsprozess das in den Köpfen vorhandene Wissen aus Wissenschaft, Technik und Handwerk und die Geschicklichkeit des Personals eine additive Ressourcenkomponente im Innovationsprozess, die adäquat mit der Personalstatistik, aber nicht mit finanziellen Größen ausgedrückt werden kann. Man denke an das Problem mangelnder Vergleichbarkeit von Ausbildungsgängen und Tätigkeitsmerkmalen.[17] Die Angaben zum FuE-Personal sollten sich jeweils auf Vollzeitäquivalente beziehen. Damit wäre im internationalen und branchenübergreifenden Vergleich wenigstens der unterschiedliche Anteil an Teilzeitarbeit berücksichtigt, nicht aber unterschiedliche wöchentliche oder jährliche Arbeitszeiten zwischen den Ländern.

Gerade beim Personalindikator wird die Abgrenzung von Innovation und FuE besonders kritisch. Von Praktikern in Unternehmen wird oft die Ansicht vertreten, das „Kurieren von Wehwehchen" in der Produktion, bei der Warenverteilung und der Qualitätskontrolle sei eine FuE-Tätigkeit, wenn sie von FuE-Personal durchgeführt wird.[18] Daraus wird abgeleitet, das ganze FuE-Personal (bzw. dessen Budget) unabhängig von den konkreten Tätigkeitsmerkmalen und unabhängig davon, ob es in der FuE-Abteilung des Unternehmens beschäftigt wird, in die FuE-Statistik einzubeziehen. Solche Hinweise unterstreichen, dass auch das Personal als Innovationsressource ein sorgfältig abzugrenzender und zu diskutierender korrelativer Innovationsindikator ist.

In den meisten veröffentlichten Statistiken liegen weniger Angaben für das FuE-Personal als für das FuE-Budget vor, weil die Personalstatistik strengerer Vertraulichkeit unterliegt als die monetären Statistiken. Die höhere Vertraulichkeit lässt sich damit begründen, dass Personalangaben ohne zusätzliche Annahmen über Wechselkurse, Kaufkraftparitäten oder andere Preisindices international vergleichbar sind (bis auf die obigen Einschränkungen bezüglich der Arbeitszeit), in Zeitreihen nicht deflationiert werden müssen und frei von den Unwägbarkeiten der Kosten- oder Abschreibungsrechnung sind. Die Statistik über das FuE-Personal legt immer den Umfang der *internen* FuE offen, während aus den Budgetangaben eines Unternehmens nicht auf den Anteil interner und externer Verausgabung geschlossen werden kann.

FuE-Ressourcen selten auf Märkte bezogen

Fast alle entsprechenden Statistiken sind wirtschaftszweigbezogen und lassen sich nicht auf Märkte zuordnen. Der Aggregationsgrad ist in der Regel sehr hoch (auch

---

17 Grupp et al. (1990, S. 20) stellen in diesem Zusammenhang die Frage: Was ist im internationalen und branchenübergreifenden Vergleich ein Techniker? Wie viele Jahre muss man studiert haben, um Ingenieur zu sein? Wie ist ein technisch ausgebildeter Akademiker zuzurechnen, der im allgemeinen Firmenmanagement, d. h. außerhalb von FuE, beschäftigt ist?

18 EIRMA (1985, S. 14 und S. 34 - 36).

in einzelbetrieblichen Angaben, z. B. den jährlichen Tätigkeitsberichten), so dass es als utopisch erscheinen muss, die eingesetzten personellen Ressourcen einem bestimmten innovativen Markt zuordnen zu können (etwa einem Markt mit Produktdifferenzierung, welche mit technometrischen Erhebungen sehr präzise beschrieben werden kann).

Theoretisch würde es keine Schwierigkeiten bereiten, die Ressourcen den einzelnen Innovationsprojekten zuzuordnen. Das Schrifttum in der betriebswirtschaftlichen Literatur hierzu ist umfangreich.[19] Veröffentlichte Zahlen stehen der angewandten Forschung aber nicht zur Verfügung, da der Vertraulichkeitsbedarf der Unternehmen dies nicht zulässt. Für praktische Anwendungen *im Unternehmen* könnte der Einsatz dieser Indikatoren allerdings erfolgversprechend sein und bessere Hinweise auf die Kosten-Nutzen-Funktion der Innovation ergeben. Wenn am technometrischen Verfahren kritisiert wird, dass auf der Mikroebene der Mangel an verfügbaren Daten das gegenwärtig größte Hindernis für die Innovationsökonomik darstellt, so gilt dies auch für die Ressourcen-Indikatoren. Alle verfügbaren Ressourcenstatistiken beruhen auf Wirtschaftszweigen oder im besten Fall auf Produktgruppen, was die Zuordnung zu Fortschrittsindikatoren nur dann zulässt, wenn ein anerkannter aggregierender Umsteigeschlüssel vorliegt.

Staatliche FuE-Subvention

Im Kapitel 2 wird argumentiert, dass das Innovationsverhalten der Unternehmen oft von der öffentlichen Forschung beeinflusst wird. Hochschulen und andere staatliche und halbstaatliche Forschungsinstitute werden in der Regel von der öffentlichen Hand finanziert, vor allem im Bereich der Grundlagenforschung. Wenn ihre Arbeiten Anwendungsbezüge haben, werben sie zu unterschiedlichen Anteilen FuE-Mittel von Wirtschaftsunternehmen ein. Auf der anderen Seite unterstützt der Staat bestimmte Teile der FuE-Aktivitäten der Unternehmungen mit öffentlichen Mitteln *(staatliche FuE-Subvention)*. Über das wettbewerbstheoretisch richtige Ausmaß der Subvention privatwirtschaftlicher FuE gibt es umfangreiche Debatten, die hier nicht weiterverfolgt werden.[20] An dieser Stelle soll lediglich darauf hingewiesen werden, dass die Durchmischung der Finanzierungsquellen zwischen dem staatlichen und dem privaten Sektor auf das Ausmaß der Bedeutung verweist, das der Informationsfluss zwischen Wissenschaft und Technik, ihren Trägern, ihren Nutznießern und ihren Akteuren gewonnen hat.

Es ist von daher eine weitere interessante Input-Variable denkbar, die den Anteil der staatlichen FuE-Subvention von Unternehmen misst. Daraus können Indikatoren für den Einfluss staatlicher Politik auf industrielle Innovationen oder - krasser ausge-

---

19 Am besten verdeutlicht dies Brockhoff (1992).

20 Siehe z. B. Ewers und Fritsch (1987), Meyer-Krahmer (1989) u. a.

drückt - für den Staatsdurchgriff auf privatwirtschaftlichen Fortschritt gewonnen werden. Mit diesen Indikatoren lässt sich wiederum die wirtschaftspolitische bzw. wettbewerbspolitische Debatte um das rechte Augenmaß bei der Vergabe staatlicher Subventionen anreichern bzw. quantitativ führen.

Für die OECD-Länder liegt einschlägiges Zahlenmaterial zum Anteil der staatlichen und der privatwirtschaftlichen FuE in Unternehmen vor - allerdings sehr hoch aggregiert (Gesamtwirtschaft und ausgewählte Wirtschaftszweige mit großen Lücken im Datenbestand). Für mikroökonomische Arbeiten lässt sich dieses Zahlenmaterial nicht verwenden. In Deutschland kann man allerdings die Förderung durch das Bundesministerium für Bildung und Forschung (BMBF) aus Datenbanken entnehmen und einzelnen Unternehmen zuordnen. Damit können Unterschiede zwischen Unternehmen, Branchen und im Zeitverlauf abgeleitet werden. Die BMBF-Förderung ist allerdings nur ein unvollkommener Stellvertreter für das Ausmaß öffentlicher Fortschrittsintervention, weil entsprechende Subventionen anderer Bundesministerien (wie etwa dem der Verteidigung oder der Wirtschaft), sowie der Kommission der Europäischen Union, der Länderregierungen und anderer Gebietskörperschaften nicht ebenso detailliert bekannt ist.

Die Datenquellen enthalten nur die finanziellen Mittel für Projektförderung in Unternehmungen und lassen andere Formen der öffentlichen Unterstützung außer acht (indirekte Maßnahmen etc.). Dies ist einerseits ein weiterer Mangel der Datenverfügbarkeit, andererseits stellen die direkten Projektmittel der öffentlichen Hand den geradlinigsten Eingriff in das privatwirtschaftliche Innovationsgeschehen dar und sind insofern von hervorgehobener Bedeutung. Die indirekte Förderung hatte 1987 ein Volumen von 1,3 Mrd. DM, davon entfielen auf die steuerlichen Vergünstigungen etwa 0,7 Mrd. DM. Während die steuerlichen Anreize überwiegend größeren Unternehmen zugute kamen, sind die übrigen indirekten Maßnahmen vorwiegend auf kleine und mittlere Unternehmen abgestimmt. Die direkte Projektförderung ist mit einem Umfang von ca. 4,4 Mrd. DM immer noch das dominierende Element in der staatlichen Forschungs- und Technologiepolitik. Diese Summe wird zur Hälfte durch das Verteidigungsressort aufgebracht, das BMBF zeichnet für mehr als 40 % verantwortlich.[21]

Da Angaben zu den einzelnen Projekten, Programmen und die Zuwendungen an einzelne Unternehmen empirisch zur Verfügung stehen, ist ein weiterer mikroökonomisch definierter Inputindikator möglich geworden: Die staatliche FuE-Subvention. Dieser neue Indikator wird noch selten eingesetzt. Dabei zeigt sich, dass in gewissen technischen Gebieten und für gewisse Unternehmen die staatliche Unter-

21 Die Zahlenangaben beruhen auf dem Bundesbericht Forschung und auf Schätzungen und Berechnungen von Schwitalla (1992, S. 138). Das BMBF ist seit Oktober 1994 das Nachfolgeministerium des BMFT, das die entsprechende Statistik früher geführt hat.

stützung entscheidende Bedeutung gewinnen kann und auch wirtschaftsstrukturelle Konsequenzen hat.[22]

Entgeltliche Informationsressourcen: Gebühren und Lizenzen

Neben den finanziellen und personellen Ressourcen-Indikatoren spielen die Gebühren und Lizenzen als Entgelt für den Aufwand zur Wissensbeschaffung eine wichtige Rolle. Die Lizenznahme der Schutzrechte anderer Inhaber bezieht sich dabei auf die Übernahme des in Patenten kodifizierten Know-hows, während Aufwendungen für technische Beratung und externe FuE auf eine Verlagerung gezielter FuE-Aktivitäten auf Personen außerhalb des eigenen Unternehmens hinauslaufen. Es ist das Verdienst der Neuen Mikroökonomik, gezeigt zu haben, dass ein Teil der Ressourcenallokation auf die Information entfallen muss, um ein totales mikroökonomisches Gleichgewicht aufrecht zu erhalten. Übertragen auf den technischen Fortschritt bedeutet dies, dass man die erwähnten Ressourcen als *informationelle Ressourcen* verstehen kann. Ihre Kosten abzuschätzen, ist nicht immer einfach, da die entsprechenden monetären Aufwendungen teilweise in den FuE-Aufwendungen ununterscheidbar enthalten sind. Dabei drückt der Wissenserwerb aus externen Quellen durchaus einen bedeutenden und eigenständigen Teil der Innovationsanstrengungen aus: Die Unternehmen mindern die Risiken eigener Forschung und Entwicklung durch den Import von Know-how und koppeln oftmals die so mitimportierte Technologie in angepasster Form eng mit Direktinvestitionen. Insbesondere der Patent- und Lizenzverkehr ist eine wichtige Form gerade auch der internationalen technologischen Fusion.

Quantitative Angaben für den Know-how-Erwerb durch Unternehmen liegen auf einzelbetrieblicher Ebene nicht vor. Selbst die nationale deutsche „technologische Zahlungsbilanz" ist strukturell defizitär; dies gilt für fast alle Branchen und auch fast alle Länder und hängt ursächlich mit der „Artenvielfalt" solcher Informationsflüsse zusammen.[23] Ein mikroökonomischer Indikator für die technologische Zahlungsbilanz steht auf absehbare Zeit in keinem Land zur Verfügung; damit kann der Informationsanteil an der Ressourcenallokation für Fortschritt bis auf weiteres nicht bestimmt werden.

---

22 So hat etwa das Forschungszentrum des Unternehmens SEL zwischen 1980 und 1987 steigende Anteile seiner Kosten durch BMFT-Förderung gedeckt. Der Anteil öffentlicher Förderung stieg von 8 % im Jahr 1980 auf 35 % 1985 an. Der Gegenstand der Förderung war die technische Kommunikation. Die entsprechenden Zahlen für das AEG-Forschungsinstitut in Ulm erreichten in demselben Zeitraum ein Maximum bei 28 % (1982) und sanken in der zweiten Hälfte der 80er Jahre auf 0 % ab (siehe Grupp und Schnöring, 1991, S. 390 ff.).

23 Ein besonderes Problem stellt die technologische Zahlungsbilanz zwischen verbundenen Unternehmen dar; auch sind bei der Erfassung der Lizenzen neben Transaktionen von technischem Wissen Lizenzen aus dem Filmverleih enthalten und dergleichen mehr; siehe Gehrke et al. (1994).

Unentgeltliche Wissensressourcen

Gebühren entstehen beim Einkauf von technologischem Wissen nur bei privaten Gütern, d. h. geschütztem Wissen (z. B. Patentlizenzen). Die Aneigung des frei verfügbaren Wissens, öffentlicher Güter, bedarf keiner monetären Aufwendungen und ist in solchen Bilanzen nicht enthalten. Ein neuer Indikator zur Erfassung dieses Teils des Wissensflusses ist erst kürzlich vorgeschlagen worden. Ein in Großbritannien ansässiges Transferbüro zur Vermittlung von wissenschaftlichem Wissen an Unternehmen hat in Zusammenarbeit mit einem Bibliotheksdienst die Verwendbarkeit der Ausleihstatistik von wissenschaftlichen Texten durch Besteller in Unternehmen ins Gespräch gebracht. Es wird argumentiert, dass aus der Ausleihstatistik (gleichermaßen bezüglich Fernkopien, Online-Diensten etc.) festgestellt werden könne, welche Unternehmen mit welcher Häufigkeit auf wissenschaftliche Publikationen welcher Art zurückgreifen. Abbildungen zwischen den Wirtschaftszweigen, aus denen die Bestellungen kommen, und den Wissenschaftsdisziplinen, die nachgefragt werden, seien möglich.[24] Aus der Nutzung von wissenschaftlichen Artikeln durch Unternehmen kann somit ein *Indikator für die Wissensbeschaffung* abgeleitet werden.

Zur Anwendung dieses neuen Indikators liegt bislang wenig vor. In der Pionierarbeit wird beispielsweise festgestellt, dass durch die Entleiher aus Unternehmen die physikalischen Artikel wesentlich weniger nachgefragt würden als alle übrigen Publikationen, an deren Spitze die klinische Medizin steht. Zur Abrundung der ersten empirischen Befunde fand eine Befragung der Forschungsmanager in Unternehmen statt, die nach erfolgreichen Datenbankrecherchen den vollen Text von wissenschaftlichen Publikationen beziehen wollten. Sie gaben an, dass das Entleihen in erster Linie für die weitere Ausgestaltung laufender Forschungsprojekte benötigt würde und in zweiter Linie zur Konzipierung von neuen Forschungsprojekten in den Unternehmen (Machbarkeitsstudien). An dritter Stelle würden die wissenschaftlichen Publikationen benötigt, um Informationen über Projekte der Wettbewerber zu bekommen, die einem ähnlichen technologischen Ansatz folgen, und an vierter Stelle wird genannt, dass der Rückgriff auf die wissenschaftliche Literatur dazu benötigt würde, grundsätzliche Alternativen zu dem im eigenen Unternehmen verfolgten Projekt kennenzulernen.[25] Dieser Ansatz könnte die traditionelle Patent- und Lizenzbilanz hervorragend ergänzen, jedoch ist aufgrund des geringen vorliegenden Datenmaterials noch nicht zu beurteilen, wo seine Grenzen liegen.

24 Barden und Good (1990).

25 A. a. O., S. 12.

Korporatistischer Wissensaustausch ...

Ein Teil des für Wirtschaftswachstum und Wettbewerbsfähigkeit wichtigen Wissens läuft über den Markt (Patente und Lizenzen, Datenbanken, Informationsrecherchen etc., siehe oben), während ein anderer Teil im Rahmen sogenannter „Communities" ausgetauscht wird, also in informellen Kreisen von Wissenschaftlern, Ingenieuren und Geschäftsleuten, in denen der Informationsfluss meist unentgeltlich gehandelt wird.[26] Es treten folglich positive externe Effekte innerhalb des Innovationssystems auf, die eine Unternehmung gezielt nutzen kann. Die gezielte *Förderung des Wissenstransfers* innerhalb dieser informellen Kreise kann somit ein weiterer wichtiger Input in das Innovationsgeschehen sein. Unterschiede zwischen nationalen Volkswirtschaften treten insofern auf, als die entsprechenden informellen Kreise meist noch national organisiert sind, und die einzelnen Staaten ihrer Aufgabe in unterschiedlichem Umfang nachkommen, die darin besteht, die wachstumsträchtigen Technologiebereiche der Zukunft zu identifizieren und im Rahmen von strategischen Dialogen die entsprechenden informellen Kreise zu einem Austausch zu bewegen.[27]

... als (staatliche) Technikvorausschau

Die Aktivitäten des Staates, die zukünftige technische Entwicklung und deren Auswirkungen abzuschätzen und zum Gegenstand des informellen Austausches zu machen, werden oft unter dem Begriff der *Technikvorausschau* zusammengefasst. Ein empirisches Verfahren, um zur Einschätzung der zukünftigen technologischen Entwicklungen zu gelangen, hat in jüngster Zeit vermehrt Aufmerksamkeit erfahren. Es handelt sich dabei um das sogenannte „Delphi-Verfahren", bei dem Fachleute aus den wissenschaftlichen und technischen Zirkeln um ihre Beurteilung der Richtung der langfristigen technologischen Entwicklung gebeten werden. Es kommen dabei Experten aus verschiedenen Fachgebieten zusammen. Die Besonderheit des Verfahrens besteht darin, dass nach einer ersten Erhebung und Aggregation der Daten Mittelwerte und Verteilungen der Schätzungen an die Fachkreise zurückgespielt werden, damit sie dort erneut diskutiert und reflektiert werden.

Ein ernstes Problem betrifft den Erkenntnisgewinn aus derartiger Technikvorausschau. Es werden bei solchen Umfragen grundsätzlich subjektive Meinungen erfragt, auch dann, wenn die befragten Personen wissenschaftlich geschulte Experten sind. Auch das Delphi-Verfahren führt letztlich nicht zu sicheren Aussagen über die Zukunft, die eine Unternehmung ohnehin nicht gewinnen kann, da die Zukunft selbst ein Objekt der Gestaltung durch Innovationsprozesse ist, aber nach aller Er-

---

26 Siehe hierzu die grundsätzlichen Erörterungen zum Verhalten sozialer Systeme im Kapitel 1 und Dosi et al. (1990, S. 31).

27 So bei Münt (1996).

fahrung zu einer recht verlässlichen Datengrundlage. Daneben veranlassen die Rückkopplungen die befragten Forscherinnen und Forscher selbst, systematisch über langfristige Entwicklungstrends nachzudenken und diese über Fachgrenzen hinweg zu kommunizieren. Eine Delphi-Untersuchung strebt also keine exakten Prognosen der zukünftigen Richtung des technischen Fortschritts an. Vielmehr spielt sie eine wichtige Rolle als Hinweisgeberin auf sich schleichend vollziehende Trends in Wissenschaft und Technik, welche die Aufmerksamkeit der innovativen Unternehmung verdienen.[28]

Aus den vorliegenden Untersuchungen dieser Art können Indikatoren für den Aufwand der Wissensbeschaffung durch Unternehmen nicht abgeleitet werden, es lassen sich daraus jedoch strukturelle Informationen über die Richtung des wissenschaftlichen und technischen Fortschritts gewinnen, die wiederum im Sinne von Technologieportfolio-Analysen mit dem gegenwärtigen Innovationsprofil eines Unternehmens verglichen werden können. Auch hier eröffnet sich eine Fülle von Möglichkeiten für zusätzliche Ressourcen-Indikatoren, die für industrieökonomische Untersuchungen noch nicht genutzt werden.

Innovative Investition als indirekter Technologieinput

Ein letzter Typ von Ressourcen-Indikatoren wird durch die *Investitionen* in FuE-intensive Ausrüstungen, Materialien und Komponenten definiert. Die Investitionen innovierender Unternehmen schließen daneben andere Objekte ein, die für das Innovationsgeschehen ohne Belang sind (z. B. Bauten). Diese sind hier nicht gemeint.[29] Prinzipiell kann eine innovierende Firma eine strategische Wahl[30] zwischen interner FuE, Wissensbezug von außerhalb und der Nutzung von innovativen Produkten anderer treffen. Die Investition in FuE-relevante Objekte stellt daher eine weitere Beigabe zum Innovationsprozess dar, die letztlich zur Nutzung von Hochtechnologie und damit zur innovativen Produktion führt. Die so bestimmten Kapitalinputs in den Innovationsprozess werden gelegentlich als *indirekte Technologieinputs* bezeichnet.

Die relative Bedeutung der indirekten Technologieinputs gemessen an den direkten FuE-Aufwendungen variiert sehr stark zwischen den Volkswirtschaften, da viele Volkswirtschaften weniger Produzenten als vielmehr Nutzer von Technologie

---

28 Zur ersten in Deutschland durchgeführten Delphi-Untersuchung siehe BMFT (1993a) und Breiner et al. (1994).

29 Nach Littkemann (1995, S. 86) sind über 60 % des Sachanlagevermögens einer deutschen Unternehmensstichprobe technische Anlagen oder Maschinen.

30 Innovation und Investition können also unabhängig voneinander sein, auch wenn viele Innovationen gleichzeitig neues Sachkapital, also Investitionen, erfordern (Kromphardt und Teschner 1986, S. 236). Eine empirische Auseinandersetzung leistet Evangelista (1996) für Italien.

sind.[31] Es kann nicht geleugnet werden, dass die Investition in den Wirtschaftswissenschaften hauptsächlich als Variable für Geschäftszyklen und strukturelle Unterschiede zwischen Sektoren und Ländern genommen wird und außerdem zur Messung der Nachfrage und der industriellen Kapazitäten dient. Es gibt jedoch eine wachsende Literatur, welche auf die Bedeutung der Investition als eine Innovationsvariable verweist.[32]

Ein erster systematischer Einbezug der zusätzlichen Innovationsvariablen *Bruttoanlageinvestitionen* wurde von Schwitalla vorgenommen. Sie fand für eine große Stichprobe westdeutscher Unternehmen, deren FuE-Aufwendungen, Patente und Investitionen sie zusammen mit anderen Variablen und bei Anwendung der Faktorenanalyse untersuchte, dass für die gesamthaft verstandene Innovationsintensität im wesentlichen zwei erklärende Hauptfaktoren ausgemacht werden können.[33] Der eine Innovationsfaktor ist nach innen orientiert, bezieht sich auf die produktorientierte Innovation und der andere Faktor niedrigerer Ladung auf die äußere, prozessorientierte Innovation. Der erste Hauptfaktor hat eine starke Assoziation (Faktorladung) mit der FuE-Intensität des Unternehmens, mit dem FuE-Personal und den Patentanmeldungen, während der externe Hauptfaktor mit dem Umfang der Investitionstätigkeit zu tun hat. Typische produktorientierte, intern forschende Wirtschaftszweige sind die pharmazeutische Industrie, die Luft- und Raumfahrt, die Automobilzulieferer, die Telekommunikationsindustrie und der Instrumentenbau. Die externen, prozessorientierten Wirtschaftszweige sind die Computerindustrie, die Kunststoff- und Plastikbranchen und die Automobilhersteller.[34] Einige Wirtschaftszweige Westdeutschlands sind bezüglich beider Hauptfaktoren auffällig.

Aufgrund dieser Faktorenanalyse erscheint die Investitionsvariable geradezu als unabdingbar zur Beschreibung von Innovationsinputs zu sein, denn sie hat stark orthogonale Eigenschaften zu den etablierten Innovationsindikatoren, wie der FuE-Statistik und den Patenten. Investitionen in FuE-intensive Objekte erscheinen somit nicht nur als eine weitere Innovationsbeigabe, sondern als eine korrelierende Va-

---

31 So fand beispielsweise Pianta (1995) in einer empirischen Untersuchung, dass es zwei technologische „Wachstumsmotoren" in den OECD-Ländern gäbe, wobei die meisten Länder nur einen nutzten. Entweder sei dies der investitionsungebundene oder der investitionsgebundene technische Fortschritt. Nur wenige, in ihren Einkommensniveaus und den Produktivitätsstandards sehr fortgeschrittene Länder würden beide Wachstumsmotoren gleichermaßen einsetzen.

32 Siehe z. B. Majumdar (1995) oder Meyer-Krahmer (1984); in dieser Quelle werden Investitionen als *externe Innovationskanäle* bezeichnet. Auch gebräuchlich ist der Begriff „gebundener" („embodied") oder „investitionsgebundener" Fortschritt. Alle übrigen Innovationsinputs werden dann als investitionsungebunden („disembodied") bezeichnet (z. B. Evangelista, 1996).

33 Schwitalla (1993, S. 190 ff.). Hier wird der Begriff Hauptfaktor im Sinne der Hauptkomponentenzerlegung der Faktoranalyse verstanden. Unter den sechs relativen Variablen bei Schwitalla sind vier Ressourcen-Indikatoren und zwei FuE-Ertragsindikatoren.

34 A. a. O., S. 196.

riable, die spezifisch andere Aspekte des Innovationsgeschehens zu erfassen gestattet.

4.3 Überblick über patentstatistische Messungen

Die Behandlung des *Patentindikators* wird deshalb an den Anfang der Besprechung von FuE-Ertragsindikatoren gestellt, weil er unter allen Innovationsindikatoren die größte Verbreitung in der ökonomischen Literatur gefunden hat. Kein anderer Innovationsindikator lässt sich über vergleichbar lange Zeiträume zurückverfolgen und ist dabei gleichzeitig auf sehr niedrigem Niveau disaggregierbar, den einzelnen Wirtschaftseinheiten zuzuordnen und bezüglich der Bestimmung des Zeitpunktes im Innovationsgeschehen genau und präzise.

Herkunft des Patents

Im Mittelalter wurden offen verwendete Briefe mit Innensiegel „litterae patentes" genannt. Sie gestatteten dem Inhaber, anders als versiegelte Briefe, auf gewisse Rechte, Privilegien, Titel oder Amtsfunktionen öffentlich hinzuweisen. Daraus entstand unser heutiges Wort „Patent".[35] Bereits hieraus wird deutlich, dass das Patent insofern ein „Schutzrecht" ist, als es einen „amtlich besiegelten" Anspruch begründet. Die Anerkennung des Anspruches durch andere, etwa konkurrierende Unternehmen, erzwingt die Offenlegung aller beanspruchten Schutzrechtsdetails. Die ursprünglich mit dem Siegel des Königs versehenen Ansprüche waren nichttechnischer Art (heute noch: das Kapitänspatent). In Europa begann es im 15. Jahrhundert, einige derartige Ermächtigungen auch auf technische oder für die Produktion relevante Gegenstände zu richten, z. B. auf das Ausbeuten von Erzminen. Das erste formale Patentrecht wurde 1474 in Venedig niedergelegt und bezog sich auf „Menschen von großem Genius, die fähig sind, geistreiche Geräte zu entdecken und zu erfinden." [36]

In der Folge entstanden in anderen Ländern ähnliche Regelungen, z. B. in England 1623, in Frankreich im 16. Jahrhundert, in den USA zunächst in Massachusetts 1641 und mit Erstreckung für die gesamten Vereinigten Staaten 1790. Im deutschsprachigen Raum wurden Patentrechte von den damals Mächtigen als „hoechst schaedlich" angesehen, so dass formalisierte Patentrechte über die von Napoleon Bonaparte vermittelte neue europäische Ordnung zuerst in der antipreußischen Koalition, also in Baden, Württemberg und Bayern entstanden (um 1825). Erst im

---

35 Machlup (1964) zitiert nach Kaufer (1989, S. 1).

36 Ebenfalls zitiert nach Kaufer (a. a. O., S. 5); der ursprüngliche Text ist in mittelalterlichem Latein abgefasst.

Gefolge der rasanten Industrialisierung und der damaligen Vereinigung Deutschlands wurde vom Deutschen Reich 1877 ein allgemein gültiges Patentgesetz erlassen.[37]

Die von Hand auswertbaren Patentschriften reichen in den meisten Ländern bis in das Jahr zurück, in dem die jeweilige Patentgesetzgebung in Kraft trat. Maschinell auswertbare Patentstatistiken reichen für Deutschland bis 1877, für Frankreich bis 1902, für Großbritannien bis 1909 und für die Vereinigten Staaten bis 1920 zurück.[38]

Patente als latentes öffentliches Gut

Ohne Patentschutz entspräche das technologische Wissen einem öffentlichen Gut. Wettbewerber des Innovators könnten kostenlos imitieren und das neue Wissen für sich in Anspruch nehmen. Wenn Unternehmen die Produktion technologischen Wissens jedoch nicht völlig kostenlos zur Verfügung stellen wollen, müssen sie die z. B. durch Patentschutz ermöglichten zeitweiligen Monopolrechte in Anspruch nehmen. Das Patentrecht ist damit eines der wichtigen sogenannten Eigentumsrechte oder Verfügungsrechte, die in den neueren Entwicklungen der mikroökonomischen Theorie eine wichtige Rolle spielen. Andere wichtige Eigentumsrechte regeln die Verfügung über den Boden oder die Umwelt. Im Rahmen der Innovationsökonomik ist das Patent das wichtigste Eigentumsrecht. Trotz der Möglichkeit des Patentschutzes, der nicht nur zeitlich, sondern auch sachlich begrenzt ist, lassen sich technologische Externalitäten beobachten, so dass das technologische Wissen weder ein gänzlich freies öffentliches Gut, noch ein privates Gut zu sein scheint.[39] Aus der Patentstatistik abgeleitete korrelierende Fortschrittsindikatoren haben daher drei qualitativ verschiedene Eigenschaften, die es im Hinblick auf das Validitätsproblem zu beachten gilt.[40]

Drei Grundeigenschaften des Patents

Zum einen ist ein erteiltes Patent eine *rechtliche Konstruktion,* die dem Eigentümer das ausschließliche Verwertungsrecht an einem genau definierten technischen Gegenstand für einen bestimmten Zeitraum überlässt. Die Vergabe dieses Rechts ist an die Erfüllung von drei Bedingungen geknüpft, die je nach Patentgesetz in ihrer

---

37 Kaufer (a. a. O., S. 9).

38 Schmoch (1990, S. 75).

39 Nelson nannte die Technologie ein „latentes öffentliches Gut“ (Nelson, 1990); siehe auch ausführlich bei von Weizsäcker (1980) und Fritsch, Wein und Ewers (1993).

40 Die folgende Argumentation stammt von Basberg (1987); siehe auch den Übersichtsartikel von Griliches (1990) und die in Abschnitt 1.5 im Zusammenhang mit einer allgemeinen Beschreibung des Validierungsproblems gegebenen Beispiele.

konkreten Ausführung etwas variieren, aber praktisch weltweit auf drei wesentliche Aspekte hinauslaufen.[41] Demnach muss eine Erfindung neu sein, sie muss eine bestimmte Qualität (Erfindungshöhe) haben und ihr Gegenstand muss gewerblich anwendbar sein.

Noch am wenigsten vergleichbar sind die praktischen Kriterien, die an die Erfindungshöhe angelegt werden und die letztlich die Vergleichbarkeit von Patentdokumenten von verschiedenen Patentämtern begrenzen. Das Kriterium der gewerblichen Anwendbarkeit stellt einen unmittelbaren Bezug zum Innovationsprozess her, während das Neuheitskriterium eine spezielle Schutzfunktion hat, die auch bei Nichterteilung des Patents eintritt. Ist eine Patentanmeldung erst einmal publiziert (offengelegt), aber wird nicht erteilt, wofür verschiedene Gründe maßgeblich sein können, so kann dennoch ein identischer oder weitgehend gleicher Patentschutz später nicht noch einmal erhoben werden. Die Anreizfunktion des Patentwesens wird folglich um die Informationsfunktion ergänzt.[42]

Nach Basberg ist die *Informationsfunktion* die zweite qualitative Eigenschaft, die Patentindikatoren in sich bergen. Die Patentliteratur repräsentiert den kodifizierten Teil des technologischen Wissens, der, ähnlich den wissenschaftlichen Publikationen, von anderen Individuen als den Erfindern benutzt werden kann, um sich Kenntnis über den Fortschritt des technologischen Wissens anzueignen. Fachleute in FuE-Stätten der Wirtschaftsunternehmen lesen in Patentschriften wie in wissenschaftlichen Veröffentlichungen. Zitate auf den früheren Stand der Technik kommen in Patentdokumenten in ähnlicher Weise vor wie in wissenschaftlichen Veröffentlichungen. Da Patentdokumente Rechtscharakter haben, werden die entsprechenden Zitate allerdings von den (meist beamteten) Patentprüfern angebracht, und nicht von den Erfindern. Dieser Umstand kann ausgenutzt werden, um den Fortschritt in der Technik im Einzelfall zu analysieren und auf die Wirtschaftseinheiten zu beziehen (Zitate auf eigene frühere Erfindungen, auf die der Kollegen im eigenen Unternehmen, auf andere Unternehmen im gleichen Land, auf Unternehmen in fremden Volkswirtschaften etc.).[43]

Die nach Basberg dritte Funktion bezieht sich auf den *Output-Charakter* einer Patentschrift. Nach erfolgreicher FuE-Tätigkeit kommt es in der Regel zur Patentanmeldung, so dass das entsprechende Dokument (mit seinem Datum, seinen Erfindern, seinen Inhabern, Orts- und anderen Angaben) auf den Zeitpunkt, die Um-

---

41 Siehe etwa Schmoch (1990, S. 15). Die Alternativen zum Patent als einem Schutzmittel liegen in der Geheimhaltung, einem extrem schnellen Markteintritt sowie in überragenden Verkaufs- und Serviceleistungen und Kosten. Harabi (1993a) fand empirisch, dass dann, wenn auf Patentschutz verzichtet wird, *alle* diese alternativen Schutzmittel zusammen eingesetzt werden.

42 Siehe die Parallelität zum historischen Vorbild und zum Wortsinn.

43 Diese Zitatfunktion des Patents hat den Charakter eines Ressourcen-Indikators, nicht eines Ertragsindikators. Einen Überblick zur Zitatfunktion geben Patel und Pavitt (1995, S. 28).

stände und Orte der Entstehung von neuen Erträgen aus FuE-Prozessen hinweist. Es ist diese letztgenannte Eigenschaft von Patentindikatoren, die im Zusammenhang mit der Fortschrittsmessung hauptsächlich ausgenutzt wird: Die Patentstatistik als korrelierender FuE-Ertragsindikator.[44]

Gültigkeitsbereich des Patentindikators

Das Patent als Element einer FuE-Ertragsstatistik ist in seinem Gültigkeitsbereich eingeschränkt. Zunächst muss geklärt werden, welchen Anteil der erfinderischen Tätigkeit Patente überhaupt erfassen können und welcher Anteil aller technischen Erfindungen in der Praxis, gegebenenfalls sektorabhängig, tatsächlich zur Anmeldung kommt.[45] Dabei ist zu beachten, dass nicht alle Innovationsgegenstände patentrechtlich geschützt werden können. Mangelnde Patentierbarkeit gilt für reine Nutzersoftware, während Rechnerprogramme, die einen technischen Charakter besitzen, d. h. ein technisches Gerät oder eine technische Anlage, auch eine EDV-Anlage, steuern, zum Patentschutz zugelassen sind.[46] Alle Maschinensteuerprogramme fallen hierunter, nicht aber etwa Textsysteme; diese unterliegen dem Copyright (einem anderen Eigentumsrecht). Ebenso sind Computerarchitekturen durch andere Schutzrechte als Patente abgesichert. In anderen Bereichen, insbesondere der Gentechnik, führt die derzeitige Form des Patentschutzes zu Rechtsunsicherheit; ein echter Ausschluss von der Patentierbarkeit betrifft aber nur Einzelfälle.[47] Medizinische Heilverfahren können nicht geschützt werden.

Ebenso muss geklärt werden, wieviele der angemeldeten (oder erteilten) Patente in die wirtschaftliche Nutzung überführt werden und damit zum Fortschritt beitragen. Hier liegen wenige neuere und auch widersprüchliche Zahlen vor; es muss jedoch

---

44 Siehe Abbildung 4-1 und zur prinzipiellen Eignung auch Samgin (1977).

45 Mansfield (1986, S. 177) schätzt diese sogenannte „Patentierneigung" für die Vereinigten Staaten aufgrund einer Befragung aus dem Anfang der achtziger Jahre auf 50 bis 86 % ab. Sektorabhängig werden demnach im Bereich Rohmetalle nur etwa 50 aller patentfähigen Erfindungen auch tatsächlich zum Patent angemeldet, während die meisten anderen Industriezweige, vor allem die Chemie, die pharmazeutische Industrie, der Maschinenbau und die Elektrotechnik bezüglich ihrer Patentierneigung über 80 % liegen. Für Großfirmen sind die Quoten noch einmal höher. Für Deutschland werden ähnliche Zahlen genannt, beispielsweise von Bertin und Wyatt (1988). Für Japan liegen Zahlen für 1993 vor. Sie beziehen sich explizit auf den Anteil der FuE-Aufwendungen, die in Schutzrechte münden, gemessen an allen Aufwendungen. Der geschützte Teil der FuE-Aufwendungen variiert zwischen 45 % (Holzprodukte) und 89 % (elektronische Instrumente) und beträgt im Mittel 71 %. Die Branche „Forschungsinstitute" schützt sogar noch intensiver als das verarbeitende Gewerbe, nämlich zu 91 % (OECD 1994, S. 51).

46 Für Japan wird der Anteil der geschützten FuE-Aufwendungen der Branche „Software und Informationsdienste" mit erstaunlichen 72 % beziffert (OECD 1994, S. 51).

47 Schmoch et al. (1988, S. 50 f.) und Schmoch et al. (1991).

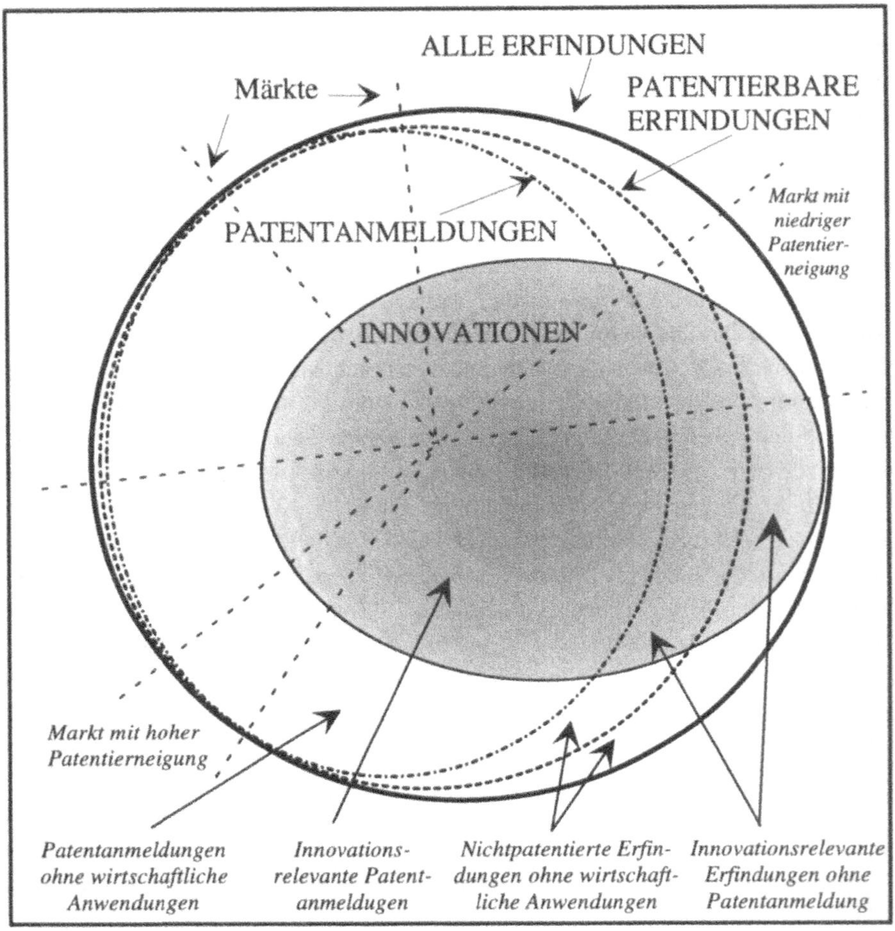

Abbildung 4-2: Gültigkeitsbereich von Patentindikatoren nach Produktgruppen.[48]

betont werden, dass der Patentindikator als Ertragsindikator für FuE-Tätigkeiten auch dann valide wäre, wenn keine wirtschaftliche Nutzung erreicht wird. Schließlich hat das Unternehmen auch in diesem Fall die entsprechenden FuE-Aktivitäten durchgeführt.[49] Der Gültigkeitsbereich des Patentindikators ist daher unterschied-

48 Plakative Skizze; die Größenverhältnisse entsprechen den empirischen Befunden; adaptiert nach Basberg (1987).

49 Schmookler (1966, S. 49) schätzte den fortschrittsrelevanten Teil der firmeneigenen US-Patente auf 50 - 70 % ab, Täger (1979) gibt diesen Anteil mit etwa 80 % an. Neuere Evidenz liegt aus Italien vor, gemäß der der Anteil der tatsächlich für Innovationen benützten Patente auf 40 bis 60 % aller Anmeldungen zu beziffern ist (Archibugi, 1992, S. 359). Auch wenn es zutrifft, dass manche Patente mit Absicht nicht genutzt werden sollen, weil sie ausschließlich strategische Zwecke erfüllen (Blockieren von Wettbewerbern) und nicht mit eigenen Innovationsabsichten

lich einzuschätzen je nachdem, ob er als reiner FuE-Ertragsindikator oder als substitutives Maß für die Fortschrittsmessung verwendet wird. Eine einfache graphische Übersicht ist in Abbildung 4-2 gegeben, wobei die Überlappungsbereiche der Größenordnung nach den angegebenen realen Abschätzungen entsprechen.

Wirkungen des Patents auf Marktteilnehmer

Mit der Hervorhebung dreier Eigenschaften des Patents (Schutzrechtsfunktion, Informationsfunktion, Ertragsmaß) und der Betonung der Patentstatistik als FuE-Ertragsmaß soll nicht davon abgelenkt werden, dass das Entstehen von Patenten - unabhängig davon, ob man hierüber eine Statistik führt oder nicht - *Wirkungen* auf das Innovationsverhalten der Marktteilnehmer ausübt. Viele Innovationsprozesse würden ohne Patentschutz anders verlaufen als sie vermittels des Patentindikators beobachtet werden können. Der Patentschutz hat einen erheblichen Stellenwert im wirtschaftlichen Geschehen und vermag nach gängiger Ansicht das Anreizsystem für innovative Tätigkeiten zu erhalten, da er den Innovator in die Lage versetzt, temporäre Monopolrenten zu erzielen. Insofern kann das Patentsystem in einer Marktwirtschaft ähnliche Aufgaben der Allokation übernehmen, wie dies in Analogie die Eigentumsrechte an materiellen Gütern tun.[50] Die Literatur kennt allerdings auch genügend Einwände, die belegen, dass das Patentsystem nicht in dieser Art und Weise wirkt, sondern es dem Unternehmen erlaubt, zu lange und zu intensiv Innovationsrenten abzuschöpfen, marktnahe Innovationen zu bevorzugen und somit die Richtung des technologischen Fortschritts zu verzerren, was durch Ausschluss von Wettbewerbern zu mehrfachen und volkswirtschaftlich nicht optimalen FuE-Aufwendungen führen kann.[51].

Das Patent spielt in den neoklassischen Innovationstheorien gleich welcher Ausprägung eine bedeutende Rolle. Insbesondere im Zusammenhang mit Marktstrukturen, Lerneffekten, Entscheidungskalkülen und der Spieltheorie ist es eine bedeutende Modellvariable. Die Modelle sind zum Teil äußerst komplex und inzwischen bis zur Modellierung von mehrstufigen Patentwettläufen und der Überwindung monopoli-

verbunden sind, so ist auch in diesem Fall zu beachten, dass das anmeldende Unternehmen gewisse FuE-Leistungen erbracht haben muss, um die Offensichtlichkeitsprüfung der Patentämter zu bestehen, sonst würden die Patentanmeldungen nicht einmal offengelegt, geschweige denn erteilt.

50 Hanusch und Cantner (1993, S. 15). Gemäß einer Umfrage von Harabi (1991, S. 359 f) bei schweizerischen Unternehmen erhöhen fremde Patente für den Imitator im Durchschnitt sowohl die Kosten als auch die Zeit, die nötig wird, um Innovationen zu imitieren.

51 Hanusch und Cantner (a. a. O.); Patente können darüber hinaus noch ganz andere Funktionen haben, die hier nicht relevant sind. Harabi (1995) berichtet von Gesprächen mit Patentanwälten, nach denen die Unternehmen Patente auch als Mittel zur Leistungsevaluation eigener FuE-Mitarbeiter einsetzen sowie zur Erlangung oder Beibehaltung einer gewünschten Verhandlungsposition mit anderen Firmen.

stischer Alleingänge ausgefeilt worden.[52] Über die Bedeutung solcher Komplexmodelle für die empirische Wirtschaftsforschung ist in Abschnitt 2.5 das Nötige gesagt worden. Ihre Operationalisierbarkeit ist in der positiven Industrieökonomik kaum gegeben.

Im Rahmen des funktionalen Referenzmodells muss geprüft werden, über welche innovativen Aktivitäten Patentindikatoren Auskunft geben. Das durch die Gültigkeitsbereiche gemäß Abbildung 4-1 eingegrenzte Problem bedeutet Rechenvorschriften für die Patentstatistik aufzustellen, die eine sinnvolle Auswahl von zu vergleichenden Patentanmeldungen gestatten, die z. B. einen etwa gleichen *ökonomischen Wert* haben. Im folgenden sollen verschiedene Messkonzepte kurz vorgestellt werden.[53]

Patentanmeldung vis-à-vis Patenterteilung

Zunächst einmal ist zu klären, ob - bzw. in welchen Fällen - besser mit der *Patentanmeldung* statt mit der *Patenterteilung* gearbeitet wird. Zunächst einmal liegt es nahe, den FuE-Ertragsindikatoren die Tatsache einer Anmeldung zugrunde zu legen. Damit wird jede von einem Unternehmen und anderen Wirtschaftseinheiten hervorgebrachte Erfindung gezählt, die subjektiv als Neuerung verstanden wird. Die ungeprüfte Anmeldung könnte weltweit gesehen bereits bekannt gewesen sein, jedenfalls aber war sie dem hervorbringenden Unternehmen nicht bekannt, denn sonst hätte es die frühere Offenlegung im Sinne eines Know-how-Transfers benützt und die eigene FuE-Anstrengung eingespart. Insofern führt das Zugrundelegen der Anmeldestatistik zu Doppel- und Mehrfachzählungen, die aber für real erfolgte Mehrfachentwicklungen stehen. Die Erteilungsstatistik würde dies unterdrücken, da nach dem Prüfungsvorgang nur Weltneuheiten bestehen können. Soll der Patentindikator als Stellvertretergröße für abgeschlossene FuE-Vorgänge stehen, sind somit zwingend Patentanmeldungen zugrunde zu legen. Dem Vorgang der Erteilung wird also - anders als es patentrechtlich verstanden wird - aus innovationsökonomischer Sicht *keine* zusätzliche Qualität beigemessen.[54]

Neben diesem prinzipiellen Argument ist auch aus Gründen der Praktikabilität der Anmeldevorgang vorzuziehen, denn je nach Patentgesetz der einzelnen Länder kann

---

52 Siehe z. B. Keßler (1992, S. 136 - 151).

53 Im übrigen siehe Schmoch et al. (1988) sowie Patel und Pavitt (1995).

54 Aus dem gleichen Grund wird die Bestimmung des Patentwerts zur Einschätzung der FuE-Prozesse, die darauf beruht, retrospektiv zu prüfen, wielange das Unternehmen bereit ist, bei erteilten Patenten Gebühren zur Aufrechterhaltung der Schutzrechte zu bezahlen, im gegebenen Zusammenhang verworfen. Die Methode scheint aber geeignet zu sein, Produktzyklenlängen abzuschätzen. Für einen Überblick über diese Literatur siehe etwa Schankerman und Pakes (1986) und Schankerman (1991).

sich der Erteilungsvorgang sehr lange hinziehen.[55] Die Patentanmeldungen lassen sich im übrigen auf das *Prioritätsdatum* beziehen, welches das Datum der ersten Einreichung darstellt, das erfahrungsgemäß wegen der Sicherung der Neuheitsansprüche nahe beim Erfindungsdatum liegt.

Auf die Überlegenheit der Anmeldestatistik gegenüber der Erteilungsstatistik hat bereits Schmookler hingewiesen.[56] Allerdings tritt in diesem Zusammenhang das Problem der internationalen Vergleichbarkeit auf. Fast alle Länder der Welt beachten eine Offenlegungsfrist, die genau 18 Monate nach dem Prioritätsdatum verstreicht. Die eingegangenen Patentanmeldungen werden dabei in strikter Reihenfolge gemäß ihrem Eingang publiziert. Die einzige Ausnahme hiervon ist das Amerikanische Patentamt.[57] In diesem Fall werden nur die erteilten Patente publiziert, während die angemeldeten Erfindungen, welche die Zwangsprüfung nicht bestehen, nicht veröffentlicht werden. Das Veröffentlichungsdatum fällt mit dem Datum der Erteilung zusammen und folgt keinen festen Fristen. In der Praxis werden die erteilten Patente irgendwann in den ersten fünf Jahren nach ihrer Anmeldung publiziert.[58] In den Vereinigten Staaten haben sich wirtschaftswissenschaftliche Analysen eingebürgert, die das Erteilungsdatum zugrundelegen. Diese Praxis bei der Verwendung des Patentindikators, die aus Gründen des vereinfachten Datenzugangs und damit der Messkosten in den USA durchaus verständlich ist, kann jedoch aufgrund der oben dargelegten Gründe nicht akzeptiert werden. Im übrigen lassen sich die US-Patente nach ihrer Publikation mit nur geringen empirischen Schwierigkeiten maschinell auf das Prioritätsdatum zurückverfolgen, so dass auch von daher einem strikten Gebrauch der Anmeldestatistik nichts im Wege steht.

Auslandspatentanmeldung und Patentfamilie

Es wurde schon darauf hingewiesen, dass das Patent nicht nur die Eigenschaft besitzt, FuE-Erträge darzustellen, sondern dass es auch aus einer Unternehmensstrategie zur Besetzung gewisser Märkte heraus entstanden sein kann. Dies führt zu einer wichtigen Messvorschrift für Patentindikatoren, die aus dem Umstand der Auslandsanmeldung abgeleitet wird. Üblicherweise wird eine Erfindung auf dem für das Territorium des Erfinders zuständigen Patentamt angemeldet (sogenannte Heimanmeldung). In vielen Ländern ist dies mit der Wahrnehmung von Arbeitneh-

---

55 In Deutschland z. B. bis zu sieben Jahre; außerdem ist ein Prüfungsantrag erforderlich, da keine Zwangserteilung erfolgt. Viele der angemeldeten Patente, die im geprüften Zustand erteilt werden könnten, werden nicht bis zu einer tatsächlichen Patenterteilung weiterverfolgt, z. B. wegen kurzer Produktzyklen, siehe Schmoch et al. (1988).

56 Schmookler (1966, S. 21f); siehe auch Dosi et al. (1990, S. 47f).

57 USPTO = United States Patent and Trademark Office.

58 Schmoch et al. (1988) und Legler et al. (1992); für die ökonomische Analyse besonders störend daran ist, dass der Erteilungszeitpunkt vom technischen Sachgebiet abhängt und in modernen Gebieten der Technik besonders lange ausfällt.

mererfindervergütungen verknüpft. Damit wird das Prioritätsdatum weltweit gesichert. Das Unternehmen hat sodann die Möglichkeit, maximal 12 Monate lang zu erwägen, ob prinzipiell gleichlautend - aber den Rechtssystemen anderer Ämter unterworfen - Auslandsanmeldungen vorgenommen werden, um die entsprechende Monopolrechte auch bezüglich anderer Märkte in Anspruch nehmen zu können. Aus dem statistischen Vergleich der Anmeldung am Heimatmarkt im Vergleich zu Duplikaten für ausländische Märkte lässt sich auf Absatzstrategien schließen. Somit kann man aus der Vornahme von Auslandsanmeldungen einen weiteren Patentindikator ableiten, mit dem es möglich wird, Unternehmensstrategien bzw. Vermarktungsabsichten zu messen, und nicht FuE-Erträge.

Die Bedeutung der *Auslandsanmeldung* ist in einer eindrucksvollen Literatur untersucht worden: Auslandspatente haben einen höheren ökonomischen Wert.[59] Es kann trotz der Begrenzungen des Patentindikators als gesichert gelten, dass sich die Unternehmen durch Auslandsanmeldungen einen Marktvorsprung verschaffen wollen, damit zeitlich begrenzte Marktzugangsbarrieren auf diversen Auslandsmärkten errichten und ein zeitweiliges Verfügungsmonopol oder Vorsprünge ihrer neuen Produkte ermöglichen.[60] Insbesondere sind die Auslandsschutzrechte zur Sicherung des Exportgeschäfts im jeweiligen Anmeldeland Hauptgrund für die Mehrfachanmeldung, gleichermaßen können aber auch Direktinvestitionen geschützt oder die heimische Produktion ausländischer Konkurrenten behindert werden. Verwendet man die Daten eines bestimmten Patentamts im Land X, dann tritt ein Messproblem auf: Die Inlandsanmeldungen aus X werden mit Auslandsanmeldungen aller übrigen Herkunftsländer vermischt, so dass die Stichprobe wertmäßig stark verzerrt ist. Besonders reichhaltig ist die Literatur bezüglich der Verwendung von US-Patenten. Die Dokumente sind für alle US-Unternehmen Schutzrechte für den Inlandsmarkt, für alle übrigen Unternehmen Auslandsschutzrechte. Die Patente kanadischer Unternehmen nehmen eine Sonderstellung ein.[61]

Zur Beseitigung dieses Messproblems ist die Zusammenfassung aller Auslandsanmeldungen ins Auge gefasst worden. Man nennt die Ursprungsanmeldung zusammen mit ihren Duplikaten eine *Patentfamilie*. Eine Erfindung ohne Auslandsanmeldung hätte somit nur ein „Familienmitglied“; würde auch in *einem* Nachbarland publiziert, hätte die Familie zwei Mitglieder. Es ist vorgeschlagen worden, Erfindungen mit einer großen Patentfamilie für bedeutender zu erachten als reine In-

---

59 Siehe z. B. Wassil'ew (1980), Basberg (1983, 1987), Pavitt (1985), Adjubej (1986), Faust (1986), Soete (1987), Schmoch et al. (1988) und Griliches (1990).

60 Legler (1982, S. 71).

61 Wegen der großen Attraktivität des US-Absatzmarktes melden kanadische Unternehmen mehr Patente am US-Amt an als in Kanada, siehe bei Gehrke et al. (1994, S. 50, Fußnote 38).

landsanmeldungen.[62] Dagegen ist jedoch einzuwenden, dass der Fortschrittsbeitrag des Patents aus der Größe der Familie nicht abgeschätzt werden kann, da hier zu sehr Fragen der Vermarktung und andere unternehmensstrategische Überlegungen ins Spiel kommen. Es ist beispielsweise bekannt,[63] dass europäische Unternehmen wegen ihrer speziellen geographischen Situation und einem großen Handelsvolumen mit den europäischen Ländern sehr viel mehr (europäische) Auslandsmärkte mit Patentrechten abdecken, als etwa japanische Unternehmen. Im Mittel gehen für eine Stichprobe von Patenten von deutschen Unternehmen sechs, von japanischen aber nur drei Auslandsanmeldungen aus. Das Qualitätskriterium der Größe der Patentfamilie scheint somit auch wirtschaftsgeographisch determiniert und zur Beurteilung der Fortschrittsbeiträge nicht valide zu sein.

Sind Patente mit Auslandsanmeldung Schlüsselerfindungen?

Es ist von der ökonomischen Bedeutung her verständlich, dass die Frage oft aufgeworfen wird, ob große Patentfamilien bei Schlüsselerfindungen entstehen, die Basisinnovationen abdecken; jedoch ist diese Frage falsch gestellt. Was eine Basisinnovation darstellen soll, ist nur verbal festgelegt und bleibt schillernd. Große Patentfamilien mit Basisinnovationen gleichzusetzen, geht gänzlich in die Irre, wie die Definition der Innovationshöhe mit dem technometrischen Konzept zeigt.[64] Bei einer Basisinnovation bzw. einer radikalen oder größeren Innovation ändern sich viele oder alle technometrischen Eigenschaften gegenüber dem abgelösten Produkt. Es mag zwar zutreffen, dass die zentrale Idee in einem „Schlüsselpatent" niedergelegt ist, jedoch werden weitere Patentansprüche das übrige Eigenschaftenbündel absichern müssen. Wie könnte man diese von anderen Patenten, die eine inkrementelle oder eine Standardinnovation schützen, operational unterscheiden? Die zu einer radikalen Innovation gehörenden Patente müssten an Hand eines technometrischen Konzepts den einzelnen Eigenschaften sachlich zugeordnet werden, was sehr schnell zu einem komplexen Vorgang wird, der keinesfalls statistisch erschlossen werden kann. Die technometrische Formulierung der radikalen Innovation müsste der Patentrecherche vorausgehen, nicht die Größe der Patentfamilie würde die radikale Neuerung erkennen lassen.[65]

---

62 Siehe bei Faust (1984). Faust nennt Erfindungen, bei denen „der zu erwartende wirtschaftliche Erfolg den Aufwand für das Erwerben von Schutzrechten in mehr als 15 Ländern rechtfertigt", *Schlüsselpatente* (S. 46) und assoziiert damit eine Basisinnovation.

63 Siehe bei Schmoch et al. (1988, S. 93).

64 Siehe die Formeln (3-8), (3-9), (3-10) und (3-11).

65 In der Tat sind unter den Schlüsselpatenten gemäß der Definition von Faust (1984) viele Juwelierwaren zu finden, bei denen der Grund für die Vielfachanmeldung in der Werbung zu sehen ist (persönliche Mitteilung von Dr. Greif, Deutsches Patentamt, 1985), aber keine Radikalinnovationen gemäß Formel (3-11) vorliegt.

Der Begriff des „Basispatents" wird neuerdings oft im Zusammenhang mit der Gentechnik bemüht, die ja in der Tat fundamentale Durchbrüche zu verzeichnen hat. Aber auch in diesem spektakulären FuE-Gebiet ist die Definition des Basispatents nicht gelungen.[66] Ein anderes Beispiel bezieht sich auf die Robotertechnik. Die entscheidende Innovation des Jahres 1986 war die Einführung der Direktantriebe. Bereits diese Innovation, welche als Standardinnovation bezeichnet werden kann, weil sie zu einer zusätzlichen Eigenschaft im technometrischen Vektor führte, ist durch mehrere aufeinander bezogene Rechte umfassend geschützt worden. Entscheidend für Nutzung und Lizenzierung ist aber das - ebenfalls mehrfach geschützte - Know-how für die Systemintegration und den Einbau;[67] ein Schlüsselpatent lässt sich nicht definieren.

Nachdem die Größe der Patentfamilie sich als ein nicht brauchbares Operationalisierungskonzept herausgestellt hat, ist zur Abhilfe vorgeschlagen worden, nur diejenigen Patentfamilien heranzuziehen, die mindestens zwei Familienmitglieder aufweisen (es handelt sich dabei um die Ursprungsanmeldung am Heimatpatentamt plus eine beliebige Auslandsanmeldung).[68] Auch dagegen müssen jedoch Bedenken vorgebracht werden. Die einfache Auslandspatentierneigung zu irgendeinem Land, zum Beispiel einem Nachbarland, kann je nach geographischer Lage und den bilateralen Wirtschaftsbeziehungen von extrem unterschiedlichem Wert sein (sogenannte Regionalvorteile). Beispielsweise wird die Hürde für Japan, ein Inselreich in „splendid isolation" sehr hoch gelegt: Nur 11 % aller japanischen Inlandsanmeldungen aus dem Jahr 1989 gehen überhaupt in Auslandsanmeldungen über, meist in den USA. Für die USA mit dem größten Binnenmarkt der Welt sind es immerhin 25 %, die in irgendeinem zweiten Land zur Anmeldung kommen. Bezüglich des Vorliegens einer Auslandsanmeldung begünstigt sind dagegen europäische Länder, vor allem solche mit kleinen Binnenmärkten, die einen Großteil ihrer Inlandspatente zumindest einmal in der Nachbarschaft anmelden.[69] Im nächsten Abschnitt wird daher ein anderes Normierungsverfahren für Patentfamilien vorgeschlagen.

---

66 Hinze (1990) schaltete bei einer Patentrecherche zu monoklonalen Antikörpern einen angesehenen Fachmann ein, der die zugehörigen Basispatente von Hand aussondern sollte. Es zeigte sich jedoch, dass die Herstellung monoklonaler Antikörper an sich einer radikalen Innovation entspricht, zu der mehr oder weniger alle zugehörigen Patente beigetragen haben, unter denen der konsultierte Fachmann lediglich solche mit „besonders hoher" von jenen mit niedrigerer Qualität unterscheiden konnte (S. 38). Die ersteren waren sehr zahlreich.

67 Grupp et al. (1988, S. 339).

68 Faust (1986).

69 Im Falle Deutschlands in 45 % aller Fälle, die Schweiz meldet 91 % der Erfindungen zumindest auch in irgendeinem Land Westeuropas an, die Niederlande gehen in 77 %, Belgien geht in 56 % aller Fälle ins Ausland; siehe Gehrke und Grupp (1994).

Patentansprüche

Ein anderer Weg, den ökonomischen Wert von Patenten vergleichbar zu machen, besteht darin, nicht die Patentschriften, sondern die darin enthaltenen *Patentansprüche* zu zählen.[70] Am amerikanischen Patentamt haben z. B. japanische Patente im Mittel weniger, deutsche Patente mehr Ansprüche als die (einheimischen) US-Patente.[71] Es konnte gezeigt werden, dass sich die Exportmenge Frankreichs, Deutschlands, Großbritanniens und Japans in die USA mit Hilfe von Auslandspatenten dieser Länder in den USA schätzen lässt. Dabei erbringt die Ansprüche-Statistik häufig bessere Schätzergebnisse als die einfache Patentstatistik (aber nicht in jedem Falle).[72] Der Patentansprüche-Indikator kann nicht in Datenbanken recherchiert werden und bedarf der Durchsicht von Stichproben aus Dokumenten von Hand. Er wird daher wegen seiner hohen Messkosten bis jetzt kaum verwendet.

Patente mit Zitatgewichtung

Ebenfalls mit der Validierung der Patentstatistik hat sich Trajtenberg in einer Untersuchung zu Computertomographen beschäftigt und dabei festgestellt, dass der ökonomische Wert von Patenten besser mit einer sogenannten *Zitatgewichtung* gemessen werden kann als mit einfachen Patentzahlen (in den USA).[73] Von den Patentprüfern (in diesem Fall des US-Amtes) wird während des Erteilungsvorgangs der frühere Stand der Technik recherchiert und mit Zitaten auf andere Patente belegt. Trajtenberg hat ausgezählt, wie häufig ein Patent in späteren Patenten zitiert wird und argumentiert, dass diese Häufigkeit mit dem ökonomischen Wert des zitierten Patents zu tun hat. Wenn es als Beleg für eine Überschreitung des früheren Stands der Technik sehr häufig herangezogen wird, so habe es eine größere technologische Ausstrahlung (wiederum: Schlüsselcharakter) und folglich die damit verbundene Innovation einen expandierenden Markt.

Die Evidenz, die im Falle der Computertomographen zur Verfügung steht, ist jedoch nicht vollständig überzeugend. Zum einen handelt es sich um Inlandsanmeldungen in den Vereinigten Staaten, wobei das Auslandskriterium nicht verwendet wurde. Möglicherweise wäre die Überlegenheit der Zitatgewichtung gegenüber den einfachen Patentzahlen bereits bei Betrachtung der Auslandsanmeldungen egalisiert worden. Zum anderen hängt die Wahrscheinlichkeit, in späteren Patenten zitiert (entgegengehalten) zu werden, mit dem Alter des Patents zusammen; sehr junge Patente haben aus zeitlicher Sicht kaum eine Gelegenheit, den momentanen Gang der

---

70 „Jeder Anspruch in einem Patent ist als separate und unabhängige Erfindung zu betrachten. (...) Jeder Anspruch ist unter dem Strich ein separates Patent.“ (Rivise, 1933, S. 100).

71 Tong und Frame (1994, S. 135).

72 A. a. O. (S. 139).

73 Trajtenberg (1990a, b).

technischen Entwicklung zu beeinflussen. Trajtenberg hat zur Korrektur dieses Effekts äußerst komplizierte Trunkierungen seiner Stichprobe vornehmen müssen, die letztlich dazu führte, dass nurmehr historische Betrachtungen möglich waren. Auch die Zitatgewichtung scheint daher nur in sehr speziellen Fällen zu einer besseren Wertabschätzung des Patentindikators zu führen.

Das obige Beispiel der Computertomographie wirft das bereits erwähnte Problem erneut auf, nämlich die korrekte Zuordnung (*Konkordanz*) von Patentschriften zu Innovationen.[74] Im Vorgriff auf die Lösung des Konkordanzproblems sei bemerkt, dass Patentindikatoren sich besonders günstig an andere Klassifikationssysteme anlehnen lassen, nicht nur, weil eine sehr detaillierte Klassifikation zur Verfügung steht, sondern weil die heutigen maschinellen Recherchen in Datenbanken auch eine Suche nach Stichworten zulassen. Insofern können alle Patentdokumente, die ein Schlagwort wie etwa „Computertomographie" aufweisen, herausgefiltert und dem entsprechenden Innovationsvorhaben zugeordnet werden. Dies ist allerdings für Makroanalysen kaum ein gangbarer Weg, sondern gilt lediglich im Falle der Untersuchung von einzelnen Innovationsvorhaben. Besonders bewährt haben sich sogenannte kombinierte Suchstrategien nach Patentdokumenten, die Klassifikationssymbole (und damit eine Systematik) mit einschlägigen Stichworten verknüpfen.[75]

4.4 Formulierung innovationsökonomischer Patentindikatoren

Wie sich zeigt, hat die ökonomische Literatur eine Vielfalt von Messvorschlägen zur wertmäßigen Gewichtung von Patentdokumenten hervorgebracht. Wie der vorstehende Abschnitt gezeigt hat, sind diese Vorschläge für viele empirischen Untersuchungen nützlich, lassen aber auch noch Fragen offen. Um den oben beschriebenen verbleibenden Mängeln abzuhelfen, ist kürzlich vorgeschlagen worden,[76] das aus Patentdaten gebildete Ertragsmaß für FuE auf die nominellen Patentanmeldezahlen von mindestens zwei Patentämtern zu stützen. Dies führt zunächst einmal zur Wertkorrektur der Heimvorteile der Erfinder im Territorium ihres Wohnsitzes. Der Heimvorteil H für Inlandsanmeldungen aus dem Land X kann mit Hilfe der Auslandspatentanmeldungen in einem anderen Land Y wie folgt berechnet werden:

---

74 Die Konkordanzforderung bedeutet das Aufstellen konkordanter paarweiser Messwerte; siehe bei Benninghaus (1974, S. 118 ff.).

75 Näheres hierzu bei Grupp (1994b, S. 184).

76 Ausführlich in Schmoch et al. (1988) und Grupp (1994b, S. 185ff).

Wenn $X \in X_{rel}$, dann gilt $H(X,Y) = 1$. Wenn dagegen $X \notin X_{rel}$, dann gilt

$$H(X,Y) = [\Sigma_i P(X,i,Y) / \Sigma_i P(X_{rel},i,Y)] / [\Sigma_i P(X,i,Y_{ex}) / \Sigma_i (X_{rel},i,Y_{ex})]. \qquad (4\text{-}1)$$

Dabei steht P für die Zahl der Patentdokumente, der Index i gilt für Teilmengen der Patentstatistik, also z. B. technische Gebiete (Patentklassen, Unterklassen, durch Stichworte definierte Teilgebiete usw.), eine Gruppe von Ländern, die für alle verglichenen Y extern sind, heiße X_{rel}, und eine Ländergruppe, die alle Länder außer X umfassen kann, Y_{ex}.

Wenn hier der Begriff „Land" gebraucht wird, so gilt er genaugenommen auch für anders abgegrenzte regionale oder institutionelle Mengen, die den patentstatistischen Heimvorteil in Anspruch nehmen können (Unternehmen, Unternehmensgruppen, Institutionen, staatliche Behörden, Regionen, benachteiligte Regionen innerhalb eines Landes usw.).

Internationale Technologieproduktion

Der international gewogene FuE-Ertrag wird *Internationale Technologieproduktion (ITP)* genannt; dabei wird der Begriff Technologie im Verhältnis zu FuE wie in Abschnitt 1.2 verstanden. Der Indikator wird als geometrisches Mittel aus den Daten mehrerer Patentämter gebildet, wobei in der Praxis meist zwei Ämter in Frage kommen.[77] Der ITP-Indikator nimmt dann folgende Form an:

$$ITP(X,i,Y,Z) = \{ [(P(X,i,Y) / H(X,Y)] \cdot [P(X,i,Z)/H(X,Z)] \}^{1/2}. \qquad (4\text{-}2)$$

In der Praxis werden die ITP-Werte ungefähr auf die tatsächliche Zahl der Patentdokumente hinauslaufen, die im Ausland zur Anmeldung kommen (oder für das Heimatland kämen, wenn keine Heimvorteile bestünden). Z bedeutet dabei wie Y ein anderes Land, das nicht mit X identisch ist. Der ITP-Indikator besteht im Kern darin, die relative Zahl der Patentanmeldungen aus einer Ländergruppe, die für beide Patentämter, deren Daten verglichen werden, extern sind, abzuleiten. Aus diesem Verhältnis ergibt sich eine Normierung für die Größe des Marktes, die Attraktivität des Patentamts und rechtliche Besonderheiten, welche den ökonomischen Wert bestimmen.[78] Dieser Attraktivitätseffekt des Patentamts (der auch rechtliche Hintergründe haben kann) wird sodann mit den beiden Heimfaktoren verrechnet.

---

77 Das geometrische Mittel wird bei statistischen Berechnungen immer dann verwendet, wenn mittlere Veränderungsraten im Verlauf der Zeit berechnet werden sollen, siehe etwa bei McElroy (1979, S. 81).

78 Es ist beispielsweise bekannt, dass in Japan besonders viele Patente mit besonders wenigen Rechtsansprüchen angemeldet werden, während in anderen Ländern in einem Patentdokument mehrere Ansprüche kombiniert werden können. Dies führt dazu, dass die technische Erstrek-

Der ITP-Indikator zur Ertragsmessung von FuE hat die logischen Qualitäten einer „Oder-Verknüpfung“. Wenn die Patentaktivität auf einem der in die Datenbasis einbezogenen Auslandsmärkte (an den Auslandspatentämtern) sehr hoch ausfällt, ergeben sich aus der Kalkulation des geometrischen Mittels gute Indikatorenwerte. Für europäische Firmen würde dies bedeuten, dass bei Zugrundelegen eines Triadenmodells (USA, Westeuropa, Japan) starke Patentaktivitäten in den Vereinigten Staaten *oder* in Japan ausreichend wären, um entsprechend hohe ITP-Indexwerte zu berechnen (falls diese Länder im Sinne von Y und Z einbezogen würden).

Triadische Technologieproduktion

Es liegt daher nahe, über diesen Ansatz hinaus bei der Indikatorennormierung die gesamte Triade einzubeziehen. Man geht dabei von der Oder-Logik zu einer Und-Logik über und verlangt, dass Auslandsanmeldungen im gesamten Bereich der Triade getätigt werden. Das bedeutet für eine Inlandserfindung aus Europa, dass Auslandsäquivalente in den Vereinigten Staaten *und* in Japan plaziert werden müssen, damit das entsprechende Dokument in der Statistik berücksichtigt wird. Der Index für die *Triadische Technologieproduktion* (TTP) ergibt sich dann wie folgt:

$$TTP\,(X,i) = P(X,i,Y{=}USPTO) \cup P\,(X,i,Y{=}EPA) \cup P(X,i,Y{=}TC).^{79} \qquad (4\text{-}3)$$

Die beiden vorgeschlagenen Indikatoren sind in der Literatur nicht weit verbreitet.[80] Üblicherweise verwendet die Literatur Patentindikatoren für komparative Vorteile, d. h. Spezialisierungen an einem einzigen Patentamt, die dem entsprechenden Konzept in der Außenhandelstheorie nachgebildet sind.[81] Die Relativindikatoren, für die auch die Bezeichnung Aktivitätsindex eingeführt ist, sind nicht unproblematisch. Ein Unternehmen oder ein Land wird mit niedrigen Indikatorenwerten bewertet, wenn entweder die Patentaktivität tatsächlich niedrig ist (was interessieren würde), aber auch, wenn die Patentaktivität durchschnittlich ausfällt, aber andere Unternehmen oder andere Länder (z. B. diejenigen mit dem jeweiligen Heimvorteil) in diesem Technikgebiet sehr viele Patente plazieren und in allen übrigen Technikgebieten entsprechend wenige.

---

kung eines Patents in beiden Statistiken unterschiedlich ausfällt und damit auch sein ökonomischer Wert.

79 Dabei steht EPA für das Europäische Patentamt oder eine Kombination größerer nationaler europäischer Patentämter und TC für das Japanische Patentamt (Tokkyo Cho).

80 Eine Ausnahme stellen Henderson und Cockburn (1993) insofern dar, als sie nur Patente als „wichtig“ ansehen, die in zwei der drei Triaderegionen erteilt wurden (S. 10). Dies entspricht etwa der hier unterbreiteten Oder-Logik.

81 Diese werden zusammenfassend von Grupp (1994b, S. 187ff) und von Patel und Pavitt (1995) diskutiert. Sie werden mit RTA für „Revealed Technological Advantage“ (Soete und Wyatt, 1983) oder mit RPA für „Relative Patentanteile“ bezeichnet.

Patentspezialisierung und Patentbestand

Der Vollständigkeit halber seien auch diese *Spezialisierungsindikatoren*, diese jeweils auf den Patentdokumenten nur eines Amtes Y beruhen, und sich damit dem Vorwurf der Vermischung von Patenten ganz unterschiedlichen Werts aussetzen, erwähnt:

$$RTA(X,i,Y) = [P(k{=}X,i,Y)/\Sigma_i P(k,i,Y)]/[\Sigma_k P(k,i,Y)/\Sigma_{ik} P(k,i,Y)]. \qquad (4\text{-}4)$$

$$RPA = 100 \ln RTA. \qquad (4\text{-}5)$$

Der RTA-Indikator (auch: *Verborgener technologischer Vorteil)* ist asymmetrisch und einseitig ungebunden und kann für Distanzmessungen nicht benützt werden. Dies ist mit dem RPA-Indikator prinzipiell dann möglich, wenn keine Pole auftreten (unendliche Indikatorenwerte). Für Distanzmessungen (z. B. nach der Methode der kleinsten Quadrate) empfiehlt sich daher eine symmetrische und nach oben und unten gebundene, hyperbolische Version[82]:

$$RPA_h = 100 \tanh RPA/100 = 100 \cdot (RTA^2-1)/(RTA^2+1). \qquad (4\text{-}6)$$

Genau genommen messen ITP, TTP und RPA die Veränderungen im Patentbestand in einem gegebenen Jahr oder in einem sonstigen Zeitraum. Sie bilden gemäß den Überlegungen, die in Abbildung 4-1 zusammengefasst sind, den Zuwachs an geschütztem Wissen ab, nicht dessen Bestand. Wegen des kumulativen Charakters des technischen Wandels[83] ist es aus innovationsökonomischer Sicht oft zweckmäßig, den Patentbestand (oder Potential, Vorrat) PP in die Analyse einzubeziehen. Dabei geht es nicht um die juristische Laufzeit der jeweiligen Schutzrechte im einzelnen, sondern um die Einbeziehung des zurückliegenden Wissenszuwachses in das Innovationsgeschehen am aktuellen Rand unter Zusatzannahmen zur „Abschreibung“ des Wissensbestands. Die zeitliche Erstreckung des einbezogenen Patentbestands ist also für jeden Einzelfall sorgfältig abzuwägen. Wird der Patentbestand aus n Jahren berücksichtigt, dann gilt z. B.

---

82 Sie wurde von Grupp (1994b) vorgeschlagen und wird in diesem Buch den anderen Spezialisierungsindikatoren vorgezogen. Für Signifikanzaussagen muss der statistische Fehler berechnet werden, der sich aus den zufälligen Fehlern der (einfachen) Patentstatistik ergibt. Für den RPA-Indikator haben Engelsman und van Raan (1990, S. 61 - 63) die Gaußsche Fehlerfortpflanzungsrechnung durchgeführt. In Analogie zu dieser Literaturstelle und mit einigen vereinfachenden Annahmen ergibt sich für den statistischen Fehler von RPA_h, $\Delta\, RPA_h$, mit der obigen Notation das folgende:

$$\Delta\, RPA_h\,(k,i) = \{\, 20 \cdot RTA\,(k,i)/[RTA^2\,(k,i) + 1]\,\}^2 \cdot P^{-1/2}(k,i). \qquad (4\text{-}8)$$

83 Die Kumulationseffekte werden vor allem in der institutionen- und evolutionsökonomischen Innovationstheorie diskutiert; siehe Abschnitt 2.3.

$$TTPPn(t_0) = \sum^{n}_{t=0} TTP(t_0-t). \tag{4-7}$$

für den Triaden-Technologiebestand.[84]

Es gibt also innovationstheoretisch geeignete Patentindikatoren für FuE-Erträge, wenn man das Problem der Datenerhebung sorgfältig beachtet und die rechtlichen und sonstigen Unterschiede an verschiedenen Patentämtern (sprich Volkswirtschaften) normiert. Messtechnisch scheint wegen der Notwendigkeit des Ausgleichs unterschiedlicher ökonomischer Werte von Patenten die Kombination mehrerer Patentamtsdatensätze aus verschiedenen Ländern günstig zu sein. Damit werden letztlich mehrere Schutzrechts- und damit geschützte Gütermärkte miteinander verglichen, um wirtschaftsgeographische oder andere, nicht fortschrittsrelevante Einflüsse zu minimieren. Die Kombination verschiedener Datenbanken kann aber zu hohen Messkosten führen.

4.5 Mikroökonomische Eignung bibliometrischer und anderer Ertragsindikatoren

Die schematisierte Abbildung 4-1 gibt Auskunft darüber, dass es zwei etablierte Indikatoren für den Ertrag von FuE gibt. In den beiden vorigen Abschnitten wurde ausführlich der Patentindikator diskutiert, der in loser Assoziation meist als Indikator der Technik verstanden wird.[85] Die Patentanmeldung drückt überwiegend Ergebnisse der angewandten Forschung und der experimentellen Entwicklung aus. Überwiegend, jedoch nicht ausschließlich, gehen die Erfindungen aus einem gewinnorientierten, unternehmerischen Kontext hervor; daneben gibt es aber einen erheblichen Anteil von Einzelpersonen und von Mitarbeitern der Hochschulen und der hochschulfreien öffentlichen Forschungsinstitute.[86] Wissenschaftliche Ergebnisse werden dagegen überwiegend in Zeitschriften publiziert; Indikatoren, die auf der Statistik von solchen Publikationen (nach Sachgebieten, institutioneller Herkunft, Ländern etc.) beruhen, werden *bibliometrische Indikatoren* genannt.[87]

---

84 Für die anderen Patentindikatoren gelten analoge Formeln, die nicht wiedergegeben werden.

85 Dabei sind, wie in Abschnitt 1.2 diskutiert wurde, Wissenschaft und Technik nur ungenau voneinander zu trennen, weshalb sie in Abbildung 4-1 mit Pfeilen für ihre Erstreckung, die eine gewisse Unschärfe im Hinblick auf Forschung und Entwicklung darstellen sollen, eingetragen wurden.

86 Der Anteil, der keinen gewinnorientierten Hintergrund hat, kann in modernen Gebieten der Technik 10 % überschreiten; siehe Grupp und Schmoch (1992, S. 95 - 115).

87 Ebenfalls verwendet wird der Begriff szientometrische Indikatoren; die Bibliometrie oder die Szientometrie beschäftigt sich damit, die Literaturstatistik als quantitatives Untersuchungsinstrument in Wissenschaftsforschung und Wissenschaftssoziologie einzuführen. Zum Zustand dieser wissenschaftlichen Disziplin siehe eine kürzlich geschriebene kritische Bestandsaufnahme von Glänzel und Schoepflin (1994) sowie die Replik von Hinze und Grupp (1994). Zu-

Es ist nicht Aufgabe dieses Abschnitts, die bibliometrischen Methoden in ähnlicher Länge und Detaillierung wie die Patentindikatoren zu diskutieren. Die Unterlassung wird entschuldigt durch den Umstand, dass vor wenigen Jahren ein umfassendes Handbuch zum Stand der bibliometrischen Forschung erschienen ist.[88] Der Gegenstand dieses Abschnitts ist es vielmehr, auf Probleme der Zurechenbarkeit von FuE-Ertragsindikatoren im Spannungsverhältnis Wissenschaft und Technik einzugehen. Bibliometrische Indikatoren sind heutzutage noch bei weitem kein so wichtiges Untersuchungsinstrument für die Innovationsökonomik wie Patentindikatoren.

Patente vis-à-vis Publikationen

Unstrittig ist, dass Patentdokumente wie auch Publikationen den kodifizierten, d. h. schriftlich niedergelegten Teil der technologischen und wissenschaftlichen Kenntnisse repräsentieren. Das nicht kodifizierte, also „stillschweigende" Erfahrungswissen des FuE-Personals kann damit nicht erschlossen werden.[89] Deshalb bleibt der Input-Indikator „FuE-Personal" eine wichtige Ergänzung zu Ertragsindikatoren. Durch den Vorgang des Abfassens einer Patentschrift oder einer Publikation wird aus dem stillschweigenden Wissen explizites - also ist *Information* entstanden. Sie kann in dieser Form weitergegeben (bestellt, recherchiert) werden. Problematisch dabei ist, dass sich Patente nicht allein der Technik, und Publikationen nicht allein der Wissenschaft zuordnen lassen, so dass man nicht sagen kann, nur Patente seien innovationsökonomisch relevant.

---

nehmend bedienen sich jedoch auch Betriebswirte dieser Methoden, um etwa die Migration von Forschungsgruppen, die Zusammenarbeit zwischen Hochschulen und Unternehmen und ähnliche Phänomene zu beobachten. Ein gelungenes Beispiel stellen Arbeiten an der Sloan School of Management am Massachusetts Institute of Technology dar; siehe Rappa und Debackere (1991) oder Rappa (1989). Unter Europas Betriebswirten beschäftigen sich z. B. Johnes und Johnes (1992) an der Management School, Department of Economics der Universität Lancaster, oder Ehrnberg und Jacobsson (1995) am Department of Industrial Management und Economics der Technischen Universität Chalmers in Göteborg mit bibliometrischen Methoden. Einen Überblick aus volkswirtschaftlicher Sicht geben Patel und Pavitt (1995, S. 15-16 sowie 29).

88 van Raan (1988).

89 Ausführliche Abgrenzungen finden sich bei Dasgupta und David (1987). Der englische Ausdruck ist „tacit knowledge". Siehe auch Gibbons u. a. (1994). Das Standartwerk ist Polanyi (1966). Die deutsche Übersetzung (1985) wurde - anders als hier - mit dem Begriff „Implizites Wissen" überschrieben; hier wird jedoch der Begriff „Stillschweigendes Wissen" wie in Lüdtke (1995, S. 96) bzw. „Erfahrungswissen" vorgezogen. Es sollte beachtet werden, dass im Zeitpunkt des Entstehens *jegliches* Wissen in Wissenschaft und Technik implizit ist. Es ist nur in den Köpfen des (der) Entdecker(s) oder Erfinder(s) vorhanden. Der Unterschied, auf den abgehoben werden soll, besteht darin, dass ein Teil dieses Wissens später (meist wenig später) kodifiziert wird, wenn es in Protokollen, Konferenzbeiträgen, Erfindungsmeldungen oder Zeitschriftenmanuskripten niedergeschrieben wird. Ein Teil wird nicht aufgeschrieben und bleibt dabei *dauerhaft* stillschweigend. Die Kodifizierung eines Teils dieses Wissens bedeutet nicht, dass es leicht und ohne Transaktionskosten zugänglich und ubiquitär verfügbar wäre. Man benötigt einen Zugangsschlüssel, sei es eine Datenbank, eine Bibliotheksrecherche oder einen Kollegen, der „weiß, wo es steht" etc.

Unstrittig ist weiterhin, dass einzelne Forscher zwischen den beiden Publikationsmöglichkeiten wechseln können und Teile ihrer FuE-Ergebnisse in wissenschaftlichen Publikationen, andere Teile in Patentdokumenten niederlegen. Das Erscheinen einer wissenschaftlichen Publikation oder auch nur eines Vortragsmanuskripts, ist „neuheitsschädlich" und kann zur Zurückweisung einer Patentanmeldung führen, weil der beschriebene Sachverhalt durch das Manuskript ja bereits bekannt war. Wird eine Patentanmeldung angestrebt, so ist tunlichst zu vermeiden, dass vor dem Prioritätstag eine anderweitige Publikation erfolgt.[90] Auch gezielte Publikationen können daher ggf. in den Innovationswettbewerb eingreifen.

Weiterhin unstrittig ist, dass aus Kooperationen zwischen eher grundlagenorientierten Forschern und FuE-Personal in Unternehmen Dokumente beider Art hervorgehen können, wobei die Autorengruppen nicht immer identisch sein müssen. Es liegen gezielte Untersuchungen dazu vor, welches Publikationsmuster kurz vor technologischen Durchbrüchen beobachtet werden kann.[91] Wenn neue Technik aus der Integration verschiedener wissenschaftlicher Disziplinen hervorgeht, also transdisziplinär ist, entstehen zum Teil komplexe Kommunikationsstrukturen zwischen Wissenschaft und Wirtschaft, die eine Trennbarkeit der schriftlichen Kommunikationsmedien nicht mehr zulassen.[92]

Es kann also nicht geleugnet werden, dass die bibliometrischen Indikatoren im Zusammenhang mit innovationsökonomischem Forschungsinteresse ihren Stellenwert haben, wenngleich er noch auf spezifische Aspekte begrenzt ist. Zu beachten ist insbesondere, dass sich im Rahmen der bibliometrischen Forschung eine stattliche Menge an publizierten Forschungsarbeiten nicht nur mit den Mechanismen des Publikationsgeschehens auseinandersetzt, sondern sich auch häufig der Frage des Zitierens von wissenschaftlicher Literatur widmet.[93] Die Untersuchung des Zitie-

---

90 Gewisse Unternehmen machen sich diesen Umstand zunutze, um in unwichtigen Fällen die Gebühren einer Patentanmeldung zu vermeiden. Wenn eine Patentanmeldung nach Auffassung des Managements nicht lohnt, wird eine gezielte Veröffentlichung plaziert, um wettbewerbende Unternehmen davon abzuhalten, die nämliche Erfindung ihrerseits schützen zu lassen. Das Unternehmen IBM hat diese Methode perfektioniert und gibt ein „IBM Disclosure Bulletin" heraus, in dem patentähnliche Veröffentlichungen erfolgen. Näheres siehe bei Grupp und Schmoch (1988).

91 Noyons et al. (1994); siehe auch im Abschnitt 8.4.

92 Beispielsweise führten Rappa und Debackere (1992) unter US-Forschern auf dem Gebiet der neuronalen Netze eine umfangreiche Befragung durch. Von den 395 Antwortenden gaben fast 40 % eine industrielle Adresse an, der Rest eine akademische. Ihren höchsten akademischen Grad hatten 35 % der Hochschulforscher in Elektrotechnik erreicht, aber 51 % der Industrieforscher. Umgekehrt waren 16 % der Hochschulforscher in Computerwissenschaft ausgebildet worden, aber nur 9 % Industrieforscher, während 18 % (bzw. 27 %) aus der Physik stammten. Ferner vertreten waren Biologie (11 % versus 1 %), Mathematik und Psychologie (5 % versus 3 %). Siehe auch Schmoch et al. (1996, S. 333 ff).

93 Siehe z. B. Cronin (1984) und Frost (1979), neuerdings David (1994) zur Frage der wissenschaftlichen Produktivität.

rungsverhaltens kann wesentliche Hinweise auf die Diffusion von Wissen zwischen verschiedenen Innovationsakteuren geben. Dennoch kann insgesamt nicht geleugnet werden, dass sich das Gebiet der Bibliometrie noch im Stadium der Bestandsaufnahme befindet, d. h. der Sammlung unterschiedlicher methodischer Ansätze zur Messung von Phänomenen der Wissenschaftsentwicklung.[94] Es wird auch beklagt, dass die teilweise noch vordergründige Suche nach adäquaten Kennziffern der Wissenschaftsentwicklung tendentiell mit einer Vernachlässigung theoretisch-konzeptioneller Überlegungen in der szientometrischen Forschung verbunden sei.[95]

Konkordanzproblematik

Mit diesen wenigen einführenden Worten zur Bibliometrie und ihrer oft schwierigen Abgrenzung zur Patentanalyse soll es sein Bewenden haben. Der Gegenstand dieses Abschnitts ist die Passfähigkeit, d. h. die Abgrenzung der Gültigkeitsbereiche der verschiedenen Indikatoren für innovationsökonomische Fragestellungen. Das Thema wird dabei auf die *mikroökonomische Eignung* der Bibliometrie eingegrenzt, um das Gebiet von seiner überwiegenden Befassung mit wissenschaftssoziologischen Fragen abzusetzen. Bibliometrische Messungen gehorchen dem Klassifikationssystem der Wissenschaft, die Patentstatistik folgt der der Patentklassifikation. Beide sind nicht ohne weiteres in Beziehung zu den in den Wirtschaftswissenschaften üblichen Klassifikationssystemen zu bringen (Wirtschaftszweige, Warenverzeichnisse etc.). Die Anpassung verschiedener Klassifikationssysteme aneinander und die Definition von sogenannten *Umsteigeschlüsseln* wird *Konkordanz* genannt.

Im folgenden Abschnitt soll auf die Konkordanzfragen konkret eingegangen werden. Zunächst soll die Aufgabe problematisiert werden, denn die Eignung der Bibliometrie für die Innovationsforschung hängt von der Lösung des Konkordanzproblems ab. Wäre die Konkordanzproblematik vollständig gelöst, könnten bibliometrische Untersuchungen (auch wenn sie aus Nachbardisziplinen stammen) mit Messergebnissen der Patentstatistik in Verbindung gebracht und diese wiederum auf Wirtschaftszweige oder Produktgruppen bezogen werden. Allerdings ist - dies sei schon eingangs festgestellt - das Konkordanzproblem ein tief fundamentales Suchproblem, das alle Evolutionsaspekte im Innovationsprozess umgreift. Die Erwartung, dass bald - d. h. nach Investitionen in ein größeres Forschungsprogramm - hinreichende Umsteigeschlüssel vorliegen werden, muss schon aus theoretischer Sicht enttäuscht werden. Die Konkordanzproblematik, die von vielen als ein semantisches Problem der Definition und Aggregation von Klassifikationssystemen

---

94 Schmoch et al. (1988 S. 254 f).

95 Otto (1982, S. 52).

verstanden wird, ist genauso schwer lösbar wie es das Darstellen einer geschlossenen mikroökonomischen Formaltheorie des technischen Wandels ist.[96]

Passfähigkeit von Klassifikationssystemen

Die Klassifikationssysteme in Wissenschaft und Technik müssen sich schon deshalb fundamental unterscheiden, weil nur ein Teil der wissenschaftlichen Tätigkeit für die Technik relevant ist. Den Geistes- und Sozialwissenschaften geht nach herrschender Auffassung technische Relevanz ab (ausgenommen Analysen *über* Technik), aber auch viele medizinische und naturwissenschaftliche Fragen sind von so fundamentaler Art, dass sie zumindest auf absehbare Zeit für die technische Entwicklung irrelevant bleiben. Die Erhöhung des naturwissenschaftlichen Wissens durch Forschung und Entwicklung, also schöpferische und systematische Arbeit zur Erweiterung des Kenntnisstandes, führt oft zu unübersehbaren neuen Grenzverläufen zwischen wissenschaftlicher Klassifikation und technischer. Es ist bereits auf die definitorischen Unterschiede zwischen reiner und anwendungsorientierter Grundlagenforschung hingewiesen worden, die sich in der FuE-Statistik gerade einbürgern. Wenn Grundlagenforschung strategisch oder langfristig anwendungsorientiert sein soll, ordnet sie sich von ihrem gesellschaftlichen Verständnis her eher in technische Kategorien ein. Die Betreiber dieser Art von Forschung sind jedoch ihrem eigenen Verständnis nach in wissenschaftlichen Disziplinen tätig.[97] Nicht von ungefähr ist in der sozialwissenschaftlichen Systemtheorie die Technik als ein autonomes sozio-kognitives Subsystem dargestellt worden, das mit dem wissenschaftlichen, aber auch dem ökonomischen in Konflikt treten kann. Solange soziale Subsysteme tatsächlich konfligieren, erscheint ein allgemein gültiger Umsteigeschlüssel zwischen den jeweils üblichen Klassifikationskategorien nicht möglich zu sein.

Nicht anders ist es beim Umsteigen von technischen zu wirtschaftlichen Klassifikationssystemen. Die Patentklassifikation wird allgemein zur Untergliederung der Technik verwendet und hat den Vorteil, dass sie sehr fein und hierarchisch gegliedert ist. Sie ist im Vergleich zu Wirtschaftsklassifikationen flexibler; mehrere Technikgebiete können (gegebenenfalls mehrfach) den Warengruppen und damit den Märkten zugeordnet werden. Allerdings stellt ein bestimmtes Technikgebiet nicht nur die Innovationsgrundlage für einen einzigen Markt dar, sondern für mehrere. Die Aufstellung einer funktionalen Beziehung zwischen Märkten und Technikgebieten, die von einem konkreten Innovationsvorhaben absieht und allgemein gültig sein soll, erscheint insbesondere dann als unmöglich, wenn man an die *radi-*

---

96 Einen Ausweg bietet die Mikroökonometrik, wenn auf Aggregation, z. B. auf der Ebene von Wirtschaftszweigen, ganz verzichtet wird und einzelne Wirtschaftseinheiten ins Zentrum der Betrachtung rücken (siehe z. B. Grupp, Licht et al., 1996).

97 Siehe auch Fußnote 92 zur Kommunikationsstruktur auf dem Gebiet der neuronalen Netze.

kale Innovation denkt, die dann vorliegt, wenn eine querschnittsorientierte technische Leistungscharakteristik mit vermutlich großer Anwendungsbreite zu erwarten ist und die Veränderung ganzer Eigenschaftsbündel bevorsteht. Häufig wird solche Technik mit der Erwartung großer ökonomischer Durchdringung verbunden.[98]

Eine umfassende deutsche Studie zur Technologie am Beginn des 21. Jahrhunderts stellte unlängst fest, dass sich die Frage, ob in der Technik so etwas wie eine natürliche Ordnung verborgen ist, die auch zu ihrer ökonomischen Gliederung verwendet werden könnte, klar verneinen lässt. Die Technologie am Beginn des 21. Jahrhunderts ist nach herkömmlichen Gesichtspunkten nicht mehr aufteilbar. So verschieden die einzelnen Entwicklungslinien auch sein mögen, sie wirken letztlich in ökonomischer Hinsicht alle zusammen.[99] Während die Zusammenhänge bezüglich der Eigenschaften von Produkten noch diskutiert werden können, wird die Zuordnung von Technikklassifikationen zu industriellen Sektoren (Wirtschaftszweigen) nahezu ein hoffnungsloses Unterfangen, wenn diese sehr verschiedene Produkte, auch branchenfremde, herstellen.[100]

Konkordanzen für einzelne Innovationsvorgänge als Suchproblem

Das Erstellen von Konkordanzen ist also in jedem Fall der Versuch einer pragmatischen Teillösung bei unzureichender theoretischer Fundierung. Andererseits ist eine Überwindung der Konkordanzproblematik unumgänglich, um die vielfältigen, teilweise unverbundenen Innovationsindikatoren verknüpfen zu können. Lösbar erscheint das Konkordanzproblem am ehesten für *einzelne Innovationsprozesse*, d. h. fallweise und mit eng definiertem Gegenstandsbereich. Steht das Innovationsvorhaben oder das innovative Produkt im Sinne einer Vorgabe fest, ist es mit ausgeklügelten Suchstrategien möglich, relevante Patente und wichtige wissenschaftliche Publikationen hierzu zu definieren. Unter Betonung des „neuen techno-ökonomischen Systems" bzw. der wachsenden Bedeutung der technologischen Fusion[101] versagen aber auch in diesem Fall oftmals die im Abstand von fünf Jahren an den

---

98 Siehe etwa bei Grupp (1993a, S. 183).

99 Siehe bei Lüdtke (1995, S. 109) zur Entdifferenzierung disziplinärer Strukturen und wörtlich bei Grupp (1993, S. 240). Dort werden passim mehrere Beispiele gegeben. So ergeben sich zukünftige Anwendungssysteme der Telekommunikation (als Märkte) sowohl aus mikroelektronischen Fortschritten wie aus photonischen und sind ohne entscheidende Beiträge aus der Softwareentwicklung nicht denkbar. Letztlich steht hinter der Mikroelektronik (als Technik) die Festkörperphysik (als Wissenschaft) und hinter der photonischen Technik die optischen Wissenschaften, während die Software auf Systemtheorie, angewandter Mathematik, Kybernetik und allgemein den Informationswissenschaften beruht. Alle diese wissenschaftlichen und technischen Subsysteme sind somit für die Märkte der Telekommunikationsgeräte relevant - aber auch für viele andere.

100 Die spezielle Konkordanzproblematik zwischen Warengruppen und Industriezweigen wird auch von Legler et al. (1992) erörtert.

101 Siehe etwa Kodama (1986).

Gang der Technik angepassten Patentklassifikationssysteme bzw. die bibliometrischen Ordnungsprinzipien.

Aber auch wenn die Klassifikation nach heutigem Innovationsverständnis akkurat wäre, müssten die wissenschaftlich-technisch definierten Beschreibungen der einzelnen Klassifikationseinheiten immer noch im technometrischen Sinne auf die Produkteigenschaften der Innovation zugeordnet werden.[102] Es besteht jedoch die Möglichkeit, Symbole der bibliometrischen wie der Patentklassifikation mit Stichworten zu verbinden, um hiermit maschinelle Recherchen durchzuführen. Die Stichworte können von technischen Experten festgelegt werden, z. B. denen, welche die Ausprägungen der technischen Eigenschaften kennen. Mit Hilfe dieser sogenannten *kombinierten Suchstrategien* gelingt es häufig, einen Innovationsgegenstand im Sinne der technometrischen oder der Warenkategorien relativ genau abzubilden, auch wenn seine Struktur komplex ist.[103]

Ebenso wie auf maschinelle Patentrecherchen lässt sich die kombinierte Suchstrategie auch auf bibliometrische Datenbankrecherchen anwenden. Dieser Typ der Recherchenstrategie muss wegen seiner Komplexität sequentiell durchgeführt werden, das bedeutet, er kann nicht ein für allemal (nichtsequentiell) festgelegt werden, sondern muss nach dem Prinzip von Versuch und Irrtum weiterentwickelt werden. Ergibt die erste Recherche kein befriedigendes Ergebnis, müssen Klassifikationssymbole oder Expertenstichworte überprüft und gegebenenfalls angepasst werden, um den Suchgegenstand nicht zu verfehlen. Die Überlegenheit sequentieller Suchstrategien ist in der Theorie belegt.[104]

Auch wenn die kombinierten, sequentiellen Suchstrategien helfen, das Konkordanzproblem in Einzelfällen zu lösen, so ist es nicht trivial, zutreffende Stichworte festzulegen. Bereits hier spielen verschiedene „Sprachen" oder besser „Dialekte" der wissenschaftlichen und technischen Gemeinschaften (verschiedene soziale Subsysteme) eine Rolle und es kann das Problem der auseinanderdriftenden terminologischen Kulturen auftreten. Der bei der Festlegung technometrischer Eigenschaften und Kennzahlen festgestellte Expertenkonsensus ist oft die einzige Methode, die zu

---

102 Die Erfahrung zeigt, dass klassifikationsgestützte Patentrecherchen in der Regel nicht ausreichen, um die technometrisch definierten Produkteigenschaften ausreichend abzubilden; siehe Grupp (1994b, S. 184).

103 Schmoch und Grupp (1989) und Schmoch et al. (1988).

104 Siehe Weitzman (1979) oder Ahlswede und Wegener (1979). Diese Autoren beweisen, dass in ungünstigen Fällen die sequentiellen Suchstrategien den nichtsequentiellen durch eine höhere Geschwindigkeit überlegen sind (dabei ist eine höhere Geschwindigkeit durch weniger aufeinanderfolgende Suchschritte definiert), während in günstigen Fällen die nichtsequentiellen und die sequentiellen Suchstrategien gleichviele Suchschritte benötigen. Bei Anwendung sequentieller Suchstrategien kann man also nichts falsch machen; im ungünstigsten Falle entsteht daraus kein Vorteil bei der Suche.

untersuchenden bibliometrischen oder patentstatistischen Gegenstandsbereiche zu definieren.

Konkordanzen für Aggregate

Der beschriebene Weg der sequentiellen Suchstrategien in maschinellen Datenbeständen ist für größere Gebiete der Wissenschaft, Technik oder Wirtschaft nicht gangbar. Erstens wären solche maschinellen Recherchen viel zu aufwendig, andererseits wird es nicht gelingen, Experten zu finden, die alle technischen Produkteigenschaften aller Innovationen z. B. eines gesamten Wirtschaftszweigs im einzelnen diskutieren könnten. Das *Konkordanzproblem* ist also letztlich ein *Problem der Meso- und Makroebene*, nicht so sehr der *mikroökonometrischen*. Auf der Mikroebene ist die Eignung bibliometrischer Verfahren in der Innovationsökonomik gegeben, wenn man mit kombinierten Suchstrategien arbeitet.

Die im folgenden dargestellten pragmatischen Kompromisse, zu Konkordanzen auf der Mesoebene zu gelangen, stellen den momentanen Forschungsstand dar, der aber bei weitem nicht hinreichend ist. Andererseits fragt die Wirtschaftspolitik nach Zusammenhängen zwischen Wissenschafts- und Technikentwicklung und ihrer volkswirtschaftlichen Implikationen z. B. auf die nationale Außenhandelsbilanz und will wissen, wie die entsprechenden innovationsunterstützenden Prozesse im Hinblick auf das Ergebnis bewertet werden müssen. Die Bereitschaft, theoretisch unverstandene, aber an empirisch einfach zu beschaffende Datenbestände zu glauben, ist groß und nimmt wenig Rücksicht auf die Fundamentalität der Konkordanzproblematik wie sie oben umrissen wurde.

Bibliometrische Aggregate

Wie sind auf der Grundlage der Konkordanzproblematik bibliometrische Indikatoren auf der Mesoebene zu klassifizieren? Welche Daten liegen wie vor? Wie wird das heutige technisch relevante Wissenschaftssystem eingeteilt? Die letzte Frage braucht hier nicht allgemein beantwortet zu werden, da es genügt, die von Literaturdatenbanken verwendeten Klassifikationssysteme zu analysieren. Kritisch für jede empirische Arbeit ist nach wie vor die Auswahl einer geeigneten Datenbank. Die verfügbaren Literaturdatenbanken können zwar als genügend vollständig angesehen werden, sofern Grundlagenforschung oder reine Forschung betroffen ist. Aber es scheinen einige schwer zu quantifizierende Lücken im Datenbestand bezüglich gewisser Gebiete der Anwendungsforschung und der Technik zu bestehen, deren Ausmaß man jeweils nur reprospektiv und unter Zuhilfenahme von anderen Informationsquellen beurteilen kann. Im Unterschied zu den Patentdatenbanken, die sich bis auf wenige Ausnahmen auf amtliche Dokumente stützen, werden Literaturdatenbanken in privater Regie erstellt.[105] Der jeweilige Hersteller muss mit eigenem Personal aufgrund der schriftlichen Fassung der Publikationen eigene Dateien erstellen, eine eigene Klassifikation ersinnen und über die Menge der verwendeten Schlagwörter nachdenken.

Schon für jede innovationsrelevante, mikroökonomische Untersuchung ist daher sorgfältig zu überlegen, mit welcher Datenbank und, von daher, mit welcher Klassifikation gearbeitet wird. Für ein gegebenes Gebiet kann die Zahl der nachgewiesenen Publikationen und das zugrundeliegende Klassifikationssystem erheblich schwanken.[106] Schon aus diesen Gründen müssen auch die Publikationsstatistiken wie die Patentdaten bereinigt und standardisiert werden. Die Möglichkeiten der Verwendungen mehrerer Datenbanken entspricht dem Zusammenfügen der Daten mehrer Patentämter - wenn auch aus anderen Gründen. Häufig wird ein Aktivitätsindikator analog zu Formel (4-5) bzw. (4-6) gebildet, der dann meist mit RLA für „Relativer Literaturanteil" bezeichnet wird.[107]

Für Arbeiten auf der Mesoebene (sektoral) existiert nur eine Datenbank mit wissenschaftlicher Literatur, die alle Gebiete der Naturwissenschaften, der Ingenieurwissenschaften und der Medizin abdeckt: der sogenannte Science Citation Index (SCI), der von einer privaten Gesellschaft in Philadelphia betrieben wird.[108] Bei der Weiterverfolgung des Konkordanzproblems auf der Mesoebene kommt auf der Seite bibliometrischer Indikatoren und der Wissenschaftsklassifikation also nur die Datenbank SCI in Frage. Der SCI unterscheidet 114 wissenschaftliche Teildisziplinen und ordnet die in der Datenbank enthaltenen *Zeitschriften* jeweils einer dieser Dis-

---

105 Grupp (1990a) beschäftigt sich eingehend mit einem Qualitätsvergleich der Patent- und der bibliographischen Datenbanken.

106 In Grupp (1990a) werden zu den internationalen Innovationsvorhaben auf dem Gebiet der virtuellen Netzwerke, einem bedeutenden Zukunftsgebiet der Telekommunikation, in vier international einschlägigen Datenbanken 0, 1, 15 bzw. 46 Publikationen nachgewiesen. Zum Schlagwort „Tastatur" fanden sich in den nämlichen Datenbanken 22, 129, 151 und 1.188 Nachweise. Auch gibt es Schwankungen nach der Herkunft der Publikationen, die erfasst werden. Whitney (1993) examinierte 15 größere wissenschaftliche und technische Datenbanken zwischen 1970 und 1990. Sie stellte fest, dass der Anteil europäischer Autoren bei dreien permanent stieg und in einer Datenbank permanent fiel, während in der Hälfte der Datenbanken der Anteil der Europäer in den siebziger Jahren zuerst stieg und dann fiel.

107 Siehe z. B. Grupp (1990a, S. 450) oder Grupp und Hinze (1994, S. 89).

108 Im Beispiel aus der Fußnote 106 lag die Datenbank SCI bezüglich des Stichworts „virtuelles Netzwerk" extrem ungünstig, indem keine Nachweise gefunden wurden, während zum Schlagwort „Tastatur" immerhin 151 Publikationen existierten, was im Mittelbereich der Vergleichsdatenbanken liegt. Eine abdeckende Datenbank wie der SCI kann für einzelne Teilgebiete nicht gleichzeitig auch vollständig sein; dies ist das Mikro-Makro-Dilemma der Literaturdatenbanken.

ziplinen zu.[109] Bereits hieraus resultiert eine erhebliche Unschärfe, indem einzelne wissenschaftliche Aufsätze, die am Rande des zentralen Themas einer Zeitschrift stehen, ihrem Kerngebiet zugeordnet werden. Eine Mehrfachzuordnung zu mehr als einer Teildisziplin wird nicht vorgenommen. Zudem stellt eine der 114 Teildisziplinen eine Restkategorie dar, der alle diejenigen Zeitschriften zugeordnet werden, die nicht eindeutig einer anderen Teildisziplin unterschoben werden können. Hier sind in der Regel Zeitschriften enthalten, die Artikel der verschiedensten Fachbereiche enthalten. Außerdem gibt es fünf weitere, zu größeren Gebieten zugeordnete Restkategorien (Physik, Chemie etc.), welche jene Zeitschriften enthalten, die auf tieferem Aggregationsniveau keiner der Teildisziplinen (der Physik oder der Chemie etc.) eindeutig zuzuordnen sind. Diese Klassifikation umfasst alle naturwissenschaftlichen sowie die ingenieurwissenschaftlichen und medizinischen Disziplinen. Daneben existieren parallele Datenbanken zu den Sozial- und Geisteswissenschaften.

4.6 Beiträge zu einer mesoskaligen Konkordanz Wissenschaft-Technik-Wirtschaft

Bei der Erstellung einer mesoskaligen Konkordanz Wissenschaft - Technik - Wirtschaft muss zunächst die Zahl der „Saldierungseinheiten" festgelegt werden. Hierzu lassen sich vier Grundüberlegungen anstellen. Auf der Mikroebene muss zunächst beachtet werden, dass die Auswahl der Zeitschrift durch einen Wissenschaftler nicht unbedingt nur Aspekten der sachlichen Klassifikation seiner Forschungsarbeit folgt, sondern auch unter dem Aspekt des Reputationsgewinns geschieht. Nicht alle Zeitschriften sind spezialisiert; unter den bevorzugten hoch angesehenen Zeitschriften sind oft thematisch sehr breit gestreute Aufsätze zu finden. Alle diese Auswahleffekte[110] können bei mesoskaligen Arbeiten nicht kontrolliert werden, so dass es aus empirischer Sicht, und nicht nur vom theoretischen Standpunkt aus, plausibel er-

---

109 Ausgangspunkt für die Klassifikation war eine ursprünglich im Auftrag der amerikanischen National Science Foundation (NSF) erstellte Zuordnung, die heute noch gilt, aber aus gegebenem Anlass fortgeschrieben wird; siehe Grupp und Hinze (1994).

110 Um ein Beispiel für solche Auswahleffekte im Bereich der Wirtschaftswissenschaften zu geben, sei erwähnt, dass Diamond (1989) aufgrund einer Untersuchung zur Häufigkeit von Zitierungen herausfand, dass die fünf meistzitierten ökonomischen Zeitschriften eine sehr breite Thematik zulassen. Diese Zeitschriften sind die folgenden: American Economic Review, Econometrica, Journal of Political Economy, Review of Economics and Statistics und Review of Economics Studies. Liebowitz und Palmer (1984) untersuchten die Zitate auf Artikel im Journal of Economic Literature und fanden bei einer Analyse der nichtökonomischen Zitate, dass „die Ökonomen, da sie ja eine recht engstirnige und egozentrierte Gruppe darstellen, wahrscheinlich mehr um das Ansehen einer Zeitschrift als um die ökonomische Profession besorgt sind."

scheint, die „Körnigkeit“[111] einer *mesoskaligen Konkordanz* zwischen Wissenschaft und Technik, d. h. das Niveau der Zuordnung, nicht zu fein werden zu lassen, also auf relativ wenige Saldierungseinheiten abzuzielen.

Der zweite wichtige Grund für eine moderate „Körnigkeit“ liegt darin, dass die praktischen und konstruktiven technischen Probleme, die etwa in industriellen Labors gelöst werden, üblicherweise die Struktur und Unterteilung der wissenschaftlichen Disziplinen nicht reflektieren. So fand Majer, der die Zusammensetzung von FuE-Teams in Wirtschaftsunternehmen untersuchte, dass die dort beschäftigten Wissenschaftler und Ingenieure von verschiedenen Disziplinen stammen, aber meist einem größeren Komplex zuzuordnen waren.[112]

Der dritte Grund ist schließlich die unbestimmte Ausstrahlung wissenschaftlicher Ergebnisse auf mehrere Technikdisziplinen, die sich auf höherer Ebene (Körnigkeit) zutreffender abgrenzen lässt als auf tiefer. Beispielsweise werden zum Nachweis des früheren Stands der Technik in Patentdokumenten frühere Patentschriften zitiert. In wenigen Fällen, nämlich dann, wenn der frühere Stand in der Patentliteratur nicht dokumentiert ist, können Zitate auf wissenschaftliche Aufsätze gegeben werden.[113] Im Vorgriff auf die ausführliche Behandlung der Aneignung von Innovationsrenten auf einem wissenschaftsgetriebenen Markt sei gesagt, dass sich aus solchen Verweisen empirisch erschließen lässt, dass pro Technikgebiet mehrere Wissenschaftsdisziplinen um einen gemeinsamen Kern herum beteiligt sind.[114]

Das vierte Argument, das für eine gröbere Gegenüberstellung spricht, ergibt sich aus den externen Effekten in Wissenschaft und Technik. Das technische Wissen bringt sogenannte technologische Spillovers hervor, die hauptsächlich aus zwei Quellen gespeist werden. Eine Quelle, die hier wichtig ist, sind die technologischen Ähnlichkeiten, also immanente Faktoren von Wissenschaft und Technik, nach denen jede Innovation grundlegende Prinzipien und Methoden beinhaltet, die weit verbreitet und relativ leicht übertragbar sind. (Die andere Quelle ergibt sich aus der Mobilität des Personals und anderen organisatorischen Aspekten).

---

111 Der Begriff Körnigkeit (Granularity) stammt von Martin (1992), der sich im Zusammenhang mit Fragen der Vorausschau auf Wissenschaft und Technik mit dem Problem einer angemessenen Breite der „Gattungen“ von Zukunftsprojekten beschäftigt.

112 Majer (1978). Auf die oben erwähnte neuere Untersuchung von Rappa und Debackere (1992) zu neuronalen Netzen wird verwiesen.

113 Dies sind die Verweise auf die sogenannte „Nichtpatentliteratur“ (NPL); mit diesem methodischen Instrumentarium lässt sich die Wissenschaftsbindung der Technik analysieren.

114 Beispielsweise notieren Schmoch et al. (1996a) für Patente in der Agrar-Biotechnologie Verweise auf die wissenschaftlichen Aufsätze im Bereich der Biochemie, der Molekularbiologie, der Mikrobiologie, der Botanik, der Genetik, der Virologie, dem Lebensmittelingenieurwesen, der Immunologie usw. (Es werden 33 zitierte Zeitschriften in diesen Bereichen nachgewiesen).

Konkordanz Wissenschaft-Technik

Tabelle 4-1 ist ein solcher Versuch einer groben Zuordnung von Wissenschaft und Technik.[115] Man erkennt aus der Tabelle, dass moderne Wissenschaftsgebiete prominenter vorkommen als historische und dass Disziplinen mit einem großen Forschungsbetrieb, in dem entsprechend viele Publikationen entstehen, stärker disaggregiert werden als solche mit einer geringeren Forschungsaktivität. Aus Tabelle 4-1 ergibt sich auch die Zuordnung der wissenschaftlichen Disziplinen zu elf Saldierungseinheiten, die dem Zweck dient, eine grobkörnige Konkordanz zur Technikklassifikation zu ermöglichen.

Tabelle 4-1: Grobe Gegenüberstellung von Wissenschafts- und Technikklassifikationen im Sinne eines Kompromisses zur Konkordanzproblematik mit elf Saldierungseinheiten.

Saldierbare Einheiten	Gebiete der Wissenschaft	Gebiete der Technik
Medizin	Medizinische Forschung, Krebsforschung, experimentelle Medizin, Radiologie, Nuklearmedizin, medizinische Labortechnik, Innere Medizin, Physiologie, Urologie, Herz-Kreislauf-Forschung, Immunbiologie, Allergologie, Immunologie, Rheumatologie, Reproduktionsmedizin, Altersforschung, Andrologie, Frauenheilkunde, Neurowissenschaften, Psychiatrie, Pathologie, Gerichtsmedizin, Anatomie, Gesundheitswissenschaften, Hygiene, Zahnheilkunde Tropenmedizin, Augenheilkunde, Orthopädie, HNO-Forschung, Kinderkrankheiten, Allgemeinmedizin	Medizintechnik
Biotechnologie	Pharmakologie, Mikrobiologie, Bioverfahrenstechnik, Allgemeine Biologie, Toxikologie, Virologie, Biochemie, Molekularbiologie, Genetik, Zoologie, Biophysik, Botanik	Pharmazie & Kosmetik, Biotechnologie

115 Dieses Klassifikationsschema wurde unter Einbezug von Fachleuten der Fraunhofer-Gesellschaft im Jahre 1991 erstellt; die methodischen Details siehe bei Grupp und Hinze (1994). Dieses Schema ordnet die 3.500 Zeitschriften des SCI 27 Wissenschaftsgebieten zu, ist also durch den Thesaurus wissenschaftlicher Zeitschriften einer bestimmten Datenbank definiert.

Organische Chemie	Organische Chemie, Polymerforschung	Organische Fein-Chemie, Makromolekulare Chemie, Polymere, Grundstoff- & Petrochemie, Chem. Verfahren
Ernährung & Landwirtschaft	Ernährungswissenschaften, Landwirtschaft, Forstwirtschaft, Fischwirtschaft, Gartenbau, Veterinärmedizin	Lebensmittel & landwirtschaftliche Produkte
Anorganische Chemie	Anorganische Chemie, Materialforschung, Analytische Chemie Keramikforschung, Bergbauforschung, Metallurgie, Chemieverfahrenswiss., Nuklearchemie, Angewandte Chemie	Werkstoffe & Metallurgie, Verfahrenstechnik, Oberflächentechnik, Schichtkörper, Kristallzüchtung
Umwelt	Ökologie, Wasser- und Meeresforschung, Limnologie, Geologie, Mineralogie, Meteorologie, Ozeanographie, Paläontologie, Geowissenschaften	Umwelttechnik
Energie	Energieforschung, Nuklearwissenschaften, Teilchenforschung, Brennstofforschung	Nukleartechnik, Thermik, Elektrizitätsverteilung, Strahlenschutz, Thermische Anlagen, elektr. Energie, Antriebe und Bauteile
Physik	Angewandte Physik, Physikalische Chemie, Allgemeine Physik, Metrologie, Astronomie, Optik, Plasmaphysik, Akustik, Mikroskopie	Optik, Messen, Steuern, Regeln
Information	Informationswissenschaften, Angewandte Mathematik, Festkörperphysik, Operations Research, Statistik, Elektrotechnik, Elektronik, Nachrichtenwesen, Kybernetik, Computerwissenschaften, Atomphysik, Molekülphysik, Spektroskopie, Kristallographie	Audiovisuelle Technik, Telekommunikation, Datenverarbeitung, Halbleiterbauelemente
Mechanik	Allgemeine Ingenieurwissenschaften Automatisierung, Bauforschung, Luft- und Raumfahrtwissenschaften	Produktionstechnik, Werkzeugmaschinen, Motoren, Pumpen, Turbinen, Maschinenelemente, Handhabung & Druck, Landwirtschaftliche Maschinen, Transport, Bauwesen, Raumfahrt & Waffen, Materialverarbeitung, Textil- und Papiermaschinen, Nahrungsmittelverarbeitende Maschinen, Verkehr
Sonstiges		Verbrauchsgütertechniken

In Tabelle 4-1 stehen den Wissenschaftsgebieten einige Technikgebiete gegenüber, die mit der internationalen Patentklassifikation definiert sind. Die Technikklassifikation wurde Ende der 80er Jahre erarbeitet und wird seitdem in vielen empirischen Kontexten verwendet. Dabei war es Absicht, die Technik in möglichst homogene Gebiete einzuteilen. Die hierarchische Struktur der Patentklassifikation wurde beibehalten, um jede Invention unzweideutig zu genau einem technischen Gebiet zuordnen zu können.[116] Diese Technikklassifikation muss aus den diskutierten Gründen auf grobe Saldierungseinheiten gebracht werden, um zur Wissenschaftsklassifikation zu passen. Es hat sich als schwierig erwiesen, die Konkordanz zu verfeinern; sie gilt jeweils für die gegenübergestellten elf Aggregate insgesamt.[117]

Konkordanz Technik-Wirtschaft

Mit der Technikklassifikation und ihren Restklassen ist der Übergang von der Wissenschaftsklassifikation zur *Wirtschaftsklassifikation* erleichtert worden. Es muss aber in aller Deutlichkeit festgestellt werden, dass gegenwärtig eine strenge Konkordanz zwischen der Wissenschafts- und Technikklassifikation gemäß Tabelle 4-1 und der Warenklassifikation nicht existiert.[118] Es gibt zur Zeit nur einen Umweg, um von einer Wissenschaftsklassifikation über eine patentgestützte Technikklassifikation auf eine Warenklassifikation zu kommen, sie wird unten erläutert. Zunächst soll der Aufriss des Problems im Mittelpunkt stehen, welches sich bei einer Zuordnung der Technik zu Wirtschaftsaktivitäten ergibt. Die technologische Klassifikation betrachtet die Objekte des technischen Wandels, während man bei wirtschaftlichen Fragestellungen häufig am Sektor interessiert ist, der Innovationen hervorbringt. Damit zielt man auf die Subjekte des Wirtschaftsgeschehens ab, nicht auf die Objekte ihrer innovationsgerichteten Tätigkeit. Auf dieser Ebene ist das Konkordanzproblem nicht sinnvoll zu definieren, denn weshalb sollte man eine Gegenüberstellung von Wirtschaftseinheiten, z. B. produktionsverwandten

---

116 Diese Klassifikation wurde ebenfalls unter Einbezug des technologischen Wissens von Fachleuten aus der Fraunhofer-Gesellschaft erstellt. Wann immer die Fachleute dies für möglich und sinnvoll erachteten, wurde eine ganze Klasse der Patentklassifikation (zweistellige Hierarchieebene) einem Technikgebiet zugeordnet. In Fällen, wo sich die technische Entwicklung inzwischen differenziert hat und eine derart grobe Zuordnung nicht vertretbar erschien, wurden einzelne Unterklassen (dreistellige Hierarchieebene) den Gebieten zugeschlagen. Siehe bei Grupp und Schmoch (1988, S. 26 ff.). Zusätzlich wurden zwei Querschnittsgebiete für Verbrauchstechnik im privaten Haushalt und für Umwelttechnik definiert. Diese entsprechen keiner sinnvollen technologischen Abgrenzung, haben aber für heutige Fragestellungen in der Innovationsökonomik überragende Bedeutung. Die in Tabelle 4-1 wiedergegebene Liste ist durch das französische Patentamt INPI und das Observatoire des Sciences et des Techniques (OST) überarbeitet worden. Details siehe bei Schmoch und Kirsch (1993).

117 Die Wirtschaftsstatistik hat das Vorbild geliefert: Beim Umschlüsseln zwischen verschiedenen Wirtschaftssystematiken werden ebenfalls mehrere Melde- oder Warennummern zu einer Saldierungsnummer zusammengefasst, um eine optimale Anpassung zu gewährleisten.

118 Entsprechende Arbeiten sind in den Vereinigten Staaten, in den Niederlanden und in Deutschland im Gange.

Branchen, mit zeitlich konstant gedachten technischen Objekten haben wollen? Es ist vielmehr eine vom Einzelfall abhängende Fragestellung, *welche* Wirtschaftseinheiten sich mit welchen *Objekten* des technischen Wandels beschäftigen. Für diese analytische Fragestellung kann es keine mesoskalige Klassifikation geben.

Anders sieht das Problem aus, wenn man Märkte und nicht Wirtschaftszweige betrachtet. Hier werden ebenfalls Objekte des technischen Wandels betrachtet, allerdings in anderer Abgrenzung, nämlich warenbezogen. Die Konkordanzproblematik Technik-Wirtschaft wird im weiteren Gang der Arbeit daher ausschließlich als eine Gegenüberstellung zwischen Patentsystematiken und Warensystematiken verstanden, wenngleich nicht geleugnet werden kann, dass sich das Missverständnis bereits in die ökonomische Literatur eingeschlichen hat, die Konkordanzproblematik bezöge sich auf Wirtschaftszweige.[119] Die hier vertretene Perspektive wird auch von Scherer unterstützt, der eine Technologieflussmatrix präsentiert, die für die amerikanische Wirtschaft gilt und auf Patentdaten beruht. Er kann die sehr komplexen Wechselbeziehungen zwischen den Wirtschaftszweigen und dem technischen Wandel ausleuchten und überzeugend nachweisen, dass das Produktivitätswachstum von denjenigen Unternehmen getragen wird, welche bestimmte FuE-Ergebnisse auf ihre Produkte bezogen (dokumentiert in Patenten) *anwendeten* und nicht von jenen, deren Wirtschaftszweig sie *hervorbrachte*.[120]

Bei der Konkordanz zwischen Technik und Wirtschaft handelt es sich um ein ähnliches Phänomen wie die in den Wirtschaftswissenschaften verbreitetere Problematik der Abgrenzung des *intraindustriellen Handels*. Dort und beim Konkordanzproblem tauchen gleiche methodische Schwierigkeiten auf. Die Definition und Abgrenzung des intraindustriellen Handels gegenüber dem interindustriellen beruht auf der Festlegung, welche Güter zu einem Markt gehören und welche nicht. Dreh- und Angelpunkt aller theoretischen und empirischen Untersuchungen zum Phänomen des intraindustriellen Handels ist deshalb die Abgrenzung einer Warengruppe mit dem Ziel, einen nach bestimmten Kriterien bewerteten möglichst hohen Grad an Homogenität zwischen den Produkten der Warengruppe zu erreichen. Erst wenn dies gelungen ist, kann man den intraindustriellen getrennt vom interindustriellen Handel untersuchen.[121] Auch beim Konkordanzproblem geht es darum, homogene

---

[119] Griliches (1990, S. 1666) diskutiert mehrere Möglichkeiten und Fragestellungen und schreibt schließlich: „Patente werden den Industrien zugeordnet, welche die erwarteten Waren, welche sie konstituieren, produzieren ...". Er identifiziert damit die Industrieklassifikation mit der Warenklassifikation, was nur im Falle der USA möglich ist, da die dort verwendete Standard Industrial Classification (SIC) tiefer disaggregiert ist als die deutsche und auch fast 10.000 siebenstellige „Produkte" enthält (siehe auch Kaufer, 1980, S. 20). Sie wird sowohl für die Klassifation der Wirtschaftszweige wie auch der Produkte bzw. Märkte genommen. In Deutschland sowie international werden hingegen verschieden strukturierte Systematiken verwendet.

[120] Scherer (1982).

[121] Münt (1996).

Kategorien einander gegenüberzustellen und in jedem Klassifikationssystem abzugrenzen.

Es gibt derzeit keinen direkten internationalen Zugang zur Konkordanz Technik-Wirtschaft. Seit den 70er Jahren wurden aber in den Vereinigten Staaten in den einzelnen Patentdokumenten nicht nur die Patentklassifikationssymbole vermerkt, sondern auch jeweils eine von 55 Einheiten der Standard Industrial Classification (SIC), für welche die Erfindung „einschlägig" ist.[122]

Im Rahmen der international gebräuchlichen Wirtschaftsklassifikationssysteme gibt es sogenannte Umsteigeschlüssel, die meist von den statistischen Ämtern definiert wurden. Mit Hilfe solcher Schlüssel gelingt es, von der SIC zum internationalen Warenverzeichnis SITC (Standard International Trade Classification) überzugehen. Auch hier ist eine nicht zu feine Körnigkeit Voraussetzung, da innerhalb der Marktsysteme Saldierungsnummern definiert sind, unter die mehrere Melde- oder Warennummern jedes Systems subsummiert werden. Im Ergebnis erscheint eine Konkordanz des US-Systems zu internationalen Warengruppen gemäß Tabelle 4-2 vertretbar zu sein, wenn man sich des Kompromisscharakters eines solchen Unterfangens bewusst bleibt. Diese Gegenüberstellung ist seit Jahren im empirischen Test und hat sich für begrenzte Zwecke auf der Meso- und Makroebene bewährt.[123]

122 Der Originalausdruck ist „pertinent"; wegen der Vielzahl dieser Zuordnungen - die US-Patentsystematik umfasst mehr als 100.000 Einheiten - ist diese Konkordanz nur maschinell anwendbar. Mehrfachzuordnungen sind später eingeführt worden, weil mit dem ursprünglichen Prinzip der Einmalzuordnung schlechte Erfahrungen gemacht worden waren. Heutzutage werden die entsprechenden Patente dabei fraktioniert gezählt, so dass die Summen erhalten bleiben. Siehe ausführlich bei Griliches (1990).

123 Legler et al. (1992) und Gehrke et al. (1994). Zu betonen ist, dass in Tabelle 4-2 die SIC- und die SITC-Nummern exakt zutreffen, während die angegebenen US-Patentnummern nur einen assoziativen Anhaltspunkt geben. In der komplexen maschinellen Form sind extrem viele einzelne Unterklassen je nach sachlicher Notwendigkeit anderen Saldierungsblöcken zugeordnet, so dass Tabelle 4-2 nach dem Schwerpunktsprinzip gegliedert werden musste. Tatsächlich ist die vollständige Zuordnung der Patentsymbole in einem vielhundertseitigen Computerausdruck festgehalten.

Tabelle 4-2: Gegenüberstellung von groben Einheiten des amerikanischen Patentsystems (Technikklassifikation) und zweier Marktsystematiken.

Saldierbare Einheiten	**US-Patentklassen** *(USPOC Rev. Dez. 1991)*	**US-Produktgruppen** *(SIC Rev. 1987)*	**Internat. Warengruppen** *(SITC Rev. III)*
Lebensmittel	Kohlenhydrate (127) Essbare Produkte, Verfahren (426)	Lebensmittel (20)	Nahrungsmittel, Getränke (01-09,11) Stärke (592)
Textil	Textilbearbeitung (8) Textilien (57) Nähen (66) Weben (139)	Anorg./sonst. Chemie (281, 289) Farben, Lacke (285)	Garne, Gewebe (65)
Höher-wertige Chemie	Gastrennung (55) Munition (102) Explosivstoffe (149) Destillation (203) Anorg. Chemie (423) Katalysatoren (502) Bestimmte Kunststoffe (523, 524)	Anorg. Chemie (281) Farben, Lacke (285) Sonst. Chemie (289)	Seltene Stoffe (522) Metallsalze (523) Neue anorg. Chemie (524) Radioaktive Stoffe (525) Synthet. Farbstoffe (531) Gerbstoffe (532) Pigmente, Beschichtungsmat. (533) Geruchs-, Geschmacksst. (551) Pyrotech. Artikel (593) Neue Chemikalien (598)
Kunststoffe	Kunststoffe (525, 526, 528)	Plastik, Kunstharze (282)	Synthesefasern (266) Neue Polyester (574) Kunststoffe (575) Glasfaserkabel (773)
Pharma-zeutika	Arzneien (424) Molekularbiolog. (435) Biol. Wirkst. (514) Peptide Proteine (930) Gentechnik (935)	Pharmazeutika, Arzneimittel (283)	Heterozykl. Chemie (515) Neue org. Chemie (516) Pharmazeut. Produkte (541) Medikam. (542)
Reinigung	Detergentien (252) Desinfektion (422)	Seife, Detergentien, Kosmetika (284)	Schönheitsmittel (553) Reinigungs-, Putzmittel (554)
Organische Chemie	Kohlenstoffverbind. (269) Holzstoffe (530) Org. Verbindungen (532-570) Kohlen-wasserstoffe (585)	Organische Chemie (286)	Kohlenwasserst. (511) Alkohole (512) Carbonsäuren (513) Stickstoffverb. (514) Zusatzst. (597)
Agrar-chemie	Dünger (71) Biol. Wirkst. (514)	Agrarchemie (287)	Dünger (562) Agrarchemie (591)
Brennstoff-verarbeitung	Brennstoffe (44) Gas (48) Brunnen (166) Min.ölverarb. (208)	Petroleum/Gasextraktion (13) Raffinierung (29)	Erdölerzeugnisse (33) Gase (34)
Gummi, Plastik	Reifen (152) Klebstoffe (156) Plastikverarb. (264) Kunststoffe (524) Schläuche (384)	Gummi-, Plastikprodukte (30)	Polymere (571-573) Kunststoffabfall (579) Geformter Kunststoff (58) Kunststoffware (893)
Keramik, Glas	Sanitärwaren (4) Glasherstellung (65) Keramik (501)	Steine-, Erden-, Glasprodukte (32)	Schleifmittel (277), Techn./Feinkeramik (663, 666) Glaswaren (664, 665) Baustoffe (661, 662)

Saldierbare Einheiten	US-Patentklassen	US-Produktgruppen	Internat. Warengruppen
Eisen, Stahl	Metallurgie (75) Schienen (104, 238) Rohre (138) Metallbearb. (148) Schmelzen (164) Legieren (420)	Stahlproduktion (331) Gießerei (332) Sonst. Metalle (3399) Schmiedeware (3462)	Eisen, Stahl (67)
Nichteisen-metalle	Metallurgie (75) Metallbearb. (148) Schmelzen (164) Legieren (420)	Primäre/sek. NE-Metalle (333, 334) Walzen, Ziehen (335) Gießen (336) Sonstiges (339 ohne 3399) Schmieden (3463)	Nichteisen-Metalle (68)
Metallwaren	Abscheiden (15) Kleinteile (16, 411) Metallbearb. (29) Besteck (39) Verschlüsse, Schlösser (49, 70) Strukturmetall (52) Werkz. (81) Industrieöfen (110, 126) Elektrolyse (205) Verbind. (285)	Verarbeitete Metallwaren (34 ohne 3462, 3463, 348)	Metallwaren (69)
Waffen	Handfeuerwaffen (42) Munition (86, 102) Kriegswaffen (89)	Waffen (348) Panzer (3795)	Waffen (891)
Turbinen, Kraftwerke	Kraftwerke (60) Verbrennungsmaschinen (123) Rotations-motoren (415, 416, 418)	Motoren, Turbinen (351)	Kraftwerke (718) Dampfturbinen (711, 712) Verbrennungsmasch. (713) Rotationsmasch. (716)
Land-maschinen	Erntemasch. (56) Ackerbau (47) Pflanzmasch. (111) Bewässerung (239) Landmasch. (278)	Landwirtschafliche Maschinen (352)	Landwirtschaftliche Maschinen (721)
Bauwesen	Ausgrabung (37) Brunnen (166) Erdarbeiten (172) Bohren (175) Aufzüge (187) Förderung (193, 198, 406) Straßenbau (404)	Bau-, Handhabungs-maschinen (353)	Zugmaschinen (722) Bergbaumaschinen (723) Handhabungsmaschinen (744)
Metallverar-beitung	Metallbearb. (29) Werkzeug (76, 81) Schneiden (83, 408-409) Metallurg. App. (266) Verbinden, Schweißen (228) Roboter (901)	Metallverarbeitungs-maschinen (354)	Werkzeugmaschinen (731, 733) Teile (735) Schweißautomaten (737) Maschinenzubehör (749)

(wird fortgesetzt)

Saldierbare Einheiten	US-Patentklassen	US-Produktgruppen	Internat. Warengruppen
Arbeits-maschinen	Leder- (12, 69) Textilmasch. (19,26, 28,57,66,68,87,139) Trocknen (34, 55) Glasherst. (65) Nah-rungsm.verarb. (99, 452) Druckmasch. (101) Tabakverarb. (131) Reinigen (134) Holzbearb. (144) Papierherst. (162) Sterilisieren (422) Plastikbearb. (425)	Textil, Papier-, Druckmaschinen (355)	Textilmaschinen (724) Papiermaschinen (725) Druckmaschinen (726) Nahrungsmittelverarbeitung (727)
Spezielle Maschinen	Verpackung (53) Maschinenelemente (74) Spezialmotoren (92) Pressen (100) Beschichtung (118) Pumpen (417) Kupplungen (192) Kraftübertrag. (242, 474)	Allgemeine Industriemaschinen (356)	Fortgeschrittene Werkzeugmaschinen (728) Pumpen (742, 743) Armaturen (747) Kupplungen (748)
Büro-, Rechen-maschinen	Waagen (177) Registriergeräte (235) Kodierung (341) Inform.speicher (360) EDV-Systeme (364, 395) Schreibmasch. (400)	Büro-, Rechenmaschinen (357)	Büromasch., Textverarb. (751) EDV-Anlagen (752) EDV-Zubehör (759)
Dienst-leistungs-maschinen	Reinigung (15, 210) Trocknen (34) Kühlen (62) Heizgeräte (126) Löschen (239) Rühren (366) Zerkleinern (241)	Kältetechnik (358) sonstige Maschinen z.B. Cafeteria-Bedarf (359)	Industrielle Thermik (741) Spezielle Maschinen (745)
Elektrizität	Schaltkreise (200) (Leistungs-) Übertragung (307, 363) Elektrizität (329, 324, 361) Oszillatoren (331) Wellenleiter, Netze (333) Schalter, Elektromagnete (335)	Elektr. Verteilung, Übertragung (361) Elektrizitätsmessung (3825)	Traditionelle Elektronik (771, 772) Elektrizitätsverteilung (773)
Elektro-technik	Elektroheizung (219, 373) Elektromotoren (310, 313, 314, 318, 388) Beleuchtung (338, 361, 362) Beschleuniger (378) Brennstoffzellen (4299	Industrielle Elektrotechnik (362) Beleuchtung (364) Sonst. Elektrotechnik (369)	Fortgeschrittene Elektrotechnik (778) Heizungseinrichtungen (812) Beleuchtung (813)

Saldierbare Einheiten	US-Patentklassen	US-Produktgruppen	Internat. Warengruppen
Haushalts-elektrik	Kühlung (62) Nähmasch. (112) Herde (126) Heizlüfter (392)	Elektrische Haushaltsgeräte (363)	Elektrische Haushaltsgeräte (775)
Radio, Fernsehen	Verstärker (330) Empfänger (334) Fernsehen (358) Speicher (369) Audiogeräte (381) Hauskommunikation (455)	Radio, Fernsehen (365)	TV-, Videogeräte (761) Autoradios (762) Audiogeräte (763)
Kommuni-kation, Elektronik	Signaltechnik (116, 246) Telegraphie (178) Modulation (329) Nachrichtentechnik (340) Kodieren (341) Radionavigation (342) Antennen (343) Halbleiter (357) Opt. Komm. (358, 359, 382, 385) Speicher (365) Akkustische Komm. (367, 381) Multiplex-technik (370) Digitaltech. (375) Telefon (379) Kryptographie (380) Bildung, Demonstration (434) Halbleiterherst. (437) Telekomm. (455) Supraleitung (505)	Telekommunikation (366) Elektronische Bauteile (367)	Telekommunikation (764) Halbleiterbauelemente (776)
Kraftfahr-zeuge	Verbrennungsmasch. (123) Räder, Reifen (152) Motorfahrzeuge (180) Bremsen (188) Kupplungen (192, 475)	Kraftfahrzeuge (371)	Wälzlager (746) Personenkraftwagen (781) Nutzfahrzeuge (782) Kfz-Teile (783, 784)
Luft-, Raumfahrt	Rückstoßantriebe (60) Flugzeugtechnik (244) Strömungstechnik (416)	Luftfahrt (372) Raketen, Raumfahrzeuge (376)	Turbinen (714) Luft-, Raumfahrzeuge (792)
Schiffe	Schiffe (114) Schiffsantriebe (440)	Schiffe, Boote (373)	Wasserfahrzeuge (793)
Bahnen	Eisenbahntechnik (104) Schienen-Fahrzeugpark (105)	Schienenfahrzeuge (374)	Schienenfahrzeuge (791)
Zweiräder	Motorräder (180) Bremsen (188) Schutzeinr. (293) Fahrräder (280)	Motor-, Fahrräder (375)	Krafträder, Fahrräder (785)

Saldierbare Einheiten	US-Patentklassen	US-Produktgruppen	Internat. Warengruppen
Andere Fahrzeuge	Sportfahrzeuge (278) Anhänger (280) Campingfahrzeuge (296) Elektroauto (180)	Sonstige Fahrzeuge (379 ohne 3795)	Anhänger, andere Fahrzeuge (786)
Instrumente	Geometrische Instr. (33) Messen, Testen (73) Chirurgische Instr. (128, 600, 604, 606) Strahlenmessung (250, 976) Optische Geräte (351-353, 356, 359) Photographie (354) Fotokopieren (355) Zeitmessung (368) Chem. Messgeräte (435-436)	Optische, medizinische, andere Messinstrumente (38 ohne 3825)	Medizinische Elektronik (774) Optik (871) Med. Instrumente (872) Trad., fortgeschr. Messgeräte (873, 874) Foto-, Filmgeräte (881) Fotomaterial (882-883) Glasfasern, Linsen (884) Uhrmacherwaren (885)
Sonstiges	Alle übrigen Patentklassen, z. B. Kleidung (2) Möbel (5, 297) Gebäude (52) Juwelen (63) Musik (84) Tabak (131) Regenschutz (135) Sportgeräte, Reise, Vergnügen (272) Spiele (273, 446)	Alles übrige, z. B. Kohle (12) Hochbau (15, 16) Tabak (21) Kleidung (23) Möbel (25) Papier, Druckerzeugnisse (26, 27) Lederprod. (31) Schmuck (391) Musikinstrumente (393) Sport-, Spielzeug (394)	Alles übrige, z. B. Tabak (12) Kohle (32) El. Strom (35) Lederwaren (61) Gebäude (811) Möbel (82) Reiseartikel (83) Bekleidung (84) Schuhe (85) Druckerzeugnisse (892) Spielzeug, Sportgeräte (894) Bürobedarf (895) Kunstgegenstände (896) Schmuckwaren (897) Musikinstrumente (898)

(Schluss)

Nützlichkeit der Konkordanz Technik - Wirtschaft und offene Fragen

Die Konkordanz Technik-Wirtschaft ist an dieser Stelle aus zwei Gründen in voller Länge wiedergegeben worden. Zum einen wird auf sie im Teil III zurückgegriffen. Zum anderen sollen die oben abstrakt beschriebenen Zuordnungsschwierigkeiten anschaulich verdeutlicht werden, um die Abgrenzungsschwierigkeiten korrelierender Indikatoren zu verdeutlichen. Betrachten wir z. B. die saldierbaren Einheiten „Eisen, Stahl" und „Nichteisenmetalle". In der Wirtschaftszweig- wie der Warenstatistik werden diese Metallsorten strikt unterschieden, zum Beispiel aus zollrechtlichen Gründen. *Technisch* werden die Sorten jedoch allemal zur Metallurgie zugeordnet und durch Schmelzen und ggf. Legieren hergestellt. Die entsprechenden Patentklassen müssen daher mehrfach fraktioniert zugewiesen werden. Erst auf dem Unterklassenniveau (sechsstellige Nomenklatur der US-Patentklassifikation USPOC) wird gelegentlich - aber nicht durchgängig - nach Schmelzen von Stahl, Eisen und Aluminium etc. unterschieden.

Ein anderes gutes Beispiel für Zuordnungsprobleme stellen die saldierbaren Einheiten „Rechenmaschinen" und „Kommunikationsgeräte" dar. Die entsprechenden Märkte unterscheiden sich fundamental (etwa durch die Regulierung der Telekommunikationsnetze), technisch haben sie jedoch große Ähnlichkeiten. Beidemale spielen Kodierungsverfahren (USPOC 341) und viele Halbleiterbauelemente eine Rolle. Die Kodierung von Information ist bei Rechnern für die Datensicherheit, bei der Mobilkommunikation für die Abhörsicherheit erforderlich. Der technische Fortschritt bei Kupplungen (USPOC 192) ist für fast alle Fahrzeuge, aber auch für verschiedene andere Maschinen und für die Warenkategorie selbst (SITC 748) wichtig. Solche Zuordnungsprobleme resultieren aus den Wesensmerkmalen des technischen Fortschritts und werden *nicht* erst durch den Gebrauch der Statistiken aufgeworfen.

Das Konkordanzproblem ist nicht annähernd gelöst; die Konkordanzproblematik spiegelt ein fundamentales Zuordnungsproblem im Innovationsgeschehen wieder. Die Überbetonung von Schwierigkeiten darf aber nicht darüber hinwegtäuschen, dass die verwendeten Indikatoren für spezifische innovationsökonomische Fragestellungen je einzeln verwendet werden können, ohne den Untiefen der Konkordanzproblematik ausgesetzt zu sein. Erst bei Zusammenfügung verschiedener Datensätze entstehen die Abgrenzungs- und Zuordnungsprobleme. Auch ist das Konkordanzproblem auf der Mikroebene mit Hilfe der kombinierten Suchstrategien bereits gelöst worden.

4.7 Überblick über unmittelbare Fortschrittsindikatoren der Innovation

Die Wirkungen des technischen Fortschritts sind vielfältig und erstrecken sich auf viele, wenn nicht alle Bereiche von Ökonomie und Gesellschaft. Sie können in diesem Abschnitt nicht annähernd umrissen werden. Das Thema wird daher zunächst eingegrenzt auf die *unmittelbaren Fortschrittsindikatoren,* die - zumindest aufgrund theoretischer Überlegungen - ähnliche Sachverhalte wie der technometrische Indikator messen können. Betrachtet werden zunächst die aus direkten Unternehmensbefragungen hervorgegangenen Innovationszählungen. Fortschrittsmaße für FuE-intensive Gütermärkte folgen im nächsten, die gängigen, auf Produktionswachstum und Handel sowie die Beschäftigung abzielenden indirekten Fortschrittsindikatoren im letzten Abschnitt dieses Kapitels. Alle übrigen Fortschrittswirkungen auf die Unternehmensgröße, auf die Marktstruktur und andere wirtschaftswissenschaftlich interessante Größen werden hier nicht diskutiert. Auf die entsprechend umfangreiche Literatur wird verwiesen.[124] Außerdem geht es um einen Überblick über *Messkonzepte*, die geeignet erscheinen, im Teil III empirisch untersucht zu werden.

---

124 Siehe etwa Cohen und Levin (1989), Heertje und Perlman (1990) oder Schwitalla (1993).

Abzählen von Innovationen

Sehr verbreitet ist das *Abzählen von Innovationen* und eine entsprechende Erhebung vermittels Fragebögen bei den betreffenden Unternehmen.[125] Indikatoren, die durch Abzählen von Innovationen entstehen, sind als außerordentlich problematisch zu werten, werden jedoch gemeinhin als die „natürlichsten" Fortschrittsindikatoren verstanden. Dahinter steckt das Konzept der „neuartigen Güter", die überwiegend Substitutionsprodukte darstellen. Ihr Auftreten an sich und nicht ihre Kosten scheinen konstitutiv zu sein.[126] Die Literatur ist sich heute aber einig, dass Innovationszählungen wegen der Subjektivität und Elastizität der entsprechenden Daten nur mit größten Schwierigkeiten interpretiert werden können.[127] Die Innovationserhebungen geben letztlich „Selbsteinschätzungen der Unternehmen wieder, behaftet mit allen Problemen einer individuellen Selbstbeurteilung. Sie sind kategorischer Art und geben kaum Auskunft über Größenordnungen, auf die es letztlich in einem gesamtwirtschaftlichen Kontext ankommt."[128] Aus einem Vergleich der Innovationserhebung mit passend abgegrenzten patentstatistischen Daten ergibt sich nur für die Unternehmen mit hoher Innovationsneigung ein positiver Zusammenhang, nicht aber für Unternehmen mit niedriger Innovationsneigung.[129]

Theoretisch geht das Abzählen von Innovationen auf eine theoretische Arbeit des Wirtschaftshistorikers Flueckiger zurück, der den Fortschritt qualitativ begriff und durch Chronologien von technologischen Ereignissen, also morphologisch, messen wollte.[130] In dem formalmathematischen Modell wird technischer Wandel als jede Veränderung in einer Liste von Gütern einer bestimmten Disaggregationsstufe definiert. Die Fortschrittsrate ist dann der Saldo der Namen auf der „virtuellen" Liste, die hinzugesetzt und abgesetzt werden.[131]

---

125 Solche Innovationserhebungen wurden in Deutschland viele Jahre vom ifo-Institut für Wirtschaftsforschung und neuerdings vom Zentrum für europäische Wirtschaftsforschung, Mannheim, und von infas durchgeführt (ZEW/infas, 1994, Harhoff und Licht, 1995, oder dieselben et al., 1996). Es gibt Bestrebungen der Kommission der Europäischen Union, derartige Erhebungen europaweit vergleichbar zu machen, wobei die Messproblematik besonders behandelt wird (siehe Schäffer in Archibugi et al., 1994, Kapitel 6). Es ist zu beobachten, dass über die Jahre der Stellenwert des Abzählens von Innovationen abgenommen hat, gleichwohl ist der entsprechende Indikator aus der Literatur nicht verschwunden (siehe kürzlich z. B. Acs und Audretsch, 1993). Die erwähnten Erhebungen enthalten heute weit mehr als nur Innovationshäufigkeitszahlen. Siehe auch Smith (1992) und Audretsch (1996, S. 205 f.).

126 Harabi (1992, S. 10).

127 Siehe einen kürzlichen Übersichtsartikel von Griliches (1990, S. 1689).

128 So bei König (1987, S. 1016).

129 Für eine Stichprobe französischer Unternehmen in den Jahren 1985 - 1990 von Kabla (1994, 103) nachgewiesen.

130 Flueckiger (1972, S. 145 f.).

131 Ebenda, S. 160.

Das triviale Messproblem der direkten Innovationsstatistik ist es, festzulegen, wie die Maßeinheit für *eine* Innovation, also einen „Namen auf der virtuellen Liste“, aussehen soll. Im Lichte der technometrischen Betrachtung, also nach dem Eigenschaftenansatz, ergibt sich, dass dies generell nicht möglich ist, sondern für jedes einzelne Innovationsvorhaben festgelegt werden muss. Beispielsweise können bei einer radikalen Innovation durchaus viele Eigenschaften des neuen Guts verändert werden, die entsprechend viele FuE-Projekte im Unternehmen binden. Vor diesem Hintergrund scheint ein Verweilen bei der Argumentation um die Abzählbarkeit von Innovationen nicht zu lohnen. Ein einziges Beispiel möge dies verdeutlichen: Die Einführung des Airbus gilt als bedeutende Innovation der europäischen Luftfahrtindustrie. Wie sollte ein daran beteiligtes Unternehmen - entsprechend befragt - schriftlich antworten? Würde jede Airbus-Serie als eine Innovation zählen, oder müssten die diversen, darin enthaltenen Innovationen (Lasersichtgeräte im Cockpit, Steuerungs-, Regel- und Kontrolleinrichtungen etc.) nicht einzeln gewertet werden, und - da mehrere Herstellerfirmen im In- und Ausland beteiligt sind - wie könnte eine konsolidierte Statistik auf europäischem Niveau aussehen, da die virtuelle Liste ja nicht expliziert ist?

Literaturgestützte Innovationsstatistik

Eine andere Variante des Abzählens von Innovationen, die nicht der Mitarbeit der betreffenden Unternehmen bedarf, die sog. *literaturgestützte Innovationsstatistik*, wird von Kleinknecht beschrieben.[132] Das Verfahren stützt sich auf die Auswertung von gewissen Zeitschriften, die im Reklameteil auf neue Produkte hinweisen. Dies sind typisch Zeitschriften von Industrieverbänden, Handelszeitschriften oder Fachzeitschriften (etwa im Computerbereich). Es würde zu weit führen, die Vor- und Nachteile dieses Erhebungsverfahrens mit der direkten schriftlichen Erhebung bei Unternehmen zu vergleichen. Hierzu existiert bereits Schrifttum, obwohl das Verfahren noch relativ jung ist.[133] Auf der positiven Seite wird die relative Objektivität ins Feld geführt, auf der negativen Probleme der Zurechnung (nach Klassifikationssystemen, nach Herkunft der Innovation im Falle von Anzeigen durch Handelshäuser und Export-Importfirmen etc.).

Aus Sicht der Technometrie ist der Kernpunkt der Kritik auch an diesem Verfahren erneut der Umstand, dass wiederum Innovationen abgezählt werden, obgleich die Normmaßeinheit für eine Innovation nicht definiert werden kann.[134] So wird etwa

---

132 Siehe bei Kleinknecht et al. (1993) und den dort gegebenen Quellen, die auch über erste Erfahrungen mit diesem Indikator in den USA (1984) durch die US Small Business Administration berichten.

133 Siehe etwa den Sammelband von Kleinknecht und Bain (1993).

134 Zumindest kann dies nicht aus den Anzeigen oder aus der Statistik darüber erschlossen werden; läge eine Beschreibung der Qualität der Innovation, z. B. durch ein Eigenschaftenbündel mit

für die Niederlande festgestellt, dass unter 6.325 in Zeitschriften nachgewiesenen einheimischen Innovationen 4.182 aus dem Ausland stammten und 475 bezüglich ihres Herkunftslands unbekannt seien. Daraus lässt sich für die Fortschrittsdynamik niederländischer Hersteller allerdings keine quantitative Angabe herleiten, denn unter den mehr als 4.000 ausländischen Innovationen könnte - um im obigen Beispiel zu bleiben - der Airbus sein, während eine informationstechnische Komponente des Flugzeugs aus Holland stammen könnte und somit unter den einheimischen Innovationen noch einmal zählte.

Innovationszählungen durch schriftliche Umfragen oder aufgrund von Werbeanzeigen hätten als direkte Fortschrittsindikatoren der Innovation validiert mit anderen Indikatoren ein beträchtliches innovationsökonomisches Anwendungsfeld; allerdings werden sie gemäß dem gegenwärtigen Literaturstand überwiegend unverbunden verwendet und als Idealmaß für Innovationstätigkeit genommen. Ohne theoretische Fortschritte beim Begriff der Innovation kann keine operationale Messvorschrift für die Normeinheit beim Abzählen von Innovationen definiert werden, die ohne Mengen- und Preiseinheiten auskommt.

Umsätze mit innovativen Produkten

Am gebräuchlichsten ist es, das Problem der Nichtabzählbarkeit von Innovationen dadurch zu umgehen, dass die *Umsätze eines Unternehmens mit neuen Produkten* als Maß für den technischen Fortschritt genommen werden. Dabei wird eine ökonomische Gewichtung des Werts der Innovationen eingeführt, wobei die Umsätze die Marktbewertung der neuen Produkte in der Einführungsphase widerspiegeln. Mit diesem Indikator werden insbesondere auch Doppelzählungen von Innovationen vermieden. In der Praxis zählt alles als „neu", was in den letzten z. B. vier Jahren auf den Markt gekommen ist.[135]

Der Innovationsindikator, der aus den Umsatzanteilen mit neuen Produkten gewonnen wird, kann allerdings das Ausmaß von partiellen Änderungen der Produktqualität im technometrischen Sinne nicht quantitativ berücksichtigen. Bei der Erfassung des Umsatzanteils muss - ähnlich wie beim Abzählen der Innovationen - eine binäre Entscheidung getroffen werden, ob ein qualitativ stark geändertes Produkt bzw. Verfahren wie ein vollkommen neues zählt oder im Umsatzanteil mit neuen Produkten gar nicht berücksichtigt wird. Auch muss der Zeitraum, in dem Produkte als neu gelten, definiert werden, was immer willkürlich bleibt. Zählt z. B. alles als neu, was in den letzten vier Jahren auf den Markt gekommen ist, wird eine Treppenfunktion

---

Hilfe technometrischer Kennzahlen vor, könnten die Anzeigen hilfreich sein, um Marken, Produktvarianten und allgemein die „Größe" der Innovation abzuschätzen.

135 Siehe z. B. Meyer-Krahmer (1984) oder Grossekettler (1995, S. 12): „Statt eine gesamte Altersverteilung zu berücksichtigen, misst man lediglich den Marktanteil 'neuer' Produkte und definiert diesen z. B. als Anteil von Produkten, die es vor vier Jahren noch nicht gab."

bezüglich des Kriteriums „neu" eingeführt, die das Kontinuum der Markteinführung bei t = 4 abschneidet.[136]

Auf vielen Märkten wird ein dermaßen vereinfachter Innovationsindikator durchaus sinnvoll sein; die Nichtberücksichtigung eines Qualitätsänderungsgewichtes dürfte in der Regel aber doch als schwerwiegender Mangel empfunden werden.[137]

Eine andere - weniger gebräuchliche - Alternative zum direkten Abzählen von Innovationen ist das Feststellen von *Fortschrittsrückständen.* Einen sinnvollen Indikator für den Produktfortschritt bilden die Marktanteile nach dem Alter der Produkte, wobei einem Produkt, das in der letzten Periode auf den Markt gekommen ist, ein höherer Neuigkeitsgrad zugeordnet wird, als einem Produkt, das schon zwei oder mehr Perioden existiert.[138] Dieses Messkonzept beruht auf den betriebswirtschaftlichen Auffassungen von charakteristischen Reifephasen der Güter.[139] Hierbei wird eine gewisse Willkür bei der Festlegung der abgestuften Gewichte für zurückliegende Perioden notwendig und erneut die Angabe eines Zeitraums, ab dem das Gewicht Null zugeordnet wird. Die retrospektiven Daten liegen allerdings oft nicht gut dokumentiert vor und können am aktuellen Rand nicht immer rekonstruiert werden. Auch sind entsprechende Angaben für viele Märkte nicht verfügbar.[140] Nur in wenigen Fällen liegen Datenbanken zu Produkten vor, die in historischer Hinsicht ausgewertet werden können.[141]

---

136 Die OECD (1992, S. 44, Textziffer 170) empfiehlt seit kurzem drei Jahre.

137 So Grossekettler (1991, S. 476), der beispielsweise die Teilerneuerung von Heizungstypen als einen problematischen Markt zur Anwendung dieses Indikators kennzeichnet.

138 Grossekettler (1991, S. 475).

139 Zum Produktzyklus-Konzept siehe z. B. Heinen (1970).

140 Grossekettler (a. a. O.) berichtet von Möglichkeiten zur Anwendung dieses Indikators in der Pharmaindustrie; die Daten der Pharmaindustrie seien allerdings nur einem beschränkten Kreis zugänglich.

141 So haben Grupp et al. (1988, S. 259 f.) aufgrund einer Erhebung eines Marktforschungsinstituts 498 Sensoren für die Fertigungstechnik bezüglich ihres Markteintritts analysiert. Sie rekonstruieren die Markteinführung seit 1985 sechzehn Jahre rückwärts und finden, dass zwei Drittel aller Sensoren in der Fertigungstechnik vor weniger als fünf Jahren eingeführt worden waren. Dennoch waren einige Veteranen von 1946 oder gar von 1890 noch am Markt; der größte Zuwachs auf dem damaligen Markt von 1985 ist allerdings zwei Jahre vorher, nämlich 1983 erfolgt. Diese empirischen Daten belegen, dass der Umsatzanteil mit neuen Produkten aus wenigen Jahren durchaus sinnvoll sein kann.

4.8 Fortschrittsmessung über ausgewählte Hochtechnologiemärkte

Eine andere Möglichkeit zur Fortschrittsmessung besteht in der Auswahl gewisser Märkte, bei denen die Vermutung besteht, dass sie besonders heftigem technischen Fortschritt unterliegen und dem Vergleich mit allen übrigen Märkten. Hierfür werden sogenannte Hochtechnologielisten benötigt, deren relativen Produktions-, Beschäftigungs- oder Exportanteil im Vergleich zu allen verarbeiteten Waren man als Maß für die Innovationsorientierung eines Unternehmens oder einer Volkswirtschaft nimmt. In einer präziseren Begriffsbestimmung sollten die *Hochtechnologiegüter* allerdings als FuE-intensiv bezeichnet werden, wenn sie von der Input-Seite her über FuE-Prozesse definiert sind. Klodt hat die innovationsintensiven Industriezweige von solchen mit geringerer Technologieintensität abgegrenzt und die ersteren *Schumpeter-Industrien*, die letzteren *Heckscher-Ohlin-Industrien* genannt.[142] Die innovativen Märkte sollen analog *Schumpeter-Märkte* genannt werden, die übrigen *Heckscher-Ohlin-Märkte* (oder HO-Märkte), denn zumindest für handelstheoretische Überlegungen werden als Analyseeinheiten Gütergruppen und nicht Sektoren wie bei Klodt benötigt.[143] Aber auch die neoklassische Modellierung des Innovationsprozesses bedient sich bei der theoretischen Betrachtung des gesamtwirtschaftlichen Innovationswettlaufs und nicht nur beim Außenhandel des Konzepts technologisch hochwertiger *Produkte*.[144]

Der Grund für die Bevorzugung des Sektoransatzes in der wirtschaftspolitischen Hochtechnologiedebatte ist allein in der Datenverfügbarkeit zu suchen, denn auf dem detaillierten Niveau einzelner Märkte sind Angaben zum Fortschrittsstand in der Regel nicht allgemein verfügbar.[145] Angesichts der Fülle der neu vorgeschlagenen Innovationsindikatoren, insbesondere des patentstatistischen und des technometrischen Indikators, sollte es allerdings möglich sein, die bisherigen Probleme bei der Datenverfügbarkeit zu überwinden und hinfort auch in empirischen Hochtechnologieanalysen einen marktbezogenen Ansatz zu verfolgen. Noch schwierig stellt sich allerdings auch heute die Situation bezüglich der *Dienstleistungen* dar, vor allem, wenn sie auf internationalen Märkten gehandelt werden. Das Fehlen von

---

[142] Klodt (1990, S. 61); er bezieht sich dabei auf frühere Begriffsfestlegungen von Giersch.

[143] Schon in Ricardos (1817) berühmten Modell der komparativen Vorteile wird bekanntlich der Warentausch von Textilien und Wein zwischen England und Portugal als Beispiel bemüht. Auch Vernon (1966) modelliert den Lebenszyklus von Produkten, nicht von Wirtschaftszweigen.

[144] Siehe einen kürzlichen Beleg von Stadler (1993, S. 183).

[145] McGuckin et al. (1992, S. 226). In der Arbeit wird ein produktorientierter Hochtechnologieansatz vorgestellt, der aus Mikrodaten zusammengesetzt wird und sehr stark Expertenwissen einbezieht.

Dienstleistungen im Hochtechnologieansatz wird sowohl durch Abgrenzungsprobleme wie auch durch die Nichtverfügbarkeit der Handelszahlen erklärt.[146]

Schumpeter-Märkte

Was also sind Schumpeter-Märkte? Die Durchsicht der einschlägigen Literatur zeigt, dass die Begriffsbestimmungen nicht immer mit einer operationalen Messvorschrift verknüpft sind. Der Begriff der Hochtechnologie ist bislang kein Konstrukt in der Wirtschaftstheorie. Weil hier nationale technologiepolitische Interessen eine Rolle spielen, enthält die Begriffsbildung in einem beträchtlichen Ausmaß öffentliche und technologiepolitische Offenbarungen und Wertungen. Jede Volkswirtschaft möchte diejenigen Märkte, auf die sie spezialisiert ist, als Hochtechnologie verstanden wissen und umgekehrt. Es ist daher nicht möglich, eine einfache oder verbindliche Festlegung zu treffen.[147]

Üblicherweise wird die FuE-Intensität, also ein Input-Indikator, zur Abgrenzung der Hochtechnologie verwendet, wobei die Produktgruppenbezogenheit ein besonderes Problem darstellt.[148] Dies gilt auch für die hier verwendete Hochtechnologieliste (Tabelle 4-3). Sie beruht nicht nur auf den FuE-Intensitäten von Produktgruppen aus der nationalen Statistik (die nur teilweise verfügbar sind), sondern berücksichtigt Unternehmensdaten aus Deutschland, den USA und Japan sowie Patentindikatoren.[149] Die Abschneidegrenze zwischen Schumpeter-Produkten und Heckscher-Ohlin-Produkten wird dabei auf den Industriedurchschnitt gelegt (etwa bei 3,5 % der FuE-Aufwendungen im Verhältnis zum Umsatz). Unter Hochtechnologie werden folglich alle Waren oberhalb einer FuE-Intensität von 3,5 % verstanden.

Spitzentechnik vis-à-vis höherwertige Technik

Eine Besonderheit dieser Hochtechnologieliste ist ihre Zweiteilung. Eine Frequenzanalyse zeigt, dass die Märkte bezüglich ihrer FuE-Intensität nicht kontinuierlich verteilt sind, sondern in sehr intensive (oberhalb von 8,5 %) und sonstige überdurchschnittliche Märkte zerfallen. Dazwischen befindet sich eine datenmäßige

---

146 Für erste Ansätze siehe aber Mason (1992).

147 Johnston und Hartley (1986).

148 Die FuE-Intensität ist das Verhältnis von FuE-Aufwendungen und Produktionswert pro Markt (Gütergruppe). Das Konzept der Forschungsintensität geht auf Vernon und Mitarbeiter zurück; man sollte heute aber besser von *FuE*-Intensität sprechen (Gruber, Mehta und Vernon, 1967). Alternativ kann die Abgrenzung auch an den FuE-Beschäftigten gemessen an allen Beschäftigten erfolgen. Bereits Balassa (1977, S. 329) führte, ohne Frequenzanalysen durchführen zu können, eine Abschneideschwelle für forschungsintensive Märkte der USA bei 3,5 % ein.

149 Im einzelnen siehe bei Gehrke et al. (1994, Kapitel 3).

Tabelle 4-3: Liste von Schumpeter-Märkten nach dem Aufwandskriterium.

SITC III	Spitzentechnik	SITC III	Höherwertige Technik
516	Neuere organische Chemikalien	266	Synthesefasern
525	Radioaktive Stoffe	277	Fortgeschrittene Schleifmittel
541	Pharmazeutische Produkte	515	Heterozyklische Chemie
575	Neuere Kunststoffe	522	Seltene anorg. Stoffe (Supraleiter)
591	Agrarchemie	524	Neuere anorganische Chemikalien
714	Turbinen und -teile	531	Synthetische Farbstoffe
718	Kern-, Wind-, Wasserkraftwerke	533	Pigmente,Beschichtungsmaterial
752	EDV-Anlagen	542	Medikamente
764	Telekommunikation	551	Geruchs- und Geschmacksstoffe
774	Medizinische Elektronik	574	Fortgeschrittene Polyester
776	Halbleiterbauelemente	598	Fortgeschrittene Chemikalien
778	Fortgeschrittene Elektrotechnik	663	Technische Keramik u.a.
792	Luft- und Raumfahrt	689	Seltene Metalle
871	Fortgeschrittene Optik	724	Textilmaschinen
874	Fortgeschrittene Messgeräte	725	Papiermaschinen
891	Waffen	726	Druckmaschinen
		727	Nahrungsmittelverarbeitung
		728	Fortgeschr. Werkzeugmaschinen
		731	Metall-Werkzeugmaschinen
		733	Cermet-Werkzeugmaschinen
		735	Werkzeugmaschinenteile
		737	Schweißautomaten
		741	Industrielle Thermik
		744	Handhabungsmaschinen
		745	Spezielle Maschinen
		746	Wälzlager
		751	Büromaschinen,Textverarbeitung
		759	Fortgeschrittenes EDV-Zubehör
		761	TV-, Videogeräte
		762	Mobilfunkgeräte
		763	Audiogeräte
		772	Traditionelle Elektronik
		773	Glasfaserkabel
		781	Personenkraftwagen
		782	Nutzkraftwagen
		791	Schienenfahrzeuge
		872	Medizinische Instrumente
		873	Traditionelle Messgeräte
		881	Foto- und Filmgeräte
		882	Fotomaterial
		884	Glasfasern und Linsen

Lücke im Spektrum der FuE-Intensität. Daher wird die Hochtechnologie in *Spitzentechnik* (> 8,5 % FuE-Intensität) und *höherwertige Technik* (FuE-Intensität zwischen 3,5 % und 8,5 %) eingeteilt.

Kürzlich ist eine ähnliche produktorientierte Hochtechnologieliste vorgeschlagen worden.[150] Diese fällt in etwa mit der hier definierten Spitzentechnik zusammen und bestätigt die Sinnhaftigkeit einer Zweiteilung.

Lassen sich die Unterschiede zwischen den beiden Klassen der Hochtechnologie durch andere Merkmale als datentechnische erklären? Hinter der Zweiteilung der Hochtechnologie stehen empirische Beobachtungen zu den Produktionswerten und Produktionsmengen in den verschiedenen Märkten. Die FuE-Intensität der Güter lässt sich auch so interpretieren, dass Güter mit einer besonders hohen FuE-Intensität möglicherweise nur auf Märkten gehandelt werden können, bei der der Marktumfang gering bleibt. Für einen feststehenden FuE-Input bedeutet eine hohe FuE-Intensität, dass die zugehörigen Produktionswerte geringer ausfallen als bei einer kleineren FuE-Intensität.

Die ungünstige zeitliche Entwicklung von Märkten kann verschiedene Ursachen haben. In einigen Produktgruppen der Spitzentechnik ist ein großes Ausmaß staatlicher Eigenproduktion zu beobachten, in anderen liegt ein besonderes Ausmaß staatlicher Beschaffung vor, welches die Preise reguliert. Es kann nicht geleugnet werden, dass bei der Energieerzeugung, der Luft- und Raumfahrtindustrie sowie der Nukleartechnik beträchtliche staatliche Subventionen gewährt werden, während für andere Produkte der Spitzentechnik Markteintrittshemmnisse bestehen oder zumindest freiwillige Abmachungen zur Absatzmengenbegrenzung des Exports. Dies trifft für den pharmazeutischen Sektor, aber auch für den Bereich der Konsumelektronik[151] und zeitweilig für Kraftfahrzeuge in den USA und Europa zu. Eine starke Preisregulierung ist im Falle der Eisenbahnen und der Telekommunikationsgüter und -dienste der Fall; ebenfalls spielen Umweltregulierungen eine zunehmende absatzbegrenzende Rolle.[152]

An dieser Stelle ist eine Debatte der zeitlichen Entwicklung von Märkten und der verschiedenen Varianten der unvollständigen Konkurrenz weder möglich noch beabsichtigt. Wie jedoch die empirische Literatur gezeigt hat, ergibt sich bei einer derartigen Betrachtung, dass die Märkte der Spitzentechnik häufig einen kleineren Umfang haben als die Hochtechnologiemärkte im höherwertigen Bereich.[153] Die

---

150 Amendola und Perucci (1990).

151 Cawson und Holms (1991, S. 173).

152 Die verschiedenen Marktbegrenzungen werden von Grupp (1994a) diskutiert.

153 Grupp (a. a. O.).

Zweiteilung der Hochtechnologieliste kann daher als Versuch verstanden werden, unterschiedlich expansive Marktentwicklungen zu unterscheiden. Spitzentechnik und höherwertige Technik sollen zusammen als Schumpeter-Märkte verstanden werden.

Wenn ein ganzes Ursachengeflecht die Marktentwicklung bei der Spitzentechnik begrenzt, können die beobachteten ökonomischen Wirkungen insgesamt nur schwer auf den technischen Fortschritt als alleiniger Ursache zurückgeführt werden. Daher liegt die im Teil II zu testende Hypothese nahe, dass eine Ursache-Wirkungs-Beziehung von Innovationsinputs und Marktergebnis vor allem für die höherwertigen Schumpeter-Güter existieren dürfte, weniger für die Spitzenprodukte, noch für die HO-Waren. Der Einwand, dass die Heckscher-Ohlin-Sektoren bedeutende *Anwender von Technologie* seien, wenn schon nicht Erzeuger, und daher bei den Fortschritts- und Wirkungsindikatoren nicht unterschlagen werden dürfen, ist berechtigt. Die Abgrenzung von HO-Gütern bleibt schon deshalb schwierig, weil der Einsatz von Humankapital auch bei Hochtechnologie-Anwendung erforderlich wird.[154] Allerdings liegen gewichtige empirische Befunde aus neun OECD-Ländern und 22 Sektoren des Jahres 1988 vor, nach denen das nationale Innovationsgeschehen *keinen* positiven Effekt auf die internationale Wettbewerbsfähigkeit der Technologieanwender, wohl aber auf die Technologieerzeuger hat.[155] Dies gilt sowohl für die gebundene wie die investitionsungebundene FuE-Dimension. Auch von daher wird die Berechtigung einer Eingrenzung der Fortschrittsindikatoren auf Schumpeter-Industrien gestützt. Im übrigen ist die Beurteilung der empirischen Tauglichkeit der Abgrenzung Aufgabe des Teils III des Buches.

Hochtechnologie nach dem Aufwandskriterium

Bei der Erstellung eines Messkonzepts für Hochtechnologiewaren werden also die FuE-intensiven Waren von jenen abgegrenzt, die nicht in diese Kategorie fallen.[156] Kritisch auszumerken ist, dass alle genannten Kriterien hierfür - die meist ja pragmatisch gewählt sind - eine gemeinsame Schwäche haben: Keine Kategorisierung

---

[154] Wollte man der neuen Wachstumstheorie folgen und auch das Anwenderwissen in der HO-Industrie, also das gesamte Wissen, berücksichtigen, dann müsste man das FuE-Konzept durch das Humankapital-Konzept ersetzen, was prinzipiell möglich erscheint und auch bereits operationalisiert wurde (vgl. Grupp und Legler 1987, S. 25 ff. und 129 f.). Einen Adäquationsfehler begeht allerdings, wer wie Trabold (1995, S. 180 f.) aus der neuen Wachstumstheorie zwar die Messgröße „Humankapitalausstattung der Volkswirtschaften" ableitet, dann aber als Messziffer nicht die Humankapitalintensität, also denjenigen Teil des Lohns, der als im Durchschnitt für die Qualifikation der Beschäftigten gezahlter Lohn zu interpretieren ist (Smolny, 1995, S. 12, oder Krueger und Summers, 1988), sondern die Arbeitsproduktivität je geleisteter Arbeitsstunde berechnet.

[155] Wakelin (1994).

[156] Zum Folgenden vergleiche Legler et al. (1992) sowie Gehrke et al. (1994) und die dort gegebenen Verweise auf frühere Arbeiten.

kommt ohne eine Abschneideregel aus, welche die Hochtechnologie von den übrigen Märkten trennt. Die Literatur weist Abschneideregeln auf der Basis von Aufwandskriterien, Marktanteilskriterien und Wertkriterien nach.

Bezüglich des *Aufwandskriteriums* geht man von der Überlegung aus, dass nicht fortgeschritten sein kann, was aufgrund des geringen Aufwands, d. h. der monetären FuE-Aufwendungen, gar nicht FuE-intensiv sein kann. Nimmt man die FuE-Intensität zum Maßstab der in den Produkten inkorporierten Hochtechnologie, so vergleicht man den FuE-Aufwand für künftige Erzeugnisse mit den Kosten der Herstellung neuer *und* alter Produkte. Dahinter steht die Vorstellung, dass Märkte ihrer Art nach FuE-intensiv sind und dass sich dies erst ändert, wenn neuere Zahlen etwas anderes signalisieren. Aus dieser Praxis resultiert eine gewisse Starrheit der Listen.[157]

Die Gliederung der relevanten Statistiken führt meist zu einem hohen Aggregationsniveau der Saldierungseinheiten. Dies gilt auch für Hochtechnologielisten und die daraus gebildeten Fortschrittsindikatoren. Einerseits werden zu viele Märkte erfasst, die teilweise nicht innovativ sind, andererseits möglicherweise aber nicht alle. Problematisch an diesem Ansatz ist zudem, dass technisches Wissen außerhalb gesonderter FuE-Abteilungen mit dem Input-Kriterium nicht erfasst wird. Im Abschnitt 4.2 sind die diversen anderen Innovationsquellen diskutiert worden. Am gravierendsten dürfte sich dies bezüglich der Investitionen auswirken.

Problematisch ist ferner die willkürliche Wahl der Abschneideregel, ab welcher FuE-Intensität die Märkte auf der Hochtechnologieliste geführt werden. Legler u. a.[158] haben diese Aufgabe über eine Frequenzanalyse gelöst und die Abschneideschwelle beim Industriemittelwert festgelegt. Die zweite, höhere Abschneideschwelle wurde aufgrund einer empirisch gefundenen Lücke in der Frequenzverteilung festgelegt (siehe oben). Die Schwellen sind theoretisch unbegründet; ihre Zweckmäßigkeit wird nur durch empirische Sachverhalte gestützt, weil man offenbar im Bereich der höher- wertigen Technik, also den Märkten mit zwar überdurchschnittlichen, aber nicht sehr stark überdurchschnittlichen FuE-Intensitäten in der Regel expansive Märkte antrifft und den technischen Fortschritt als hauptsächliche Bestimmungsvariable für die Marktausdehnung ansehen kann.[159]

---

157 Legler u. a., a. a. O., S. 34 f. Die hier verwendete Hochtechnologieliste ist 1988 entstanden und wird seit 1993 auch vom Sachverständigenrat zur Begutachtung der gesamtwirtschaftlichen Entwicklung verwendet. Er beurteilt die Abgrenzung so, dass sie „noch immer recht grob ist; freilich lassen die vorhandenen Statistiken eine stärkere Differenzierung nicht zu. Wir sind uns dieser Probleme bewusst, sehen jedoch keine überzeugende Alternative zu der von uns gewählten Vorgehensweise." (Sachverständigenrat, 1993, S. 172).

158 A. a. O.

159 Siehe hierzu auch Grupp (1995a) und Grupp und Münt (1997).

Die Starrheit der Listen, auch wenn man sie zweiteilt, und die Willkür bei der Abschneideregel stehen zudem im Widerspruch zum theoretischen Kern der Innovationsdebatte und der dort vertretenen Dynamik. Dies hat die Suche nach weiteren Indikatoren, welche die Fortgeschrittenheit von Produkten beschreiben können, inspiriert. Die Suche hat zwei weitere Ansätze hervorgebracht, die aber erfolglos verlaufen sind. Diese - es sei vorweggenommen - geben zwar vor, den Fortschritt zu messen, zeichnen dabei jedoch grundsätzlich andere Tatbestände nach, wie sich bei genauerer Diskussion zeigt.

Hochtechnologie nach dem Marktanteilskriterium

Faust und Schedl[160] gehen von der Vorstellung aus, dass Schwellenländer eigentlich noch keine innovativen Produkte liefern können; die Produktzyklushypothese schließe dies aus (*Marktanteilskriterium*). Sie wechseln daher ihre Liste der Schumpeter-Märkte jährlich. Sie richtet sich nach dem Anteil, den eine eng und konstant definierte Gruppe von Schwellenländern am Weltexport hat. Liegt dieser Anteil z. B. über 0,5 % (wiederum: Schwellenwertproblem und die entsprechende Willkür!), so handelt es sich - in ihrer Terminologie - nicht mehr um Spitzentechnologie.

Dass dieser Ansatz einen Tatbestand erfasst, der mit der FuE-Intensität dann nichts zu tun hat, wenn man daran die Bedingungen des technischen Wissens knüpft wie in dem hier vorgelegten Referenzschema, zeigt die Verteilung der „Technologieintensitäten" über die Branchen gemäß der Liste von Faust und Schedl. Besonders auffällig ist, dass im Bereich Büromaschinen/EDV, bei Luftfahrzeugen, in der Elektrotechnik sowie in der Feinmechanik, Optik und bei Uhrmacherwaren nur wenige Hochtechnologiewaren auftreten. Die Produkte der Zellstoff- und Papierindustrie werden hingegen in die höchste diesbezügliche Technologieklasse eingeordnet, was sich - wie die Auswahlregel es vorschreibt - wohl mit der mangelnden Lieferfähigkeit der Schwellenländer, nicht aber mit großem technischen Fortschritt erklären lässt. Dennoch gilt, dass dieser Ansatz die Anregung in die Debatte um die zutreffende Messung von Fortschrittswirkungen gebracht hat, die schematische Anwendung von Listen zu überdenken. Erst so stellt sich die Frage, ob man z. B. Halbleiter, die zu einem hohen Prozentsatz aus Südostasien geliefert werden, uneingeschränkt als innovativ bezeichnen kann, auch wenn sie die obige FuE-Intensitätsschwelle überschreiten. Hier sind Produktdifferenzierungen in einem solchen Ausmaß zu vermuten, dass man an die Einordnung dieses Marktes zusätzliche Bedingungen knüpfen muss.

---

160 Faust und Schedl (1984).

Hochtechnologie nach dem Standardpreis

Beim Ansatz von Adden und Schmale[161] ist der *Standardpreis* das Kriterium zur Einordnung der Produkte in Technologieklassen. Der Standardpreis ist der Preis einer Güterklasse pro Menge oder Masse. Dieser Ansatz zielt auf eine Erklärung des internationalen Handels durch die Maximierung der Realeinkommen. Avancierte Volkswirtschaften werden ihre Einkommen über den intensiven Einsatz von technischem Wissen und unternehmerischem Können mehren wollen; dies müsse sich letztlich im Preis niederschlagen. Fortgeschrittene Güter erzielen hohe Preise, geringwertige Güter niedrige Preise. Auch hier wird - wie beim Marktanteilskriterium - rein vom Marktergebnis her argumentiert, unabhängig davon, wie es zustandekommt; der Faktor technisches Wissen bleibt außer Betracht.

Hinzuzufügen ist der konzeptionelle Einwand, dass sich hohe Absatzpreise nicht nur aufgrund einer hohen Innovationsintensität, sondern auch aufgrund von hohen Vorleistungs- und Rohstoffanteilen, Monopolstellungen und befristeten Verknappungen sowie bei modischen Erscheinungen erzielen lassen. Die Notwendigkeit zur Definition einer willkürlichen Abschneideschwelle, dieses Mal bezogen auf die Höhe des Standardpreises, haftet auch diesem Ansatz an. Er gibt die Anregung, aus den nach dem Aufwandskriterium ermittelten Märkten jene zu eliminieren, auf denen sich keine hohen Einkommen (mehr) erzielen lassen. Insofern könnte der Wertansatz einen Beitrag zur Dymanisierung der starren Listen nach dem FuE-Kriterium liefern und auch helfen, nationale Besonderheiten aufzudecken.

Schumpeter-Branchen

Es erscheint trotz berechtigter Kritik insgesamt angebracht, bei der Definition von Wirkungsindikatoren der Innovation den Input-Faktor „technisches Wissen" als Hauptbedingung für eine international vergleichende Aufstellung von Schumpeter-Märkten beizubehalten. Solange keine Gesamtindikatoren für den Innovationsinput vorliegen, scheint es immer noch das Beste zu sein, die monetären FuE-Aufwendungen zur Definition solcher Listen heranzuziehen.[162] Sind entsprechende Hochtechnologielisten definiert, lässt sich der Anteil am Produktionswert oder Produktionswachstum bzw. an der Beschäftigung, am Export oder am Weltmarkt, aber auch am Import berechnen, der sich auf Schumpeter-Güter bezieht. Daraus entstehen *indirekte* Fortschrittsindikatoren. Auch zeitliche Veränderungen im Innovationsanteil lassen sich damit feststellen.

---

161 Adden und Schmale (1985).

162 Schwitalla (1993, S. 200 ff.) hat allerdings vorgeschlagen, aus der Hauptkomponentenzerlegung einer Faktorenanalyse einen synthetischen „Innovationsfaktor" zu bilden, der vor allem den investitionsgebundenen Innovationsinput mitberücksichtigt. Auch könnte man daran denken, den Humankapitaleinsatz hinzunehmen.

Tabelle 4-4: Liste von Schumpeter-Branchen.

SYPRO	Bezeichnung
	Spitzentechnik
24	Herst. und Verarb. von Spalt- und Brutstoffen
35	Luft- und Raumfahrzeugbau
3660	Herst. v. Zählern, Fernmelde-, Mess- und Regelgeräten usw.
3711	Optik (ohne Augenoptik, Foto- und Kinotechnik)
3760	Herst. von medizin- und orthopädiemechanischen Erzeugnissen
4035	Herst. von pharmazeutischen Erzeugnissen
5080	Herst. von ADV-Geräten und -Einrichtungen
	Höherwertige Technik
3220	Herst. von Metallbearbeitungsmaschinen u. ä.
3240	Herst. von Maschinen f. d. NuG-Industrie, Chem. Industrie usw.
3256	Herst. von Hütten- und Walzwerkeinrichtungen
3257	Herst. von Bau-, Baustoff- und ä. Maschinen
3260	Herst. von Zahnrädern, Getrieben, Lagern u. ä.
3270	Herst. von Masch. für weitere bestimmte Wirtschaftszweige
3280	Sonstiger Maschinenbau
3311	Herst. von Kraftwagen und Kraftwagenmotoren
3610	Herst. von Batterien, Akkumulatoren
3620	Herst. von GuE d. Elektrizitätserzeugung, -verteilung u. ä.
3640	Herst. von elektrischen Leuchten und Lampen
3650	Herst. von Elektrohaushaltsgeräten
3670	Herst. von Rundfunk-, Fernseh- und phonotechnischen GuE
3715	Augenoptik
3721	Herst. von Foto-, Projektions- und Kinogeräten
3751	Feinmechanik
4031	Herst. von chemischen Grundstoffen
4034	Herst. von chem. Erzeugnissen für Gewerbe, Landwirtschaft
4037	Herst. von fotochemischen Erzeugnissen
4090	Herst. von Chemiefasern
5060	Herst. von Büromaschinen

Die in Tabelle 4-3 genannte Liste ist marktbezogen; interessiert man sich für eine Analyse der Produktion, der Beschäftigung oder der Investition in innovativen Branchen, muss die entsprechende Liste auf eine Klassifikation für Wirtschaftszweige umgeschlüsselt werden (wiederum: Konkordanzproblematik!). Dann lassen sich aus Produktion, Investition und Beschäftigung in fortgeschrittenen Branchen unter Beachtung der Unschärfen durch die erneute Saldierung weitere korrelierende Fortschrittsindikatoren heranziehen, die letztlich auf eine gesamtwirtschaftliche Bewertung hinauslaufen können. Tabelle 4-4 stellt eine konkordante Liste von Schumpeter-Branchen dar.[163]

4.9 Überblick über indirekte Fortschritts- und Wirkungsindikatoren

Bei der statistischen Einbeziehung von Produktion, Beschäftigung und Außenhandel als korrelative Fortschrittsindikatoren auf Schumpeter-Märkten haben sich theoretisch gut begründete Messziffern bewährt. Diese können hier nicht abgeleitet werden; vielmehr werden die Indikatoren formuliert und durch Literaturstellen belegt.

Totale Faktorproduktivität und Wachstumsbuchhaltung

Viele Jahrzehnte wurde versucht, das dem technischen Fortschritt zuzurechnende Wirtschaftswachstum aus der *totalen Faktorproduktivität* (TFP) zu berechnen. Durch geeignete Umformungen der Produktionsfunktion wurde eine Art der „*Wachstumsbuchhaltung*" betrieben, um empirisch zu klären, welcher Teil des Wachstums der Produktionsmenge den Faktoren Arbeit und Kapitel zugerechnet werden kann.[164] Das Residium des dadurch unerklärten Anteils wird dann dem technischen Fortschritt zugewiesen. Mit solchen Fortschrittsindikatoren lässt sich die große Bedeutung des technischen Fortschritts für die wirtschaftliche Entwicklung nachweisen, und in den Schriften vieler Wachstumstheoretiker gilt der TFP-Indikator als Idealindikator für die Fortschrittsmessung. So fanden z. B. Abramovitz, Solow, Kendrick und Denison, dass etwa die Hälfte des Wachstums der US-Wirtschaft bis in die fünfziger Jahre nicht durch die Inputfaktoren erklärt ist und dem Fortschritt zugerechnet werden kann.[165]

---

163 Siehe bei Legler et al. (1992, S. 3).

164 Aus der umfangreichen Literatur seien nur die jüngeren Arbeiten von Fagerberg (1988a und 1995) und Kendrick (1991) genannt. Der englische Begriff „Growth accounting" ist auch in der deutschen Literatur üblich.

165 Abramovitz (1956), Solow (1957), Kendrick (1961), Denison (1962); siehe zusammenfassend bei Fagerberg (1988). Solow hat dabei ein formales theoretisches Messkonzept vorgelegt und

Im vorliegenden Kontext kommt diesem Indikator nur ein begrenzter Stellenwert zu. Zum einen liegen technometrische Daten auf gesamtwirtschaftlicher Ebene über entsprechend lange Zeiträume nicht vor, so dass Schätzungen nicht möglich ist. Zum anderen ist der TFP-Indikator auf Partialmärkten nicht definiert, für die technometrische Daten bereitstehen. Vor allem aber misst das TFP-Konzept auch andere Sachverhalte als den Fortschritt, was eine generelle Eigenschaft von Residualgrößen ist. Darauf hat Kendrick, einer der Schrittmacher dieser Messmethode, im Rückblick auf seine 30-jährige Befassung mit der Wachstumsbuchhaltung hingewiesen: „Die Diskussion der Bedeutung der TFP-Verhältniszahlen macht deutlich, dass sie neben dem technischen Fortschritt eine Vielfalt von anderen Faktoren messen, auch wenn der erstere die hauptsächliche Triebfeder hinter dem säkularen Wachstum in der TFP ist. Auch wenn die Analytiker versuchen, die anderen Hauptfaktoren des Wachstums außer der Technologie zu quantifizieren, bleibt das dann gefundene Residuum immer noch ein unsicheres Maß für das Fortschrittstempo der Technologie. Aus diesem Grund ist es wichtig, die Befassung mit den FuE-Indikatoren fortzusetzen, auszudehnen und zu verbessern (...)."[166]

Produktion und Beschäftigung

Für einzelne Branchen und Märkte kann das Wachstum aus der Bestimmung von *Nettoproduktionsindizes* abgeleitet werden. Der „Index der industriellen Nettoproduktion" gehört zu den wichtigsten Indikatoren für die Konjunkturbeobachtung in Deutschland. Der Index stellt einen Mengenindex dar, der die mit den einzelnen Produktionsmesszahlen gewichteten Nettoproduktionswerte (N) über alle oder bestimmte Erzeugnisse i aufsummiert.[167] Dabei gilt zum Zeitpunkt t

$$N(i,t) = p(i,t) \cdot q(i,t), \qquad (4\text{-}9)$$

wobei q den Mengenausstoß von i angibt und p als eine Art Preis aufgefasst werden kann. Man kann damit die Nettoproduktionswerte auf Basispreise zum Zeitpunkt t_0 beziehen und somit das reale Produktionswachstum als mutmaßlich korrelierenden Fortschrittsindikator ausweisen.

---

wird als der eigentliche Pionier der Wachstumsbuchhaltung angesehen, so Kendrick (1991, S. 150).

166 Kendrick (1991, S. 156) auf einer großen Wachstumskonferenz der OECD. Kendrick riet bei diesem Anlass dem Verfasser dieses Bandes, bei der Suche nach Schätzmöglichkeiten für das technometrische Messverfahren die TFP-Konzepte außer acht zu lassen. Wer ein direktes Messverfahren für den technischen Wandel kenne, brauche den Umweg über eine Residualberechnung nicht zu behandeln.

167 Handwörterbuch (1978, Band 4, S. 106 f.). Kaufer (1980, S. 18) bezeichnet den Nettoproduktionswert als das geeignete Maß, um die Bedeutung von Industrien oder Märkten darzustellen, weil es - anders als die Umsätze - die Vorleistungen nicht unterschlägt.

Die *Beschäftigung* in der Hochtechnologie kann mit den vorliegenden Statistiken in Deutschland nur für Wirtschaftszweige, nicht für Märkte angegeben werden. Eine Inflationsbereinigung erübrigt sich. Um der Marktgliederung dennoch möglichst gerecht zu werden, kann ein entsprechender Indikator auf der Statistik der fachlichen Betriebsteile aufbauen. In dieser Statistik werden kombinierte Betriebe auf verschiedene SYPRO-Zweige aufgeteilt und nicht etwa - wie in der Statistik für Betriebe - ganze Betriebe einem einzigen SYPRO-Zweig zugeordnet.[168]

Außenhandelsindices

Neben dem gesamtwirtschaftlichen oder dem binnenmarktbezogenen Wachstum als Folge des technischen Fortschritts können vor allem *Außenhandelsindizes* korrelierende Indikatoren für das Innovationsgeschehen sein. Auf die theoretischen Vorstellungen zum internationalen Wettbewerb wird in Teil III des Bandes kurz einzugehen sein, wenn die Fundierung von Gültigkeitstests ausgearbeitet wird. Hier geht es zunächst um die Rekapitulation eingeführter Außenwirtschaftsindikatoren.

Bei der Auswahl geeigneter Messvorschriften muss die Frage beantwortet werden, in welchen Weltmärkten sich eine Volkswirtschaft als besonders wettbewerbsfähig erweist. Diese Frage wird seit langem als Frage der Spezialisierung diskutiert. Das an sich alte Gedankengut[169] wird immer wieder herangezogen und abgewandelt. Wichtig ist dabei, dass nicht nur die Spezialisierung der Volkswirtschaft im Hinblick auf das Ausfuhrvolumen von Interesse ist, sondern ebenfalls der Importsubstitutionssektor einbezogen werden sollte, denn es geht ja um die Handelsströme zwischen verschiedenen Volkswirtschaften und ihre relative Spezialisierung zueinander. Die Indikatoren laufen auf Strukturvergleiche zwischen Volkswirtschaften unterschiedlicher Größe und geographischer Lage hinaus. Einige gestatten nebenher, von Bewertungsproblemen der Währungen wegzukommen.

Der *Außenbeitrag* oder *Ausfuhrüberschuss*,

$$BEI_{ki} = A_{ki} - E_{ki} \,, \qquad (4\text{-}10)$$

ist währungsabhängig, wobei A und E die Aus- und Einfuhren, k das Land oder das Unternehmen und i die Gütergruppe bezeichnen. Bildet man die *Ausfuhr-Einfuhr-Quote*,

$$AEQ_{ki} = A_{ki} \,/\, E_{ki} \,, \qquad (4\text{-}11)$$

168 Gehrke et al. (1994, S. 47).

169 Balassa (1965, 1966 und 1977).

mittelt sich die Währung zwar heraus, der Strukturvergleich zwischen Volkswirtschaften wird aber durch eine unterschiedlich große Außenhandelsorientierung, verursacht z. B. durch die geographische Lage oder supranationale Zusammenschlüsse, erschwert. Für Strukturvergleiche günstiger ist der *relative*, komparative *(Welt-) Handelsanteil*, RWA, der wie folgt definiert ist:

$$RWA_{ki} = 100 \tanh \ln [(A_{ki}/\Sigma_k A_{ki}) / (\Sigma_i A_{ki}/\Sigma_{ik} A_{ki})]. \qquad (4\text{-}12)$$

Der Ausdruck in der eckigen Klammer multipliziert mit 100 entspricht der ursprünglichen Messziffer Balassas. Der Ausfuhrwert A_{ki} eines Landes k (oder einer sonstwie abgegrenzten Menge von Wirtschaftseinheiten) in der Gütergruppe oder dem Markt i wird als Anteil an den entsprechenden Ausfuhren einer definierten Ländergruppe, z. B. der ganzen Welt, in Relation zum entsprechenden Anteil bei allen verarbeiteten Waren gesetzt.[170] Unter der Annahme, dass das Spezialisierungsmuster auf den verschiedenen Weltmärkten sowohl Unterschiede in den Liefermöglichkeiten, den relativen Preisunterschieden als auch in den nichtpreislichen Faktoren, z. B. den Marktüberschneidungen bei heterogener Konkurrenz, widerspiegelt, drückt der RWA-Indikator einen „verborgenen" komparativen Handelsvorteil aus.

Der ursprüngliche Balassa-Index ist am Wert 100 neutral, eine unterdurchschnittliche Spezialisierung tritt im Intervall [0,100] auf, eine überdurchschnittliche Spezialisierung kann jeden Wert >100 annehmen. Diese asymmetrischen Eigenschaften der Messvorschrift hat Wolter[171] dadurch beseitigt, dass er den Logarithmus einführte. Das Wolter-Maß ist damit kontinuierlich, beidseitig ungebunden und symmetrisch. Für Distanzmessungen hinderlich sind die beiden Pole, die viele Gültigkeits- und Signifikanztests stören. Der Tangens hyperbolicus (tanh) bindet das Maß an [-1, +1] und hat daher im Vergleich zur Balassa- und Wolter-Form den Vorzug, dass die transformierte Variable auf unbegrenztem Träger definiert ist und folglich auch durch eine Normalverteilung dargestellt werden kann.[172]

Will man den Weltmarktanteil berechnen und gibt sich nicht mit einem Handelsanteil an einer Gruppe von Ländern, z. B. der OECD-Länder, zufrieden, wird die Ausführung der Summation über i sehr komplex. Bei gewissen Ländern treten Lükken in den Datenbeständen auf. Außerdem misst der RWA-Indikator nicht, inwieweit ein nationaler Gütermarkt von fremden Anbietern bedient wird, die z. B. tech-

---

170 Balassa (1977, S. 328). In dieser Arbeit nimmt Balassa seinen früheren Ansatz (1965) zurück, der auf Ausfuhrzahlen und auf Ausfuhr-Einfuhr-Quoten gestützt war. Als Gründe für die Änderung des Messkonzepts gibt er die Abhängigkeit seines älteren Konzepts von Zöllen und anderen protektionistischen Praktiken an (1977, S. 327).

171 Wolter (1977, S. 252).

172 Siehe bei Grupp (1994b). Entsprechend wurde in Formel (4-6) für die Patentspezialisierung verfahren. Der Faktor 100, den Balassa (1965, S. 105) einführte, wird beibehalten.

nologisch fortgeschrittener sind. Beide Argumente sprechen dafür, die Importe einzubeziehen.

Komparativer Außenhandelsvorteil

Die am häufigsten verwendete Messziffer ist der relative komparative Vorteil (*Revealed Comparative Advantage*)[173], RCA, der sich wie folgt berechnet:

$$RCA_{ki} = 100 \tanh \ln [(AEQ_{ki}) / (\Sigma_i A_{ki} / \Sigma_i E_{ki})]. \qquad (4\text{-}13)$$

Die Einführung der symmetrischen Version des Indikators geschieht aus den gleichen Gründen wie im Falle des RWA. Mit dem RCA-Konzept ist nicht das Niveau von Exportüberschüssen als Indiz für die Spezialisierung anzusehen wie in (4-12), sondern die relative Ausfuhr-Einfuhr-Quote. Der RCA-Indikator beantwortet gleichzeitig zwei Fragen:

- In welchem Maß haben inländische Anbieter eines Produkts sowohl im Vergleich zum Ausland als auch im Vergleich zu Anbietern anderer inländischer Produkte auf dem Weltmarkt Fuß gefasst? Dabei wird ausdrücklich angenommen, dass innerhalb der Volkswirtschaft (wie auch den anderen, mit denen Handel getrieben wird) Spezialisierungen zwischen den Produkten bestehen.

- In welchem Maß ist es ihnen gelungen, im Vergleich zu den Anbietern anderer Produkte Einfuhren zu substituieren? Denn wenn sie technisch fortgeschrittener sind oder eine größere innovative Produktdifferenzierung anbieten, als die Hersteller in anderen Märkten im Inland, sollten sie weniger als ihre internationalen Wettbewerber bedrängt werden.

Positive Vorzeichen für ein Unternehmen oder alle Wettbewerber um einen bestimmten Markt bzw. eine Produktgruppe weisen auf Spezialisierungsvorteile hin. Die Unternehmen gelten deshalb als besonders wettbewerbsfähig, weil ausländische Konkurrenten im Inland relativ gesehen nicht in dem Maße Waren absetzen konnten, wie es dieser Gruppe ihrerseits im Ausland gelungen ist. Der RCA-Indikator

---

173 Diese Bezeichnung ist zwar üblich, allerdings etwas unglücklich, denn es werden im eigentlichen Sinne keine neoklassischen komparativen Preisvorteile aufgedeckt, sondern es wird lediglich das Ausfuhr-Einfuhr-Verhältnis im Hinblick auf seine Spezialisierung relativiert, wofür verschiedene, bekannte und unbekannte Preis- und andere Faktoren ursächlich sein können (Balassa, 1965, S. 103 und S. 116). Balassa (1965 und 1977) verwendet die Bezeichnung RCA für die Ausfuhrseite allein, für die hier - dem heutigen Literaturstand entsprechend - mit (4-12) die Bezeichnung RWA festgelegt wurde.

kombiniert die Ausfuhrleistung mit der Ausschöpfung der Möglichkeit, Importe durch heimische Produktion zu substituieren.[174]

Dosi et al.[175] interpretieren die RWA-Messziffer im Rahmen ihres theoretischen Konzepts (hier mit RWA' bezweichnet) als das *Verhältnis zweier Absolutmaße* für die Wettbewerbsposition, nämlich der marktbezogenen Wettbewerbsposition und der Wettbewerbsposition für die Volkswirtschaft als Ganzes. In der Tat lässt sich Formel (4-12) durch zulässiges Vertauschen der Faktoren so interpretieren, dass im Zähler der Welthandelsanteil für den Einzelmarkt, im Nenner derjenige für die ganze Volkswirtschaft steht. Wenn keine Spezialisierungen zwischen den Märkten bestünden, und folglich die Weltmarktposition in jedem Markt gleich der nationalen wäre, würde das RWA-Spezialisierungsmaß zu 0 werden. Technologische Fortschrittsrückstände oder preisliche Unterschiede zwischen den Ländern würden sich dann auf allen Märkten gleich ergeben. Diese Interpretation macht die *strukturellen* Aspekte besonders deutlich.

$$RWA'_{ki} = 100 \tanh \ln [(A_{ki}) / (\Sigma_i A_{ki}) /(\Sigma_k A_{ki}/\Sigma_{ik} A_{ki})]. \qquad (4\text{-}14)$$

Intraindustrieller Handel

Bei der Diskussion des technometrischen Messverfahrens zur Fortschrittsmessung ist auf die große Bedeutung der monopolistischen Konkurrenz, auf Präferenzen der Nachfrager und auf Produktdifferenzierung hingewiesen worden. Im internationalen Handel gibt die monopolistische Konkurrenz Anlass zu *intraindustriellem Handel*, nämlich Handelsbeziehungen zwischen Volkswirtschaften in denselben Gütermärkten.[176] Wären die Volkswirtschaften im internationalen Handel gemäß dem RWA-Maß bei vollständiger Konkurrenz spezialisiert, würde es schwierig sein zu erklären, warum innerhalb eines Marktes gewinnmaximierender Handel auftritt.

Ohne die theoretischen Überlegungen zur Gültigkeitsprüfung des intraindustriellen Handels als korrelierendes Fortschrittsmaß an dieser Stelle führen zu können, sei der traditionell verwendete Indikator für den intraindustriellen Handel angegeben:[177]

$$IIH_{ki} = 100 [1 - | A_{ki} - E_{ki} | /(A_{ki} + E_{ki})]. \qquad (4\text{-}15)$$

---

174 Siehe Gehrke et al. (1994). Dabei nimmt man messtechnisch die Effekte protektionistischer Praktiken in Kauf. Zur Kritik der Wettbewerbstheorie angewandt auf Volkswirtschaften siehe Abschnitt 6.3.

175 Dosi et al. (1990a, S. 161).

176 Clark (1993, S. 333); siehe auch bei Krugman (1989, S. 1185).

177 Grubel und Lloyd (1975).

Mit den bereits eingeführten Variablen bezieht sich k auf diejenige bilaterale Beziehung, die betrachtet wird. Endweder wird der intraindustrielle Handel zwischen zwei Ländern k_1 und k_2 analysiert oder zwischen Land k und dem Rest der Welt (der OECD etc.).[178]

Ein Indikatorwert von 0 bedeutet, dass kein intraindustrieller Handel stattfindet und folglich die Handelsbeziehungen auf den Austausch von Gütern zwischen Märkten (interindustrieller Handel) gerichtet sind. Je größer der Indexwert wird, desto bedeutsamer wird der intraindustrielle Handel. Bei IIH = 100 sind die Ausfuhren auf Markt i gleich den Einfuhren. In Teil III ist zu klären, inwieweit das Ausmaß an intraindustriellem Handel durch Fortschrittsrückstände erklärt wird und folglich als korrelativer Indikator angesehen werden kann.

Zu beachten ist, dass allen diskutierten Außenhandelskennziffern gemeinsam ist, dass sie sich auf den *Spezialhandel* beziehen sollen. Der Generalhandel umfasst alle die Grenzen des Erhebungsgebiets überschreitenden Waren und ist daher an versand- und empfangsmäßigen Gesichtspunkten orientiert.[179] Für eine Untersuchung der Fortschrittswirkungen eignet sich jedoch die produktions- und verbrauchswirtschaftliche Abgrenzung des Warenverkehrs besser. Der Spezialhandel, der im wesentlichen die Güter, die zum Verbrauch, Gebrauch oder zur Be- und Verarbeitung in das Erhebungsgebiet eingehen, ist daher geeigneter. Im Falle der Ausfuhren gibt der Spezialhandel an, dass das Gut im Erhebungsgebiet erzeugt oder verarbeitet wurde.

Soziale Fortschrittswirkungen und Technikfolgenabschätzung

Abschließend seien einige wenige Bemerkungen zu den *sozialen und gesellschaftlichen Wirkungen des Fortschritts* angebracht. Dieses Thema wird mit dem Begriff der *Technikfolgenabschätzung* verknüpft und hat in den letzten Jahren eine ungeheure Fülle wissenschaftlicher Veröffentlichungen hervorgebracht, die an dieser Stelle nicht diskutiert werden können.[180] Großes innovationsökonomisches Interesse besteht vor allem an einer zutreffenden Erfassung der *sozialen* oder *externen Kosten* von innovativen Produkten, um beispielsweise im Rahmen der Wirtschaftspolitik die Adäquatheit der Rahmenbedingungen abschätzen zu können. Werden in regulierten Märkten (etwa im Energiebereich) die geringeren sozialen Kosten einer Innovation im Vergleich zum substituierten Gut nicht adäquat berücksichtigt, wird der technische Fortschritt unangemessen behindert.

---

178 Lee und Lee (1993, S. 160).

179 Handwörterbuch (1977, Band 1, S. 427).

180 Siehe z. B. Grupp (1993b), Bullinger (1994) und Grupp (1994c). Payson (1994, S. 40) meint, dass Maße für den Produktfortschritt „weichere Indikatoren" für langfristige Veränderungen im ökonomischen System seien als solche für umfassendere Qualitätsverbesserungen.

Hierzu liegen mehrere interessante Analysen vor, die belegen, dass innovative Produkte etwa im Bereich der erneuerbaren Energie durch Nichtberücksichtigung ihrer sozialen Kosten an der Markteinführung gehindert werden.[181] Die Nichtberücksichtigung der sozialen Kosten hat vor einigen Jahrzehnten die Einführung der *damals* neuen Energietechnologie, der Nukleartechnik, befördert. Inzwischen liegen Erfahrungen mit dem Risiko dieser Technik vor und die Kostenpotentiale insbesondere von großen Reaktorunfällen können abgeschätzt werden. Sie drücken sich allerdings nicht in den betriebswirtschaftlichen Kosten der Kernenergie aus, was inzwischen zu einer ungerechtfertigten Bevorzugung dieser Technik aus gesamtwirtschaftlicher Sicht und eine Behinderung ihrer Ablösung durch sozial verträglichere Technik führt.[182] Ein weiterer stark regulierter Markt, der Verkehrsbereich, hat ebenfalls Schwierigkeiten, bei der Einführung neuer Technologie die sozialen Kosten angemessen zu berücksichtigen.[183] Die Internalisierung der sozialen Kosten, ihre Quantifizierung und ihre Berücksichtigung im Sinne von Innovationsindikatoren auch in anderen als den genannten Bereichen verbleibt als ein großes, noch abzuarbeitendes Forschungsprogramm mit Relevanz für die Fortschrittsmessung.

Insgesamt zeigt sich, dass es eine Fülle eingeführter Indikatoren für den Fortschritt gibt, die mit dem technometrischen Konzept in Teil III dieses Buches geschätzt werden können. Der Literaturstand - auch dies wurde deutlich - ist auch bezüglich anderer Indikatoren als dem technometrischen keinesfalls als befriedigend zu bezeichnen. Man gewinnt den Eindruck, dass insbesondere die korrelierenden Fortschrittsindikatoren im engeren Sinne (Output) noch nicht so gut entwickelt sind wie die Ressourcen-Indikatoren. Freeman[184] bezeichnet einzelne Innovationsindikatoren als *Teilindikatoren*, die vor allem dann zu interessanten Ergebnissen führen, wenn sie zum „Konvergieren" gebracht werden. Von daher kann für gültige und adäquate innovationsökonomische Analysen das korrelative Zusammenschalten mehrerer Indikatoren empfohlen werden[185] auch und gerade im Hinblick auf eine Aufklärung der weiteren Wirkungen des Fortschritts, die in diesem Abschnitt nicht im einzelnen diskutiert wurden (wie etwa die Marktstruktur oder die Unternehmensgröße, soweit sie durch die Innovationsprozesse bestimmt sind). Einer exem-

---

181 Siehe etwa bei Hohmeyer (1988). Allgemein Franke (1992).

182 Ewers und Rennings (1991) haben die nicht versicherten monetären Schäden eines großen Reaktorunfalls berechnet.

183 Grupp (1986).

184 Freeman (1982a), der Originalausdruck ist „partial indicators".

185 Dies schon deshalb, um nicht Fehleinschätzungen aufzusitzen. Pavitt et al. (1987) konnten z. B. zeigen, dass die Einschätzung der Innovationstätigkeit mittelständischer Unternehmen vom verwendeten Indikator abhängt. Britische Unternehmen mit weniger als 1.000 Beschäftigten werden nach der Innovationszählung über-, nach dem Anteil ihrer FuE-Aufwendungen unterschätzt.

plarischen Abklärung der Messzwecke und Messfehler der verschiedenen Innovationsindikatoren ist Teil III gewidmet.

5 Ausgewählte methodologische Probleme bei der Ökonometrie der Innovationsprozesse

Ein Standpunkt entspricht einem Gesichtskreis mit dem Radius Null.

David Hilbert

5.1 Qualitätsvariablen und multidimensionale Verfahren

„Von idealen Gegenständen kann es (...) eine statistische Erkenntnis überhaupt nicht geben, und wenn man gelegentlich auch rein mathematischen Ziffernreihen eine 'statistische Behandlung' schon angedeihen ließ, irgendein *'Beweis'* wurde noch niemals dadurch geliefert." So beschreibt Hartwig[1] pointiert das wirtschaftsstatistische Messproblem und kommt zu dem Ergebnis, dass sich im wesentlichen ein „nichtmathematisches" Kalkül ergeben müsse. Damit sind logisch schließende Analysen gemeint, wenn die Anwendung strukturprüfender[2], also theoretisch postulierte Zusammenhänge beglaubigender statistischer Verfahren erschwert ist. Diese Situation ist im Bereich der Fortschrittsmessung häufig anzutreffen.

Innovationsqualität

Da Innovationsprozesse durch viele qualitative Aspekte charakterisiert werden, spielen *Qualitätsvariablen* eine größere Rolle als sonst in den Wirtschaftswissenschaften. Die Eigenschaftsbündel neuer Produkte bilden den Ausgangspunkt einer Idealmessung. Ein multidimensionaler metrischer Indikator ist zwar definiert worden; er kann aber nur dann in skalare oder vektorielle Gleichungen eingehen, wenn wechselseitige Umwandlungen zwischen den Dimensionen (z. B. über hedonische Preise, bekundete Präferenzwerte oder Funktional-Charakteristiken) definiert sind. Falls eine solche Konversion nicht gelingt, dringen multidimensionale Verfahren in den Vordergrund (dieser Abschnitt). Das Vorherrschen von multidimensionalen Variablen führt auch dazu, dass übliche Produktionsfunktionen nicht mehr definiert werden können und dass optimale Konfigurationen auf andere Weise errechnet werden müssen (Abschnitt 5.2).

Bereits im neoklassischen Ansatz hat sich das Vorliegen vollständiger Information als wichtige theoretische Annahme erwiesen, eine Annahme, die beim Innovationswettlauf zwischen rivalisierenden Unternehmen auf Märkten, die noch im Entstehen

---

1 Hartwig (1956, S. 258); Hervorhebung im Original.

2 Backhaus et al. (1990, S. XV).

begriffen sind und jedenfalls kein Gleichgewicht erreicht haben, in der Regel nicht erfüllt ist. Spezielle Messkonzepte zum Erfassen der innovationsgerichteten Information sind daher ebenfalls erforderlich (Abschnitt 5.3). Es gibt noch eine Reihe weiterer Besonderheiten im Methodenrepertoire der Innovationsökonomik, jedoch soll es mit dieser Auswahl sein Bewenden haben, da weitere methodische Spezialfälle im Teil III des Buches nicht auftreten. Die langfristige Bedeutung der einzelnen methodologischen Besonderheiten ist in einem im Entstehen begriffenden Forschungszweig ohnehin noch nicht zuverlässig auszumachen.

Es ist nicht einfach, eine allgemein verbindliche Definition für die Qualitätsvariablen in den Wirtschaftswissenschaften zu geben, obwohl dieses Thema seit vielen Jahrzehnten behandelt wird.[3] Majer[4] fasst 70 Jahre Diskussion zur Definition von Qualität so zusammen, dass der Begriff nur dann sinnvoll abgegrenzt werden könne, wenn auch Bewertungs- oder Messverfahren existierten und wenn er insbesondere multidimensionale Aspekte habe.[5] Dabei ist es zunächst gleichgültig, ob die Messung in monetären oder anderen, technischen Größen erfolgt, wie bei den Produkteigenschaften. Wenn trotz der oben genannten Lösungsmöglichkeiten keine Konvertierbarkeit gegeben ist, z. B. weil eine Konvertierungsrelation fehlt oder nicht eindeutig ist, oder die entsprechenden Parameter nicht vorliegen, können die multidimensionalen Ausprägungen nicht mehr skalar gemessen werden. Dies ist eine grundsätzlich andere Situation als wenn die Variablen über Mengen und Preise vollständig determiniert sind.

Absoluter vis-à-vis relativer Fortschritt

Die Bedeutung der *multidimensionalen Verfahren* für die Innovationsökonomik wird unmittelbar dann klar, wenn man den Innovationsoutput als technischen Fortschritt, und nicht nur als technischen Wandel definieren will. Von *absolutem technischen Fortschritt* kann streng genommen nur dann gesprochen werden, wenn alle Merkmale einer Innovation vollständig erfasst worden sind und mindestens eine der Dimensionen sich verbessert, während sich keine andere verschlechtert.[6] Zunächst einmal müssen zur Feststellung von Fortschritt alle Dimensionen messbar sein. Zweitens muss per Konvention festgelegt worden sein, wieviele Dimensionen die Messung des technischen Fortschritts hat.[7] Drittens muss eine eindeutige Skala zu-

---

3 Der Anfang der Debatte wird von Majer (1989, S. 3) auf einen Beitrag von Wirz (1915) datiert.

4 Majer (1989, S. 3 f.).

5 Klatt (1961, S. 24).

6 Gerybadze (1982, S. 32 f.).

7 Gerybadze (1982, S. 33) bemerkt, dass ein erheblicher Teil der technischen Änderungen der Vergangenheit nur deshalb als „Fortschritt" angesehen werden konnte, weil man bestimmte Dimensionen (Umweltverträglichkeit, Energieverbrauch etc.) vernachlässigt habe. Damit ist auch gesagt, dass eine ehedem als fortschrittlich angesehene Innovation heutezutage als Rück-

grunde gelegt werden, um zu entscheiden, wann eines der messbaren Merkmale sich verschlechtert oder verbessert. Von *relativem technischen Fortschritt* kann man dann sprechen, wenn sich einzelne Merkmale durch eine Innovation verbessern, andere hingegen verschlechtern. Dann tritt das Problem gegenläufiger Bewertungen auf, das nur gelöst werden kann, wenn eine Präferenzordnung über dem Merkmalsraum definiert ist.[8]

Existieren solche Präferenzen nicht, muss das multidimensionale Problem multidimensional behandelt werden, ohne dass die rechnerischen Reduktionen z. B. auf einen Vektorbetrag möglich werden. Hierfür sind einige spezielle Verfahren entwickelt worden, die nachstehend kurz referiert werden. Die simpelste Lösung ist es, mehrdimensionale Variablen in mehrdimensionale Graphiken zu übersetzen, so dass die dargestellten Datenpunkte oder Zusammenhänge in aller ihrer Widersprüchlichkeit sachlogisch nachvollzogen werden können. Eine derartige Analyse verbleibt deskriptiv, erhält aber die Informationsvielfalt ohne Einschränkungen.

Multivariate Darstellung

Nicht umsonst weist Müller-Merbach[9] auf die besondere Bedeutung *zweidimensionaler Wirtschaftsgraphiken* im Zusammenhang mit empirischen Untersuchungen zur Technologieentwicklung hin. Die üblichen Wirtschafts- und Geschäftsgraphiken sind in diesem Sinne eindimensional, denn nur eine Achse steht für inhaltliche Informationen zur Verfügung, während die andere Achse mit formalen Informationen zum Zweck der Zeit- oder Objektdifferenzierung belegt ist. Echte zweidimensionale Darstellungen - wie sie auch in der Wirtschaftstheorie gang und gäbe sind - belegen beide Achsen mit inhaltlichen Daten, die formal nicht modellierbare Zusammenhänge erkennen lassen können.[10] Ein mentaler Zugang zum Dargestellten kann dann entstehen, wenn man eine Systematik zu erkennen glaubt.[11] Letztlich bringen mehrdimensionale Graphiken Zusammenhänge in Relation zueinander, welche die nicht beseitigbaren Widersprüche eines mehrdimensionalen Bewertungsverfahrens abbilden.

Bereits dieser einfache Zugang zur Darstellung multidimensionaler Zusammenhänge bedeutet letztlich, dass die ökonomische Erkenntnis nicht aus mathemati-

---

schritt aufgefasst werden kann, wenn sich die Konvention für die zu berücksichtigenden Dimensionen verändert hat, z. B. in umweltpolitischer oder rechtlicher Hinsicht.

8 Gerybadze (a. a. O.).

9 Müller-Merbach (1991).

10 Wie unten gezeigt wird, geht dies bis zur „Kartographie" von Innovationslandschaften.

11 Siehe bei Müller-Merbach (1991, S. 33); verwiesen wird etwa auf das Erkennen von Normzonen, die aus dem Faktischen abgeleitet sind, von Ausreißern und Extrempositionen, von „weißen Flecken", in denen die empirischen Zusammenhänge nicht besetzt sind etc.

schen Formeln, sondern aus graphischen Strukturen entsteht. Seine *Fragwürdigkeit* besteht darin, dass jeder Betrachter solcher Graphiken zu *anderen* Schlüssen kommen kann, da keine Signifikanzschwellen definiert sind, und an ihre Stelle subjektive Bewertungen treten.

Baut man diesen Ansatz statistisch streng aus, dann spricht man von *multivariaten Verfahren*. Besonders bewährt hat sich die *multidimensionale Skalierung*.[12] Sie erlaubt, Ähnlichkeiten bzw. Unähnlichkeiten zwischen Objekten zu *berechnen* und ähnliche Objekte nahe, unähnliche fern voneinander abzubilden. Die multidimensionale Skalierung (MDS) gehört damit zu den *strukturentdeckenden* Verfahren, bei denen der Anwender vor der Analyse keine theoretischen Zusammenhänge zwischen den Variablen modelliert hat.[13] In der Innovationsökonomik bieten sich als Ähnlichkeitsmerkmale Korrelationskoeffizienten[14], Rangordnungen oder Vektorkoordinaten an; als Distanzmaß ist die euklidische Metrik möglich[15] sowie Winkel zwischen den Vektoren.[16]

Multidimensionale Skalierung (MDS)

Anschaulich lässt sich das Verfahren der multidimensionalen Skalierung wie folgt beschreiben: Den Ausgangspunkt bildet eine „Entfernungstabelle" in Matrixform, wie sie etwa in jedem Autoatlas für die Entfernungen zwischen verschiedenen Orten enthalten ist. Durch Anwendung des statistischen Verfahrens würde aus dieser Entfernungsmatrix eine Karte gezeichnet werden, in der die gegenseitige Lage der Städte zueinander möglichst orginalgetreu abgebildet wird. Dabei ist nur von Bedeutung, dass das Verhältnis der Distanzen zueinander den Tatsachen entspricht (etwa der Luftlinienentfernung), wohingegen die Lage bezüglich der Himmelsrichtungen, d. h. die Absolutorientierung, nicht der Nord-Süd-Konvention folgen muss.[17]

Mit der multidimensionalen Skalierung versucht man, die zu analysierende Vielfalt in einem gegebenen Darstellungsraum, die sich mangels Konvertierbarkeit nicht skalar, d. h. eindimensional, messen lässt, auf niedrigdimensionale Darstellungsräume zu reduzieren. Bei der Reduktion werden Ähnlichkeiten zwischen den Objek-

---

12 Kruskal und Wish (1989), Borg (1981) oder Backhaus et al. (1990).

13 Backhaus et al. (a. a. O., S. XIV). Andere strukturentdeckende Verfahren sind die Faktorenanalyse und die Clusteranalyse.

14 Verwendet u. a. von Grupp (1994a).

15 Archibugi und Pianta (1994).

16 U. a. Jaffe (1989). Diese werden als Kosinus-Distanz bezeichnet wie in Geometrie und linearer Algebra.

17 Borg (1981), d. h. die Konfiguration ist unabhängig von Spiegelung, Dehnung und Drehung.

ten ausgenutzt, so dass im Ergebnis der Analyse weniger Dimensionen der Objekte zu beurteilen und zu interpretieren sind. Dabei entstehen Informationen über Beschreibungsmerkmale der Objekte, die man zuvor nicht dargestellt hat.[18] Im Hinblick auf die Messung von Fortschrittsrückständen kann es z. B. hilfreich sein, neben den realen Objekten ein idealisiertes Objekt in die Analyse einzuführen, das in jeder oder einer bestimmten Dimension am fortgeschrittensten ist. Daraus, d. h. aus den skalierten Distanzen, ergeben sich womöglich weitere Informationen über verborgene Zusammenhänge.

Wichtig zu erwähnen ist es, dass die Güte einer solchen reduzierten Ähnlichkeitsbetrachtung berechnet werden kann,[19] so dass strenge mathematische Aussagen über den Repräsentationsgrad möglich sind. Dabei können jeweils alternative Rechenverfahren gewählt werden. In den Anwendungen im Teil III bestehen die zu beurteilenden Objekte aus Eigenschaftenbündeln innovativer Produkte repräsentiert durch Vektoren vom Typ (3-2) oder (3-3). Bekundete Präferenzen gemäß (3-6) sind nicht definiert oder die Daten sind nicht bekannt, vielmehr ist es die Aufgabe der MDS-Analyse, Ähnlichkeiten in den Eigenschaften offenzulegen, die auf Präferenzmuster hindeuten könnten. In diesem Falle entfällt die subjektive Beurteilung der Ähnlichkeit, wie sie in den meisten betriebswirtschaftlichen Anwendungen typisch ist,[20] und als Distanzmaß bietet sich statt der euklidischen Metrik der Winkel der Vektoren an, ein in der Industrieökonomik übliches Maß,[21] wie es aus dem Skalarprodukt berechnet werden kann:

$$\cos(k',k'') = \Sigma_j[K^*(j,k') \cdot K^*(j,k'')] / \{[\Sigma_j K^*(j,k')^2] \cdot [\Sigma_j K^*(j,k'')]^2\}^{½}. \qquad (5\text{-}1)$$

Dabei gelten die eingeführten Notationen aus Kapitel 3, wobei über die r Eigenschaften j summiert wird.

Bei einer konkreten Aufgabe ist a priori nicht bekannt, bei welcher Dimension eine „gute“ Reduktion der Daten gelingt. In der Literatur werden das Stressmaß L und der quadrierte Korrelationskoeffizient R^2 zur Beurteilung der Anpassungsgüte herangezogen. Bei einer vorgegebenen Dimension muss zunächst festgelegt werden, wann die Iteration einer Verbesserung der Anpassung der berechneten Konfiguration an die vorgegebenen Ähnlichkeiten abgebrochen wird. Das Stressmaß von Kruskal[22] wird aus der Abweichung der Distanzen der skalierten Daten zu den Distanzen der vorgegebenen Ähnlichkeiten abgeleitet, während das R^2-Maß deren

18 Backhaus et al. (1990, S, XV).

19 Im Teil III kommt die entsprechende SPSS-Software zur Anwendung.

20 Backhaus et al. (a. a. O., S. 322 - 324).

21 Siehe z. B. Jaffe (1989, S. 88). Es ist gerade für Intervallskalen vom Typ (3-3) geeignet.

22 Kruskal (1964). Im Fall einer exakt monotonen Anpassung ist L = 0.

Korrelation misst. Wenn bei einem weiteren Iterationsschritt das Stressmaß um weniger als eine vorgegebene minimale Marge verbessert wird (z. B. um $L < 0{,}0001$), ist die optimale Konfiguration in *diesem* Darstellungsraum erreicht.

Wegen der graphischen Veranschaulichung wird meist eine *zweidimensionale* Konfiguration gesucht. Die Vorgabe der Zahl der Dimensionen hat jedoch einen Einfluss auf die Höhe von L. Eine Lösung mit $L = 0$ kann im allgemeinen Fall nur im Raum $(r - 1)$ erreicht werden. Ob eine Endkonfiguration bei vorgegebener Zahl der Dimensionen (von z. B. 2) akzeptiert werden kann oder zurückgewiesen werden muss, kann aus Tabellen für die Anpassungsgüte entnommen werden.[23] Entsprechend gibt das R^2-Maß an, wie groß die erklärte Varianz in *dieser* Dimension ist.

An dieser Stelle sollen nicht die konkreten Anwendungen des Verfahrens vorweggenommen werden, sondern eine Kritik des Verfahrens erfolgen und damit der Nutzen im Zusammenhang mit der Analyse von Fortschrittsprozessen diskutiert werden.

Nützlichkeit und Kritik der MDS-Verfahren in der Innovationsökonomik

Tijssen verglich in einer systematischen Validierung die Ergebnisse der multidimensionalen Skalierung mit Experteneinschätzungen auf dem Gebiet der neuronalen Netze. Die MDS-Konfigurationen wurden aus Ähnlichkeitsbeziehungen zwischen wissenschaftlichen Publikationen, gemessen am gemeinsamen Auftreten von Stichwörtern, abgeleitet.[24] Das entsprechende Forschungsgebiet wurde vierzehndimensional dargestellt und auf Ähnlichkeiten zwischen diesen Teilforschungsgebieten hin untersucht.

Durch schriftliche Befragungen wurden Experten des Gebiets gebeten, die Fortschritte in den unterschiedlichen Teilgebieten zu charakterisieren. Im Ergebnis unterschieden sich die Darstellungen der Fachleute und die skalierten Konfigurationen erheblich und passten nur in groben Zügen zueinander. Die individuellen und die Gruppenunterschiede konnten zum Teil auf Vorurteile, entstanden durch das gemeinsame Teilhaben der Experten an Forschungsprogrammen, durch Fragen der Nationalität und andere soziologisch wichtige Konstituenten für ein Forschungsgebiet erklärt werden. Die multidimensionalen, auf Innovationsindikatoren beruhenden Verfahren können somit zu einem wichtigen deskriptiven Instrument werden, haben aber auch Bedeutung für die Validierung der Indikatoren.[25]

---

23 Gemäß Kruskal (1964) entspricht ein Stressmaß von 0,2 einer ausreichenden Anpassungsgüte, 0,1 ist gut und 0,05 ist sehr gut. Diese Gütefaktoren werden in Backhaus et al. (a. a. O., S. 331) genannt.

24 Tijssen (1993).

25 Tijssen (a. a. O.) bemerkt interessanterweise, dass alle beteiligten Fachleute Widersprüche zu ihren Auffassungen in den MDS-Karten als Messfehler der Indikatoren abtaten und nicht auf

Die Anwendung multivariater Verfahren kann zwar nicht das Problem gegensätzlicher Beurteilungen zum technischen oder wissenschaftlichen Fortschritt in seinen verschiedenen Ausprägungen und Merkmalen beseitigen, wohl aber das Ausmaß an Ähnlichkeit mathematisch formal verarbeiten. Von daher ist die Anwendung dieser Verfahren im Bereich der Innovationsökonomik aus Nützlichkeitsüberlegungen heraus zu erklären. Daneben vermögen die multidimensionalen Verfahren zu einer Art „Kartographie" von Technik und Wissenschaft beitragen und somit helfen, die Grundstrukturen in Wissenschaft und Technik als selbstorganisierte Systeme offenzulegen. In der Literatur wird darauf verwiesen, dass wegen der fraktalen Eigenschaften des Wissenschaftssystems eine Verständigung über die wissenschaftsimmanenten Strukturen kaum möglich ist.[26] Erst die Hinzunahme multidimensionaler Algorithmen ermöglicht es, die Strukturen von Wissenschaft und Technik nachvollziehbar zu machen, zwischen zentralen und peripheren Gebieten zu unterscheiden und wichtige Brückenfunktionen zwischen Teilgebieten darzustellen.[27] Auf diese Weise können die multidimensionalen Verfahren auch in der Wissenschaftslogik und Wissenschaftsgeschichte sinnvoll eingesetzt werden. Vom Standpunkt der Innovationsökonomik aus ist dies eine wichtige Voraussetzung zum Verständnis der innovationsunterstützenden Beiträge aus Wissenschaft und Technik.

5.2 Optimierung von Produktionsfunktionen und technische Ineffizienz

Wenn skalare Zusammenhänge nicht mehr formuliert werden können und Variablen mit unterschiedlichen Maßeinheiten (die auch rangskaliert sein können) auftreten, wird die Verwendungsmöglichkeit von traditionellen Produktionsfunktionen sehr erschwert. Das Feststellen von Elastizitäten beruht z. B. darauf, dass sich die Maße für die einzelnen Variablen miteinander verrechnen lassen. So ist es nicht überraschend, dass in den innovationsökonometrischen Arbeiten nach alternativen rechnerischen Lösungen bei Fragen der Produktivität oder Effizienz gesucht wird.

Zur Lösung des mehrdimensionalen Produktivitätsproblems kann man zunächst an den Einsatz der linearen und der nichtlinearen Programmierung denken. Allerdings sind aus den genannten Gründen die konventionellen Modelle unbrauchbar. Es gibt jedoch eine Version der linearen Programmierung, die ausdrücklich dafür geschaffen wurde, die Effizienz von gewissen, zur Entscheidungsfindung fähigen Einhei-

---

den Gedanken kamen, dass ihre eigene mentale Analyse bzw. ihr Kenntnisstand möglicherweise widersprüchlich und nicht objektiv ist.

26 Engelsman und van Raan (1994).

27 Callon et al. (1986).

ten[28] zu berechnen und dabei mehrere qualitative Inputs zulassen. Dieser Ansatz, der von Charnes und Cooper im Jahr 1978 konzipiert wurde,[29] ist unter dem Namen *Data Envelopment Analysis (DEA)* bekannt geworden. Im Kern untersucht die DEA-Methode, welche zur Entscheidung fähige Einheit (im gegebenen Zusammenhang müsste man präzisieren, welche *innovierende Einheit*) sich an der Produktivitätsfront ihrer Möglichkeiten befindet, und welche nicht.[30]

Data Envelopment Analysis (DEA)

Das Referenzschema dieses Buches geht davon aus, dass die Innovationsprozesse hochgradig vernetzt und jedenfalls nicht linear, d. h. nicht sequentiell, ablaufen, so dass es auf den ersten Blick fraglich erscheint, ob spezielle Methoden der linearen Programmierung angemessen sind. Die DEA-Methode ist jedoch parameterfrei. Das bedeutet, dass zwar das Optimierungsverfahren linear ist, dass jedoch keine linearen Beziehungen zwischen den Größen unterstellt werden müssen. Insbesondere ist die Annahme einer kausalen oder sequentiellen Beziehung nicht erforderlich.

x soll ein m-Tupel (Vektor) sein, der die Aufwendungen für die Innovation beschreibt und y ein s-Tupel von Variablen, welcher den FuE-Ertrag oder den technischen Fortschritt der Innovationsvorgänge in beliebigen Einheiten für eine Menge von Innovationseinheiten (IE)[31] beschreibt. Die Innovationseinheit ist an der Produktivitätsfront oder vollständig effizient, wenn im Ertrags- oder Fortschrittsvektor maximale Werte bei gegebenen Werten für die Aufwendungen erreicht werden. Wegen der Multidimensionalität sind mehrere Fälle zu unterscheiden. Von daher kann das Problem wie folgt formuliert werden:

$$\text{Max } \Theta_0 = \Sigma_{r=1\ldots s}\, u_r\, y_{r0}/\Sigma_{j=1\ldots m}\, v_j\, x_{j0}. \qquad (5\text{-}2)$$

Dabei gilt die Nebenbedingung:

$$\Sigma_{r=1\ldots s}\, u_r\, y_{r0}\, /\Sigma_{j=1\ldots m}\, v_j\, x_{jk} \leq 1, \qquad (5\text{-}3)$$

und außerdem

$$u_r,\, v_j \geq 1. \qquad (5\text{-}4)$$

---

28 In der angelsächsischen Originalliteratur: „Decision-making units"; dabei sind Industriezweige, Konzerne, einzelne Unternehmen oder einzelne Betriebe dieser Unternehmen gemeint.

29 Johnes und Johnes (1992, S. 354) betonen, dass das Verfahren ältere Vorbilder hat und auf Dantzig (1951) zurückgeht. Siehe auch das weitsichtige Frühwerk von Farell (1957).

30 Charnes, Cooper und Rhodes (1978, 1979, 1981), Charnes, Cooper und Clarke (1988) und zusammenfassend Charnes et al. (1994).

31 Diese Bezeichnung ersetzt hier den ursprünglichen Begriff Decision-Making Unit (DMU).

Dabei bedeuten die Variablen das folgende:

- y: Fortschritts- oder Ertragsvektor (auch „Output“ genannt mit dem Verständnis einer Beschreibung komplexer und möglicherweise entgegenlaufender Einzelphänomene, siehe oben),
- x: Ressourcenvektor (auch „Input“ genannt mit den Einschränkungen wie oben),
- y_{rk}: r-ter Output von IE_k,
- x_{ik}: i-ter Input von IE_k,
- u: Gewicht der Outputs,
- v: Gewicht der Inputs,
- u_r: Koeffizient des r-ten Outputs, welcher Θ_0 maximiert,
- v_r: Koeffizient des i-ten Inputs, welcher Θ_0 maximiert,
- k: Index für die Innovationseinheiten IE von 1 bis n,
- j: Index für die Inputs von 1 bis m und
- r: Index für die Outputs von 1 bis s.

Das Modell versucht, Θ_0, also das Verhältnis der gewichteten Fortschritts- oder Ertragsindikatoren zu den gewichteten Ressourcenindikatoren, für eine beliebige Innovationseinheit IE „0“ zu maximieren, unter der Nebenbedingung, dass dasselbe Verhältnis für alle anderen IEs nicht größer wird als 1 (welches definitionsgemäß der maximalen Effizienz entspricht). Löst man dieses Programmierungsproblem (n+1) mal, jedesmal mit einer anderen IE als Referenzeinheit „0“, kann eine effiziente Hyperebene identifiziert und gemessen werden. Außerdem ist es möglich, den Abstand jeder einzelnen Innovationseinheit von der Hyperebene zu berechnen. Die Gewichte, die gewählt werden, um die Distanz zwischen einer IE und der effizienten Hyperebene zu minimieren, werden nicht wie bei der Berechnung der totalen Faktorproduktivität, z. B. mit dem Kendrick-Ott-Produktivitätsindex,[32] exogen definiert, sondern sind im Modell variabel. Sie können sich für die IEs unterscheiden und ergeben sich aus den empirischen Daten und der Optimierung.

Die obigen Gleichungen sind nichtlinear und führen daher zu gewichtigen Rechenproblemen. Das Verdienst von Charnes, Rhodes und Cooper ist es, mathematisch stringent gezeigt zu haben, dass das Gleichungssystem (5-2) bis (5-4) in (n+1) ordinäre, fraktionierte und lineare Programmierprobleme konvertiert werden kann. Diese Transformation war die Geburtsstunde des DEA-Ansatzes.

Maßzahlen für Ineffizienz

DEA-Probleme können in zwei Varianten formuliert werden, indem sie einmal den Output maximieren und das andere mal den Input minimieren, und jedes DEA-Problem, wie auch immer formuliert, hat sein Gegenstück. Das Verfahren stellt eine

32 Siehe bei Kendrick (1956); zusammenfassend in Cantner et al. (1996).

Reihe von skalaren Maßzahlen für Ineffizienz zur Verfügung. Auch diese treten paarweise auf, ein Satz für die input-orientierte Variante und das andere Paar für die output-orientierte Form. An dieser Stelle werden drei der gebräuchlichsten Produktivitätsmaße vorgestellt. Diese sind:

- Theta (Θ) ist die proportionale Reduktion der Inputs, die nötig ist, um die projektierten Inputwerte zu erreichen.

- Iota (I) ist ein Input-Effizienzmaß, das den Abstand des Datenpunkts von seiner paarweise linearen Projektion auf der Oberfläche misst, und entspricht somit der total gewichteten Distanz zwischen den beobachteten und den projektierten Punkten.

- Sigma (Σ) gibt den summierten, gewichteten Wert des Output-Überschusses an, also der Differenz zwischen dem tatsächlichen und dem effizienten Output, wobei als Gewichte die Schattenpreise genommen werden, oder misst die überschüssigen Input-Werte für effizienten Output, ebenfalls mit den Schattenpreisen gewichtet.

In anderen Worten, wenn alle Inputs um Θ reduziert würden, blieben dennoch einige von ihnen im Überschuss. I hingegen misst den totalen Betrag der Ineffizienz und nicht nur die Distanz proportional zu einem Radiusvektor. Σ kann man auch als gewichtete euklidische Distanz zwischen dem tatsächlichen und dem effizienten Datenpunkt ansehen.

Die klassischen Anwendungen der DEA-Methode liegen in der Betriebswirtschaft und hier vor allem in Dienstleistungsbereichen, wo die üblichen Produktivitätsmaße nicht ohne weiteres verwendet werden können. Klassische Beispiele in der Literatur beziehen sich auf den Bankenbereich oder auch auf öffentliche Dienstleistungen (Polizeidienstleistungen, Krankenhäuser, öffentliche Stromversorgung etc.) und werden zur Messung der unternehmensinternen *„X-Ineffizienz“*, also der Differenz zwischen den geringstmöglichen und den tatsächlichen Kosten einer Produktionsmenge herangezogen.[33] Die Methode ist also in anderen Kontexten als zur Beschreibung von Innovationsprozessen entwickelt und eingesetzt worden. Erst in allerjüngster Zeit ist der Wert der Methode zur Beschreibung von Innovationsprozessen erkannt worden. Ursächlich hierfür ist die Eigenschaft, verschiedenartige

33 Siehe z. B. Sherman (1984), Leibenstein und Maital (1992), Thore (1993) sowie Cantner et al. (1996). Bürkle (1994, S. 275 f.) stellt im Überblick 25 entsprechende Anwendungen zusammen, von denen vier privatwirtschaftliche Unternehmen betreffen (Banken, Versicherungen, Einzelhandelsketten), sieben öffentliche Einrichtungen (Gerichtsbezirke, Luftwaffeneinheiten, Schulbezirke etc.) und alle übrigen den Gesundheitsbereich (Apotheken, Krankenhäuser). Zum Begriff der „X-Ineffizienz“ siehe bei Leibenstein (1966). Zur Erklärung des „Faktors X“ kommen soziale Organisationsformen in Frage und damit soziologische Aspekte der Produktivkräfte, nicht nur klassisch ökonomische (so bei Ingham, 1996, S. 247 f.)

Variablen verarbeiten zu können. Dies ist bereits von den Promotoren des Verfahrens erkannt und beschrieben worden, allerdings hatten sie nicht eine qualitative Modellierung des Innovationsgeschehens, sondern von psychologischen Variablen im Sinn.[34] Die bisherigen pionierhaften Anwendungen im Bereich der Innovationsforschung beziehen sich zum Beispiel auf die Innovationseffizienz von Telekommunikationsunternehmen vor und nach der Deregulierung, auf die technologische Exporteffizienz wissenschaftsstarker Länder, wie z. B. Israel, oder die Effizienz des west- und des ostdeutschen Forschungssystems vor der Vereinigung.[35]

Nützlichkeit und Kritik der DEA-Verfahren in der Innovationsökonomik

Zur Kritik der Methode. Das DEA-Verfahren zwingt der funktionalen Form der Produktivitätsbeziehung keine Restriktionen auf und benötigt keine a priori Annahme für die relative Gewichtung zwischen jeweils zwei Outputs oder jeweils zwei Inputs zueinander. Insofern ist es eine ideale Methode, um auf nichtsequentielle, rückkoppelungsorientierte Innovationsprozesse und ihre korrelativen Indikatoren angewendet zu werden. Während die DEA-Methode nichtparametrisch ist, ist sie doch nicht frei von der Notwendigkeit theoretischer Klärungen. Z. B. müssen die einer Anwendung unterliegenden Hypothesen daraufhin geprüft werden, ob die Effizienzebene durch den Ursprung gehen soll oder nicht, was verschiedenen Annahmen bezüglich konstanter oder variabler Skalenerträge entspricht.

Wie schon erwähnt, ist das DEA-Verfahren relativ wenig sensibel bezüglich der Modellspezifikation (jede Input-Version hat eine praktisch gleichbedeutende Output-Version). Das Verfahren ist jedoch extrem sensitiv bezüglich der Auswahl der Variablen und auch bezüglich der Fehler in einzelnen wenigen Daten, welche die gesamte Effizienzebene verändern können, wenn sie in ungünstigen Positionen bezüglich der Bestimmung dieser Effizienzebene liegen.[36] Dies ist eine Eigenschaft, die alle Methoden aufweisen, welche Umhüllenden oder Hyperebenen berechnen. Ein anderes Problem besteht darin, dass sich alle Innovationseinheiten als effizient darstellen lassen, wenn man genügend viele Inputs zulässt. Dies ist ein allgemeines Resultat, was sich aus dem Verhältnis des Input-Output-Raums (m+s) relativ zu n

34 Die Variablen „können auch eine Vielfalt von Formen annehmen, die z. B. ordinale Messungen zulassen, wie sie in psychologischen Tests, arithmetischen Punktsystemen und psychomotorischen Fähigkeitsmessungen vorkommen." (Charnes et al., 1979, S. 429).

35 Z. B. Grupp (1993), Grupp und Hinze (1993) oder Grupp, Maital, Frenkel und Koschatzky (1992).

36 Ahn und Seiford (1990). Um eine geeignete Variablenauswahl sicherzustellen, sollte grundsätzlich eine Korrelationsanalyse der Inputs und Outputs vor der eigentlichen Effizienzberechnung vorgenommen werden, um Faktoren mit schwachen Zusammenhängen auszuschließen (Bürkle 1994, S. 282).

ergibt, der Zahl der IEs oder der Oberservationen. In den Anwendungen ist folglich darauf zu achten, dass $n \geq (m+s)$ erfüllt ist.[37]

Gerade bei Anwendungen im Zusammenhang mit der Beschreibung des Entstehens von Innovationen ist es ein bedeutender Mangel, dass das parameterfreie DEA-Verfahren nicht auf dem Niveau parametrischer statistischer Tests ist und keine Möglichkeiten zu Signifikanz- oder Gütetests bietet.[38] Zwar können Ranglisten der Ineffizienz erstellt werden, es ist aber keine statistische Aussage darüber möglich, wann sich ein Rangplatz von einem anderen signifikant unterscheidet. Dies ist insbesondere dann von Bedeutung, wenn für ein gegebenes Problem die Auswahl der zur Beschreibung heranzuziehenden Variablen erschwert ist. Es wurde schon ausgeführt, dass das Ergebnis sehr sensibel bezüglich der Auswahl der Variablen ist; die Hinzunahme einer weiteren Variablen, auch wenn sie sorgfältig ausgewählt wurde, kann z. B. bedeuten, dass eine Reihe von Innovationseinheiten, die zuvor als effizient galt, nunmehr diese Eigenschaft verliert. Daher sind Sensitivitätstests und modifizierte Programmierläufe unter Weglassung einiger effizienter Einheiten oder einiger Variablen immer empfehlenswert.[39] Anstelle der nicht möglichen Signifikanzaussagen sollten Aussagen zur Robustheit treten, die auf solchen Sensitivitätsanalysen beruhen.

Verwendet man die OLS-Regressionsanalyse oder verwandte Methoden, um die genannten Effizienzmaße als korrelative Indikatoren für Fortschrittsmessungen heranzuziehen, tritt die weitere Schwierigkeit auf, dass diese, z. B. das Iota-Maß I, auf das Intervall $]0,1]$ begrenzt sind.[40] Dann können der Residualterm von der unabhängigen Variablen abhängen und inkonsistente Schätzungen der Parameter auftreten. In der Literatur wird daher folgende Transformation vorgeschlagen:[41]

$$I^* = - \ln I. \tag{5-5}$$

I^* ist dann unbegrenzt schätzbar. Unter Beachtung der angegebenen Vorsichtsmaßnahmen bietet sich insgesamt das DEA-Verfahren als interessante Variante zur Produktivitätsanalyse von Innovationsprozessen an.

---

37 Vassiloglou und Giokas (1990, S. 592) empfehlen, dass n mindestens doppelt so groß sein sollte wie (m + s).

38 Johnes und Johnes (1992, S. 364).

39 A. a. O., S. 365. Siehe auch Bürkle (1994, S. 283), die der Sensitivitätsanalyse in Analogie die Bedeutung von Signifikanztests in der Statistik zubilligt (S. 286).

40 Holvad und Hougaard (1993).

41 Ebenda; siehe auch Cantner et al. (1996).

5.3 Messkonzept für innovationsgerichtete Information

Der institutionen- bzw. evolutionsökonomische Ansatz hat Konsequenzen für die Beschreibung innovationsgerichteter Informationen, die für die Marktteilnehmer von entscheidender Bedeutung sind. Die Evolution einer Institution wird als ein wissensintensiver Prozess angesehen. Es ist nicht unvernünftig, anzunehmen, dass dann, wenn die technologische Entwicklung beschrieben wird, Informationsflüsse als das „Rohmaterial" angesehen werden müssen, aus denen, zumindest als notwendige, wenn nicht hinreichende Bedingung, die technologischen Transformationen gestaltet werden.[42]

Ungewissheit und Information

Im Hinblick auf konkrete, mathematische Methoden ist es naheliegend, in Analogie das thermodynamische Entropiemaß, das formal gleichbedeutend, aber mit anderer Interpretation in den Informationswissenschaften verwendet wird, heranzuziehen. Dabei setzt man sich über die Tatsache hinweg, dass in der Informationswissenschaft ein Wissen über „Zeichenfolgen", in der Thermodynamik über Partikel gemeint ist. In der Informationstheorie wie auch in der Thermodynamik wird das Entropiekonzept mit einer Messung der *Ungewissheit* oder *Unordnung* gleichgesetzt. Durch Selbstorganisation kann Ordnung geschaffen werden, ansonsten tendieren abgeschlossene Systeme zu größerer Unordnung. Feynman hat das Problem für die Thermodynamik so formuliert: Die Unordnung lässt sich dadurch messen, indem man die Möglichkeiten abzählt, wieviel mal die Innenorganisation neu arrangiert werden könnte, so dass sie von außen gleich aussieht. „Der Logarithmus der Anzahl dieser Möglichkeiten wird Entropie genannt."[43] Wenn es wenige solcher Möglichkeiten gibt, dann muss die Entropie niedrig sein. In der ökonomischen Diskussion wird die Entropie als ein Konzept verstanden, mit dem die Ungeordnetheit von oder die Unsicherheit über eine gegebene Menge von ökonomischen Wissenselementen bestimmt werden kann.[44]

Für den neoklassischen Wirtschaftswissenschaftler ist die Information eine wichtige Kategorie, weil sie die Maximierung des Gleichgewichts begrenzt. Eines der wichtigen Ziele der Neoklassik ist es, zu erklären, wie die knappen Ressourcen angesichts kompetitiver Ziele alloziert werden und wie hierdurch soziale Wohlfahrt optimiert wird. Konsumenten und Produzenten haben perfektes Wissen und vollständige Informationen über Produktion und Konsum;[45] wenn eine asymmetrische In-

---

42 Clark und Juma (1987, S. 85).

43 Feynman et al. (1971).

44 Saviotti (1988a). Siehe auch seine später wesentlich überarbeitete Fassung (1991).

45 Clark und Juma (1987, S. 90).

formationsverteilung vorliegt, ist möglicherweise Marktversagen erkennbar.[46] Während sich für die evolutionsökonomische Richtung die Bedeutung eines Messkonzepts für Information zwanglos aus der Analogie zur Biologie ergeben mag, hat somit auch das neoklassische Denken Interesse am Messen bzw. Bewerten des Grads der Informiertheit der Marktteilnehmer, zumindest im Falle von Marktversagen. Das nachfolgend vertiefte Messkonzept ist also nicht notwendigerweise an transaktionskostentheoretische Ansätze gebunden, sondern hat auch im Falle von neoklassischen Abweichungen vom Gleichgewichtszustand der Märkte seine Berechtigung.

Wenn man von ungeordneten Innovationsmöglichkeiten ausgeht und die Einordnung gemäß Abbildung 2-2 rekapituliert, besteht die Aufgabe des innovierenden Unternehmens darin, sich die im wissenschaftlichen und technischen System gegebenen ungeordneten Möglichkeiten spezifisch und kumulativ anzueignen. Dabei kann nicht die Quantität der vorliegenden Information interessieren, sondern das Messverfahren muss auf Relativvergleiche und die Verteilung von Information hinauslaufen. Die Verteilung kann dabei über konkurrierende Firmen variieren oder verschiedene Wissenschafts- und Technikbereiche betreffen. In diesem Sinne kann das Entropiekonzept auch als Konzept zur Messung der Gleichmäßigkeit der Verteilung von Information in einem Innovationsprozess verstanden werden. Die Gleichmäßigkeit kann sich entweder auf beteiligte Wirtschaftseinheiten (institutionelles Konzept der Entropie) oder auf sachliche Gegenstände (in Wissenschaft und Technik) beziehen.

Entropiemaße

In der thermodynamischen Notierung von Boltzmann oder Gibbs ist die Entropie S wie folgt definiert:

$$S = - \Sigma_i \, p_i \ln p_i, \qquad (5\text{-}6)$$

wobei p_i die Wahrscheinlichkeit für das Arrangement i darstellt.[47] Kodama[48] benützte das Entropiemaß erstmals in der empirischen Innovationsforschung für eine Studie der Dynamik der nationalen Forschungs- und Entwicklungsprogramme in

46 Ewers und Fritsch (1987).

47 In der Informationstheorie (Shannon und Weaver, 1949) wird gewöhnlich der Logarithmus zur Basis 2 genommen, weil die Signale in der Nachrichtentechnik binär sind. Der Logarithmus zur Basis 2 und der natürliche Logarithmus in Formel (5-6) sind durch einen konstanten Faktor ineinander umzurechnen, worauf hier verzichtet wird.

48 Kodama (1987).

Japan.[49] Dabei wurden die finanziellen Beiträge der Industriezweige zu nationalen Großprogrammen wie der Meeresforschung, der Weltraumforschung, der Kerntechnikentwicklung und der Informationsverarbeitung analysiert. Seine Hypothese war, dass die Bereitschaft der Industriezweige, in die nationalen Forschungsprogramme zu investieren, mit der Unsicherheit zusammenhängt, ob diese brauchbare Ergebnisse hervorbringen würden, die im kommerziellen Interesse des Wirtschaftszweig liegen. Dabei wurde die Ressourcenseite des Innovationsprozesses mit Hilfe einer Entropiebetrachtung modelliert.

Im vorliegenden Band wird dieses Konzept verallgemeinert und auf alle Innovationsindikatoren übertragen, denn nicht nur die Innovationsressourcen, sondern auch ihre Erträge und Wirkungen unterliegen der nämlichen Unsicherheit. Insbesondere kann - wie im Teil III in mehreren Beispielen gezeigt wird - aus der Verteilung von Unternehmen und öffentlichen Instituten auf gewisse Sachgebiete (etwa gemäß der Patentklassifikation) der Grad der „Unordnung“ eines nationalen oder unternehmerischen Innovationskonzepts bestimmt werden. Umgekehrt wird es für ein Unternehmen, das Ankoppelungskompetenz an das öffentliche Forschungssystem sucht, wichtig sein, zu wissen, ob die öffentliche Forschungsstruktur relativ geordnet und arbeitsteilig ist.

Die *institutionelle Entropie* S_i in einem vorselektierten Teilgebiet von Forschung und Entwicklung i ist definiert als

$$S_i = - \Sigma_k \, p_{ik} \ln p_{ik}, \qquad (5\text{-}7)$$

wobei

$$\Sigma_k \, p_{ik} = 1 \qquad (5\text{-}8)$$

gilt. Dabei ist p_{ik} der Anteil an den Innovationsaktivitäten der Institution k im Teilgebiet i.

Die *Sachgebietsentropie* S_k der Institution k, also das Maß, in wievielen wissenschaftlichen oder technologischen Teilgebieten sie wie intensiv engagiert ist, ist entsprechend definiert als

$$S_k = - \Sigma_i \, p_{ik} \ln p_{ik}. \qquad (5\text{-}9)$$

---

49 Kaufer (1980, S. 535) erwähnt das Entropiemaß zwar, unterlässt aber eine Erörterung, da „es in empirischen Arbeiten bisher eine geringe Rolle spielt, (...).“ Nach seinen Angaben ist es mit dem Hall-Tideman-Index verwandt, der wiederum eine Variante des Herfindahl-Indexes darstellt (S. 534). Siehe hierzu auch Tirole (1995, S. 483f.) und bezogen auf Patentklassen Brockhoff (1992, S. 45).

In diesem Fall gilt als Nebenbedingung die Summation über i:

$$\Sigma_i \, p_{ik} = 1. \qquad (5\text{-}10)$$

In der Kommunikationstheorie wird die Entropie als Maß für Information verwendet, wobei eine höhere Entropie mit einer größeren Unsicherheit verbunden ist und einer Situation entspricht, in der ein größerer Informationsgehalt zur Beschreibung des Arrangements benötigt wird. Die Zahl der möglichen unabhängigen „Meldungen", unter denen man zu wählen hat, wächst mit der Entropie an.[50] Bei einer vorgegebenen Klassifikationsstruktur entspricht die Gleichverteilung der Aktivitäten auf alle „Sektoren" dem höchsten möglichen Entropiewert. Daraus ist auch gelegentlich die Bezeichnung „Gleichmäßigkeitsmaß" für die Entropie abgeleitet worden.[51] Dabei ist bemerkenswert, dass der Entropiewert für den Fall der Gleichverteilung von n abhängt, während andere Konzentrationsmaße unabhängig von n sind. Dies ist in der Ökonometrie von Innovationsprozessen gewollt und wird nachfolgend begründet.

Eine volle Konzentration aller Wissensstücke oder Innovationsaktivitäten auf nur eine Institution (nur ein Unternehmen) oder nur ein Fachgebiet bedeutet jeweils ein Entropiemaß S = 0. Bei Gleichverteilung aller FuE-Aktivitäten nach Institutionen oder Fachgebieten gilt

$$S_{eq} = - \ln (1/n). \qquad (5\text{-}11)$$

Vergleich der Entropie mit anderen Konzentrationsmaßen

Das Entropiemaß in dieser Notierung[52] hängt anders als die meisten Konzentrationsmaße (wie etwa den Herfindahl- oder den Gini-Index) von der Zahl der in Frage kommenden Institutionen oder Fachgebiete explizit ab. Damit ergeben sich im Vergleich zwischen kleinen und großen Märkten, zwischen vielen und sehr vielen Institutionen bei oligopolistischer oder monopolistischer Konkurrenz und auch zwischen kleinen und großen Ländern auch bei proportionalen Strukturen andere Indexwerte. Denn auch bei völliger Gleichverteilung der Information in einem kleinen Markt ist die „Unsicherheit" kleiner als in einem großen Markt. Es ist daher

---

50 Saviotti (1988a, S. 93).

51 Z. B. schreibt Gzuk (1975, S. 302) im Zusammenhang mit der Messung der Effizienz von Entscheidungen von einer *Verteilungsgleichmäßigkeit* von Tätigkeitsarten im Entscheidungsprozess, und modelliert dies ebenfalls mit der Entropieformel. Bei maximaler Entropie herrsche vollständige Ausgewogenheit in der Tätigkeitsverteilung des Managements auf die verschiedenen Objektgesichtspunkte.

52 Sie folgt Grupp (1990). Gzuk (1975, S. 303) schlägt für Fälle, in denen Unabhängigkeit von n erwünscht ist, eine entsprechende Standardform vor.

nicht zweckmäßig, für kleine und große Märkte und vollständige Gleichverteilung ihrer FuE-Aktivitäten von einem numerisch gleichen Konzentrationsmaß auszugehen.[53] Dasselbe gilt auf Branchen- und Länderebene.

Die klassischen Konzentrationsmaße sind (das ist ihr Vorteil!) unabhängig von n und deshalb im vorliegenden Fall, also der Beschreibung von Innovationsprozessen und möglichen Rückwirkungen zwischen Information und Marktstruktur, weniger geeignet. Da es das Ziel der theoretischen wie empirischen Innovationsforschung ist, z. B. Produktdifferenzierung und Wachstum zu erklären, muss das Maß für Information und ihre Verteilung von der Zahl der betrachteten Produktvarianten, Wirtschaftseinheiten und Eigenschaften abhängen.[54]

Ein Beispiel möge dies verdeutlichen. Betrachten wir einen Markt, der großem Innovationsdruck ausgesetzt ist. Vor der Innovation sind zehn Unternehmen aktiv, von denen jedes einen Marktanteil von 10 % besitzt (Gleichverteilung). Als Bedingung des Innovationserfolgs des eigenen Unternehmens oder als Wirkung des Innovationserfolgs der Rivalen bieten auf dem Markt nach Einführung der Innovation drei neue Unternehmen an, die zuvor in diesem Marktsegment nicht aktiv waren (z. B. diversifizierende Unternehmen, technologieorientierte Gründerfirmen, Unternehmen, die Gebrauch von technologischen Spillover-Effekten in neuen Märkten nutzen etc.), zwei der bisher aktiven Firmen fusionieren oder die eine übernimmt die andere. Man hat es nunmehr mit zwölf Unternehmen zu tun, von denen zehn einen Marktanteil von jeweils 7 % besitzen, eines deckt 20 % und ein weiteres 10 % ab (wie vorher). Betrachten wir den Herfindahl-Index, den Rosenbluth-Index, den Marktanteil der TOP-3-Firmen (den sogenannten Konzentrationsgrad CR3), das Disparitätsmaß von Gini und dagegen das Entropiemaß. Die jeweiligen Werte sind in Tabelle 5-1 zusammengestellt.

---

53 Man denke etwa an Indikatoren im Rahmen des Koordinationsmängelkonzeptes (Grossekettler, 1985). Stigler (1963) fand beispielsweise, dass Überrenditen um so langsamer abgebaut werden, je höher der jeweilige Konzentrationsprozess ist. Hier würde eine Abhängigkeit von der Marktgröße bzw. der Anbieterzahl interessieren. Über Reaktionen der Marktstruktur auf Anbieterübermacht gibt es empirische Untersuchungen sowie den theoretischen Verdacht, dass „die Konzentration die Konzentration nährt." (Grossekettler, a. a. O., S. 218 und 296). Auch hier wären größenabhängige Konzentrationsmaße hilfreich, da zur Zeit der Herfindahlindex verwendet wird (z. B. in Grossekettler, 1995, S. 36 f.). Am Beispiel Kanada argumentiert Caves (1989, S. 1233) ähnlich.

54 In der spiel- und entscheidungstheoretischen Innovationsliteratur wird z. B. unterstellt, dass der Verlierer eines Patentrennens sein FuE-Projekt aufgibt, also den (potentiellen Markt) verlässt; Stadler (1993). Die Zahl der Marktteilnehmer vor und nach dem Innovationszeitpunkt t_0 ist also verschieden.

Tabelle 5-1: Willkürliches Beispiel zur Verdeutlichung verschiedener Maßzahlen für innovationsbedingte Marktstrukturänderungen.

Index	n	Herfin-dahl	Rosen-bluth	CR3	Gini	Entropie
Eingangsstruktur	10	0,10	0,00	0,30	0,00	2,30
Ausgangsstruktur	12	0,10	0,09	0,37	0,14	2,41

Der Herfindahl-Index für die Konzentration der Marktstruktur vor und nach der Innovation ist (gerundet) identisch und signalisiert somit keine Änderung der Marktstruktur. Der Rosenbluth-Index und der Konzentrationsgrad für den Anteil der drei größten Unternehmen signalisiert eine Zunahme der Konzentration: Sie hatten zuvor 30 % Marktanteil und nunmehr 37 %. Die nach Gini gemessene Disparität hat sich ebenfalls vergrößert. Das Entropiemaß war für n=10 am Maximalwert und hätte bei Vergrößerung der Konzentration oder der Disparitäten auf der gegebenen Skala kleiner werden müssen. Für n=12 verdeutlicht der Wertevergleich hingegen einen größeren Informationsgehalt, da mehrere Firmen aktiv sind und folglich dieses „Arrangement" durch mehr Einzelinformationen aufgeklärt werden muss. Obwohl die Gleichverteilung durch die Innovation verloren ging, ist nunmehr eine Rekonstruktion der innovationsgerichteten Vorgänge, der Rivalitätsbeziehungen und der Produktvarianten nur mit zusätzlichen „Signalen" zutreffend zu beschreiben: Die „Artenvielfalt" der produzierten Waren oder Dienstleistungen hat zugenommen und folglich auch die Quantität an Information, die erforderlich ist, um sie anzubieten und nachzufragen.

In diesem Sinne kann, zusammenfassend, die Information als eine Stellvertretervariable angesehen werden, welche die Unsicherheit über die gegebene Marktsituation ausdrückt. Größere Entropiewerte, und damit ein größeres Ausmaß an Unsicherheit, beschreiben eine größere Unordnung oder Willkürlichkeit des Systems im Verlauf evolutionärer Prozesse.[55] Neben den theoretischen Argumenten, die oben angegeben wurden, und dem stilisierten Beispiel der Tabelle 5-1 bleibt zu zeigen, dass das Konzept sich gut in die Ökonomik des Fortschritts einpasst. Hierzu wird auf die Literatur[56] und auf Teil III dieses Buches verwiesen.

---

55 Saviotti (1988a, S. 93).

56 Kodama (1987), Grupp (1990), Grupp und Schnöring (1990 und 1991) sowie Schwitalla (1993).

Teil III

Anwendungen auf mustergültige Problemfelder der Innovationsforschung

Methoden der Tatsachensammlung und der Analyse, die viele von uns für unter ihrer Würde oder grundsätzlich verfehlt halten, stehen - und standen - bei anderen Ökonomen hoch im Kurs.

Joseph A. Schumpeter

6 Fortschrittsrückstände von Volkswirtschaften im Querschnitt

Es ist immer eine schwierige Aufgabe, die Geschichte von Begebenheiten zu schreiben, welche noch nicht abgeschlossen, und deren hervorragendste Träger noch alle am Leben sind. (...) Anders sehen sich die Ereignisse an, wenn sie abgeschlossen vor uns liegen, anders, wenn sie erst in der Entwickelung begriffen sind. Andere Beweggründe leiten auch in beiden Fällen den Berichterstatter.

Gustav Struve

6.1 Technischer Fortschritt, Wachstum und Beschäftigung

Die Schumpeter-Renaissance der letzten Jahrzehnte kann zu einem guten Teil aus dem seit geraumer Zeit als unbefriedigend empfundenen Stand der Wachstumstheorie erklärt werden.[1] Modelle mit Wachstum in einem alles umfassenden Sektor, gleich ob sie der neoklassischen oder der Keynesianischen Lehrmeinung zugerechnet werden, tragen wenig zum Verständnis des realen Fortschritts der Volkswirtschaften bei, weil die sektoralen Wechselwirkungen zwischen Innovation, Wachstum und Beschäftigung nicht erfasst sind. Aufgabe im Teil III des Buches ist es, Messzwecke und Messfehler der Fortschrittsmessung in exemplarischen Anwendungen zu erläutern und die Beziehung zwischen idealen und korrelativen Indikatoren hinsichtlich ihrer Gültigkeit darzustellen. Dieses Unterfangen beginnt in diesem Kapitel mit der Betrachtungsebene der Gesamtwirtschaft im sektoralen Querschnitt und gegliedert nach dem binnenwirtschaftlichen und dem außenwirtschaftlichen Wachstum.

Vorgehensweise

Der empirische Teil ist so organisiert, dass theoretisch fundierte Zusammenhänge abgeleitet und statistischen Schätzungen unterzogen werden. Eine kurze Befassung mit neueren theoretischen Entwicklungen zum Zusammenhang von Fortschritt, Wachstum und Beschäftigung ist also erforderlich; allerdings ist dieser Überblick knapp zu halten und auf die Messproblematik zuzuspitzen. Eine ausführliche Befassung mit dem Literaturstand kann daher angesichts der hier gestellten Aufgabe nicht erfolgen, so reizvoll es wäre. Es werden stattdessen Verweise auf Übersichtsartikel gegeben.

---

1 Ramser (1987, S. 779).

Der technometrische Indikator wird als ein mikroökonomisch fundierter, unmittelbar an den Eigenschaften von Innovationen ansetzender idealer Indikator für die Fortschrittsmessung angesehen. Aggregationsvorschriften für die gesamtwirtschaftliche Ebene sind angegeben und auf die ungünstige Datenverfügbarkeit und die hohen Messkosten auf dieser Ebene ist kritisch hingewiesen worden. Es ist daher nicht nur eine messtheoretische, sondern auch eine enorm praktische Aufgabe, nach korrelativen Indikatoren für fortschrittsgetriebenes Wachstum zu suchen. Empirisch überprüfbare Zusammenhänge aus der Theorie abzuleiten, ist Aufgabe dieses ersten Abschnitts; im folgenden soll die Schätzung erfolgen. Dabei scheiden zwei denkbare Indikatoren aus theoretischen wie datentechnischen Gründen aus, wie in Abschnitt 4.7 gezeigt wird. Für einen Indikatorenvergleich prinzipiell *nicht* zur Verfügung stehen *Innovationszählungen* und - zur Zeit noch nicht - aus Umfragen abgeleitete Angaben über den *Umsatzanteil der Unternehmen mit neuen Produkten.*

Als korrelative Indikatoren in Frage kommen *Nettoproduktionsindizes* und *Beschäftigungszahlen.* Gefragt wird, ob und gegebenenfalls unter welchen Umständen diese Indikatoren durch den technometrischen Idealindikator erklärt werden und wie gut die Hilfsindikatoren sind. Diese Aufgabe mag als paradox erscheinen, da Produktions- und Beschäftigungswachstum traditionelle Indikatoren sind, an die man sich in der wirtschaftspolitischen Berichterstattung gewöhnt hat, während das technometrische Messkonzept neu ist und von daher erklärungsbedürftig erscheint. Unabhängig von dem Gefühl der Vertrautheit mit Messziffern heißt die Aufgabe aber in der Tat, ob sich Produktions- und Beschäftigungswachstum aus dem technometrisch bestimmten, mikroökonomischen Fortschrittsmaß, das die mehrdimensionale Beschreibung von Gütereigenschaften misst, erklären lässt.

Wachstumstheorien

Wie wird in der Wirtschaftstheorie der Zusammenhang von technischem Fortschritt und Produktionswachstum modelliert? Die traditionelle neoklassische *Wachstumstheorie* geht auf Solow und Denison zurück.[2] Unter der Standardannahme vollständigen Wettbewerbs (inklusive vollständigen Vorliegens von Information über technischen Fortschritt), der Maximierung der Gewinnfunktion usw. kann gezeigt werden, dass sich ein langfristiges Gleichgewicht einstellt, bei dem das Inlandsprodukt mit der exogen bestimmten Rate des Bevölkerungswachstums anwächst. Unmöglich ist es, das Pro-Kopf-Wachstum zu erklären. Um den technischen Fortschritts einzubeziehen, nimmt Solow eine weitere exogene Größe hinzu, ein öffentliches Gut, das jedem Unternehmen kostenfrei zur Verfügung steht; es treten keine externen Effekte auf. Zur empirischen Bestimmung der Fortschrittsrate wird versucht, die totale Faktorproduktivität zu ermitteln und das durch Kapital und Arbeit nicht erklärte Residuum dem technischen Fortschritt zuzuweisen. Mit wachsender Raffi-

2 Solow (1956 und 1957), Denison (1962).

nesse gelingt es, unerwünschte Störeinflüsse auszuschließen, was letztlich aber nicht zu vollständig befriedigenden Ergebnissen geführt hat.[3]

Vor allem während der 80er Jahre sind bedeutende Verbesserungen an der Wachstumstheorie angebracht worden, die heute unter dem Dachbegriff der „*neuen Wachstumstheorie*" zusammengefasst werden. Ramser betont aber, dass sich darunter drei ganz unterschiedliche Klassen befinden:[4] Entweder wird das Wachstum durch Akkumulation von physischem Kapital, von Humankapital oder durch FuE-Prozesse hervorgebracht. Um den Hintergrund der Theorieentwicklung der letzten Jahrzehnte zu verdeutlichen, werden - pars pro toto - einige Ansatzpunkte diskutiert und sodann daraus eine testbare Hypothese zum Zusammenhang der Indikatoren abgeleitet.

Wachstumstheorie von Lucas

Am ehesten in der neoklassischen Tradition steht die neue Wachstumstheorie von Lucas, dessen Arbeiten von dem realwirtschaftlichen Problem angetrieben werden, die enormen und sich teilweise noch vergrößernden Unterschiede im Wirtschaftswachstum zwischen der Ersten und der sog. Dritten Welt theoretisch nicht erklären zu können.[5] Er unterbreitet drei formalmathematische Modelle, die Abhilfe versprechen, von denen eines auf die Akkumulation physischen Kapitals durch technischen Wandel abhebt, das andere die Akkumulation von Humankapital im wesentlichen durch ein verbessertes Ausbildungssystem und das dritte die Akkumulation spezialisierten Humankapitals durch Lerneffekte behandelt. Beibehalten wird die Annahme vollständigen Wettbewerbs, wobei nun aber positive externe Effekte des technischen Wissens als *unbeabsichtigte* Seiteneffekte anderer wirtschaftlicher Aktivitäten zugelassen werden.

Aus der Perspektive von Lucas sind die traditionellen Modelle von Solow und Denison dahingehend zu kritisieren, dass sie nur für die USA zuträfen aber nicht für alle Länder der Welt und insbesondere nicht für die sich entwickelnden Volkswirtschaften, also die weltwirtschaftliche Entwicklung schlechthin. Während eines der Teilmodelle von Lucas ganz im Sinne Solows noch von einer Volkswirtschaft mit nur einem Sektor ausgeht, dabei aber eine Wechselwirkung zwischen der Akkumulation von physischem und von Humankapital zulässt, sind die anderen Varianten auf einer Volkswirtschaft mit zwei Sektoren aufgebaut, von denen einer humankapitalintensiv ist.[6]

---

3 Kendrick (1991); siehe auch Abschnitt 4.9 zur sogenannten Wachstumsbuchhaltung.

4 Ramser (1993) stützt sich bei der Einteilung auf Stern (1991).

5 Lucas (1988).

6 Lucas (a. a. O., S. 6 f.).

Romers Wachstumstheorie

Ein anderer wichtiger Vertreter der neuen Wachstumstheorie ist Romer.[7] Romer entfernt sich weiter von neoklassischen Annahmen und gibt die Annahme vollständigen Wettbewerbs auf. Der unterstellte unvollkommene Wettbewerb erlaubt es, beabsichtigte unternehmerische Innovationsprozesse durch gewinnorientierte Institutionen im Sinne Schumpeters zuzulassen. Aus den externen Effekten des technischen Wissens, die bedeuten, dass die Ergebnisse aus einer FuE-Einheit kostenfrei in gewissem Umfang anderen Laboratorien als Input für deren weitere FuE-Aktivitäten zur Verfügung stehen, wächst der allgemein verfügbare Wissensvorrat an. Dies hat zur Konsequenz, dass FuE im Laufe der Zeit relativ billiger wird und die Skalenerträge als dynamisch angesehen werden. Die Produktionsfunktion hat nunmehr vier Faktoren, das physische Kapital, die Arbeit, das Humankapital und das technische Wissen. Dabei ist der vierte Faktor, das technische Wissen, teilweise dem Ausschlussprinzip unterworfen, insoweit als z. B. der Patentschutz wirksam ist. Romer führt hierzu wörtlich aus: „Es gibt kaum einen Zweifel, dass vieles am gesellschaftlichen Wert einer gegebenen Innovation oder Entdeckung nicht vom Erfinder angeeignet werden kann, und jedem Modell, das den Einbezug dieser Spillover-Effekte verpasste, würden wichtige Elemente des Wachstumsprozesses fehlen.“[8]

Unter den neueren modelltheoretischen Ansätzen der neuen Wachstumstheorie hängt das Wirtschaftswachstum also nicht mehr allein von der Kapitalakkumulation ab wie in früheren Wachstumsmodellen. Vielmehr reduziert sich die Rolle der Kapitalakkumulation auf die eines Transmissionsriemens, der die produktivitätserhöhenden Effekte aus wissenschaftlich-technologischen Paradigmen in den Wirtschaftsprozess überführt. In den Zwei-Sektoren-Modellen übernimmt der FuE-Sektor die Aufgabe, dieses neue Wissen zu erzeugen. Die Unternehmen im anderen Sektor stellen innovative Investitions- und Konsumgüter her und kaufen das vom FuE-Sektor geschaffene technologische Wissen. Mit dem FuE-Sektor ist daher auch der Bereich privatwirtschaftlicher FuE, der „spezifisches“ Wissen produziert, gemeint, und nicht etwa ausschließlich der öffentliche Bereich der Grundlagenforschung, der „allgemeines“ Wissen zur Verfügung stellt.[9]

Wenn nun aber das technische Wissen kein vollständig privates Gut ist, übersteigt der potentielle Nutzen für die Unternehmen im zweiten Sektor den Preis, den sie dem FuE-Sektor für seine Überlassung zu zahlen haben. Diese positiven externen

7 Romer (1986, 1989 und 1990).

8 Romer (1990, S. S98).

9 Auf diese korrekte Interpretation der neuen Wachstumstheorien weisen insbesondere Weder und Grubel (1993, S. 492) hin. Märkte mit einer sehr starken Abhängigkeit vom öffentlichen Wissenschaftssystem werden exemplarisch in Kapitel 8 betrachtet.

Effekte kommen der gesamten Volkswirtschaft zugute und lassen sie wachsen. Der Teil des technischen Wissens, der nicht über einen Markt zwischen den beiden Sektoren abgewickelt und nicht monetär bewertet, sondern unentgeltlich übertragen wird, kann aber dazu führen, dass im FuE-Sektor der Tendenz nach zu wenig Ressourcen für die Schaffung neuen Wissens, also FuE-Prozesse, aufgewendet werden.

Institutionen- und evolutionsökonomische Ansätze

Obschon die neuen wachstumstheoretischen Modelle der neoklassischen Denkschule im weiteren Sinne zugerechnet werden, verschwimmen die Grenzen zu institutionen- und evolutionsökonomischen Ansätzen. Weder und Grubel weisen darauf hin, dass das Auftreten externer Effekte private Institutionen hervorbringen wird, die in der Lage sind, sie zu internalisieren.[10] Auch wenn diese Institutionen im realen Wirtschaftsgeschehen nicht alle Externalitäten aus FuE aneignen können, so muss ihren spezifischen Ausprägungen doch vermehrt Aufmerksamkeit geschenkt werden. Die institutionenökonomische Richtung verweist auf drei wesentliche Gruppen von Institutionen, welche die Internalisierung der externen FuE-Effekte gewährleisten können. Es sind dies Industrieverbände, verbundene Unternehmen und regionale Zusammenballungen von Unternehmen, bei denen Effekte aus geographischer Nähe auftreten.[11]

Mit der Betonung von regionalen und nationalen Institutionen (Industrieverbände) werden die Vorstellungen der neuen Wachstumstheorie zu entsprechenden Überlegungen der neo-schumpeterianischen Richtung kongruent. Fagerberg rechnete ein einfaches Wachstumsmodell vor, bei dem das Wachstum des Inlandsprodukts vom Wachstum des Wissens abhängt, welches in der eigenen Volkswirtschaft oder auswärts erzeugt wird und z. B. über den Bezug von innovativen Investitionsgütern zur nationalen Verfügung steht.[12] Dieses Modell kann im empirischen Teil die Unterschiede in den Wachstumsraten innerhalb einer Stichprobe entwickelter Länder und von Schwellenländern gut erklären. Mit Wachstum aus der Zusammenballung von Unternehmen und dem Ausnutzen von Synergieeffekten, seien sie auf externen Effekten der FuE oder auf geographischer Nähe begründet, erklärt Porter die Wettbewerbsvorteile von Volkswirtschaften.[13] National geprägte Lieferantenbeziehungen stehen im Zentrum der Arbeiten Lundvalls zu den Innovationssystemen.[14]

---

10 Weder und Grubel (a. a. O., S. 498) führen ihren Ansatz auf Coase (1937) zurück, der als Begründer einer Theorie der Unternehmungen als ökonomischen Koordinationsinstitutionen neben den Märkten gilt.

11 Weder und Grubel (a. a. O., S. 492 ff.).

12 Fagerberg (1988a).

13 Porter (1990).

14 Lundvall (1985 und 1992).

Das Augenmerk der evolutionsökonomischen Schule richtet sich dabei weniger auf die Fragen nach der effizienten Allokation volkswirtschaftlicher Ressourcen auf den Sektor der Wissensgenerierung und den Sektor der Produktion wie in der neuen Wachstumstheorie. Vielmehr geht es in dieser Richtung um die systemhafte Erklärung gewachsener Strukturen einer Volkswirtschaft und ihrer Informationskanäle im internationalen Vergleich, die Wachstumsunterschiede begründen können. Dabei wurde der Begriff des *nationalen Innovationssystems* eher beiläufig definiert. Freeman[15] gibt in einem Band, dessen Kapitel 2 das nationale Innovationssystem Japans darstellt und mit dem Vereinigten Königreich vergleicht, folgende explizite Festlegung: „Das Netzwerk von Institutionen im öffentlichen und privaten Sektor, deren Aktivitäten und Wechselwirkungen neue Technologien initiieren, einführen, modifizieren und verbreiten, kann als 'das nationale Innovationssystem' beschrieben werden.“ Zur Erklärung des Konzepts führt Freeman desweiteren aus, dass die Geschwindigkeit des technischen Wandels in den verschiedenen Ländern und die Effektivität der Unternehmen im weltwirtschaftlichen Wettbewerb nicht nur vom Ausmaß ihrer FuE und anderer technischer Aktivitäten abhinge.[16] Sie würden auch von der Art und Weise beeinflusst, mit der die verfügbaren Ressourcen sowohl durch die Unternehmen selbst, als auch auf nationaler Ebene gemanagt und organisiert werden. Das nationale Innovationssystem kann ein Land mit einigermaßen begrenzten Ressourcen dann zu einem raschen Wachstum veranlassen, wenn geeignete Kombinationen von importierter Technologie mit lokaler Adaption und Weiterentwicklung zusammenträfen.

McKelvey weist daraufhin, dass den evolutionsökonomischen Ansätzen gemeinsam ist, dass der technische Fortschritt als eine primäre Antriebskraft für Wirtschaftswachstum verstanden wird und dass die Beziehungen der Institutionen zueinander vital sind.[17] Lundvall unterscheidet die interne Organisation der Unternehmen, die Beziehungen zwischen den Unternehmen, die Rolle des öffentlichen Sektors, den institutionellen Aufbau des Finanzsektors, die FuE-Intensität der Volkswirtschaft und die FuE-Organisation.[18]

---

15 Freeman (1987, S. 1). In einer späteren Arbeit schreibt Freeman (1995, S. 5) die Wiederbelebung des Begriffs des nationalen Wirtschaftssystems Lundvall zu, wobei er darauf hinweist, dass bereits Friedrich List (1840) sein Hauptwerk mit „Das nationale System der Politischen Ökonomie“ überschrieb.

16 A. a. O., S. 2 - 3. An späterer Stelle (Freeman 1994a, S. 484) zählt er beispielhaft Anreizsysteme, Arbeitsbeziehungen, staatliche Einrichtungen und politische Maßnahmen auf.

17 Mc Kelvey (1991).

18 Lundvall (1992). Den mangelnden Einbezug der neuen Institutionenökonomik und die Unnötigkeit einiger evolutionsökonomischer Postulate bei der Formulierung des Begriffs des nationalen Innovationssystems kritisiert Soskice (1994, S. 276 f.). Siehe auch Nelson (1995).

Von der Theorie zur Empirie

Wie lassen sich die moderneren theoretischen Vorstellungen zum Zusammenhang von technischem Fortschritt und Wirtschaftswachstum in einen statistisch überprüfbaren Ansatz überführen? Die nachfolgende Ableitung folgt in groben Zügen Stadler, der die *gesamtwirtschaftliche Innovationsdynamik* in einem Übersichtsaufsatz wie folgt skizziert hat.[19] Letztlich geht es darum, die für Partialmärkte theoretisch modellierten Wettbewerbsprozesse in makroökonomische Modelle zu integrieren, um zu einem gesamtwirtschaftlichen Szenario zu kommen. Der Konsumgütersektor bestehe aus einem Kontinuum von unvollkommenen Märkten, wobei auf jedem dieser Märkte ein ständiger Innovationswettbewerb zwischen etablierten Unternehmen und Herausforderern stattfindet, und sich die Qualität der Produkte mit jeder technologischen Weiterentwicklung am Ende eines Patentrennens um einen Faktor $\lambda > 1$ erhöht. Die sprunghafte Qualitätserhöhung der Innovation soll mit Hilfe des technometrischen Konzepts gemessen werden, wobei die Normierungsfragen der Qualitätsniveaus gelöst sind. Die Stochastik des Innovationsprozesses auf allen diesen Märkten führt im Laufe der Zeit zu unterschiedlichen (technometrischen) Qualitätsniveaus, so dass eine recht komplexe strukturelle Entwicklung auf den Märkten generiert wird.

Die Haushalte maximieren ihren intertemporalen Nutzen unter Beachtung der Budgetrestriktion und wählen unter den qualitativ unterschiedlichen Produkten auf jedem Markt diejenigen Produktvarianten aus, deren Preis-Leistungs-Kombination minimal ist. Für die präferierten Produkte ergeben sich marktspezifische statistische Nachfragefunktionen, während alle anderen Produkte nicht nachgefragt werden. Auf der Produktionsseite ist der Qualitätsführer in jedem Markt in der Lage, ohne Verluste für sein Spitzenprodukt die günstigste Preis-Leistungs-Kombination zu wählen. Er wird gemäß den Annahmen Stadlers seinen Preis so setzen, dass der resultierende Preis-Qualitätsquotient eine marginale Einheit unter dem technologisch nächstbesten Konkurrenten liegt.[20] Unter weiteren traditionellen Annahmen, z. B. der, dass der Arbeitsmarkt geräumt sein muss, leitet Stadler für den qualitativen Konsumindex C eine Wachstumsrate aus dem technischen Qualitätsfaktor λ und dem Faktor für die Wettbewerbsintensität h ab:

$$\Delta C/C = h \cdot \log \lambda. \qquad (6\text{-}1)$$

Da die umfangreichen rechnerischen Zwischenschritte hier nicht wiedergegeben werden, soll das Ergebnis der Berechnung verbal interpretiert werden. (6-1) besagt, dass die Reallöhne, die Produktion und die konsumierte Gütermenge über die Zeit konstant bleiben, während der Nutzen der Haushalte aufgrund der ständigen quali-

---

19 Stadler (1993, S. 170 - 174).

20 Ebenda, S. 172.

tativen Verbesserungen der Güter immer weiter ansteigt.[21] h entspricht der Innovations-Wagnisrate aus den Patentrennen und λ wird mit dem Technometrieindex K* gleichgesetzt. Die vielfältigen Einschränkungen bezüglich λ (schlagartige Erhöhung um einen konstanten Faktor etc.) dürfen dabei nicht auf das Technometriekonzept übertragen werden, vielmehr sind sie bei Stadler notwendig, um von Einzelmärkten überhaupt zu einer gesamtwirtschaftlichen Aussage zu kommen.

Interpretiert man (6-1) um, indem C nunmehr ein homogenes Konsumgut (oder ohne Einschränkungen der Allgemeinheit ein Investitionsgut) darstellen soll, dann beschreibt Δ C/C nicht mehr qualitatives Wachstum bei gleichem Output, sondern quantitatives Wachstum bei gleichbleibender Qualität, wobei sich am Innovationswettbewerb zwischen den Unternehmen auf den Märkten nichts ändert. Mit dieser Interpretation der Gleichung kann eine Erklärung des innovationsinduzierten endogenen Wirtschaftswachstum versucht werden.

Wachstum und Innovationshöhe

Gelingt es, für verschiedene ausgewählte Märkte Technometriemaße für die Qualitätshöhe der angebotenen Produkte anzugeben, dann müsste sich zeigen lassen, ob deren Wachstum sich in Abhängigkeit von der Innovationshöhe darstellen lässt. Der zu schätzende Zusammenhang lautet also:

$$\Delta\ N_i/N_i = h \cdot \log K_i^*. \qquad (6\text{-}2)$$

Für eine statistische Überprüfung müssen ausgewählte Märkte i mit gegebenenfalls repräsentativen Produkten zusammengestellt werden, deren aggregierte technometrische Werte im Vergleich zum Weltstand zu bestimmen ist. Sind die Märkte in technologischer Hinsicht weit fortgeschritten, sollte sich ein Wachstum der Produktion N_i ergeben, während rückständische Märkte ein solches Wachstum nicht auslösen können. D. h., es muss mit einem Warenkorb gearbeitet werden, der z. B. repräsentativ ausgewählte Hochtechnologiewaren zu einem bestimmten Zeitpunkt enthält. Es kann dabei zugelassen werden, dass der Zeitverzug, mit dem man das Wachstum beobachten kann, zunächst variabel gelassen, bzw. aus der Regression bestimmt wird, obwohl (6-1) und (6-2) keine entsprechende Lag-Variable vorsehen. N_i entspricht mit dieser Annahme bezüglich t dem N(i,t) aus (4-9).

Es muss darauf hingewiesen werden, dass dieser Zusammenhang unter sehr restriktiven Annahmen zustandekommt; ohne solche Annahmen ist die sogenannte Mikro-Makro-Brücke nicht zustande zu bringen. Auch wären komplexere Zusammenhänge im Hinblick auf die Datenverfügbarkeit bei den Indikatoren nicht überprüfbar. Inso-

---

21 Ebenda (S. 174); siehe auch den Zusammenhang (2-1) in Kapitel 2. h in (6-1) entspricht derselben Variablen in (2-1).

fern stellt (6-2) einen annehmbaren Kompromiss zwischen der Reduktion der theoretischen Komplexität und empirischer Überprüfbarkeit dar. Der Ansatz läuft auf einen einfachlogarithmischen Zusammenhang zwischen dem technischen Fortschritt in den Produkteigenschaften und dem binnenwirtschaftlichen Wachstum der Nettoproduktion hinaus.

Technischer Fortschritt und Beschäftigung

Der Zusammenhang zwischen technologischem Fortschritt und *Beschäftigung* wird kürzer dargestellt als der Zusammenhang zum Produktionswachstum. Die Diskussion über technischen Wandel und Beschäftigung hat in der Ökonomie zwar eine lange Tradition, doch sind die theoretischen Modellvorstellungen vergleichsweise arm geblieben, vor allem aus empirischer Sicht.[22] Im Zentrum der bisherigen wirtschaftstheoretischen Debatte über den Zusammenhang von technischem Fortschritt und Beschäftigung stehen Freisetzungs- und Kompensationsprozesse, wobei zwischen kurz- und langfristigen Wirkungen und zwischen den Substitutions-, Innovations- und den Rationalisierungseffekten unterschieden werden muss. Unter Berücksichtigung des internationalen Warenhandels ist bei der Entwicklung neuer Produkte immer auch die Möglichkeit von Standortverlagerungen einzubeziehen. Es wäre ein Trugschluss, anzunehmen, dass eine technologische Spitzenposition stets positive Beschäftigungseffekte in einer bestimmten Gesamtwirtschaft haben wird. Wie die Beschäftigungseffekte aus technischem Fortschritt nach Betrag und Vorzeichen aussehen, ist in der Literatur weitgehend offen.

Die oben diskutierten neuen Wachstumstheorien können hier auch keine Abhilfe schaffen, auch dann nicht, wenn sie die Gesamtwirtschaft mit zwei Sektoren modellieren. Die Existenz zweier Arbeitsmärkte für die Produktion und für FuE ist ein hochgradig theoretisches Konstrukt. Die Akkumulation von Humankapital lässt dabei keine Schlussfolgerungen auf die Entwicklung des anderen Arbeitsmarkts zu. Ferner entscheidet über den Nettoeffekt des technischen Fortschritts auf die Beschäftigung das Zusammenwirken von nachfrage- und angebotsorientierten Faktoren. Je nach Art des technischen Fortschritts wird ihm unterschiedliche Bedeutung zugemessen. So kommt Katsoulacos im Rahmen allgemeiner und partieller Gleichgewichtsmodelle zu dem Schluss, dass Produkt- wie Prozessinnovationen langfristig positive Beschäftigungseffekte aufweisen können, nur bei den ersteren jedoch mit größerer Wahrscheinlichkeit auch kurzfristig eine positive Wirkung nachzuweisen sei.[23]

---

22 Siehe z. B. Nettelsiefen (1981) oder Schips und Kaplanek (1987). Eine Übersicht über das angelsächsische Schrifttum geben Pianta et al. (1995). Zur Wirkung der Quasi-Renten aus Innovation auf Löhne und Einkommen siehe van Reenen (1996).

23 Katsoulacos (1986); die Sinnhaftigkeit der Unterscheidung zwischen Produkt- und Prozessinnovationen aus gesamtwirtschaftlicher Sicht wird in Abschnitt 2.4 bezweifelt. Oppenländer (1991a, S. 13) bemerkt, dass zur Zeit das Aufzeigen der Mikro-Fundierung einer entsprechen-

Auf empirischer Seite zeigt König aufgrund einer ökonometrischen Analyse von Umfragedaten aus Unternehmen, dass sowohl eine Zunahme, wie auch eine Abnahme der Beschäftigung aus Fortschrittsprozessen belegt werden kann.[24] Meyer-Krahmer stellt bei einer Durchsicht der Literatur zu den Effekten neuer Technologie auf die Beschäftigung inklusive einer umfangreichen empirischen Untersuchung in Deutschland zusammenfassend fest, dass viele Faktoren zusammenwirken, und nicht nur der technische Fortschritt allein betrachtet werden könne.[25] Seine Ausführungen sind denjenigen zum technologiebedingten Wirtschaftswachstum sehr ähnlich, die oben unter dem Stichwort der nationalen Innovationssysteme zusammengefasst wurden. In gleicher Weise wird auch bezüglich des Arbeitsmarkts von einem starkem, national geprägten Einfluss der Beziehung der Anwender und Hersteller, von intersektoralen Technologieflüssen und disaggregierten Nachfrageaspekten ausgegangen.

Im empirischen Teil integriert Meyer-Krahmer die FuE-Ressourcen-Variable in ein konventionelles Produktionsmodell und kommt dabei zu dem Ergebnis, dass die mit Hilfe der Input-Output-Tabelle berechneten FuE-Kapitalstöcke eine wichtige Rolle bei der Erklärung des Arbeitsmarktes spielen. Jedoch variiert dieser Effekt sehr stark im Verlauf der Zeit und von Sektor zu Sektor. In den meisten Sektoren hätten zu Beginn der 70er Jahre die relativen Lohnniveaus einen weitaus größeren Einfluss auf die Beschäftigung gehabt als der technische Fortschritt. In der zweiten Hälfte der 70er Jahre würde umgekehrt die Nachfrageentwicklung den Einfluss aus dem Fortschritt überspielen, während erst in den 80er Jahren, d. h. bei mäßigem Wachstum des Lohnniveaus im Zusammenhang mit einer geringen Nachfragesteigerung, der Einfluss der Variablen für den FuE-Kapitalstock auf die Beschäftigung wahrnehmbar sei.[26]

Da weder empirisch, noch theoretisch ein begründeter, testbarer Zusammenhang zwischen dem technischen Fortschritt und der Beschäftigung abgeleitet werden kann, wird für die statistische Schätzung der Beschäftigungsvariablen ein analoger

den Makrotheorie, also die sog. Mikro-Makro-Brücke, wohl nicht gelingt. Kromphardt und Teubner (1986, S. 244) bemerken zu dieser Thematik, dass der gesamtwirtschaftliche Beschäftigungseffekt mittel- und langfristig nur dann positiv ist, wenn der Wachstumsspielraum, den die Produktivitätsfortschritte bei der Prozessinnovation schaffen, auch genutzt würde, was von der Entwicklung von Angebot und Nachfrage in *allen* Bereichen der Volkswirtschaft abhinge.

24 König (1987) und weitere dort gegebene Quellen. Für die angelsächsische Literatur ist - mit gleichem Ergebnis - Freeman, Clark und Soete (1982) einschlägig.

25 Meyer-Krahmer (1992).

26 A. a. O., S. 146. Diese Ergebnisse sind als Teil der sog. Metastudie entstanden. Matzner (1991, S. 33) fasst alle empirischen Resultate der Meta-Studie zu den Beschäftigungsfolgen neuer Technologie so zusammen, dass „Innovation durch Stärkung der Konkurrenzfähigkeit ein Anwachsen der Arbeitslosigkeit, das bei geringerem Innovationsniveau unvermeidbar wäre, bremst." Diese Erkenntnis werfe neues Licht auf die gegensätzlichen Meinungen bezüglich der Beschäftigungseffekte von Innovationen.

Zusammenhang wie oben für das Wirtschaftswachstum unterstellt. Damit wird angenommen, dass ein einfachlogarithmischer Zusammenhang zwischen dem Technometrieindikator und dem Wachstum der Beschäftigung B besteht:

$$\Delta B_i/B_i = b \cdot \log K_i^*. \qquad (6\text{-}3)$$

Die Zusammenhänge (6-2) und (6-3) werden im folgenden Abschnitt einer empirischen Überprüfung unterzogen, um damit Aussagen zu korrelativen Indikatoren für Fortschrittsrückstände von Volkswirtschaften im Querschnitt ihrer Sektoren zu gewinnen.

6.2 Gegenüberstellung von gesamtwirtschaftlichen Indikatoren

In diesem Abschnitt werden technometrische Daten herangezogen, um die im vorstehenden Abschnitt beschriebene Aufgabe in Angriff zu nehmen. Es wird ein innovativer Warenkorb für eine Querschnittsbetrachtung des Jahres 1982 zugrundegelegt, der verschiedene innovative Märkte betrifft und für das Innovationsgeschehen anfangs der 80er Jahre repräsentativ ist. Die Daten stammen aus einer Untersuchung, welche die japanische Agentur für industrielle Wissenschaft und Technik, eine dem japanischen Handels- und Wirtschaftsministerium MITI nachgeordnete Behörde, im Jahre 1982 zusammenstellen ließ. Der Datensatz enthält 984 technische Spezifikationen (Eigenschaften) für 42 Märkte und insbesondere Verteilungen für die Anbieter aus den Vereinigten Staaten, Japan und ausgewählten europäischen Ländern, insgesamt 5.584 Einzeldaten.

Ein Warenkorb

Die Zuverlässigkeit der Rohdaten kann als gut beurteilt werden.[27] Sie sind allerdings für innovationsökonomische Fragestellungen nicht geeignet, da damals kein Messkonzept zur Aggregationen zur Verfügung stand. Sie wurden daher erst 1986 mit dem technometrischen Messverfahren bearbeitet und gemäß (3-7) in ein nationales Fortschrittsmaß K^*_{nat} umgewandelt.[28] Dieses Maß ist spitzenorientiert, d. h. es ignoriert, wie weit die technologische Diffusion in einem Land vorangeschritten ist und berücksichtigt nur, ob es in jedem Segment mindestens einen fortgeschrittenen nationalen Anbieter gibt. Im Falle dieses Datensatzes ist das vorbildliche Vergleichsland, an dem Fortschrittsrückstände gemessen werden, in der Triade USA,

---

27 Ausführliche persönliche Befragung des Projektleiters der Erhebung, Katsuaki Marumo, Japan Techno-Economics Society (JATES), im Frühjahr 1985 durch den Verfasser.

28 Grupp und Hohmeyer (1986); weitere Angaben zum Datensatz befinden sich in dieser Quelle.

Japan und Westeuropa zu suchen. Zugrunde gelegt wird der in der Triade erreichte Höchststand.

In dem erwähnten Datensatz werden strikt drei Länder verglichen, in jedem Falle Japan und die USA und dazu für jeden Markt ein anderes europäisches Vergleichsland, das auf diesem Markt als am weitesten fortgeschritten erscheint. In den meisten Fällen ist dies Deutschland, jedoch werden auf bestimmten Märkten britische, italienische, französische, schweizerische oder niederländische Produkte anstelle der deutschen betrachtet. Einige Märkte werden als paneuropäisch verstanden (Zivilflugzeuge, Nachrichtensatelliten). Für einen Indikatorenvergleich und die Betrachtung von Wachstumseffekten in Deutschland reduziert sich daher der verfügbare Datensatz auf diejenige Güter im Warenkorb, für die Vergleichszahlen zu Deutschland vorliegen. Diese sind in Tabelle 6-1 zusammengestellt worden.

Sind Branchendaten adäquat?

Die Klärung der Frage, ob als korrelative Indikatoren zur gesamtwirtschaftlichen Fortschrittsmessung der Nettoproduktionszuwachs bzw. die Beschäftigung herangezogen werden kann, erfolgt zunächst auf Branchenebene, da genügend disaggregierte Beschäftigungszahlen für einzelne Märkte nicht verfügbar sind. Es gilt also, die verfügbaren Güter im innovativen Warenkorb, für die technometrische Daten vorliegen, den Wirtschaftszweigen gemäß der SYPRO zuzuordnen. Eine solche Zuordnung zu den herstellenden Wirtschaftszweigen ist auf Untergruppenebene gelungen.

Vom theoretischen Standpunkt aus wird nahegelegt, nur diejenigen Waren zu betrachten, die in besonderem Maße von der Inputseite her mit Forschung und Entwicklung beaufschlagt werden, die sogenannten Hochtechnologie- oder Schumpeter-Branchen. Aus diesem Grunde sind in Tabelle 6-1 nur solche Wirtschaftszweige ausgewählt worden, die gemäß Tabelle 4-4 zu diesen Industriezweigen gehören.[29] In Tabelle 6-1 ist auch vermerkt worden, ob es sich gemäß der Zweiteilung der Hochtechnologie um Spitzentechnik oder höherwertige Technik handelt.

29 In Grupp et al. (1988, S. 32) finden sich die ursprünglichen Zuordnungen zu den Industriezweigen nach der japanischen Wirtschaftsstatistik, die auf die deutsche umgeschlüsselt werden kann. Die Ebene von vierstelligen SYPRO-Wirtschaftszweigen wird üblicherweise „Untergruppe" genannt, während die Bezeichnung „Branche" meist auf zweistelliger Ebene verstanden wird. Im folgenden wird unscharf von Branchen oder Wirtschaftszweigen gesprochen. Die Zuordnung einer vierstelligen Untergruppe ist im Falle des Luft- und Raumfahrtzeugbaus nicht gelungen, weil die Geheimhaltungserfordernisse der entsprechenden Industrie eine weitere Aufschlüsselung nicht zulassen; Hornschild und Neckermann (1988). Deshalb mussten zwei Güter gemeinsam dem Luft- und Raumfahrtzeugbau zugeordnet werden, was auf der Ebene der Untergruppe vermieden werden könnte.

Tabelle 6-1: Basisdaten zum innovativen Warenkorb auf Branchenebene.

Güter im Warenkorb	**Wirtschaftszweig**	**SYP-RO**	***)**	**Gewicht in %**	**K^{*}_{nat}**
Kommunikationssatelliten	Luft- u. Raumfahrzeugbau	35	ST	0,7	0,618
Zivilflugzeuge	Luft- u. Raumfahrzeugbau	35	ST	0,7	0,790
Bearbeitungszentren	Herst. v. Metallbearbeitungsmaschinen u.ä.	3220	HT	1,5	0,711
Spritzgussmaschinen	Herst. v. Maschinen f. d. chem. Industrie usw.	3240	HT	1,5	0,696
Baumaschinen	Herst. v. Bau- u.ä. Maschinen	3257	HT	0,6	0,654
Pulvermetall-Produkte	Herst. v. Zahnrädern, Getrieben, Lagern u.ä.	3260	HT	0,9	0,729
Gasturbinen	Sonstiger Maschinenbau	3280	ST	3,5	0,632
Personenkraftwagen	Herst. v. Kraftwagen und -motoren	3311	HT	6,1	0,647
Leichtwasserreaktoren	Herst. v. Geräten u. Einr. d. Elektrizitätserzeugung u.ä.	3620	ST	3,7	0,794
Koaxialkabel	Herst. v. Geräten u. Einr. d. Elektrizitätsverteilung u.ä.	3620	HT	3,7	0,717
Flüssig-Chromatographen	Herst. v. Mess- u. Regelgeräten usw.	3660	ST	3,6	0,853
Videorecorder	Herst. v. phonotechn. u.ä. Geräten und Einrichtungen	3670	HT	0,7	0,599
PVC	Herst. v. chem. Grundstoffen	4031	HT	5,0	0,588
Kunstfarbstoffe	Herst. v. chem. Erzeugnissen (u.a. Farben)	4034	HT	1,8	0,833
Antibiotika	Herst. v. pharmazeutischen Erzeugnissen	4035	ST	2,0	0,568
Farbpapiere	Herst. v. fotochem. Erzeugnissen	4037	HT	0,2	0,322
Polyesterlangfasern	Herst. v. Chemiefasern	4090	HT	0,3	0,582
Software-Paket	Herst. v. ADV-Geräten u. -Einrichtungen	5080	HT	2,0	0,405
Warenkorb				38,4	
	Verarbeitendes Gewerbe			84,7	
*) ST: Spitzentechnik, HT: Höherwertige Schumpeter-Güter					

Im Hinblick auf den *Repräsentationsgrad* des Warenkorbs in Bezug auf die moderne Technologie anfangs der 80er Jahre gibt es Überlegungen,[30] gemäß denen nicht geleugnet werden kann, dass die Zusammenstellung von Warenkörben immer nur ein Hilfsmittel darstellt, wenn Totalerhebungen nicht möglich sind. Der Repräsentationsgrad von Warenkörben im Hinblick auf den technischen Fortschritt kann weder systematisch noch statistisch geprüft werden, ohne dass eine Reihe von rigiden Annahmen getroffen werden müsste. Betrachtet man Tabelle 6-1, so ist ohne weiteres erkennbar, dass die Wirtschaftszweige viel zu umfassend sind und wesentlich mehr Produkte als die angegebenen herstellen. Die ausgewählten Wirtschaftszweige haben im Hinblick auf die Gesamtproduktion einen Anteil von über 38 % und decken damit fast die Hälfte des verarbeitenden Gewerbes (85 %) ab. Da bekannt ist, dass in Deutschland etwa zwei Fünftel von Produktion und Beschäftigung

30 Siehe bei Grupp et al. (1988, S. 31 - 33).

auf den *gesamten* Hochtechnologiebereich entfallen,[31] kann dieser hohe Anteil der Hochtechnologie im Rahmen der Gesamtproduktion in der Sache nicht schon für den Warenkorb zutreffen, sondern ist eine Folge der ungenügenden Feingliederung nach Branchen. Wären die anderen Gütergruppen, für die technometrische Daten vorliegen, die nicht dem Kriterium der Hochtechnologie genügen, additiv in die Stichprobe hinzugenommen worden, wären wegen der ungenügenden Zuordnung von Wirtschaftszweigen noch weit höhere Repräsentationsgrade bezüglich der Gesamtproduktion zustande gekommen. Die Zuordnung eines innovativen Warenkorbs zur Wirtschaftszweigsystematik muss daher als außerordentlich unbefriedigend bezeichnet werden.

Wachstum der Branchen

Setzt man in Schätzgleichung (6-2) die K*-Werte aus Tabelle 6-1 ein und berechnet OLS-Regressionen für verschiedene Wachstumsraten des Nettoproduktionsindex als Indikator für das reale Produktionswachstum in den gegebenen Wirtschaftszweigen, so erhält man keine signifikanten, sondern lediglich indifferente Ergebnisse.[32] Dies gilt sowohl, wenn man das gemittelte kurzfristige Wachstum von 1982 bis 1984, als auch wenn man das gemittelte langfristige Wachstum bis 1989 zugrundelegt, und auch, wenn man einzelne Jahrgänge miteinander vergleicht. Die Vorzeichen sind negativ (aber nicht signifikant). An die subjektiven Momente bei der Zusammenstellung des Warenkorbs gemäß Tabelle 6-1 wird erinnert, welche die Qualität der Schätzung beeinträchtigen können.

Untersucht man in gleicher Weise die Regression (6-3) für die Beschäftigung, so ergeben sich wiederum keine signifikanten Ergebnisse, weder für die kurzfristige, noch für das langfristige Beschäftigungswachstum. Interessant ist hierbei lediglich, dass sich kurzfristig ein negatives, langfristig ein positives Vorzeichen ergibt.

In einem *Zwischenfazit* kann festgehalten werden, dass das Wachstum der Nettoproduktion und der Beschäftigung nicht als korrelativer Indikator für die Fortschrittsmessung in Frage kommt, wenn auf der Ebene von Wirtschaftszweigen gemessen wird. Enttäuschend hieran ist die Problematik der Zuordnung, weniger das indifferente Schätzergebnis. Es kann als belegt gelten, dass die Varianz *innerhalb* von

---

31 Gehrke et al. (1994, S. 54ff.).

32 Die Nettoproduktionsindizes werden vom Statistischen Bundesamt auf SYPRO-Viersteller-Basis monatlich berechnet. In die hier vorgenommene Analyse gehen Jahresdurchschnittswerte ein. Für den einzeln nicht ausgewiesenen Wirtschaftszweig der Luft- und Raumfahrt (Geheimhaltungsproblematik) werden indizierte Zeitserien, aber keine nominellen Werte, zur Verfügung gestellt. Die Indizes sind auf das Jahr 1982 = 100 bezogen. Siehe im übrigen Gehrke et al. (1994, S. 47, insbesondere Fußnote 33).

Wirtschaftszweigen so groß ist, dass ein branchenbezogener Beschäftigungseffekt nicht zu erwarten ist.[33]

Was das Wachstum der Produktion angeht, so ist zu erwarten gewesen, dass diejenigen Produktionsbereiche, in denen in Deutschland ein hoher Qualitätsstand herrscht, ihre Produktion stärker ausweiten können. Dies kann jedoch nicht bestätigt werden, da offenbar die ausgewählten Produkte im Warenkorb für die sehr großen Wirtschaftszweige nicht repräsentativ sind. Man führe sich anhand von Tabelle 6-1 z. B. vor Augen, dass die Ausprägung der Eigenschaften von Antibiotika für *alle* Hersteller von pharmazeutischen Erzeugnissen und die Eigenschaften von Chromatographen für *alle* Hersteller von Mess- und Regelgeräten genommen werden mussten. Das unbefriedigende Zwischenfazit deutet darauf hin, die Repräsentativität der Zuordnung im weiteren Fortgang der Analyse wesentlich zu verbessern, aber ansonsten am gewählten Validierungskonzept festzuhalten.

Sind Marktdaten geeigneter?

Da am technometrischen Datensatz keine nachträglichen Erweiterungen zu vertretbaren Messkosten möglich sind, wird die Lösung auf der Seite der Produktionswerte gesucht. Es bietet sich an, von Wirtschaftszweigen auf Märkte überzugehen und gleichzeitig von der vierstelligen auf eine sechstellige Untergliederung. Die nominellen Produktionswerte Y_i stehen nach dem Güterverzeichnis für Produktionsstatistiken (GP) auf tiefer Aggregationsstufe zur Verfügung.[34] Dabei treten zwei Verbesserungen in der Konkordanz zwischen den gegenübergestellten Eigenschaften und dem Wachstumsindikator ein. Zum einen sind Märkte homogener als Wirtschaftszweige; in der Tat bedienen Anbieter in der Regel mehrere, wenn nicht viele Gütermärkte. Zum anderen beruht die Verbesserung auf dem Einbezug der sechsstelligen gegenüber der vierstelligen Untergliederung. Sie ist bei Wirtschaftszweigen nicht definiert. Diese Verbesserungen werden mit gewissen Nachteilen erkauft. Die einzelnen Eintragungen in der Güterproduktionsstatistik erfolgen mit Mengen- (Stück, kg) bzw. Produktionswerten (in DM). Eine Inflationsbereinigung und damit die Erstellung von Nettoproduktionsindizes N_i ist nicht mehr möglich, weil in dieser Zerlegungsstufe keine Preisindizes vorliegen. Man könnte zwar eine globale Bereinigung mit Hilfe des Deflators des Bruttoinlandsprodukts vornehmen, dies würde aber lediglich auf einen festen Faktor in der Schätzgleichung (6-2) hinauslaufen, der statistisch irrelevant ist. Die nominellen Produktionswerte Y_i in Mio. DM treten somit an die Stelle der N_i in Gleichung (6-2).

---

33 Lee und Has (1995). Zur Wirkung der Innovationsrenten auf die Einkommen siehe van Reenen (1996).

34 Statistisches Bundesamt, Fachserie 4, Reihe 3.1.

Die Gegenüberstellung des Warenkorbs zu entsprechenden Partialmärkten ist in Tabelle 6-2 widergegeben. Darin sind auch die entsprechenden Produktionsanteile an allen Erzeugnissen des verarbeitenden Gewerbes angegeben worden. Man erkennt aus der Tabelle unmittelbar, dass das Konkordanzproblem nunmehr wesentlich besser gelöst ist. Beispielsweise werden nur die Produktionswerte von Personenkraftwagen oberhalb von 1.500 cm^3 einbezogen, weil auch im technometrischen Datensatz Eigenschaftenbündel nur von Personenkraftwagen der Größenklasse 1.800 bis 2.500 cm^3 enthalten sind. Die chemischen Märkte entsprechen sich genau (Antibiotika, PVC) ebenso die elektronischen Produkte z. B. beim Videorekorder.

Tabelle 6-2: Basisdaten zum innovativen Warenkorb und konkordante Märkte.

Güter im Warenkorb	**Marktabgrenzung (nach GP)**	**GP-Nr.**	***)**	**Gewicht in %**	**K^*_{nat}**
Zement	Portlandzement	253151	HO	0,186	0,652
Edelstähle	Präzisionsstahlrohre	273300	HO	0,154	0,551
Normalstähle	Freiformschmiedstücke	274500	HO	0,057	0,316
Pulvermetall-Produkte	Erzeugnisse aus Sintereisen	302751	HT	0,031	0,729
Leichtwasserreaktoren	Kernreaktoren	315211	ST	**)	0,794
Entschwefelungsanlagen	Rauchgasabzüge	315480	HO	0,021	0,919
Bearbeitungszentren	Bearbeitungszentren	321196	HT	0,084	0,711
Gasturbinen	Gasturbinen	322400	ST	0,032	0,632
Spritzgussmaschinen	Spritzgießmaschinen	323545	HT	0,097	0,696
Baumaschinen	Hydraulikbagger	323662	HT	0,097	0,654
Spinnmaschinen	Düsenspinnmaschinen	326521	HO	0,041	0,871
Personenkraftwagen	Pkw 1500 ccm	331130	HT	3,744	0,647
Zivilflugzeuge	Zivilflugzeuge	351	ST	**)	0,790
Höchstspannungstrafos	Transformator 10000 kVA	361239	HO	**)	0,820
Koaxialkabel	Isolierte Fernmeldeleitungen	362540	HT	0,037	0,717
Kommunikationssatelliten	Funknavigation Raumfahrt	365359	ST	0,036	0,618
Videorecorder	Videorecorder	366344	HT	0,169	0,599
Flüssig-Chromatographen	And. fotometr. Analysegeräte	367411	ST	0,014	0,853
PVC	PVC	441452	HT	0,163	0,588
Polyesterlangfasern	Polyester-Filamentgarne	455515	HT	0,177	0,582
Kunstfarbstoffe	Synth. org. Farbstoffe	461750	HT	0,324	0,833
Antibiotika	Antibiotika	471700	ST	0,017	0,568
Oberflächenaktive Mittel	Org. grenzflächenakt. Stoffe	492710	HO	0,096	1,000
Farbpapiere	Fotopapiere	495262	HT	**)	0,322
Software-Paket	Standardsoftware	506000	HT	**)	0,405
Elektronikkeramiken	Isolierteile u.a. Keramik	516100	HT	0,028	0,637
Warenkorb				5,603	
	Erzeugnisse des verarb. Gewerbes			100	
*) ST: Spitzentechnik, HT: Höherwertige Schumpeter-Güter, HO: Heckscher-Ohlin-Güter					
**) Geheimvorbehalt					

In einer systematischen Herangehensweise an die Überprüfung des Repräsentationsgrades kann festgestellt werden, dass insgesamt nur noch knapp 6 % des gesamtwirtschaftlichen Produktionswerts in der Stichprobe ist, was man in Beziehung zu den erfassten 38 % bezüglich der Wirtschaftszweige (Tabelle 6-1) setzen muss. Dieser Wert scheint wesentlich realistischer für den verwendeten innovativen Warenkorb zu sein, obwohl ein stringenter Beweis nicht gelingt, da das Aggregationsproblem auf der Seite des Warenkorbs quantitativ nicht gelöst werden kann. In Tabelle 6-2 sind alle Güter des technometrischen Datensatzes genannt; in fünf Fällen ist zwar die systematische Gegenüberstellung zur Güterklassifikation möglich, jedoch stehen keine Daten zur Verfügung. Aus Gründen der Geheimhaltung können keine Angaben zu den Zivilflugzeugen gemacht werden. Der Markt für Standardsoftware und für Kernreaktoren wird in der Systematik erst seit 1989 berücksichtigt, wobei im Falle der Software auch danach Geheimhaltung bezüglich der Daten geübt wird, während entsprechende Daten für Kernreaktoren nunmehr vorliegen (aber nicht vor 1989). Geheimhaltung wird auch bezüglich der Photopapiere geübt, deren Produktionswerte mit denen der technischen Photopapiere zusammengefasst werden (GP 495269). Über die Anteile ist nichts bekannt. Schließlich werden die Produktionswerte für Höchstspannungstransformatoren zusammen mit anderen Transformatoren oberhalb von 10.000 kVA gemeldet; wiederum ist über die Anteile nichts bekannt. Diese fünf Märkte müssen bei einer Gegenüberstellung weggelassen werden.

Wachstum der Gütermärkte ...

Aus den nominellen Produktionswerten Y_i können verschiedene Wachstumsraten berechnet werden. Zum einen kann das mittlere jährliche Wachstum $\Delta Y_{i,z}$ in einem bestimmten Jahr t_z im Vergleich zum Basisjahr t_0 = 1982 abdiskontiert berechnet werden:

$$\Delta Y_{i,z} = (Y_{i,z}/Y_{i,0})^{1/z} - 1. \qquad (6\text{-}4)$$

Die tatsächlichen Wachstumsraten in den Jahren dazwischen bleiben dabei außer Betracht. Will man alternativ das mittlere jährliche Wachstum $\Delta \acute{Y}_{i,z}$ bis zu einem bestimmten Jahr t_z unter Einbezug aller Jahre t_g mit g = 1, ..., z berechnen, dann gilt

$$\Delta \acute{Y}_{i,z} = [(\Sigma_{g=1}^{g=z} Y_{i,g})/(z \cdot Y_{i,0})]^{1/z} - 1. \qquad (6\text{-}5)$$

Die mittlere jährliche Wachstumsrate $\Delta \acute{Y}_{i,z}$ berücksichtigt das nominelle Wachstum in jedem Jahr und bezieht es abdiskontiert auf das Ausgangsjahr. Beide Varianten der Wachstumsberechnung sind für alle Jahre zwischen 1983 und 1992 einer OLS-Regressionsrechnung der Schätzgleichung (6-2) unterzogen worden.

Üblicherweise wird das Ergebnis solcher Regressionsrechnungen in tabellarischer Form unterbreitet (Tabelle 6-3). Für die Diskussion der Ergebnisse wird zusätzlich eine graphische Darstellung der Irrtumswahrscheinlichkeit herangezogen, um den zeitlichen Verlauf (Lag-Struktur) der Güte der Schätzergebnisse besser diskutieren zu können. Tabelle 6-3 und Abbildung 6-1 zeigen, dass das nominelle Wachstum der Produktion $\Delta Y_{i,z}$ auf den ausgewählten Märkten in den Jahren t_z =1986 bis t_z = 1989 mit einer Irrtumswahrscheinlichkeit von weniger als 5 % dem technometrischen Fortschrittsindikator folgt. Die beste Anpassung wird im Jahr t_z = 1987 festgestellt. Das bedeutet, dass das *Produktionswachstum* als korrelativer Indikator valide ist, wenn die Eingrenzung der zu bestimmten innovativen Produkten gehörenden Märkte genau genug ist (wie im vorliegenden Fall). Die wachstumsfördernde Wirkung des technischen Fortschritts stellt sich gemäß dieser Analyse nach vier bis sieben Jahren ein. Hierbei ist allerdings zu beachten, dass das Jahr 1990 von Sonderkonjunkturen aus der Wirtschafts- und Währungsunion der Bundesrepublik Deutschland und der Deutschen Demokratischen Republik gekennzeichnet war, die im Spätjahr zur politischen Vereinigung führte. Insofern ist die Diskontinuität in der Irrtumswahrscheinlichkeit zwischen 1989 und 1990 sehr wahrscheinlich auf einen Vereinigungseffekt zurückzuführen und kann im gegebenen Zusammenhang außer Betracht bleiben.

Tabelle 6-3: Ergebnisse der OLS-Schätzung des Produktionswachstums (Koeffizienten h mit Standardabweichung in Klammern).

t_g	$Y_{i,z}$	$\acute{Y}_{i,z}$
1983	0,17 (0,31)	0,17 (0,31)
1984	0,17 (0,14)	0,13 (0,13)
1985	0,11 (0,07)	0,10 (0,07)
1986	0,15 (0,07)*	0,10 (0,05)
1987	0,17 (0,05)**	0,10 (0,04)*
1988	0,13 (0,05)*	0,09 (0,04)*
1989	0,10 (0,04)*	0,08 (0,03)*
1990	0,11 (0,06)	0,08 (0,03)*
1991	0,09 (0,06)	0,07 (0,03)*
1992	0,08 (0,05)	0,06 (0,03)*
**	signifikant auf dem 1 %- Niveau	
*	signifikant auf dem 5 %- Niveau	

Betrachtet man die mittleren jährlichen Wachstumsraten $\Delta \acute{Y}_{i,z}$, dann ergeben sich bis zum Jahr t_z = 1989 ähnliche Verhältnisse, wobei die Güte der Anpassung regelmäßig etwas geringer ausfällt. Der Vereinigungseffekt ab 1990 zeigt sich entsprechend weniger abrupt, weil durch die Mittelung Ereignisse in einzelnen Jahren

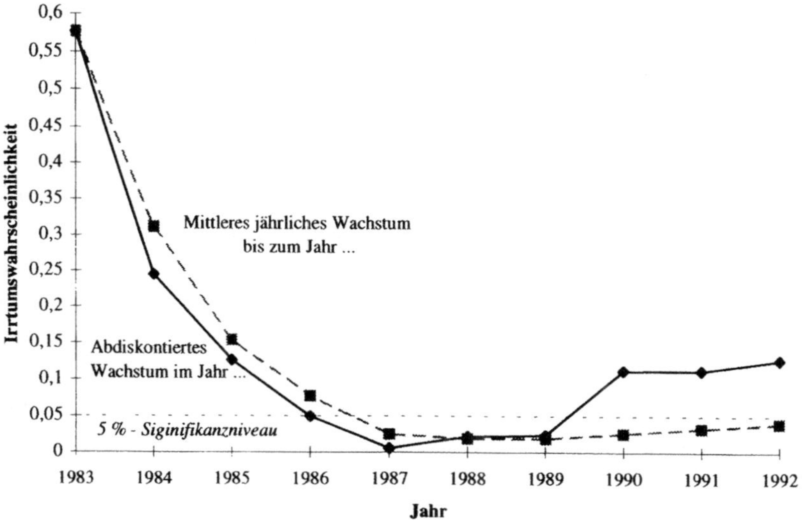

Abbildung 6-1: Gültigkeit des nominellen Produktionswachstums auf ausgewählten Märkten als Fortschrittsindikator gemessen an der Irrtumswahrscheinlichkeit einer OLS-Korrelation zum technometrischen Fortschrittsindikator.

statistisch ein kleineres Gewicht bekommen. Die Angabe weiterer ökonometrischer Parameter mag für ein einzelnes Jahr genügen. Herausgegriffen sei die optimale Anpassung des abdiskontierten Wachstums im Jahr 1987. Die erklärte Varianz beträgt R^2 = 35 % bei einem t = 3,172. Die (zweiseitige) Irrtumswahrscheinlichkeit ist 0,5 % (siehe auch Abbildung 6-1). Das Ergebnis ist im Hinblick auf Heteroskedastizität robust. Ein weiterer Test prüft auf einen Einfluss aus der unterschiedlichen Größe der Märkte. Nimmt man die Produktionswerte als Gewichte für die Wachstumsraten, dann ergibt eine gewichtete Regression noch bessere Schätzergebnisse.[35]

... und der Schumpeter-Märkte speziell

Nachdem das Fortschrittsmaß das mittelfristige Produktionswachstum in Deutschland auf ausgewählten, weitgehend repräsentativen Märkten auch dann erklärt, wenn man *Schumpeter-Märkte* und andere Märkte mischt, könnte die Erwartung bestehen, dass die Zuverlässigkeit des korrelierenden Wachstumsindikators noch besser wird, wenn man die Untersuchung auf die Schumpeter-Märkte begrenzt. Im Ergebnis zeigt sich jedoch, dass der gefundene Zusammenhang unabhängig von den

35 Dann gilt t = 5,57, was einem Signifikanzniveau von < 10^{-4} entspricht.

FuE-Ressourcen ist, deren Intensität die Hochtechnologiemärkte von den anderen abgrenzt.

Auch dieser Sachverhalt findet eine einfache Erklärung, bedenkt man, dass es neben den FuE-Aufwendungen, die konstitutiv für Hochtechnologiegüter sind, noch weitere Innovationsressourcen gibt, z. B. die *Investition* in fortgeschrittene Güter. In der Tat hat Pianta gefunden, dass innerhalb der OECD-Länder zwischen 1970 und 1990 zwei typische Wachstumsmuster beobachtet werden können.[36] Eine Ländergruppe konnte das gesamtwirtschaftliche Wachstum im wesentlichen über eigene FuE-Aufwendungen ermöglichen, während eine andere Ländergruppe den investitionsgebundenen technischen Fortschritt als Wachstumsmotor benutzte. Der technometrische Indikator wird gerade deswegen als Idealindikator angesehen, weil dann, wenn man die Qualitätssprünge an den Eigenschaften der innovativen Produkte feststellt, die Frage der Innovationsressourcen nicht mehr unterschieden werden muss. Zwei gleich weit fortgeschrittene Güter können mit unterschiedlichen Inputs produziert worden sein. Insofern gleicht das technometrische Konzept die diversen bei Pianta berechneten Inputs gegeneinander aus indem es den Output misst. Die weniger FuE-intensiven HO-Märkte haben den dort charakteristischen Fortschritt möglicherweise über Anwendung von Technik durch Kapitalbildung herbeigeführt.

Schumpeter-Märkte vis-à-vis andere Märkte

Interessant bleibt aber die Frage, ob sich die Wachstumsgeschwindigkeit der Schumpeter-und der HO-Märkte im betrachteten Zeitraum unterscheidet. Zerlegt man den hier verwendeten Warenkorb gemäß Tabelle 6-2 in HO-Güter, höherwertige Schumpeter-Güter und Schumpeter-Güter der Spitzentechnik, dann lassen sich die Produktionswerte der zugehörigen Partialmärkte aufaddieren. Abbildung 6-2 zeigt ihren relativen Verlauf bezogen auf ihren Anteil an der Gesamtproduktion im verarbeitenden Gewerbe.

Zunächst erkennt man aus Abbildung 6-2, dass der Warenkorb in Richtung höherwertiger Schumpeter-Märkte verzerrt ist. Während der 80er Jahre fielen insgesamt nur knapp 40 % der Nettoproduktion auf die Schumpeter-Märkte, wovon knapp 10 % die Spitzentechnik und die restlichen 30 % die höherwertige Technik betrafen.[37] Im analysierten Warenkorb sind mithin die HO-Produkte deutlich unterrepräsentiert ebenso wie die Spitzentechnik. In dieser Stichprobe entfallen nur etwas mehr als 10 % auf die HO-Güter und nur wenige Prozente auf die Spitzentechnik. Den größten Anteil stellen die höherwertigen Schumpeter-Waren dar.

---

36 Pianta (1995).

37 Gehrke et al. (1994).

In zeitlicher Hinsicht ergibt sich der vermutete Effekt: Von wenigen Einzeljahren ausgesehen, ist der Anteil der ausgewählten HO-Märkte an der Gesamtproduktion gesunken (von 0,6 % im Jahr 1982 auf 0,4 % 1992). Die Schumpeter-Märkte haben eine rasche Expansion erfahren, bis durch die Vereinigungskonjunktur andere Güter nachgefragt wurden.

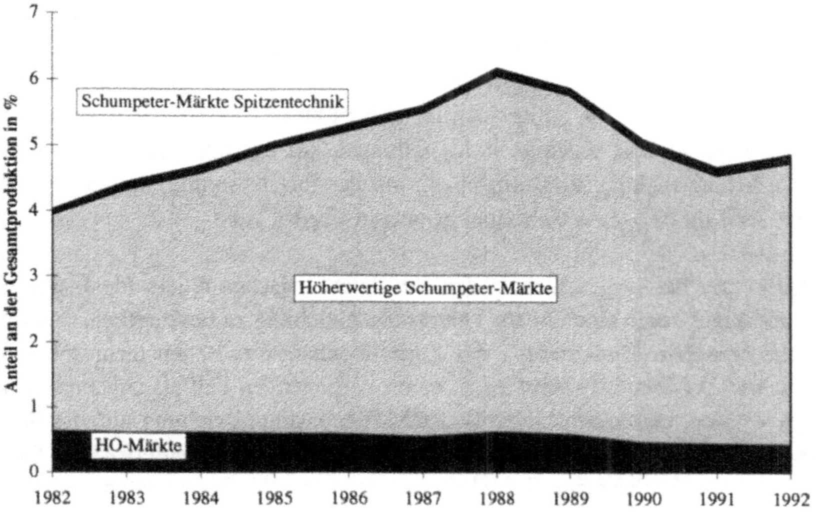

Abbildung 6-2: Anteil der ausgewählten Hochtechnologiemärkte an der Gesamtproduktion in Deutschland 1982 bis 1992.

Wettbewerbsintensität

Die in Tabelle 6-3 geschätzten Koeffizienten h entsprechen gemäß Zusammenhang (6-2) im ursprünglich zugrundegelegten mikroökonomischen Innovationsmodell einer Wagnisrate, welche die Wettbewerbsintensität misst.[38] Bei der Ableitung des gesamtwirtschaftlichen Modells wurde die Wagnisrate zur Vermeidung von Aggregationsproblemen als linear angenommen und es wurde impliziert, dass in sämtlichen Märkten bei gleichen Gewinnaussichten sich auch gleichverteilte Innovationsaktivitäten einstellen, so dass die Wettbewerbsintensität sich auf den Märkten nicht unterscheidet. Allerdings kann in der Schätzung nach Tabelle 6-3 das Produktionswachstum nicht preisbereinigt werden. Für das Jahr 1987 ergibt sich z. B. aus der angegebenen Wagnisrate, dass bei $K^* > 0{,}412$ überhaupt nominelles Wachstum eintritt und ab $K^* > 0{,}74$ das diskontierte jährliche Wachstum mehr als 10 % beträgt.

38 Kamien und Schwartz (1982, S. 105), Stadler (1993, S. 161) und Schwitalla (1992, S. 27).

Dabei muss darauf hingewiesen werden, dass in dieser Hinsicht alle Märkte gleich behandelt werden, was eine restriktive Annahme darstellt.

Interessanter als der intertemporale Vergleich der Wagnisrate (der angesichts der begrenzten Daten über die Preisentwicklung auf den ausgewählten Märkten nicht möglich ist) wäre ein Ländervergleich mit den USA und Japan. Dieser erscheint prinzipiell möglich zu sein, da auch in diesen Ländern national tief gegliederte Güterstatistiken vorliegen, die jedoch international nicht vergleichbar sind. Eine analoge Untersuchung der Gültigkeit des märktebezogenen, tief gegliederten Produktionswachstums als korrelierender Fortschrittsvariablen, das für Deutschland gute Ergebnisse gebracht hat, sollte auch für diese Länder vorgenommen weren. Somit bleiben noch weitere wichtige Fragestellungen auf der Forschungsagenda stehen. Hierzu gehört auch der Zusammenhang mit der Beschäftigung, der auf der Marktebene der Tabelle 6-2 zur Zeit nicht gemessen werden kann.

Grossekettler hat vorgeschlagen, den Vergleich zwischen einem Ideal- und einem Hilfsindikator durch eine lineare Verzerrungsgleichung zu beschreiben.[39] Aufgrund der theoretischen Modellierung des Zusammenhangs zwischen technischem Fortschritt und Produktionswachstum ist es im vorliegenden Fall als angemessen angesehen worden, eine einfachlogarithmische Verzerrungsgleichung aufzustellen. Als Fazit der Validierung der Technometrie ergibt sich, dass aus mittelfristiger Sicht der systematische Fehler einer Fortschrittsmessung aus Wachstumsraten gering einzuschätzen ist, aus kurzfristiger Sicht ist er unakzeptabel groß.

6.3 Innovationsgehalt von Handelsströmen

Unter den Innovationstheorien aller Richtungen spielen Wettbewerbsprozesse eine wichtige Rolle. Wendet man sich nun der Fortschrittsmessung im Außenhandel zu, liegt es nahe, sich vorzustellen, dass Volkswirtschaften miteinander im Wettbewerb liegen. Eine eindeutige und umfassende Definition des Begriffs *internationale Wettbewerbsfähigkeit* liegt aber nicht vor. Straubhaar fasst mehr als ein Jahrzehnt intensiver Bemühungen um eine Festlegung dieses Begriffs dahingehend zusammen, dass angesichts der fehlenden theoretischen Fundierung der empirischen Forschung zu raten sei, künftig auf dieses Konzept zu verzichten.[40] Es erweise sich als wirtschaftspolitische Leerformel mit äußerst geringem ökonomischen Erkenntnisgehalt, sei aber dafür mit der Gefahr verbunden, „als Worthülse je nach Gusto mit

---

39 Grossekettler (1995, S. 18 f.).

40 Straubhaar (1994, S. 534 f.). Trabold (1995, S. 169) bemerkt, dass zwischen 1985 und 1993 mehr als 800 wissenschaftliche Arbeiten allein zur internationalen Wettbewerbsfähigkeit Deutschlands erschienen seien und dennoch dieser Begriff nicht eindeutig definiert ist.

politökonomisch leicht vermittelbarem Inhalt gefüllt und entsprechend missbraucht zu werden."[41]

Der Begriff „Fähigkeit" ist auch aus sprachlichen Gründen irreführend, da man mit ihm nach allgemeinem Sprachgebrauch ein theoretisches Potential, und nicht eine realisierte Situation assoziiert. Es sollte daher dem Begriff *Wettbewerbsposition* der Vorzug gegeben werden; letzterer ist aber in der ökonomischen Literatur fast überhaupt nicht verbreitet. Beide Begriffe sind kein expliziter Bestandteil der Theorie der internationalen Wirtschaftsbeziehungen.[42]

Technologische Wettbewerbsfähigkeit

Obwohl der Begriff unbestimmt bleibt, scheint bei einem Verweis auf die Wettbewerbsfähigkeit die Betonung der langfristigen, dynamischen Aspekte der Wettbewerbsposition, nicht die Gewinnung kurzfristiger Vorteile, z. B. auf dem Wege der Währungsabwertung, im Mittelpunkt der analytischen Fragestellung zu stehen.[43] Die bisherigen Überlegungen gelten für alle Warengruppen (und Dienstleistungen), nicht nur für die innovativen. Bezieht man die Betrachtung der Wettbewerbsposition nur auf innovative Warengruppen, dann spricht man von *technologischer Wettbewerbsfähigkeit*. Mit dieser Einschränkung wird der Begriff eher plausibel, denn meint man nicht preislich-monetäre, sondern strukturelle und technologische Faktoren, die die Wettbewerbsfähigkeit beeinflussen mögen, werden die längerfristigen Aspekte deutlich.[44] Trägt man dem Konzept der strukturellen Wettbewerbsfähigkeit Rechnung, dann kann man die Wettbewerbsfähigkeit als die Fähigkeit auffassen, „sich einem weltweiten Wandel der Nachfrage- und Angebotsstrukturen anzupassen

---

41 Ebenda, S. 535.

42 Siehe z. B. bei Krugman (1995, S. 342, 343 und 349) und bei Gahlen et al. (1986, S. 130). Dort ist folgende Charakteristik zitiert: „Es gibt wohl kaum einen wirtschaftlichen Begriff, der so viel gebraucht wird, aber in seiner konkreten Anwendung so fragwürdig und problemgeladen ist, wie der Begriff 'Wettbewerbsfähigkeit'". Die Außenhandelstheorie beschäftigt sich zwar mit einer Reihe von Elementen, die für die Wettbewerbsfähigkeit als konstitutiv angesehen werden, liefert mit der Erklärung der Handelsströme und der Tauschverhältnisse aber noch keine *Theorie* der internationalen Wettbewerbsfähigkeit (Barth, 1988, S. 65). Die vorgeschlagenen Indikatoren für Wettbewerbsfähigkeit können also bezüglich ihrer Beziehung zu den theoretischen Konstrukten gar nicht diskutiert werden. Neue Erklärungspotentiale diskutieren Meckl und Rosenberg (1995).

43 Gahlen et al., a. a. O., S. 132. Obwohl auch bei Dieckheuer (1995, S. 128 f.) der Wettbewerbsbegriff nicht definiert wird, findet sich der Hinweis, dass das reale Austauschverhältnis (Terms of Trade) dann als Indikator für die internationale Wettbewerbsfähigkeit eines Landes in Frage komme, wenn sich über einen *längeren* Zeitraum Auffälligkeiten ergäben.

44 Gahlen et al. (1986, S. 136 f.) treffen eine Fallunterscheidung innerhalb des unbestimmten Konzepts der Wettbewerbsfähigkeit in strukturelle, technologische und preislich-monetäre Faktoren.

oder diesen Wandel (mit) zu gestalten".[45] Bezieht sich die dynamische Anpassung der Wirtschaft auf neue technische Problemlösungen, dann wird die strukturelle Wettbewerbsfähigkeit zur technologischen.[46] Die langfristige Sicherung der relativen Einkommensposition erklärt sich im Rahmen des Strukturwandels aber nicht nur aus strukturellen Verbesserungen, sondern auch aus der Schaffung *zusätzlicher* Arbeitsplätze. Diejenigen Aspekte, welche eine Volkswirtschaft als attraktiven Investitionsstandort für multinationale Unternehmen ausmachen, werden meist unter dem Begriff des *Standortwettbewerbs* zusammengefasst.[47]

Die geäußerte Kritik am Wettbewerbskonzept auf volkswirtschaftlicher Ebene betrifft also die Verwendung des Konzepts im Zusammenhang mit preislichen und kurzfristigen Effekten. Straubhaar steht auf dem Standpunkt, dass es strenggenommen keine Wettbewerbsfähigkeit einer Volkswirtschaft geben könne, „denn eine Volkswirtschaft konkurriert ja nicht mit einem homogenen Sozialprodukt auf einem Weltmarkt gegen die Sozialprodukte anderer Nationen. (...) Vielmehr sind heterogene mikroökonomische Aktivitäten einzelner Individuen und Unternehmen danach gerichtet, individuellen Nutzen oder betriebswirtschaftliche Gewinne zu optimieren."[48] Daraus kann insgesamt geschlossen werden, dass der Begriff der Wettbewerbsfähigkeit höchstens im Hinblick auf langfristige, technologische und strukturelle Aspekte brauchbar sein kann, aber nicht generell.

Auch wenn für einzelne Wirtschaftseinheiten die Faktorkosten die wohl am häufigsten diskutierte Einflussgröße sein mögen und gewisse Autoren das größte Gewicht bei der Bestimmung der internationalen Wettbewerbsfähigkeit etwa den Lohnstückkosten zuschreiben,[49] liegen doch mehr empirische Arbeiten vor, die zeigen, dass die relativen Lohnstückkosten heute kaum noch einen feststellbaren Einfluss auf das

---

45 HWWA (1984, S. 14 f.). Eßer et al. (1994) bezeichnen die strukturelle als systemische Wettbewerbsfähigkeit. Sie möchten damit betonen, dass die Wettbewerbsfähigkeit der Wirtschaft auf zielgerichteten und ineinandergreifenden Maßnahmen auch politischer Akteure beruht und der gemeinsamen Entscheidungsfindung bedarf.

46 Sachverständigenrat (1981, S. 459). Wegen des Vorherrschens der strukturellen und insbesondere der technologischen Aspekte wird häufig der präzisere Begriff der technologischen Wettbewerbsfähigkeit mit dem Begriff der ansonsten nicht definierten Wettbewerbsfähigkeit gleichgesetzt, so auch von Dosi et al. (1990a, S. 190 f.) mit Verweis auf die absoluten Vorteile im internationalen Handel, die auf technologische Ursachen zurückzuführen sind.

47 Bellendorf (1994, S. 21).

48 Straubhaar (1994, S. 534). Zuvor hat Krugman (1991, S. 811) folgendes ausgeführt: „(...), ein Land ist nicht so wie ein Unternehmen. In der Tat ist der Handel zwischen Ländern dem Wettbewerb zwischen Unternehmen dermaßen unähnlich, dass viele Ökonomen das Wort „Wettbewerbsfähigkeit", wenn es auf Länder angewendet wird, für so irreführend halten, dass es im Kern bedeutungslos ist. (...) Der internationale Wettbewerb wirft Länder nicht aus dem Geschäft."

49 Z. B. DIW (1991).

Wirtschaftswachstum und die Weltmarktanteile haben.[50] Das Faktorkostenkonzept scheidet damit als alleinige Determinante der Wettbewerbsfähigkeit weitgehend aus,[51] und wird im gegebenen Zusammenhang nicht getestet, bei dem andere Faktoren zu betrachten sind.[52]

Überblick über Bestimmungsgründe des Außenhandels

Was hat die Suche nach anderen Bestimmungsgründen der Warenstruktur der Einfuhren und der Ausfuhren ergeben? „Man hat nicht nur erfahren, dass die Zahl von Einzelfaktoren groß ist, man hat auch festgestellt, dass meist mehrere von Ihnen gleichzeitig auf den Außenhandel eines Landes einwirken (...).“[53] Die Außenhandelsforschung muss daher einen Überblick über die Vielzahl der möglichen Bestimmungsgründe des Außenhandels zu geben versuchen und im Rahmen theoretischer Analysen aufdecken, warum und wie die einzelnen Faktoren auf den Außenhandel einwirken. Dabei sollten vorschnelle Identifizierungen mit Wettbewerbsfähigkeit vermieden werden. Wiederum kann nur ein kurzer Überblick über die wichtigsten Einflussfaktoren gegeben werden, wobei der Überblick dort kürzer auszufallen hat, wo Fragen des technologischen Fortschritts weniger betroffen sind und umgekehrt. Zur Strukturierung ist eine schematische, grob verkürzende Übersicht hilfreich, welche die diversen Einflussfaktoren hierarchisiert. Abbildung 6-3 gliedert dabei nach Liefermöglichkeiten, Preisunterschieden und Marktüberschneidungen.[54]

Die *mangelnden Liefermöglichkeiten* in einem importierenden Land können zeitlich strukturiert werden in dauerhafte, vorübergehende und kurze. Wenn einheimische

---

50 Mit einer Zeitreihenanalyse für Deutschland, Großbritannien und Italien kann Verspagen (1994) zeigen, dass die Ausweitung der Weltmarktanteile wie der Beschäftigung 1980 bis 1985 stark von FuE, Technikerzeugung (Patente) und Investitionstätigkeit beeinflusst war, aber kaum von Unterschieden im Lohnniveau. Dies gilt nicht notwendigerweise im Vergleich zu Schwellenländern. Die deutsche Bundesbank (1994) schließt aus verschiedenen makroökonomischen Tests, dass weder die Lohnquote noch das reale Austauschverhältnis die deutschen Weltmarktanteile erklären kann.

51 Kaldor (1978) und Fagerberg (1988). Klodt et al. (1994, S. 5 - 13) dehnen das Argument auf die nationale Steuerbelastung aus, die aus theoretischen wie empirischen Gründen nicht zur Erklärung von Standortqualitäten herangezogen werden kann.

52 Amendola et al. (1993) können überzeugend nachweisen, dass die Variablen für Technologie und Investition die Handelsdynamik stärker beeinflussen als alle übrigen Faktoren. Ihr sehr allgemeines Resultat betrifft die langfristigen Effekte des technischen Wandels sowohl in der investitionsungebundenen wie auch der investitionsgebundenen Exportdynamik. Änderungen in den relativen Löhnen und Wechselkursen werden von den Autoren in ihrem ökonometrischen Modell berücksichtigt, beeinflussen die Handelsströme aber lediglich kurzfristig und werden in längerfristiger Sicht wieder reabsorbiert (a. a. O., S. 463).

53 Handwörterbuch (1977, Band 1, S. 365).

54 Abbildung 6-3 folgt im Kern einer ähnlichen Übersicht aus dem Handwörterbuch (a. a. O., S. 366), ist aber im Hinblick auf die Rolle der Innovation erweitert worden.

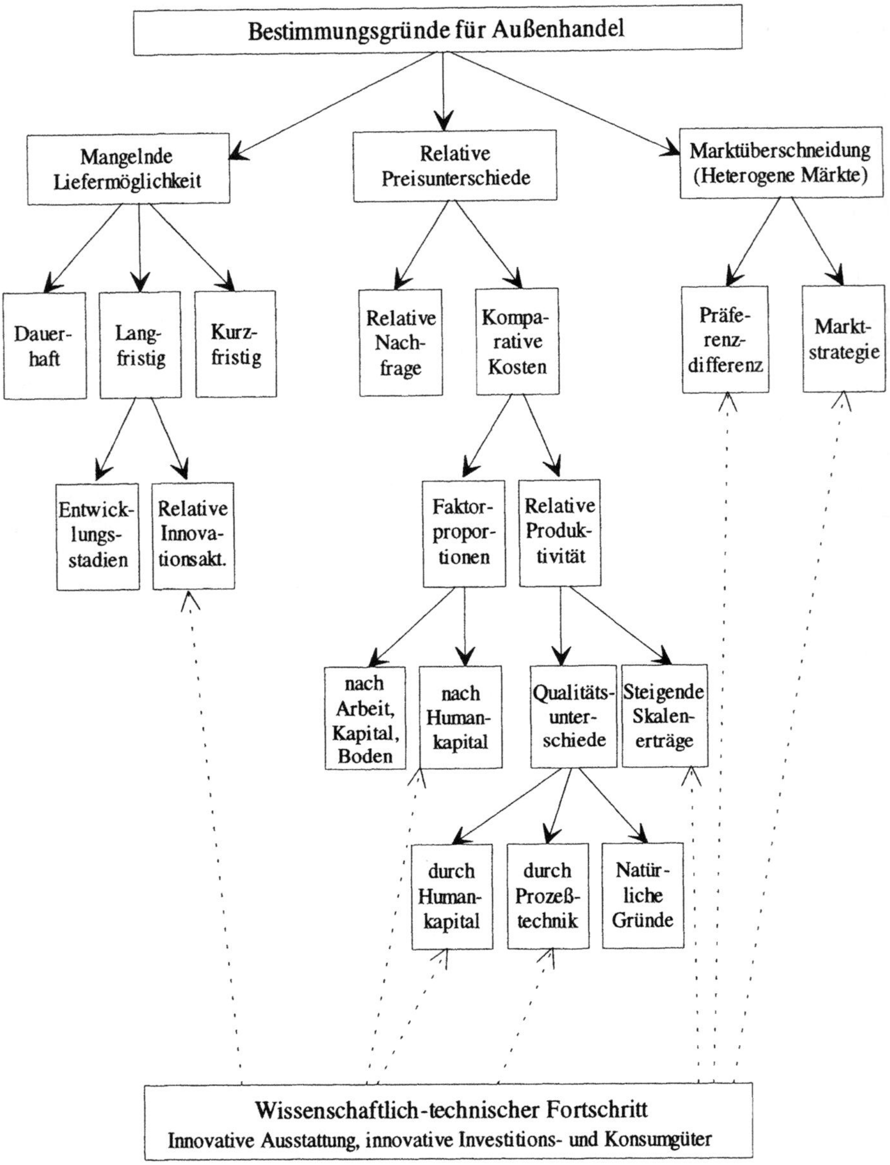

Abbildung 6-3: Grobe Übersicht über Einflussfaktoren auf den Außenhandel.

Unternehmen auf Dauer bestimmte Güter nicht liefern können (Mangel an Ressourcen, klimatische Verhältnisse in der Landwirtschaft etc.), spielen technologische Faktoren in der Regel keine Rolle. Sie kommen auch bei mittel- oder langfristigen, vorübergehenden Lieferengpässen nur vermittelt in Frage, wenn diese aus unterschiedlichen Entwicklungsstadien der Volkswirtschaften, also mit relativer wirtschaftlicher Unterentwicklung, erklärt werden. Hingegen sind die *Nichtverfügbarkeiten als Folge unterschiedlicher technischer Fortschritte* für die vorliegende Fragestellung ein relevanter Einflussfaktor. Diesem Faktor kommt heute auch aus praktischen Gründen hohe Bedeutung zu, weil sich die Struktur des internationalen Warenhandels verändert hat. Bis etwa 15 Jahre nach dem Ende des zweiten Weltkriegs bestanden die Handelsströme zu mehr als 60 % aus nichtverarbeiteten Waren, Nahrungsmitteln und Rohstoffen. Noch 1959 bis 1963 setzte sich der Welthandel nur zu 42 % aus verarbeiteten Industriewaren zusammen. Erst seit den 70er Jahren überwiegen diese (1970: 65 %, 1990: 73 %).[55] Die technologischen Ansätze zur Erklärung von Lieferengpässen spielen empirisch also erst seit weniger als 25 Jahre eine Rolle und mit ihnen das Interesse an dem erwähnten Einflussfaktor.

Neo-Technologie-Ansätze

Nachdem Schumpeter die Idee vom innovativen Unternehmer in die Wirtschaftstheorie einbrachte,[56] verging fast ein halbes Jahrhundert, bis sich seine Theorie der wirtschaftlichen Entwicklung als Zweig der Wirtschaftswissenschaften neben den formaleren Methoden etablieren konnte. Zum Durchbruch gelangten Schumpeters Anregungen in den 60er Jahren, als erste Konzepte der sogenannten Neo-Technologie-Ansätze den technologischen Wandel in das Zentrum der Erklärung des Außenhandels und der Wirtschaftsentwicklung stellten.[57] Dabei wurden sogenannte technologische „Lücken" herausgestellt, die sich aus einem Produktzyklus ergeben. Vernon unterscheidet das neue, das ausreifende und das standardisierte Produkt. Produktion und Absatz entwickeln sich im Zeitablauf in ganz bestimmter Weise, wobei zunächst in den relativ hoch industrialisierten Volkswirtschaften die besten Voraussetzungen für Produktion und Absatz eines neuen Erzeugnisses erfüllt sind. Gründe hierfür sind weit fortgeschrittene Arbeitsteilung, gut ausgebildete Arbeitskräfte und etablierte Absatzwege. In anderen Ländern sind die neuen Produkte temporär nicht verfügbar und müssen eingeführt werden. Die Ausfuhr und der Weltmarktanteil dieser Länder mit den neuen Produkten ist wegen der bestehenden Lücke gering oder nicht vorhanden.

Mikroökonomisch kann man sich die Lücken zwischen den Volkswirtschaften so vorstellen, dass sich zunächst nur die Unternehmen in den entwickelten Regionen einen Innovationswettlauf liefern, wie er bisher modelliert wurde. Erst im Laufe der Zeit kommt ein Imitationswettlauf zwischen den Konkurrenten aus den weniger entwickelten Ländern hinzu. Sollte ein innovatives Unternehmen seinen Absatzmarkt an einen Imitator aus diesen Ländern verlieren, wird es versuchen, sich durch

55 Münt (1996).

56 Schumpeter (1911).

57 Posner (1961), Vernon (1966) und Schmookler (1966).

eine erneute Innovation den Markt zurückzuerobern.[58] Damit hat aber ein neuer Produktzyklus im Sinne von Vernon begonnen. Die Weltmarktanteile, welche die Unternehmen in entwickelten Volkswirtschaften durch ihre ständigen Innovationsbemühungen im Durchschnitt halten können, kommen als überprüfbarer Indikator für das Ausmaß der Lücke und damit die technologische Wettbewerbsfähigkeit einer entwickelten Volkswirtschaft in Frage.[59]

Die mittelfristige Nichtlieferfähigkeit aus technologischen Gründen ist also für einen einzelnen Produktzyklus überwindbar und damit im Prinzip vorübergehend, aber insbesondere bei kurzen Produktzyklen ein langfristiges, weil immer wiederkehrendes Phänomen. Als solches hat es die institutionen- oder evolutionsökonomische Schule interpretiert. Dabei sollte beachtet werden, dass die These, dass ein unterschiedliches Ausmaß an technischem Fortschritt in den einzelnen Ländern zu Nichtverfügbarkeiten in gewissen Ländern und damit zum Außenhandel führt, nicht eindeutig gegen die These einer dauerhaften Nichtverfügbarkeit aufgrund wirtschaftlicher Unterentwicklung abgegrenzt werden kann. Dosi, Pavitt und Soete interpretieren die immer wieder auftretenden Lücken mit einer asymmetrischen Verteilung des Entstehens von Innovationen in den einzelnen Volkswirtschaften, die dauerhaft Handelsströme aus Nichtverfügbarkeit auslösen.[60] Das entstehende Ungleichgewicht wird aber durch den internationalen Handel nicht ausgeglichen, sondern führt über das kumulative Lernen innerhalb einer Volkswirtschaft für sehr lange Zeit zu einer stabilen technologischen Spezialisierung dieses Landes, die es von anderen unterscheidet. Die Akkumulation spezifischen Wissens versetzt die Volkswirtschaft in die Lage, durch die fortwährende Allokation von FuE-Mitteln nationale Spezialisierungsvorteile aufrecht und damit ein strukturelles Ungleichgewicht gegenüber anderen Volkswirtschaften beizubehalten. Dies führt zu struktureller Wettbewerbsfähigkeit und absoluten komparativen Vorteilen, die tendenziell verhindern, dass die Ungleichgewichte infolge technischer Spezialisierung durch reine Preismechanismen eliminiert werden können.

Obwohl Abbildung 6-3 zeigt, dass die Spezialisierung im internationalen Handel auf vielen Determinanten beruht, wie z. B. den relativen Preisunterschieden und den relativen Unterschieden in der mengenmäßigen Ausstattung der Länder mit Produktionsfaktoren, jedoch scheint der Technologieeinfluss bedeutend zu sein. Im übrigen sei an das wohl bekannte Leontief-Paradoxon[61] erinnert, nach dem die Exportgüter der USA nach dem Krieg mit einer etwas *geringeren* Kapitalintensität

---

58 So beschreibt Stadler (1993, S. 176) die Prozesse zur Aufrechterhaltung von Lücken.

59 Oppenländer (1991); die Weltmarktanteile können z. B. mit (4-12) bestimmt werden.

60 Dosi, Pavitt und Soete (1990a) erwähnen in ihrem Vorwort, dass sie ihre diesbezüglichen Arbeiten bereits anfangs der 80er Jahre in das Science Policy Research Unit (SPRU) an der Universität Sussex begonnen haben.

61 Leamer (1987).

hergestellt werden als die Güter, die mit den Importgütern der USA unmittelbar konkurrieren.[62] Dies lässt sich gemäß Scherer[63] damit erklären, dass die entsprechenden Exportgütergruppen besonders FuE-intensiv waren und hochwertiges Humankapital erforderten, das in den USA besonders reichlich vorhanden war.

Preisunterschiede

Für die Erklärung des auf *Preisunterschiede* zurückgehenden Außenhandels gibt die Preis- und Wettbewerbstheorie über das Verhalten von Nachfragern eine Antwort. Will man den Außenhandel mit Preisdifferenzen erklären, muss zwingend geklärt werden, warum eine Volkswirtschaft zugleich Preisvorteile bei einer und Preisnachteile bei einer anderen Warengruppe hat. Die herkömmliche Außenhandelstheorie geht über die mikroökonomische Preis- und Wettbewerbstheorie insoweit hinaus und führt das Konstrukt der *relativen* oder *komparativen* Preisvorteile ein. Komparative Preisvorteile sind eine notwendige Voraussetzung für absolute, die vom Wechselkurs zwischen den Handel treibenden Ländern beeinflusst werden. Für die Erklärung der komparativen Vorteile gibt es verzweigte Antworten (vgl. Abbildung 6-3), von denen nur einige eine technologische Komponente haben. Diese Einflussfaktoren werden hier hervorgehoben.

Insoweit, als nicht die relativen Nachfrageunterschiede, sondern die komparativen Kostenunterschiede relevant sind, muss die mengenmäßige Ausstattung der Länder mit Produktionsfaktoren betrachtet werden. Bei einem Vergleich der mengenmäßigen Ausstattung mit den Produktionsfaktoren Arbeit, Boden und Kapital wird ein Land diejenigen Güter ausführen, bei deren Produktion derjenige Faktor relativ intensiv verwendet wird, mit dem das Land relativ reichlich ausgestattet ist. Die übrigen Waren wird es einführen.[64]

Gibt man die klassische Dreiteilung der Produktionsfaktoren auf und berücksichtigt Qualitätsunterschiede bei den Arbeitskräften, dann gelangt man zum *Neo-Faktorproportionentheorem*. Güter, deren Produktion den Einsatz ganz bestimmter Mengen von Arbeitskräften ganz bestimmter (hoher) Qualifikation notwendig macht, können durch den Humankapitalfaktor limitiert sein. Länder, die mit einer relativ geringen Menge hochqualifizierter Arbeitskräfte ausgestattet sind, werden solche Güter einführen, deren Produktion einen vergleichsweise reichlichen Einsatz dieser

62 Leontief (1953); zusammenfassend bewertet bei Krugman (1995, S. 345).

63 Scherer (1994, S. 341).

64 Dieser Satz wird als Faktorproportionentheorem bezeichnet und geht auf Heckscher und Ohlin zurück. Da es sich hierbei um Güter handelt, bei denen der Technologiefaktor keine Rolle spielt, wurde an anderer Stelle der Begriff der Heckscher-Ohlin-Güter für die nichtforschungsintensiven Waren geprägt. Wenn die Einsatzmengen der Produktionsfaktoren bei HO-Gütern in proportionalem Verhältnis zueinander verändert werden, so ergibt sich eine dazu proportionale Veränderung der Produktionsmenge, d. h. es liegen konstante Skalenerträge vor.

Arbeitskräfte voraussetzt. Sie werden tendentiell komparative Kostenvorteile bei den humankapitalintensiven Waren aufweisen und diese ausführen. Im Vorgriff ist darauf hinzuweisen, dass sich das Neo-Faktorproportionentheorem nicht ohne weiteres von den theoretischen Überlegungen abtrennen lässt, welche die komparativen Kostendifferenzen durch relative Produktivitätsunterschiede zu erklären suchen.

Die *relativen Produktivitätsunterschiede* können ebenfalls Bestimmungsgründe komparativer Kostendifferenzen sein und damit zu Außenhandel Anlass geben. Aus Sicht des technischen Fortschritts brauchen die natürlichen Gegebenheiten nicht diskutiert zu werden (z. B. Sonneneinstrahlungsintensität im Agrarsektor). Da der technische Fortschritt aber die Produktionstechnik über innovative Investitionsgüter verbessert, ist er über den Maschinenpark der Unternehmen produktivitätserhöhend. Hier ist der technische Fortschritt in seiner klassischen Darstellung als „Verschiebung“ der Produktionsfunktion gemeint, der über die Erhöhung der Kapitalproduktivität zu komparativen Preisunterschieden im Außenhandel führt.

Lernprozesse

Produktivitätserhöhung über den Faktor Arbeit ist nicht losgelöst von dem zu diskutieren, was oben zum Humankapital und zum Neo-Faktorproportionentheorem ausgeführt wurde. FuE-Aktivitäten in produzierenden Unternehmen beeinflussen indirekt und mit zeitlicher Verzögerung die Fähigkeiten der Arbeitskräfte in den am Welthandel teilnehmenden Ländern. Diese Fähigkeiten sind meist das Ergebnis von Lernprozessen, d. h. sie stellen sich erst ein, wenn die Arbeitskräfte eine Zeitlang an den neuen Maschinen gearbeitet und eine Lernphase durchgemacht haben; noch längere Zeitverzögerungen treten über das Ausbildungssystem auf. Volkswirtschaften, die vermehrt Prozessinnovationen durchführen, werden daher auch Produktivitätsvorteile beim Faktor Arbeit erzielen. Stellt sich in einem Land eine große Binnennachfrage ein, wird dies für sich genommen zu einem relativen Preisnachteil führen; aufgrund der relativ großen Produktionsmenge werden sich jedoch in entsprechend größerem Umfang Lernprozesse und Effizienzsteigerungen einstellen und dem Land somit wiederum zu relativen Preisvorteilen verhelfen.

Damit wird die Verfügbarkeit über Humankapital zentral für das langfristige Wachstum einer Volkswirtschaft. Die neue Wachstumstheorie schreibt gerade dem Humankapital als strategischer Grundlage für Wachstum steigende Grenzerträge zu.[65] Die steigende, kumulative Produktion und die *Lernprozesse* führen dazu, dass die Grenzkosten des Arbeitsfaktors fallen und möglicherweise Preis- und Kostenvorteile eintreten.

---

65 Siehe z. B. bei Romer (1990) und zusammenfassend bei Straubhaar (1994a, S. 111) sowie die ausführlichere Diskussion der verschiedenen Wissensfaktoren in Abschnitt 8.1, wo weitere Quellen genannt sind.

Damit ist ein weiterer außenhandelsbestimmender Faktor beschrieben, der in *steigenden Skalenerträgen* besteht. Hierbei spielen die unterschiedlichen Marktgrößen der am Welthandel beteiligten Länder eine Rolle.[66] Große Binnenmärkte mit der Möglichkeit der Massenfabrikation können komparative Produktivitäts- und Kostenvorteile bei gewissen Waren erzielen, wenn die Skalenerträge vergleichsweise rasch steigen. Über Lerneffekte erzielte Vorteile aus steigenden Skalenerträgen können aber auch als Folge des Außenhandels auftreten, wenn im Zusammenhang mit heterogener Konkurrenz ein inländischer Unternehmer ohne anfängliche Kostenvorteile, z. B. wegen einer nicht weiter begründbaren Präferenz ausländischer Nachfrager für seine Marke, den Absatz durch Ausfuhren ausdehnen kann. Erst in späteren Perioden sind die dadurch gewonnenen steigenden Skalenerträge dann wieder Ursache weiteren Außenhandels.

Marktüberschneidung

Die *heterogene Konkurrenz* kann somit ein weiterer wichtiger Bestimmungsgrund der Warenstruktur des Außenhandels werden. Bei der Einbeziehung von Nachfragepräferenzen, Produktdifferenzierung und Fortschrittsaktivitäten in die Außenhandelstheorie übernimmt diese Denkrichtung wesentliche Argumente der Wettbewerbstheorie. Geht man davon aus, dass im Nutzenkalkül der Haushalte und bei den Investitionsentscheidungen der Unternehmer alle bekannten Güter berücksichtigt werden, auch die ausländischen, werden unterschiedliche Marken mit tatsächlichen oder vermeintlichen Qualitätsunterschieden Objekte des Außenhandels. In Abschnitt 2.4 ist die Konsumtheorie von Lancaster dahingehend verallgemeinert worden, dass sie auch produzierende Nachfrager umfassen soll. Ähnliches gilt für die Außenhandelseffekte durch Marktüberschneidungen, die nicht nur für Konsumwaren, sondern auch für Investitionsgüter und Halbfabrikate gelten. Wenn Unternehmen höhere Kosten für die Informationsbeschaffung aufwenden und wenn die Anbieter im Ausland ihren Absatz werblich unterstützen, ist sogar anzunehmen, dass die Einfuhr von Investitionsgütern und Halbfabrikaten in ganz bestimmten, auf die Endprodukte abgestimmten Qualitäten und Ausstattungen mengenmäßig bedeutsam ist. Ferner kann eine zunehmende Differenzierung der Konsumgüter auch zu einer entsprechenden Differenzierung der Investitionsgüter führen.[67]

Präferenzenvielfalt, heterogene Konkurrenz auf den internationalen Gütermärkten und Produktdifferenzierungen innerhalb gleicher Güterkategorien nehmen im internationalen Handel zu. Die Produktverfügbarkeit und die heterogene Konkurrenz bzw. die Produktdifferenzierung als Determinanten des internationalen Handels sind jedoch einer ebenso stringenten formaltheoretischen Analyse wie die Preis- und Kostenfaktoren weit weniger zugänglich, und werden daher in den meisten Lehr-

66 Caves (1989, S. 1236).

67 Hesse (1966 und 1967).

buchdarstellungen nur kurz behandelt, während dem Argument der internationalen Preisdifferenzen breiter Raum gewidmet wird. Erst Ende der 70er Jahre sind erste Modelle des internationalen Handels vorgeschlagen worden, die ausdrücklich auf dem Konzept der *Produktdifferenzierung* begründet sind.[68] Weitere formale Außenhandelsmodelle, in denen die Präferenzenvielfalt eine Rolle spielt, haben Krugman und Helpman eingebracht.[69] Ausgehend von den spiel- und entscheidungstheoretischen mikroökonomischen Innovationstheorien wird nunmehr von einer intertemporalen Nutzenfunktion ausgegangen, welche die weltweiten Präferenzen aller Haushalte angibt. Daraus folgt wiederum die Ableitung einer optimalen Allokation der internationalen Konsumausgaben (bzw. der Investitionsausgaben bei einem erweiterten Ansatz).[70]

Schließlich spielen bei heterogener Konkurrenz *Unternehmensstrategien* der Hersteller eine Rolle. Die *marktstrategische Entscheidungen* machen letztlich eine Einbeziehung der betriebswirtschaftlichen Absatztheorie in die Außenhandelstheorie erforderlich. Nicht nur aus den bereits erwähnten Gründen steigender Skalenerträge durch Außenhandel, sondern auch z. B. aus Gründen der Risikostreuung im geographischen Sinn und damit aus Absatzsicherungsgründen kann eine internationale Absatzstrategie außenhandelsbestimmend sein. Für multinationale Unternehmen wird der Begriff der Nation und damit der inländischen Volkswirtschaft scheinbar immer weniger wichtig. In Untersuchungen zu den sogenannten nationalen Innovationssystemen wird teilweise bereits bezweifelt, ob der Begriff eines nationalen Systems heutzutage noch einen Sinn ergibt.[71] Wenn zu reinen Definitionszwecken festgelegt wird, dass mit einem nationalen System das gemeint sei, was die nationale Regierung darunter verstünde, und dies auch dann, wenn diese Auffassung und die Realität nicht zueinander passten, ließen sich viele Außenhandelsvorgänge im europäischen Binnenmarkt nicht mehr sinnvoll analysieren.[72] Hersteller-Anwender-Beziehungen bildeten sich zunehmend entlang anderer als nationaler Grenzen, z. B. in den Triade-Regionen, heraus.

---

68 Barker (1977) und Krugman (1989). Vosgerau (1991, S. 149 ff.) spricht daher von der „neuen" Außenwirtschaftstheorie, wenn von wachsendem intraindustriellem Handel und der Bedeutung multinationaler Unternehmungen die Rede ist.

69 Krugman (1979) und Helpman (1981). Die Bedingung für intraindustriellen Handel ist z. B. bei Krugman, dass sich ansonsten identisch ausgestattete Volkswirtschaften auf die Produktion spezifischer Varianten spezialisieren, die sie ausführen. Die übrigen Varianten des Guts werden eingeführt. Die Handelsströme sind stabil, weil sich bei der Spezialisierung auf ausgewählte Varianten steigende Skalenerträge (fallende Durchschnittskosten) ergeben.

70 Stadler (1993, S. 176).

71 Nelson und Rosenberg (1993).

72 Ebenda, S. 5.

Multinationale Unternehmen

Eine weitere Herausforderung für die Außenhandelstheorie stellt somit die Existenz der *multinationalen Unternehmung* dar. Dass sich multinationale Unternehmen überhaupt bilden können, muss mit unternehmensspezifischen Vorteilen für diese Organisationsform, und damit letztlich institutionenökonomisch erklärt werden. Hier kann z. B. die Aneignungsfähigkeit externer technologischer Effekte im eigenen, weltumspannenden Konzern eine Rolle spielen. *Techno-Globalismus* kann also die globale Aneignung der technologischen Möglichkeiten meinen, die globale technologische Zusammenarbeit zwischen Firmen oder die globale Erzeugung neuer Technologie.[73] Die zweite Deutung bezieht sich auf die Organisation multinationaler Unternehmen und die dritte hat - neben Organisationsfragen - mit der Ausnutzung öffentlicher Güter aus dem wissenschaftlichen System der verschiedenen Länder zu tun. Gerade hierbei werden die *Direktinvestitionen* als langfristige Kapitalanlage inländischer Unternehmen eine Rolle spielen, soweit sie mit FuE-Aktivitäten verbunden sind.

Im Zusammenhang mit technologischen Einflussfaktoren haben multinationale Unternehmen insofern Bedeutung, als ein solches Unternehmen nicht nur unter dem Dach einer rechtlich eigenständigen Konzernverwaltung Produktionsstätten in mehreren Ländern unterhält, sondern auch FuE-Institutionen. Dies lässt sich aus den entsprechenden Statistiken zu Direktinvestitionen in der Regel aber nicht entnehmen. Es ist empirisch gezeigt worden, dass keine Beziehung zwischen der nationalen Technikproduktion und dem Ausmaß an Direktinvestitionen im Bereich des verarbeitenden Gewerbes besteht, insbesondere besteht keine negative Korrelation zwischen diesen beiden Größen.[74] Verminderten multinationale Unternehmen durch Direktinvestitionen ihre einheimische Innovationstätigkeit, wäre ein inverser Zusammenhang zu erwarten gewesen.

Nationale Außenhandelsströme?

Wie also hat man sich den Zusammenhang zwischen multinationalen Unternehmen und der Aufrechterhaltung von national abgegrenzten Außenhandelsströmen vorzustellen? Daniels schließt aus einer groß angelegten Querschnittsanalyse über mehr als 52 Länder, dass der „Verwässerungseffekt" multinationaler Unternehmen nicht hinreicht, um den „mächtigen Einfluss der Unterschiede in den *nationalen* technologischen Fähigkeiten" aufzuwiegen.[75] Dosi und Mitarbeiter argumentieren ähnlich: Der Trend hin zu einer Internationalisierung von Wissenschaft und Technik

---

73 Die Realitäten und Mythen des Techno-Globalismus examinieren Archibugi und Michie (1995).

74 Eto und Lee (1993). Dieses Ergebnis entspricht dem von Amendola et al. (1993).

75 Daniels (1993, S. 216).

könne dem unternehmens- und länderspezifischen Fortschritt nicht widersprechen.[76] Der neue Techno-Globalismus sei eher eine Reflektion neuer Verfahren zur Akkumulierung technischen Wissens. Auch Porter schließt aufgrund seiner industriestrukturellen Argumentation, dass die lokalen Vorzüge in der „Heimbasis" von kontinuierlicher Wichtigkeit seien, vor allem im Hinblick auf die Quellen für Humankapital.[77]

Es kann also auf ein solides empirisches Fundament verwiesen werden, gemäß dem die Existenz und Bedeutung des Außenhandels zwischen (nationalen) Volkswirtschaften auch in modernster Zeit nicht geleugnet werden kann. Das Emporkommen multinationaler Unternehmungen scheint eher eine Folge der Weiterexistenz abgegrenzter Volkswirtschaften zu sein, als ihr Ableben zu signalisieren. *Weil* die Ausstattungsunterschiede und andere Aspekte in den nationalen Systemen weiterhin so groß sind, sehen sich viele Unternehmen veranlasst, im Hinblick auf die effiziente Aneignung und das Akkumulieren von Wissen in mehreren Volkswirtschaften tätig zu sein. Auf eine Ausnutzung nationaler Besonderheiten im internationalen Innovationswettlauf können und wollen sie nicht verzichten.[78]

Direktinvestitionen sind kein Ersatz für Außenhandel. Im Rahmen der traditionellen Außenhandelstheorie gilt es als gesichert, dass internationale Faktorbewegungen den Güterhandel ersetzen können. Vor dem Hintergrund der obigen neueren Befunde ist es allerdings fraglich, ob die Internationalisierung der Unternehmen dazu führt, dass die Produktionsverlagerung der technologieintensiven und tendenziell wertschöpfungsintensiven Waren ins Ausland die Ausfuhren ersetzt.[79] Seit Cantwell gezeigt hat, dass der überwiegende Teil der Direktinvestitionen zwischen den großen Industrienationen in diejenigen Branchen gelenkt wird, in denen die ausländischen Unternehmen selbst hohe Exportquoten erreichen, ist zu vermuten, dass Direktinvestitionen weniger aus dem Motiv der „Kostenflucht" heraus entstehen, sondern stattdessen als strategisches Mittel des Unternehmens eingesetzt werden.[80]

---

76 Dosi et al. (1990a, S. 270).

77 Porter (1990).

78 Grunert (1991, S. 106 und 110).

79 Münt (1996). Für Österreich kann mit einem anspruchsvollen, aus Helpman (1984) abgeleiteten simultanen ökonometrischen Sektormodell im Gegenteil gezeigt werden, dass zwischen 1981 und 1991 die verstärkte Direktinvestitionstätigkeit österreichischer Unternehmen im Ausland einen signifikant positiven Einfluss auf die Ausfuhren hatte. Das Heckscher-Ohlin-Modell, das ebenfalls getestet wird, kann für dieses Land und für diesen Zeitraum verworfen werden.

80 Cantwell (1989, S. 111 f.).

Messkonzepte

Mit Blick auf Abbildung 6-3 könnte man vermuten, dass jeder der diskutierten Fälle und Faktoren ein *anderes Messkonzept* erforderlich macht, um zu korrelativen Fortschrittsindikatoren aus dem Außenhandelsgeschehen zu kommen. Die Literatur weist jedoch nach, dass die mangelnden Liefermöglichkeiten und die relativen Preisunterschiede, soweit beide technologisch (mit-)bestimmt sind, gleichermaßen mit dem Konzept der *komparativen Vorteile* gemessen werden. Bezüglich des Faktor-Proportionentheorems ist dies der klassische Ansatz von Balassa.[81] Aber auch für die Beschreibung lieferfähiger Länder im Hinblick auf Produkte in frühen Produktzyklen kommen die entsprechenden Messziffern (4-12) und (4-13) in Frage. Hier gilt allerdings eine andere Interpretation, indem nunmehr komparative Vorteile nicht bei Kosten und Preisen, sondern bei der Technologie bzw. dem Humankapital ansetzen, das reichlich oder weniger reichlich vorhanden ist. Der Ansatz der permanent asymmetrischen Verteilung technologischer Faktoren und von Humankapital kann zur Interpretation absoluter Vorteile gemäß (4-14) umgedeutet werden - am Messverfahren ändert sich dabei nichts.

Die komparativen Indikatoren kommen für eine Bestimmung der Einflussfaktoren auf das Außenhandelsgeschehen bei heterogener Konkurrenz nicht in Betracht. Im Falle von Präferenzenvielfalt und Produktdifferenzierung wird bei einer Liberalisierung des Außenhandels ein wachsender Austausch verwandter Güter die Folge sein. Damit wird sich der *intra-industrielle Handel*, also der Austausch enger Substitute, intensivieren, während der inter-industrielle Handel, der Austausch unterschiedlicher oder komplementärer Güter, die mit national unterschiedlichen Ausstattungsfaktoren hergestellt werden, an Bedeutung verliert. Das geeignete Messverfahren ist dann durch (4-15) gegeben. Der intra-industrielle Handel wird in verschiedenen Modelle monopolistischen Wettbewerbs teilweise mit steigenden Skalenerträgen erklärt.[82] Aufgrund der theoretischen Modelle ist zu erwarten, dass der intra-industrielle Handel auf solchen Märkten bedeutender wird, auf denen die Unternehmen differenzierte Produkte unter den Bedingungen steigender Skalenerträge produzieren. Denn das Erreichen der Skalenerträge zwingt die Unternehmen zur Spezialisierung in eine begrenzte Untermenge des Angebots auf diesen Märkten. Dies gilt nicht nur für Konsum- sondern auch für Investitionsgüter, wie Clark ausdrücklich schlussfolgert.[83] Umgekehrt, wenn eine Volkswirtschaft auf einem Markt technologisch sehr fortgeschritten ist, ist intra-industrieller Handel kaum zu erwarten, weil

---

81 Balassa (1965).

82 Balassa (1966, S. 470f.), Grubel und Lloyd (1975), Dixit und Stiglitz (1977), Krugman (1979), Lancaster (1980) und Helpmann (1981 und 1992).

83 Clark (1993, S. 341).

andere Volkswirtschaften entsprechend fortgeschrittene Güter (noch) nicht anbieten.[84]

Es ist mehrfach in der Literatur vorgeschlagen worden, den Index für intra-industriellen Handel durch ein Maß für den gesamten Handelsüberschuss bei allen verarbeiteten Waren zu korrigieren, denn bei einem über alle Märkte aggregierten Indikator würden die Extremwerte nicht auftreten können, wenn ein Land eine unausgeglichene Warenbilanz aufweist. Es gibt jedoch gewichtige Gegenargumente, die von einer solchen Korrektur abraten, weil sie nicht valide und theoretisch unbegründet ist.[85]

Produktqualität und Außenhandel

Zu klären bleibt, in welcher Weise die Fortschrittsindikatoren in eine Beziehung zu den Außenhandelsindikatoren gebracht werden sollen. Im Falle der gesamtwirtschaftlichen Wachstumseffekte lässt sich theoretisch ableiten, dass ein einfach-logarithmischer Ansatz am besten begründet werden kann. Entsprechende Ableitungen liegen bezüglich des Außenhandels nicht vor, so dass lineare Schätzungen angesetzt werden, nämlich die folgenden (entsprechend für BEI und AEQ):

$$RWA_i = a \cdot K^*_i + b, \qquad (6\text{-}6)$$

$$RCA_i = a \cdot K^*_i + b \text{ und} \qquad (6\text{-}7)$$

$$IIH_i = a \cdot K^*_i + b. \qquad (6\text{-}8)$$

Diese Hypothesen beziehen sich auf die gesamten Ausfuhren und Einfuhren eines Landes. Es ist denkbar und hat im Hinblick auf die spezielle Problematik der unterentwickelten Volkswirtschaften, für die andere Faktoren im Geflecht der handelsbestimmenden Einflüsse maßgeblich sind als für entwickelte, sogar Vorteile, wenn die bilateralen Handelsbeziehungen untersucht werden. Dann kommen analog die Fortschrittsrückstände $K^*_{ik}/K^*_{ik'}$ nach (3-4) als unabhängige Variablen in Betracht.

Aufgrund der theoretischen Ableitungen ist zu erwarten, dass im Falle (6-6) und (6-7) ein positiver, im Falle (6-8) ein negativer Zusammenhang gefunden wird. Auch Stadler gibt aufgrund theoretischer Ableitungen ein positives Vorzeichen des entsprechenden Zusammenhangs zwischen Forschungserfolgen, Weltmarktanteil, Nettoexportüberschuss und Spezialisierungen an, macht aber keine Aussagen dazu, ob man sich lineare oder andere Zusammenhänge vorzustellen hat.[86]

---

84 Hughes (1993, S. 563).

85 Lee und Lee (1993, S. 160 f.) und Clark (1993, S. 334 f.).

86 Stadler (1993, S. 183).

6.4 Gegenüberstellung von außenwirtschaftlichen Indikatoren

Bei der Schätzung der Zuverlässigkeit von Außenhandelsindikatoren als Fortschrittsindikatoren ist erneut die Forderung nach einer möglichst guten Konkordanz zwischen der Produktabgrenzung und der Abgrenzung in den Warenverzeichnissen für den Außenhandel aufzuwerfen. Eine angemessene Lösung des Konkordanzproblems hat sich bei der Betrachtung der Wachstumseffekte als entscheidend erwiesen. Bei der Betrachtung des Außenhandels, vor allem des intra-industriellen Handels, treten gleiche methodische Schwierigkeiten auf. So beruht die Definition und Abgrenzung des intra-industriellen Handels gegenüber dem inter-industriellen auf einer Festlegung, welche Güter zu einer Analyseeinheit gehören sollen und welche nicht. Entscheidendes Kriterium einer empirischen Untersuchung ist deshalb die Abgrenzung einer Warengruppe nach solchen Gesichtspunkten, dass ein möglichst hoher Grad an Homogenität zwischen den Produkten der Warengruppe erreicht wird.

Eine so abgegrenzte Warengruppe wird als *internationaler Markt* definiert, auf dem differenzierte Produktvarianten ausgetauscht werden, so dass sich monopolistische Marktstrukturen herausbilden. Da die internationalen Nachfrager eine Vielzahl unterschiedlicher Produktvarianten nachfragen, verhindern sie dabei, dass mono- oder oligopolistische Marktstrukturen entstehen, auch dann, wenn steigende Skalenerträge bei den Anbietern vorliegen, weil sie beliebig auf qualitativ ähnliche Güter ausweichen, die in enger Substitutionskonkurrenz zueinander stehen.[87] Dabei können persönliche und sachliche Präferenzen eine Rolle spielen, die einen Anbieter an einen Nachfrager auch dann binden, wenn die sonstigen Bedingungen etwas ungünstiger sind als bei anderen Nachfragern.

Ein internationaler Warenkorb

Tabelle 6-4 enthält eine Gegenüberstellung der Produkte, für die gemäß dem bereits verwendeten Warenkorb technometrische Fortschrittsindikatoren für das Jahr 1982 vorliegen. Gegenübergestellt werden drei- bis fünfstellige Positionen des internationalen Warenverzeichnisses SITC Rev. 2. Ebenfalls enthalten in Tabelle 6-4 sind die aggregierten technometrischen Indikatoren für die entsprechenden Waren aus den Vereinigten Staaten und aus Japan.[88]

---

87 Lancaster (1980) sowie Greenaway und Millner (1986).

88 Die entsprechenden Angaben für Deutschland werden nicht wiederholt und können den Tabellen 6-1 und 6-2 entnommen werden.

Tabelle 6-4: Basisdaten zum innovativen Warenkorb im Außenhandel (1982).

Güter im Warenkorb	Warengruppe	SITC Rev. 2	*)	Gewicht in %	K^*_{nat} JPN	K^*_{nat} USA
Polyesterlangfasern	Polyester-Spinnfasern	266.52	HT	0,08	0,828	0,787
Kunstfarbstoffe	Synth. org. Farbstoffe	531.10	HT	0,41	1,000	0,250
Antibiotika	Penicilline/and. Antibiotika	541.3	ST	0,1	0,508	0,564
Oberflächenaktive Mittel	Org. grenzflächenakt. Stoffe	554.2	HO	0,3	1,000	0,979
PVC	PVC in verschied. Formen	583.4	HT	0,46	0,714	0,853
Zement	Zement	661.2	HO	0,08	1,000	0,650
Elektronikkeramiken	Keramikwaren f. techn. Zwecke	663.91	HT	0,03	0,990	0,715
Edelstähle	Stabstahl korr.- und hitzebeständig	673.24	HO	0,06	0,668	0,345
Normalstähle	Stabstahl warm/kalt	673.26-7	HO	0,27	0,995	0,266
Pulvermetall-Produkte	Formstücke gesintert	695.43	HT	0,05	0,701	0,743
Entschwefelungsanlagen	Hilfsapp. f. Dampfkessel, Teile	711.20-91	HO	0,05	0,977	0,884
Kommunikationssatelliten	Strahltriebwerke, Funknavigation	714.4/ 764.83	ST	0,21	0,540	0,921
Gasturbinen	Triebwerke u.a. Gasturbinen	714.81-88	ST	0,1	0,737	0,947
Leichtwasserreaktoren	Kernreaktoren u.Teile	718.7	ST	0,11	0,963	0,831
Baumaschinen	Masch.f. Bau-, Erdarbeiten	723.43	HT	0,14	0,861	0,739
Spinnmaschinen	Düsenspinnmaschinen	724.41	HO	0,01	0,948	0,855
Spritzgussmaschinen	Masch. f. Verarb. v. Kunststoff	728.42	HT	0,3	0,709	0,666
Bearbeitungszentren	Masch. f besond. Zwecke a.n.g.	728.48	HT	0,44	0,714	0,879
Software-Paket	Teile a.n.g. f. DV.masch.	759.9	HT	0,84	0,636	0,917
Videorecorder	Bild-, Tongeräte f. Fernsehen	763.81	HT	0,33	0,954	0,000
Höchstspannungstrafos	Transformatoren, and. elektr.	771.11-18	HO	0,17	1,000	0,694
Koaxialkabel	Isol. Drähte, Kabel El.-Technik	773.1	HT	0,38	0,674	0,669
Personenkraftwagen	Pkw, auch Kombi	781.0	HT	8,06	0,888	0,719
Zivilflugzeuge	Luftfahrzeuge	792.20-40	ST	2,78	0,479	0,950
Flüssig-Chromatographen	Instr. f. phys. u. chem. Unters.	874.4	ST	0,03	0,848	0,954
Farbpapiere	Chem. lichtempf. Papiere	882.10/23	HT	0,18	0,909	0,711
Warenkorb				16		
	Verarbeitendes Gewerbe	SITC 5-8		100		

*) ST: Spitzentechnik, HT: Höherwertige Schumpeter-Güter HO: Heckscher-Ohlin-Güter

Eine Überprüfung, ob mit Tabelle 6-4 eine für die Abbildung des Außenhandels und insbesondere des intraindustriellen Handels günstige Konkordanz gewählt wurde, kann qualitativ und quantitativ erfolgen. In quantitativer Hinsicht enthält die Tabelle prozentuale Angaben zur Gesamtsumme der Ausfuhren und Einfuhren Deutschlands im Jahr 1982 im Verhältnis zu allen Ausfuhren und Einfuhren im verarbeitenden Gewerbe (Summe der SITC-Ziffern 5 bis 8). In der Summe entspricht der Warenkorb etwa 16 % des Außenhandelsvolumens, ein Anteil, der deutlich weniger als die Hälfte der Gegenüberstellung gemäß Tabelle 6-1, aber etwa das Dreifache der Gegenüberstellung gemäß Tabelle 6-2 ausmacht. Die Konkordanz zu den Wirtschaftszweigen hatte sich als unbrauchbar, diejenige zu den sechsstelligen Gütergruppen als sehr brauchbar erwiesen. Insofern scheint die Außenhandelskonkordanz von mittlerer Qualität zu sein. In qualitativer Hinsicht ergeben sich in vielen Warengruppen sehr gute Gegenüberstellungen (etwa bei Polyester-Langfasern oder Antibiotika), in anderen Fällen scheint der Vergleich der Bezeichnungen auf eine ungünstige Passfähigkeit hinzudeuten (z. B. sind Entschwefelungsanlagen im Warenverzeichnis für den Außenhandel nicht vorgesehen). Die statistischen Daten für den Spezialhandel stammen vom Statistischen Bundesamt.[89]

Technologischer Außenhandel Deutschlands

Zunächst sei der marktspezifische Außenhandel Deutschlands insgesamt, also aufsummiert über alle Länder, betrachtet. Zugrundegelegt werden die Schätzgleichungen (6-7) und (6-8), wobei der technometrische Fortschrittsindikator für Deutschland trilateral aus dem Vergleich zwischen USA und Japan gewonnen wird. Analog geschätzte Gleichungen wurden für die Ausfuhr-Einfuhr-Quote AEQ gemäß (4-11) und den Außenbeitrag BEI gemäß (4-10) gebildet. Das Ergebnis der OLS-Regressionsrechnungen zeigt Tabelle 6-5. Angegeben sind die Koeffizienten mit Standardabweichung, die Konstante und der Pearson-Bravais-Koeffizient.[90]

Tabelle 6-5: Gültigkeit korrelierender Außenhandelsindikatoren für die Fortschrittsmessung.

Variable	BEI	AEQ	RWA	RCA	IIH
Koeffizient	264 (7186)	13,7 (6,3)*	173 (78,5)*	237 (63)***	- 90,5 (26,2)***
Konstante	1249 (4979)	- 5,4 (4,4)	- 116 (54,4)	- 140 (44)	120 (18,1)
R^2	0,0001	0,16	0,17	0,37	0,33
***	Signifikant auf dem 0,1 % - Niveau				
**	Signifikant auf dem 1 % - Niveau				
*	Signifikant auf dem 5 % - Niveau				

89 Statistisches Bundesamt, Fachserie 7, Reihe 2. Für die Berechnung der Welthandelsanteile werden zusätzlich die Ausfuhren der OECD-Länder an alle Welt herangezogen, wie sie der IMPEX-Datenbank auf CD-ROM, OECD, Paris, 1994, entnommen werden können. Die Angaben des Statistischen Bundesamtes sind in DM, diejenigen der OECD in US $. Eine Konversion ist wegen der Schreibweise (4-14) für den RWA-Indikator nicht erforderlich, da sich beide Währungen kürzen lassen.

90 Stellvertretend für die Tests werden die in Tabelle 6-5 fehlenden ökonometrischen Parameter nur für den RWA-Indikator genannt, dessen Signifikanz mittelmäßig ausfällt. Die Tests sind heteroskedastizitätsrobust. Eine mit dem inversen des Außenhandelsvolumens gewichtete Regression des RWA ergibt die Werte in Klammern: R^2(adj.) = 0,13 (0,25), F = 4,89 (7,84).

Zunächst zeigt sich, dass der Außenbeitrag für die Fortschrittsmessung nicht geeignet ist, was sich schon allein daraus ergibt, dass die Zuordnung von Warenkategorien zu den ausgewählten Eigenschaftenbündeln unterschiedlich gut gelungen ist, was durch keine Wertkorrektur kompensiert wird. Die Ausfuhr-Einfuhr-Quote ist hingegen signifikant höher, wenn die deutsche Wirtschaft in technischer Hinsicht höherwertige Produkte anbietet. Dieses Ergebnis ergibt sich unabhängig von einer Normierung auf die durchschnittliche Ausfuhr-Einfuhr-Quote für alle verarbeiteten Industriewaren. Bezieht man hingegen das Ausfuhr-Einfuhr-Verhältnis auf den Durchschnitt aller Waren und berechnet den Spezialisierungsindex für die „verborgenen" Außenhandelsspezialisierungen (RCA), dann ergibt sich ein deutlich ausgeprägteres Verhältnis zwischen dem Fortschrittsmaß der Produkte und der Spezialisierung. Auch der relative Weltmarktanteil,[91] den deutsche Güter einnehmen, folgt ihrer technischen Qualität. Dieser Zusammenhang ist - stellvertretend für die übrigen - in Abbildung 6-4 dargestellt.

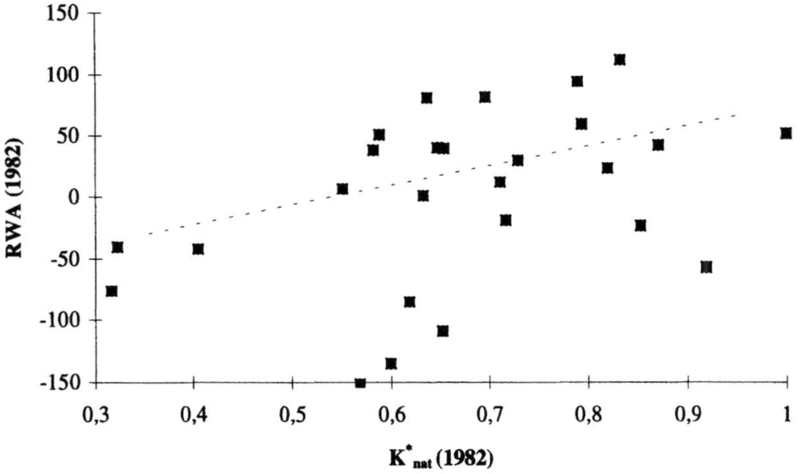

Abbildung 6-4: Zusammenhang zwischen relativem Weltmarktanteil und technischem Fortschritt für einen Warenkorb deutscher Güter 1982.

Dies bestätigt die theoretischen Zusammenhänge in vorzüglicher Weise, lässt aber die Frage offen, *welche* Ausstattungs-, Preis- oder Fortschrittsvorteile es sind, die zu dieser Spezialisierung beitragen. Der technische Fortschritt beeinflusst sowohl die Lieferfähigkeit der Länder im Sinne der technologischen Lücke, trägt ebenfalls zu relativen Produktivitätsunterschieden, aber auch gegebenenfalls zu steigenden Ska-

91 Der Weltmarktanteil wird aus Gründen der Verfügbarkeit präziser Außenwirtschaftsdaten durch die Ausfuhren aller OECD-Länder an alle Welt definiert. Der bilaterale Handel von Nicht-OECD-Ländern wird nicht entsprechend tief gegliedert und zuverlässig erfasst.

lenerträgen bei. Wenn man sich ferner das Argument, dass die Herstellung technisch hochwertiger Güter im Binnenmarkt zu einer Höherqualifizierung des Humankapitals beiträgt, zu eigen macht, wird dadurch ebenfalls ein relativer Unterschied in der mengenmäßigen Ausstattung der Länder mit Produktionsfaktoren begründet. Alle diese Einflüsse tragen zu einer Spezialisierung am Weltmarkt bei, der gemäß den Schätzergebnissen in Tabelle 6-5 zweifellos besteht. Angesichts dieses Ergebnisses zeigt sich ferner, dass die als mäßig beurteilte Qualität der Gegenüberstellung offenbar hinreichend für die untersuchte Fragestellung ist.

Intra-industrieller Handel

Der technische Fortschritt kann desweiteren zur Produktdifferenzierung und zur Bildung heterogener Konkurrenz beitragen und gemäß den Erörterungen in Abschnitt 6.3 zu intra-industriellem Handel führen. Dies ist insbesondere dann zu erwarten, wenn etwa gleich weit fortgeschrittene Länder in Handelsbeziehungen treten. Sollte es eine am Weltmarkt dominierende Volkswirtschaft geben, ist intra-industrieller Handel eher nicht zu erwarten. Bei der Schätzung des intra-industriellen Handels gemäß (6-8) wird in der Literatur die Frage aufgeworfen, ob eine OLS-Rechnung angemessen ist und ob nicht eine logistische Transformation vorzuziehen sei, weil Fälle auftreten können, in denen die abhängige Variable 0 und 1 (bzw. 0 und 100) beträgt (intraindustrieller Handel ja oder nein).[92] Dieser Vorschlag wird jedoch von Greenaway und Milner und Balassa in Frage gestellt, die prinzipiell empfehlen, die OLS-Form anzuwenden.[93] Darüber hinaus liegen im hier verarbeiteten Datensatz keine Beobachtungen vor, die entweder 0 oder 100 betragen, so dass auch von daher kein Anlass vorliegt, von einem OLS-Test abzugehen.

Wie Tabelle 6-5 zeigt, ergibt sich ein hochsignifikant negativer Zusammenhang zwischen dem Fortschrittsindikator deutscher Güter und dem Index für intra-industriellen Handel. Dies bedeutet entsprechend der theoretischen Erwartung, dass in denjenigen internationalen Märkten, in denen Deutschland mit das fortgeschrittenste Produkt zu bieten hat, wenig Warenaustausch innerhalb derselben Gütergruppe stattfindet. Wenn eine Volkswirtschaft in einem bestimmten Markt die technologische Führerschaft innehat, wird eher inter-industrieller Handel mit anderen Volkswirtschaften stattfinden und folglich ein negativer Effekt auf den intra-industriellen Handel ausgehen.

Wegen der Bedeutung dieses Zusammenhangs für die Fortschrittsmessung aus Außenhandelsdaten sei - ähnlich wie oben für den RWA stellvertretend für die

92 Siehe bei Hughes (1993, S. 565). Zur logistischen Regression siehe z. B. Pindyck und Rubinfeld (1991, S. 270-273).

93 Greenaway und Milner (1984), Balassa (1986); siehe auch Hughes (a. a. O.).

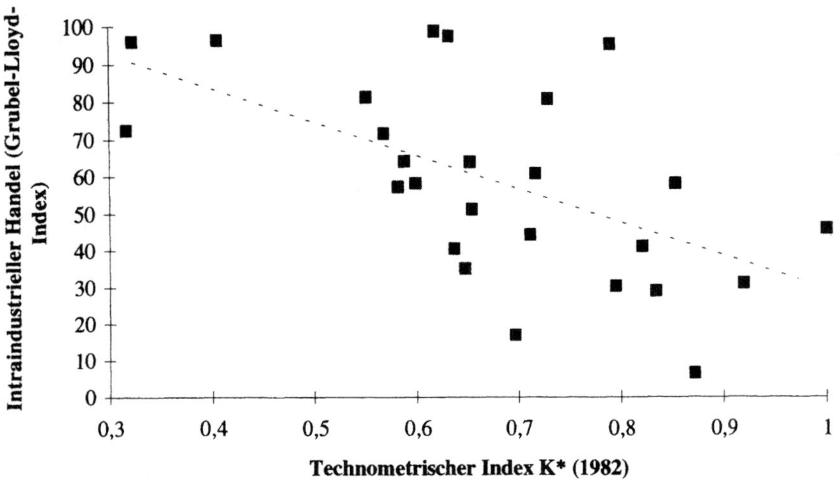

Abbildung 6-5: Zusammenhang zwischen intra-industriellem Handel und technischem Fortschritt für einen Warenkorb deutscher Güter 1982.

anderen statistischen Tests - eine Reihe weiterer Parameter diskutiert. Das Bestimmtheitsmaß für den Zusammenhang von intra-industriellem Handel und technischem Fortschritt im Falle des gegebenen Warenkorbs beträgt $R^2 = 0{,}33$ (adjustiert = 0,30) mit F = 11,97 bei einer Irrtumswahrscheinlichkeit von 0,002. Bei einer gewichteten Regression mit dem Außenhandelsvolumen pro Gütergruppe als Gewichtsfaktor ergeben sich bessere Schätzwerte, so dass das gefundene Ergebnis als größenunabhängig angesehen werden muss (nunmehr wird F = 22,87 und das Signifikanzniveau = 0,0001). Abbildung 6-5 zeigt den Zusammenhang von Fortschrittsmaß und dem Ausmaß an intraindustriellem Handel graphisch.

Kritische Überprüfung

Die bisherigen Ergebnisse zeigen eine hohe Zuverlässigkeit der Außenhandelsspezialisierung und des intra-industriellen Handels als substitutive Indikatoren für den technischen Fortschritt. Bevor eine abschließende Wertung vorgenommen wird, sollen allerdings weitere Überprüfungen in viererlei Hinsicht folgen:

- Ist der lineare Zusammenhang gerechtfertigt?
- Gilt der Zusammenhang vor allem für Schumpeter-Märkte?
- Gilt der Zusammenhang für Produkt- wie für Prozessspezifikationen?
- Gilt der Zusammenhang auch für bilaterale Handelsbeziehungen?

Die Außenhandelstheorie gibt keine Hinweise darauf, ob der Fortschritts- und die Außenhandelsindikatoren in einer linearen oder einer anderen, z. B. einer logarithmischen Beziehung stehen. Ein Linearitätstest kann so erfolgen, dass beide Variablen in logarithmischer Form einer Regressionsrechnung unterzogen werden und sodann geprüft wird, ob sie mit der Hypothese $\beta = 1$ verträglich sind.[94] Die Berechnung ergibt $t = (1{,}078 \pm 0{,}292)$, einen Wert, der mit 1 verträglich, aber nicht signifikant ist. Zur weiteren Aufklärung werden die Güter des Warenkorbs in zwei Gruppen unterteilt, diejenigen, für welche das RCA-Maß positiv wird sowie die übrigen (RCA < 0). Aus dem Vergleich beider Gruppen kann geschlossen werden, ob technisch fortgeschrittenere Waren zu einer positiven, und technisch weniger fortgeschrittene Waren zu einer negativen Außenhandelsspezialisierung führen. Wenn dies gilt, müssen sich die gemittelten Fortschrittsindikatoren beider Gruppen signifikant unterscheiden. In der Tat wird gefunden, dass für die positiv spezialisierten Waren $K^* = (0{,}748 \pm 0{,}124)$ und für die übrigen Waren $K^* = (0{,}553 \pm 0{,}160)$ gilt. Damit ist unabhängig von der Gültigkeit einer linearen Beziehung jedenfalls die Richtung des technischen Fortschritts auf die Außenhandelsspezialisierung bestätigt.

Nimmt man die *HO-Waren* aus der Analyse heraus, sollten die Zusammenhänge deutlicher ausfallen. Dies ist jedoch nicht der Fall. Zwar gelten die bereits gefundenen positiven Zusammenhänge im Fall der Spezialisierung und die negativen Zusammenhänge im Fall des intra-industriellen Handels weiterhin, jedoch statistisch auf einem niedrigeren Niveau. Daraus muss geschlossen werden, dass die Abgrenzung der Hochtechnologie nach dem Ressourcen-Indikator FuE-Aufwendungen nicht bedeutet, dass der wenig FuE-intensive Handel nicht ebenfalls technologisch geprägt ist. Auch für HO-Märkte gilt die Prägung der internationalen Arbeitsteilung durch technischen Fortschritt. Die HO-Anbieter sind in der Regel Anwender von Technologie, die sie z. B. über die Kapitalbildung oder die Ausstattung mit Humankapital herstellen. Der technometrische Fortschrittsindikator unterscheidet nicht nach den Innovationsressourcen und zeigt daher auch bei HO-Gütern auf den nämlichen Zusammenhang zum Außenhandel. Letztlich kann man schließen, dass technisch fortgeschrittene oder weniger fortgeschrittene Waren mit verschiedenen Faktorproportionen der Innovation hergestellt werden können. Erhebt man die FuE-Aufwendungen zum einzigen Faktor der Abgrenzung zu Schumpeter-Gütern, wird dadurch im Bereich der verarbeiteten Waren kein zusätzliches Merkmal für die Erklärung der Außenhandelsspezialisierung oder des intra-industriellen Handels gefunden.

Wie problematisch die Unterscheidung von Produkt- und Prozessinnovationen ist, ist ausführlich diskutiert worden. *Neue Produkte* beruhen in der Regel auf neuen

---

94 Dieses Verfahren wird in einer analogen Anwendung in Abschnitt 7.2, Formel (7-1), genauer erläutert und begründet. Es folgt Johnston (1984, S. 34 f.). Dort sowie in Kapitel 7, Fußnote 30, ist t definiert.

Produktionsverfahren und können durch einen Satz produktbezogener und einen Satz herstellungsbezogener Eigenschaften charakterisiert werden, wobei die letzteren viele Nachfrager nicht interessieren.[95] Zerlegt man den Warenkorb nach Produkt- und Prozesseigenschaften der darin befindlichen Güter, dann ergeben sich in beiden Fällen erneut die bereits gefundenen Zusammenhänge zum Außenhandel. Im Falle des intra-industriellen Indikators unterscheiden sich die beiden Stichprobenhälften nur wenig, wobei eine höhere Signifikanz den Produkteigenschaften zukommt. Dies ist für den Spezialisierungsindikator genauso, wobei hier die Unterschiede deutlicher ausfallen und die prozessbezogenen Fortschrittseigenschaften nicht mehr signifikant sind. Auch diese Zerlegung bestätigt die bisher gefundenen Zusammenhänge. Für die Produktdifferenzierung auf internationalen Märkten spielen die Produkteigenschaften eine stärkere Rolle als die herstellungsbedingten.

Technologische Wettbewerbsposition in der Triade

Die technometrischen Fortschrittsindikatoren deutscher Produkte sind relativ zu Japan und den USA, aber nicht weltweit gemessen worden. Daher können die bisher durchgeführten Tests auch auf die bilateralen Beziehungen zu den Vereinigten Staaten und Japan bezogen werden. Dafür spricht auch, dass etwa zwei Drittel des Außenhandels bei verarbeiteten Industriewaren aus Deutschland mit anderen Ländern der *Europäischen Union* abgewickelt wird, was die gesamten Außenhandelsströme dominiert. Deutschland und viele andere europäische Länder sind nicht auf Spitzentechnik, aber auf höherwertige Technik spezialisiert. Betrachtet man die Länder der Europäischen Union genauer, was schon deshalb naheliegend ist, weil die Einführung des Binnenmarkts tendenziell nationale Einflüsse zurückdrängen sollte, so könnte man sich die Technologielandkarte Europas zukünftig als regionale Karte vorstellen. Spezielle Aspekte der regionalen Technologieausprägung würden dann Platz greifen.[96] Zu dieser Auffassung trägt auch bei, dass in den 80er Jahren kontinuierlich immer größere Hochtechnologiewarenströme aus europäischen Ländern nach Übersee in die anderen Länder der Europäischen Union umgelenkt wurden.[97]

Die *Vereinigten Staaten* sind hingegen auf Spitzentechnik spezialisiert und schneiden bezüglich der höherwertigen Technik unterdurchschnittlich ab. Dies ist nicht ein Momentbild des Jahres 1982, sondern galt während den gesamten 70er und 80er Jahren und bis zum Beginn der 90er Jahre ebenso.[98] Dieses Land hat sich sehr viel

---

95 Zu den Ausnahmen, d. h. den deklarierten und nachfragerelevanten Prozesseigenschaften, siehe Abschnitt 2.4.

96 Hierzu siehe allgemein Ewers und Wettmann (1980).

97 Dieses Phänomen ist als „Trade diversion" in die Literatur eingegangen; vgl. Grupp und Soete (1992, Kap. 3.3), die diese Umlenkung für informationstechnische Güter belegen.

98 Legler et al. (1992).

stärker der Spitzenforschung auf wenigen Gebieten, als der Forschung und Entwicklung in der Breite gewidmet; die Militärforschung spielt dabei eine erhebliche Rolle. Diese Asymmetrie der US-Wirtschaft auf den internationalen Hochtechnologie-Märkten ist nicht nur eine messbare Tatsache, sondern entspricht auch der intendierten Ausrichtung der amerikanischen Volkswirtschaft. Fast die Hälfte des staatlichen FuE-Budgets wird für Rüstungsforschung ausgegeben. Technologiepolitik im kommerziellen Bereich wird gemäß der vorherrschenden politischen Rhetorik nicht als marktkonform verstanden und erst in den jüngsten Jahren durchgeführt.[99]

Japan ist auf beide Komponenten der Hochtechnologie, also auf die Spitzentechnik und die höherwertigen Güter spezialisiert. Dies ist deshalb besonders interessant, da dieses Land in der Nachkriegszeit keine Führungsrolle in FuE gespielt hat, aber Fähigkeiten bewies, die international verfügbaren wissenschaftlichen und technischen Informationen aus fremden Innovationssystemen für seine eigene ökonomische Entwicklung zu absorbieren.[100] Dies bedeutet allerdings nicht, dass die japanischen Unternehmen nicht inzwischen auch eine starke Heimatbasis in FuE hätten; vielmehr stützen sie sich auf ihr nationales Wissenschaftssystem in immer größerem Umfang.[101]

Bilaterale Handelsströme

Der Außenhandel zwischen Deutschland und Japan bzw. zwischen Deutschland und den USA kann also sehr wohl durch andere Verhältnisse geprägt sein, als derjenige innerhalb der Europäischen Union. Es stellt daher eine wichtige Ergänzung der bisherigen Analysen dar, den *bilateralen Handelsströmen* nachzugehen. Darüber hinaus hat sich die technologische Struktur des Außenhandels innerhalb Europas in den letzten Jahrzehnten immer mehr angepasst. Die Übereinstimmung der Spezialisierungsmuster hat generell in den traditionellen Technikbereichen der Chemie und des Maschinenbaus stärker zugenommen als in der Elektrotechnik. Der intraindustrielle Handel in Europa ist daher möglicherweise sehr viel stärker ausgeprägt als gegenüber den Hauptkonkurrenten in Übersee. Diese frappierende Angleichung der Strukturen kann seit Mitte der 60er Jahre quantitativ untermauert werden.[102]

---

99 Roessner (1985) und Soskice (1994). Roessner gibt sogar Hinweise, dass es in der Reagan-Ära ein gezieltes Unternehmensverhalten gegeben habe, auch bei rein kommerziellen Interessen verteidigungsrelevante Innovationsvorhaben zu deklarieren, um überhaupt in den Genuss staatlicher Subventionen kommen zu können.

100 Clark und Juma (1987, S. 182), Freeman (1987) und Kodama (1991).

101 Hicks et al. (1994).

102 Siehe bei Soskice (1994, S. 271) sowie bei Münt und Grupp (1996).

Die Einschränkung der Gültigkeitstests auf den bilateralen Handel zwischen Deutschland und den USA ergibt, dass zwar das Spezialisierungsmaß RCA signifikant von den bilateralen Fortschrittsmaßen erklärt wird (Signifikanzniveau 2,8 %, t = 2,345), dass aber kein signifikanter Erklärungsbeitrag mehr für den intra-industriellen Handel vorliegt. Damit bestätigt sich, dass in denjenigen Märkten, in denen Deutschland technologisch gegenüber der gesamten Welt (also insbesondere Europa) dominiert, sich ein entsprechender intra-industrieller Handel mit den Vereinigten Staaten *nicht* einstellt. Genau die gleichen Verhältnisse ergeben sich gegenüber Japan; wiederum ist der Zusammenhang zwischen den bilateralen Fortschrittsmaßen und dem RCA-Indikator signifikant (Irrtumswahrscheinlichkeit 0,007, t = 2,922), während der intra-industrielle Handel durch das Fortschrittsmaß nicht erklärt wird. Im Falle der USA hat die Regression zwar weiterhin ein negatives, im Falle Japans aber sogar ein positives Vorzeichen. Auch zwischen den avanciertesten Volkswirtschaften besteht also ebenfalls eine wechselseitige Spezialisierung des Außenhandels, die durch die Fortschrittsvariable erklärt wird. Die Produktdifferenzierungen und die Nachfragepräferenzen sind aber in diesem Falle nicht mehr fortschrittsabhängig.

Insgesamt ergibt sich eine sehr günstige Einschätzung des Spezialisierungsindikators und des Indikators für den intra-industriellen Handel (bis auf die fortgeschrittensten Volkswirtschaften) im Hinblick auf die Fortschrittsmessung. In der Literatur werden diese Außenhandelsindikatoren häufig selbst als Fortschrittsmaße betrachtet. Es muss jedoch darauf hingewiesen werden, dass ein Idealindikator den technischen Qualitätsfortschritt in den Produkten direkt messen sollte und nicht die Wirkungen auf die internationalen Märkte. Die Schätzung der Außenhandelsindikatoren mit dem Technometriekonzept weist aber im einzelnen nur eine *ländergruppenabhängige* Eignung der Hilfsindikatoren für die Fortschrittsmessung nach. Das RCA-Konzept hat uneingeschränkt eine hohe Gültigkeit, während das RWA-Konzept und die Ausfuhr-Einfuhr-Quote zwar uneingeschränkt gültig sind, aber nicht so hoch korrelieren. Der Außenbeitrag ist für die Fortschrittsmessung ungeeignet. Das IIH-Konzept ist zwar hoch korrelativ (und dabei invertiert), gilt aber nicht bei der Betrachtung der bilateralen Handelsströme von sehr weit entwickelten Volkswirtschaften, sondern nur beim Vergleich heterogenerer Ländergruppen.

7 Zeitliche Entwicklung des Fortschritts

Was wir in der Zukunft wissen werden, können wir nicht wissen, den sonst wüssten wir es ja.

Karl Popper

7.1 Lernverständnis und Skalenerträge

Auf die bedeutende Rolle der *Zeit* für das Verständnis der ökonomischen Dynamik wurde in der Literatur verschiedentlich hingewiesen.[1] North beispielsweise glaubt, dass bei der ökonomischen Analyse generell der Fehler gemacht würde anzunehmen, dass der Zeitfaktor keine Rolle spiele. Die wirtschaftliche Entwicklung könne aber ohne den Einbezug von Institutionen und Zeitfaktoren nicht analysiert werden, denn wirtschaftlicher Wandel sei ein ubiquitärer, fortwährender, inkrementeller Prozess, der sich als Konsequenz der vielen Wahlmöglichkeiten ergäbe, die einzelne Wirtschaftseinheiten und innovative Geschäftsleute tagtäglich zu entscheiden hätten.[2] Aber: „Die ökonomischen Agenten sind (...) nicht in der Lage, zu jedem Zeitpunkt die für sie optimale Verhaltenswahl zu identifizieren; schon aus diesem Grunde kann eine interindividuelle Konsistenz des Verhaltens höchstens zufällig erreicht werden und braucht nicht stabil zu sein."[3] Die ständigen Verhaltensrevisionen können als *Lernvorgänge* verstanden werden, die zunächst auf der Ebene einzelner Wirtschaftseinheiten ablaufen und je nach dem Ausmaß an Koordination zwischen ihnen zu einem überlebensfähigen Zusammenspiel der Institutionen werden, also auf eine erfolgreiche wirtschaftliche Expansion hinauslaufen - oder nicht.[4]

Neoklassische Lernfunktion

Gemäß der (ursprünglichen) neoklassischen Auffassung, die Lernvorgänge als Anpassungsprozesse an das paretianische Optimum auffasst, endet das Lernen mit der Anpassung an das allgemeine Gleichgewicht. Die neoklassische Theorie sei aber

---

1 So unter anderen North (1994).

2 Ebenda, S. 361.

3 Witt (1990, S. 11 bis 12).

4 A. a. O., S. 12. Damit wird auch gesagt, dass bei Lernvorgängen nicht nur nach Unternehmen, sondern auch nach Sektoren unterschieden werden muss, überlebensfähigen und anderen, wie es auch die Zweiteilung des Referenzschemas gemäß Abbildung 2-2 nahelegt (Dosi und Marengo, 1994, S. 176). Zum Thema "Innovation und Lernen" siehe auch Cohen und Levinthal (1989).

„einfach ein unangemessenes Werkzeug, um Verfahrensweisen zu analysieren und zu verordnen, die Entwicklung induzieren. Sie ist mit dem Funktionieren von Märkten befasst, nicht damit, wie sich Märkte entwickeln."[5]

Eine erste, neoklassisch verstandene Lernfunktion wurde von Arrow eingeführt.[6] Er hebt die historische Vergangenheit hervor und betont, dass Menschen aus Erfahrung lernen können („Learning by doing"). Daher komme es auf die *kumulativen* Bruttoinvestitionen an. Sie zeigten *zwei* ökonomische Effekte, indem sie nicht nur die gegenwärtige Produktionskapazität erhöhten, sondern gleichzeitig auch eine Steigerung der *zukünftigen* Produktivität durch neues technologisches Wissen hervorbrächten. Das Modell der Arrowschen Lernfunktion ist zwar auf die Sachkapitalakkumulation begrenzt, hat aber später das Verständnis der Entwicklung des Humankapitals befruchtet. „Learning by doing" bedeutet, dass mit steigender kumulativer Produktion die Produktivität des Arbeitsfaktors zunimmt, also die Grenzkosten sinken. Es stellen sich steigende, dynamische Skalenerträge ein. Begreift man verallgemeinernd umgekehrt dynamische Skaleneffekte als Lerneffekte, die im Verlauf der Produktion faktorgebunden (im Humankapital) oder in Form von unternehmensinternem Wissen, z. B. im Rahmen der FuE-Tätigkeit, entstehen, werden die Durchschnittskosten zukünftiger Produktion *dann* sinken, wenn die heutigen Mengen steigen.

Sucht ein Anbieter zunehmende Skalenerträge auf einem Markt mit z. B. monopolistischer Konkurrenz, werden sich Nachahmer einstellen. Da es sich um einen Markt mit Präferenzen handelt, besteht im Urteil der Nachfrager Produktdifferenzierung. Die Imitationen müssen daher nicht in allen Eigenschaften homogen sein, weil sich die Anbieter hinsichtlich der Präferenzen der Nachfrager unsicher sind. Nach dem Konzept des *Produktzyklus*[7] entwickeln sich Produktion und Absatz im Zeitablauf idealtypisch in verschiedenen Phasen (Innovation, Ausreifung, Standardisierung; siehe auch Abschnitt 1.4). Dabei muss nicht angenommen werden, dass die Produktdifferenzierung nur in der Ausreifungsphase auftritt und während der Standardisierungsphase zum Erliegen kommt. Zwar wird das Erzielen von Skaleneffekten auf standardisierten Massenoutput hinauslaufen, aber weitere Produktvarianten können als Folge der Spezialisierung auftreten.[8] Letztlich lässt die Gleichsetzung des Lernens mit steigenden Skalenerträgen offen, wie sich die Produktvielfalt im Laufe der Zeit verändert. Dies läuft auf zwei unterschiedliche Thesen hinaus.

---

5 North (a. a. O., S. 359).

6 Arrow, K. J. (1962a).

7 Vernon (1966); andere Einteilungen der Marktentwicklung sind ebenfalls gebräuchlich, siehe z. B. bei Heuß (1965). Eine Erweiterung um die frühen Stadien der Marktentstehung stellt Abbildung 1-3 dar.

8 Vernon (a.a.O., S. 196).

Evolutorisches Lernen

Gemäß den auf Schumpeter bezogenen behavioristischen Innovationsmodellen[9] stehen verschiedene Ideen, Innovationen und Technologien in einem gewissen Markt im Wettstreit um Ressourcen. Forschung und Entwicklung erzeugen Variationen innerhalb gewisser Arten von Produkten oder Prozessen, so als ob es Mutationen wären. Der Markt als lernfähiges, evolutionäres System ermöglicht Wechselwirkungen zwischen Anbietern und Nachfragern, so dass sich unter allen möglichen Preis-Leistungs-Kombinationen der Eigenschaftenbündel nur *gewisse* durchsetzen. Diese kann man als Mutations-, Selektions- und Innovationsprozesse auffassen,[10] wobei am Ende die Variante, die unter den geltenden Marktbedingungen am besten angepasst ist, triumphiert. Die evolutionären Prozesse können zeitraubend und in kurzfristiger Hinsicht ineffizient, d. h. mit Verschwendung verbunden sein.

Nelson[11] betont die Unterschiede zwischen der biologischen und der ökonomischen Evolution und warnt vor einer zu weitgehenden Gleichsetzung der Ausleseprozesse. Nach seiner Auffassung liegt der wesentliche Unterschied zwischen Biologie und Ökonomie gerade im Bereich des Lernens und der Imitation. Wirtschaftliche Systeme würden anders als biologische dadurch voranschreiten, dass das eine Unternehmen die anderen Unternehmen aktiv beobachtet und ständig versucht, von deren Erfahrung zu lernen. Andere Vertreter der Innovationstheorie haben den Begriff der dominanten Produktkonstruktion geprägt.[12] Demnach würde zunächst eine große Menge von Produktvarianten entstehen, die alle in der Reifungs- und Standardisierungsphase auf ein einigermaßen standardisiertes typisches Produkt hinauslaufen, welches das Marktgeschehen dann dominiert. Nunmehr treten Lerneffekte bei der Produktionstechnik auf.

Eine These: Unternehmen lernen langsam

Diese bisher diskutierten Überlegungen laufen auf eine erste gemeinsame These zu den Lernvorgängen hinaus, die man wie folgt formulieren kann:

- *These 1:* Unternehmen lernen mit der Zeit. Je älter und, mutmaßlich, je weiter entwickelt ein Markt ist, umso geringer ist das Ausmaß an Differenzierung der technologischen Eigenschaften zwischen den angebotenen Produktvarianten.

9 Siehe insbesondere Nelson und Winter (1982).

10 Grossekettler (1985, S. 221 - 223).

11 Nelson (1990a, S. 211).

12 Utterback und Abernathy (1975).

Auf der zeitlichen Achse, im „Lebenszyklus" einer Technologie, nimmt die zunächst feststellbare große Varianz der Konstruktionen gemächlich ab und läuft auf einen zwischen den Unternehmen gleichen Satz von Eigenschaften hinaus. Ihre Varianz auf einem vorgegebenen Markt wird daher im Laufe seiner Ausreifung kleiner werden.[13] Die anfänglich große Produktvielfalt und der Abnahme technologischer Unterschiede im Laufe der Zeit wird gemäß dieser Auffassung im wesentlichen vom ursprünglich heterogenen Technologieniveau der einzelnen Unternehmen bestimmt. Dadurch, dass sie aufgrund ihrer Vorgeschichte unterschiedliches technologisches Wissen ansammeln konnten, werden sie von der neuen Technologie in ganz unterschiedlichem Maße herausgefordert und können die Aneignung des erforderlichen Wissens unterschiedlich schnell und mit unterschiedlichen Skalenerträgen vollziehen. „Dies wiederum bedeutet, dass Unternehmen, die sich einmal eine Führungsposition erarbeitet haben, diese auch für eine gewisse Zeit beibehalten werden."[14] Die „gewisse Zeit" dauert so lange, bis die Wettbewerber aus einer schlechteren Anfangsposition genügend dazu gelernt haben und die technischen Eigenschaften bezüglich der in Frage stehenden Innovation, die der „Technologieführer" vorgegeben hat, ähnlich effizient herstellen können. Die Betonung des lokalen Akkumulierens von Wissen im Unternehmen durch Lernprozesse hat zu der Auffassung vom „lokalisierbaren" technischen Fortschritt geführt.[15]

Eine Gegenthese: Unternehmen lernen schnell oder nicht

Es gibt aber auch gegenteilige theoretische Auffassungen. Die Innovationstheorie ist sich bezüglich der oben formulierten These keineswegs einig, worauf bereits Vernon hingewiesen hat.[16] In Anlehnung an die thermodynamische Theorie des Nichtgleichgewichts haben offene Systeme fern des Gleichgewichts prinzipiell die Möglichkeit, verschiedene stationäre Zustände einzunehmen, d. h. es bilden sich dissipative Strukturen heraus.[17] In Analogie könnte es sein, dass sich das ökonomische System beim Hervorbringen von Innovationen durch Verhaltensänderungen immer weniger determinieren lässt und immer neue Arten und Modifikationen hervorbringt. Neben dem aus dem Lernen entstehenden Zwang zu Standardisierungen und dominierenden Konstruktionen könnte sich auch eine entgegenwirkende evolutionäre Kraft ergeben, eine solche, die darauf hin arbeitet, die gegebene Produktvariantenvielfalt im Laufe der Zeit zu vergrößern. Im Lebenszyklus eines Marktes müssten sich die angebotenen innovativen Produkte dann immer weiter differenzieren.

---

13 So formuliert Saviotti (1988 und 1994) ausdrücklich.

14 Hanusch und Cantner (1993, S. 27).

15 Siehe bei Atkinson und Stiglitz (1969).

16 Vernon (a. a. O., S. 196).

17 Siehe etwa bei Saviotti und Metcalfe (1991, S. 6 ff.).

Erklärt wird diese Kraft aus den Präferenzen der Nachfrager, die im Laufe der Gewöhnung an Innovationen ihre Nachfrage ausdifferenzieren, und aus der Höhe der Lernkosten, die von manchem rivalisierenden Unternehmen nicht aufgebracht werden können. Ist ein Unternehmen nicht in der Lage, seine Lerneffekte so effizient zu gestalten, dass es an den Technologieführer aufschließt und ggf. seine existierenden Produktionsanlagen durch solche mit neuer Technologie ersetzen kann, und werden gleichzeitig die anspruchsvolleren technologischen Eigenschaften nicht von allen Kunden nachgefragt, kann es ebensogut dazu kommen, dass dieses Unternehmen vor einer „Alles- oder Nichts"-Entscheidung statt vor einer Lernkurve steht. So kann es zu einer Koexistenz von lernbereiten und nicht lernbereiten Unternehmen mit verschiedenen Anspruchsniveaus bezüglich der technischen Eigenschaften kommen (Bifurkation). Einige Nachfrager werden zwar ihre Präferenzen zugunsten der lernbereiten Anbieter verändern. Ein Rest an Nachfragern wird infolge der Präferenzbindung jedoch das anspruchslosere Produkt kaufen. Chandler[18] berichtet von bedeutenden wirtschaftshistorischen Beispielen, bei denen führende Unternehmen in der Lage waren, in kürzester Zeit neue Produktionstechnologien einzuführen, die jedoch nicht alle konventionellen Wettbewerber im jeweiligen monopolistischen Markt verdrängten. Auch in den spieltheoretischen Innovationsmodellen wird regelmäßig angenommen, dass die Verlierer in einem Patentrennen ihr FuE-Projekt aufgeben, d. h. die Lernkosten nicht weiter entrichten. Offen bleibt dabei, ob sie sich auch aus dem innovierenden Markt drängen lassen oder dort mit einem weniger innovativen Produkt verbleiben können. Damit lässt sich folgende Gegenthese formulieren:

- *These 2:* Alles-oder-Nichts-Entscheidung. Je neuer und, mutmaßlich, je weniger ausgereift ein Markt ist, desto weniger unterscheiden sich die technologischen Eigenschaften bei den (Pionier-)Herstellern. Die imitierenden Unternehmen erlernen die neue Technologie entweder schnell oder finden wegen Präferenzbindung Nischenstrategien, um Marktsegmente mit geringerwertiger Technologie zu bedienen.

In diesem Zusammenhang spricht etwa Ray von „teilbaren" Technologien, das sind solche, die einen gegebenen Markt im Laufe der Lernprozesse nur teilweise durchdringen und für die Anbieter eine große Varianz im Niveau des technischen Fortschritts lassen.[19] Es sind Webstühle mit oder ohne Schiff und numerisch kontrollierte Werkzeugmaschinen, die in diesem Zusammenhang untersucht werden. Jüngst wurde ein endogenes Wachstumsmodell durchgerechnet, das Fälle zulässt, in denen die „schöpferische Zerstörung" nicht eintritt. Vielmehr verlaufen die Lernprozesse so, dass mit der Einführung neuer Produkte auch ältere wieder ausgewählt

---

18 Chandler (1991).

19 Ray (1989).

wurden.[20] Die Autoren spekulieren, dass man dies vor allem in der Biotechnologie und der traditionellen Medizin entdecken könne.

Prüfung der Thesen

Da die Beschreibung der Lernvorgänge für die zeitliche Dimension der Innovationsvorgänge so wichtig ist, wird in der Suche nach korrelierenden Indikatoren für die zeitliche Entwicklung der Produktdifferenzierung eine wichtige Aufgabe gesehen. Helmstädter[21], der ebenfalls die Ansicht vertritt, die Diffusion bringe über den fortschreitenden Marktkontakt innovatorische Ergänzungen hervor (These 2), beschreibt in seiner Abhandlung über ein makroökonomisches Rahmenmodell der evolutorischen Ökonomik die empirische Untersuchungsaufgabe so, dass mit Rücksicht auf den Fortgang des Wettbewerbsprozesses vor allem die Verteilung auf die einzelnen Anbieter, also z. B. das Gewinn*gefälle* oder die *Verteilung* der Renditen, aussagekräftig sei, nicht die Durchschnittsgröße dieser Messziffern. Die empirisch zu erfassenden Tatbestände sind also Verteilungen der einzelnen Anbieter.

Die Untersuchung korrelierender Indikatoren für innovatorische Lerneffekte kann an zwei gegensätzlichen Thesen ansetzen, da offenbar bislang keine einheitliche Theoriebildung erfolgt ist. Eine innovationsökonomische Schätzung entlang den Thesen 1 und 2 verlangt nach Daten über unterschiedliche technische Niveaus verschiedener Hersteller, die im gleichen Markt agieren. Diese Aufgabe wird wieder mit Warenkörben auf der volkswirtschaftlichen Ebene angegangen, zunächst unter Heranziehung von Patentindikatoren, um die Art der Skalenerträge zu untersuchen, dann (Abschnitt 7.3) durch Betrachtung der technometrischen Verteilungen neben den Durchschnittsgrößen, um eine Entscheidung zwischen den beiden Thesen treffen zu können.

7.2 Vergleich der Geschwindigkeit der Fortschrittsproduktion zwischen Volkswirtschaften

Ein hauptsächlicher Kritikpunkt am Technometrieverfahren betrifft die mangelnde Datenverfügbarkeit bzw. die hohen Messkosten gerade für zeitliche Längsschnittuntersuchungen. Es wurde bereits dargestellt, dass insbesondere das Beschaffen von retrospektiven, gleichartig abgegrenzten technometrischen Daten nahezu unmöglich ist, so dass schon aus pragmatischen Gründen Interesse daran besteht, die relativ leicht und maschinell recherchierbaren Patentindikatoren anstelle technometrischer einzusetzen. Nun ist der Patentindikator ein FuE-Ertragsindikator, der lediglich

---

20 Acharya und Ziesemer (1994).

21 Helmstädter (1990, S. 180).

kodifiziertes technologisches Wissen aus dem Unternehmen repräsentiert, während in technometrische Spezifikationen auch Erfahrungswissen oder Wissensquellen einfließen, die für das Unternehmen auch extern sein können. Technometrische Kennzahlen beschreiben die Wirkung mehrer Innovationsquellen auf das Produkt; eigene, durch Patente dokumentierte FuE stellt nur eine dieser Quellen dar. In diesem Abschnitt wird die Schätzung verschiedener Patentindikatoren mit Hilfe technometrischer Idealindikatoren dargelegt. Am Ende soll ein patentgestütztes Messverfahren stehen, das unter genau anzugebenden Voraussetzungen zeitlich dynamische technometrische Messungen ersetzen kann.

Wissensproduktionsfunktion

Da der Patentindikator als einer von mehreren Produktionsfaktoren für Fortschritt verstanden und weil nicht von konstanten Skalenerträgen ausgegangen werden kann, soll die Schätzung mit Hilfe einer Analogie zur üblichen Produktionsfunktion vonstatten gehen. Es wird gefragt, inwieweit die in Patenten dokumentierten Versatzstücke technologischen Wissens eines Unternehmens als Inputfaktoren für die technometrischen Spezifikationen interpretiert werden können. Mit einem solchen Schätzverfahren ist die Möglichkeit verbunden, verschiedene Patentindikatoren im Hinblick auf ihre Gültigkeit als substitutive Fortschrittsindikatoren zu untersuchen, um dabei denjenigen herauszufinden, der am besten die technometrischen Fortschrittswerte, abgeleitet aus den Eigenschaften der Innovationen, misst. Die Produktionsfunktion wird wie folgt formuliert:

$$K^*(i,k) = \alpha_i \, P(i,k)^{\beta} \, \varepsilon_k. \qquad (7\text{-}1)$$

In (7-1) sind K^* und P definiert wie in den Kapiteln 3 und 4. Die Indizes i und k entsprechen denen in Formel (3-2). Die Erfindungselastizität wird mit dem Parameter β bezeichnet und als unabhängig von i angenommen, während die Patentierneigung von Technologie zu Technologie variieren kann (α_i).[22] Der Innovationswettbewerb veranlasst die beteiligten Unternehmen zu einem Wettlauf um gewerbliche Schutzrechte, so dass die Unternehmen k in dem untersuchten Markt bzw. Technikgebiet i ungefähr diesselbe Patentstrategie verfolgen müssen. Daher wird α nicht als Funktion von k dargestellt.[23]

---

22 (7-1) stellt eine testbare Operationalisierung der Wissensproduktionsfunktion von Griliches (zusammenfassend 1995, S. 54ff) dar. Die spezielle Annahme zur Patentierneigung ergibt sich zwingend aus Griliches (1990) und Schmoch et al. (1988).

23 Empirische Belege finden sich bei Schmoch et al. (1988, S. 51ff).

Warenkorb mit Patenten

Der Test wird mit Hilfe eines Hochtechnologie-Warenkorbs für das Jahr 1986 gemäß Tabelle 7-1 durchgeführt. Der Warenkorb besteht aus Industrierobotern, Steuerungen für Industrieroboter, Lasern (ohne Halbleiterlasern), Halbleiterlasern, immobilisierten Enzymen, kristallinen und amorphen photovoltaischen Zellen; dieser Warenkorb deckt mechanische, elektronische und chemische Investitionsgüter und Konsumgüter ab und wählt Produkte aus, die meist auf oligopolistischen Anbietermärkten gehandelt werden, aber in Einzelfällen staatlicher Preisregulierung bzw. Beschaffung unterliegen, Eigenproduktion einschließen, subventioniert oder von einem Nachfragemonopol gekennzeichnet sind.

Tabelle 7-1: Angaben zur Beurteilung der Repräsentativität des Warenkorbs innovativer Produkte (1986).[24]

Güter im Warenkorb	Technikgebiet	Wissenschaftsgebiet	Marktbeschreibung	Expertenzahl
Industrieroboter (Mechanik)	Maschinenbau	Mechanik/ Automatisierung	polypolistisch, z. T. Eigenbau der Anwender (728)	48
Industrieroboter (Steuerung)	Datenverarbeitung	Information Elektronik	eher oligopolistisch (752)	48
Laser (ohne Halbleiter)	Optik	Physik/ Optik	polypolistisch, z. T. staatliche Beschaffung (Rüstung) (871)	41
Halbleiterlaser	Halbleiterbauelemente	Information/ Festkörperphysik	oligopolistisch, z. T. Nachfragemonopol (Fernmeldewesen) (776)	41
Immobilisierte Enzyme	Biotechnologie	Biotechnologie/ Verfahrenstechnik	polypolistisch (516)	48
Enzym-Biosensoren	Biotechnologie	Biotechnologie/ Biophysik	oligopolistisch (874)	17
Solarzellen (kristallin)	Halbleiterbauelemente	Information/ Festkörperphysik	oligopolistisch, Regulierung der Elektrizitätspreise, FuE-Subventionen (776)	8*
Solarzellen (amorph)	Halbleiterbauelemente	Information/ Festkörperphysik	oligopolistisch, OEM, FuE-Subventionen (776)	8*
*)Zusätzlich Verwendung einer kurz zuvor abgeschlossenen Unternehmensbefragung (Datenbank).				

Ein strenger Beweis für die Repräsentativität dieses Warenkorbs lässt sich wie immer nicht angeben, so dass allein die Vielfalt der Markttypen, der Branchen und der betroffenen Wissensgebiete als Kriterium gelten muss. Tabelle 7-1 zeigt, dass, wenn nicht repräsentative, so doch sehr verschiedene Schumpeter-Märkte in der Stichprobe enthalten sind.[25] Die technometrische Bestimmung der Eigenschaftenbündel

24 Die technometrischen Daten stammen überwiegend aus Interviews; siehe Grupp et al. (1987).

25 In Tabelle 7-1 ist gemäß den eingeführten Konkordanzen (Tabellen 4-1 und 4-2) eine grobe Zuordnung zu Technik- und Wissenschaftsgebieten und zu einer Marktsystematik (SITC-

wurde in einer Felderhebung (persönliche Interviews mit industriellen Experten) vorgenommen, wobei Tabelle 7-1 die Zahl der Gesprächspartner verzeichnet.[26]

Tabelle 7-2: Basisdaten für den Warenkorb innovativer Produkte (1986).

Güter im Warenkorb	Eigen-schaften	Güter/ Marken	Zahl der Einzeldaten	K^*_{nat} DEU	K^*_{nat} USA	K^*_{nat} Japan	Patente
Industrieroboter (Mechanik)	43	43	1853	0,82	0,81	0,77	776
Industrieroboter (Steuerung)	16	9	131	0,78	0,84	0,79	392
Laser (ohne Halbleiter)	225	25	5327	0,72	0,87	0,54	1025
Halbleiterlaser	29	16	378	0,68	0,89	0,80	3444
Immobilisierte Enzyme	50	31	1283	0,65	0,75	0,71	571
Enzym-Biosensoren	18	9	129	-	0,40	0,74	56
Solarzellen (kristallin)	16	10	160	0,60	0,73	0,71	1092
Solarzellen (amorph)	5	5	25	0,25	0,77	0,75	324

Die Basisdaten sind in Tabelle 7-2 für die drei untersuchten Länder USA, Japan und Deutschland zusammengestellt. Die technometrischen Angaben entspringen teilweise den erwähnten Interviews, teilweise wurden sie durch die Angaben in Spezifikationsblättern ergänzt, wie sie auf Messen und Ausstellungen erhältlich sind. Tabelle 7-2 gibt - stellvertretend für die vielen Einzeldaten - auch K^*_{nat} für die drei untersuchten Länder sowie die Zahl der online erhobenen Patentdokumente des amerikanischen (USPTO), des deutschen (DPA) und des europäischen (EPA) Patentamts (Vereinigungsmenge ohne Doppelzählungen) an.

Patentproduktivität

Vier verschiedene Patentindikatoren werden als substitutive Fortschrittsindikatoren in Betracht gezogen, die Spezialisierungsindikatoren RTA (4-4) und RPA_h (4-6), sowie der ITP-Indikator (4-2) bezogen auf den US- und den deutschen Markt und der Triadeindikator (4-3). Wegen eines unterstellten Vorlaufs der FuE-Ergebnisse wird das Einzeljahr 1984 sowie kumuliert die Jahre 1980 - 1984, d. h. ein zweijähriger bzw. wegen der Akkumulationseffekte des Lernens ein zwei- bis sechsjähriger

Nummer Rev. III) vorgenommen worden. Die Saldierungseinheit (nach Tabelle 4-1) steht vor dem Wissenschaftsgebiet. Ferner werden die Partialmärkte in Stichworten aus Anbietersicht charakterisiert.

26 Sie fanden Mitte 1986 in Deutschland, im Februar, Juli und September 1986 in den USA und im Juli und August 1986 in Japan statt.

Zeitverzug zum Fortschrittsindikator (1986) ausgewählt. Die folgenden, aus (7-1) abgeleiteten OLS-Regressionen[27] sind zu prüfen, wobei im Falle der Spezialisierungsindices α unabhängig von i wird, da diese Maße auf die gesamte Technik bereits normiert sind, und ferner bei RPA_h als logarithmischem Maß die weitere Logarithmierung entfällt. Die Patentmaße werden in Bezug auf USA = 1 definiert, wobei *nicht* angenommen werden muss, dass die Vereinigten Staaten bezüglich diesen Warenkorbs das fortgeschrittenste Land darstellen:

$$\log K^*(i,k) = \log \alpha + \beta \log RTA\,(i,k) + \log \varepsilon(k), \quad (7\text{-}2)$$

$$\log K^*(i,k) = \log \alpha + \beta\, RPA_h\,(i,k) + \log \varepsilon(k), \quad (7\text{-}3)$$

$$\log [K^*(i,k)/K^*(i,USA)] = \log \varepsilon_{rel} + \beta \log [ITP\,(i,k)/ITP\,(i,USA)] \text{ und} \quad (7\text{-}4)$$

$$\log [K^*(i,k)/K^*(i,USA)] = \log \varepsilon_{rel} + \beta \log [TTP(i,k)/TTP(i,USA)]. \quad (7\text{-}5)$$

Skalenerträge steigen: Wissenskumulation

Im Ergebnis werden signifikante Zusammenhänge nur für den aus den Triadepatenten abgeleiteten TTP-Indikator gefunden, während die Spezialisierungsindikatoren als Ersatz für die technometrische Fortschrittsmessung nicht in Frage kommen und der ITPP-Indikator (in seiner Bestandsvariante für fünf Jahre), aber nicht der ITP-Indikator, nur eine schwache Korrelation zeigt. Da die Spezialisierungsindikatoren von den Patentdaten jeweils nur eines Patentamts (EPA oder USPTO) abgeleitet sind, folgt daraus, dass solche Daten zur Erklärung des technischen Fortschritts nicht hinreichen. Es sind mindestens zwei Datensätze aus verschiedenen Ämtern heranzuziehen, besser aber Patentdaten aus allen Triade-Regionen zusammenzuführen. Aus Tabelle 7-3 ergibt sich somit, dass für die Fortschrittsmessung in heutiger Zeit das Patentgeschehen in der Triade relevant ist und begrenzte schutzrechtliche Aktivitäten in ausgewählten Volkswirtschaften mit dem internationalen Fortschrittsstand nicht korrelieren.[28]

Aus dem empirischen Test ergibt sich desweiteren, dass die Erfindungselastizität nicht linear ist (gemittelt ist $\beta = 0{,}25$).[29] Das bedeutet, dass zur dynamischen Erhöhung der technometrischen Werte, also der Qualität der Innovationen, ein überproportionaler FuE-Ertrag benötigt wird. Somit bestätigen sich die theoretischen An-

---

27 Nähere Angaben zur Variablenmanipulation sind in Grupp (1994b, S. 188) publiziert worden.

28 Grupp (1994b, S. 189).

29 Dies ist ein hochsignifikantes Ergebnis bei einer Nullhypothese $\beta = 1$, für die $t = (\beta - 1)/\Delta\beta$ gilt; das Verfahren ist in Johnston (1984, S. 35) beschrieben mit der gleichen Notation der Parameter.

nahmen zur Gleichsetzung von Lernaktivitäten mit steigenden Skalenerträgen in Firmen und Volkswirtschaften. Oben ist begründet worden, dass mit steigenden Mengen (in diesem Fall von FuE-Erträgen gemessen an Patenten) die zukünftigen Durchschnittskosten gesenkt werden, d. h. dass beim Einführen technisch hochstehender Produkte auf fremden Märkten ein Schwall von Auslandspatentaktivitäten

Tabelle 7-3: Gültigkeit substitutiver Patentindikatoren für die Fortschrittsmessung[30].

Patentvariable	**Patentjahr 1984**	**Patentpotential 1980-84**
RTA	1,088	1,501
RPA_h	1,082	1,808
ITP	1,949	2,934* (0,21***)
TTP	3,441** (0,29***)	3,134** (0,23***)
Signifikanzniveaus * < 5%, ** < 1%, *** < 0,1%		

vorausgeht.[31] Eine solche Elastizität zwischen dem Ertragsindikator und dem Fortschrittsindikator für die technischen Eigenschaften von Innovationen bestätigt die kumulative Natur der Aneignung technischen Wissens durch innovierende Firmen.[32] Ein aufholendes Unternehmen oder eine aufholende Nation kann noch nicht auf einem entsprechenden Bestand an technischem Wissen im eigenen Unternehmen (oder im eigenen Land) aufbauen wie die technologischen Führer und muss daher überproportional in die eigene Technologiebasis investieren.[33]

Patente und Innovationshöhe

Die Patentindikatoren sind somit valide Indikatoren für die Fortschrittsmessung, wenn man das Problem der Datenerhebung sorgfältig beachtet und die rechtlichen und sonstigen Unterschiede an verschiedenen Patentämtern (sprich Volkswirtschaften) normiert. Diejenigen Patentindikatoren bewähren sich am besten, welche auf einer Zusammenführung der Datenbestände in der Triade-Region beruhen; damit

30 Angegeben ist die t-Statistik für zweiseitigen Test, β-Werte in Klammern für signifikante Ergebnisse mit der Null-Hypothese $\beta = 1$ (d. h. konstante Skalenerträge).

31 Siehe etwa bei Schmoch et al. (1988). Dies ist insbesondere für japanische Unternehmen auf dem amerikanischen Markt in den 80er Jahren beobachtet und beschrieben worden. Deshalb ist das Triadepatent ein geeigneter Indikator.

32 Etwa bei Dosi (1988).

33 Wegen der kumulativen Effekte korreliert der weniger geeignete ITPP-Indikator nur in seiner Bestandsvariante schwach, aber nicht am aktuellen Rand. Auch die nichtsignifikanten Spezialisierungsindikatoren haben bzgl. der Bestandsversion höhere t-Werte.

kann man regionale und nationale Besonderheiten im Patentwesen und im Innovationsverhalten ausgleichen. Ein quantitativer Zusammenhang zwischen dem FuE-Ertrag und dem Fortschritt in der Produktqualität ist somit formuliert und anhand eines Hochtechnologiewarenkorbs getestet worden. Er erlaubt es, die im eigenen Unternehmen (oder Land) vorhandene technologische Wissensbasis, soweit sie in Patentanmeldungen kodifiziert ist, in eine Beziehung zu setzen zu den (später) erreichten Technologieniveaus. In diesem Sinne kann die Produktqualität aus den Patentanmeldungen erklärt werden, obwohl diese nur eine Innovationsquelle neben anderen darstellen. Sie scheint hinreichend wichtig zu sein. Es bleibt aber festzuhalten, dass eine stark nichtlineare Beziehung zwischen den FuE-Erträgen und der Produktqualität von Innovationen besteht. Das Aufholen erfordert überproportionale Lernanstrengungen im eigenen Unternehmen und kann nicht allein durch die Heranziehung anderer Ressourcen bewältigt werden.

Mit dem vorgelegten Ansatz sind nur bestimmte, aber nicht alle Patentindikatoren als korrelierende Größen für die Fortschrittsmessung bestätigt worden. Die für diese Messaufgabe nicht geeigneten Patentindikatoren verlieren dadurch nicht ihren Sinn für *andere* Messaufgaben. Die Literatur verzeichnet nur sehr wenige derartige Untersuchungen. Trajtenberg hat einen ähnlichen Versuch unternommen, geht aber indirekt vor. Er misst die Produkteigenschaften mit hedonischen Preisen und stellt sodann die Frage, ob die US-Inlandspatente geeignet sind, diese Preise ebenfalls zu erklären (mit negativem Ergebnis; besser geeignet sind gemäß diesem Ansatz die mit ihrer späteren Zitathäufigkeit gewichteten US-Patente).[34] Die dort referierten früheren Ansätze sind von ähnlicher Qualität. Eine direkte Beziehung zwischen Patentindikatoren und der differentiell gemessenen technischen Produktqualität wird auch in dieser Quelle nicht hergestellt. Insofern scheint das hier vorgelegene Konzept das erste seiner Art zu sein.

Fortschrittsrückstände

Unterstellt man den Zusammenhang (7-5) mit den Parametern der Tabelle 7-3 auch für die siebziger Jahre, dann kann man mit Hilfe von Patentindikatoren auf die zeitliche Entwicklung der untersuchten Volkswirtschaften schließen. Gerade die retrospektive Erfassung von technometrischen Kennzahlen ist äußerst erschwert, während sie für Patentdaten kostengünstig gelingt. Tabelle 7-4 stellt die TTPP-Indikatoren 1973-77 und 1980-84 gegenüber (jeweils normiert auf USA = 1 als vorbildliches Vergleichsland).

Man erkennt aus den Daten der Tabelle 7-4, dass Japan die USA in den achtziger Jahren auf einigen Märkten (Robotersteuerungen, Halbleiterlaser) überholt hat. Auf fast allen Märkten haben Japan und Deutschland gegenüber den USA aufgeholt,

---

34 Trajtenberg (1990, passim).

nicht aber bei kristallinen Solarzellen. Die deutschen Unternehmen stagnieren im Fortschrittswettlauf auch bei amorphen Zellen und Robotersteuerungen. Der enorme Vorsprung Japans 1980-84 bei Robotersteuerungen kann aber mit dem technometrischen Fortschrittsmaß (Tabelle 7-2) nicht bestätigt werden. Die allgemein beobachteten Akkumulationseffekte beim aufholenden Lernen scheinen hier durch den Patentindikator überzeichnet zu sein.[35]

Nur indirekte Hinweise gibt der bisherige Ansatz auf die Entwicklung der Produktdifferenzierung auf den ausgewählten Märkten. Es muss offen bleiben, ob der Schwall von technischen Eigentumsrechten der imitierenden, lernenden Unternehmen eher zu einer Erhöhung der Produktvarianten geführt hat, was mit These 2 verträglich wäre, oder zur Herausbildung weniger dominanter Standardtypen (These 1). Eine genauere Untersuchung der Produktdifferenzierung erfordert jedoch einen anderen Untersuchungsansatz.

Tabelle 7-4: Fortschrittsrückstände Japans und Deutschlands 1973 - 1984 gegenüber dem Vergleichsland USA geschätzt mit Triade-Patentindikatoren für einen innovativen Warenkorb.[36]

Güter im Warenkorb	**Japan 1973-77**	**Japan 1980-84**	**Deutschland 1973-77**	**Deutschland 1980-84**
Industrieroboter (Mechanik)	0,59	1,11	0,13	0,42
Industrieroboter (Steuerung)	1,01	2,57	0,37	0,20
Laser (ohne Halbleiter)	0,12	0,26	0,10	0,16
Halbleiterlaser	0,83	1,37	0,10	0,24
Immobilisierte Enzyme	0,61	1,13	0,24	0,40
Solarzellen (kristallin)	0,58	0,28	0,54	0,26
Solarzellen (amorph)	0,08	0,50	0,16	0,14

35 In der Tat ist bekannt, dass die japanische Regierung etwa 1980 die Beherrschung der Robotertechnik als zentral für die Fabrikautomatisierung erklärt hatte, und das MITI die japanischen Unternehmen per „administrativer Richtlinie" ersuchte, sich verstärkt um internationale Patentrechte auf diesem Gebiet zu bemühen; Schmoch et al. (1988, S. 45).

36 Gegenüber Tabelle 7-1 entfallen die Enzym-Biosensoren, da die TTP-Werte für die frühere Periode in Deutschland 0 und in Japan verschwindend klein sind.

7.3 Produktdifferenzierung in ausgewählten Märkten

In diesem Abschnitt werden die technometrische Daten aus Kapitel 6 erneut herangezogen, um die vorstehend beschriebene Aufgabe in Angriff zu nehmen. Dabei wird erneut der innovative Warenkorb zugrundegelegt, der für das Innovationsgeschehen anfangs der 80er Jahre repräsentativ ist. Der Warenkorb enthält allerdings nur zwölf Produktgruppen, weil Häufungswerte benötigt werden, die nur dann, wenn eine genügende Zahl von Produktvarianten erfasst sind, sinnvoll berechnet werden können, was für folgende Märkte zutrifft: Optische Fasern, industrielle Montageroboter, Höchstspannungstransformatoren, Videorekorder, Großcomputer, digitale Röntgengeräte, höchstintegrierte Speicher, Halbleiterlaser, Personenkraftwagen, Lastschiffe, Zivilflugzeuge und Chip-Testgeräte.[37] Man erkennt, dass der Warenkorb Konsumgüter, Investitionsgüter, Erzeugnisse der chemischen, der mechanischen wie der elektrotechnischen Industrie enthält.[38]

Produktdifferenzierung und Ausreifungsgrad

Die technischen Spezifikationen verschiedener Hersteller in den Triaderegionen lassen sich in Kennzahlen für die Breite der Produktdifferenzierung K^*_{het}, also die *Heterogenität*, gemäß (3-5) umwandeln. Damit entstehen für jede Produktgruppe und jede technische Eigenschaft Verteilungen des Indikators über die Hersteller in den Triaderegionen, und es können Häufungswerte (Modalwerte) K^*_{mod} berechnet werden. Sie werden auf Produktebene gemäß (3-6) aggregiert.[39] Die Daten geben Auskunft über die Spezifikationen für das Jahr 1982, es liegt also keine Zeitreihe vor. Diese wird aber benötigt, um zwischen These 1 und These 2 unterscheiden zu können, denn im Laufe der Zeit sollten sich die Spannweiten der technischen Kennzahlen entweder verringern (These 1) oder verbreitern (These 2). Da die Erhebungskosten prohibitiv hoch sind, durch eigene Erhebungen den umfangreichen Datenbestand aus Japan für ein späteres Jahr als 1982 noch einmal zusammenzustellen, muss ein Kunstgriff angewendet werden.

---

37 Siehe Tabellen 6-2 und 6-3. Das verwendete Messverfahren wurde von Maital et al. (1994) vorgeschlagen.

38 Weitere Überlegungen zum Repräsentationsgrad des Warenkorbs in Bezug auf die moderne Technologie Anfang der 80er Jahre finden sich in Kapitel 6. Dort werden die verschiedenen Produktgruppen den herstellenden Industriezweigen und der Gütersystematik zugeordnet, so dass man den Abdeckungsgrad systematisch erkennt. Es soll aber nicht geleugnet werden, dass die Zusammenstellung von Warenkörben immer nur ein Hilfsmittel darstellt, wenn Totalerhebungen nicht möglich sind. Der Repräsentationsgrad von Warenkörben kann weder systematisch noch statistisch geprüft werden, ohne dass eine ganze Reihe von Annahmen getroffen werden muss.

39 Um ein Beispiel zu geben: Die einzelnen technischen Eigenschaften für die Glasfasern sind z. B. die Lichtschwächung, die Frequenzbandbreite, die Übertragungsreichweite, die Verlustschwankung, die Brechbelastung und viele weitere Spezifikationen. Der gesamte Datenbestand ist in Grupp (1985) dokumentiert.

Ausgangspunkt ist die Hypothese, dass bei einer Querschnittsbetrachtung die im Warenkorb enthaltenen Güter in ihrem Lebenszyklus unterschiedlich weit fortgeschritten sind. Sie stehen vermutlich nicht alle am Anfang oder am Ende. Es wird daher in einem ersten Test angenommen, dass in frühen Stadien des Marktzyklus wenige Technologieführer die höhere Qualität anbieten und somit die Verteilung der Merkmalsausprägungen bestimmen, da ihr akkumulierter interner Wissensstand höher ist als derjenige der lernenden Firmen, die erst später als Anbieter auftreten. Diese Annahme ist neutral gegenüber beiden Thesen 1 und 2.[40] Folglich hat die Einzelspezifikation des Eigenschaftenbündel im technometrischen Intervall [0,1] eine rechtsschiefe Verteilung. Wenn der Markt sich in einer frühen Phase befindet, dürfte eine solche rechtsschiefe Verteilung in mehreren Eigenschaften des Bündels zu beobachten sein und gemäß (3-6) auf der aggregierten Güterebene erhalten bleiben. Der *Ausreifungsgrad* in einem bestimmten Jahr t_0 des Marktes, REI, kann also über die Beziehung

$$REI(i,k,t_0) = 1 - K^*_{mod}(i,k,t_0) \tag{7-6}$$

gemessen werden.

Misst man somit den Ausreifungsgrad an der Schiefe des aggregierten Häufungswerts,[41] dann kann diese Ersatzvariable für den Ausreifungsgrad mit der Spannweite (Produktheterogenität) der einzelnen Verteilungen $K^*_{het}(i,k^l,k,t_0)$ korreliert werden, wobei die Spannweite über die nationalen Anbieter k^l gebildet wird, da sich der Reifegrad zwischen den betrachteten Volkswirtschaften nach der Lückenhypothese unterscheiden kann.

Falls These 1 zutrifft, müssen die Lerneffekte auf den älteren Märkten weiter fortgeschritten sein, die technischen Eigenschaften der Anbieter sich aneinander angenähert haben, dominante Konstruktionen dominieren und folglich die Spannweite gering ausfallen. Ausreifungsgrad und Spannweiten müssten invers korrelieren. These 2 würde dagegen bedeuten, dass auf älteren Märkten eine größere Produktdifferenzierung angeboten wird, und im Jahre 1982 müssten die beiden Variablen direkt korrelieren.

---

40 Vgl. bei Rahmeyer (1993, S. 272f.). Cantwell (1995) kann empirisch zeigen, dass die Differenzierung international von den Technologieführern angeführt wird, dass sie aber gleichzeitig selbst internationale Netzwerke aufbauen, um das lokale Differenzierungspotential optimal auch in der Breite auszuschöpfen.

41 Gemäß dem Datensatz zählen 1982 zu den reiferen Produktgruppen u. a. die Personenkraftwagen, die höchstintegrierten Schaltkreise, die Großcomputer und die Videorekorder, zu den damals jüngeren Produktgruppen die digitalen Röntgengeräte, die Höchstspannungstransformatoren und die großen Zivilflugzeuge; die Festlegung der Ersatzvariablen scheint also plausibel zu sein.

Unternehmen lernen schnell oder nicht ...

Das Ergebnis der Regressionsrechnung

$$K^*_{het}(i,k^l,k,t_0) = b \cdot REI(i,k,t_0) + \varepsilon \tag{7-7}$$

ist in Abbildung 7-1 dargestellt. Hierbei wurden die Daten aus allen drei Ländern (USA, Japan, Deutschland) zusammengenommen, um eine bessere statistische Qualität zu erreichen. Die Parameter für die einzelnen Länder sind statistisch schwächer ausgeprägt (siehe Tabelle 7-5).

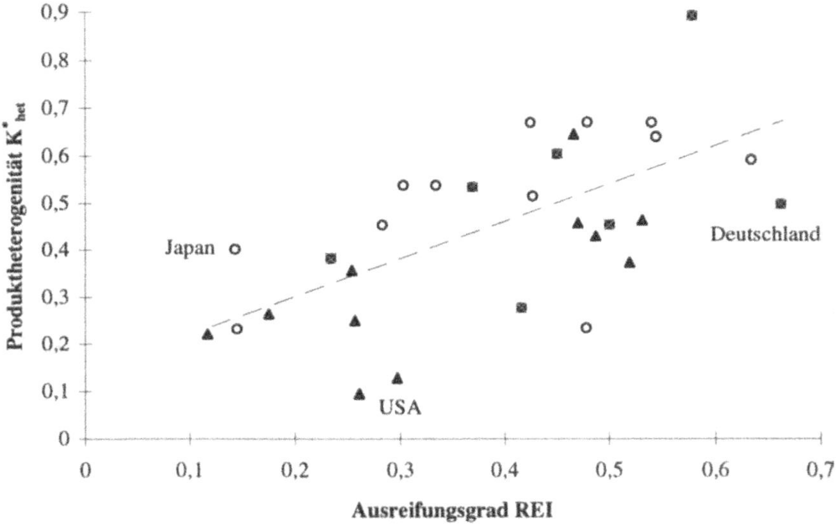

Abbildung 7-1: Heterogenität der Produktvarianten und Marktausreifung für einen Warenkorb des Jahres 1982.[42]

Abbildung 7-1 zeigt die statistisch signifikante direkte Beziehung zwischen den beiden Variablen. Gemäß dieser Analyse ist These 1 zu verwerfen und These 2 vorzuziehen. Bei den älteren Märkten geht die Spannweite der angebotenen technischen Eigenschaften der jeweiligen Produktvarianten und Marken weiter auseinander als bei den jüngeren. Es scheint die aus der Thermodynamik entlehnte Auffassung von dissipativen Wirtschaftsstrukturen mit einer starken Betonung der Nachfragedifferenzierung durch Innovation, mit stationären Zuständen und Verzweigungspunkten

42 In Abbildung 7-1 ist die Regressionsgerade für alle Länder zusammen eingetragen worden. Insgesamt liegen 844 Wertepaare für ihre einzelnen technischen Eigenschaften zugrunde, wobei die Märkte für Großcomputer, Chip-Testgeräte, Speicherchips u. a. 1982 in Deutschland noch so schwach entwickelt waren, dass Verteilungen nicht bestimmt werden konnten.

plausibler zu sein als die behavioristische Auffassung, welche das gleichgewichtsorientierte Lernverhalten der innovierenden Unternehmen ins Zentrum der Überlegungen stellt.

These 2 kann für alle drei Volkswirtschaften je für sich ebenfalls bestätigt werden, wobei wegen der geringeren Zahl der in Deutschland analysierten Märkte in diesem Fall keine signifikante Aussage möglich ist. Das Fehlen einer genügenden Zahl heterogener Produktvarianten deutscher Hersteller im Jahr 1982 ist für sich interessant (siehe Fußnote zu Abbildung 7-1). Offenbar ist die Zahl der lernenden deutschen Anbieter (noch) zu klein, um Häufungswerte für schiefe Verteilungen überhaupt bestimmen zu können. Trotz der fehlenden Vergleichsmärkte in Deutschland sind die Skalierungsfaktoren b im Rahmen der Schätzunsicherheit in allen Vergleichsländern identisch. Die Entwicklung der Heterogenität der Produkte in Abhängigkeit der Marktausreifung stellt sich damit als ähnlich heraus, obwohl sich die Größe der drei Binnenmärkte unterscheidet.

Tabelle 7-5: Schätzergebnisse zur Heterogenität der Produktvarianten in Abhängigkeit der Marktausreifung nach Ländern.

Ökonometrischer Parameter	**Triade**	**USA**	**Japan**	**Deutschland**
Koeffizient	0,75 (0,18)***	0,77 (0,26)**	0,58 (0,26)*	0,65 (0,55)
Konstante	0,15 (0,08)	0,07 (0,10)	0,28 (0,11)	0,22 (0,26)
R^2 (adj.)	0,35	0,44	0,27	0,06

*** Signifikant auf dem 0,1 % - Niveau
** Signifikant auf dem 1 % - Niveau
* Signifikant auf dem 5 % - Niveau

Das Residuum ε ist nur für Japan von Null verschieden, woraus aber nicht geschlossen werden kann, dass unter den betrachteten Märkten auch ganz frühe Phasen mit einer nichtverschwindenden Produktheterogentität ausgestattet sind. Es muss beachtet werden, dass nur solche Märkte in die Analyse eingehen, für die bereits Verteilungen der Produkteigenschaften gemessen werden können (siehe die ungenügende Datenverfügbarkeit für deutsche Anbieter). Also können früheste Phasen entstehender Märkte auf diese Art nicht analysiert werden. Der technometrische Test trägt ferner nur insoweit, als die Zusatzannahmen zur Rolle und Ausprägung der Technologieführer bei den jüngeren Produktgruppen zutreffen, da eigentlich technometrische Zeitreihen benötigt werden und nicht Querschnittsdaten für das Jahr 1982. Es ist daher angezeigt, den bisherigen Befund durch weitere Analyseschritte abzusichern.

... wenn es um Produktinnovation geht: Ein Kompromiss

Zunächst lassen sich die 844 disaggregierten technometrischen Wertepaare, die zu dem oben beschriebenen Warenkorb gehören, nach Prozess- und Produkteigenschaften auftrennen. Auf die Schwierigkeiten der Unterscheidung zwischen Produkt- und Prozessinnovationen wird im Abschnitt 2.4 hingewiesen, jedoch ist für gegebene Produkte aus dem Warenkorb in jedem Fall die Perspektive des jeweiligen Herstellers einzunehmen und somit auch eine klare Fallunterscheidung möglich.[43] Der Datensatz enthält 657 Produktspezifikationen und 187 Prozessspezifikationen; die Produktspezifikationen überwiegen also. Eine analoge OLS-Analyse zeigt, dass These 2 nur für die Produktspezifikationen gestützt wird, während die Prozessspezifikationen indifferent sind.[44] Das bedeutet, dass die Vorstellung dissipativer Wirtschaftsstrukturen durch Innovationsprozesse im wesentlichen für die produktbezogenen Innovationen gilt, während für die Prozesstechnologie auch die behavioristischen Lernprozesse relevant sein könnten. Aber auch dies gilt nur insoweit, als man aus Querschnittsdaten mit Zusatzannahmen dynamische Verhältnisse überprüfen kann.

Eine ganz andere Herangehensweise besteht darin, eine weitere Variable des oben beschriebenen Datensatzes auszunützen. Die darin enthaltenen technischen Spezifikationen sind durch Experteneinschätzung unterteilt worden in solche, die für die zukünftige Entwicklung (d. h. nach 1982) von besonderer Bedeutung sind, und solche, welche damals (1982) als wichtig erachtet werden, aber im Laufe der Zeit vermutlich an Bedeutung verlieren dürften.[45] Damit lassen sich die technometrischen Datenpaare in zukunftswichtige (500 an Zahl) und übrige (344 Spezifikationen) unterteilen. Die zukunftsgerichteten Eigenschaften überwiegen also im Datensatz. Eine erneute Korrelationsrechnung ergibt den nämlichen, höchst signifikanten positiven Zusammenhang[46] für die zukunftsgerichteten Variablen und stützt wieder These 2, während die Standardspezifikationen mit zukünftig geringerer Bedeutung keinen signifikanten Zusammenhang zeigen.

---

43 Wenn etwa der Montageroboter betrachtet wird, ist er in jedem Fall ein Produkt, da es um seine Herstellung geht und nicht um den Einsatz der Roboter zur Herstellung anderer Produkte. Prozessvariablen für Montageroboter sind solche, die die Herstellung der Roboter beschreiben.

44 Der Korrelationskoeffizient nach Bravais-Pearson wird nach der beschriebenen Fallaufteilung für die Produktspezifikationen höchst signifikant (< 0,1 %, t = 3,88), während die Prozessspezifikationen zwar positiv korrelieren, aber auf dem 5 % - Niveau nicht signifikant sind.

45 Für den Personenkraftwagen wurden technische Eigenschaften wie z. B. Beschleunigung und Höchstgeschwindigkeit als Variablen bezeichnet, die gegenwärtig wichtig sind, aber möglicherweise an Bedeutung verlieren dürften, während z. B. die Abgasmenge pro Leistungsklasse und der Einsatz von CAD-Techniken unter den Eigenschaften rangieren, deren Bedeutung in der Zukunft zunehmen dürfte.

46 t = 4,69, Irrtumswahrscheinlichkeit <0,1 %.

Dennoch wird durch diese Bestätigung die Schärfe der Zurückweisung von These 1 etwas abgemildert. Es scheint so zu sein, dass bei Innovationsprozessen zunächst dissipative Strukturen entstehen und dabei die standardisierenden Lerneffekte gering sind und erst sehr viel später, wenn die die Innovation einstmals tragenden Spezifikationen von Fachleuten als nicht mehr wichtig eingestuft werden, kohärente Lernprozesse und dissipative Kräfte gleichzeitig wirken.

Die obigen Rechnungen für einen Warenkorb von zwölf innovativen Produkten aus dem Jahr 1982 zeigen, dass auf reiferen Märkten eine heterogenere Produktdifferenzierung vorliegt. Dies ist verträglich mit der spezifischen Annahme der Innovationstheorie, dass Fortschritt erst im Laufe der Zeit Produktdifferenzierungen hervorbringt und gleichsgewichtsorientierte Lerneffekte, die auf wenige dominante Produkttypen hinauslaufen, eine kleinere Rolle spielen. Allerdings kann bei standardisierten Produkten und bei der Produktionstechnik die Bedeutung dieser Lernprozesse empirisch nicht mehr ausgeschlossen werden.[47]

Interpretation der Marktentwicklung

Die empirischen Befunde führen zu folgender *Interpretation der Marktentwicklung* in zeitlicher Hinsicht: In der Reifungs- oder Expansionsphase eines Marktes kommt es zu einer ständigen Mobilisierung von Nachfrage nach den neuen Gütern, die eine fortwährende Verlagerung der Preis-Absatz-Funktion nach sich ziehen.[48] Neben den sich eröffnenden neuen Verwendungsmöglichkeiten aus Sicht der Nachfrager ergeben sich weitere Qualitätsverbesserungen in den Eigenschaften der Produkte und ggf. Kostensenkungen aus Produktivitätsfortschritten (verfahrenstechnische Fortschritte). Die Hersteller lernen dabei die (sich verändernden) Nachfragepräferenzen genauer kennen und passen einige Produktmerkmale entsprechend an. Der einsetzende Standardisierungsprozess sollte nach dem klassischen Lernverständnis zu keinen weiteren Qualitätsverbesserungen, aber womöglich zu werbebedingten, „künstlichen" Produktdifferenzierungen führen. Aber nicht alle konservativen Unternehmer haben auf die von dem neuen Markt gesetzten Daten reagiert und sind auf ihm präsent. Vielmehr gibt es einige Verlierer von Patentrennen, die weiterhin für Heterogenität sorgen. Da die verschiedenen Nachfragerschichten jeweils andere Ausgestaltungen des Guts vorziehen, führt auch der Standardisierungsprozess nicht zu homogeneren Gütern. Gemäß dem technometrischen Test ist der Nachfragediffe-

47 In einem jüngst vorgelegten endogenen Wachstumsmodell wurde in Simulationsläufen errechnet, dass es Konstellationen geben kann, in denen die Produktvielfalt zunächst zunimmt und erst in späteren Reifungsphasen wieder zurückgeht. Der Grund hierfür müsse nicht nur in den reduzierten Produktionskosten der neuen Technik zu suchen sein, sondern könne auch von gesunkenen Lizenzkosten und allgemein besseren Aneignungsmöglichkeiten im Laufe der Zeit herrühren (Acharya und Ziesemer, 1994).

48 Heuß (1965) nennt die Ausreifungsphase Vernons (1966) „Expansionsphase" und die Standardisierungsphase „Ausreifungsphase"; siehe Abschnitt 1.4.

renzierung auch bei einsetzender Standardisierung eine größere Rolle zuzuschreiben.

Unter dem Gesichtspunkt des Auffindens von *korrelierenden Indikatoren* hat das aus den Verteilungen der Merkmalsausprägungen auf Märkten abgeleitete Spannweiten- oder Heterogenitätsmaß Bedeutung zur Abschätzung der Produktdifferenzierung. Es ist vom idealen Technometrieindikator linear unabhängig. Als Hilfsindikator für die Fortschrittsmessung kommt das Heterogenitätsmaß aber nur dann infrage, wenn die Fortentwicklung von Märkten gemäß These 2 verstanden wird. Solange konkurrierende theoretische Auffassungen gemäß These 1 fortbestehen, ist es zum Testen der Hypothesen geeignet, aber nicht als Fortschrittsmaß, da es für sich allein genommen je nach unterstellter Hypothese konträre Fortschrittsinterpretationen liefert.

Der technometrische Test bleibt unbefriedigend insofern, als die schwierig zu beschaffenden Daten für den innovativen Warenkorb nur für ein einziges Jahr vorliegen. Damit ist auch bei Anwendung von Kunstgriffen und Zusatzannahmen keine letztlich befriedigende Antwort auf das Zeit- und Lernverhalten der Wirtschaftseinheiten möglich. Es muss daher diskutiert werden, inwieweit andere Innovationsindikatoren an die Stelle des technometrischen treten können, um Zeitreihen zu ermöglichen. Dabei haben sich gewisse Patentindikatoren als günstig erwiesen. Die Aufklärung der zeitlichen Dimension der Entwicklung innovativer Märkte sollte daher mit Hilfe nichttechnometrischer Hilfsindikatoren vorgenommen werden. Die Untersuchung eines wissensgetriebenen Partialmarkts ist Gegenstand des folgenden Kapitels, das in gewisser Weise einen Spezialfall der bisher diskutierten Zusammenhänge darstellt, und sich der besonderen Bedeutung des Lernens von der Wissenschaft widmet.

8 Aneignung von Innovationsrenten auf einem wissensgetriebenen Markt

Es ist Uneinigkeit unter den Entrepreneurs, und keiner weiß, wer Koch oder Kellner ist.

Gotthold Ephraim Lessing

8.1 Wissenschaftsbindung der Innovation und öffentliche Güter

Die theoretischen Überlegungen und die empirischen Befunde aus den Kapiteln 6 und 7 haben das Ausmaß der gesamtwirtschaftlichen Wirkung der modernen Innovation erkennen lassen. Die Schlussfolgerungen betonen den *technischen* Fortschritt und weniger den *wissenschaftlich-technischen Wandel*. Die im 1. Kapitel theoretisch abgeleitete und behauptete innige Verflechtung zwischen Wissenschaft und Technik müsste darüber hinaus noch andere Spuren im Innovationsgeschehen hinterlassen, die es gilt, empirisch aufzuklären. Dies ist Aufgabe des vorliegenden Kapitels. Es kann als spezifische Fortführung des vorstehenden Kapitels zu den Lerneffekten betrachtet werden, wobei nun der Spezialfall der Wissenschaftsbindung behandelt wird.

Wegen der hohen Messkosten bzw. den begrenzten Möglichkeiten zur Datenbeschaffung für technometrische Messungen bietet sich der Weg über gesamtwirtschaftliche Untersuchungen bzw. Warenkörbe nicht an. Das adäquate empirische Instrument scheint die exemplarische Untersuchung eines Partialmarkts zu sein. Die Analyse hat dann den Zweck, *exemplarische Befunde* zur Aufhellung der in diesem Buch verfolgten Konzeption beizubringen, so dass der hier ausgewählte Markt in die Rolle eines Kronzeugen gerät. Daneben wird die Gültigkeit zusätzlicher Messungen auf einem wissensgetriebenen Markt geprüft.

Nach einleitenden theoretischen und begrifflichen Überlegungen wird im nächsten Abschnitt der *Lasermarkt* betrachtet (Abschnitt 8.2). Dieser Markt ist auch Bestandteil der Betrachtungen im Kapitel 6 gewesen. Eine partialanalytische Gegenüberstellung der Indikatoren, die im gesamtwirtschaftlichen Zusammenhang als valide erkannt wurden, erfolgt im Abschnitt 8.3. Das Zusammenwirken von öffentlichen und privaten Institutionen auf einem wissensgetriebenen Markt wird sodann bis auf die Ebene einzelner Wirtschaftseinheiten herab verdeutlicht (Abschnitt 8.4). Dabei wird der besonders interessante Teilmarkt der *Lasermedizin* ausgewählt.

Die gesamtwirtschaftlichen Effekte der Innovation kommen über verschiedene Mechanismen zustande. In den vorstehenden Kapiteln wurde an mehreren Stellen deutlich, dass sowohl *menschliche Fähigkeiten* wie die *Qualität in den technischen Artefakten* bedeutsam sind (siehe etwa das Grobschema der Abbildung 6-3). Der technometrische Indikator ist ideal für die Qualitätsmessung von Produkten. Das schließt die darin gebundenen Faktoren ein. Das Humankapital als ungebundener Faktor ist der technometrischen Messung jedoch nicht zugänglich. Es liegt daher nahe, bei der Untersuchung eines wissenschaftsgetriebenen Marktes die bereits diskutierten Lerneffekte und die sich daraus ergebenden Produktzyklen bezüglich der Rolle des *Humankapitals aus der Wissenschaft* noch einmal zu examinieren. Auch wenn weiterhin gilt, dass der technische Fortschritt aus beabsichtigten Investitionsentscheidungen gewinnmaximierender Wirtschaftssubjekte resultiert, bedeutet dies nicht, „dass jeder, der zum technischen Wandel beiträgt, durch marktliche Anreize motiviert ist. Ein akademischer Wissenschaftler, der durch staatliche Zuwendungen unterstützt wird, kann von diesen vollständig isoliert sein. Die Prämisse ist hier, dass die Marktanreize in dem Prozess, bei dem neues Wissen in Güter mit praktischem Wert überführt wird, nichtsdestoweniger eine essentielle Rolle spielen".[1]

Wissen als öffentliches Gut

Ein wissensgetriebener Markt darf nicht ohne die Diskussion gewisser *externer Effekte* analysiert werden.[2] Während bei einem privaten Gut oder Individualgut die Verwendung durch eine Wirtschaftseinheit andere Wirtschaftseinheit von der Verwendung ausschließt, gilt das *Ausschlussprinzip* für ein *öffentliches Gut* oder Kollektivgut wie das wissenschaftliche Wissen nicht.[3] Es kann gleichzeitig von mehreren oder vielen Wirtschaftseinheiten verwendet werden, ohne dass seine Menge spürbar abnimmt; d. h., es herrscht *keine Rivalität*.[4] Wenn die öffentlichen Güter erst einmal produziert sind, möchte sie jede Wirtschaftseinheit als positive externe Effekte, also unentgeldlich, verfügbar haben. Sorgt der Staat für die Bereitstellung wie im Falle der Wissenschaft, so werden die innovierenden Unternehmen, da sie über die allgemeine Steuerabschöpfung nur mit einem geringen Kostenanteil betroffen sind, die Bereitstellung einer großen Menge zum Nullpreis wünschen. Sie werden also dazu verleitet, ihre Präferenzen für das Gut „Wissenschaft" übertrieben stark darzustellen und eine größere Menge zu wählen als bei einem von Null ver-

---

1 So Romer (1990, S. S72).

2 Externe Effekte sind allgemein Leistungsbeziehungen zwischen Wirtschaftseinheiten, die *nicht* über Märkte vonstatten gehen und daher nicht durch Preise abgegolten werden. In diesem Kapitel sind nur externe *Produktionseffekte*, nicht Konsumeffekte, und nur wissenschaftliche und technische Leistungsbeziehungen (Wissensaustausch) gemeint.

3 Arrow (1962a) hat den Begriff der Nichtausschließbarkeit durch den Begriff der Aneignungsfähigkeit der Renten ersetzt.

4 Bator (1958), Kaufer (1980, S. 311 ff.), Tirole (1995, S. 894 ff.) sowie Fritsch, Wein und Ewers (1993, S. 255).

schiedenen Preis. Dies führt tendenziell zu Allokationsineffizienzen von Produktionsfaktoren, in diesem Fall zu einer Überversorgung, und kann damit ein Marktversagen beinhalten.[5]

Da auch die Unternehmen durch ihre FuE gewisse öffentliche Güter privat produzieren und da auch in diesem Fall keine Möglichkeit des Ausschlusses von Nutznießern dieser externen Effekte gegeben ist, besteht aber auch eine Tendenz zur Unterversorgung. Jede Wirtschaftseinheit, die erwartet, dass die anderen diese Güter produzieren, wird keinen rentablen Preis zahlen und selbst ein nicht-ausschließbarer „Trittbrettfahrer" sein wollen.[6] Die privat produzierten externen Effekte würden nicht auftreten, wenn das innovierende Unternehmen seine Aufgabe ausschließlich darin sähe, firmenspezifisches Wissen herauszubilden und spezielle ingenieurtechnische Probleme zu lösen, die nur in seinem jeweiligen konkreten Geschäftszusammenhang auftreten.[7] In Wirklichkeit kann das Unternehmen aber niemals nur solch spezielles Wissen entwickeln, dass es alle Wissenselemente für sich allein behalten könnte. Indem es FuE betreibt, fallen unwillkürlich auch Ergebnisse an, die zur Erweiterung des allgemeinen, externen Wissens beitragen. Wenn aber andere Anbieter kostenfrei Kenntnis über technologisches Wissen erhalten und imitieren können, ist das für sie ein gewinnsteigernder, also positiver externer Effekt.

Die externen Effekte sind nicht uniform auf die verschiedenen Wirtschaftszweige und auf die verschiedenen FuE-Typen verteilt.[8] Die Gewinnmöglichkeiten, die durch wissenschaftlich-technischen Fortschritt bereitgestellt werden, werden also mehr oder weniger schnell und mehr oder weniger vollständig nachgeahmt. Um dieses „mehr oder weniger" kreist eine umfängliche ökonomische Literatur, die hier nur in Auszügen und insofern, als sie für die Indikatorenmessung relevant ist, kurz erwähnt wird.

Warum ähnelt die „Produktion" von wissenschaftlichem und technischem Wissen in vielerlei Hinsicht der Produktion öffentlicher Güter? Um ein Beispiel zu geben: Wenn das Wissen in Patentschriften niedergelegt ist, wird der Erfinder durch die Patentgesetze gezwungen, der Öffentlichkeit die Ergebnisse seiner Forschung bekanntzumachen. Andernfalls kann er das Monopolrecht nicht erwerben. In diesem

---

5 Lundvall (1994) beschäftigt sich mit der Frage, ob Wissen ein knappes Gut ist, und findet, dass das Wissen selbst im Überfluss vorhanden, aber die Fähigkeit zu seinem Gebrauch knapp sei.

6 In Lehrbüchern (z. B. Schumann, 1992, S. 462) wird die sogenannte *Rationalitätenfalle* oder spieltheoretisch das *Gefangenendilemma*, das zur kollektiven Selbstschädigung der Volkswirtschaft führt, am Beispiel der *Allmende*, also einer in Gemeindeeigentum stehenden landwirtschaftlichen Nutzfläche, erläutert. In dem Umfang, in dem private FuE zu öffentlichen Gütern führt, kann man das Innovationsgeschehen als eine moderne Allmende der Industriegesellschaft ansehen.

7 So formuliert Gerybadze (1982, S. 78).

8 Mohnen (1990, S. 143).

Fall sind andere Wirtschaftssubjekte als die Inhaber vom exakt gleichen Gebrauch des in Patentschriften bekanntgemachten Wissens für gewinnbringende Transaktionen ausgeschlossen, jedenfalls eine Zeitlang. Das in Patenten niedergelegte Wissen ist also kein öffentliches Gut. Durch die Veröffentlichung kann ein Konkurrent aber zu Modifikationen angeregt werden, die den ursprünglichen Erfindern selbst nicht eingefallen sind. Dann liegt ein Fall vor, in dem die Renten des eigenen technologischen Wissens vom Erzeuger nicht vollständig angeeignet werden können.[9] Die Externalitäten im Innovationsgeschehen beruhen somit auf Wissensflüssen, Verfahrensähnlichkeiten, Synergien und Gemeinsamkeiten: Solche Leistungsbeziehungen werden tatsächlich nicht über Märkte gehandelt und nicht vergütet. Aber auch durch die güterwirtschaftlichen Leistungen innerhalb der Wertschöpfungskette kann ein Teil der eigenen, investitionsgebundenen Know-hows abfließen.

Abgrenzung technologischer Übergreifwirkungen

Trotz enger Verflechtung zwischen Wissenschaft und Technik ist es zweckdienlich, zwischen externen Effekten im Unternehmensumfeld (eher Technik) und im Umfeld der öffentlichen Forschungsinfrastruktur (eher Wissenschaft) zu unterscheiden. Auf der Industrieebene (d. h. unter momentaner Hintanstellung der öffentlichen Wissenschaft) hat sich die Terminologie eingebürgert, die externen Effekte als sogenannte *technologische Spillovers* (Übergreifwirkungen) zu charakterisieren.[10] Diese zerfallen hauptsächlich in zwei Typen: Die Produktion von Spillover kann beabsichtigt sein oder unbeabsichtigt entstehen.[11] Die unabsichtlichen Effekte lassen sich direkt aus dem Charakter von Wissenschaft und Technik als einem (latent) öffentlichen Gut ableiten und schließen ferner den Wissensfluss ein, der zwischen Unternehmen auftritt, wenn qualifiziertes Personal gegen den Willen des innovierenden Unternehmens wechselt (Know-how-Transfer über „Köpfe"; siehe unten). Die Unternehmen können aber Spillover-Effekte systematisch anstreben und herbeiführen und das Auswechseln von Personal veranlassen, strategische Allianzen eingehen, sich vertikal zusammenschließen, Forschungskooperationen beginnen, kleine technologieorientierte Gründerfirmen übernehmen usw.

---

9 Nelson (1990) bezeichnete daher die Technik als ein „latent" öffentliches Gut.

10 Zu beachten ist, dass sich der Begriff der „technologischen externen Effekte" im Verlauf der Jahrzehnte geändert hat. Scitovsky (1954) meinte mit „technologischen" *alle* nicht-marktmäßigen Leistungsbeziehungen und postulierte daneben „pekuniäre externe Effekte" für die über Märkte laufenden Beziehungen. Letztere kann es aber definitionsgemäß nicht geben, denn marktinterne Vorgänge sind nicht extern, und erstere müssen differenziert werden.

11 Siehe etwa bei Hanusch und Cantner (1993, S. 27 ff.) oder bei Harhoff und König (1993, S. 55 ff.). Harhoff (1991) untersucht ausführlich die *beabsichtigte* Spillover-Produktion im Zusammenhang mit der vertikalen Organisation von Unternehmen. Vgl. auch von Hippel (1989).

Hanusch und Cantner[12] definieren technologische Externalitäten als die Summe von beabsichtigten und unbeabsichtigten Vorgängen. Andere Autoren[13] weisen darauf-hin, dass noch wesentlich mehr technologische Externalitäten existieren als die Spillover-Effekte, bei denen Wissen von einem Innovator auf einen potentiellen Imitator abfließt. Hierbei werden unter dem Begriff der Externalitäten auch Aspekte der öffentlichen Regulierung, der sozialen Kosten von Innovationen und Allokationsprobleme im allgemeinen gefasst. In diesem Kapitel wird die empirische Untersuchung von externen *technologischen* Effekten, um eng am Thema dieses Buches zu bleiben, vorzugsweise auf die nichtbeabsichtigten Übergreifwirkungen im engeren Sinn eingegrenzt. Es wird nicht an jeder Stelle betont, dass nur technologische Effekte gemeint sind.

Obwohl Marshall sich bereits vor Beginn diesen Jahrhunderts erstmalig mit der Problematik auseinandersetzte, hat die theoretische Analyse bisher nur wenige Fortschritte erbracht.[14] Seit der Arbeit von Dasgupta und Stiglitz[15] sieht die neoklassische Modellierung von Innovationswettläufen zwischen Firmen so aus, dass das *Patent* als der Preis an den Sieger interpretiert wird. Levin und Reiss[16] haben in einer spieltheoretischen Variante die externen Effekte im Innovationswettlauf modelliert. Diese Autoren folgern aus ihren Modellrechnungen, dass ein Anwachsen der Spillover-Effekte zu einer Abnahme der Aneignungsfähigkeit der Innovationsrenten durch das individuelle Unternehmen führen wird und auf diese Weise die Anreizstruktur der Unternehmen vermindere, in eigene FuE zu investieren. Unter gewissen Annahmen würde jedoch das Ausmaß von prozessbezogenem externen Wissen zu einem Anwachsen der produktbezogenen FuE führen und vice versa. Auf diese Weise könnten die Spillover-Effekte die Kosten reduzieren und Nachfrage nach FuE erzeugen. Der Saldo der Unter- oder Überversorgung hänge von den Modellannahmen ab. Angesichts dieser modelltheoretischen Arbeiten liegt es nahe, auch den empirischen Zugang zur Spillover-Problematik über Patentindikatoren zu suchen.

Messung technologischer Externalitäten

Zur empirischen Überprüfung dieser Effekte existiert nur eine begrenzte Literatur, die meist vom amerikanischen Kontinent stammt.[17] Jaffe[18] hat nicht nur auf die

---

12 A. a. O., S. 35.

13 Wie z. B. Woeckener (1993).

14 Marshall (1898).

15 Dasgupta und Stiglitz (1980).

16 Levin und Reiss (1988); für eine kurze Würdigung siehe das 2. Kapitel.

17 So Harhoff und König, a. a. O., S. 57. Eine Ausnahme stellt Harhoff (1994a) dar. In der *Input-Output-Rechnung* wird von verschiedenen Autoren angenommen, dass die Koeffizienten der Input-Output-Tabellen „Technologie“ im Sinne von Produktionsverfahren abbilden. Der ökono-

Bedeutung externer Effekte für die Unternehmensgewinne hingewiesen, sondern mit seiner Mitte der 80er Jahre erschienenen Arbeit überzeugend belegt, dass mit Hilfe von Patentindikatoren (in seinem Fall US-Patenten) empirische Untersuchungen zu diesem Thema möglich sind. Er löste damit in den nachfolgenden Jahren eine Serie ähnlicher Arbeiten aus. Das methodische Prinzip, das von Jaffe benutzt wird, besteht darin, für Branchen und Einzelunternehmen Portfolios über ihre technologischen Aktivitäten mit Hilfe der Patentstatistik zu zeichnen und deren Ähnlichkeit systematisch zu untersuchen. Zwei Unternehmen mit einem ähnlichen Portfolio gelten als spillover-verdächtig, solche mit ganz unterschiedlichen Aktivitätsstrukturen als unverdächtig.[19]

Die Klassifikation eines Patents kann sich auf mehr als ein Sachgebiet beziehen (sogenannte *Mehrfachklassifikation*).[20] Gerade wenn es Bezüge zu mehr als einem technischen Zusammenhang hat, sind die Patentprüfer verpflichtet, die entsprechenden Mehrfachbezüge anzugeben. Durch Auszählen der Patent-Mehrfachklassifikationen[21] wird ein Mangel in Jaffes sektorbezogenem Messkonzept behoben, der annehmen muss, dass die Patentpolitiken der betrachteten Firmen gleich sind und sich Firmenstrategien und Patentpolitiken mitteln. Das Feststellen von Mehrfachklassifikationen ist unabhängig von Besonderheiten einzelner Unternehmen im Hinblick auf ihr Patentverhalten.[22]

Die Tatsache einer Mehrfachklassifikation deutet darauf hin, dass die Patentprüfer von der tatsächlichen oder hypothetischen Nützlichkeit für andere Prüfvorgänge überzeugt sind und die Auffindbarkeit des geprüften Dokuments im Zusammenhang mit anderen technischen Kontexten sicherstellen wollen. Die Mehrfachklassifika-

mische Vorleistungsbegriff in Wirtschaftsstatistik und Volkswirtschaftlicher Gesamtrechnung bezieht sich jedoch auf *Güter* (siehe Richter, 1995, S. 181). Deshalb ist die Input-Output-Rechnung für Analysen der Technologieverflechtung in technisch-naturwissenschaftlichen Kategorien *unbrauchbar* (ebenda, S. 191-193) und wird hier nicht weiterverfolgt.

18 Jaffe (1986); einen Überblick gibt Griliches (1995, S. 63ff).

19 Ähnliche empirische Studien, die seitdem erschienen sind, werden zusammengefasst von Cohen und Levin (1989, S. 1090 ff.), Harhoff (1991) und von Harhoff und König, a. a. O.

20 Die internationale Patentklassifikation IPK hat 58.400 individuelle Elemente (in ihrer 4. Revision) und erlaubt Zusammenfassungen auf allen Hierarchiestufen.

21 Siehe Grupp (1996).

22 Letztlich setzt das vorgeschlagene Messverfahren einen anderen Akzent als der traditionelle Ansatz. Dasgupta und Maskin (1987) betonen, dass beim Zustandekommen von externen Effekten der Technologie nicht nur eine genügende Ähnlichkeit zwischen den Portfolios verschiedener Firmen nötig ist (was Jaffes Messkonzept feststellt), sondern auch die Tatsache, dass „jemand ein Problem gelöst hat", das die Unsicherheit bezüglich der Produktivität der FuE-Projekte Anderer beeinflussen kann. Letzteres stellt den gedanklichen Ansatzpunkt zu einem Verfahren der Messung von Mehrfachklassifikationen dar. Auch Griliches (1995, S. 64) kritisiert den sektorhomogenen Ansatz und erwähnt als alternativen Messansatz die Querbezüge zwischen Patenten (S. 67).

tion ist daher ein direkter Indikator für externe technologische Effekte, der aus einer Expertenschätzung (der Patentprüfer) abgeleitet ist. Auch das theoretische Konzept des öffentlichen Guts behandelt nicht die Frage, ob andere Unternehmen sich Wissensstücke tatsächlich aneignen oder gar gewinnbringend umsetzen, sondern die potentielle Möglichkeit der Nichtrivalität im Gebrauch des Wissens.

Neben der Größe der externen Effekte interessiert ihre Reichweite, z. B. ob nur andere Unternehmen der gleichen Branche profitieren oder ob gesamtwirtschaftliche Effekte eintreten. Ein einfaches Maß für die Reichweite der externen Effekte ist in der Literatur vorgeschlagen worden.[23] Dieses läuft jedoch auf eine Fallunterscheidung und nicht auf eine nominelle Skala hinaus. Die Häufigkeit des Auftretens von Mehrfachklassifikationen kann dagegen ohne weiteres als Ähnlichkeitsmaß interpretiert werden, wenn man zuvor das Konkordanzproblem gelöst hat und entscheiden kann, welche Patentklassen zum gleichen und welche zu anderen Sektoren gehören sollen.[24]

Während somit empirische Evidenz und Verfahrensvorschläge zur Behandlung technologischer Spillover-Effekte zwischen Unternehmen und Wirtschaftszweigen vorliegen, ist das Feld in Bezug auf die Einbeziehung entsprechender Effekte aus der öffentlichen Forschungsinfrastruktur weniger günstig bestellt. Zur definitorischen Klarheit soll in diesem Buch der Begriff „*Spillover*“ auf externe Effekte zwischen Unternehmen (oder Märkten) und damit letztlich auf den technischen Teil des Geschehens begrenzt bleiben. Da die Literatur eine einheitliche Behandlung und Kennzeichnung wissenschaftlicher Übergreifwirkungen nicht vornimmt, wird vorgezogen, für externe Effekte zwischen Unternehmen und der öffentlichen Forschungsstruktur den Begriff „*Wissenschaftsbindung*“ zu verwenden.[25]

Ökonomie der Grundlagenforschung

Es hat sich in der Literatur ferner eingebürgert, etwaige Vorteile aus der Wissenschaftsbindung der Technik nicht als externen Effekt aufzufassen, sondern als Nebenprodukt.[26] Dies hängt ursächlich damit zusammen, dass der technische Fort-

---

23 Dror (1993) teilte alle US-Patente in drei Kategorien ein. Patente mit Einfachklassifikation bildeten die Klasse der Nullentfernung, Patente mit Mehrfachklassifikation innerhalb des gleichen Sektors gehörten zur Kategorie Nahentfernung und solche mit Mehrfachklassifikation in mehr als einem Sektor in die Kategorie Großentfernung.

24 Siehe bei Grupp (1996).

25 Dieser Begriff lehnt sich an den im angelsächsischen Raum verbreiteten Begriff „Science Base“ an.

26 Z. B. bezeichnen David et al. (1992, S. 75) die ökonomischen Gewinne aus der Grundlagenforschung als „Nebenprodukte“ („By-Products“). Der Informationsoutput der Grundlagenforschung führe demnach zu intermediären Inputs, die für eventuelle Innovationen unter kommerziellen Gesichtspunkten unentbehrlich seien (S. 73 - 74). Ähnlich Romer (1990), S. S79), der in

schritt für die Wirtschaftswissenschaften ein eingeführter Begriff geworden ist und dabei den wissenschaftlichen Fortschritt nicht ausdrücklich enthält. Gemäß dem Verständnis des technisch-wissenschaftlichen Paradigmas sollten aber besser wissenschaftliche wie technologische externe Effekte gleichsinnig behandelt und bezeichnet werden. Dies wird jedoch, um konform mit der gegenwärtigen Literatur zu bleiben, in diesem Band noch nicht vollzogen.

Erst in allerjüngsten Jahren wächst die Literatur zum *ökonomischen Wert der Grundlagenforschung* an. Eine gängige Annahme besagt dabei, dass die Information, welche aus der Wissenschaft stammt, keine direkten ökonomischen Nutzwirkungen oder Gewinne hervorbringt, aber intermediäre Inputs, die in weitere FuE-Aktivitäten eingehen und somit schließlich zu kommerziellen Effekten führen. Da die meisten Produkte der Wissenschaft ökonomisch nicht gefasst werden können, seien Kosten-Nutzen-Analysen der Grundlagenforschung sehr problematisch zu beurteilen und insbesondere der Unterschied zwischen Produkten und Nebenprodukten schwierig zu messen.[27] Eine weitere Schwierigkeit ist, dass die Begriffe Wissenschaft und Grundlagenforschung nicht identisch sind.[28]

Die Asymmetrie in der Behandlung externer Effekte aus Wissenschaft und Technik kann auch daran festgemacht werden, dass die (technologischen) Spillover-Effekte von der Vorstellung her in mehr oder weniger großem Umfang *zwischen* den verschiedenen Wirtschaftszweigen bzw. Unternehmen auftreten, während das gängige Konzept zur Beschreibung der Wissenschaftsbindung darin besteht, dass man einen spezifischen wissenschaftsgebundenen Sektor der Wirtschaft im Unterschied zu den nichtwissenschaftsgebundenen definiert.[29]

Der im angelsächsischen Sprachraum verbreitete Ausdruck der „Science-Based“-Industrie ist mithin an institutionellen Begriffen festgemacht worden. So findet man in der Literatur Definitionen wie die folgende: „Unter einer 'Science-Based'-Technologie meinen wir eine solche Technologie, bei welcher die Richtung der erfinderischen Anstrengungen zu jedem Zeitpunkt stark durch neueste wissenschaftliche oder andere Entwicklungen beeinflusst ist, die von außerhalb der Industrie stammen, üblicherweise aus der Hochschulforschung.“[30] Der institutionelle Denkansatz ist auch vor dem Hintergrund der exzellenten Arbeiten zu verstehen, die den Aufstieg vor allem der chemischen und elektronischen Industrie durch konsequenten

---

seinem endogenen Wachstumsmodell drei Sektoren abbildet, wobei der Forschungssektor neues Wissen produziert.

27 David et al., a. a. O.

28 Siehe die ausführliche Begriffsdiskussion im Kapitel 1.

29 Pavitt (1984).

30 Merges und Nelson (1990).

Einbezug der neuesten wissenschaftlichen Erkenntnisse im Laufe des 20. Jahrhunderts beschreibt.[31]

Im deutschen Sprachraum operiert die soziologische Wissenschaftsforschung vorzugsweise mit dem Begriff der „Verwissenschaftlichung", während die deutsche ökonomische Forschung das Phänomen weitgehend ignoriert. Erschwerend kommt hinzu, dass der Begriff „Science" korrekt mit „Naturwissenschaften" zu übersetzen wäre und folglich die eingeführten angelsächsischen Begriffe zu Wortungetümen wie „naturwissenschaftsbasiert" oder „naturwissenschaftsbezogen" führen würden. Diese unhandlichen Begriffe werden in diesem Buch vermieden. Der Terminus „Verwissenschaftlichung" beschreibt eigentlich einen zeitlichen Vorgang, nicht aber einen Zustand. Grupp und Schmoch[32] haben statt dessen den Begriff der „Wissenschaftsbindung" geprägt, der auch hier verwendet wird. Eine starke Wissenschaftsbindung darf nicht mit einer hohen FuE-Intensität verwechselt werden, denn es geht um externe Effekte des wissenschaftlichen Fortschritts und nicht um das Ausmaß der FuE-Tätigkeit im öffentlichen oder privaten Bereich.[33]

Messung der Wissenschaftsbindung der Technik

Noch schwieriger als die Festlegung eines adäquaten Begriffs fällt die Erarbeitung einer *Messvorschrift*. Am institutionellen Ansatz ist problematisch, dass er die Vorleistungen der Wissenschaft, vor allem der Hochschulen, für die Industrietechnik betont und seltener auf die umgekehrte Beziehung verweist.[34] Da wissenschaftliches Wissen ein öffentliches Gut darstellt, muss man von einer gegenseitigen Abhängigkeit ausgehen, z. B. wenn über die jeweils modernste apparative Ausstattung in naturwissenschaftlichen Labors eine Abhängigkeit der Experimentalwissenschaft von der industrieseitig lieferbaren modernsten Technik besteht. Verschiedene öffentliche Forschungszentren haben die aus der Beschaffung von speziell angefertigtem Forschungsgerät resultierenden ökonomischen Effekte bei der geräteherstellen-

31 Siehe vor allem Freeman (1982) und für die Vereinigten Staaten Nelson und Wright (1992).

32 Grupp und Schmoch (1992).

33 Majer (1978, S. 79), einer der wenigen deutschen Ökonomen, der dieses Thema untersucht, setzt die beiden Begriffe gleich, was nicht als zulässig erscheint. Gibbons und Johnston (1974, S. 231) konnten aufgrund begrenzter Interviews in der britischen Wirtschaft sogar zeigen, dass die Häufigkeit des Rückgriffs auf wissenschaftliche Literatur *nicht* mit der FuE-Intensität des Wirtschaftszweigs korreliert.

34 Dazu siehe bei Hack und Hack (1985, S. 599 - 626), die von „Forschungstechnik" und dem „Apparatebezug der Theorien" sprechen. Lenk (1979, S. 139) formuliert darüber hinaus unmissverständlich: „Der *Verwissenschaftlichung der Technik* steht die wachsende *Technisierung der Experimentalwissenschaften* gegenüber." (Hervorhebungen im Original). Ähnlich Brooks (1994).

den Industrie beziffert und die branchenmäßige Herkunft ihrer modernen Labortechnik aufgeschlüsselt.[35]

Angesichts des wenig entwickelten Forschungsstandes kann es nicht erstaunen, dass es, anders als bei der patentstatistischen Behandlung der technologischen Spillover-Effekte, kaum ökonometrische Aussagen zur Wissenschaftsbindung der Technik gibt. Die wenigen Ausnahmen nützen den Umstand, dass bei der Prüfung von Patentanmeldungen nicht nur Mehrfachklassifikationen festgestellt, sondern auch der frühere Stand von Wissenschaft und Technik recherchiert werden muss. In aller Regel ziehen die Beamten der Patentämter hierfür bereits erteilte oder zumindest offengelegte Patentdokumente heran. Gelegentlich dokumentieren sie den früheren Stand von Wissenschaft und Technik jedoch auch dadurch, dass Verweise auf die wissenschaftliche Literatur, und nicht auf die Patentliteratur gegeben werden. Unter welchen Umständen derartige Verweise auf die *„Nichtpatentliteratur“* möglich und üblich sind, wird von Grupp und Schmoch[36] ausführlich erörtert und einer Adäquationsdiskussion unterzogen. Setzt man die Häufigkeit derartiger Nichtpatentliteratur-Verweise in Patentschriften als Maß für die Wissenschaftsbindung an, ist ein Indikatorenansatz gefunden, der zur Messung der Wissenschaftsbindung geeignet ist.

Für den Ansatz, zur Operationalisierung der Wissenschaftsbindung nicht institutionelle Vorgänge, sondern bestimmte Patentzitate heranzuziehen, spricht auch die Tatsache, dass Patentzitate objektiver als Zitate von Wissenschaftlern oder Technikern in ihren selbstverfassten Publikationen sind. Patentzitate werden von Patentprüfern vergeben; sie sind in den meisten Ländern Beamte, deren Handlungen gerichtlich überprüft werden können. Die Zitierung erfolgt daher nach einem feststehenden Regelkodex und ist kaum von persönlichen Verhaltensgewohnheiten geprägt. Da die Zitate nicht von den Autoren der Patentschrift, also den Erfindern oder Patentanwälten, herrühren, sind sie von der Besorgnis des unberechtigten Selbstzitats frei.[37] Erste Hinweise wurden 1980 vorgelegt, nach denen in der Tat in US-Patenten, die aus „verwissenschaftlichten“ Bereichen der Technik stammen, signifikant mehr Verweise zum früheren Stand des Wissens enthalten sind, die nicht wiederum selbst Patentschriften darstellen.[38] In Europa untersuchte 1990 eine holländi-

---

35 Siehe bei Grupp und Schmoch (1992, S. 5).

36 Grupp und Schmoch (a. a. O., S. 11 ff.).

37 Die Qualitätseinschätzung ist einem systematischen Vergleich zwischen der Literaturstatistik und ihren wissenschaftlichen Zitaten und der Patentstatistik in Grupp (1990a) entnommen. Griliches (1990, S. 1689) schreibt wörtlich: „In diesem Sinne ist die 'Objektivität' solcher Zitate größer und kann zur Validität der Zitatrate als Index relativer Wichtigkeit beitragen.“ Gemeint sind Patentzitate im Unterschied zu Zitaten in wissenschaftlichen Publikationen. Siehe auch Dunajewskij (1984).

38 Carpenter, Cooper und Narin (1980). In einer folgenden Untersuchung von Narin und Noma (1985) wurde im Bereich der Biotechnologie des weiteren spezifiziert, dass der Zeitverzug von Verweisen auf die wissenschaftliche Literatur in US-Patenten genau so groß ist wie der übliche

sche Gruppe mit demselben Indikatorenansatz den Bereich der Chemie auf internationalem Niveau und die niederländische Technologie auf nationalem Niveau in der Breite.[39] Es wurde auch versucht, die wissenschaftliche Literatur und die Patentliteratur in eine personenbezogene Beziehung zu setzen, um daraus Mediatoren zwischen Wissenschaft und Technik bestimmen zu können.[40]

Eigenschaften der Wissenschaftsbindung

Inzwischen liegen erste empirische Analysen zur Wissenschaftsbindung vor, die an dieser Stelle nicht im einzelnen diskutiert werden können.[41] Sie ergeben eine ordinale Reihung der Sektoren im Hinblick auf ihre Wissenschaftsbindung. Diese mit Patentindikatoren erarbeitete Typologie der Wissenschaftsbindung ist mit einer Repräsentivumfrage unter 76 größeren US-amerikanischen Unternehmen zur Einschätzung des Zusammenwirkens von „akademischer Forschung" und industrieller Innovation vergleichbar.[42] Das Ausmaß der patentstatistisch gemessenen Wissenschaftsabhängigkeit und der Befragungsdaten ergibt zwar verschiedene Zahlenwerte, aber eine gleichsinnige Reihung der Industrien, was als eine Bestätigung des patentstatistischen Ansatzes gewertet werden kann.[43] Die empirischen Analysen belegen, dass die Wissenschaftsbindung ein inneres Merkmal der Technik ist; es bestehen kaum technologische Lücken zwischen den Volkswirtschaften. Im übrigen

---

Zitierungsabstand innerhalb von wissenschaftlichen Veröffentlichungen. Trajtenberg et al. (1994) benützten den Ansatz, um die Grundlagenorientierung von US-Patenten zu studieren.

39 Van Vianen, Moed und van Raan (1990) stützten sich dabei ebenfalls auf US-Patente und deckten neben interessanten Ergebnissen auch eine Reihe von Mängeln des Ansatzes auf. So besteht im Bereich des US-Patentwesens eine starke Sprachbarriere zuungunsten aller nichtenglischen Literatur.

40 Coward und Franklin (1989). Im Ergebnis dieser Arbeit findet sich der Hinweis, dass das produktivste Verfahren, um mögliche, für die Industrietechnik ausbeutbare Potentiale der naturwissenschaftlichen Forschung zu identifizieren, darin bestehe, die Gebiete einzugrenzen, in denen besonders häufig dieselben Forscherpersönlichkeiten sowohl wissenschaftliche Publikationen wie auch Patente nachweisen können. Dies gibt eine gute Methodik zur Untersuchung der institutionellen Zusammenhänge ab, auf die im Abschnitt 8.4 zurückgegriffen wird.

41 Grupp und Schmoch (1992), Grupp (1996).

42 Mansfield (1991). Dabei wurde gefunden, dass im Industriedurchschnitt 15 bis 19 % aller Produkt- und Prozessinnovationen nicht ohne wesentliche Verzögerung oder nur bei wesentlicher Unterstützung aus der akademischen Forschung möglich gewesen waren. Die Spannweite der Nennungen reicht von über 40 % in der Pharmazie bis zu 2 % in der Mineralölbranche.

43 Was die absoluten Zahlen angeht, so ist zu beachten, dass sich die US-Befragung auf alle neuen Produkte bezieht, worunter auch solche fallen, für die Patente nicht erworben werden können (z. B. Imitationen). Insofern, als nicht patentfähige neue Produkte oder Prozesse eher wenig wissenschaftsintensiv eingeschätzt werden, müssen sich die Prozentanteile der akademischen Anbindung niedriger ergeben als die untersuchte Untermenge der patentfähigen Neuerungen. Im übrigen misst der Patentindikator wissenschaftsimmanente Vorgänge und also den Bezug zu allen wissenschaftlichen Vorarbeiten (z. B. im Bereich der Großforschung, der hochschulfreien Institute oder der Forschungslabors der Industrie selbst) und nicht nur den zu den universitären. Auch dieser Umstand erklärt die absoluten Unterschiede in den Zahlenwerten.

hat bereits Dosi[44] aufgrund innovationstheoretischer Überlegungen darauf hingewiesen, dass die industriespezifische Charakteristik der Wissenschaftsbindung „relativ stabil im Zeitverlauf und zwischen Ländern" sei.

Wenn auch Messprobleme eine getrennte Behandlung der Phänomene nahelegen und eine unterschiedliche Methodik erzwingen, so hat das innovierende Unternehmen dennoch seine Strategie für jedes Innovationsprojekt in Bezug auf *alle* externen Effekte zu bestimmen. Oft hat es die *Wahl* zwischen einem industriellen und einem akademischen Kooperationspartner. Auch bezüglich der nichtintendierten externen Effekte können Synergien zwischen dem technologischem und dem wissenschaftlichen System bestehen, schon deswegen, weil deren Abgrenzung nur idealtypisch gelingt. Letztlich ist die Frage nach den „realen" Effekten akademischer Forschung bei Unternehmen zu stellen.[45]

Der öffentliche Sektor vermarktet seine Ergebnisse nicht (von wenigen Ausnahmen abgesehen) und damit können ökonomische Wirkungen externer Effekte, wie sie im Falle technologischer Spillovers durchaus untersucht werden, kaum angegeben werden. Jaffe et al.[46] spekulieren, dass die externen Effekte aus der Grundlagenforschung am höchsten ausfallen könnten. Auch Mohnen[47] hält es für möglich, dass die Grundlagenforschung höhere Erträge als die angewandte Forschung bringt, schränkt diese Aussage aber gleichzeitig dadurch ein, dass die öffentlich finanzierte FuE weniger *effiziente* Effekte erzeugte als privat finanzierte.

Griliches[48] belegt mit US-Daten für die 70er Jahre ebenfalls, dass die Grundlagenforschung innerhalb der Unternehmen eine wichtigere Bestimmungsgröße für die Produktivität sei als andere Typen von FuE, die Evidenz für eine besondere „Prämie" für Grundlagenforschung jedoch rar sei. Er vermutet, dass sich dieser Zusammenhang ursächlich umgekehrt darstellen kann als man zunächst vermutet. Möglicherweise sei es nicht die Grundlagenkomponente in FuE, die dazu führt, dass die entsprechenden Firmen höhere Produktivitäts- und Profitabilitätseffekte haben, sondern umgekehrt, dass die besonders erfolgreichen Unternehmen sich den „Luxus" einer größeren Aktivität in der Grundlagenforschung gönnen.[49] Die heterogenen Befunde der ökonomischen Literatur dürfen nicht vorschnell kritisiert werden; zu schwierig ist die ökonomische Bewertung der Effekte aus der Wissenschaft bis heute geblieben. Beim momentanen Stand der empirischen Forschung wäre es

---

44 Dosi (1988, S. 1150).

45 Jaffe (1989a) und Smith (1991).

46 Jaffe et al. (1993, S. 7).

47 Mohnen (1990, S. 143).

48 Griliches (1986).

49 A. a. O., S. 152.

falsch, die Variablen zusammenzuwerfen oder die Effekte als identisch zu betrachten. Bis auf weiteres sollten Wissenschaftsbindung, Reichweite und Ausmaß der technologischen Spillovers getrennt modelliert werden, da sie offensichtlich eine verschiedene sektorale Struktur haben.[50]

Da im Sinne der hier verwendeten Definition der Wissenstransfer von Universitäten und anderen staatlich geförderten Forschungseinrichtungen zu privatwirtschaftlichen Unternehmen ein Nebenprodukt öffentlicher Forschung darstellt, das allerdings ganz in der Absicht der staatlichen FuE-Förderung liegen kann und nicht zufällig entsteht, werden in der neuen Wachstumstheorie die Informations-Spillovers als eine der am häufigsten diskutierten Quellen eines endogen generierten Wachstums verstanden.[51] Legitimatorisch verweist die staatliche FuE-Förderung daher auf die Erzeugung solcher Effekte, vor allem in Bereichen wie der Weltraumerforschung. Wenn staatliche Stellen in Begründungsnot bezüglich gewisser Förderobjekte geraten, wie dies im Bereich der Weltraumforschung, aber auch der Rüstungsforschung[52] immer wieder der Fall ist, wird das Erzeugen von externen Effekten oft als Hauptzweck der Förderung dargestellt. Zumindest werden diese technologischen Bereiche dann als dual verstanden, indem zwei Zwecke gleichzeitig erreicht würden.[53] Es kann aber empirisch gezeigt werden, dass die Spillover-Effekte zum Beispiel in der Raumfahrt wesentlich geringer ausfallen als in vergleichbaren kommerziellen Sektoren, so dass sich das legitimatorische Argument nicht halten lässt.[54]

„Abschreibung" des Wissens und geographische Effekte

Die Frage, wie lange externe Effekte auftreten können, hat Klette[55] mit Hilfe geheimer norwegischer Daten zu Einzelfirmen bestimmt. Er fand dabei heraus, dass

---

50 Grupp (1996).

51 König und Harhoff (1993, S. 55 - 56); die externen Effekte sind daher besonders bei der Untersuchung von Wachstum und Außenhandel zu beachten.

52 Chakrabarti und Dror (1994) untersuchen die „Wissensinteraktion" zwischen Rüstungsfirmen in den USA mit Hilfe von Patentzitaten und Chakrabarti, Glisman und Horn (1992) in entsprechender Weise die ökonomische Effizienz von Rüstungs- und Weltraumunternehmen.

53 Siehe etwa bei Cowan und Foray (1995). In der praktischen deutschen Politik spielen Spillover-Effekte eine wichtige Rolle. So hat das Bundeswirtschaftsministerium 1989 die Fusion von MBB und Daimler-Benz u. a. damit begründet, dass Spin-offs von MBB zu den übrigen Geschäftsfeldern von Daimler-Benz innerhalb des gleichen Konzerns ermöglicht werden müssten (BMWi 1989). Die Spillovereffekte sind aber nicht belegt worden; so Glismann und Horn (1989, S. 119).

54 Siehe bei Schmoch et al. (1991), der ebenfalls Patentzitate untersucht, und den dort gegebenen Quellen. Cowan und Foray (a. a. O.) sprechen von asymetrischen Beziehungen bei der dualen Technologie.

55 Klette (1994); dieser Autor hat als Mitarbeiter des Statistischen Amts Norwegen Zugang zu unveröffentlichen Daten.

das Wissen aus FuE, verstanden als *Kapitalstock*, mit einer Rate von ungefähr einem Fünftel abgeschrieben werden muss. Das heißt, imitierende Firmen können am Spillover-Bestand in der Regel nur wenige Jahre partizipieren, bevor er veraltet. Mit Hilfe dieser einzigartigen Daten konnte der zitierte Verfasser auch zeigen, dass externe Effekte nicht nur zwischen unabhängigen Unternehmen auftreten können, sondern auch zwischen verschiedenen Geschäftsbereichen des gleichen Unternehmens sowie zwischen verschiedenen Firmen in verflochtenen Konzernen. Somit ergibt sich der Hinweis, dass das Begriffspaar intern und extern im Sinne einer *fraktalen* Struktur verstanden werden muss und bezüglich verschiedener Objekte existiert (Geschäftsbereich, Betrieb, Unternehmen, Konzern, Wirtschaftszweig, Volkswirtschaft). Auf die Unterscheidung, wo die Grenze des externen Wissens genau verläuft, wird in der sonstigen Literatur in der Regel nicht eingegangen.[56]

Externe Effekte haben weiterhin eine *geographische Dimension*. Erneut unter Verwendung von Patentindikatoren und den darin enthaltenen Zitaten auf den früheren Stand der Technik konnte eine Autorengruppe[57] zeigen, dass externe Effekte in den Vereinigten Staaten häufiger innerhalb des Landes als in Bezug auf das Ausland auftreten, und sich meistens sogar innerhalb des gleichen Bundesstaates oder sogar derselben Verwaltungseinheit abspielen. Die Autorengruppe bedauert, dass die existierende Spillover-Literatur bezüglich der geographischen Dimension stumm bleibt, obwohl doch eigentlich die Ansiedlungspolitik von Technologiezentren und dergleichen empirische Belege für die geographische Dimension verlange. Auf der Basis der Innovationsstatistik wurden ähnliche Ergebnisse wie mit Hilfe der Patentstatistik erbracht.[58]

Humankapital als faktorgebundenes Wissen

Die bisherigen Überlegungen beziehen sich auf eine Güterklassifikation des Wissens, soweit es faktorungebunden ist. Die Verfügbarkeit über *Humankapital* für das langfristige Wachstum ist mehrfach betont worden (siehe z. B. die Gliederung in Abbildung 6-3). Die neue Wachstumstheorie schreibt dem Humankapital steigende

---

56 Entsprechend kritisiert Klette (a. a. O.) den gängigen, oben referierten Messansatz von Jaffe (1986), der seit Mitte der 80er Jahre in der Regel angewendet wird.

57 Jaffe et al. (1993).

58 Audretsch und Feldman (1994). Zur Innovationsstatistik und ihrer Defizite siehe Abschnitt 4.7. Swann (1994) brachte ähnliche Belege für den hohen geographischen Bezug von Spillover-Effekten mit Hilfe einer Analyse der Markteintritte von Dienstleistungsunternehmen und dem Vorhandensein von transfergeeigneten verarbeitenden Firmen bei. In jüngster Zeit hat Harhoff (1994) empirisch erhärtet, dass die Wahrscheinlichkeit von *Unternehmensgründungen* im Spitzentechnologiebereich von der regionalen Ausstattung mit FuE-Personal abhängt. Schalk et al. (1994) können für Westdeutschland zeigen, dass *technische Ineffizienzen* zu einem erheblichen Teil für interregionale Wachstumsunterschiede verantwortlich sind. Die Definition der technischen Effizienz umfasst neben traditionellen Faktoren auch technisches Wissen und externe Effekte.

Grenzerträge zu. Die Humankapitaltheorie hat in den letzten Jahren eine aufgewertete Stelle in der laufenden wirtschaftspolitischen Debatte erlangt.[59] Ein großer Teil der bildungsökonomischen Literatur befasst sich dabei schon seit Jahren mit der Theorie des Humankapitals. In der Bildungsökonomik geht man meistens davon aus, dass der materielle Wert eines Menschen vor allem durch seine Kapazität, Einkommen zu verdienen, bestimmt wird. Dementsprechend schätzt man den wahrscheinlichen Einkommensstrom über die Lebenszeit.[60] In Wachstums- und Innovationstheorie wird der Begriff Humankapital mit dem Bestand an Fähigkeiten, Fertigkeiten und Kenntnissen definiert.[61] Die Neubildung von Humankapital geschieht aber auch in dieser Begriffsabwandlung, die nicht messbar ist, durch Ausbildung in allen Bildungssektoren, Fort- und Weiterbildung.

Anders als das faktorungebundene Wissen, das bisher diskutiert wurde, stellt Humankapital faktorgebundenes Wissen dar. Sofern das Humankapital immobil ist, ist dieses Wissen ein privates, vollständig ausschließbares, rivalisierendes Gut. „Einer zweiten Person das Addieren zu lehren, ist genauso kostspielig wie das Unterrichten der ersten. (...) Jede Person hat nur eine begrenzte Zahl von Jahren, in denen Fertigkeiten erlernt werden können. Wenn die Person stirbt, sind diese Fähigkeiten verloren, während jedes nichtrivalisierende Gut, das diese Person produziert hat (...), weiterlebt, auch wenn sie dahingegangen ist."[62]

Moderne Modelle der Humankapitaltheorie gehen davon aus, dass dieses Gut zunehmend mobil wird,[63] so dass die Frage zu stellen ist, ob bei der Endogenisierung des Wachstums von einer Immobilität des Humankapitals ausgegangen werden darf. Lucas[64] definiert die positiven externen Effekte des Humankapitals als die nicht ausschließbaren Wirkungen auf die Volkswirtschaft (z. B. durch Mobilität). Dass „Head-Hunting" als Instrument praktischer Unternehmensstrategie überhaupt stattfindet, zeigt schon, welchen externen Wert das faktorgebundene Wissen besitzt.

Güterklassifikation des Wissens

Die Diskussion der Güterklassifikation des Wissens inklusive des Humankapitals und die dabei notwendigen Fallunterscheidungen hat Romer zusammengefasst

59 So Straubhaar (1994, S. 111).

60 Handwörterbuch (1980, Band 2, S. 4).

61 Straubhaar (a. a. O., S. 112) und weitere dort gegebene Quellen.

62 Romer (1990, S. S75).

63 Straubhaar (a. a. O., S. 115).

64 Lucas (1988, S. 36).

(siehe Tabelle 8-1).[65] Nach Romer ist die (horizontale) Rivalitätsdimension in Tabelle 8-1 physisch zu erklären.[66] Eine Person kann den Faktor Arbeit nur *einem* Unternehmen anbieten, damit ist die verfügbare Arbeitsmenge verbraucht. Eine technische Konzeption dagegen verliert durch mehrfache Nutzung nicht an „Menge"; jede Patentschrift oder wissenschaftliche Veröffentlichung kann beliebig oft gelesen werden (keine Rivalität). Die andere Dimension, das Ausschlussprinzip, hat nach Romer dagegen eine physische wie auch eine juristische Qualität. Die Wirtschaftsspionage oder ungenehmigte Nebentätigkeiten können, wenn sie physisch möglich sind, juristisch unterbunden werden, ebenso wie eine Patentverletzung solange geschehen kann, bis sie entdeckt, bewiesen und beim Patentgericht rechtskräftig entschieden ist. Ohne die Institution Recht kann ein an sich ausgeschlossenes Unternehmen z. B. eine patentierte Verfahrensinnovation nutzen.

Tabelle 8-1: Güterklassifikation des Wissens in Wissenschaft und Technik.

Ausschluss	**Faktorgebundenes Wissen (Rivalität)**	**Faktorungebundenes Wissen (keine Rivalität)**
Vollständig	Immobiles Humankapital	Erfahrungs- und geheimgehaltenes Wissen
Teilweise	Mobiles Humankapital	Patentiertes Wissen, technische Konzeptionen (z. B. Blaupausen-Zeichnungen)
Nicht möglich		Veröffentlichtes Wissen, abgelaufene Patente

Tabelle 8-1 verdeutlicht, dass die Gleichsetzung eines privaten Gutes mit vollständigem Ausschluss *und* Rivalität und eines öffentlichen Guts mit Nichtausschluss *und* Nichtrivalität in Bezug auf das faktorgebundene und das faktorungebundene Wissen nur zwei von fünf Fällen trifft. Für die anderen drei Fälle ist eine differenzierte Güterklassifikation anzuwenden.

65 Romer (1990). Eine eigene tabellarische Darstellung der Argumente Romers gibt Straubhaar (1994, S. 115), der Tabelle 8-1 mit wesentlichen Erweiterungen folgt. Um die Fallunterscheidung noch einprägsamer zu machen, nennt Helpman (1992, S. 280) in Analogie zum Humankapital das faktorungebundene Wissen *Wissenskapital*.

66 Romer (1990, S. 73 f.).

8.2 Rolle von Wissenschaft und Technik im Lernprozess: Fallbeispiel Lasermarkt

Gegenstand dieses Abschnitts ist die weitere empirische Aufklärung der zeitlichen Aspekte des Innovationsgeschehens, nunmehr auf einem wissensgetriebenen Markt. Dabei kommen patentstatistische und bibliometrische Indikatoren zum Einsatz. Diese können nach der Klassifikation der Abbildung 4-1 Auskunft über FuE-Erträge geben, wobei nur bestimmte Patentindikatoren valide für die Fortschrittsmessung sind. Der Abschnitt zielt zunächst nicht auf eine Schätzung der Fortschrittsmessung ab, sondern hat deskriptiven Charakter. Dabei soll der im ersten Kapitel dargestellte idealtypische Aufriss der Marktentstehung empirisch erhärtet werden (vgl. Abbildung 1-3). Auf die Gültigkeit der Messkonzepte geht der danach folgende Abschnitt 8.3 ein. Die Untersuchung bezieht sich auf den Lasermarkt. Analoge Analysen zu Polymeren, numerisch-kontrollierten (NC) Werkzeugmaschinen, flexiblen Fertigungssystemen und Brennstoffzellen finden sich in der Literatur.[67]

Mit dem „Auswechseln" des empirischen Instruments (Publikations- und Patentstatistik statt Technometrie in diesem Abschnitt) verschiebt sich die Perspektive. Während die technometrischen Daten am Markt bereits erfolgreich eingeführte Innovationen betreffen, werfen die FuE-Ertragsindikatoren ein Schlaglicht auf die systematische Hervorbringung des wissenschaftlichen und technischen *Wissens* wie es im vorhergehenden Abschnitt theoretisch behandelt wird. Damit treten FuE-Prozesse stärker als Marktprozesse in den Vordergrund. Soweit möglich, werden zur Kompensation in den dargestellten Fallstudien die FuE-Indikatoren durch Produktionszahlen ergänzt.

„Fluktuationen" erzwingen Lernprozesse

In den zugrundeliegenden Theorien werden die Lernprozesse entweder als Anpassungsprozesse verstanden oder als Variation, Verzweigung, Weiterentwicklung und Verhaltensrevision. Letztere resultiert wesentlich aus verschiedenen „Fluktuationen", die eine optimale und beständige Verhaltenswahl unmöglich machen (z. B. die Initiative von Unternehmen, die Mobilisierung der Nachfrage, die Verlagerung der Preis-Absatz-Funktion etc.). Die Fluktuationen beziehen sich dabei nicht nur auf das Verhalten der Wirtschaftseinheiten, die sich, wie etwa in Abbildung 2-2 versinnbildlicht, um das gleiche wissenschaftlich-technische Paradigma gruppieren, sondern vor allem auf die *Einheiten in Wissenschaft und Technik.* Sorokin[68] hat die

---

67 Tsukahara und Yamada (1982), Riediger (1984), Holland (1988), Rabeharisoa (1992), Carlsson et al. (1994), Ehrnberg und Jacobsson (1995) und zusammenfassend und vergleichend Grupp (1994).

68 Sorokin (1962) behandelt in Band 2, Kapitel 3, die „Bewegung" von wissenschaftlichen Entdeckungen und technologischen Erfindungen.

Entdeckungen und Erfindungen in Mathematik, Medizin, Chemie, Physik und anderen Gebieten über lange Zeiträume analysiert und drückt die Vermutung aus, dass die Fluktuationen darauf beruhen, dass das technisch-wissenschaftliche System stets eine begrenzte Zahl verschiedener stationärer Zustände annehmen kann. Sie begleiten daher wissenschaftliche und technologische Aktivitäten ständig.[69]

In der Innovationsliteratur wird bei der Betrachtung der „science-based“ Industrie im 20. Jahrhundert traditionsgemäß auf die besondere Bedeutung der Chemie und der elektrischen bzw. elektronischen Industrie verwiesen.[70] Der Laser stellt eine zentrale Errungenschaft der physikalischen Wissenschaften des 20. Jahrhunderts dar, der Bedeutung für viele Branchen hat. Laser werden von Unternehmen angeboten, die meist der elektrotechnischen oder der optischen Industrie zuzurechnen sind. Laser gelten als außerordentlich erfolgreich, eine Schlüsseltechnologie, die sich inzwischen die Medizin und den Maschinenbau erobert hat. Laser spielen aber bei der Herstellung elektronischer Bauteile selbst eine Rolle.

Die Fallstudie wird durch einen kurzen Abriss zu ihrer historischen Entwicklung eingeleitet. Als Modell für eine solche indikatorgestützte Fallstudie steht Freemans bekannte Pionieruntersuchung zur Plastikindustrie, in der er die einzigartige Rolle der IG Farben im Vergleich zur amerikanischen und britischen Chemie herausstellte.[71]

Entstehung des Lasermarkts

Laser erzeugen Licht und können daher als optische Instrumente begriffen werden. Die Optik ist ein Gebiet wissenschaftlicher Forschung, das schon seit dem Altertum Bedeutung hat. Das Reflexionsgesetz kann man auf Euklid (300 vor unserer Zeitrechnung) zurückdatieren; Newton u. a. versuchten im 17. Jahrhundert, die Optik aus ihren physikalischen Prinzipien heraus zu verstehen. Hertz trug experimentelle Belege bei, dass das Licht ein Teil des elektromagnetischen Spektrums ist, und Einstein übertrug 1916 die Quantentheorie von Planck in eine Quantentheorie des Lichts. Ein Jahr später postulierte Einstein die Möglichkeit der stimulierten Lichtemission. Es dauerte allerdings mehr als ein Jahrzehnt, bevor dies 1928 experimentell von zwei deutschen Physikern nachgewiesen werden konnte. Die ersten Laserinstrumente wurden 1964 im nichtsichtbaren Mikrowellenbereich realisiert.[72] Mit dem Nobelpreis wurden ein amerikanischer und zwei sowjetische Professoren aus-

---

69 Siehe auch bei Merton (1935) zur industriellen Erfindungstätigkeit und bei Sahal (1985a) zur langfristigen technologischen Entwicklung.

70 Siehe z. B. Freeman (1982) oder Nelson und Rosenberg (1993, S. 6 - 7).

71 Freeman, Young und Fuller (1963).

72 Ein Teil dieser Technologieentwicklung war während des Zweiten Weltkriegs erfolgt und diente der Entwicklung eines Mikrowellen-Radars; siehe bei Whinnery (1987).

gezeichnet, die 1964 gleichzeitig einen Ammoniaklaser entwickelt hatten. Der erste Laserapparat mit sichtbarem Licht beruht auf Rubin und wurde 1960 hergestellt. Der erste Gaslaser wurde ein Jahr später realisiert; im Jahr 1962 folgte der erste Halbleiterlaser. Der heute für das Schweißen in der mechanischen Industrie wichtige Gaslaser entstand 1964 in den Bell-Laboratorien, der erste Farbstofflaser wurde 1966 gleichzeitig in den Vereinigten Staaten und in Deutschland erfunden.

In Abbildung 8-1 ist diese Entwicklung nachgezeichnet. Nach dem Krieg entstanden die ersten wissenschaftlichen Publikationen, die sich mit der Erzeugung von Laserstrahlen beschäftigten. Ein Anstieg der wissenschaftlichen Aktivitäten kann allerdings erst wenige Jahre, bevor die ersten Patente erscheinen, beobachtet werden. Die Wachstumsraten sowohl für Patente wie auch für Publikationen in den 60er Jahren sind nicht sehr verschieden, insbesondere kann nicht von einem Vorauseilen der Wissenschaft vor der Technik gesprochen werden.

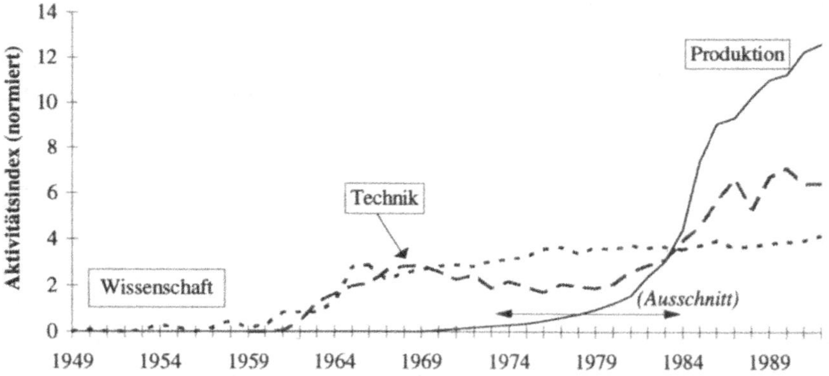

Abbildung 8-1: Entwicklungsdynamik des Markts für Laserstrahlquellen gemessen an verschiedenen Innovationsindikatoren.[73]

Während die Phase von der Theorie zur ersten technischen Realisation im Falle des Lasers 43 Jahre betrug, wurde in den 60er Jahren fast jedes Jahr ein neues Laser-Medium entdeckt. Die erste Patentanmeldung datiert aus 1961, dem Jahr, welches der ersten praktischen Realisierung des Rubinlasers folgte. 1962 brachte die amerikanische Firma Spectra Physics den ersten Laser auf den Markt und wurde das Modell einer ganzen Serie neu gegründeter technologieorientierter Laserfirmen. Bis Ende der 60er Jahre ist die Ausweitung auf immer neue Lasermedien von einer ent-

---

73 Die wissenschaftlichen Veröffentlichungen („Wissenschaft") sind in der Datenbank INSPEC recherchiert worden, die weltweiten Produktionszahlen stammen aus mehreren Heften wichtiger US-Branchenzeitschriften. Die Patentanmeldungen aus aller Welt („Technik") beziehen sich auf das Schutzland Deutschland 1932 - 1992. Die Summe aller abgebildeten Aktivitätsindizes ergibt jeweils 100 %, d. h., die drei Flächen unter den Kurven sind auf gleiche Größe normiert. Weitere datentechnische Details in Grupp (1994, S. 243).

sprechenden Zahl von Patenten begleitet, die dann bis zur Mitte der 70er Jahre hin abfallen. Nach dem Jahr 1968 entdeckten viele Laserfirmen, dass die ursprünglich verfolgten technischen Konzepte aus Kostengesichtspunkten nicht marktfähig waren; die entsprechenden Geräte waren zu unförmig und in der Handhabung zu schwierig, um im industriellen Einsatz tauglich zu sein.

Weitere Entwicklung des Lasermarkts

Da die ersten Lasersysteme am Beginn der ersten Aktivitätswelle entweder für die Forschung selbst oder für militärische Zwecke entwickelt worden waren, wurde versäumt, sie im Sinne einer standardisierten Konstruktion so auszulegen, dass sie die industriellen Anforderungen im Hinblick auf Sicherheit (Augenverletzungen), Reproduzierbarkeit, Gewicht, Größe und verschmutzte Umweltbedingungen in der Fabrik erfüllten. Die ersten Laseroperateure waren weit überwiegend Wissenschaftler und Ingenieure, aber nicht Facharbeiter, Maschinenschlosser, Ärzte oder Handwerker. Die ersten Pionierunternehmer, welche die Kommerzialisierung offensichtlich zu früh begonnen hatten, erlitten erhebliche Einbußen. Zwischen 1973 und 1975 werden mehrere Bankrotte verzeichnet.[74] Die nähere Zukunft der Laserentwicklung war in die Krise geraten, eine *Retardierungsphase* der Marktentwicklung trat ein.

Zwischen 1972 und 1976 gelang es jedoch in eher grundlagenorientierten wissenschaftlichen Arbeiten, die Möglichkeit der Ausdehnung der Laserwellenlängen zu erforschen, was der bibliometrische Indikator in Abbildung 8-1 nachzeichnet. Mitten in der Laserkrise nahmen die wissenschaftlichen Arbeiten zu und verharrten auf einem hohen Niveau, ohne von der Krisenstimmung in der industriellen Realisierung (gemessen durch Patente) angesteckt zu werden. Zum erstenmal überstieg der (relative) Anteil der jährlichen Publikationen denjenigen der Erfindungen. Angesichts der neuen wissenschaftlichen Ergebnisse nahmen einige interessierte Firmen ihre laserbezogenen Entwicklungsarbeiten wieder auf.[75] Nach 1976 nahmen - gemessen am Patentindikator - die industriellen Aktivitäten im Sinne einer zweiten Welle wieder zu. Wie Detailuntersuchungen zeigen, ist der Anteil der Patente, die

---

74 Mehrere amerikanische Firmen wie Optics Technology, Laser Sciences und Laser Energy meldeten Konkurs an; in Deutschland stand der Laserpionier Osram vor dem Aus und wurde von Siemens übernommen. Firmenein- und Austritte wertet Eliasson (1994, S. 135) als wichtige Auslöser für organisatorisches Lernen. Einbußen kann man als Selektionsprozesse auffassen, durch die ein sich entwickelndes technisches System gehen muss (Carlsson und Stankiewicz, 1991, S. 97).

75 Zum Beispiel konnte ein japanischer Forscher 1970 in den Bell-Laboratorien demonstrieren, dass ein neuer Typ Halbleiterlaser auch bei Zimmertemperatur funktionierte und nicht gekühlt werden muss. Danach wurde die diesbezügliche Entwicklungsarbeiten bei Hitachi, NEC und Toshiba wieder aufgenommen. Einzelheiten siehe bei Stenberg (1992).

sich auf Anwendungen beziehen, gemessen an den Erfindungen, die sich auf die Laserstrahlerzeugung beziehen, nunmehr wesentlich höher.[76]

Die erste Welle der Patentanmeldungen kann also dadurch charakterisiert werden, dass hier die Funktionstüchtigkeit der neuen Technologie industriell erprobt wurde, während die zweite Welle deutliche FuE-Akzente im Hinblick auf Systemanwendungen zu verzeichnen hat. Das heißt, das Wiederaufleben entsprechender FuE-Aktivitäten der Unternehmen ist auf eine realistischere Absatzstrategie hin ausgerichtet, die in Betracht zieht, dass bestimmte Modifikationen der Laserstrahlquellen erforderlich sind, um die Nachfrage besser bedienen zu können. Gleichzeitig wurden grundlegende neue wissenschaftliche Eigenschaften entdeckt, welche die industrielle Anpassung erleichterten. Daher kann man die zweite Aktivitätswelle ab der Mitte der 70er Jahre dadurch charakterisieren, dass gleichzeitig ein Nachfragesog auf die technischen Eigenschaften der neuen Produkte und ein wissenschaftlicher Schub zusammentrafen. Interessanterweise greifen in den Erfindungen der zweiten Welle die meisten Patentzitate, welche den früheren Stand der Technik dokumentieren,[77] zeitlich auf Erfindungen innerhalb der zweiten Welle selbst zurück und nicht auf solche der ersten Welle,[78] was bestätigt, dass viele FuE-Bemühungen der ersten Welle tatsächlich vergeblich waren. Damit kann die verschwenderische Natur des Innovationsprozesses belegt werden. Trotz des erneuten Aufflammens industrieller FuE-Aktivitäten, das bis heute nicht zum Stillstand gekommen ist, bleiben die auf Laserstrahlquellen bezogenen wissenschaftlichen Publikationen auf hohem Niveau und gehen nicht zurück, wie es das sequentielle Abfolgemodell verlangen würde.

In Abbildung 8-1 sind Zahlen für die weltweite Produktion von Laserstrahlquellen und Lasersystemen angegeben worden. In der Mitte der 60er Jahre, als die erste Aktivitätswelle in die Krise kam, war der weltweite Lasermarkt nicht mehr als 50 Mio. US $ wert. Seit Anfang der 70er Jahre wuchs er stark an; es wird geschätzt, dass die Produktion von Lasern in diesen zehn Jahren um einen Faktor 8 angewachsen ist.[79] Heute ist der Lasermarkt milliardenschwer.

Typische Eigenschaften eines wissensgetriebenen Marktes

Lassen sich in dem Verlauf gemäß Abbildung 8-1 die behaupteten Marktentstehungsphasen wiederfinden?[80] Der Produkt-Lebenszyklus beginnt mit seiner Innovations- oder Experimentierphase etwa 1960 mit dem Markteintritt erster Produkte

---

76 Grupp und Schmoch (1992a).

77 Nähere Erläuterungen zu den Patentzitaten finden sich in Abschnitt 4.3 und 8.1.

78 Grupp und Schmoch, a. a. O.

79 Die Quellen für die Marktschätzungen finden sich bei Grupp (1994, S. 244).

80 Siehe Abschnitt 1.4.

und dem Anwachsen des Patentschutzes. Die Zeit davor muss als wissenschaftliche Vorphase verstanden werden, die im Zyklus eines wissensgetriebenen Marktes nicht übergangen werden darf. Die Expansionsphase, die durch eine Mobilisierung der Nachfrage definiert ist, beginnt aber - angesichts der rascher steigenden Produktionswerte - wohl erst um 1982. Das bedeutet eine ungewöhnlich lange, retardierte Experimentierphase (mehr als 20 Jahre) in Wissenschaft, Technik und Markt, bis die Nachfrage mobilisiert war. Der Beginn der Standardisierungsphase, bei der keine weitere Qualitätsverbesserung, sondern „künstliche" Produktdifferenzierung erwartet wird, kann wegen der geringeren Produktionszuwächse frühestens auf etwa

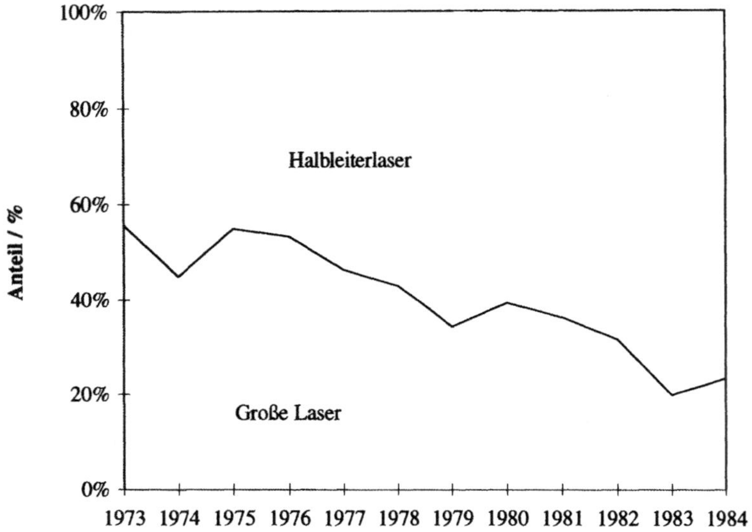

Abbildung 8-2: Relative Anteile der weltweiten Patenttätigkeit bei großen Lasern und Halbleiterlasern im zeitlichen Ausschnitt.

1987 terminiert werden.[81] Aber auch hier hält die Patentaktivität an, was darauf hindeutet, dass auch weitere Qualitätsverbesserungen stattfinden. Stagnation und Rückbildung sind noch nicht zu beobachten.

Der wissengetriebene Markt wird in allen Phasen von einer gleichbleibend hohen wissenschaftlichen Aktivität begleitet - bis zuletzt. Besonders interessant scheint die Marktentwicklung zwischen etwa 1973 und etwa 1983 zu sein, also in der langen Experimentierphase, die von rückgehenden Patentaktivitäten gekennzeichnet ist. Gibt es empirische Evidenz für die Umstrukturierungen in dieser Retardierungsphase? Die Anwort können differenzierende FuE-Indikatoren auf der sachlichen und institutionellen Ebene geben, gleichsam wie durch ein Vergrößerungsglas, das auf den Ausschnitt 1973-1984 gerichtet wird. Abbildung 8-2 zeigt die Zerlegung

81 Heuß (1965) nennt die Standardisierungsphase Ausreifungsphase.

der Patentaktivitäten im fraglichen Ausschnitt auf „große“ Laser (Gaslaser, Festkörperlaser etc.) und Halbleiterlaser. Große Laser haben typisch einen Einheitspreis von 100.000 DM (1987), Halbleiterlaser von ca. 30 DM (1987).[82] Die Unterschiede nach Größe und Gewicht sind entsprechend.

Offenbar ist die Retardierungsphase vom Ablösen der großen Laser durch die Halbleitertechnik gekennzeichnet. Am Beginn des untersuchten zeitlichen Ausschnitts bezogen sich fast 60 % der Fortschrittsaktivitäten auf große Laser, am Ende nur noch gut 20 %. Zusammen mit dem Vordringen der Halbleitertechnik tritt eine aufholende Volkswirtschaft mit technologischen Aktivitäten verstärkt in Erscheinung (Abbildung 8-3). Während Deutschland seine laserbezogenen Fortschrittsaktivitäten mäßig, aber stetig ausweitet und die USA von einem ursprünglich hohen

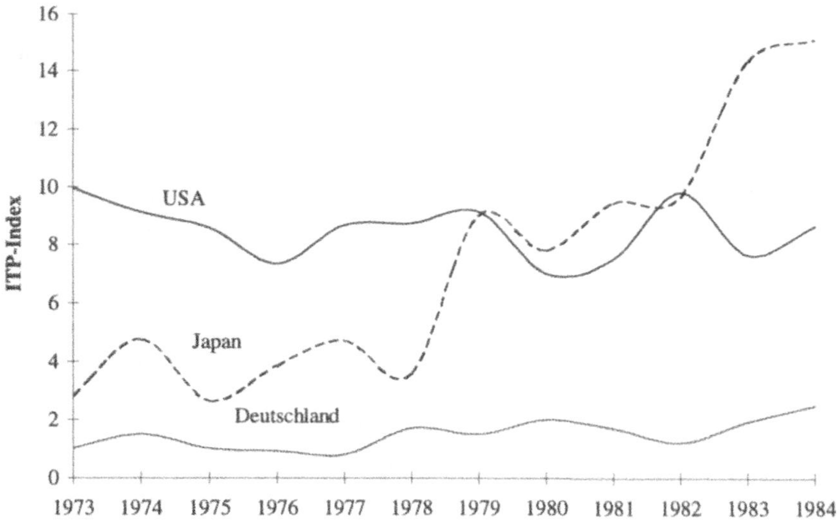

Abbildung 8-3: Weltweite Patenttätigkeit bei Lasern im zeitlichen Ausschnitt nach Volkswirtschaften.[83]

Niveau etwas zurückfallen, dehnen japanische Anbieter ihre diesbezüglichen FuE-Aktivitäten in der Mitte des betrachteten Ausschnitts sprunghaft auf und über das amerikanische Niveau aus. Eine Kombination der sachlichen und nationalen Zerle-

---

82 Grupp et al. (1987, S. 216).

83 Gezeigt wird der ITP-Indikator nach (4-2) normiert auf Deutschland (1973 = 1). Wegen zufallsbedingter jährlicher Schwankungen ist der Kurvenverlauf nach der Trapezregel geglättet worden.

gung zeigt ferner, dass Japans großer Fortschritt genau auf der Beherrschung der Halbleiterlaser beruht.[84]

Lernen aus Fluktuationen: Evidenz

Was kann man aus der Fallstudie für Marktentwicklung und Lerndynamik ableiten? Es ist nicht zu übersehen, dass sich die theoretisch postulierten Fluktuationen deutlich zeigen, wobei die Zeitspannen in der Größenordnung von einem Dutzend Jahre liegen. Im Abstand solcher Perioden haben sich die wissenschaftlich-technischen Paradigmata kräftig verändert und Unsicherheit bzw. Verhaltensänderungen bei den Innovatoren ausgelöst.

Scherer[85] stellt einen Einbruch im Wachstum der Produktivität am Ende der 60er Jahre fest und bringt diesen in Zusammenhang mit mangelnden technologischen Möglichkeiten. Nach seinen Vorstellungen war zu dieser Zeit der „See“ der technischen Möglichkeiten „leergefischt“ und nicht schnell genug durch Fortschritte in Wissenschaft und Technik wieder aufgefüllt worden. Jedoch sind die in der Fallstudie gezeigten Fluktuationen von wesentlich stärkerem Ausmaß, als sie Scherer für alle Technologiebereiche feststellte und bleiben - wenn man den umfassenden Produktivitätseinbruch mit den Zahlen Scherers in der Fallstudie korrigiert - immer noch prominent vertreten. Wie das Fallbeispiel zeigt, treten Effekte des Leerfischens und Wiederauffüllens für die einzelnen wissenschaftlich-technologischen Paradigma eigengesetzlich zu unterschiedlichen Zeitpunkten auf und überlagern sich möglicherweise gegenseitig, so dass Scherer mutmaßlich ein zufälliges Zusammentreffen zeitgleicher Fluktuationen aus verschiedenen technischen Bereichen beobachtet hat. Trotz dieser Vermischung von unterschiedlichen Zeitstrukturen der Mikroebene auf der Makroebene kann die Modellvorstellung Scherers auch zur Interpretation der Fallstudie herangezogen werden, wie die Einzelbelege oben gezeigt haben.

Das Wechselspiel zwischen Wissenschaft und Technik zeigt zunächst, dass wissenschaftliche Aktivitäten den technischen Bemühungen nicht vorauslaufen (jedenfalls im Falle eines wissensgetriebenen Markts), sondern sich praktisch zeitgleich dem neuen Paradigma zuwenden. Die erste Innovationsphase (ca. 1960 - 1970) bringt Produkte mit unterschiedlichen Merkmalen hervor. Sie sind nicht homogen, weil die Produzenten hinsichtlich der Präferenzen der potentiellen Nachfrager unsicher sind und den Markt noch abtasten müssen. In *Retardierungsphasen* der Technikentwicklung, die von ungenügender Anpassung an die sich ausdifferenzierenden Märkte herrühren dürften, kann der Rückgriff auf neue wissenschaftliche Effekte und Durchbrüche Lösungen bereitstellen - konträr zum sequentiellen Ablaufmodell,

---

84 Schmoch et al. (1988, S. 169 - 171).

85 Scherer (1986).

nach dem die Lerneffekte nacheinander von Wissenschaft zu Technik und danach zu Innovation und Markt voranschreiten sollen. In diesem Teststadium wird in kleineren Losgrößen produziert und die verwendeten Materialien verändert. Im Falle der Lasermedien geht dies nicht ohne Rückgriff auf grundlegende Arbeiten. Wegen eventuell hoher Umstellungskosten unterliegen die Investitionen einem großen Risiko. Ein spezialisierter Maschinenpark zur Ausdehnung der Produktion wird noch nicht aufgebaut.

Die Fallstudie verdeutlicht, wie Fluktuationen im wissenschaftlich-technischen Paradigma zu Unsicherheit führen und geändertes Innovationsverhalten auslösen. Sie zeigt ferner, wie die fortschreitende Marktentwicklung und die Markterwartung an das neue Paradigma zu Produktdifferenzierungen führt, welche die ursprünglichen Produktmerkmale nicht einschließen. Erst müssen neue Wissenschaft und neue Technik darauf reagieren, bevor eine zweite Welle von Innovationsaktivitäten entsteht. Hierbei nimmt das Ausmaß von FuE-Tätigkeiten wieder zu und nicht ab. Würden sich die Lernprozesse so ergeben, dass wettbewerbende Unternehmen die Produktmerkmalsänderungen im wesentlichen auf eines oder auf wenige dominierende technische Konstruktionen hin entwickeln würden[86], müsste im wesentlichen von Imitationsprozessen durch die aufholenden Innovatoren ausgegangen werden. Eine Imitation ist jedoch patentrechtlich nicht schützbar und müsste daher zu einem Abflauen der Patentaktivitäten führen. Beobachtet wird in der Fallstudie das Gegenteil, ein Aufflackern von Inventionsaktivitäten im Laufe der Marktentwicklung und der Reifung der Technologie, das Verlagern auf neue Materialien (Halbleiter) und das Auftreten aufholender Unternehmen in nicht führenden Volkswirtschaften (Japan).

Stilisierte Fakten zu Lernprozessen

Wegen der Bestätigung der Modellvorstellungen zum innovativen Lernverhalten und zur Produktdifferenzierung sowohl durch den Makroansatz mit technometrischen Daten für einen Warenkorb (Kapitel 7) als auch durch patent- und literaturstatistische Analysen eines Einzelmarkts scheint es gerechtfertigt zu sein, von den Einzelfällen wieder abzusehen und ein stilisiertes dynamisches Modell des innovativen Lernverhaltens auf wissensgetriebenen Märkten zu skizzieren. Dies ist - ohne dort schon die empirischen Belege erläutern zu können - mit Abbildung 1-3 im Abschnitt 1.4 geschehen. Das dort apodiktisch eingeführte standardisierte Schema zur Einordnung der wissenschaftlich-technischen Evolution in das Referenzschema mit acht idealtypischen Standardsituationen ist direkt aus der hier diskutierten Fallstudie abgeleitet worden und entspicht in einer idealisierten Weise den Messkurven für das Laser-Paradigma (Abbildung 8-1). Insbesondere sind Fluktuation und Stagnation

86 Dies entspricht der These 1 in Kapitel 7.

nachgezeichnet worden, so dass es notwendig ist, die gängigen Entwicklungsphasen im Bereich der Marktentstehung weiter aufzuschlüsseln.

Die Fallstudie belegt insbesondere enge Verbindungen wissenschaftlicher und technischer Aktivitäten in zeitlicher Hinsicht. Wie unlängst ausgeführt wurde, ist es genauso richtig, zu sagen, dass neue Technologie neue Wissenschaft angestoßen hat, wie das Umgekehrte.[87] Auch wenn man die entsprechenden Begriffe systematisch auseinandersortieren kann, so trifft dies in zeitlicher Hinsicht nicht zu und lässt die Auffassung vom „glücklichen Zufall", mit dem wissenschaftliche Ergebnisse zustandekommen, fraglich erscheinen.[88] Dies hat weitreichende Konsequenzen für die Innovationstheorie und die Wirtschaftswissenschaften insgesamt, die eigentlich den Begriff des *technischen Fortschritts* aufgeben müssten. Konsequenterweise ist im hier verfolgten Referenzschema auch der Begriff des *wissenschaftlich-technischen Paradigmas* eingeführt worden. Das dynamische Modell für das Zusammenspiel von Wissenschaft, Technik und innovativer Produktion, wie es mit Abbildung 1-3 und durch die Fallstudie nahegelegt wird, wird je nach Wissenschafts- und Technikgebiet andere Proportionen haben[89]. Für den einen Sektor fallen die Aktivitätswellen der Technik, für den anderen diejenigen der Wissenschaft groß aus ohne dass Anlass besteht, annehmen zu müssen, dass das idealisierte Schema nur für die hier studierte Fallstudie und nicht generell gilt.

8.3 Gegenüberstellung von Fortschrittsindikatoren für den Lasermarkt

Gesamtwirtschaftliche Aggregation heißt, Informationen über Märkte erheblich zu verdichten. Dadurch gehen wichtige Informationen über innovative Märkte verloren. Gelegentlich wird makroökonomisch modellierten Ergebnissen vorgeworfen, dass sie mikroökonomisch unzureichend fundiert seien. In der Tat sind Zusammenhänge zwischen Aggregatgrößen im allgemeinen nicht exakt auf Einzelmärkte zu übertragen. Den Nachteil möglicher fehlerhafter Schlussfolgerungen für wichtige ökonomische Größen auf Partialmärkten, z. B. ihr Wachstum, nimmt man jedoch in

87 Nelson und Rosenberg (1993, S. 7). In der deutschsprachigen Literatur formuliert Böhme (1992, S. 18) ebenso: „Und wenn man sagt, dass die Wissenschaft die Basis von Technologie sei, so kann man mit eben demselben Recht sagen, dass die Technologie die Basis zur Wissenschaft abgibt. Wie immer man sich zu dieser Frage stellt, in unserem Zusammenhang ist Wissenschaft und Technik als ein Ganzes relevant."

88 „Diese Verflechtung, anders als der glückliche Zufall, ist der prinzipielle Grund, warum in vielen Gebieten die Universitätsforschung einen bedeutenden Beitrag zum technischen Fortschritt liefert und Universitäten ebenso wie die Unternehmensforschung zu einem essentiellen Bestandteil des Innovationssystems geworden sind." A. a. O., S. 7.

89 Sektoral unterschiedliche Verhältnisse in Deutschland haben Grupp und Hinze gemessen (1994, S. 106 ff.); für die USA siehe auch Klevorick et al. (1995, S. 193 - 198).

Kauf, um zu wirtschaftspolitisch interessanten, einfachen und übersichtlichen Aussagen zu gelangen.

Wenn aber eine exakte Mikrofundierung der makroökonomischen Aussagen nicht möglich ist, bleibt Raum für verschiedene Hypothesen zu Einzelmärkten. Es erscheint angezeigt, das der gesamtwirtschaftlichen Analyse zugrundegelegte methodische Instrumentarium disaggregiert auf einen Partialmarkt anzuwenden. Dies ist Aufgabe des vorliegenden Abschnitts. Nach der diskriptiven Betrachtung der Entwicklung des Lasermarkts über mehr als vier Jahrzehnte im vorangegangenen Abschnitt erfolgt jetzt eine Gegenüberstellung von Innovationsindikatoren.

Wissensgüter in Teilmärkten

Aufgrund des in Abbildung 8-2 dargestellten Strukturwandels auf dem Lasermarkt wird eine Dreiteilung vorgenommen, so dass große Laser, Halbleiterlaser und Medizinlaser getrennt betrachtet werden können. Die Begründung für die Segmentierung der Lasermedizin wird momentan aufgeschoben; sie findet sich im nachfolgenden Abschnitt 8.4. Technometrische Daten für die Anbieter in den USA, Japan und Deutschland liegen zu jedem Segment des Lasermarkts für das Jahr 1986 vor,[90] patentstatistische Erhebungen zur Bildung der ITP-Indexes (1983-1984) und des ITPP-Indexes (1980-1984) sind ebenfalls erfolgt.[91] Damit lässt sich - wie im gesamtwirtschaftlichen Kontext - eine Schätzung der Wissenschaftsproduktionsfunktion gemäß (7-4) durchführen.

Eine OLS-Analyse ergibt, dass beide Patentindikatoren im Falle des Lasermarkts nur schwach korrelieren und auf dem 5 %-Niveau nicht signifikant sind.[92] Offenbar ist auf diesem wissenschaftsgetriebenen Markt der Patentindikator als FuE-Ertragsindikator nicht in so hohem Maße fortschrittsrelevant wie im makroökonomischen Aggregat. Zur weiteren Aufklärung der Zusammenhänge bietet es sich an, das fortschrittsrelevante Wissen auf diesem Markt gemäß der Güterklassifikation in Tabelle 8-1 zu zerlegen.

Hierzu wurden Gespräche mit einer großen Zahl in- und ausländischer Fachleute darüber geführt, aus welcher Kategorie des Wissens die Unternehmen bei der Merkmalsausprägung der Eigenschaftenbündel für Lasergeräte schöpfen.[93] Die meisten Fachleute führen die Eigenschaften im Bereich der Leistungsparameter und

---

90 Dokumentiert in Grupp et al. (1987, S. 161 - 231).

91 Schmoch et al. (1988, S. 160 - 184).

92 Daher werden an dieser Stelle die üblichen Schätzparameter nicht berichtet. Für den ITP-Indikator ist t = 2,439 bei einer Irrtumswahrscheinlichkeit von 7,1 %, für den ITPP-Indikator gilt t = 2,22 bei einer Irrtumswahrscheinlichkeit von 9,1 %.

93 Grupp et al. (a. a. O., S. 166 ff.).

des Wirkungsgrads direkt auf die Wissenschaft zurück und verweisen darauf, dass Fortschritte vom Vermessen der Atom- und Molekülspektren, gegebenenfalls der optischen Pumpleistung, der Energiezustände, der Lichtquellen usw. abhängen. Die Strahleigenschaften wie Divergenz und Durchmesser, Richtungsstabilität und Polarisation des Lichts berühren optisch-feinmechanische Kenntnisse und sind in der Regel umfassend geschützt. Dasselbe gilt für die Herstellungstechnik, etwa die Anbringung von Spiegeln, die Rohrmaterialien, die elektrische Anregung, die Kristallzüchtung etc. Eigenschaften im Bereich der Gerätezuverlässigkeit, der Handhabbarkeit und der Anwendung beruhen auf Insiderwissen, das entweder nicht patentfähig ist oder intentional geheimgehalten wird.

Gemäß der Klassifikation in Tabelle 8-1 können die Leistungsparameter als nicht ausschließbares Wissen, die Strahl- und Prozesseigenschaften als teilweise (latent) ausschließbares Wissen und die Gerätezuverlässigkeit und Handhabbarkeit als voll ausschließbares Wissen modelliert werden. Angemerkt werden muss, dass die entsprechenden Gespräche in allen drei Vergleichsländern stattgefunden haben, so dass sich diesbezüglich keine national verschiedenen Auffassungen ergeben. Gleichwohl handelt es sich um Expertenschätzungen, nicht um objektive Messungen.[94] Die Eigenschaftenbündel unterscheiden sich ferner in den damals gebräuchlichsten Produktvarianten auf dem Lasermarkt (Tabelle 8-2), so dass aus den drei Ländern insgesamt 18 wohldefinierte Eigenschaftenbündel vorliegen, die einer Analyse der Wissensquellen zugrundeliegen. In Tabelle 8-2 ist nur zur Charakterisierung eine unvollständige Liste typischer Anwendungen enthalten.

Tabelle 8-2: Produktvarianten auf dem Lasermarkt 1986.

Grobunterscheidung	**Produktvarianten**	**Weltmarktanteil in %**	**Typische Anwendung**
Große Laser	Helium-Neon	7	Streifencodeleser
	Argon-Kleinleistung	14	Reprographie
	Argon-Leistungslaser		Spektroskopie
	Kohlendioxid	21	Schweißen, Bohren
	Dauerstrich-Festkörper	20	Materialbearbeitung
	Puls-Festkörper		Wehrtechnik
Halbleiterlaser	Laserdiode	23	CD, Glasfaserkommunikation
Medizinlaser	Kohlendioxid-Wellenleiter	4	Skalpell
Sonstige	Diverse	11	Diverse

94 In Deutschland wurden 19 Gespräche, in den USA und Japan jeweils 10 und in Kanada 2 geführt. Von den 41 Interviews bezogen sich 25 auf Gespräche in Unternehmen; Grupp et al. (a. a. O., S. 36).

Ein multidimensionales Abbild der Lasermärkte

Die auf nationaler Ebene aggregierten technometrischen Daten lassen sich multidimensional darstellen; für den Zweck der Aufklärung der Güterkategorien des in den Gütern gebundenen Wissens erscheint jedoch eine dreidimensionale Behandlung nach den drei zu unterscheidenden Güterklassen (ausschließbar, teilweise ausschließbar, nicht ausschließbar) hinreichend zu sein. Folglich ist eine zweite Aggregation der Eigenschaftenbündeln nach den Leistungsparametern, den Strahl- und den Prozesseigenschaften und der Gerätezuverlässigkeit bzw. Handhabbarkeit vorzunehmen. Mit Hilfe der multidimensionalen Skalierung kann dann eine Untersuchung der Gütervarianten differenziert nach Wissensquellen erfolgen.[95]

Zu den realen Objekten werden drei Idealprodukte hinzugenommen, wobei jeweils eines beste Merkmale nur in einer Güterdimension des Wissens haben soll, z. B. $K^* = 1$ in den Eigenschaften, die auf öffentlichen Gütern, und $K^* = 0$ für Eigenschaften, auf latenten und privaten Gütern beruhen, und vice versa. Diese Idealprodukte können als Pole oder Extremwerte in den Ähnlichkeitsbeziehungen interpretiert werden. Da drei(zwei)dimensionale Karten ohne Einschränkung der Allgemeinheit bezüglich ihrer Hauptachsen gedreht werden können, kann immer eine Darstellung gefunden werden, die zwei (einen) dieser Pole in Achsenlage bringt. Damit werden die Positionen bezüglich dieser Achse im Hinblick auf die Wissensquellen interpretierbar. Gemäß der in der Industrieökonomik üblichen Weise ist das Distanzmaß nach (5-1) definiert, es wird eine drei-, aber auch eine zweidimensionale Konfiguration errechnet. Die Anpassungsgüte der beiden Darstellungen ist in Tabelle 8-3, die zweidimensionale Konfiguration in Abbildung 8-4 dargestellt.

Tabelle 8-3: Anpassungsgüte der multidimensionalen Skalierung der Wissensquellen und der diesbezüglichen Produkteigenschaften auf dem Lasermarkt 1986.

Konfiguration	**Zweidimensional**	**Dreidimensional**
R^2	0,982	0,998
Stress	0,081	0,007
Anpassungsgüte	gut	sehr gut

Der hohe Anteil der erklärten Varianz (R^2) belegen eine gute bis sehr gute Repräsentierung des mehrdimensionalen Problems auch in der zweidimensionalen Konfiguration. Die amerikanischen Anbieter haben ein Produktsortiment am Lasermarkt, das in allen Varianten ähnliche Eigenschaften hat. Die Güter sind sehr fortgeschrit-

95 Dabei kommt die multidimensionale Skalierung gemäß der SPSS-Software zur Anwendung. Vorgegeben wird eine Iterationsgenauigkeit von L< 0,0001 oder 230 Iterationen.

ten in den patentfähigen Eigenschaften (latentes Wissen z. B. in den Strahleigenschaften und der Prozesstechnik), was sich in einer relativ großen Zahl tatsächlich erworbener Eigentumsrechte widerspiegelt. Die Eigenschaften, die auf privaten Gütern beruhen (Gerätezuverlässigkeit, Handhabung), sind im internationalen Vergleich weniger fortgeschritten. Die Produktvarianten aus Japan sind dagegen wesentlich heterogener, sind aber wie die amerikanischen in denjenigen Merkmalen, die auf privaten Gütern beruhen, weniger fortgeschritten bis auf eine Ausnahme (Argon-Leistungslaser). Die übrigen Marken sind entweder in patentfähigen Bereichen oder in wissenschaftsnahen Eigenschaften sehr fortgeschritten. Quasi orthogonal dazu liegen die deutschen Produkte, von denen mehrere gerade im Bereich Handhabung und Zuverlässigkeit beste Merkmalsausprägungen aufweisen. Bis auf eine Ausnahme sind die Spezifikationen im patentfähigen Bereich weniger ausgeprägt.

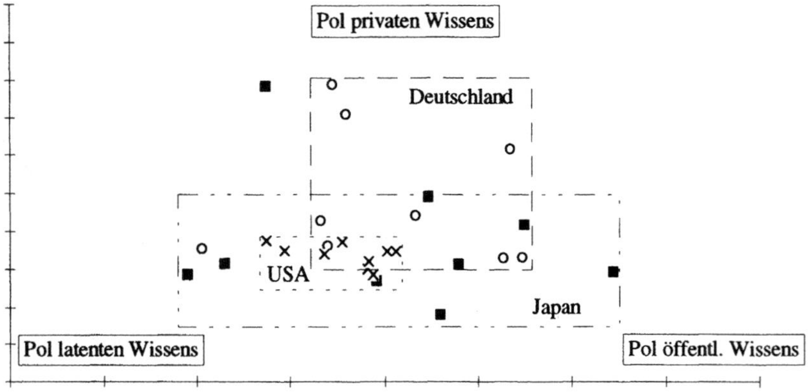

Abbildung 8-4: Rotierte zweidimensionale Konfiguration der multidimensionalen Skalierung der technischen Eigenschaften von neun Laserprodukten aus drei Ländern (1986).[96]

Abbildung 8-4 zeigt, dass die Produktdifferenzierung auf dem Lasermarkt bis zum Jahr 1986 in den drei Volkswirtschaften unterschiedlich weit fortgeschritten ist. Desweiteren zeigt sich, dass die Anbieter in den drei Volkswirtschaften teilweise

96 Gegenüber der ursprünglich berechneten zweidimensionalen Konfiguration sind die Achsen um 56,8° gedreht, so dass der Pol privaten Wissens am Maximalwert der Ordinate und die Pole latenten und öffentlichen Wissens entlang der Abzisse zu liegen kommen. Durch die Rotation werden die Distanzen der Konfiguration nicht verändert; siehe z. B. Backhaus et al (1990, S. 333). Außerdem wurde der Ursprung der besseren Lesbarkeit der Abbildung willen aus dem Zentrum der Abbildung verlegt. Die eingezeichneten Rechtecke kennzeichnen die Positionierung der Länder und sind lediglich eine das Auge führende Lesehilfe. Sie umhüllen die Produktvarianten jeder Volkswirtschaft; im Falle Deutschlands und Japans wurde jeweils eine Produktvariante außer acht gelassen.

aus unterschiedlichen Güterkategorien des Wissens schöpfen, die auch im Hinblick auf die Aneignungsfähigkeit der Innovationsrenten unterschiedlich zu beurteilen sind. Beispielsweise fällt der Median der deutschen Produkte in der als Dimension des privaten Wissens erkannten Achse auf einen Koordinatenwert von (4,8 ± 1,8), während Japan in dieser Dimension bei (3,7 ± 1,8) und die USA auf (3,4 ± 0,3) zu liegen kommen. Noch deutlicher wird die unterschiedliche Ausprägung der Wissensgüter in den drei Volkswirtschaften in der dreidimensionalen Konfiguration der multidimensionalen Skalierung, die sich allerdings nicht übersichtlich darstellen lässt.

Schlussfolgerungen aus der multidimensionalen Analyse

Da offenbar der Fortschritt auf dem Lasermarkt in den drei verglichenen Volkswirtschaften auf teilweise verschiedenen Wissenskategorien beruht, kann nun erklärt werden, warum die Schätzung des Zusammenhangs zwischen patent- und technometrischem Indikator nicht auf hohem Niveau gelingt. Der Patentindikator misst die FuE-Erträge über die Schutzrechte, letztlich also den Anteil latenten Wissens am gesamten Wissensbestand. In dieser Hinsicht sind die amerikanischen und teilweise auch die japanischen Produkte besser ausgestattet als die deutschen. Der über die Eigenschaftenbündel aggregierte technometrische Indikator unterscheidet aber nicht nach der Wissenskategorie und bezieht die ausschließbaren und die öffentlichen Wissengüter mit ein, welche im Patentindikator nicht oder kaum enthalten sind.

Die Patentindikatoren allein können daher kein valides Hilfsmaß für die Fortschrittsmessung mehr darstellen; zumindest gilt dies auf einem wissensgetriebenen Markt. In makroökonomischer Hinsicht scheinen sich diese Unterschiede auf Einzelmärkten auszumitteln, so dass im Kapitel 7 ein entsprechender Zusammenhang für einen Warenkorb formuliert werden konnte. Die mikroökonomische Betrachtung des Zusammenhangs zwischen FuE-Ertrag und Fortschrittsmaß ist also notwendig, um das Funktionieren von wissenschaftsabhängigen Partialmärkten beurteilen zu können.

Ferner ist anzumerken, dass sich die technometrischen Fortschrittsindikatoren in den drei Volkswirtschaften auch in einzelnen Marktsegmenten unterscheiden, was im vorliegenden Zusammenhang nur am Rande interessiert. Tabelle 8-2 enthält Anteile des Weltmarkts an Laserstrahlquellen (ohne die Länder des Rats für Gegenseitige Wirtschaftshilfe, RGW).[97] Im Jahr 1987 bestand der Lasermarkt zu fast einem Viertel aus Halbleiterlasern und zu je mehr als einem Fünftel aus Kohlendioxid- und Festkörperlasern. Korreliert man das Fortschrittsmaß mit den Weltmarktanteilen, dann zeigt sich, dass der technische Fortschritt für US-Innovationen und für deutsche Innovationen nicht mit den Marktvolumina korreliert sind. Fort-

97 Datenquellen wie in Fußnote zu Abbildung 8-1.

schritt entwickelt sich in den größeren und den kleineren Segmenten des Lasermarktes in ähnlicher Weise. Anders dagegen stellt sich die Innovationsdynamik in Japan dar. Die Produktqualität ist auf einem Signifikanzniveau von 6,7 % in den großen Segmenten höher als in den kleinen.

Es ist nicht anzunehmen, dass dies ein Zufallsergebnis ist, wenn gerade japanische Anbieter auf einem für sie relativ neuen, stark wissenschaftsabhängigen Gebiet der Technik zuerst in den großen Marktsegmenten „lernen" und dabei kleinere Nischen vorläufig technologisch vernachlässigen.[98] Offenbar gelingt den japanischen Anbietern das Mobilisieren insbesondere des wissenschaftlichen Wissens, das zum Teil im eigenen Land nicht zu finden ist, in den bereits größeren Segmenten des Lasermarktes effizienter.

Im letzten Abschnitt dieses Kapitels wird ein gemäß Tabelle 8-2 kleines Marktsegment auf noch tieferem Niveau der Disaggregation betrachtet, der Markt für Medizinlaser. Die Wissenschaftsbindung der Lasermedizin fällt aufgrund patentstatistischer Untersuchungen noch wesentlich höher aus als auf dem Medizinmarkt insgesamt.[99]

8.4 Zusammenwirken von öffentlichen und privaten Institutionen: Fallbeispiel Lasermedizin

Bei der Beschreibung der Wechselbeziehung zwischen „reiner" Forschung und industrieller Technik spielen institutionelle Aspekte eine große Rolle. Sehr früh wies Freeman[100] darauf hin, dass das Ausmaß der Wissenschaftsbindung vom Wesen und den Interessen der überbrückenden Institutionen abhinge und dass insbesondere eine akademische Institution, auch wenn sie über Technologietransferbüros und dergleichen verfügt, anderen Gesetzen (Karriereorientierung, Verdienstmöglichkeiten, Möglichkeiten zum Erwerb von Anerkennung etc.) unterliegen muss als etwa die Grundlagenforscher in einem großen Industrielabor (wie z. B. den nobelpreiswürdigen Bell-Laboratorien oder den schweizerischen IBM-Forschungsstätten). Dosi[101] fügt in das institutionelle Bild die in der zweiten Hälfte dieses Jahrhunderts wachsende Rolle von öffentlichen oder quasi-öffentlichen FuE-Einrichtungen auch im wehrtechnischen Bereich ein, die wiederum andere Brückenfunktionen zwischen Wissenschaft und Technik einnehmen. Es scheint daher angemessen zu sein, auf

98 Dies ist die Schlussfolgerung von Grupp und Schwitalla (1988, S. 330); die entsprechenden Schätzergebnisse für alle drei Volkswirtschaften sind heteroskedastizitätsrobust.

99 Siehe bei Grupp und Schmoch (1992a, S. 287).

100 Freeman (1982); die erste Auflage dieses Bandes stammt aus dem Jahr 1974.

101 Dosi (1988, S. 1137).

dem Lasermarkt einige grundsätzliche institutionelle Aspekte zu untersuchen und an einem überschaubaren Fallbeispiel, hier der Lasermedizin, genau auszuführen.

Institutionelle Aspekte wissensgetriebener Märkte

Analysen aus neuerer Zeit zeigen, dass in den Niederlanden und in den Vereinigten Staaten kleinere Unternehmen eine höhere Effizienz in Forschung und Entwicklung aufweisen als Großunternehmen *außer* im wissensbasierten Sektor.[102] Der wissensbasierte Sektor enthält dabei sehr große oder kleine bis winzige, hochspezialisierte, von Wissenschaftlern geleitete Neugründungen.[103]

Die Unternehmen im wissensbasierten Sektor tragen zur Weiterentwicklung des Wissensbestands bei, indem sie in wissenschaftlichen Zeitschriften publizieren. Die ersten vorliegenden Ergebnisse belegen, dass Unternehmen sogar im Bereich der Grundlagenforschung publizistisch tätig sind.[104] Die Gründe hierfür sind darin zu sehen, dass es zu den weniger fassbaren Zielen der Unternehmens-FuE auch gehört, die Reputation des Unternehmens zu erhöhen, hervorragende Forschungspersönlichkeiten anzuziehen und einen wissenschaftlichen Ruf zu begründen. Ein so denkendes Unternehmen wird seine FuE-Personen zur wissenschaftlich-technischen Publikation anhalten.[105] Auch ist die Konferenzteilnahme (zur Beobachtung weltweiter Forschungstrends und damit zur Ausnutzung externer Effekte!) oft an eigene Beiträge geknüpft, die dann publiziert werden. Inzwischen wurde eine Typologie vorgelegt, die das Verhalten der öffentlichen Forschungsinstitute in Bezug auf Kooperationen mit der Wirtschaft und die Arten der Zusammenarbeit und ihre Logik in grobe Klassen teilt. Sie wird aus den tiefverwurzelten Traditionen im öffentlichen

---

102 Nooteboom und Vossen (1992). Dabei wurden die vier Sektoren von Pavitt (1984) zugrundegelegt, wobei der wissensbasierte Sektor aus der chemischen und der elektrotechnischen Industrie besteht.

103 Siehe auch Dosi (1988, S. 1149).

104 Hicks et al. (1994) untersuchen japanische Unternehmen, von denen - etwa im Vergleich zu amerikanischen - behauptet wird, sie seien besonders wenig an Grundlagenforschung interessiert. Die Autoren zeigen aber, dass im Jahr 1989 nur elf japanische Unternehmen gemäß der Vermutung eine geringe Zahl von wissenschaftlichen Publikationen hervorbrachten, sechs Unternehmen in diesem Jahr jedoch mehr als 50, acht mehr als 100 und drei mehr als 200. Der Spitzenreiter war die nationale Telefongesellschaft NTT. Die Publikationen hatten die gleiche Verteilung auf angewandte und grundlagenorientierte Zeitschriften wie alle übrigen wissenschaftlichen Publikationen und können nicht als grundlagenarm bezeichnet werden. Grupp und Schnöring (1990, S. 35) können für das Telekommunikationsgebiet sogar belegen, dass bis auf länderspezifische Besonderheiten rund die Hälfte der nachgewiesenen Veröffentlichungen dem Unternehmenssektor (gegebenenfalls einschließlich der jeweiligen privatisierten Netzbetreiber) entsprungen waren.

105 Diese „weniger fassbaren" Ziele der Unternehmens-FuE hat die EIRMA (1985) näher erläutert.

und privaten Bereich abgeleitet. Entsprechend den „technologischen Bahnen" werden „Lernbahnen" postuliert.[106]

Umgekehrt tragen außerindustrielle Einrichtungen von der institutionellen Seite her zum Entstehen gewerblicher Schutzrechte bei. So lassen sich etwa die marktrelevanten Ergebnisse aus Hochschulen mit Hilfe der an Universitäten entstandenen Patenten sachlich und dem Umfang nach mit den wissenschaftlichen Publikationen vergleichen.[107]

Lasermedizin als Fallbeispiel

Nach diesen allgemeinen Erörterungen zu den unorthodoxen institutionellen Beziehungen zwischen Hochschulen und dem Unternehmenssektor in wissensgetriebenen Märkten soll als Fallbeispiel die *Lasermedizin* untersucht werden. Die *Lasermedizin* kann dadurch charakterisiert werden, dass sie ein relativ neues Gebiet ist, in dem Physiker und Ingenieure mit Medizinern zusammenarbeiten, und für das ein großes und wachsendes Marktpotential vorliegt. Blume[108] hat die Grundstrukturen des wissenschaftlich-technischen Wandels in der Medizintechnik ausführlich charakterisiert. Demnach liegen in der Biomedizin und der medizinischen Physik spezifische interdisziplinäre Interessen vor und auch die Marktstrukturen unterscheiden sich von vielen anderen Märkten. So ist etwa der Wettbewerb zwischen Kliniken, niedergelassenen Ärzten und Herstellern medizintechnischer Geräte nicht durch die üblichen Marktbeziehungen gekennzeichnet, sondern durch die speziellen Abrechnungssysteme des Gesundheitswesens. An die Stelle von Effizienz- oder Preiswettbewerb treten in vielen Ländern Rivalitäten und Statusfragen. Vor diesem Hintergrund scheint die Lasermedizin ein hochinteressantes Fallbeispiel für die Zusammenarbeit von Grundlagenforschung und Industrieforschung zu sein, wenn das Gebiet auch für andere Märkte möglicherweise nicht typisch ist.

---

106 Joly und Mangematin (1996). Die Autoren betonen die Wichtigkeit der soziologischen Wissenschaftsforschung zur Aufklärung dieser Typen und bedauern die mangelnde Angemessenheit der diesbezüglichen ökonomischen Forschung.

107 Patentanmeldungen von Hochschullehrern in Deutschland haben Grupp und Schmoch (1992) recherchiert, wobei sie zeigen können, dass der Anteil der Hochschulen am deutschen Patentaufkommen in den wissenschaftsgebundenen Sektoren der Technik systematisch höher ist als in den wissenschaftsärmeren (a. a. O., S. 95 - 98). Daraus lässt sich klar schließen, dass die deutschen Hochschulen die ihnen zugedachte Rolle einer Akteurin in der wissenschaftlichen Technik tatsächlich übernehmen. Allerdings fällt die institutionelle Aktivität zwischen Wissenschaft und Technik im Bereich der Chemie und der Medizin viel stärker aus als im Bereich der Elektronik und der Informationstechnik im weiteren Sinne. Trajtenberg et al. (1994) wiederholten eine solche Analyse für die Vereinigten Staaten und recherchierten die aus US-Hochschulen stammenden Patenterteilungen. Der Anteil der Zitate auf die wissenschaftliche Literatur in Universitätspatenten fällt signifikant höher aus als in Unternehmenspatenten, so dass sie einen daraus abgeleiteten Indikator für die „Grundlagenhaftigkeit" (Original: „Basicness") bilden. Auch die amerikanischen Hochschulen patentieren in wissenschaftsintensiven Sektoren mehr als sonstwo (Rosenberg und Nelson, 1994, S. 339).

108 Blume (1992, S. 60 - 68).

Die Literatur enthält eine Reihe anderer Fallbeispiele zum Zusammenwirken öffentlicher und privater Institutionen, auf die hier nicht eingegangen werden kann. So untersucht Radkau[109] die Technikgenese in der Kerntechnik und argumentiert, dass die Kerntechnik in ihrer Anfangszeit nach damaligen Vorstellungen das höchste Niveau für „wissenschaftliche" Technik darstellte, das sich denken ließ. Er erwähnt ferner die Gentechnik, die heute vielfach als Musterbeispiel einer besonders innigen sektoralen Verschmelzungen von Wissenschaft und Technik gilt. Ein nach Maßstäben des 19. Jahrhunderts extremer Fall einer aus der reinen Theorie geborenen komplizierten Technik war der Dieselmotor. In diesem Fall mussten sich die Grundlagenforscher in der Thermodynamik mit der „falschen" Industrie verbinden, nämlich dem Schwermaschinenbau, was dem Gang der Zusammenarbeit einen speziellen Stempel aufdrückte.

Gambardella untersucht die pharmazeutische Industrie in den Vereinigten Staaten in den 80er Jahren. Seine Fallstudien über einige wenige große Arzneimittelhersteller zeigen, dass Unternehmen mit spezifischen und leistungsfähigen Programmen zur Grundlagenforschung im eigenen Haus die externen wissenschaftlichen Informationen effizienter ausnutzen können und damit von den gegebenen externen Effekten stärker profitieren.[110] Die Gruppe von Forschern um Achilladelis[111] hat in einer Serie von Publikationen zur Dynamik der technologischen Innovation im Bereich der antibakteriellen Medizin, der chemischen Industrie allgemein und der Pestizidindustrie im besonderen gezeigt, dass alle Fallbeispiele von einem gemeinsamen Merkmal gekennzeichnet sind, nämlich dass die Existenz einer internen Forschungsgruppe in den beteiligten Unternehmen entscheidend war, um externe Effekte aus der Grundlagenforschung ausnutzen zu können. Öffentliche Forschungstellen und Universitäten spielten eine katalytische Rolle und standen insbesondere in Wechselwirkung mit den betroffenen Unternehmen.

Wie fügt sich das Fallbeispiel der Lasermedizin in diesen Kontext ein? Die Lasermedizin liegt im Überlappungsbereich der Medizintechnik und der Lasertechnik und entspricht somit - schon von der Größe des Gebiets her - nicht in jedem Fall einer Teilmenge eines einzigen Markts, z. B. des Lasermarkts. Die Lasermedizin ist ein typisches transdisziplinäres Gebiet. Laseranwendungen in der Medizin betreffen sowohl therapeutische wie auch diagnostische Instrumente. Das Gebiet muss externe Effekte aus der Wissenschaft absorbieren, vor allem aus der Physik, im besonderen der angewandten Optik, wie auch aus der medizinischen Forschung. Eine sehr wichtige und frühe Anwendung von Lasern in der Medizin betrifft die Augenoperationen. Mit der Laser-Ophthalmoskopie wird z. B. die Ablösung der Retina insbesondere bei Diabetespatienten behandelt („Punktschweißen der Retina"). Diese

---

109 Radkau (1992) nimmt eine technisch-historischer Sicht ein.

110 Gambardella (1992).

111 Achilladelis et al. (1987, 1990), Achilladelis (1993).

Möglichkeit wurde 1965 publiziert. Bereits 1964 wurde eine andere biomedizinische Anwendung von Lasern bekannt, die Behandlung von kanzerogenen Hauterkrankungen. 1985, d. h. zwanzig Jahre nach der Beschreibung der ersten Möglichkeiten, war die Zahl der jährlichen Patentanmeldungen in der Lasermedizin einen Faktor 10 höher als 1975.[112] Die wissenschaftlichen Publikationen sind noch stärker angewachsen.[113] Nach allen Innovationsindikatoren erscheint die Lasermedizin als ein dynamisches, relatives junges Forschungsgebiet mit erheblicher gesellschaftlicher und industrieller Relevanz.

Entstehung eines Markts für Lasermedizin

Zunächst werden analog zum gesamten Lasermarkt die entsprechenden deskriptiven Indikatoren diskutiert. Abbildung 8-5 belegt das rasante Anwachsen der Inventionstätigkeit im Gebiet der Lasermedizin. Man muss die Abbildung im Zusammenhang mit der Entwicklung des gesamten Lasermarkts (Abbildung 8-1) betrachten. Während eine erste Innovationsphase bezüglich aller Laser einen Höhepunkt etwa um das Jahr 1968 erreichte, war in diesem Jahr und noch Jahre danach in Bezug auf innovative Medizinlaser kaum eine Aktivität zu verzeichnen. Zehn Jahre später,

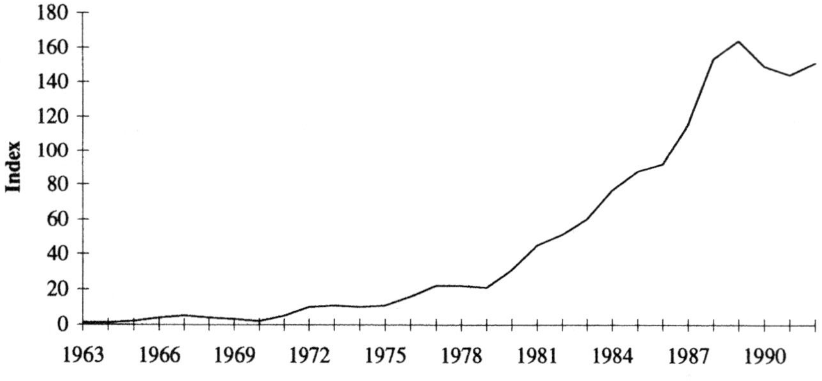

Abbildung 8-5: Entwicklungsdynamik der Lasermedizin gemessen an indizierten Patentindikatoren.[114]

etwa zusammen mit dem allgemeinen Wiederaufleben der Erfindungstätigkeit im Gebiet der Laser wächst nunmehr auch der Bestand an Schutzrechten in der Laser-

---

112 Grupp und Schmoch (1992a).

113 Van Vianen und van Raan (1992).

114 Patentanmeldungen am Deutschen bzw. Europäischen Patentamt aus aller Welt mit den Prioritätsjahren 1963 bis 1992.

medizin an; die Aktivität zwischen 1979 und 1989 erhöht sich fast auf das Zehnfache. Seit 1989 stellt sich Stagnation auf hohem Niveau ein.

Während im Gesamtgebiet der Laser das starke Wiederaufleben der Erfindungstätigkeit im Rahmen einer zweiten Welle durch einen Strukturwandel der Technik selbst und ein starkes Aufholen der Erfindungsaktivitäten japanischer Unternehmen gekennzeichnet war, zeigt Abbildung 8-6, dass im Gebiet der Lasermedizin das Fortschrittstempo vor allem von amerikanischen Anbietern vorgegeben wird. Während sich seit 1980 Zuwächse auch in Deutschland und Japan zeigen, zieht sich Japan seit etwa 1990 von den internationalen Patentmärkten zurück, was die Stagnation der Gesamtzahlen erklärt.

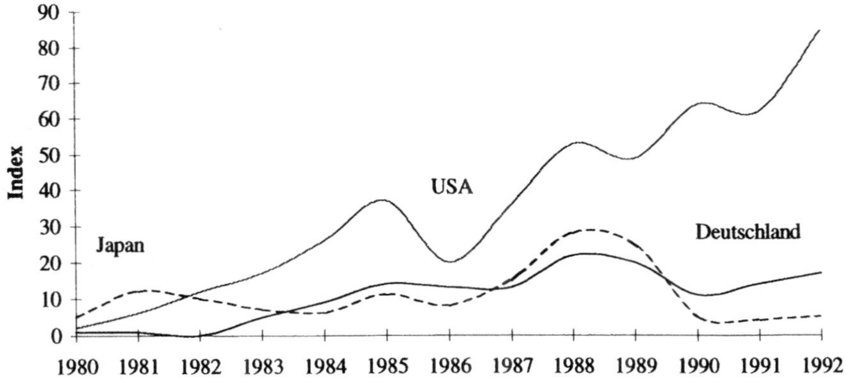

Abbildung 8-6: Weltweite Patenttätigkeit in der Lasermedizin im zeitlichen Ausschnitt nach Volkswirtschaften.[115]

Wegen des begrenzten Marktvolumens und wegen der speziellen *Markteintrittshemmnisse*, die sich aus medizinischen Zulassungsbestimmungen und dem Distributionssystem ergeben, gemäß dem die potentiellen Nachfrager durch Pharmareferenten angesprochen werden, haben auf dem Gebiet der Lasermedizin nur selten ausländische Unternehmen in Deutschland Fuß fassen wollen. Das japanische Unternehmen Kowa, eine Handelsfirma für pharmazeutische Produkte, hat sich nach einigen Versuchen vom deutschen Markt wieder zurückgezogen. Auch scheint die Kostendämpfung im Gesundheitswesen und damit der Preisdruck die Umsatzerwartungen mancher ausländische Anbieter gedämpft zu haben, so dass sie nicht mehr in Erfindungsaktivitäten bzw. Eigentumsrechte in Deutschland investieren.

115 Gezeigt wird der ITP-Indikator nach (4-2) normiert auf Deutschland 1980 = 1. Wegen jährlicher zufallsbedingter Schwankungen ist der Kurvenverlauf nach der Trapezregel geglättet worden.

Lasermedizin: Ein Verzweigungspunkt in der Laserentwicklung

Wie auf heterogenen Märkten üblich hat die Lasermedizin ihre eigenen Produktvarianten im Sinne von unterscheidbaren technischen Innovationen hervorgebracht. So ist z. B. der Kohlendioxid-Laser, der ansonsten in der Materialbearbeitung eingesetzt wird (wegen seiner hohen Lichtleistung zum Schneiden, Schweißen, Bohren von Metallen und Nichtmetallen; siehe Tabelle 8-2), in der Lasermedizin nicht verwendet. Vielmehr ist ein sogenannter Wellenleiter-Laser entwickelt worden, der auf dem gleichen Prinzip beruht, aber den Präferenzen der Mediziner entspricht. Während der Laserstrahl bei der Materialbearbeitung maschinell geführt wird, dominiert im Bereich der Lasermedizin die Führung des Geräts durch die Hand des Chirurgen. Dies hat dazu geführt, dass sich Gewicht, Form und viele andere technische Eigenschaften zwischen diesen beiden Ausprägungen unterscheiden.

In der technometrischen Analyse kann gezeigt werden, dass sich das Leistungsspektrum und damit das Eigenschaftenbündel zwischen maschinenbaulichen und medizinischen Kohlendioxid-Lasern in einer Größe unterscheidet, so dass - gemäß der Fallunterscheidung in Abschnitt 3.3 - der Fall (3-10) vorliegt, also eine Standardinnovation. Der technometrische Vergleich zwischen dem gewöhnlichen chirurgischen Skalpell und dem Laser-Skalpell entspricht dem Fall (3-11), also einer radikalen oder größeren Innovation, da fast alle Eigenschaften neu definiert werden müssen[116].

Gemäß den technometrischen Daten des Jahres 1986 sind deutsche Hersteller im Falle der maschinenbaulichen Kohlendioxid-Laser an der Weltspitze bezüglich des entsprechenden Eigenschaftenbündels, während der (medizinische) Wellenleiter-Laser mit sehr guten technischen Spezifikationen damals erst in der Markteinführungsphase war. In diesem Jahr war der Markt noch von 20 überwiegend amerikanischen Produktvarianten gekennzeichnet (USA: 14, Japan, Frankreich und Deutschland je 2). Der lasermedizinische Markt lässt sich technometrisch vom sonstigen Lasermarkt also in jeder Hinsicht unterscheiden: Ein Bifurkationspunkt in der Laserentwicklung.

Bevor der institutionelle Rahmen diskutiert wird, sei die Situation der Lasermedizin im Hinblick auf die potentiellen externen Effekte dargestellt. Die Angaben beruhen auf einer Patentanalyse der besonders dynamischen Jahre 1983 bis 1986. Die meisten technischen Neuerungen fallen sachlich[117] in die Medizintechnik (mehr als die Hälfte) und die Optik (15 %), wie oben qualitativ erläutert wurde. Daneben sind jedoch vier weitere technische Sachgebiete mit größeren Anteilen beteiligt, nämlich die Werkzeugmaschinen in Bezug auf die Herstellung dieser Laser, die Mess- und

---

116 Grupp et al. (1987, S. 195 - 196).

117 Verwendet wird wiederum die Klassifikation gemäß Tabelle 4-1.

Regeltechnik zur Beherrschung der Strahlintensität, kurioserweise die Nukleartechnik (wegen der Verwendung radioaktiver Präparate in der Krebstherapie und wegen der ursprünglich für Reaktoren entwickelten Manipulatortechnik) und die Pharmazie (wegen der medikamentösen Sensibilisierung z. B. von Krebszellen, die mit Laserstrahlen behandelt werden). Sechs weitere verzweigte technische Gebiete sind mit geringeren Patentaktivitäten beaufschlagt, z. B. die audiovisuelle Technik wegen der bildschirmgesteuerten Einführung von Endoskopen in den Körper usw.

Insgesamt erscheint die Lasermedizin in einer günstigen Position bezüglich der Hervorbringung und Ausnutzung externer Effekte. Der größte Anteil der Patentaktivitäten ist in eng verwandten technischen Sektoren lokalisiert, so dass erhebliche Ähnlichkeiten im wissenschaftlich-technologischen Wissen auftreten müssten. Daneben gibt es einige periphere Sektoren.

Produktqualität und Preis

Welcher Zusammenhang besteht zwischen *Produktqualität* und *Preis* auf diesem Markt? In der Marketing-Literatur wird üblicherweise von sinkenden Grenzerträgen ausgegangen. Der prinzipielle theoretische Zusammenhang ist in Abbildung 8-7

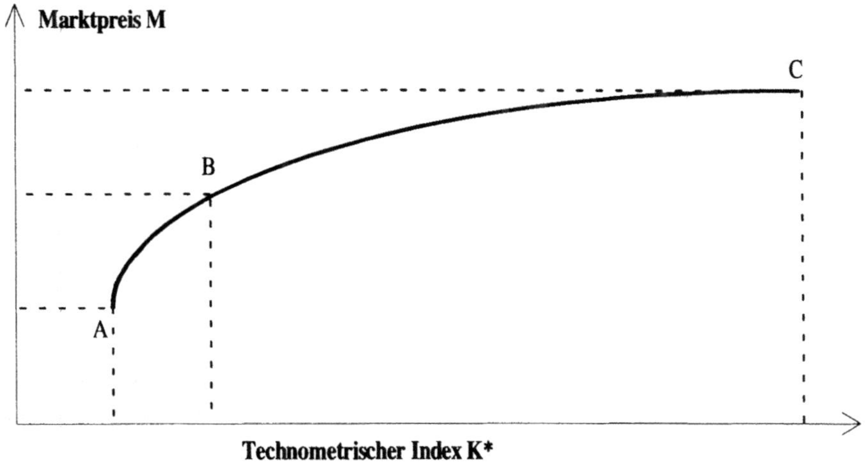

Abbildung 8-7: Von der Marketingtheorie geforderter Zusammenhang zwischen der technometrischen Bewertung der Produktqualität und dem Preis.

dargestellt. Shoham et al.[118] weisen aber darauf hin, dass die Implikationen ähnlich bleiben, wenn andere Funktionstypen zugrundegelegt werden. Gemäß Abbil-

118 Shoham et al. (1996).

dung 8-7 kann Anbieter B seine zusätzlichen Gewinnspannen aus höheren Preisen M kalkulieren, wenn er sein Produkt so ändert, dass die technometrische Bewertung gemäß der Kurve sich dem Anbieter C annähert. Umgekehrt, wenn eine Kosteneinsparung durch Absenkung der Qualität einiger Attribute in Richtung A beabsichtigt ist, kann er diese den entgangenen Gewinnen aus niedrigeren Preisen gegenüberstellen.

Nun ist es keinesfalls so, dass die definierten technischen Eigenschaften für die jeweiligen (industriellen) Nachfrager die gleiche Bedeutung haben. Deshalb ist nicht anzunehmen, dass der aggregierte technometrische Indikator, bei dem jeder der Eigenschaften ein Gewicht zugebilligt wird, zu einer Determinante des erzielbaren Marktpreises wird.

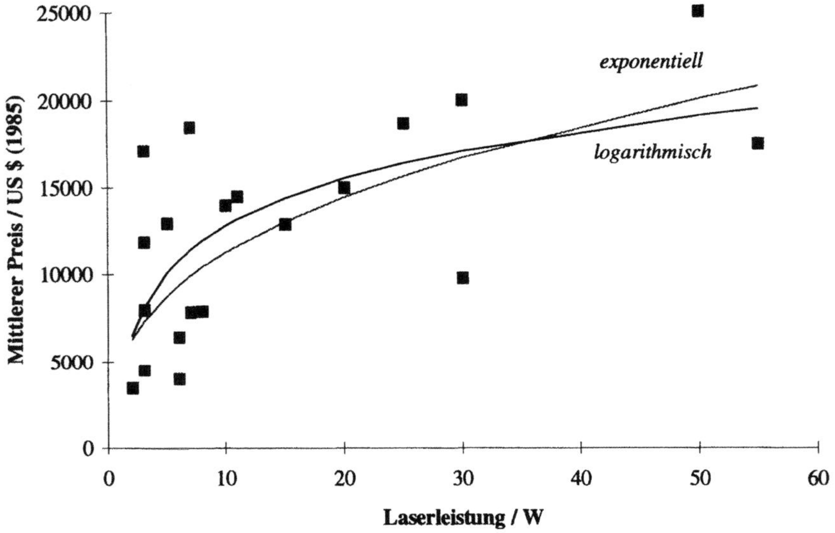

Abbildung 8-8: Zusammenhang zwischen einer von neun Eigenschaften von medizinischen Lasern (Leistung) und dem durchschnittlichen Preis 1985 (in US-\$).

Die 20 Produkte auf dem lasermedizinischen Markt 1985 können mit einem Eigenschaftenbündel aus neun Angaben beschrieben werden (Leistung, Strahldurchmesser, Strahldivergenz etc.).[119] Eine technometrische Untersuchung der einzelnen Merkmalsausprägungen ergibt zunächst, dass allein der Parameter „Leistung“ (gemessen in Watt) die Preise signifikant erklären kann. Dies ist in Abbildung 8-8

---

[119] Grupp et al. (1987, S. 194 ff.); ferner sind die durchschnittlichen Preise bekannt, wie sie in amerikanischen Fachzeitschriften, z. B. der Zeitschrift Laserfocus/Electro-Optics, publiziert werden.

dargestellt.[120] Man kann sich also auf den Standpunkt stellen, dass die anderen Eigenschaften für die Preisbildung keine Rolle spielen, obwohl einige Nachfrager sie präferieren. Allerdings wird durch den Leistungsparameter nur 40 bzw. 43 % der Varianz zwischen den Produkten erklärt, so dass die Frage bestehen bleibt, weshalb die befragten Fachleute die anderen technischen Eigenschaften für wichtig erachten und angesehene Fachzeitschriften diese publizieren, weil die Nachfrager Angaben darüber fordern.

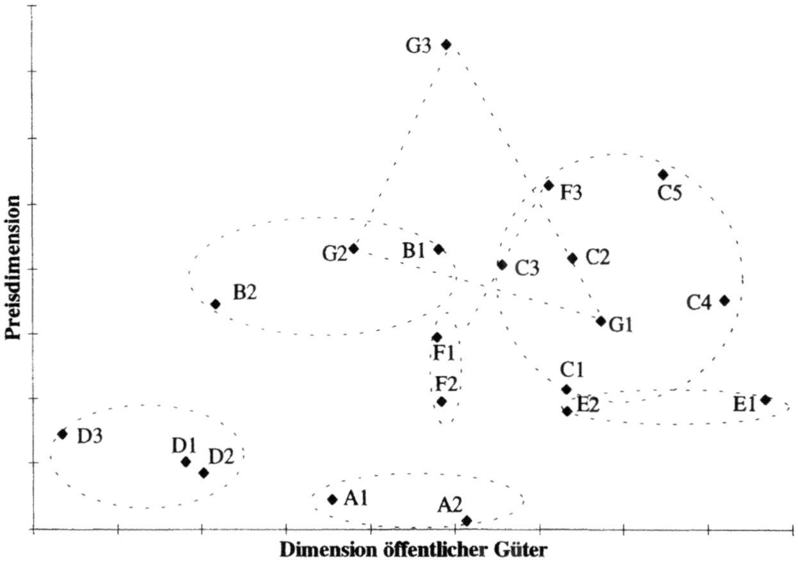

Abbildung 8-9: Zweidimensionale Konfiguration von 20 lasermedizinischen Produktvarianten 1985.[121]

Zur Aufklärung der Bedeutung der anderen technischen Eigenschaften bietet sich wiederum die multidimensionale Skalierung an.[122] Wie es nicht anders zu erwarten war, ergibt eine Dimension in der zweidimensionalen Konfiguration die Unterschiede im Leistungsmerkmal und somit die für den Preis wesentliche Komponente wieder. In Abbildung 8-9 ist daher diese Achse als Preisdimension gekennzeichnet worden.

---

120 Dabei wird eine Potenzfunktion der Form Preis = a $(\text{Leistung})^b$ und ein logarithmischer Ansatz der Form Preis = a + b ln(Leistung) geschätzt. Der Exponentialansatz ergibt t = 3,48 auf einem Signifikanzniveau von 0,2 %, der logarithmische Ansatz t = 3,69 auf einem 0,2 %-Niveau.

121 Stressmaß = 0,14, d. h. noch gut; erklärte Varianz R^2 = 0,91. Die Buchstaben bezeichnen einen deutschen, einen japanischen, einen fanzösischen und im übrigen amerikanische Hersteller, die Ziffern deren unterschiedliche Marken. Die einhüllenden Linien sind nur zur besseren Orientierung des Betrachters eingetragen worden und statistisch ohne Belang.

122 Die Durchführung entspricht genau dem Verfahren in Abschnitt 8.3; die Iterationsschritte und die Distanzmaße sind entsprechend vorgegeben worden.

Eine preisunabhängige Dimension der Produktqualität

Aus Abbildung 8-9 erkennt man die erhebliche Breite in der Abszisse, die nicht durch den Preis und nicht durch die wichtige Eigenschaft der Leistung erklärt werden kann. Betrachtet man die einzelnen Anbieter, so zeigen sich bei kleinen Abszissenwerten wehrtechnische (D) und traditionelle elektrotechnische Unternehmen (A und B). Deren Produkte sind in denjenigen Eigenschaften, die auf öffentlichen Gütern, also wissenschaftlichem Wissen beruhen, wenig fortgeschritten. Bei größeren Abszissenwerten finden sich sogenannte *technologieorientierte Unternehmensgründungen*, die z. B. auf dem Campus von kalifornischen Universitäten gelegen sind und gemäß den einschlägigen Firmenverzeichnissen einen ungewöhnlich hohen relativen Bestand an FuE-Personal haben. Solche Unternehmen sind C und G, die in beiden Fällen relativ heterogene Produkte in anderen Dimensionen als der Leistung anbieten. Diese Produkte sind in den wissenschaftsabhängigen Eigenschaften z. T. sehr weit fortgeschritten.

Dies trifft ebenfalls für die Marken des Anbieters E zu, einem in der Satellitenkommunikation tätigen kleineren Unternehmen mit unmittelbarer räumlicher Anbindung an ein nationales Großforschungszentrum im Bereich der Weltraumforschung. Möglicherweise handelt es sich bei den medizintechnischen Produkten um Spillover-Produkte aus der Raumfahrtforschung. Unternehmen F ist eine Firmenabspaltung (1978) des wehrtechnischen Anbieters D, das sich räumlich ebenfalls in der Nähe einer kalifornischen Universität befindet. Mit acht Wissenschaftlern und Technikern für FuE unter 50 Beschäftigten (1985 in Vollzeitäquivalenten) hat Unternehmen F eine FuE-Personalintensität von 16 %, was sehr hoch ist (vgl. die Abgrenzung von Schumpeter-Märkten gemäß Abschnitt 4.8 bei 3,5 bzw. 8,5 %).

Die Abszisse in Abbildung 8-9 kann daher als Dimensionen öffentlicher Güter gekennzeichnet werden. Offenbar unterscheiden sich die Produkte in diesem frühen Markt in dieser Hinsicht erheblich, was die Faktorkosten bestimmen dürfte, aber offenbar nur zu einem kleinen Teil die Preisdimension. Solange nicht bekannt ist, wie sich etwa technologieorientierte Unternehmensgründungen in den ersten Jahren finanzieren,[123] kann der Zusammenhang zwischen den Faktorkosten und dem Preis nicht weiter aufgeklärt werden. Berechnet man die Produktheterogenität gemäß (3-5), dann zeigt sich eine geringe Variationsbreite in den technischen Eigenschaften bei den Anbietern A, B und D von K^*_{het} = 0,01 bis 0,14, während die neugegründeten wissenschaftsnahen Kleinunternehmen C und G eine Produktpalette mit K^*_{het} = 0,46 (in beiden Fällen) anbieten.

---

123 Zur Finanzierungsfrage siehe den Überblicksartikel von Goodacre und Tonks (1995, insbesondere S. 302).

Institutioneller Hintergrund

Somit ist das Gebiet der Lasermedizin auf der institutionellen Seite außerordentlich interessant. Aufgrund einer Stichprobe von dreißig willkürlich gezogenen Patenten aus der Lasermedizin ergibt sich, dass die Erfinder (die dem *technischen* Subsystem zugerechnet werden) gleichzeitig außerordentlich aktiv wissenschaftlich publizieren. Der Autorenanteil unter allen Erfindern beläuft sich auf 60 %. Über 80 % der Erfinder sind nicht allein dem industriellen Kontext zuzuordnen, sondern sind zumindest per institutioneller Zweitadresse beruflich auch in Hochschulen, Universitätskliniken und Forschungsinstituten verankert. Die Anmelder (und späteren Rechtsinhaber) der Patente sind jedoch zu knapp 80 % Wirtschaftsunternehmen. Ihnen ist es offenbar gelungen, fremdes FuE-Personal (oder Personen in einer „Brückenfunktion“) in ihre gewerblichen Entwicklungsaktivitäten einzubinden, dem sie zumindest insoweit verpflichtet sind, als dass durch Nennung als Ko-Erfinder rechtsrelevante Tatbestände geschaffen werden.[124]

Stadler macht den wesentlichen Unterschied bei der theoretischen Modellierung von Patentrennen deutlich, wenn fremde FuE-Aktivitäten einbezogen werden.[125] Demnach fallen bei vertraglichen Vereinbarungen mit externen Forschungsinstitutionen in der Regel fixe FuE-Kosten irreversibel und unabhängig davon an, welches Unternehmen wann mit der angestrebten Innovation aufwarten kann. Bei unternehmensinternen FuE-Projekten ist demgegenüber eher davon auszugehen, dass die Unternehmen ein laufendes FuE-Projekt nach einem eigenen oder nach einem Innovationserfolg der Konkurrenz abbrechen können, ohne dass danach noch erhebliche Kosten anfallen. Die Fixkosten beeinflussen demnach die Wagnisraten bei der Innovation nicht, während die variablen FuE-Ausgaben unmittelbar auf das Wagnis einwirken. Die Faktorkosten für ein mit einem öffentlichen Institut verbundenen Unternehmen werden sich also nach einem anderen Kalkül darstellen als bei rein interner Innovation.

Der hohe Anteil von Forschern mit Brückenfunktion zwischen Unternehmen und öffentlichem Wissenschaftssystem bestätigt eindrucksvoll die Darlegungen von Gibbons und Johnston[126] zu den komplexen Aufgaben der Problemlösung im Laufe eines industriellen Entwicklungsprojekts, in dem Wissenschaftler ganz unterschiedliche Rollen einnehmen müssen und nicht etwa nur - losgelöst vom gewerblichen Kontext - die neuesten wissenschaftlichen Erkenntnisse hervorzubringen haben, wie es dem simplen sequentiellen Ablaufschema entspricht. Die Erfinder selbst verhalten sich zur Hälfte als produktive Wissenschaftler. Die in der Patentstichprobe enthaltenen Verweise auf die wissenschaftliche Literatur belegen zudem, dass

124 Grupp und Schmoch (1992, S. 49).

125 Stadler (1993, S. 164).

126 Gibbons und Johnston (1974, S. 235 f.).

die zitierte Literatur nicht etwa technischer Natur ist, sondern überwiegend in wissenschaftlichen Zeitschriften publiziert wurde, die üblicherweise als Publikationsorgane der reinen Grundlagenforschung gelten.[127]

Ein weiterer Aspekt berührt die zeitliche Dimension. Erinnert sei an die Fallstudie im Abschnitt 8.2, die eine enge zeitliche Verflechtung zwischen wissenschaftlichem und technischem Fortschritt des Lasergebiets belegen konnte. Im Falle der Lasermedizin zeigt sich, dass die durch gemeinschaftliche Erfinderteams hervorgebrachten wissenschaftlichen Publikationen kurz vor dem Zeitpunkt der Vornahme von Patentanmeldungen zunehmen. Das heißt, die Zusammenarbeit zwischen Herstellern und Hochschulen ist nachgewiesenermaßen besonders produktiv, *bevor* die durch Prioritätsdatum geregelten Verwertungsansprüche mit ihrer Rechtsbindewirkung eintreten.[128]

Lernen aus dem globalen Wissensvorrat

Abschließend soll bemerkt werden, dass die gemischten Erfinderteams in der Lasermedizin, von denen man nicht mehr weiß (nach ihrem eigenen Verständnis), ob es sich um Wissenschaftler oder Techniker handelt, an Ländergrenzen nicht haltmachen. Zwar gibt es dokumentierte Formen von Zusammenarbeit (über Patentdokumente oder wissenschaftliche Publikationen) zwischen dem Hochschulsektor und Wirtschaftsunternehmen innerhalb des gleichen Landes[129], aber auch sehr häufige grenzüberschreitende Kooperationen (teilweise über multinationale Unternehmen). Die Zusammenarbeit zwischen der akademischen und der industriellen Welt in der Lasermedizin hat also einerseits „nationale Kerne", ist aber auch schon stark internationalisiert.

Straubhaar argumentiert allgemein, dass die Mobilität des Humankapitals zugenommen hat, weil insbesondere die Mobilitätskosten für Wissensträger signifikant gesunken sind, so dass die raumwirtschaftliche Frage nach der Wahl der Produktionsstandorte neuen Auftrieb erhalte: Je ausgeprägter die Skaleneffekte der Produktion und je geringer die Kosten der Raumüberwindung seien, desto stärker sind die Konzentrationsprozesse in einem Wirtschaftsraum agglomeriert.[130] Die Akkumulation

---

127 Noyons et al. (1994, S. 447 ff); in der Quelle sind die Forschungsinstitute und Unternehmen sowie die Zeitschriften im einzelnen angegeben. Zu den mit wissenschaftlichen Publikationen besonders produktiv auftretenden Unternehmen gehört MBB mit seinem medizintechnischem Geschäftsbereich.

128 A. a. O., S. 453 ff. Diese Beobachtung wirft für die Betriebswirtschaft interessante Fragen zur Timing-Strategie, also zur Planung und Realisierung des Markteintritts, auf, die hier nicht behandelt werden können (siehe bei Backhaus, 1992, S. 193 ff.).

129 Die Patentstichprobe enthält Hinweise auf Deutschland, Großbritannien, USA, Japan, Frankreich und die Niederlande.

130 Straubhaar (1994, S. 122).

von Wissen und Lerneffekten in geographischen Agglomerationen kann zu einer entscheidenden Grundlage bei der Nutzung positiver externer Effekte werden, wie das Beispiel der campusansässigen Firmenneugründungen zeigt. Das mobile Humankapital ist in der Lage, neues Wissen anzuwenden und zu nutzen und ebnet daher relative Vorsprünge und Monopolstellungen tendenziell ein. Je mehr durch technischen Fortschritt die Kosten der Raumüberwindung weiterhin sinken und damit die Mobilität des Humankapitals sich erhöht, desto schwächer wird die strategische Handhabung des Wissens.[131]

Die Fallstudie der Lasermedizin stellt eine gut Validierung des Messkonzepts der Wissenschaftsbindung dar. Sie belegt die Aneignung des Wissens und die damit verbundenen Gewinnaussichten der Unternehmen aus wissenschaftlichen, öffentlichen Gütern. Die bei der Fallstudie verwendete Methodik der Dokumentenanalyse ist daher objektiv in dem Sinne, dass sie nicht nur die Ansicht der beteiligten Wissenschaftler und Techniker wiedergibt.

Insoweit, als die Lasermedizin für andere wissenschaftsgebundene Bereiche des unternehmerischen Innovationsgeschehens repräsentativ ist, scheint das facettenreiche indikatorengestützte Messkonzept zur Wissenschaftsbindung auch die entsprechenden institutionellen Strukturen zu repräsentieren, die sich einer alle Gebiete von Wissenschaft und Technik und alle Wirtschaftszweige umfassenden Erhebung entziehen. Die Partialmarktanalyse auf tiefer Disaggregationsstufe scheint von erheblichem Gewicht bei der Erklärung des wissensbasierten technischen Fortschritt zu sein.

131 Ebenda, S. 123.

9 Feststellung von Koordinationsmängeln bei vermuteten Fortschrittsstörungen

Nicht alle, die am Ziel ankommen, sind am Start losgelaufen.

Michael Richter

9.1 Beschreibung des Photovoltaikmarktes

Ob es eine Solarindustrie bereits gibt oder jemals geben wird, ist Ansichtssache. Der Wirtschaftsstatistiker wird darauf beharren, dass in den Wirtschaftsstatistiken auch auf größter Zerlegungsstufe eine entsprechende Branche nicht definiert ist. Ungeachtet dessen setzen Energiepolitiker wie selbstverständlich auf die Existenz einer Solarindustrie, wenn sie die Abkehr von der Atomtechnik und der fossilen Energie predigen.

Zweifellos ist die Sonne für das System Erde eine quasi unendlich große Energiequelle. Energie wird - wegen der relativen Größe der Sonne zur Erde - auch bei Nutzung fortwährend nachgeliefert. Die Solarenergie lässt sich passiv nutzen, indem man architektonische Maßnahmen ergreift, um möglichst viel Sonne einzufangen, und gehört dann zur Bauwirtschaft. Die Solarenergie lässt sich aktiv in Solarkollektoren (zur Wärmeerzeugung) und Solarzellen (zur Stromerzeugung) verwenden sowie indirekt, z. B. wenn der Wind, den die Sonne in der Atmosphäre erzeugt, Windmühlen antreibt. Das Licht wird auf natürliche Weise ohne Zutun des Menschen in Pflanzen aufgenommen und gespeichert. Die Energie der Biomasse ist der wesentliche Energieträger in den armen Ländern der Erde und war es früher in Europa. Brennholz ist ein indirekt solarer, erneuerbarer Energieträger, wenn kein Raubbau an den Wäldern betrieben wird. Die Pflanzen, die in der Frühzeit der Erde Sonnenenergie speicherten, sind inzwischen zu Kohle geworden; einer unser wichtigsten Energieträger in Deutschland. Alle unsere „erschöpflichen" Energieträger außer Uran sind Sonnenenergiespeicher aus der Vergangenheit.

Man könnte also mit einem gewissen Recht fast die gesamte Energiewirtschaft als „Solarindustrie" bezeichnen, was in diesem Kapitel aber nicht beabsichtigt ist. Vielmehr wird unter allen neueren Solartechniken nur die photovoltaische Energieerzeugung betrachtet: Die Umwandlung von Sonnenlicht in Strom. Diese Branche hat sich international bereits gut etabliert und ein gemeinsames Verständnis einer zusammengehörenden Industrie entwickelt. Zumindest kann man dies im Vergleich mit den anderen Solarenergieformen - im wesentlichen der Wärmeerzeugung - feststellen.[1]

Gegenstand des Kapitels ist es, die Marktfunktionen, die mit dem technischen Fortschritt legitimierbar sind, zu analysieren. Gemäß der Mustergliederung für eine Marktanalyse[2] beginnt dieser Abschnitt mit einer *Marktbeschreibung*, die nach dem bisher festgestellten zunächst eine *Marktabgrenzung* erforderlich macht, da wirtschaftsstatistische Konventionen für den Solarzellenmarkt (noch) fehlen. Besonderer Wert wird aus gegebenem Anlass auf die Beschreibung der wissenschaftlichen und technologischen Funktionen gelegt. Der folgende Abschnitt 9.2 geht den Hinweisen auf Marktstörungen nach, die im Hinblick auf mangelnden technischen Fortschritt bei postulierter gesellschaftspolitischer Dringlichkeit des „Umbaus" der Elektrizitätsversorgung geäußert werden und im Vorwurf des Marktversagens münden. Im Abschnitt 9.3 wird geprüft, ob Innovationsindikatoren gebildet werden können, die für die Diagnose von Koordinationsmängeln adäquat sind. Dabei werden zunächst aus den gegebenen Gründen der schwierigen Datenbeschaffung Querschnittsanalysen eingesetzt. In Abschnitt 9.4 schließen sich dynamische Analysen zum Produktfortschritt an.

Beschreibung des Photovoltaikmarkts

Für die Untersuchung von fortschrittsbehindernden Koordinationsmängeln wurde der Photovoltaikmarkt ausgewählt, weil er seine Existenz direkt aus einem *wissenschaftlichen Paradigma* herleitet, also unmittelbar für die Innovationstheorie relevant ist. Im Jahr 1839 beobachtete der französische Physiker A. E. Becquerel, dass der elektrische Strom in einer elektrolytischen Lösung ansteigt, wenn der Apparat in der Sonne steht: Der sogenannte photoelektrische Effekt war entdeckt. Es dauerte 40 Jahre, bevor gezeigt werden konnte, dass dieser Effekt nicht nur in wässrigen Lösungen, sondern auch in Festkörpern auftritt (in Selen und Kupferoxid). Im Jahre 1887 beschrieb der deutsche Physiker H. R. Hertz den Festkörpereffekt ausdrücklich als solchen und unternahm dabei den für die Entwicklung von Wissenschaft und Technik wichtigen Schritt der „Kodifizierung" stillschweigenden Wissens. Die physikalischen Beobachtungen blieben theoretisch unverstanden, bis A. Einstein in seiner „Theorie des Lichts" 1905 eine - damals revolutionäre - Theorie bildete, die auch den photoelektrischen Effekt erklären konnte. Die erste moderne Solarzelle wurde in den Bell-Laboratorien im Jahre 1954 hergestellt, als Chaplin, Fuller und

1 So werden beispielsweise Informationsblätter herausgegeben, wissenschaftlich-technische Gesellschaften betrieben, Jahrestagungen abgehalten und andere korporative Gepflogenheiten verfolgt. Seit etwa zehn Jahren existiert ein Branchendienst „Photovoltaic News", der in den USA herausgegeben wird und regelmäßig über Marktentwicklungen und andere Aspekte der Solarzellenindustrie berichtet. Diese Branchenberichte werden auch für die Analysen dieses Kapitels ausführlich herangezogen.

2 Grossekettler (1985, S. 269).

Pearson einen Wirkungsgrad von 6 % mit Silizium erzielten.[3] Die Photovoltaik wurde daraufhin eine typische Nachkriegstechnologie mit einem Ausreifungszyklus von etwa 25 Jahren.

Die Nachfrage für die neue Technologie ging zunächst von den extraterrestischen Aktivitäten der Supermächte aus, die Stromquellen für Satelliten benötigten. Die terrestrischen Anwendungen profitieren bis heute von der protektionistischen - teilweise wehrtechnisch begründeten - Nachfrage aus der Raumfahrt. Außerdem profitiert die Photovoltaik von der etwa gleichzeitig entstehenden Halbleiterindustrie, die dazu führte, dass bis heute ein Großteil der Solarzellen aus Silizium bestehen und alternative Materialien keine entsprechenden Marktanteile erreichen konnten.

Eine moderne Solarzelle besteht aus einem Halbleiterelement mit einer großen Oberfläche auf einer isolierenden Unterlage und Kontaktpunkten für die Verdrahtung. Allgemein gesprochen kann eine Solarzelle nicht zur routinemäßigen Stromerzeugung verwendet werden, weshalb die kleinste ökonomisch sinnvolle Einheit der Modul ist. Der Modul unterscheidet sich von der Solarzelle durch standardisierte Parameter und Dimensionen und ein entsprechenden Gehäuse zum Schutz gegen Umwelteinflüsse. Photovoltaische Systeme, d. h. Moduln inklusive der Steuerelektronik, überdecken heute die Leistungsbereiche von Mikrowatt bis Megawatt, d. h. zwölf Größenordnungen.

Photovoltaische Systeme sind eine attraktive Elektrizitätsquelle, weil sie keine beweglichen Teile enthalten, die sich abnützen könnten, keinen Brennstoff benötigen, im Betrieb nicht zur Umweltbelastung beitragen, praktisch wartungsfrei sind, auf dem Basismaterial Silizium beruhen, das in nahezu unbeschränkten Quantitäten vorrätig ist, und wegen ihres modularen Aufbaus in Strukturen unterschiedlicher Größenordnung eingesetzt werden können. Die Ölpreiskrise 1973 war der Auslöser von verstärkten FuE-Anstrengungen für terrestrische Anwendungen, da staatliches Handeln und eine drastische Verschiebung der Preisverhältnisse im Sinne Schumpeters neue Marktnischen boten.

Dominante Konstruktionen und ihre Eigenschaften

Was die innovationsökonomischen Modellbildungen voraussagen, lässt sich tatsächlich beobachten: Es haben sich sogenannte *dominante Konstruktionen* herausgebildet, gemäß denen zwischen „dicken" Zellen (z. B. auf der Basis von Silziumkristallen) und Dünnfilmzellen (z. B. auf der Basis von amorphem Silizium) unterschieden wird. Bei der Herstellung „dicker" Zellen treten wiederum zwei dominante Konfigurationen auf, je nachdem ob es sich um einen Einkristall oder um polykristallines

3 Das bedeutet, dass 94 % der eingestrahlten Solarenergie im Hinblick auf die Stromerzeugung verloren gehen.

Material handelt. Die Herstellprozesse für dicke Zellen verlangen das Zersägen von Stäben oder Blöcken aus Silizium in Scheibchen (Wafer), wobei etwa die Hälfte des Siliziums verlorengeht. Die Herstellung von Dünnfilmzellen ist dagegen weniger verlustreich. Amorphes Silizium wird heutzutage überwiegend in der Unterhaltungselektronik verwendet (für Taschenrechner, Uhren, Spielzeug). Die Minimoduln werden oftmals als Komponente an einen elektronischen Erstausrüster geliefert und in der Regel nicht als Gebrauchsgüter gehandelt.[4] Zellen und Moduln aus kristallinem Silizium werden als Kraftwerke vor allem in abgelegenen Gebieten (Berghöfe, Notrufsäulen, Bojen, Jachten) verwendet und sind wegen ihrer frühen Verwendung in der Satellitentechnik zu allen Zeiten und in allen Ländern stark subventioniert worden.

Alle drei dominanten Konstruktionen können mit dem gleichen Satz von technischen Eigenschaften beschrieben werden, deren Merkmalsausprägungen zueinander jedoch sehr unterschiedlich ausfallen.[5] Je nach Anwendungszweck benötigt der Nachfrager Angaben über die Spitzenleistung (gemessen in Watt), die erzielbare elektrische Spannung (unter Standardbedingungen, gemessen in Volt), die Spannungsstabilität, die elektrische Leistung pro Fläche (gemessen in Watt pro cm^2), die spezifische Leistung pro Gewicht des Moduls (gemessen in Watt pro kg) und, als summarische Information zur Haltbarkeit, Angaben zur Dauer der Garantiegewährleistung. Die Qualität der verwendeten Produktionstechnik wird in der Regel durch das Verhältnis von Nettopreis zu elektrischer Leistung erfasst.

Neben den elektrischen Größen, deren Bedeutung für den Konsumenten offensichtlich ist, schon deshalb, weil photovoltaische Moduln bezüglich dieser Größen völlig unterschiedliche Teilmärkte bedienen können (siehe die obigen Beispiele zwischen Taschenrechner und Solarkraftwerk), sind Angaben zu Größe und Gewicht (bzw. zur leistungsspezifischen Größe und zum leistungsspezifischen Gewicht) deswegen erforderlich, weil die Installation durch den Nachfrager meist unter restriktiven Bedingungen zustandekommt (Platzbedarf auf Taschenrechnern oder Hausdächern, geringes Gewicht bei beweglichen Sachen, aber auch wegen der Tragfähigkeit von Dachstühlen etc.).

Eine große Sammlung von technometrischen Spezifikationen entstand im Jahr 1986 nach ausführlichen Felduntersuchungen und Konsultationen von technischen Experten, um den Leistungsstand von Unternehmen auch im Hinblick auf Fortschrittsrückstände in verschiedenen Ländern zu klären.[6] Entlang den damals erarbeiteten Datensätzen technometrischer Eigenschaften wurden in den Folgejahren von ver-

---

4 Sogenannte OEM-Güter (Original Equipment Manufacturers); siehe bei Backhaus (1992, S. 235).

5 A. a. O. und Clark und Juma (1987, S. 149).

6 Grupp et al. (1987).

schiedenen Stellen Aktualisierungen der Daten vorgenommen und neue Marken zusätzlich erfasst. Inzwischen liegen technometrische Spezifikationen für viele deutsche und ausländische Produkte vor, zuletzt für 1991.[7]

Abgrenzung des internationalen Photovoltaikmarkts

Der *internationale Photovoltaikmarkt* hat vor allem im Gefolge der zweiten Ölpreiskrise 1979 eine erhebliche Expansion erfahren. Die Umsatzzahlen der Hersteller haben sich typischerweise Jahr für Jahr um zweistellige Prozentzahlen erhöht. Allerdings ist es schwierig, international vergleichende Markterhebungen in Preisen durchzuführen, da erhebliche staatliche Subventionen eine Rolle spielen. Diese sind in den verschiedenen Industrieländern und in einzelnen Jahren von unterschiedlichem Gewicht, so dass auch keine zeitliche Konstanz bezüglich der Preisverzerrungen angenommen werden darf.[8] Wegen der mutmaßlichen Unvergleichbarkeit der Preise auf diesem Markt muss eine mikroökonomische Analyse nach Auswegen suchen. Üblich ist es, Produktion und Export in elektrischen Einheiten zu messen. Auch die Branchenberichte verwenden dieses Stellvertreterkonzept für die Umsätze und geben die hergestellten Solarzellenmengen in der Regel in Megawatt (MW) an. Dies steht für die elektrische Spitzenleistung, die mit ihnen erzielt werden kann. Die Maßeinheit MW kann als eine der „besonderen Maßeinheiten“[9] im wirtschaftsstatistischen Sinn verstanden werden, die neben den Preisen oftmals benötigt werden (wie z. B. Kilogramm Rohmaterial oder Stückzahlen von Waren).[10]

Eine *Marktabgrenzung* ist aus sachlicher Sicht ohne weiteres möglich, auch wenn wirtschaftsstatistische Klassifikationssymbole eben erst im Entstehen sind. So nennen die jüngsten Ausgaben des Warenverzeichnisses für die Außenhandelsstatistik (WA) seit 1988 eine achtstellige (!) Ziffer 85414091 für „Solarzellen, -moduln und -tafeln“. Damit sind aber nur bilaterale Handelsströme von und nach Deutschland erfassbar. Das korrespondierende internationale Warenverzeichnis (SITC III) gibt in tiefster Zerlegungsstufe Ziffer 776.37 für *alle* lichtempfindlichen Halbleiterbauelemente an, also neben Solarzellen auch für Leuchtdioden o. ä. In der Gegenüberstellung mit dem WA ist diese Klasse zwei Stufen zu hoch gegliedert und entspricht WA 854140.[11] Das Güterverzeichnis für die Produktionsstatistik (GP) gibt in tief-

---

7 Die Sammlungen von Meereis (1987) und Leuchtner und Boekstiegel (1991) nennen additiv zu den technometrischen Spezifikationen auch Endpreise am deutschen Markt.

8 Hinweise, dass am Photovoltaikmarkt Koordinationsmängel vorliegen könnten, folgen im nächsten Abschnitt.

9 Handwörterbuch (1977, Band 1, S. 427).

10 Das deutsche Warenverzeichnis für den Außenhandel gibt neben Geldwerten die besondere Maßeinheit „Kilogramm“ an.

11 Im Jahr 1993 beliefen sich die Einfuhren unter WA 854140 auf 279 Mio. DM (Ausfuhren 230 Mio. DM), wobei nur 10,6 % (29 Mio. DM) auf Solarzellen (WA 85414091) entfielen

ster Zerlegungsstufe Ziffer 366573 sogar für *alle* optoelektronischen Halbleiterbauelemente an, die neben Solarzellen nicht nur Leuchtdioden, sondern z. B. die aus dem vorigen Kapitel bekannten Halbleiterlaser enthält. Der Photovoltaikmarkt muss also mit nichtamtlichen statistischen Angaben abgegrenzt werden, während national bereits eine amtliche Abgrenzung vorliegt.

Produktion von Solarzellen nach dominanten Typen

Tabelle 9-1 gibt eine Aufstellung über die Produktion von Solarzellen nach Herstellungsregionen in der Triade seit dem Jahr 1980. Man entnimmt aus der Tabelle, dass sich das Wachstum der photovoltaischen Produktion zwischen 1980 und 1992 auf den Faktor 18 beläuft (aufgrund der besonderen Maßeinheit ist diese Angabe bereits inflationsbereinigt). Die Wachstumsraten nach dem Jahr 1987 sind besonders beachtlich.[12]

Tabelle 9-1: Weltweite Produktion von Solarzellen (in der besonderen Einheit MW).[13]

	USA	Europa	Japan	Andere	Welt
1980	2,5	0,3	0,5	-	3,3
1981	3,5	0,8	1,1	-	5,4
1982	5,2	1,4	1,7	0,1	8,4
1983	12,7	3,3	4,3	0,5	20,8
1984	11,5	3,3	6,2	0,6	21,6
1985	7,6	3,7	10,8	1,4	23,5
1986	7,0	4,3	13,4	2,3	27,0
1987	8,7	4,7	12,5	2,8	28,7
1988	11,3	6,9	13,0	4,0	35,2
1989	14,7	7,9	14,2	5,3	42,1
1990	14,8	10,2	16,8	4,7	46,5
1991	17,1	13,4	19,8	5,0	55,3
1992	18,5	16,4	18,8	4,2	57,9

(Ausfuhren: 14,2 %). Die tiefste Gliederungsstufe im internationalen Verzeichnis ist also fast zehnmal zu groß, um den Photovoltaikmarkt abzubilden.

12 Trotz der monotonen Marktausweitung darf man die erheblichen Schwankungen nicht übersehen. Die Ausfuhrwerte aus Deutschland zwischen 1988 und 1993 schwanken zwischen 15,2 Mio. DM (1990) und 33,6 Mio. DM (1989), die Einfuhrwerte zwischen 16,6 Mio. DM (1989) und 30,2 Mio. DM (1988). 1992 wird doppelt soviel ein- wie ausgeführt (AEQ = 0,5), 1989 genau das umgekehrte (AEQ = 2,0).

13 Quellen: PV News, verschiedene Ausgaben 1984 - 1993.

Im Zusammenhang mit der Produktdifferenzierung ist eine Zerlegung der Nachfrageentwicklung im Hinblick auf die *drei dominierenden Konstruktionen* besonders interessant. Das größte Segment des Marktes gehört immer noch den *monokristallinen* Siliziumzellen, demjenigen Teilmarkt mit dem stärksten Einfluss staatlicher Beschaffung zum Beispiel im Bereich der Kraftwerke. Allerdings ist die Dominanz der einkristallinen Solarzellen, die 1983 noch die Hälfte des Marktes bedienten, gebrochen. Gemäß Tabelle 9-2 haben sich die Marktanteile für *amorphe* Dünnschichtzellen stark vergrößert, da genau diese Zellen wegen ihres geringen Gewichts für Konsumprodukte im Elektronikbereich geeignet sind. Ihr Vordringen hängt mit dem Wachstum des Teilmarkts für Konsumgüter zusammen (siehe unten Tabelle 9-3). Es treten jedoch technische Probleme mit der Stabilität der amorphen Zelle auf, die nach einer gewissen Betriebszeit ihre Umwandlungseffizienz verliert,[14] und ebenfalls kann in den jüngst zurückliegenden Jahren eine gewisse Sättigung der Konsummärkte in der Unterhaltungselektronik beobachtet werden.

Deshalb sollte nicht vorschnell angenommen werden, dass die Marktentwicklung die einkristallinen Produkte noch weiter verdrängt. Insbesondere die Hersteller *polykristalliner* Moduln haben so große Verbesserungsinnovationen eingeführt, dass auch für diese Konfiguration eine Ausweitung der Marktanteile erreicht werden konnte. Polykristallines Material ist zur Stromversorgung von Notrufsäulen, Verkehrsanzeigetafeln, freistehenden öffentlichen Uhren und dergleichen hervorragend geeignet. Moduln aus polykristallinem Silizium sind billiger als die einkristallinen, haben aber eine geringere Effizienz und eine kürzere Haltbarkeit. Jedoch sind polykristalline Moduln ihrerseits deutlich haltbarer als amorphe.

Der für ein Unternehmen relevante Markt scheint nicht nur ein wichtiger Ausgangspunkt für die Geschäftsfeldabgrenzung zu sein[15], sondern auch die Beherrschung einer bestimmten (Teil-)Technologie innerhalb des herrschenden wissenschaftlich-technischen Paradigmas zu erzwingen.

Tabelle 9-2 belegt, dass die drei vorgenannten dominanten Konfigurationen Ende der 80er Jahre ungefähr 98 % des Marktes erobert haben, so dass die Modellvorstellung von der Existenz solcher Konfigurationen und ihrer Abgrenzung sehr gut bestätigt wird. Andere Designs spielten in der Frühzeit (nur in den USA) eine gewisse Rolle, als im Innovationsgeschehen die Unsicherheit bezüglich der günstigen Preis-Absatz-Reaktion auf die Ölpreisveränderungen noch nicht überwunden war. Es ist auch nicht ausgeschlossen, dass sich in den vor uns liegenden Jahren andere Konfigurationen herausbilden werden. Betrachtet man die zur Zeit in den Laboratorien verfolgten Arbeiten und die Pläne von Unternehmen, die demnächst erst in den

---

14 Der Fachterminus lautet Degradation.

15 Backhaus (1992, S. 151 ff.).

Tabelle 9-2: Weltweite Produktion von Solarzellen nach dominanten Konfigurationen (in Prozent).[16]

	Einkristallin	Polykristallin	Amorph	Andere
1983	50,2	14,3	14,3	21,2
1988	37,2	22,4	39,5	0,9
1989	42,5	25,5	31,1	0,9
1990	35,3	32,9	31,6	0,2
Zerlegung 1990 *(in Prozent):*				
Welt	100	100	100	100
USA	43,9	35,3	14,3	100
Europa	18,9	38,6	8,2	0
Japan	15,2	22,9	73,5	0
Andere	22,0	3,2	4,0	0

Markt eintreten wollen, dann ist es sehr wahrscheinlich, dass neue Konfigurationen auf der Basis von Galliumarsenid oder Cadmiumtellurid hinzutreten werden.[17] Da diese Produkte auf anderen Materialien als Silizium beruhen, ist der klassische Fall eines Bifurkationspunkts im technischem Fortschritt gegeben.

Preise und Nachfragestruktur

Auf die mangelnde Aussagekraft von Preisen auf diesem Markt ist schon hingewiesen worden. Hinzu kommt, dass sich die durchschnittlichen Endpreise pro MW in den verschiedenen Teilmärkten unterscheiden. Im großen und ganzen kann man davon ausgehen, dass die Reduktion der Faktorkosten weniger dramatisch ausfiel, als die Expansion der entsprechenden Märkte. Ein durchschnittlicher Preis für eine elektrische Leistung von 1 MW war um das Jahr 1980 etwa 10 Mio. US $; die Kosten sind Ende der 80er Jahre auf etwa 6 Mio. US $ gefallen.

Auf dem Photovoltaikmarkt sollten zweckmäßigerweise drei *nachfrageorientierte Teilmärkte* unterschieden werden. Die *Komponenten* für *Konsumprodukte* benötigen kleine elektrische Leistungen; der Teilmarkt ist weitgehend ein OEM-Markt der Erstausrüster. Ein zweiter Teilmarkt für Investitionsgüter besteht aus Einzelaggregaten, die als *Gebrauchsgüter* im Bereich der Telekommunikation (Mobilfunk, Notrufsäulen, Radarstationen, Verkehrssignale auch im Bahnwesen etc.), im Bereich der Wasserwirtschaft (Pumpen, Entsalzung, Bewässerung etc.), der netzunabhängigen Stromversorgung (Leuchten, Klimaanlagen, Wärmepumpen, Wasserreinigung etc.), der netzunabhängigen industriellen Anwendungen sowie der netzbezo-

16 Quellen wie in Tabelle 9-1.

17 Workshop (1993).

genen Stromerzeugung eingesetzt werden. Diese letztere Anwendung wird in manchen Quellen als separater Markt ausgewiesen, in anderen wiederum nicht. Der dritte Teilmarkt wird vom *staatlichen Beschaffungswesen* dominiert und bezieht sich auf Anwendungen der Solarzellen in Satelliten, Raumfahrzeugen und Verteidigungseinrichtungen.

Tabelle 9-3: Weltweite Produktion von Solarzellen nach Teilmärkten (in Prozent).[18]

	Konsumprodukte (Komponenten)	Investitionsgüter (Gebrauchsgüter)	Staatliche Beschaffung
1988	31,5	59,4	9,1
1989	33,0	57,5	9,5
Zerlegung für 1989 (in Prozent):			
Welt	100	100	100
USA	21,5	46,7	10,0
Europa	10,8	16,5	60,0
Japan	65,5	19,0	12,5
Andere	2,2	17,8	17,5

Tabelle 9-3 verdeutlicht die sehr unterschiedliche Dominanz der drei Teilmärkte in den geographischen Regionen der Triade, so dass hier nicht von homogenen räumlichen Marktabgrenzungen ausgegangen werden kann. Japan ist das Land der Konsumprodukte, Amerika dasjenige der Investitionsgüter, während Europas Nachfrager den Teilmarkt der staatlichen Beschaffung eindeutig bevorzugen.

Externe Effekte und Wissenschaftsbindung

Das der Photovoltaik-Industrie zugrundeliegende wissenschaftliche Paradigma ist der photoelektrische Effekt. Da der Markt im wesentlichen von nur drei dominanten Konfigurationen beherrscht wird, scheint die zugrundeliegende Technologie einfach und überschaubar zu sein. Ordnet man jedoch den Patentbestand zur Photovoltaik (aus den Pionierjahren 1975 bis 1985) unter Beachtung der Spillover-Effekte in das wissenschaftlich-technische Klassifikationsschema gemäß Tabelle 4-1 ein, dann ergibt sich eine *technologische „Unübersichtlichkeit"*. Zwar berührt fast die Hälfte der Photovoltaik-Erfindungen den Bereich der Halbleiterbauelemente (Saldierungseinheit „Information") und 8 % den Bereich der elektrischen Energie (Saldierungseinheit „Energie"), aber 4 % beziehen sich auf das Messen und Regeln der solarerzeugten Ströme (Saldierungseinheit „Physik"). Diese drei technischen Sektoren haben große Ähnlichkeiten und bieten den Photovoltaikfirmen das Ausnutzen von

18 Quellen wie in Tabelle 9-1.

externen Effekten an. Ein zweiter - nicht eben sehr ähnlicher - Cluster von Photovoltaikaktivitäten bezieht sich auf die Oberflächentechnik (13 %), die entscheidend für hohe Wirkungsgrade ist, und allgemein die Verfahrenstechnik (beide in Saldierungseinheit „Anorganische Chemie").

Weitere Versatzstücke des Wissens stammen aus der Werkstofftechnik (3 %) und verständlicherweise aus der Optik (3 %). Bereits aus der Diskussion der Teilmärkte der Photovoltaik ist klar geworden, dass die Technologie Bezüge zum Konsumbereich (Verbrauchsgüter) und zum Bauwesen hat (Installation auf Dächern), ebenso wie zur Technologie der Unterhaltungselektronik (Audiovisuelle Technik) und der Taschenrechner (Datenverarbeitung).

Da wesentliche Teiltechnologien im Bereich der Mikroelektronik liegen, die selbst stark wissensbasiert ist, liegt die Vermutung nahe, dass neben der technologischen Breite auch eine *hohe Wissenschaftsbindung* vorliegt. Wenn sich dies zeigen ließe, müssten die innovierenden Unternehmen der Solarindustrie nicht nur die vielfältigen Teiltechnologien (und ihre Weiterentwicklungen) beobachten, sondern auch die jeweils neuesten wissenschaftlichen Erkenntnisse einbeziehen. In der Tat zeigt die Untersuchung der Wissenschaftsbindung der Erfindungen, dass die Photovoltaik zu den stark wissenschaftsabhängigen Gebieten modernen Innovationsgeschehens gehört.[19] Demnach ist die Wissenschaftsbindung in diesem Gebiet als besonders hoch einzuschätzen. Insbesondere ist die photovoltaische Technik noch einmal stärker an den wissenschaftlichen Fortschritt gebunden als das Halbleitergebiet insgesamt. Forschung und Entwicklung in der Photovoltaik sind ganz massiv von der wissenschaftlichen Entwicklung abhängig. Auf diesen Punkt wird die Diskussion im späteren Gang der Abhandlung noch einmal zurückkommen, wenn die Frage gestellt wird, ob und welche nichtindustriellen Technologieproduzenten eine Rolle spielen.

Bemerkenswert ist ferner, dass sich die hohe Wissenschaftsabhängigkeit noch Anfang der 90er Jahre feststellen lässt, als die Solarindustrie auf ihrer Lernkurve schon mehrere Jahrzehnte durchlaufen hat. Die Wissenschaftsabhängigkeit am aktuellen Rand ist sogar größer geworden; Mitte der 80er Jahre lag sie noch auf dem Niveau des Halbleitersektors und übertraf diesen nicht. Dies stellt einen weiteren Einzelbeleg aus einer Falluntersuchung dar, der darauf hindeutet, dass das simple Modell der Aufeinanderabfolge wissenschaftlicher, technischer und produktiver Tätigkeiten nicht haltbar ist.

Marktentwicklung

Mit Abbildung 9-1 wird der zeitliche Verlauf der Aneignung des photovoltaischen Wissens durch die beteiligte Industrie dokumentiert. Die Abbildung zeigt die In-

19 Für die Methodik zur Berechnung der Wissenschaftsbindung siehe Abschnitt 8.1.

tensität der Patentanmeldungen seit etwa 1960 und gibt ebenfalls die weltweiten Produktionswerte (in der besonderen inflationsbereinigten Maßeinheit MW; vgl. Tabelle 9-1) wieder. Einbezogen sind die vorliegenden Angaben zum Ausmaß wissenschaftlicher Aktivitäten gemessen an der Zahl der Publikationen. Diese Angaben sind leider lückenhaft und überstreichen nur einen begrenzten Zeitraum.[20]

Der zeitliche Verlauf der Wissensaneignung in der Photovoltaikindustrie gleicht in vielen Aspekten dem Fall, der im Abschnitt 8.2 behandelt wird. Somit wird den dort gegebenen Argumenten ein weiteres Fallbeispiel hinzugefügt. Nach einem ersten, eindeutig durch die Ölpreiskrise ausgelösten Entwicklungsschub um das Jahr 1973-74 tritt anfangs der 80er Jahre eine Ernüchterung ein, obwohl die Produktion sich stetig ausweitet. Die erste Welle von industriellen Aktivitäten hat nicht zu Preis-Leistungs-Kombinationen geführt, welche in absehbarer Zeit die Konkurrenztechnologie (konventionelle Stromerzeugung) ablösen könnten, weshalb ein starker Rückbezug auf neue Materialien und andere Lösungsansätze stattfindet.

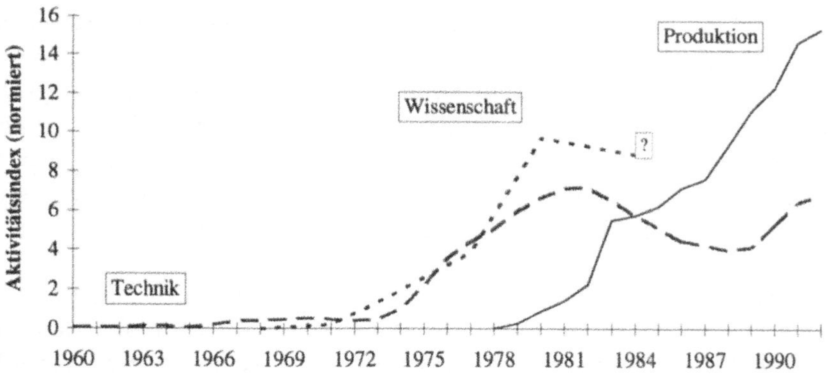

Abbildung 9-1: Zeitlicher Verlauf der Wissensaneignung in der Photovoltaikindustrie gemessen an Publikationen (für wissenschaftliche Aktivitäten), Patenten am deutschen Markt (für technische Aktivitäten) und weltweite Produktion 1960 bis 1992.[21]

In dieser Umorientierungsphase werden stärker nichtpatentfähige, eher grundlegende Arbeiten in Angriff genommen, bevor Anfang der 90er Jahre eine zweite technologische Aktivitätswelle zu verzeichnen ist. Abbildung 9-1 verdeutlicht das

20 Die bibliometrischen Angaben sind aus Garg und Sharma (1991) entnommen und decken nur den Zeitraum 1970 bis 1984 ab. Einer Aktualisierung steht kein prinzipielles Hinternis entgegen, sondern lediglich die Messkosten.

21 Die Abbildung 9-1 entspricht in der Auswahl der Indikatoren der Abbildung 8-1 für den Lasermarkt. Die drei Indikatoren sind auf gleiche Flächen normiert.

etwa gleichzeitige Anwachsen wissenschaftlicher wie auch technologischer Aktivitäten in der ersten Welle und belegt erneut, dass kein wesentlicher zeitlicher Vorlauf aus der Wissenschaft vorliegt. Zusammen mit der technologischen Umorientierung scheint auch das Ausmaß wissenschaftlicher Aktivitäten zu stagnieren; leider liegen keine neueren Zahlen zum Verlauf in der zweiten Hälfte der 80er Jahre vor.

Wissensaneignung

Betrachtet man die vorliegenden bibliometrischen Analysen genauer[22], dann zeigt sich, dass in der gesamten Solarforschung zunächst andere als photovoltaische Interessen vorlagen. Die ersten Veröffentlichungen Anfang der 70er Jahre richteten sich auf die Erforschung der Solarkollektoren zur Erzeugung heißen Wassers; damals waren weniger als 10 % der Publikationen der Photovoltaik gewidmet. Dies änderte sich alsbald, und bereits Mitte der 70er Jahre beschäftige sich fast die Hälfte aller Arbeiten im Solarbereich mit der Photovoltaik. In der zweiten Hälfte der 70er Jahre und später - also im Zusammenhang mit dem erheblichen Rückgang der Aktivitäten gemäß Abbildung 9-1 - wurde die Solarforschung fachlich immer breiter. Die öffentliche Subvention brachte neue Forschungspartner ins Spiel und richtete deren Aktivitäten auf neue Ansätze. Die Desillusionierung bezüglich der photovoltaisch erzeugten Strompreise führte auch zu einem Rückgang der diesbezüglichen Forschungsaktivitäten unter allen solaren Aktivitäten auf etwa 40 % bis zur Mitte der 80er Jahre. Das bedeutet, dass eine Rückkopplung aus der enttäuschten Absatzerwartung auch auf das wissenschaftliche System vorliegt, was typisch für das Verhalten der Akteure in wissenschaftsgebundenen Sektoren ist.

Interessant ist ferner, dass der Wissensaustausch in der solaren Forschung sehr rasch vor sich geht: Nur die Hälfte aller Publikationen[23] sind Aufsätze in wissenschaftlichen Zeitschriften, während die andere Hälfte aus Konferenzbeiträgen besteht. Konferenzbeiträge treten als Kommunikationsforum vor allem in Zeiten in Erscheinung, in denen sich die photovoltaische Forschungsgemeinschaft dynamisch entwickelt. In der allerersten Phase verzögerten Aufgreifens photovoltaischer Fragen innerhalb der Solarforschung sowie in der Stagnationsphase Anfang der 80er Jahre spielen Konferenzbeiträge nur eine nachgeordnete Rolle. Es scheint der Fall vorzuliegen, dass dann, wenn die Bedeutung des Forschungsgebiets noch nicht erkannt ist (Anfang der 70er Jahre) oder die Zukunftsaussichten *am Markt* sich verdüstern (Anfang der 80er Jahre), die Bereitschaft, *wissenschaftliche* Konferenzen abzuhalten bzw. dort aufzutreten, zurückgeht.

---

22 Garg und Sharma (a. a. O.).

23 Sie stammen gemäß den Angaben von Garg und Sharma (a. a. O.) aus dem „Engineering Index".

Fast 90 % der wissenschaftlichen Publikationen stammen aus nur elf Ländern der Welt. Die größte Zahl der Beiträge wurde in den Vereinigten Staaten erarbeitet, die nächst wichtigsten Produzenten von wissenschaftlichen Ergebnissen sind die damalige Sowjetunion, das Vereinigte Königreich, Japan, Italien, Deutschland, Frankreich und Australien. Auch Kanada und Israel sowie Indien tragen sehr zum wissenschaftlichen Fortschritt in der Photovoltaik bei.

Retardierung

Der Rückgang der technologischen FuE-Aktivitäten zu Beginn der 80er Jahre wird begleitet von einer Ausdehnung der FuE-Budgets (vgl. Abbildung 9-2 für Deutschland). Während auf der FuE-Ertragseite Einbrüche und Desillusionierung zu beobachten sind, werden auf der Aufwandseite die Ressourcen erhöht. Dies verlangt nach einer Erklärung.

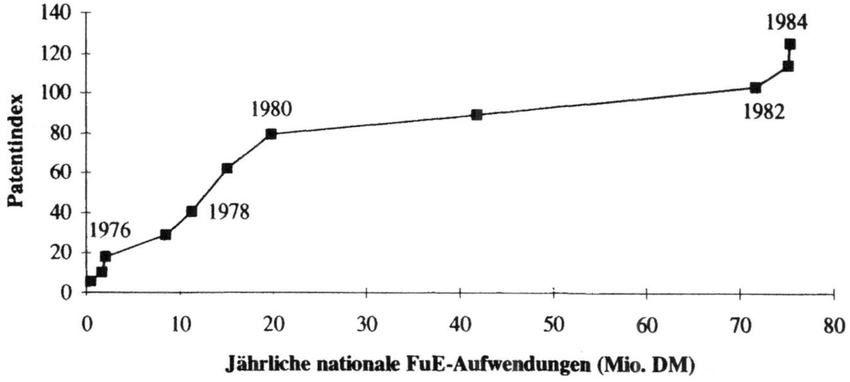

Abbildung 9-2: Jährliche nationale FuE-Aufwendungen und Patentanmeldungen in Deutschland 1974 bis 1984.[24]

Abbildung 9-2 zeigt den Zusammenhang zwischen Input und Output in der kritischen Phase für die deutsche Forschungsszene. Bis zum Jahr 1980 lässt sich ein mehr oder weniger linearer Input-Output-Zusammenhang beobachten, danach geht er verloren. Diese Phase geht Hand in Hand mit dem Auftreten neuer Wettbewerber, potentieller Imitatoren (vgl. später Abbildung 9-4). Auch treten in der Reorientierungsphase nichtindustrielle Akteure mit eher grundlegenderen Fragen stärker in Erscheinung; 30 % aller Patentanmeldungen in diesem Zeitraum stammen von Großforschungszentren, Universitäten und anderen gemeinnützigen Forschungseinrichtungen (wie die Fraunhofer-Gesellschaft, aber auch Battelle etc.). Auch auf der

24 Die Datenquellen werden im Zusammenhang mit den Abbildungen 9-3 und 9-4 im folgenden Abschnitt diskutiert.

institutionellen Seite lässt sich damit die Wissenschaftsbezogenheit der Photovoltaikforschung gerade in der Phase der Stagnation belegen.

9.2 Hinweise auf Markt- oder Politikversagen

Es kann nicht Aufgabe dieses Bandes sein, alle wichtigen wettbewerbstheoretischen Schulen einheitlich zu referieren. Statt dessen wird ein integrierendes Konzept, das *Koordinationsmängelkonzept*, zugrundegelegt, das in besonderer Weise die selbstregulierenden Rückkoppelungsbeziehungen auf innovativen Märkten betont.[25] Gleichzeitig erlaubt es eine empirische Anwendung auf nicht funktionstüchtige Märkte, was für andere theoretische Konzepte nicht in jedem Fall gilt. Dieses Konzept stellt fünf Marktfunktionen auf die Probe, wobei im gegebenen Innovationszusammenhang die *Markträumung* und die *Renditennormalisierung* außer acht bleiben müssen, auch wenn die Verschiebung der Nachfragefunktion durch die Ölpreisschwankungen ein interessantes Untersuchungsobjekt wäre.

Im Zuge von *Produktfortschritten* interessiert die Fortschrittsgeschwindigkeit, die auf nicht funktionstüchtigen Märkten beeinträchtigt sein könnte. Mit Produktfortschritten einher gehen oft temporäre Vorsprungsmonopole, die auf funktionierenden Märkten nicht dauerhaft sein können. Es sollte daher empirisch beobachtet werden, ob sich *Übermachterosion* ergibt, insbesondere durch Eintritte von Unternehmen. Auf eine gesonderte Untersuchung des *Verfahrensfortschritts* kann dagegen verzichtet werden, wenn man ihn als Produktfortschritt einer vorgelagerten Erfindungsindustrie auffasst.[26]

Bevor in den folgenden Abschnitten die innovationsökonomischen Diagnoseinstrumente diskutiert werden, ist die kritische Frage zu stellen, ob der Photovoltaikmarkt ein gutes Untersuchungsobjekt ist. Es sind bereits mehrere Hinweise auf die Fragwürdigkeit internationaler Preisvergleiche auf diesem Markt, die Bedeutung der staatlichen Beschaffung gerade in Europa und gesellschaftspolitisch motivierte Staatssubventionen zum „Umbau" der Energieversorgung gegeben worden. Dabei ist es im Hinblick auf die Zufriedenheit mit der Funktionserfüllung des Photovoltaikmarktes belanglos, „ob die Funktionsstörung als Markt- oder als Politikversagen ettiketiert wird."[27]

---

25 Grossekettler (1985, S. 170 ff.).

26 Grossekettler (a. a. O., S. 240); siehe auch Abschnitt 2.4.

27 Ebenda, S. 177. Dies gelte aber nicht im Hinblick auf „therapeutische" Maßnahmen.

Politik- oder Marktversagen?

Inwiefern ist die Vermutung eines *Politik- oder Marktversagens* gerechtfertigt? Im Gefolge der ersten Ölpreiskrise 1973 haben die Regierungen aller wichtigen Industrieländer Anstrengungen unternommen, um erneuerbare Energiequellen zu erschließen und in den Markt einzuführen. Die entsprechenden „Kommerzialisierungsprogramme" bedeuten, dass nicht nur die Weltraumanwendungen, sondern auch Konsum- und Investitionsgüter durch öffentliche Subventionen gefördert wurden. Dahinter stand die ausdrückliche Absicht, die Innovationsrate mit Produkten im Bereich der erneuerbaren Energie zu beschleunigen. Es wurde dabei unterstellt, dass die erneuerbaren Energiequellen im Hinblick auf ihre sozialen Kosten wesentlich günstiger abschneiden als konventionelle, so dass die entsprechenden Subventionen nichts anderes seien als ein Ausgleich für die fehlbewerteten volkswirtschaftlichen Kosten der Energieerzeugung.[28]

Anfangs und Mitte der 80er Jahre sollten die staatlichen Bemühungen einen Technologieschub auslösen, d. h. es wurden Forschungs- und Entwicklungsarbeiten vorangetrieben und öffentlich subventioniert. Für die interessierten Innovatoren bedeutete diese Strategie jedoch eine erhebliche Verunsicherung bezüglich der Stabilität späterer Märkte, die auch mit den unvermeidlichen Kehrtwendungen der staatlichen Politik, vor allem in den Vereinigten Staaten, zusammenhängen.[29] Aus der Sicht der innovierenden Unternehmen bedeutete diese Strategie letztlich, dass die *Entwicklungskosten* für photovoltaische Produkte erheblich reduziert wurden, das *Absatzrisiko* der entsprechenden Innovationen aber nicht.

Als sich immer deutlicher herausstellte, dass die Leitpreise des Mineralöls nicht das vorausgesagte hohe Niveau beibehalten werden, stellte sich bei vielen Innovatoren Unzufriedenheit über die einseitige Betonung der staatlichen Intervention im Bereich von Forschung und Entwicklung, aber nicht im Bereich von Diffusion und Anwendung ein. Damit verbunden war die Furcht, dass breite staatliche FuE-Maßnahmen zu viele Wettbewerber erzeugen und auch die Produktlebenszyklen durch immer weitere Einführung neuester Produkte verkürzen könnten. Vor allem in den Vereinigten Staaten trat eine Ernüchterung in der Solarindustrie ein und es wurden Aussagen laut, dass *sparsamere* öffentliche Mittel die Stabilität der neuen Märkte für die Erstinnovatoren begünstigen würden.[30] Auf der anderen Seite muss festgestellt werden, dass die öffentlichen Maßnahmen zu einer nachhaltigen Meinungsänderung unter vielen privaten und öffentlichen Nachfragern geführt und letztlich auch zum Wertewandel in der Bevölkerung bezüglich Ressourcenverschwendung und Umweltschutz beigetragen haben, was die Markträumung erleichtern sollte. In

---

28 Hohmeyer (1988) sowie Ewers und Rennings (1991).

29 Roessner (1984).

30 A. a. O.

einigen Ländern wurden in späteren Phasen den FuE-orientierten Maßnahmen diffusionsorientierte Programme beigegeben.[31]

Staatseingriffe im Ausland

Der unterschiedliche Entwicklungsstand der Teilmärkte und Teiltechnologien in den großen Ländern der Triade gemäß Tabelle 9-2 lässt sich unmittelbar aus den staatlich bevorzugten Maßnahmen ableiten. Weil die Vereinigten Staaten und die europäischen Länder jeweils stark an der Raumfahrt sowie der Satellitentechnik interessiert waren, konzentrierten sich die frühen FuE-Programme in der Photovoltaik auf das kristalline Material, während Japan ohne eine starke Luft- und Raumfahrtindustrie sich in Richtung auf die Massenproduktion amorpher Materialien festlegte.[32]

Die Staatsintervention in den betrachteten Triadeländern richtete sich neben FuE teilweise auch auf die *Struktur* der photovoltaischen Industrie, um die existierenden finanziellen und Marktressourcen zu konsolidieren und die Wettbewerbsfähigkeit der nationalen Industrie zu erhöhen.[33] In Frankreich veranlassten staatliche Behörden sogar die Gründung eines Unternehmens (Photowatt), in dem die photovoltaischen Interessen von drei verschiedenen französischen Unternehmen zusammengefasst wurden.[34] Neben dem staatlichen Interesse an Kommunikationssatelliten und der Weltraumfahrt und der diesbezüglichen Stromerzeugung mit Photovoltaik darf der wehrtechnische Teilmarkt nicht übersehen werden. Es gibt taktische Gründe für den Einsatz von Solarzellen, weil das Wiederaufladen von Batterien mit dieser Technik völlig lautlos erfolgen kann. Die Hersteller in den Vereinigten Staaten verkaufen einen großen Teil ihrer photovoltaischen Moduln unter einem speziellen staatlichen Beschaffungsprogramm zu Ungleichgewichtspreisen an das Militär.[35]

Die japanische Solarzellen-Industrie war dagegen - zumindest was die amorphen Siliziumzellen anbelangt - jahrelang auf Konsummärkte hin orientiert: Es wurden jährlich 30 Millionen Taschenrechner verkauft, die mit Solarzellen versorgt waren. Für den Haushaltsgebrauch ist der natürliche Umstand günstig zu bewerten, dass Solarzellen in Japan im Hochsommer zum Betrieb von Klimaanlagen eingesetzt

---

31 In Deutschland z. B. das Eintausend-Dächer-Programm und veränderte Preisgefüge für die Netzeinspeisung von eigenerzeugtem Solarstrom.

32 Clark und Juma (1987, S. 156).

33 Krupp (1992).

34 Clark und Juma (1987, S. 157).

35 A. a. O., S. 158: „Dies ist ebenfalls ein Gebiet, das von Marktanforderungen isoliert ist und das daher benutzt werden kann, um die anfänglich hohen Kosten der Systementwicklung abzusichern."

werden, also zu einer Zeit, wenn die Sonneneinstrahlung die höchsten Werte erreicht (anders als beim Heizen im Winter in Europa). Das japanische Wirtschafts- und Handelsministerium MITI unterstützt erst seit kurzem, nämlich seit Anfang des Finanzjahrs 1994, die Installation von Solarzellen in privaten Haushalten.

Staatseingriffe in Deutschland

Das Ausmaß öffentlicher Subventionierung der Solarzellenindustrie in Deutschland ist ausführlich evaluiert worden.[36] Abbildung 9-3 zeigt eine Retrospektive auf den Anfang der Photovoltaikentwicklung in Deutschland. Es ist bekannt, dass kein einziges industrielles Projekt ohne öffentliche Förderung durchgeführt wurde, so dass *alle* privatwirtschaftlichen Innovationsvorhaben aus dem Verzeichnis des Bundesministeriums für Forschung und Technologie über den Projektmittelabfluss entnommen werden können.[37] Die Zahl der FuE-Projekte in der Photovoltaik belief sich im Zeitraum 1973 bis 1986 auf etwa 100. Abbildung 9-3 stellt die jährlichen nationalen Aufwendungen und ihre Zerlegung nach den Finanzierungsquellen graphisch dar.

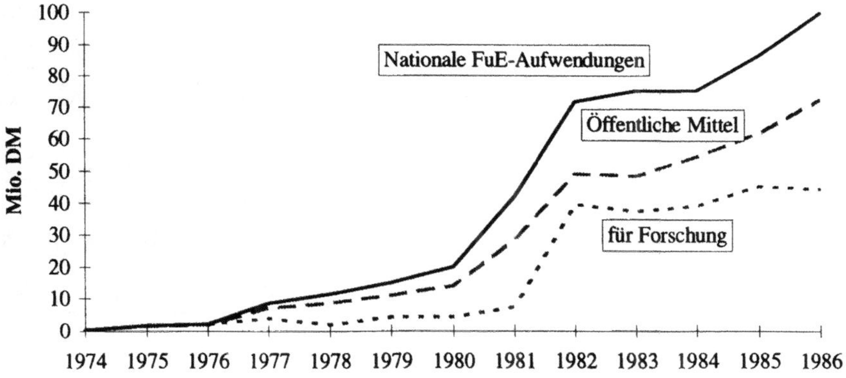

Abbildung 9-3: Jährliche öffentliche und private FuE-Ausgaben für terrestrische Photovoltaik in Deutschland (der Anteil der Aufwendungen für Forschung im Unterschied zur technischen Entwicklung ist ebenfalls angegeben).

Der staatliche Anteil war im ganzen Zeitraum hoch. Zwischen 1975 und 1980 fiel das öffentliche Interesse an der Photovoltaik auf etwa 70 % der Gesamtausgaben ab. Der Anteil für Entwicklungsausgaben überstieg in diesem Zeitraum die For-

---

36 Grupp u. a. (1994a).

37 In dieser Dokumentation sind die Anteile des öffentlichen Zuschusses im Verhältnis zum privat finanzierten Teil enthalten; daraus kann der Umfang der privaten FuE-Aufwendungen rekonstruiert werden.

schungsausgaben deutlich. Als Folge der zweiten Ölpreisanpassung 1979 änderte sich der Forschungsanteil drastisch. Dies ist die Erklärung für das ungünstigere Input-Output-Verhältnis an Patenten gemäß Abbildung 9-2 und unterstreicht, dass die dort erwähnte Reorientierung der staatlichen Mittelvergabe folgte. Zu den Begünstigten gehören im wesentlichen zwei Industrieunternehmen, eine Gruppe anderer Unternehmen, sowie Universitäten und andere staatliche Forschungsinstitute (vgl. Abbildung 9-4; PNP bedeutet „private non-profit" Einrichtungen, also gemeinnützige, private Institute).

Im weiteren Gang der Untersuchung wird daher ein besonderes Schwergewicht auf die beiden begünstigten Unternehmen AEG-Telefunken (heute im Daimler-Benz-Konzern) und Siemens (heute: Siemens Solar) gelegt. AEG-Telefunken definierte wichtige FuE-Ziele im Hinblick auf ein Zehnjahresprogramm bereits im Jahr 1974. Das Unternehmen war der erste industrielle Akteur in der terrestrischen Photovoltaik und brachte Erfahrungen aus den Anwendungen im Weltraum mit. Siemens trat einige Jahre später in den Kreis der Innovatoren ein; die industrielle Basis verbreitete sich seit 1982 immer mehr[38].

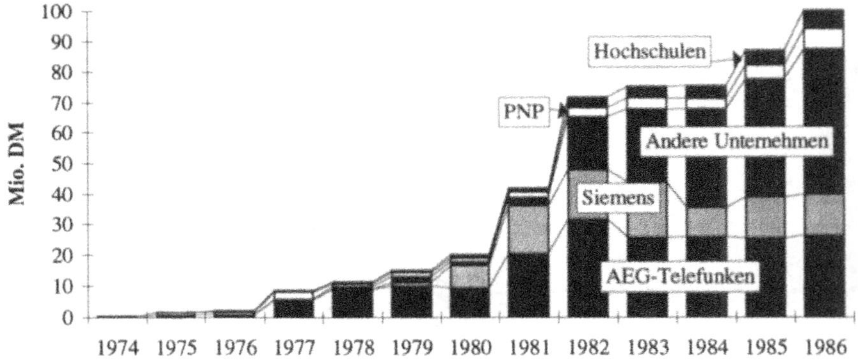

Abbildung 9-4: Zuwendungsempfänger im deutschen Photovoltaik-Forschungsprogramm 1974 bis 1986.

Aus den Abbildungen ist auch die verzögerte Reaktion auf die Ölpreiskrisen zu erkennen: Nach dem „Schock" von 1973 dauerte es fast vier Jahre, bis namhafte Beträge in die Photovoltaik-FuE flossen; nach der zweiten Ölpreiskrise von 1979 wiederum etwa drei Jahre bis zu veränderten budgetären Allokationen.

38 A. a. O., S. 270 - 275. Siehe auch Abbildung 9-4.

Funktionsstörungen auf dem Photovoltaikmarkt?

Zu den Mutmaßungen, dass auf dem Photovoltaikmarkt Funktionsstörungen vorliegen, tragen zusammenfassend folgende Beobachtungen bei:

- Transaktionen zu *Ungleichgewichtspreisen* zumindest im Bereich staatlicher und insbesondere wehrtechnischer Beschaffung und

- *Überversorgung* mit vom Staat bereitgestellten öffentlichen Gütern (Wissen aus Forschungsprogrammen).

Es besteht sogar die Vermutung, dass die positiven externen technologischen Effekte statt zu gesamtwirtschaftlicher Wohlfahrt zu zusätzlicher Verunsicherung der Marktteilnehmer führt (siehe oben). Zusätzlich konnte Shrum[39] gerade für den Energiebereich zeigen, dass die Forscher ihre FuE-Objekte nach Kriterien auswählen, die aus Sicht der Wirtschaftsseinheiten als irrational bezeichnet werden müssen. Er untersuchte u. a. das Solargebiet mit Hilfe von mehreren hundert Interviews mit Fachleuten und konnte eine Tendenz feststellen, nach der die Fachleute ihre eigenen Arbeitsgebiete günstiger beurteilten als andere. Die Schlagseite im Urteil fiel in den *weniger innovativen* Teilgebieten höher aus als sonst (größerer Rechtfertigungsdruck).

Woeckener[40] diskutiert allgemein den Fall einer Industrie, in der *natürliche Monopole* auftreten, also die Elektrizitätsversorgung, zu der die Photovoltaikindustrie gehört, die Eisenbahnen oder die Telekommunikation. Er hält es für offensichtlich, dass in solchen Industrien vermehrt Fälle von Marktversagen auftreten, die auch mit Politikversagen zusammentreffen können. Die entsprechenden Innovationen würden „sehr häufig" von besonderen Informationsdefiziten und großen externen Effekten begleitet sein, z. B. weil auch professionelle Experten nicht mehr in der Lage sind, das ganze Ausmaß ökonomischer Regulation zu überblicken. Wenn aber die Marktsignale aufhören, nützliche Instrumente für eine unternehmerische Innovationsstrategie zu sein und die Fachexperten bezüglich der denkbaren wirtschaftlichen Umsetzungen des wissenschaftlich-technischen Paradigmas (in diesem Fall des photoelektrischen Effekts) befangen sind, können die technometrische Messung und andere Innovationsindikatoren eine besonders wichtige Rolle in der ökonomischen Analyse von Koordinationsmängeln spielen.

---

39 Shrum (1985).

40 Woeckener (1993, S. 226).

9.3 Diagnose von Koordinationsmängeln mit Fortschrittsindikatoren

Ein Koordinationsmangel liegt auf dem Solarzellenmarkt nur dann vor, wenn eine Funktionsstörung zu erwarten ist und sie durch die reale Entwicklung als dauerhaft bestätigt werden muss.[41] Die Koordinationsmängel sind also diejenige Teilmenge aller Funktionsstörungen, die theoretisch erklärt werden können und nicht von alleine verschwinden. Andernfalls sollte man Funktionsstörungen als Schwachstellen bezeichnen.

Schwierigkeiten bei der Diagnose: Überleben von Unternehmen und Analyseniveau

Es ist ein Standardkritikpunkt an mikroökonomischen *Wettbewerbsstudien*, dass man nur die am Ende überlebenden Firmen analysiert und ihre Entwicklungsgeschichte nachzeichnet. Daraus werden oft Erfolgsfaktoren abgeleitet. Wenn jedoch die Unternehmen mit ursprünglich wichtigen Aktivitäten in der Analyse nur deshalb nicht berücksichtigt werden, weil sie auf dem untersuchten, eventuell gestörten Markt nicht überlebt haben, entsteht in der Regel ein zu übersichtliches und ein zu günstiges Bild. Es gehört daher zu einer Standardforderung an dynamischen Analysen, *nicht nur die überlebenden Unternehmen* am aktuellen Rand in die retrospektive Analyse einzubeziehen. Es wird hier die Vermutung geäußert, dass einige der in der Literatur bekannten „übersichtlichen" Wettbewerbsuntersuchungen stärker chaotische Züge bekämen, würde man so verfahren. Der Vorteil, der aus frühen Innovationsindikatoren gezogen werden kann, ist, dass heute am Markt verschwundene oder dort nie aufgetretene Unternehmen einbezogen werden können.

Nach einer anderen Grundüberlegung sind bei der Aneignung der Innovationsrenten eines wissenschaftlich-technischen Paradigmas zwei Sorten von Bestimmungsfaktoren wichtig. Die Bestimmungsgrößen für alle Konkurrenten um gleiche Teilmärkte, also die intersektoralen Aspekte, werden in der Literatur überbetont. Daneben gibt es unterschiedliche Bestimmungsgrößen für Konkurrenten um gleiche Teilmärkte, also *intrasektorale Disparitäten*. Die Fähigkeiten und organisatorischen Routinen der einzelnen Unternehmen der gleichen Industrie (hier der photovoltaischen Industrie) können sich unterscheiden.

Da der Wissensfluss häufig auch Landesgrenzen überschreitet, kann nicht argumentiert werden, dass die intrasektoralen Unterschiede landesspezifisch wären und mit Wissensüberversorgung im nationalen Rahmen zusammenhingen. Vielmehr sollte man die Innovationsbahnen der einzelnen, womöglich *multinational* verflochtenen Unternehmen rekonstruieren und daraus Schlussfolgerungen über die Homogenität

41 Grossekettler (1985, S. 248 f.).

der Entwicklung einer entstehenden Industrie ableiten.[42] Die *Betrachtung einzelner Unternehmen* sollte das *primäre Niveau* der Analyse darstellen.

Die im Kapitel 2 referierten Innovationstheorien bleiben stumm bezüglich einer Modellierung der technologischen Bahnen einzelner Unternehmen und beziehen sich im allgemeinen auf industriezweigspezifische Bahnen. Ob aber Industriezweige Wissenschaft und Technik voranbringen oder einzelne Unternehmen in diesen Zweigen, ist in Frage zu stellen.[43] Wesentlich bei der Erklärung von Innovationsprozessen einzelner Unternehmen der gleichen Industrie ist das Ausmaß von „Erfahrungswissen". Patente und wissenschaftliche Publikationen können nur den kodifizierten Teil des Wissensfortschrittes dokumentieren, also öffentliche oder latent öffentliche Güter. In die Bestimmung der Marktanteile und der Produkte fließt jedoch nichtkodifiziertes Wissen der Unternehmen ein, also private Güter. Es ist daher konsequent, dass dieser Abschnitt auf eine *Unterscheidung zwischen öffentlichem und privatem Wissen* hinarbeitet.

Basisdaten: Unternehmensstichprobe

Betrachtet sei die photovoltaische Industrie in der zweiten Aktivitätswelle (siehe Abbildung 9-1) nach Mitte der 80er Jahre auf internationalem Niveau. Tabelle 9-4 gibt eine Zusammenstellung wichtiger Unternehmen zusammen mit ihrem Sitzland, der produzierten dominanten Konstruktion, bestmöglichen Angaben zum Beginn der einheimischen Produktion, zur Herkunft der Technologie und zur Präsenz am deutschen Markt.

Die Liste von Photovoltaikunternehmen zeigt zunächst einmal, dass heute viele Unternehmen am Markt sind, die erst kürzlich die Produktion aufgenommen haben. Zwar spielen gewisse Pionierunternehmen auch heute noch eine marktbeherrschende Rolle, jedoch haben auch Spätstarter bereits große Umsatzanteile erreicht. Der Markteintrittszeitpunkt scheint gerade in diesem jungen, schnell wachsenden Markt entscheidende Bedeutung zu haben.[44] Tabelle 9-4 ist unvollständig, weil Informationen über bevorstehende oder eben erfolgte Markteintritte nicht zuverlässig vorliegen. Die aufgeführten Firmen decken die gegenwärtige Produktion des Weltmarkts zu etwa 80 % ab. Die fehlenden Firmen sind teilweise in Entwicklungsländern (Brasilien, Indien) lokalisiert.

---

42 So argumentiert auch Chesbrough (1994).

43 A. a. O., S. 3. Siehe auch bei Cohen und Levin (1989, S. 1097).

44 Backhaus (1992, S. 193). Theoretisch entwirft Baumol (1993, Kapitel 7) Modelle für das optimale Timing von Innovation und Imitation.

Tabelle 9-4: Zusammenstellung von Unternehmen in der Photovoltaikindustrie (unvollständige Liste).[45]

Unternehmen	Sitzland	Zellen-typ	Produktion seit	Deutscher Markt	Technologie
AEG/Telefunken	DEU	m p	1978	ja	eigen, heute Daimler-Benz
ARCO Solar	USA	m p a	1979	ja	eigen, ECD, heute Siemens
BP Solar	ESP/GBR	m p a	(< ?) 1983	ja	eigen, ECD
Canon	JPN	?	1990	nein	eigen, ECD
Chronar	JPN	a	(< ?) 1987	ja	eigen
Fuji Electric	JPN	a	(< ?) 1983	nein	eigen, Sharp
Helios	ITA	m	1983	ja	eigen, Solec
Hoxan	JPN	m	(< ?) 1983	ja	eigen
Kanegafuchi	JPN	a	1984 (?)	OEM (Casio)	eigen
Kyocera	JPN	p a	1983	ja	eigen, Mobil Solar, Wacker
Matsushita	JPN	m a	(< ?) 1983	nein	eigen, Film-technologie
Mitsubishi Elec.	JPN	m a	(< ?) 1983	nein	eigen
Mobil Solar	USA	m	1975	ja	eigen, Tyco
Nukem	DEU	a*	(< ?) 1991	ja	eigen, Uni Stuttgart
Photowatt	USA/FRA	m p	1980	ja	eigen, CGE, Elf, Fuji
Rade Koncar	Ex-YUG	a	(< ?) 1992	ja	?
Sanyo	JPN	a	(< ?) 1983	nein (OEM)	eigen
Sharp	JPN	m a	(< ?) 1983	nein (OEM)	eigen, ECD
Siemens	DEU	m a	1983	ja	eigen, Interatom, ARCO
Solarex	USA	m p a	1978	ja	eigen, RCA, Exxon
Solec	USA	m	1977	ja	eigen, heute Pilkington
Sovolco/Boeing	USA	a*	noch nicht	nein	eigen
Sovonics	JPN	a	(< ?) 1987	ja	ECD
Taijo Yuden	JPN	a	(< ?) 1983	nein (OEM)	eigen

45 Quellen: PV News, verschiedene Jahrgänge, Meereis (1987), Leuchtner und Boekstiegel (1991), Grupp et al. (1994a). In Tabelle 9-4 bedeutet m monokristalline Zellen, p polykristalline und a amorphe; a* steht für amorphe Technologie mit anderen Materialien als Silizium. Das Symbol (<?) bedeutet, dass die Produktion im angegebenen Jahr zweifelsfrei ist, aber dieses Jahr möglicherweise nicht das Jahr der Aufnahme der Produktion darstellt (Mangel an Angaben über frühere Jahre).

Wissenflüsse zwischen Unternehmen verhindern Vorsprungsmonopole

Da dieser Abschnitt der Diagnose von Funktionsstörungen oder Korrelationsmängeln gewidmet ist, muss auf den erheblichen Know-how-Fluss zwischen den heutigen Herstellern hingewiesen werden. Eine Gegenüberstellung der wichtigsten *technologischen* Akteure im Sinne von Patentranglisten ist in Tabelle 9-5 erfolgt. In der Spitzenposition steht mit Canon nunmehr ein Unternehmen, das erst vor kurzem am Markt aufgetreten ist. Das Unternehmen hat bereits Mitte der 80er Jahre eigene Patentaktivitäten aufzuweisen. Umgekehrt sind wichtige Akteure aus den 80er Jahren am aktuellen Rand des Geschehens nicht mehr zu finden. In der gebotenen Kürze können die diversen Vorgänge nicht alle nachgezeichnet werden; zum Teil sind sie nicht bekannt. Einige Schlaglichter auf die Situation und den Umbruch der Photovoltaikindustrie sollen zur Verdeutlichung beitragen.

Eine der führenden Pioniere in der Photovoltaik war das amerikanische Unternehmen RCA. Es taucht in den Patentlisten nach 1983 nicht mehr auf, da die Aktivitäten des Unternehmens auf dem Gebiet des amorphen Siliziums von Solarex übernommen wurden, einem Unternehmen, das selbst Zellen für den Weltraum herstellt und die Technologie des kristallinen Siliziums beherrscht (nicht unter den ersten 15). Das Unternehmen Energy Conversion Devices ist ebenfalls seit langem in der amorphen Technologie aktiv und betreibt lediglich FuE. Das Unternehmen führte Vertragsforschungaktivitäten für IBM, Atlantic Richfield (ARCO), Sharp und andere durch. Die Markteinführung eigener Produkte wurde mehr als einmal angekündigt, ist aber nicht zustandegekommen. ARCO Solar, Canon und Sharp benützten ECD als externe Wissensquelle. Schließlich gründete die Ölfirma Standard Oil mit ECD ein Gemeinschaftsunternehmen namens Sovonics, welches amorphe Moduln produziert. In der Patentliste Mitte der 80er Jahre scheint Exxon auf und somit ein anderes Mineralölunternehmen. Bis 1983 wurden die FuE-Aktivitäten Exxons von Solar Power vermarktet, bis Exxon dieses Geschäft aufgab. Das „Inventar" an Technologie wurde ebenfalls von Solarex übernommen.

Im Rahmen öffentlicher Förderprogramme (das sogenannte „Sonnenschein-Programm" des MITI) sind Wissensflüsse zwischen Forschungsinstituten in Japan und den japanischen Herstellern aufgetreten, die jedoch nicht im einzelnen bekannt sind. Matsushita unterhält erhebliche Patentaktivitäten, aber nur sehr begrenzte Produktionskapazitäten (Pilotanlagen). Andere patentaktive Unternehmen liefern keine Endprodukte, sondern elektronische Materialien (wie Kanegafuchi oder Bayer). Neben den genannten deutschen Firmen betreiben BASF und Wacker (Hoechst) photovoltaische Forschungsaktivitäten. Auch sie produzieren zwar keine Zellen oder Moduln, stellen aber Substratmaterialien her. Die Solaraktivitäten von AEG und Telefunken wurden in den 80er Jahren fusioniert und gehören nun zusammen mit MBB zur deutschen Aerospace, einem Tochterunternehmen der Daimler-Benz AG. Siemens hat einen sehr speziellen Weg der Wissensaneignung gewählt, dessen Effizienz ausführlich analysiert wird.

Tabelle 9-5: Gegenüberstellung der 15 aktivsten Unternehmen in der Photovoltaik in einer Rangfolge ihrer Patentaktivitäten 1984-85 verglichen mit 1991-92.[46]

Rangplatz	Unternehmen 1984-85	Trends	Unternehmen 1991-92
1	Siemens AG	↗	Canon KK
2	Hughes Aircraft Co.	↘	Siemens Solar GmbH
3	Atlantic Richfield Co.	Übernahme	Mobil Solar Energy Corp.
4	Energy Conv. Devices Inc.	Fusion	Matsushita Elec. Ind. Corp.
5	Hahn-Meitner-Institut	↘	Showa Shell Sekiyu KK
6	Kanegafuchi Kagaku	↘	AEG Cable Eng. Co. Inc.
7	Sovonics Solar Systems	Fusion	Battelle Institute
8	Standard Oil Co.	↘	Bayer AG
9	Telefunken GmbH	↘	Electric Power Res. Inst.
10	BASF AG	↘	3 M Co.
11	Fuji Elec. Corp. R&D Ltd.	↘	Nukem GmbH
12	Nukem GmbH	↗	Picogiga SA
13	Canon KK	↗	Sharp KK
14	Entech Inc.	↘	Telefunken GmbH
15	Exxon Res. & Eng. Co.	↘	United Solar Sytems Corp.
	32 andere Unternehmen		30 andere Unternehmen
	2 freie Erfinder		10 freie Erfinder

Die Betrachtung des Aufbaus und der Diffusion der Wissensbasis in der Photovoltaik zeigt erhebliche Instabilitäten und wenige große Linien. Man gewinnt den Eindruck *chaotischer Verhältnisse.* Hierzu haben sicherlich die *sich* rasch ändernden Rahmenbedingungen, vor allem die fallenden und steigenden Energiepreise, beigetragen, wie auch die unterschiedlichen Laufzeiten und Intensitäten staatlicher Subvention. Im Vergleich zu anderen Wettbewerbsstudien kann dieser Eindruck aber auch dadurch entstanden sein, dass konsequent die Unternehmen mit Aktivitäten in FuE (studiert anhand ihrer Patente), wie auch die Produzenten zu verschiedenen Zeitpunkten in die Analyse einbezogen wurden.

In einem ersten Fazit kann festgehalten werden, dass dauerhafte Vorsprungsmonopole nicht diagnostiziert werden können und die Markteintritte bzw. auch Umgruppierungen sich eher im Übermaß als in zu geringem Ausmaß vollziehen. Insofern können soweit keine Koordinationsmängel festgestellt werden.

Explizites vis-à-vis Erfahrungswissen

Die bisher diskutierten Patentindikatoren zur Beschreibung der photovoltaischen Industrie stellen keine hinreichenden Maße zur Beschreibung des firmenspezifischen Fortschrittsstands und der Eigenschaften der innovativen Produkte dar. Es

46 Daten des Europäischen Patentamts. Die Trends beziehen sich auf das Patentvolumen, nicht auf den Rangplatz.

wurde bisher gezeigt, dass nicht nur eine starke interne FuE-Basis und entsprechende Aktivitäten (ausgewiesen durch Patente) zu erfolgreichen Innovationen führen, sondern dass gerade die Spätstarter durch Firmenübernahme, Lizenzierung oder externer Vertragsforschung ihre (geringe) Wissensbasis von außen ergänzen können. Das tatsächlich erreichte Niveau des unternehmensinternen Wissens geht daher weder aus den internen FuE-Budgets noch aus den Patenten hervor. Der technometrische Indikator ist dagegen ideal geeignet, das tatsächlich erreichte und in innovative Produkte umgesetzte Niveau der technischen Beherrschung eines neuen wissenschaftlich-technischen Paradigmas durch ein innovatives Unternehmen zu messen. Er schließt die expliziten wie auch die stillschweigenden Teile des „Wissensvorrats“, also die öffentlichen wie die privaten Güter dieses Unternehmens ein.[47]

Technometrische Daten liegen für diejenigen Produkte vor, die am deutschen Markt angeboten werden (siehe die entsprechenden Angaben in Tabelle 9-4). Obwohl die neuesten verfügbaren Daten sich auf das Jahr 1991 beziehen, ist zunächst beabsichtigt, in einer Retrospektive die technischen Eigenschaften zu analysieren, wie sie sich im Jahr 1987 dargestellt haben. Der Grund für die Querschnittsbetrachtung des Jahres 1987 liegt darin, dass die technischen Eigenschaften mit späteren Produktionswerten in eine Beziehung gesetzt werden sollen, um mögliche Schwachstellen aufzudecken. Gemäß Tabelle 9-4 werden technometrische Profile aus den in Abschnitt 8.1 definierten Eigenschaften für insgesamt 13 Unternehmen und ihre jeweilige Produktpalette rekonstruiert. Darunter befinden sich deutsche, französische, amerikanische und japanische Hersteller. Allerdings waren die Handelsnamen von drei Herstellern (BP Solar, Helios, Sovonics) in den Produktlisten nicht auszumachen, so dass die Analyse auf zehn Unternehmen beruht.

Zunächst wird der Frage nachgegangen, ob das private Wissen überhaupt eine merkliche Rolle spielt oder ob sich die technometrischen Indikatoren bereits aus dem Umfang der Patenttätigkeit ergeben. Die Eignung des Patentindikators (besonders auf der Basis sogenannter Triade-Patente) zur Substitution technometrischer Größen für ganze Volkswirtschaften ist in Kapitel 7 nachgewiesen worden. Die dort verifizierte Produktionsfunktion für Technik gilt jedoch nicht notwendigerweise auf der Ebene einzelner Unternehmen.

In Abbildung 9-5 sind die entsprechenden Indikatoren für zehn Unternehmen aus der Photovoltaikindustrie vereinigt worden. Alle drei dominanten Konstruktionen wurden dabei zunächst einmal zusammengenommen, da es nicht möglich ist, die Patentanteile derjenigen Hersteller, die mehr als einen Solarzellentyp beherrschen, zu separieren. Ein Zeitverzug zwischen dem Erwerb technologischen Wissens und der Umsetzung in konkrete Produkte wird zugelassen, so dass die Triade-Patente

---

47 Zum Begriff des Erfahrungswissens siehe den Abschnitt 4.5 und die dort gegebenen Zitate. Das Standardwerk ist Polanyi (1966).

aus den Erfindungsjahren 1975 bis 1985 den technometrischen Spezifikationen des Jahres 1987 gegenüberstehen.

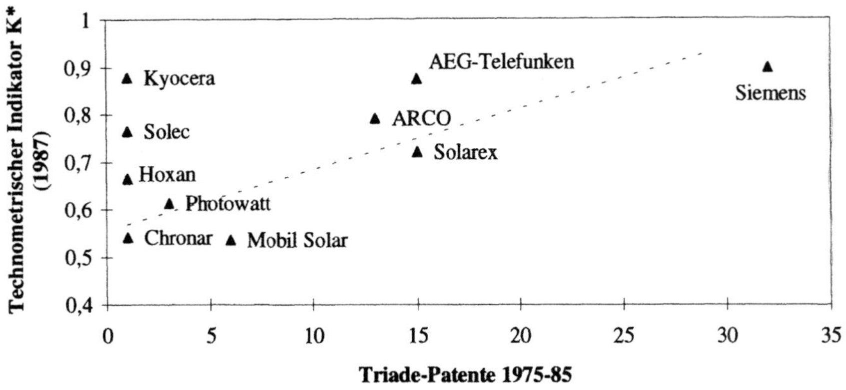

Abbildung 9-5: Akkumuliertes latentes technisches Wissen (gemessen durch Triade-Patente 1975 bis 1985) und technometrische Indikatoren für photovoltaische Produkte (1987).

Abbildung 9-5 zeigt, dass die Produktinnovationen derjenigen Firmen, die international einen größeren diesbezüglichen Patentvorrat angehäuft haben, technometrisch höher bewertet werden. Die gestrichelte Linie in Abbildung 9-5 gibt eine Hilfe für das Auge, um diesen Zusammenhang zu erkennen; es handelt sich dabei aber nicht um eine Regressionslinie. Andererseits bieten einige Unternehmen technologisch sehr fortgeschrittene Produkte an, die nicht auf eine vergleichbare Patentproduktivität begründet sind (Kyocera, Solec, vielleicht auch Hoxan). Handelt es sich hierbei um „Trittbrettfahrer“ wegen einer Überversorgung mit öffentlichen Gütern oder einseitig genutzten externen Effekten?

Unterschiede in der unternehmensinternen Wissensbasis

Drei Erklärungen liegen nahe. Zunächst könnten die genannten Unternehmen eine sehr gute private, eventuell humankapitalgestützte Wissensbasis in der relevanten Technologie haben und sich auf Geheimhaltung oder sehr kurze Markteinführungszeiten verlassen, die keinen umfangreichen internationalen Patentschutz benötigen. Eine andere Möglichkeit bestünde darin, die entsprechenden Patentanmeldungen nur auf dem heimischen Markt (also in Japan im Falle von Kyocera und Hoxan und in den Vereinigten Staaten im Falle von Solec) vorzunehmen, aber auf internationalen Schutz zu verzichten (z. B. wegen ausschließlicher Orientierung auf den heimischen Markt). Diese Möglichkeit kann jedoch durch Patentanalysen an den entsprechenden Patentämtern überprüft werden und ist im vorliegenden Fall auszuschließen (Abbildung 9-5 enthält die patentaktiven Unternehmen in der Triade, also am Europäischen, Amerikanischen und Japanischen Patentamt).

Die dritte Erklärungsvariante geht davon aus, dass die entsprechenden Unternehmen ihre exzellenten Produkte mit Wissen herstellen, das sie extern über die entsprechenden Märkte erworben haben. Diese externen Wissensquellen schließen nicht nur Netzwerke von Unternehmen und die Lizenzierung bzw. die Übernahme von Unternehmen ein, sondern können auch darauf beruhen, dass mit öffentlichen Forschungslaboratorien zusammengearbeitet wird. Zumindest von zwei Unternehmen ist bekannt, dass sie wesentlich über externe Wissensquellen verfügen: Kyocera hat 1984 einen Lizenzvertrag mit Wacker in Deutschland geschlossen, einen Hersteller für Substratmaterialien, und verwendet Technologie von Mobil Solar. Für Solec ist zwar bekannt, dass das Unternehmen sich nie an größeren staatlich geförderten Programmen in den Vereinigten Staaten beteiligt hat, das Unternehmen gehört aber zur britischen Pilkinton-Gruppe. Für Hoxan sind die Quellen externen Wissens nicht unmittelbar einsichtig, vielleicht kann man den Patent-Qualitätszusammenhang noch im Rahmen statistischer Schwankungen erklären.

Produktionsfunktion mit zwei Wissensinputs

Es liegt nahe, eine Produktionsfunktion für den Produktfortschritt zu entwickeln, die aus zwei Input-Faktoren besteht, dem latent öffentlichen, teilweise ausschließbaren Wissen gemessen in Patenten und dem privaten, vollständig ausschließbaren Wissen. Eine solche Produktionsfunktion stellt eine Erweiterung des Ansatzes gemäß (7-1) in Abschnitt 7.2 dar. Sie lautet wie folgt:

$$K^*(i,k) = \alpha_i \, P(i,k)^{\beta} \cdot T(i,k)^{(1-\beta)} \cdot \varepsilon_k. \qquad (9\text{-}1)$$

Die Variablen sind dabei definiert wie in (7-1). Zusätzlich bezeichnet T die Inputs aus privatem Wissen einschließlich externer Quellen, die nicht im eigenen Patentvorrat niedergelegt sind. Der Elastizitätsparameter β wird als konstant angenommen, während α_i von der Technologie bzw. der dominanten Konstruktion abhängen kann.

K^* kann durch die Technometrie gemessen werden und P durch die Zahl der Patente. Es gibt aber zur Zeit keinen Weg und keinen theoretischen Vorschlag, das Ausmaß an Erfahrungswissen T zu quantifizieren. Auch ist hierfür keine Maßeinheit vorgeschlagen worden. Gemäß (9-1) muss die Einheit für T eine Größe sein, die Patentäquivalenten entspricht. Eine Möglichkeit des weiteren Vorgehens bestünde darin, die technometrischen Idealindikatoren und die korrelierenden Patentindikatoren zu bestimmen und aus der obigen Produktionsfunktion das stillschweigende Wissen in fiktiven Patenteinheiten zu schätzen. Es ist noch ein anderer Lösungsweg möglich, der hier beschritten wird. Gemäß den Ausführungen im Abschnitt 5.2 steht ein aus der Betriebswirtschaft entlehntes Verfahren, die sogenannte DEA-Analyse, zur Verfügung. Sie ist dazu geeignet, das obige Messproblem auf anderem Weg zu lösen.

Der Ansatz besteht darin, zwei Input-Faktoren zu betrachten, nämlich die latent öffentlichen Wissensgüter, wie sie durch Patente gemessen werden, und das technometrische Fortschrittsmaß als Variable, die auch die Anteile der privaten, ausschlussfähigen Wissensgüter beinhaltet. Zu beachten ist, dass diese beiden Variablen nicht linear unabhängig voneinander sind, da K nicht unabhängig von P ist. Dies wird in Kauf genommen, da das zweidimensionale Problem durch zwei hinreichend verschiedene Variablen abgebildet wird, von denen eine jedenfalls den Anteil privater Wissensgüter *nicht* enthält.

Effizienzanalyse für wissensintensive Produktion

Mit diesem Ansatz kann ein input-orientiertes DEA-Modell für die zehn Unternehmen der Abbildung 9-5 berechnet werden, wobei der technometrische Indikator für 1987 und die Triade-Patente aus dem Zeitraum 1975 bis 1985 die Input-Variablen darstellen und der erreichte Weltmarktanteil an der Produktion in den Jahren 1985 bis 1989 (gemittelt) die Output-Variable. Das DEA-Modell liefert Effizienzwerte und benennt die Unternehmen, die an der Effizienzfront bezüglich beider Input-Variablen sind.[48] Die Mittelung über den produzierten Weltmarktanteil aus mehreren Jahren wird durchgeführt, um von zufälligen interventionsbedingten jährlichen Schwankungen unabhängig zu werden, z. B. solchen aus staatlichen Beschaffungsprogrammen oder der Errichtung großer photovoltaischer Modellanlagen. Die Hypothese zur Diagnose von Koordinationsmängeln ist, dass ein mängel- und störungsfreier Markt ausschließlich aus (fast) effizienten Teilnehmern bestehen sollte, wenn keine unternehmensinternen „X-Ineffizienzen" vorliegen.[49]

Abbildung 9-6 zeigt auf der horizontalen Achse die latent öffentliche Wissensdimension, wie sie aus teilweise ausschließbarer FuE erzeugt wurde. Die Unternehmen, die links zu liegen kommen, haben eine kleine diesbezügliche Wissensbasis (es sind die Unternehmen, die auch in Abbildung 9-5 linkerhand abgebildet sind). Die vertikale Achse repräsentiert den Produktfortschritt und stellt eine Achse dar, die sowohl von privaten wie von öffentlichen Wissensgütern abhängt. Unternehmen, die unten in der Abbildung zu liegen kommen, haben ein Fortschrittsniveau ihrer Produkte erreicht, die ausreicht, um die Nachfrage nach diesen Produkten zu

48 Es wurden im DEA-Modell ferner konstante Skalenerträge spezifiziert. Die Effizienzwerte sind für Kyocera, Hoxan und ARCO mit I = 1 am Maximum, für Chronar (0,64), Solarex (0,57) und Photowatt (0,52) im oberen Zahlenintervall von I, für Solec (0,37) und AEG (0,16) im unteren Intervall und für Mobil Solar und Siemens (beide 0,03) verschwindend niedrig. Der Überschuss an Input liegt bei allen nichteffizienten Unternehmen an - relativ zum Marktergebnis - überzähligen Patenten, nicht an zu hoher technometrischer Produktqualität, also an einem Überschuss (latent) eingesetzter öffentlicher Güter.

49 Die X-Ineffizienz ist die Differenz zwischen den geringstmöglichen und den tatsächlichen Kosten eines Produkts oder Produktionsmenge (Leibenstein, 1966). Der Buchstabe „X" soll dabei wie in der Algebra für die unbekannte Größe stehen, da oft nicht genau feststeht, welcher Typ von Ineffizienz vorliegt (Maital 1994, S. 43 f.).

bedienen. Unternehmen in der oberen Bildhälfte bieten „zu gute" Qualität in technischer Hinsicht, die keine Marktnachfrage und kaum Präferenzen trifft. Diese Unternehmen investierten zu heftig in die Qualität der Technologie und können entsprechende Produktions- und Umsatzzahlen nicht erreichen, weil die Märkte, die eine solch anspruchsvolle Technologie nachfragen würden, nicht existieren. Sie haben eventuell von der Überproduktion öffentlicher Güter profitiert, ohne die Preis-Absatzfunktion zu beachten.

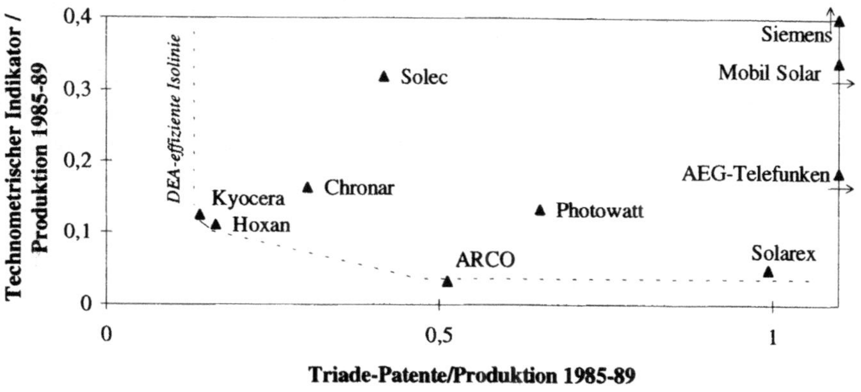

Abbildung 9-6: Effizienzanalyse des Produktfortschritts mit Hilfe eines DEA-Modells für zehn Unternehmen.

Die DEA-Effizienzanalyse lässt daher Raum für zwei Arten effizienter Wissenskonversion in technischem Fortschritt. Die Isolinie in Abbildung 9-6 sortiert drei Unternehmen heraus, die sich in beiden Dimensionen effizient verhalten. Dies sind mit Kyocera und Hoxan zwei japanische Unternehmen mit hohem Einbezug privaten Wissens und mit ARCO ein führendes amerikanisches Unternehmen mit einer ausgeprägten internen Wissensbasis. Sehr nahe an der effizienten Isolinie liegt auch Solarex, der andere Pionier der Photovoltaik aus den Vereinigten Staaten. Alle übrigen Unternehmen, insbesondere alle Europäer, sind dagegen in keiner Dimension effizient.

Im internationalen Querschnittsvergleich liegen also Signale vor, dass der Produktfortschritt gestört ist. Unternehmen mit einem vergleichsweise niedrigen Fortschritt (gemessen an den fortgeschrittensten Unternehmen) nehmen zu einem gegebenen Zeitpunkt größere Marktanteile ein als die fortgeschrittensten. Dies deutet auf Schwachpunkte am Solarzellenmarkt hin. Da aber aus einer Querschnittsbetrachtung keine Aussagen über anhaltende Mängel gefolgert werden können, muss sich eine dynamische Analyse anschließen (im folgenden Abschnitt). Da außerdem die fortschrittsineffizienten Unternehmen aus Europa stammen, ist eine ergänzende

Mikroanalyse der von diesen angebotenen Produktpalette auf dem nationalen Markt anzuraten.

Effizienzanalyse für ausgewählte Unternehmen: Das ineffiziente Preis-Leistungsangebot

Wegen der Wechselkursschwankungen und der unterschiedlichen Einflüsse staatlicher Maßnahmen und Programme in den beteiligten Ländern wird der Zusammenhang zwischen technischem Fortschritt und dem Marktpreis nur für die beiden deutschen Unternehmen näher analysiert. In den Abbildungen 9-7 und 9-8 werden neun photovoltaische Produkte von Siemens und sechs Produkte von Telefunken näher betrachtet. Die Siemens-Produkte beruhen auf amorpher Technologie, die Telefunken-Produkte sind polykristallin. Die Typ-Bezeichnungen sind in den Abbildungen angegeben.

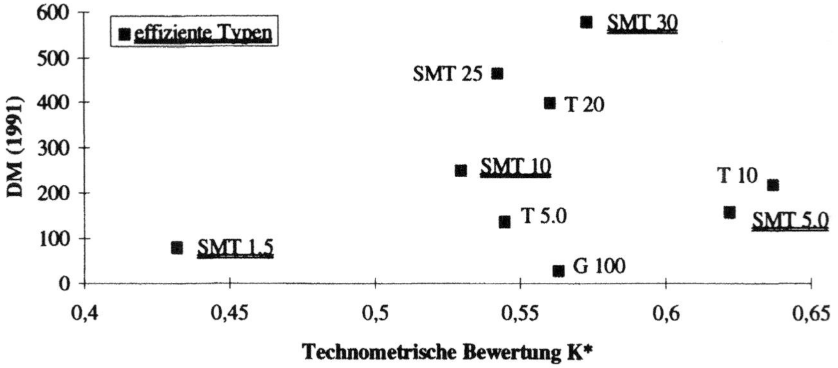

Abbildung 9-7: Technische Qualität und Preisbildung bei verschiedenen Solarzellen des Hauses Siemens (Preise in DM 1991).

Abbildung 9-7 gibt die Positionierung der Marken in der Preis-Leistungsebene wieder.[50] Für die Produkte von Siemens zeigt sich ein undefinierter Zusammenhang zwischen der technischen Qualität und dem Marktpreis, der gemäß des von der Marketingtheorie geforderten Zusammenhang etwa wie in Abbildung 8-7 verlaufen sollte. Die technometrische Fortschrittsbewertung der Produktqualität beruht auf einer Zusammenfassung von sechs Produkteigenschaften.[51] Es werden Produktty-

50 Siehe bei Backhaus (1992, S. 303 ff.) zur Bedeutung der Preis-Leistungspositionierung für das Marketing.

51 Siehe im Abschnitt 9.1; die Variable für die Produktionstechnik, die aus dem Verhältnis von Preis und der erzielten elektrischen Leistung berechnet wird, wurde weggelassen, um keine Kollinearität mit dem Preis zu bekommen.

pen angeboten, deren relativ hoher Preis durch eine herausragende Leistungscharakteristik gerechtfertigt wird. So hat in der Produktpalette von Siemens das teuerste Produkt SMT 30 die höchste Spitzenleistung (30 W) und übertrifft darin alle anderen Produkte, ist aber in den anderen technischen Eigenschaften den Vergleichsprodukten nicht unähnlich. Da das Produkt marktgängig ist, gibt es offenbar Nachfrager, denen diese Eigenschaft so wichtig ist, dass sie den geforderten höheren Preis entrichten. Andere Produkttypen bieten hingegen keine herausragenden technischen Eigenschaften und sind dennoch teurer als Vergleichsprodukte aus dem gleichen Haus.

Es liegt nahe, die Produktpalette von Siemens einer DEA-Analyse zu unterziehen und die Frage zu stellen, welche der genannten Produkte preiseffizient sind. Dazu werden die sieben technischen Eigenschaften, die in Abschnitt 9.1 erläutert sind, als sieben unabhängige Inputvariablen verstanden und der einzigen Outputvariablen Preis gegenübergestellt. Die Rechnung ergibt, dass vier der neuen Produkte in mindestens einer technischen Eigenschaft effizient sind, darunter auch das oben erwähnte teuerste Produkt in Bezug auf die Spitzenleistung - wie erwartet[52]. Die übrigen Produkte sind es hingegen nicht, so dass insgesamt die Produktpalette, mit der der Anbieter den deutschen Markt bedient (und mutmaßlich auch den internationalen), auf einer unklaren Marketingkonzeption beruht, also den X-Ineffizienzen zugerechnet werden kann. Das ungünstige Abschneiden der fortgeschrittenen Produkte am Weltmarkt, wie sie in der Abbildung 9-6 zum Ausdruck kommt, ist von daher erklärlich, und deutet *nicht* auf Schwachstellen oder Marktmängel hin.

Siemens ist ein Spätstarter auf dem Photovoltaikmarkt[53] und war nicht an den frühen Bemühungen um die Herstellung von Solarzellen für Satelliten beteiligt wie andere deutsche Unternehmen. Es begann seine Solarzellenaktivitäten in einem Konzern-Unternehmen der Nukleartechnik (Interatom). Von daher waren die Interessen des Konzerns auf die Nutzung der Photovoltaik in Kraftwerken gerichtet und weniger auf mobile Anwendungen. Die ersten monokristallinen Produkte hatten im Vergleich zu Konkurrenzprodukten beste Spezifikationswerte in den für den Netzbetrieb wichtigen Eigenschaften für die Spitzenleistung und ihre Stabilität, waren aber weniger avanciert im Hinblick auf die benötigten Flächen und Gewichte. Für mobile Anwendungen sind jedoch die letzteren Faktoren wichtiger als für netzgebundene.

---

52 Es wurde ein input-orientiertes DEA-Modell mit konstanten Skalenerträgen und den erwähnten technometrisch gemessenen Eigenschaften als Inputs, sowie dem Preis als einzigem Output spezifiziert. Neben den in Abbildung 9-7 gekennzeichneten vollständig effizienten vier Marken (I = 1) ist Produkt G 100 sehr ineffizient (I = 0,19 trotz des niedrigen Preises), während die übrigen Marken mit I = 0,86 ... 0,98 als fast effizient gelten können. Die Überschüsse bei den Inputs, also den technischen Merkmalsausprägungen, liegen bei den weniger effizienten Marken vor allem bei den zu hohen Nennspannungen.

53 Siehe Abbildung 9-4.

Um sich die amorphe Technologie anzueignen, übernahm Siemens 1990 von Atlantic Richfield deren Tochter ARCO Solar, eröffnete damit einen Zugang zum US-Markt (neue Firmenbezeichnung Siemens Solar) und gewann Zugang zur Wissensbasis eines führenden Herstellers amorpher Solarzellen. Aus Zeitungsberichten ist zu entnehmen, dass die Akquisition als nicht erfolgreich angesehen wird, da Siemens Solar im Jahr 1992 die Preise reduzierte, um den Marktanteil zu erhöhen. 1993 soll Siemens gerichtlich gegen Atlantic Richfield vorgegangen sein und den Vorwurf der Täuschung über die geringen Gewinnspannen der Produkte von ARCO Solar erhoben haben. Die unklare Marketing-Strategie und die nicht befriedigenden Preis-Leistungs-Verhältnisse eines Teils der Produkte dieses Anbieters oder andere Quellen für X-Ineffizienz können diese Situation erklären, ohne auf Koordinationsmängel schließen zu müssen.

Effizienzanalyse für ausgewählte Unternehmen: Das effiziente Preis-Leistungs-angebot

Ein deutlich anderes Bild gibt die entsprechende Analyse der polykristallinen Solarzellen von Telefunken Systemtechnik (heute Deutsche Aerospace/Daimler-Benz).[54] Sechs Produkttypen mit einem jeweils paarweise erhöhten technologischen Leistungsprofil machen das Produktspektrum des Unternehmens aus, wobei die Preise nahezu linear mit dem Leistungsspektrum anwachsen, was keinen Widerspruch zum theoretischen Zusammenhang gemäß Abbildung 8-7 darstellt. Eine DEA-Analyse ergibt, dass nur eines dieser Produkte nicht effizient ist, nämlich das teuerste, und dieses vor allem im Hinblick auf eine geringe Garantiezeit und auf eine relativ zur Leistung zu große Fläche. Alle anderen Spezifikationen dieses Produkts und alle übrigen Produkte sind an der Effizienzfront bezüglich mindestens einer technischen Eigenschaft. Die kohärente Produktpalette von Telefunken im polykristallinem Bereich mag erklären, dass Telefunken in etwa leistungsadäquate internationale Marktanteile hält.

Man muss ferner beachten, dass sich die Produkte dieses Anbieters in zwei Eigenschaften unterscheiden, die im bisher definierten Bündel nicht vorgesehen sind: die Trittfestigkeit sowie die Seewasserfestigkeit, zwei Voraussetzungen zum Einbau dieser Stromquellen in Yachten o. ä. Beispielsweise ist die Marke „PQ 5/40 TS" die trittsichere und seewasserfeste („TS") Variante von PQ 5/40. Der etwas höhere Preis scheint wegen der zusätzlichen Eigenschaften auf Nachfragepräferenzen zu stoßen, auch wenn die sonstigen technischen Eigenschaften etwas geringer ausfallen. Die einzige ineffiziente Marke PQ 40/50 ist übrigens *nicht* seewasserfest.

---

54 Das DEA-Modell wurde analog wie im Falle der Siemens-Marken spezifiziert. Das einzige nicht effiziente Produkt von AEG ist fast effizient (I = 0,87).

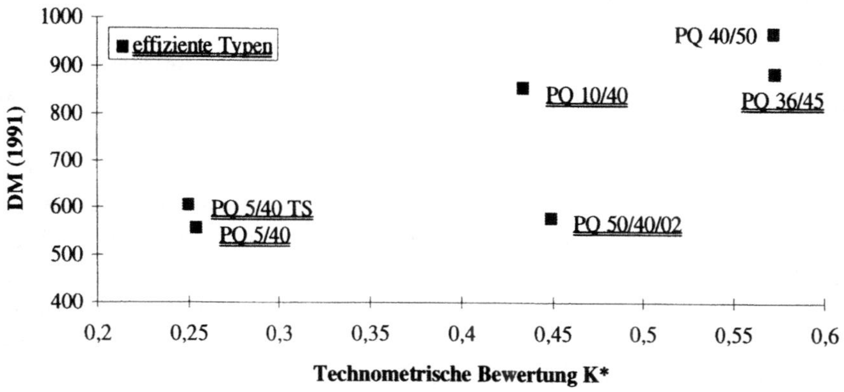

Abbildung 9-8: Technische Qualität und Preisbildung bei verschiedenen Solarzellen des Hauses Telefunken Systemtechnik (Preise in DM 1991).

Als Zwischenfazit aus der Querschnittsbetrachtung bleibt festzuhalten, dass der Produktfortschritt in einer zeitlichen Momentaufnahme des internationalen Solarzellenmarktes zwar als gestört erscheint, was *keine* Aussage über das Andauern des Mangels zulässt. Zudem kann die Ineffizienz des Marktes in ausgewählten Beispielen auf X-Ineffizienzen zurückgeführt werden, so dass sich insgesamt keine Hinweise auf Koordinationsmängel ergeben.

9.4 Marktanteile und Produktfortschritt

In diesem Abschnitt soll die zeitliche Entwicklung der Marktanteile der Anbieter von Solarzellen am Weltmarkt beurteilt werden, um die Nachhaltigkeit von etwaigen Schwachstellen oder Mängeln am Photovoltaikmarkt direkt beurteilen zu können. Da die Zahl der Marktteilnehmer schwankt, bietet sich das Entropiemaß nach (5-7) zur Bestimmung der Marktkonzentration anstelle des Herfindahl-Indexes an. Es ist die Frage zu stellen, ob im Verlauf der Entwicklung des Photovoltaikmarktes Perioden mit fühlbarer Anbietermacht aufgetreten sind, wobei angenommen wird, dass der Entropieindex auf der Nachfragerseite vernachlässigbar klein ist.[55]

---

55 Analog zu Grossekettler (1985, S. 217).

Anbieter- und FuE-Konzentration

Nach Abbildung 9-9 hat sich die Anbieterkonzentration, die im Jahr 1983 noch hoch war (das Entropiemaß ist bei vollständigem Monopol Null; siehe Abschnitt 5.3), bis 1985 verkleinert und ist seitdem weitgehend klein geblieben. Falls die Situation 1983 überhaupt als Übermachtposition interpretiert werden kann, ist sie bis 1990 erodiert. Obwohl die Zahl der Marktteilnehmer schwankt, überstieg sie (soweit Daten publiziert sind), in diesem Zeitraum die Zahl 40 nicht. Für vollständige Gleichverteilung der Marktanteile bei 40 Anbietern würde das Entropiemaß maximal S = 3,69 werden. Daher ist auch die Absolutaussage geringer Marktmacht (zumindest seit 1987) möglich. Auch in zeitlicher Hinsicht ergibt sich kein Beleg für andauernde Koordinationsmängel aus Übermacht.

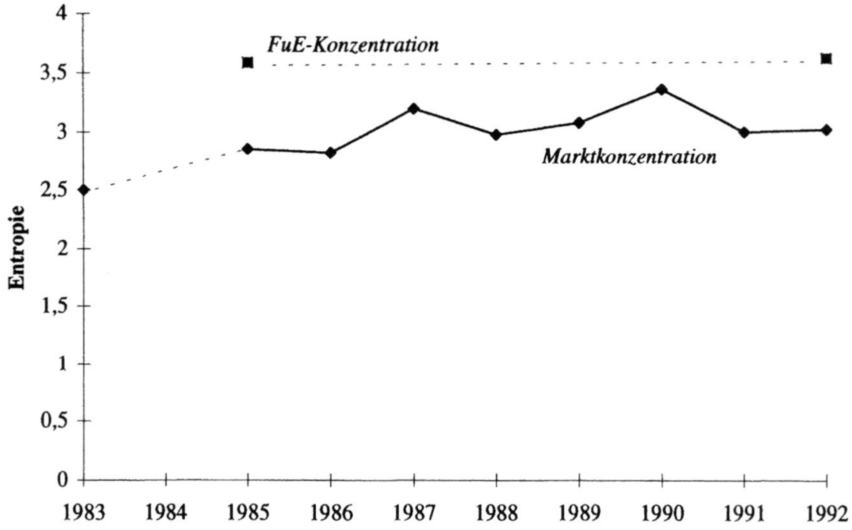

Abbildung 9-9: Anbieter- und FuE-Konzentration auf dem internationalen Photovoltaikmarkt 1983 - 1992 nach dem Entropiemaß.[56]

Aufgrund der in Tabelle 9-4 nachgezeichneten Know-how-Flüsse könnte man die Erwartung haben, dass die Zahl der aktiven FuE-Laboratorien geringer ist als die Anzahl an Produzenten. Das Umgekehrte ist jedoch der Fall. Berechnet man aus den Patentanmeldungslisten, die ausschnittsweise in Tabelle 9-5 wiedergegeben sind, in gleicher Weise wie für die Produktionszahlen das Entropie-Maß für die Konzentration von FuE-Aktivitäten, dann ergibt sich ein wesentlich höherer Wert als für die Marktanteile (S = 3,58 für die Jahre 1984/85, also am Ende der Stagnationsphase,

56 Datenquellen wie in den Tabellen 9-1 bzw. 9-5.

und S = 3,61 für die Jahre 1991/92). Man muss weiterhin davon ausgehen, dass eine fast 20jährige Industrie in Bezug auf neue technologische Aktivitäten noch weniger konzentriert ist als im Hinblick auf die Anbietersituation. Dies scheint darauf hinzudeuten, dass sich eine stabilere Marktstruktur durch Fortschrittsselektion auch in Zukunft nicht ergeben wird. Auch der (potentielle) Produktfortschritt bzw. der Fortschritt des latent öffentlichen Wissensbestands zeigt keinerlei Schwachstellen in der Breite. Da Patente Weltneuheiten darstellen, kann man von der Schutzrechtsmenge auch auf eine große Heterogenität der Preis-Leistungs-Verhältnisse und damit eine genügende Befriedigung der Konsumentenpräferenzen schließen.

Dynamische Entwicklung der Produktqualität: Fortschritt, Rücknahme, Markteintritt

Abschließend wird die Frage einer dynamischen Innovationserklärung und einer Ableitung der Veränderungen der Marktstruktur durch endogenen Fortschritt gestellt. Zunächst interessieren die inkrementellen technischen Fortschritte wichtiger Photovoltaikfirmen zwischen zwei bestimmten Zeitpunkten. Ausgewählt werden aus Gründen der Datenverfügbarkeit die Jahre 1987 (wie oben in Abbildung 9-6) und 1991. Wie Abbildung 9-10 verdeutlicht, haben sich in diesem Fünfjahreszeitraum die technometrischen Spezifikationen bei den meisten Unternehmen nicht sehr verändert.[57]

Auffällig ist, dass drei Unternehmen in der monokristallinen und amorphen Technik, Siemens, Solarex und ARCO, zwar bezüglich einzelner technologischer Eigenschaften Verbesserungen vorgenommen haben, bezüglich anderer und in der gewichteten Summe aber erhebliche Reduktionen. Das bedeutet im einzelnen, dass sehr fortgeschrittene (und teuere) Produkte vom Markt genommen wurden, so dass die Heterogenität ihrer Produkte insgesamt kleiner geworden ist. Im vorigen Abschnitt ist bereits das Problem angesprochen worden, dass einige nichteffiziente Firmen 1987 eine fortschrittliche Technologie anboten, die nicht auf eine entsprechende Marktnachfrage traf. Die Unternehmen haben darauf reagiert, in dem sie solche Produkte vom Markt nahmen.

Dies ist eine interessante Beobachtung, da in den Modellen des technischen Fortschritts üblicherweise angenommen wird, dass ausschließlich „Fort"schritt zu be-

57 Es soll angemerkt werden, dass der technometrische Indikator zu einem festen Zeitpunkt maximal den Wert 1 annehmen kann. In der dynamischen Analyse werden die Spezifikationswerte aus dem Jahr 1987 zugrunde gelegt, die den Maximalwert 1 nicht überschreiten. Diese Maximalwerte werden für die Analyse der Daten des Jahres 1991 beibehalten. In mehreren Fällen ergibt sich, dass die Ausprägung einzelner technologischer Eigenschaften in diesem Zeitraum sich nicht erhöht, sondern reduziert hat, so dass also im Jahr 1987 höherwertige Spezifikationen vorgelegen haben. Wegen des Fortschritts treten nunmehr aber auch Werte oberhalb von 1 auf. Dies ist das analoge Vorgehen zu der schematischen Veranschaulichung in Abbildung 3-2. Zur Anwendung kommt das Aggregationsschema (3-7) pro Unternehmen und Materialtyp.

rücksichtigen ist, also ein Übertreffen der bisherigen Niveaus, aber nicht der umgekehrte Fall.[58] Im Rahmen der Lerntheorien können diese Vorgänge ohne weiteres aus marktgesteuerten Lerneffekten erklärt werden. Solches Unternehmensverhalten kann eine Erklärung auch darin finden, dass das firmeninterne Humankapital in Forschung und Entwicklung in ungenügendem Kontakt mit Marketing und Produktion steht und letztlich die Innovationen „am Markt vorbei" voranbringt, z. B. um im Rahmen der firmeninternen Belohnungssysteme die ausgezeichnete Beherrschung des technischen Problems zu demonstrieren.

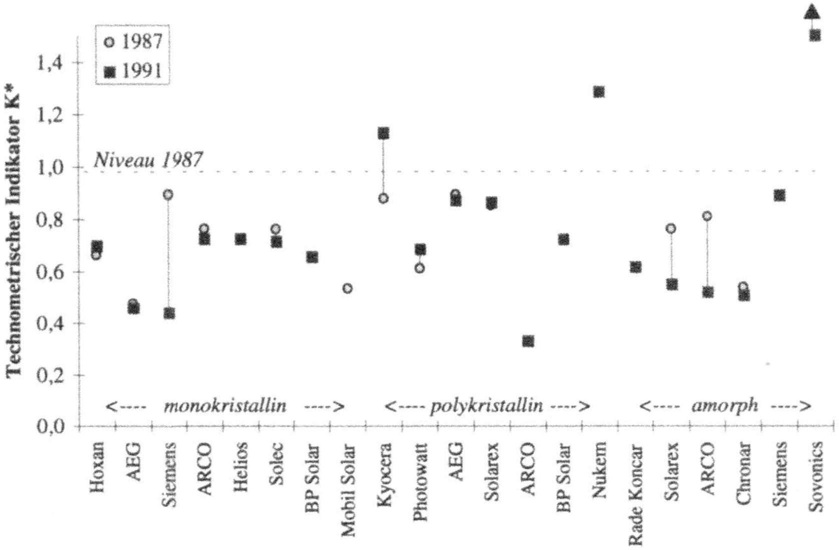

Abbildung 9-10: Vergleich technometrischer Fortschrittsmaße in den Jahren 1987 und 1991 nach Unternehmen und dominanten Konfigurationen (die Weltniveaus 1987 sind auf den Wert $K^* = 1$ festgesetzt).

Andere Unternehmen haben die technologische Qualität ihrer Innovationen im untersuchten Zeitraum erhöht, so z. B. Hoxan (im Bereich der monokristallinen Zellen) und Kyocera. Es sind eine Reihe von Markteintritten zu verzeichnen, Unternehmen mit zum Teil hervorragenden Spezifikationen, die 1987 noch nicht am (deutschen) Markt vertreten waren (z. B. Helios, BP Solar, Nukem, Rade Koncar, Sovonix). Interessant im Sinne der Lerntheorie ist, dass die neu auf den Markt gekommenen Produkte technologisch durchweg sehr avanciert sind und nicht etwa auf

58 Siehe z. B. die Qualitätsleitern mit homogenen Fortschrittsabständen bei Stadler (1993). Benzoni und Fenoglio (1995, S. 452f.) nennen einen solchen Fall in ihrem Modell für die Qualitätsdimension auf vertikal differenzierten Märkten eine „Überqualifizierung" der Charakteristik.

einfachen Qualitätsniveaus starten.[59] In Abbildung 9-10 ist auch ein Marktaustritt verzeichnet, Mobil Solar. Dieses Unternehmen hat in der Effizienzanalyse 1987 sehr ungünstig abgeschnitten (siehe Abbildung 9-6). Offenbar hat die funktionierende Koordination an diesem Markt das Unternehmen verdrängt.

Endogener Fortschritt und Marktstruktur

Lässt sich aus den inkrementellen Verbesserungen existierender Hersteller bzw. den neuen photovoltaischen Produkten zusätzlicher Hersteller etwas über die Fortschrittssteuerung der Marktdynamik und insbesondere die Strukturentwicklung ableiten ähnlich wie im gesamtwirtschaftlichen Fall (Kapitel 6)? Dazu werden analog (6-2) regressionsanalytisch der Logarithmus des technometrischen Indikators aus den Jahren 1991 versus 1987 den Anteilsveränderungen am Weltmarkt von 1988 bis 1992 gegenübergestellt. Dies geschieht nur für diejenigen neun Unternehmen aus Abbildung 9-10, die zu beiden Zeitpunkten auf den entsprechenden Märkten vertreten waren. Die neu eingetretenen Hersteller sind implizit insofern enthalten, als sie tendenziell die erreichbaren Marktanteile der alteingesessenen Unternehmen im Jahr 1992 schmälern.

Es ergibt sich ein schwach signifikanter Zusammenhang zwischen beiden Größen.[60] Der schwache Zusammenhang (siehe Abbildung 9-11) deutet daraufhin, dass Produktfortschritt auch im Falle eines Einzelmarkts zu größeren Marktanteilen führt: Dies ist die gewünschte „simple" Innovationserklärung. Es gibt jedoch ein Unternehmen (Siemens), das einen größeren Marktanteil durch ***Reduktion*** der technologischen Komplexität seiner Produktpalette erreichte. Hoxan konnte zwar technologisch voranschreiten, hat jedoch daraus bislang keinen Marktvorsprung erreichen können, und umgekehrt hat Kyocera, das in der Technik erheblich besser geworden ist, nunmehr überproportionale Marktanteile gewonnen.

Die theoretische Aussage von Grossekettler, dass auch dann, wenn „*durch* die Qualitätsverschlechterung ein Preis-Leistungsverhältnis erzielt wird, das aufgrund einer überproportionalen Preissenkung günstiger ist als das vorher realisierte",[61] könnte die Erklärung für die Reduzierung der Produktheterogenität einiger Hersteller sein. In dem Maße wie der Produktfortschritt die Steigerung der Marktanteile statistisch erklären kann, ist gezeigt worden, dass der Photovoltaikmarkt auch in zeitlicher Hinsicht funktionstüchtig ist. Letztlich konnte die erhebliche internatio-

---

59 Von Weizsäcker (1980, S. 84) weist darauf hin, dass neue Anbieter zunächst eine Reputation für hohe Qualität herstellen müssen. Der „gute Ruf" sei ein wichtiger Aktivposten gerade weil es lange dauern kann, einen solchen zu erwerben. Im Photovoltaikmarkt wird der Erwerb eines guten Rufs offenbar mit höchsten Einstiegsstandards versucht.

60 Der heteroskedastizitätsrobuste OLS-Test ergibt einen Koeffizienten von 12,2 (5,3) bei einer Irrtumswahrscheinlichkeit von 0,062, wenn man Siemens ausschließt.

61 Grossekettler (1985, Fußnote 146).

nale Marktausweitung nach Tabelle 9-1 durch ein Größenwachstum aller Firmen erreicht werden, das die Konzentration der entsprechenden Industrie unverändert ließ und nur durch den Produktfortschritt variiert wird.[62]

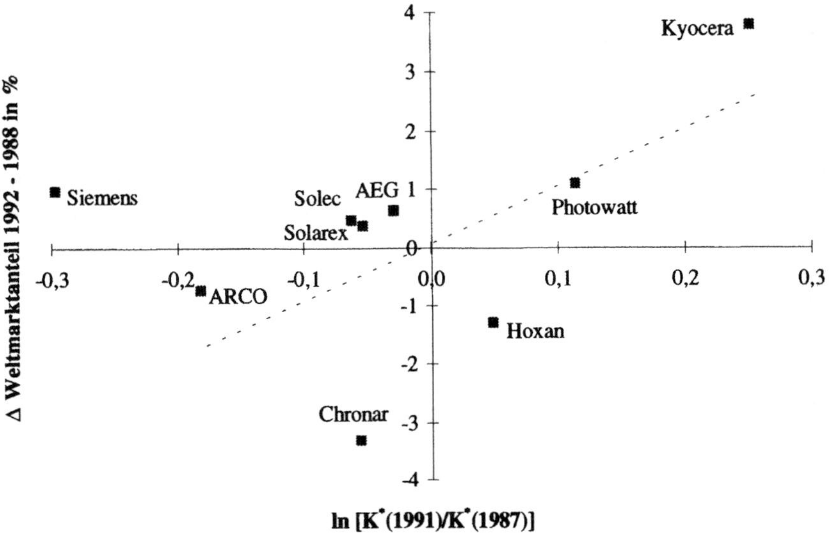

Abbildung 9-11: Erklärung des Wachstums der Marktanteile durch Produktfortschritt (technometrische Indikatoren versus Veränderungen in den Weltmarktanteilen für Photovoltaik) für neun Hersteller.

Funktionalität des Markts in der Zusammenschau

Fasst man zusammen und lässt neben den Indikatorentests Plausibilität walten, dann ergibt sich folgende Gesamteinschätzung: Die ausführliche Fallstudie zur Photovoltaik mit Hilfe von Innovationsindikatoren erlaubt es, wichtige Aspekte der Funktionalität von Märkten in einer direkten Weise abzubilden. Zumindest in problematischen Märkten, wo die Vermutung einer Störung gegeben ist, können solche Analysen hilfreich sein. Der interne Wissensaufbau bzw. die externen Quellen wissenschaftlichen und technischen Wissens können herausgearbeitet werden und führen zu einem Verständnis des unterschiedlichen Innovationsverhaltens der mikroökonomischen Akteure. Die vielfältigen Aspekte und die Bedeutung interdisziplinären Wissens gerade in der wissensbasierten Technik können quantifiziert werden. So

62 So Caves (1989, S. 1233). Es wäre ein Fehler, die Konzentrationsmuster ohne den internationalen Handel nur für die nationale Marktgröße zu analysieren (ebenda, S. 1234).

lassen sich die „Spiralen der Wissensschaffung" nachzeichnen.[63] Aufgrund des Messens von technischen Eigenschaften und der internen Wissensbasis, gleichzeitig aber auch der Marktanteile, können bis auf einzelne Firmen und deren Produkte hinab Analysen erstellt werden, um z. B. X-Ineffizienzen von Koordinationsmängeln zu unterscheiden.[64]

Bei der Vermutung des Vorliegens von Marktversagen und staatlichen Eingriffen ist es besonders schwierig, preisabhängige Vergleichsmessungen durchzuführen. Mit Hilfe der verwendeten Innovationsindikatoren kann hingegen gezeigt werden, dass

- keine dauerhaften Vorsprungsmonopole vorliegen,
- zahlreiche Eintritte von Unternehmen auf dem Markt beobachtet werden,
- die Konzentration der in FuE-tätigen Unternehmer weniger konzentriert ist, als die der aktuellen Anbieter, was eine weiterhin heterogene Marktentwicklung erwarten lässt,
- der Produktfortschritt in einem bestimmten Zeitpunkt zwar als gestört erscheint, aber
- keine klare Aussage zum Nichtandauern getroffen werden kann
- und die vermeintliche Funktionsstörung sich in Einzelbetrachtungen als Ergebnis von X-Ineffizienzen herausstellt.
- Das Marktwachstum kann überwiegend durch den Produktfortschritt erklärt werden, wobei
- in einigen Fällen mutmaßlich bessere Preis-Leistungs-Kombinationen durch Verringerung der Produktheterogenität infolge der Rücknahme besonders fortgeschrittener Produkte vom Markt erzielt werden.

Die Fallstudie belegt ferner die Bedeutung *intrasektoraler Unterschiede* im Innovationsgeschehen, während die vorliegende theoretische wie empirische Literatur häufig von der Annahme ausgeht, dass die *intersektoralen Unterschiede* für die Innovationserklärung und insbesondere eine Untersuchung der Marktstrukturen ausreicht. Die in diesem Kapitel angewendeten neuen Innovationsindikatoren sind also für eine Messung der Funktionsfähigkeit von Märkten geeignet. Das Identifizieren

---

63 Nonaka (1991).

64 Maital (1994, S. 43 f.) schlägt an die Adresse von Managern gerichtet vor, bei der ökonomischen Begriffsbestimmung von „Effizienz" *stets* zwischen der ökonomischen oder allokativen Effizienz und der X-Effizienz zu unterscheiden.

von konkreten Einzelmärkten, der Grad ihrer Funktionserfüllung und die Einschätzung des „angemessenen" Stands der Technik ist möglich. Schließlich kann das in diesem Buch vorgestellte Referenzschema innovationsgerichteter Prozesse zu interessanten Studien über die Entwicklung einer neuen Industrie beitragen, wobei es insbesondere möglich ist, empirische Methoden für eine Innovations-Markt-Ökonomik zur Verfügung zu stellen. Die Innovationsindikatoren gestatten das Verfolgen von Unternehmen, die heute nicht mehr am Markt sind und somit Marktsignale weder senden noch empfangen können, in ihren frühen, intrasektoral bedeutenden FuE-Aktivitäten.

10 Identifikation von Lücken auf einem Investitionsgütermarkt

Die Spielregel ist, dass der, der gegen sie verstößt, gewinnt.

Peter Maiwald

10.1 Fallbeispiel Sensormarkt als innovationsstrategische Aufgabe

Es hat sich für die Innovationsökonomik als wichtig herausgestellt, zwischen den gemeinsamen Bestimmungsgrößen für alle Konkurrenten um gleiche Märkte und den unterschiedlichen Bestimmungsgrößen für die einzelnen Konkurrenten um gleiche Märkte zu unterscheiden. Gemeinsam stellen sich den auf Innovationen an einem Markt hin arbeitenden Unternehmen die wissenschaftlich-technischen Chancen und die aus dem spezifischen Charakter der Technologie herrührenden Aneignungsmöglichkeiten der Innovationsrenten dar. Unter den marktlichen Anreizen sind vor allem das Nachfragewachstum, die Einkommenselastizitäten und die Änderungen der relativen Faktorpreise gleich. Auch die staatliche Wissenschafts- und Technikpolitik und andere Rahmenbedingungen werden von den Innovatoren an einem Markt als ähnlich wahrgenommen.[1]

Von daher bietet es sich an, die Innovationsszenerie auf möglichst verschiedenen Märkten zu untersuchen. Nach der Untersuchung eines wissensgetriebenen (Lasers) und eines mutmaßlich gestörten Markts (Solarzellen) wird im vorliegenden Kapitel nach einem „klassischen" Markt mit monopolistischer Konkurrenz gesucht, der weitgehend von einer staatlichen Einflussnahme im Bereich der Wissenserzeugung frei ist. An ihm sollten große wie kleine Unternehmen, Universal- und Spezialanbieter vertreten sein. Gleichzeitig sollte er mit der modernen Naturwissenschaft zu tun haben, um die Besonderheiten des wissenschaftlich-technischen Paradigmas nicht aus den Augen zu verlieren. Auf dem gesuchten Markt sollten auch oder überwiegend Investitionsgüter angeboten werden, also Leistungen, die von Organisationen beschafft werden, um weitere Leistungen zu erstellen, die nicht in der Distribution an Letztkonsumenten bestehen.

---

1 Vgl. Abbildung 2-1. Allerdings gibt es hierbei auch Unterschiede zwischen den Firmen z. B. im Hinblick auf eine gezielte Mittelstandspolitik des Staates, von dem nur die kleineren Innovatoren an einem Markt profitieren können u. a. m. (Fritsch, Wein und Ewers, 1993).

Beschreibung des Sensormarkts

Ein Markt mit den gesuchten Eigenschaften ist der *Sensormarkt.* Der Sensormarkt war im letzten Jahrzehnt expansiv; kennzeichnend sind Wachstumsraten für Sensor-Teilmärkte zwischen 10 und 30 %. Der Weltmarkt für Sensoren setzt zur Zeit jährlich mehr als 10 Mrd. DM um; Berechnungsmethoden und Schätzergebnisse gehen jedoch sehr weit auseinander.[2] Bis zum Jahr 2001 werden Wachstumsraten von jährlich 8 % erwartet; das Marktvolumen 2001 könnte 43 Mrd. US $ betragen.[3] Die Unsicherheit der Schätzungen bei Sensoren ist ein direktes Resultat der Abgrenzung des Sensors: Ob Zuleitungen, Auswerteelektronik oder Kalibriereinheiten mitgerechnet werden oder nicht, wird fast willkürlich gehandhabt. Der Preis für ein komplettes Sensorsystem kann von dem des darin enthaltenen Sensorelements um eine Größenordnung abweichen.

Wirtschaftsstatistisch sind für Sensoren Begriffe wie „Instrumente, Apparate und Geräte" (WA 9015) oder „Geräte zum Prüfen" (WA 9018) üblich. Die Ausweitung des Sensormarkts ist zum Teil eine Folge des wachsenden Markts der Fabrikautomatisierung; Sensoren haben darin zusammen mit anderen Systemen der Fabrikintegration wohl die größten Zuwächse. Innerhalb der Fabrikautomatisierung machen die Sensoren wertmäßig aber nur wenige Prozent aus. Daneben ist das Anwachsen des Sensormarkts mit der Ausweitung von Massenkonsumprodukten (Kraftfahrzeuge, Haushaltsgeräte), der fortschreitenden Technisierung der Medizin (Biosensoren) und länderspezifisch mit der Umweltschutzgesetzgebung (Rauchgasprüfer, Sonden im Kfz-Katalysator etc.) verkettet. Sensoren spielen also bei allen Typen im Investitionsgütermarketing eine Rolle (Produktgeschäft, Systemgeschäft, Anlagengeschäft).[4]

Was ist ein Sensor und warum ist dieser traditionelle Markt an die Wissenschaft gebunden? Mehrere einschlägige Werke der Mess- und Automatisierungstechnik enthielten noch vor zwanzig Jahren den Begriff „Sensor" überhaupt nicht; auch neuere Handbücher können oft keine schlüssige und einheitliche Definition geben.[5] Es ist nicht zu leugnen: Der Begriff „Sensor" ist zu einem Modewort geworden und wird relativ undifferenziert gebraucht. Folgende Festlegung soll hier gelten:[6] Als *Sensorelement* oder *Messaufnehmer* soll das erste Glied einer Messkette bezeichnet

---

2 Grupp u. a. (1988, S. 283).

3 Arnold (1991).

4 Nach Backhaus (1992, S. 233 ff.).

5 Beispielsweise beginnt Schanz (1986) so: „Sensoren - oder wie auch immer man diese 'Fühler' der Messtechnik bezeichnet - sind zwar hoch aktuell, aber nicht unbedingt so neu wie es zunächst scheinen mag. (...) Es bestehen nämlich miteinander widerstreitende Ansichten oder gar Philosophien in Bezug auf den Begriff Sensoren."

6 Analog zu Grupp u. a. (1987, S. 234).

werden, das eine Messgröße in ein elektrisches Messsignal umformt. Der *Sensor* schließt oft die Signalvorverarbeitung ein; er befindet sich in einem Gehäuse mit einem geeigneten Messfenster. *Sensorsystem* soll ein Gerät genannt werden, das die Informationsverarbeitung komplett zulässt, was etwa bei der Bilderkennung Computer und Bildschirme einschließt. Die Miniaturisierung von Sensoren hat zum Einzug der Mikroelektronik geführt, so dass die heutige Sensortechnik in der Tat von dem ungeheuren Fortschritt der Halbleitertechnik profitiert, die sich nun in der Messtechnik ausbreitet. Die Sensortechnik ist daher ebenso wie die Halbleitertechnik wissenschaftsbasiert.[7]

Bei Sensoren für die *Labormesstechnik* werden große Genauigkeiten erforderlich. Deswegen und wegen der in der Regel kleinen Stückzahlen sind die Preise recht hoch. Nachfrager sind hier wissenschaftliche Labore, amtliche Stellen (Eichämter, Strahlenschutz etc.) und die Forschungsstätten der Industrie. Bei *industriellen Anwendungen* wird dagegen nur eine mittlere Genauigkeit gefordert; deswegen und wegen großer Produktionsziffern liegen die Marktpreise für Sensorelemente bei zwei- bis höchstens vierstelligen DM-Beträgen. Die beiden genannten Märkte sind Investitionsgütermärkte, wobei Eichämter und Wissenschaftler ihrerseits Dienstleistungen, industrielle Anwender meist verarbeitete Produkte herstellen. Bei Zulieferung für Anwendungen im *Konsumbereich* (hauptsächlich Automobile und Hausgeräte) werden höchstens zweistellige DM-Beträge bezahlt; dafür kann die herstellende Industrie von äußerst großen Stückzahlen und relativ geringen Genauigkeitsanforderungen ausgehen. Allerdings sind lange Lebensdauer, Wartungsfreiheit und Reparaturfreundlichkeit zu gewährleisten.

Der Sensormarkt ist segmentiert

In diesem Kapitel wird der Teilmarkt der *Industriesensoren* ausgewählt. Der medizinische Bereich soll zum industriellen Bereich gehören. Da Sensoren als kaufmännische und technische Einheiten sehr klein sind, muss im Zweifelsfalle immer angenommen werden, dass der Sensor bei ökonomischen Bilanzen nicht gesondert ausgewiesen, sondern zusammen mit einem größeren Gerät verrechnet wird. Die Eigenherstellung der Sensoren in der anwendenden Firma entzieht einen Teil der Sensoren tendenziell der statistischen Erfassung.

Von den Rahmenbedingungen her ist der Sensormarkt ein nahezu von Staatseingriffen freier Markt; die Begrenzungen kommen einerseits von Umweltschutzauflagen (welche die Umweltmesstechnik erzwingen), den Besonderheiten der Preisbildung

---

7 Der technische Bereich „Messen, Regeln" (vgl. Tabelle 4-1) ist überdurchschnittlich an die Wissenschaft gebunden und bezüglich der technischen Externalitäten eng mit der Halbleitertechnik verwandt. Zerlegt man den Bereich Messen & Regeln in die Halbleitersensoren und die sonstigen Instrumente, dann zeigt sich, dass die Sensoren stärker an die Wissenschaft gebunden sind als die sonstigen Instrumente; nach Grupp und Schmoch (1992).

im Gesundheitswesen (siehe Abschnitt 8.4 über die Lasermedizin) und einem erheblichen Engagement der staatlichen Technologiepolitik im Bereich der Mikrosystemtechnik.

In der *Mikrosystemtechnik* wirken bisher getrennt arbeitende Fachdisziplinen der Natur- und Ingenieurwissenschaften zusammen und streben eine Integration der Mikroelektronik, der Mikrooptik, der Mikromechanik, der Feinstwerktechnik, der molekularen Werkstoffe, der molekularen Biologie usw. an.[8] Der Wissenschaftsbezug der Mikrosystemtechnik ist offensichtlich; wegen der Segmentierung der Sensorindustrie sind z. B. in der Bundesrepublik, aber auch in Japan und in anderen Ländern, staatliche Maßnahmen ergriffen worden, um den technologischen Strukturwandel hin zu Mikrosystemen zu unterstützen.[9]

Der Sensormarkt ist - das ergibt sich schon aus den oben erwähnten Preisen im Verhältnis zum Weltmarktvolumen - stark *segmentiert.* Eine Übersicht[10] führt nahezu 90 Messgrößen auf, für die Sensoren auf dem Markt oder in Entwicklung sind. Die Zahl der Sensortypen (als Produktvarianten) ist aber noch deutlich größer, da für jede Messgröße mehrere, wenn nicht viele Messverfahren zur Verfügung stehen. Beispielsweise lassen sich Temperaturen nicht nur mit dem Fieberthermometer, sondern auch nach dem Widerstandsmessprinzip, unter Ausnützung des thermoelektrischen Effekts oder mit Dehnungsmessstreifen erfassen. Allein zur Messung des Durchflusses sind in Deutschland ca. 200 verschiedene Geräte käuflich erhältlich. Auf den internationalen Märkten werden zur Zeit insgesamt etwa 10.000 verschiedene Sensortypen angeboten; die Zahl der Marken ist unübersehbar. In den OECD-Ländern dürften etwa 2.000 Anbieter von Sensoren zu finden sein, worunter die meisten eigene Produkte anbieten. Neben vielen kleinen und mittelständischen Unternehmen sind aber auch große multinationale Konzerne wie Honeywell, Bosch, Siemens, ABB, Ginsburg, Fasco oder Endeveco vertreten.

Zur Segmentierung des Marktes nach Nachfragergruppen kommen sehr kurze Produktzyklen für die heute gehandelten Sensoren: Nach einer Untersuchung Mitte der

---

8 Grupp (1993).

9 Das damalige Bundesministerium für Forschung und Technologie hat den Förderschwerpunkt Mikrosystemtechnik am 5. Februar 1990 verkündet. Mit dem Förderungsschwerpunkt soll die Entwicklung von intelligenten miniaturisierten Produkten, die eigenständig Daten erfassen, auswerten und daraus resultierende Aktionen durchführen können, gefördert werden. Der Förderschwerpunkt soll vor allem kleine und mittlere Unternehmen unterstützen, die Chancen der Mikrosystemtechnik frühzeitig zu nutzen. Im Rahmen des technologischen Wandels würde das Problem der Nutzung neuer Technologien entstehen, die in ihren Grundlagen in Forschungseinrichtungen sowie großen Unternehmen entwickelt werden und nicht ohne weitere Anpassungsmaßnahmen für die Anwendung in mittelständischen Unternehmen geeignet sind. Eng verbunden mit der Einführung neuer Technologie sei das Problem der betrieblichen Strukturanpassung (siehe bei Gronau, 1993, S. 197).

10 Grupp u. a. (1987, S. 234).

80er Jahre sind zwei Drittel aller Sensoren in der Fertigungstechnik in Deutschland vor weniger als fünf Jahren auf den Markt eingeführt worden. Trotz der Marktgängigkeit einiger Veteranen von 1946 oder gar von 1890 (sic!), ist doch der größte Zuwachs auf dem Markt (von 1985) vor zwei Jahren (1983) erfolgt. Der schnelle mikroelektronische Fortschritt bringt zur Zeit besonders viele neue Sensoren hervor.[11]

Strategisches Technologiemanagement: Ein kurzer Überblick

Die erhebliche Segmentierung des nach mehreren Gesichtspunkten an sich „normalen" Sensormarktes führt zu einer zentralen Herausforderung an die Innovatoren: Sie müssen stärker als andere *systematische Früherkennungsfunktionen* und ein strategisches Technologiemanagement einsetzen.[12] Dies ist eine spezielle der Sensorindustrie gemeinsame Bestimmungsgröße für das Innovationsverhalten im intersektoralen Vergleich. Es scheint daher angebracht zu sein, vor die Analyse der technischen Eigenschaften (Abschnitt 10.2) und der Nachfragepräferenzen (Abschnitt 10.3) einige allgemeine Überlegungen zum Technologiemanagement anzustellen. Diese sind im Grenzbereich zwischen der mikroökonomischen Innovationstheorie und der Betriebswirtschaftslehre angesiedelt.

Gemäß dem diesbezüglichen Literaturstand nehmen heute in der betrieblichen Früherkennung Indikatoren einen hohen Stellenwert ein, die den Verlauf relevanter Zielgrößen bestimmen bzw. die zu einer oder mehreren Zielgrößen in kausaler oder sonstiger sachlogischer Beziehung stehen und in ihrer Entwicklung einen zeitlichen Vorlauf aufweisen.[13] Die theoriegeleitete Identifikation von Frühindikatoren ist jedoch noch nicht gut entwickelt. Von daher sind die für die mikroökonomische Betrachtung von Innovationsprozessen vorgeschlagenen Indikatoren von hoher Relevanz für die betriebliche Früherkennung. Unter ihnen gilt das größte Interesse denjenigen, die sich bis auf die Unternehmensebene disaggregieren lassen, also nicht nur anonyme Wirtschaftseinheiten bezeichnen.[14]

Das *Technologiemanagement* ist Teil der *strategischen* Planung eines Unternehmens.[15] Es ist ein Schnittstellenmanagement mit dem Ziel, technologiebasierte Po-

---

11 A. a. O., S. 259 f.

12 Den Zusammenhang zwischen der Segmentierung auf vertikal differenzierten Märkten und „strategischen Inputs" modellieren Benzoni und Fenoglio (1995).

13 Siehe bei Wiedmann (1985, S. 313 - 314). Eine neuere Quelle ist VDI-Technologiezentrum (1992, passim).

14 Der technometrische, patentstatistische und bibliometrische Indikator gehört hierzu; die FuE- und andere Wirtschaftsstatistiken enthalten gemäß dem deutschen Statistikgesetz aus Datenschutzgründen keine Angaben, wenn drei oder weniger Betriebe betroffen sind. Dies gilt auch für die mit Fragebogenaktionen erhobenen Innovationsindikatoren.

15 Brockhoff (1994, S. 111 ff.).

tentiale eines Unternehmens aufzubauen und langfristig zu sichern. Technologiemanagement beinhaltet dabei sowohl die technologische Analyse als auch die Formulierung entsprechender technologieorientierter Wettbewerbsstrategien.[16] Gemäß der obigen Analyse der Grundstrukturen des Sensormarkts ist das diesbezügliche Technologiemanagement im intersektoralen Vergleich in beiden Aspekten problematisch: Die technologische Analyse ist aufgrund der vielen für Sensoren eingesetzten technischen Verfahren und Messwerten ebenso komplex wie die Formulierung einer Wettbewerbsstrategie angesichts der segmentierten Märkte. Nähere Untersuchungen zum Technologiemanagement von Sensorfirmen könnte also auch für die Betriebswirtschaft eine lohnenswerte Aufgabe sein, die allerdings im Zusammenhang dieses Buches unerledigt bleiben muss.

Technometrisches Benchmarking

Beim Ausführen einer technologieorientierten Konkurrenzbeobachtung empfiehlt sich eine relative Konkurrenzanalyse.[17] Üblicherweise wird dabei die eigene Position durch einen Vergleich zu derjenigen der relevanten Konkurrenten bestimmt. Was immer Gegenstand der Beobachtung ist, die Konkurrenzinformationen werden mangels geeigneter metrischer Daten auf qualitativen Skalen (z. B. „niedrig" versus „hoch"[18]) eingetragen. Der technometrische (und auch der patentstatistische) Indikator bietet sich bei der Konkurrenzanalyse als Ersatz für qualitative Skalen an - wenn die entsprechenden Daten über das Konkurrenzunternehmen vorliegen.

Aus der Konkurrenzbeobachtung lassen sich Portfolios ableiten, die in Analogie zum populären Geschäftsfeldportfolio im Innovationsbereich meist als *Technologieportfolio* bezeichnet werden.[19] Die Anwendung von Portfolioverfahren zur Technikbewertung gilt als die beste Methode im Bereich des unternehmerischen FuE-Managements.[20] Es ist in der entsprechenden Literatur unbestritten, dass zu den Hauptproblemen der Portfoliokonzeption die Auswahl und Messung der Variablen und ihre Verdichtung zu den beiden Dimensionen des Portfolios gehört.[21]

---

16 Siehe bei Höft (1992, S. 13).

17 Backhaus (1992, S. 135 ff.).

18 A. a. O., S. 136.

19 Pfeiffer u. a. (1987) und Asenkerschbaumer (1987).

20 EIRMA (1985, S. 27).

21 Höft (1992, S. 198). Für Technologieportfolios geeignet sind technometrische Indikatoren und die Patentstatistik (Brockhoff, 1992, S. 47f.). Auf den algebraischen Unterschied ist hinzuweisen, dass bei der Technometrie alle reellen Zahlen zwischen 0 und 1 vorkommen können, während Patentdokumente mit natürlichen Zahlen abgezählt werden. Spätestens bei der Mittelwert- oder Profilbildung (Spezialisierungsindikatoren) entstehen jedoch auch bei der Patentstatistik reele Zahlen. Der wesentliche Unterschied zwischen beiden Indikatoren besteht darin, dass die Technometrie die Qualität der technischen Eigenschaften von (realisierten) Produkten misst,

In der Literatur findet sich ferner die Einschätzung, dass die Anwendung der Portfoliomethode insbesondere dann als sinnvoll erscheint, wenn dieses Konzept mit der Lebenszyklusanalyse verknüpft wird.[22] Auch dieser in der Betriebswirtschaft konstatierte Zusammenhang findet seine Entsprechung in der Innovationsökonomik: Die Rolle von Wissenschaft und Technik im Lernprozess ist in den Abschnitten 8.2 und 9.1 behandelt worden. Allerdings führt die Modellierung innovationsökonomischer Zusammenhänge nicht auf einfache Zyklen bzw. S-Kurven, sondern zu komplexeren - aber doch standardisierbaren - Verläufen entsprechend Abbildung 1-3.

Im Rahmen der wenigen Bemerkungen, die zum betriebswirtschaftlichen Technologiemanagement gemacht werden können, sei abschließend noch auf die Messung der Produktqualität hingewiesen. Das modern gewordene Stichwort vom „Benchmarking" stellt nichts anderes dar als den systematischen Vergleich der Qualität der Produkte und Dienstleistungen eines Unternehmens in Relation zu derjenigen der führenden Wettbewerber.[23] Benchmarking ist identisch zur relativen technologischen Konkurrenzanalyse, wenn die Gegenstände der Beobachtung die technischen Eigenschaften der Produkte sind.

Das Interesse am Benchmarking ist in den letzten zehn Jahren in den USA enorm angewachsen. Seit wenigen Jahren ist auch in Deutschland eine verbreitete Befassung mit dem Benchmarking zu beobachten. Die Technometrie ist nichts anderes als das Eichen der Produktqualität bezüglich der technischen Eigenschaften. Das technometrische Verfahren spielt in der Benchmarking-Literatur allerdings zur Zeit noch keine Rolle.[24] Der innovationsökonomische Gebrauch der Patentstatistik wäre dementsprechend das Eichen der FuE-Qualität eines Unternehmens.

10.2 Technische Eigenschaften und hedonische Preise

In diesem Abschnitt wird das Problem der Preisbildung technisch hochwertiger Güter und der Einfluss der technischen Eigenschaften in Angriff genommen. Der Sensormarkt wird dabei als Markt mit freier Preisbildung aus Angebots- und Nach-

---

während die Patentstatistik den Ertrag von FuE-Aktivitäten abbildet; siehe Kapitel 7. Technometrische Portfolios stellen z. B. die Abbildungen 8-4 und 8-9 dar.

22 A. a. O., S. 198.

23 Camp (1989). Genaugenommen bedeutet „Benchmark" das Eichmaß und der Vorgang des „Benchmarking" müsste korrekt mit „Eichen" im Sinne von „das Eichmaß setzen" übersetzt werden. Dies läuft auf Konzeptionen zum quantitativen Vergleich der Produktqualität hinaus. Gemeinhin wird unter „Benchmarking" allerdings verstanden, dass die Vergleichsmaßstäbe bereits feststehen und der Vergleich nunmehr anhand konkreter Zahlen vorgenommen wird.

24 Zur Zeit entstehen die ersten Arbeiten zum technometrischen Benchmarking. Siehe Frenkel, Harel et al. (1994) und für Geschäftsflugzeuge und Workstations Shoham et al. (1995).

fragefaktoren angesehen. Zunächst sollen die wichtigsten technischen Eigenschaften von Sensoren dargestellt werden. Aus der Fülle der denbkaren Messverfahren und Messaufgaben muss hierfür eine Auswahl getroffen werden. Koschatzky und andere[25] haben in einer groß angelegten empirischen Erhebung vor allem Druck- und Temperatursensoren untersucht (neben solchen zur Messung der Beschleunigung, der Kraft und der relativen Feuchtigkeit). Die Untersuchung beruhte auf einer früheren Technometrie zu Sensoren, die den Markt 1986 beschreibt.[26] Die jüngere Untersuchung ist für die vorliegenden Zwecke geeigneter, weil sie Daten für den Markt im Jahr 1991 widerspiegelt.

Die primäre Datenerhebung erfolgt dabei durch umfangreiches Sammeln von Ausstellungsmaterial auf der größten Sensormesse der Welt, auf der üblicherweise nicht nur Exponate gezeigt werden, sondern Spezifikationsblätter mit den entsprechenden Angaben zur Verfügung stehen.[27] Zusätzlich zur Felderhebung während der genannten Messe wurden weitere Unternehmen angeschrieben, so dass insgesamt 286 Unternehmen in der einen oder anderen Weise angefragt waren. Davon stellten 151 vergleichbare und detaillierte Informationen zur Verfügung. Frenkel führte zusätzlich zehn persönliche Interviews mit israelischen Firmen durch, so dass insgesamt Daten von 161 Sensorfirmen vorliegen.[28] Bezüglich der Verteilung der Unternehmen nach Ländern muss beachtet werden, dass europäische und vor allem deutschsprachige Länder überwiegen, weil die Messe in Deutschland stattfand. Neben Unternehmen aus den Vereinigten Staaten und Israel sind aber auch japanische in der Stichprobe vertreten.

Technische Eigenschaften von Drucksensoren

Die ausgewählten und verglichenen technischen Eigenschaften wurden durch Fachgespräche in der früheren Untersuchung des Sensormarkts festgelegt.[29] Dabei zeigt sich, dass für die verschiedenen Messprinzipien und Messaufgaben unterschiedliche Spezifikationen wichtig sind. Zur Illustration des umfangreichen Datenmaterials seien im weiteren Gang der Analyse die Drucksensoren herausgegriffen.[30] Zum Messen von Drücken sind im wesentlichen drei moderne Verfahren im Einsatz. Es

---

25 Koschatzky u. a. (1996).

26 Grupp u. a. (1987).

27 Es ist die Messe SENSOR, die im Mai 1991 in Nürnberg stattfand. Die Datenverhebung vor Ort wurde von Koschatzky und Frenkel vorgenommen (siehe Koschatzky u. a., 1996).

28 A. a. O.

29 Siehe bei Grupp u. a. (1987, S. 241 - 247).

30 Gemäß den Angaben von Arnold (1991) sind die Drucksensoren sehr gefragt. Ihr Marktvolumen beläuft sich 1991 auf 3,2 Mrd. US $ und soll sich bis zum Jahre 2001 auf 7,2 Mrd. US $ verdoppeln.

sind dies das piezoelektrische und das piezoresistive Prinzip sowie die Anwendung von Dehnungsmessstreifen.[31]

Die wichtigsten technischen Eigenschaften eines Drucksensors sind der Messbereich, die Genauigkeit, d. h. die maximale Geräteabweichung vom wahren Messwert, und der Temperaturbereich, in dem der Sensor angewendet werden kann (maximale und minimale Arbeitstemperatur). Für den konkreten Einsatz sind Angaben zum Gewicht und zum Durchmesser wichtig, vor allem bei Einbauten. Neben der Genauigkeit an einem bestimmten Messpunkt interessiert die Linearität, d. h. die maximale Abweichung über die ganze Skala, und der sogenannte Hystereseeffekt, nämlich die maximale Abweichung, die aus dem verzögerten Ansprechen des Sensors auf Veränderungen des Messwerts resultiert. Für den Hystereseeffekt sind nichtlineare physikalische Prinzipien maßgebend. Neben der maximalen und der minimalen Temperatur interessiert die Temperaturstabilität, d. h. der Fehler, den Temperaturschwankungen auf das Messergebnis ausüben. Die Temperaturstabilität bei tiefen und hohen Temperaturen kann unterschiedlich ausfallen, weshalb hier in der Regel zwei Eigenschaften angegeben werden müssen. Im Hinblick auf die Fehlertoleranz bei unsachgemäßer Handhabung interessieren die Überdrücke, die auftreten dürfen, ohne dass der Sensor beschädigt wird, und ebenfalls die maximale elektrische Spannung, die zulässig ist, ohne die Geräte zu zerstören.

Unter den genannten zwölf Produkteigenschaften sind solche, bei denen die Nachfrager auf eine möglichst große Ausprägung Wert legen (z. B. Messbereich, Höchsttemperatur, zulässiger Überdruck etc.) aber auch solche, bei denen höhere Qualität mit niedrigerer Ausprägung einhergeht (Geräteabweichung bei Temperaturschwankungen, Durchmesser, Gewicht etc.). Im technometrischen Modell ist für die erste Gruppe von Eigenschaften Formel (3-2) anzuwenden, im anderen Fall, in dem der technische Fortschritt bezüglich der Messgröße invers verläuft und zu minimalen Merkmalsausprägungen führen soll, Formel (3-3).

Greift man aus dem Datenbestand der Anschauung halber willkürlich vier Produkte heraus und berechnet die technometrischen Indikatoren, dann ergibt sich ein technologisches Profil oder Eigenschaftenprofil gemäß Abbildung 10-1. Dabei ist zu beachten, dass für einige Produkte einzelne Zahlenwerte fehlen (vom Hersteller nicht bekanntgemacht werden).

Nur zum Zwecke der Illustration sei auf einige bemerkenswerte Eigenschaften hingewiesen. Gemeinsam ist allen vier Produkten, dass der Druckmessbereich relativ klein ist. In dieser Eigenschaft ähneln sie sich und bedienen identisch segmentierte

---

31 Die mechanischen, induktiven und kapazitiven Verfahren werden nur gelegentlich angewendet und bleiben hier außer Beachtung.

Teilmärkte.[32] Wenig unterscheiden sich die verglichenen Sensoren in Bezug auf die Hysterese und die Temperaturstabilität. Ähnlich ist die Linearität der vier Produkte zu beurteilen und ihre geringe Größe. Sehr viel anders stellen sich die Produkte im Hinblick auf die zulässige Höchsttemperatur dar. Der britische Sensor (IMO) kann nur bis 80° C eingesetzt werden, während der amerikanische Sensor (Kistler) einen Betrieb bis 240° C erlaubt. Entsprechendes gilt für die Tiefsttemperaturen (minus 20° C für den britischen und minus 195° C für den amerikanischen). Bezüglich der Genauigkeit sind die Daten lückenhaft. Die Produkte unterscheiden sich im Gewicht erheblich, der japanische Drucksensor (Kyowa) ist mit 530 g wesentlich schwerer als der deutsche (Jumo) mit 14 g. Auch sehr unterschiedlich muss die Fehlerfreundlichkeit im Hinblick auf die zulässige Höchstspannung beurteilt werden, während alle vier Sensoren ungünstig auf Überdruck reagieren (im Weltstandsvergleich).

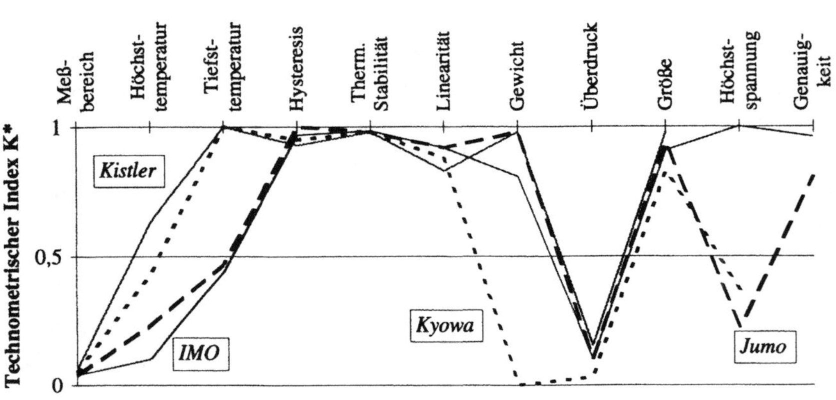

Abbildung 10-1: Technometrisches Eigenschaftenprofil von vier ausgewählten Drucksensoren (1991).[33]

Erneut: Produktqualität und Preis

Da der aggregierte technometrische Indikator für die Produktqualität stehen kann, ergibt sich die Frage, welcher Zusammenhang zwischen Produktqualität und Preis besteht. Der von der Marketingtheorie geforderte Zusammenhang ist in Abbildung 8-7 veranschaulicht worden. Nun ist es keinesfalls so, dass die definierten zwölf technischen Eigenschaften für die jeweiligen (industriellen) Nachfrager in

32 Der niedrige technometrische Wert entspricht einem Druckmessbereich von etwa 400 Bar. Es gibt jedoch Sensoren, die mehr als 1.000 Bar messen können, wie auch solche im Feinmessbereich, die Bar und Millibar messen.

33 Für die Daten siehe Koschatzky u. a. (1996) und Frenkel u. a. (1994).

einem stark segmentierten Markt die gleiche Bedeutung haben. Deshalb ist nicht anzunehmen, dass der aggregierte technometrische Indikator, bei dem jedem der zwölf Eigenschaften gleiches Gewicht zugebilligt wird, zu einer Determinante des erzielbaren Marktpreises wird.[34] Bevor in eine systematische Analyse des Zusammenhangs zwischen technologischer Leistungsfähigkeit und Preisbildung eingetreten wird, sei das Problem anhand von 72 Drucksensoren illustriert, für welche die technometrischen Spezifikationen weitgehend bekannt sind.[35] In Abbildung 10-2 sind die Marktpreise für diese Sensoren den jeweiligen aggregierten technometrischen Indikatoren gegenübergestellt worden, wobei keine Gewichtung vorgenommen wurde.[36] Unter den ausgewählten Produkten von elf Herstellern aus sechs Ländern befinden sich die in Abbildung 10-1 dargestellten vier Produkte. Die jeweiligen Preise wurden in US-$ konvertiert.[37]

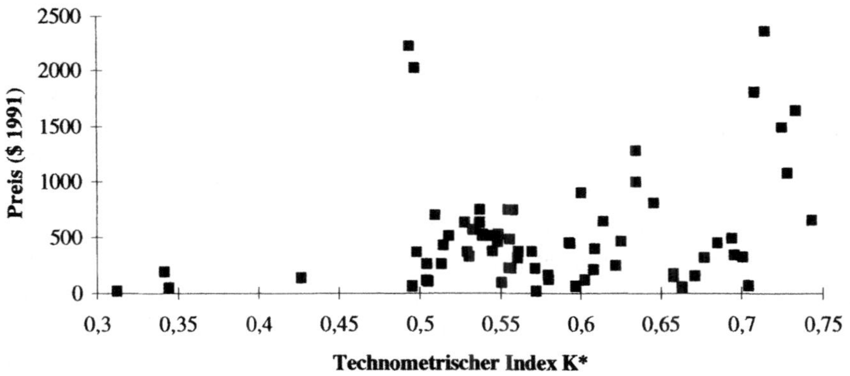

Abbildung 10-2: Gegenüberstellung der Marktpreise und der aggregierten technometrischen Indikatoren für 72 Drucksensoren aus sechs Ländern (1991).

Abbildung 10-2 zeigt bis auf gewisse Ausnahmen, dass augenscheinlich ein monoton steigender Zusammenhang zwischen den technischen Eigenschaften und dem Preis besteht. Dieser verweist zwar auf einen positiven Zusammenhang zwischen (ungewichteter) technischer Qualität und Preis,[38] zeigt aber nicht den von der Mar-

---

34 Entsprechende Überlegungen wurden im Hinblick auf den weniger segmentierten Markt der lasermedizinischen Produkte bereits angestellt (Abbildung 8-8), wobei sich herausstellte, dass *eine* Eigenschaft allein den Preis teilweise erklären kann.

35 Die Stichprobe enthält insgesamt 80 Marken. Bei 8 Produkten fehlen jedoch Angaben zu mehr als drei Eigenschaften. Diese wurden weggelassen.

36 D. h. gemäß Formel (3-6) gilt F (i,j) = 1 für alle j.

37 Amtliche Wechselkurse für den Stichtag 13.12.1991; Datenquellen wie in Fußnote 33.

38 Steenkamp (1989, S. 236) belegt generell nur eine schwache Qualität-Preis-Korrelation.

ketingtheorie geforderten Verlauf (Abbildung 8-7). Von sinkenden Grenzerträgen aus höherer technischer Qualität kann nicht ausgegangen werden, vielmehr wird gemäß Abbildung 10-2 auf dem untersuchten Markt die Preisvariation dann breiter. Umgekehrt kann - von zwei Ausnahmen abgesehen - mit mittlerer und niedriger Qualität kein hoher Preis erzielt werden. Offensichtlich müssen die Eigenschaften in eine Beziehung zu den Nachfragepräferenzen gebracht werden, um die wichtigen preisbestimmenden Spezifikationen festzustellen (siehe Abschnitt 10.3). Der ungewichtete technometrische Qualitätsindex scheint hierfür auf einem Markt mit starker Segmentierung nicht brauchbar zu sein.

Bevor in eine entsprechende systematische Analyse eingetreten wird, kann mit Hilfe der *Faktorenanalyse* versucht werden, die zwölf technischen Eigenschaften durch ihre Beziehung zueinander - also ohne Berücksichtigung der Preisbildung - zu reduzieren. Für die 80 verschiedenen Drucksensoren, die in der Stichprobe insgesamt enthalten sind (unter ihnen die 72 in Abbildung 10-2 dargestellten) ergeben sich folgende Verhältnisse: Ein großer Teil der Varianz zwischen den Variablen lässt sich durch zwei Hauptfaktoren erklären, wobei jeweils mehrere Variablen hohe Faktorladungen haben. Der eine Hauptfaktor steht für die Produkteigenschaften, die den *Einsatzbereich* betreffen. Hier haben der Messbereich sowie die maximale und die minimale Temperatur hohe Faktorladungen. Der andere Hauptfaktor scheint die Eigenschaften zu repräsentieren, die mit der *Genauigkeit* zusammenhängen. Neben der Variablen für Genauigkeit selbst tragen hierzu die Hysterese sowie die Temperaturstabilität (für hohe und niedrige Temperaturen) bei und schwächer die Linearität. Gewicht und Durchmesser sowie die Fehlertoleranz scheinen je für sich zu stehen. Die beiden Hauptfaktoren allein erklären fast die Hälfte der gesamten Varianz und deuten daraufhin, dass nicht alle technischen Attribute zum Marktpreis beitragen.

Methode hedonischer Preise

Eine systematische Untersuchung der Preisbildung muss bei der Nachfragetheorie im Investitionsgüterbereich ansetzen. Auf die theoretischen Erörterungen im Abschnitt 2.4 wird Bezug genommen. Als Basis der Überlegungen dient der Ansatz, wie er von Lancaster entwickelt wurde.[39] Nach dieser Theorie sind die „Konsumenten nicht an Gütern als solchen interessiert, sondern an deren Eigenschaften oder Charakteristiken.“[40] Die Theorie behandelt die optimale Mischung von Eigenschaften, die erforderlich ist, um einem gegebenen Satz von Nachfragepräferenzen zu entsprechen, und den relativen Werten, welche die Nachfrager jeder charakteristischen Eigenschaft zumessen. Dies führt auf die Erstellung einer Dienstleistungsmatrix zwischen Präferenz und technischer Eigenschaft.

---

39 Lancaster (1991).

40 A. a. O., S. 5.

Für den Sensormarkt, der gemäß der Einschätzung im Abschnitt 10.1 als funktionierend, d. h. wettbewerbsstark und effizient, unterstellt werden kann, sollte man eine empirische Relation zwischen den quantitativ gemessenen Attributen der Produkte und den Produktpreisen feststellen können. Die Aufgabe sollte sich mit multipler linearer Regression (OLS) lösen lassen, wobei die abhängige Variable der Marktpreis und die unabhängigen Variablen die Produkteigenschaften sind. Die Absolutwerte der Koeffizienten zeigen dabei an, welchen Wert der Markt dieser Eigenschaft zumisst. Die relativen Werte dieser Koeffizienten im Vergleich zu den anderen Koeffizienten können dabei die relativen Gewichte darstellen, die der Markt nachfragt und somit als Dienstleistungscharakteristik gemäß Formel (3-6) interpretiert werden.

Die vorgeschlagene Herangehensweise ist in der Innovationsliteratur vereinzelt bereits in den 60er Jahren in Erwägung gezogen worden und mit dem Begriff der *hedonischen Preise* verbunden.[41] Der hauptsächliche Zweck der Literatur über hedonische Preise war allerdings ein anderer als im vorliegenden Fall. Die Methode wurde ursprünglich entwickelt, um die qualitätsbestimmende von einer qualitätsunabhängigen Komponente des Preises getrennt zu erfassen. Gefragt wurde, ob die Preisentwicklung eines Gutes *bereinigt* von Qualitätsänderungen erfasst werden kann. Die Verwendung hedonischer Preise zur Messung des technischen Wandels in der neueren Literatur ist also als Zweckentfremdung zu bezeichnen.[42] Für die neoklassische Theorie ist dieser Ansatz insofern interessant, als damit Nachfrageprognosen bereinigt um Einflüsse des technischen Wandels möglich scheinen. Hier ist das Gegenteil intendiert.

Chow[43] konstruierte solche hedonischen Preisindizes für Computer, wobei er den Preis (in der Originalquelle die „Rendite") von Computern als Funktion ihrer Speicherkapazität und ihrer Verarbeitungsgeschwindigkeit darstellte. Er passte dann eine logistische Nachfragefunktion an die qualitätsbereinigten Einheiten der Computerproduktion an und konnte zeigen, dass die tatsächliche Nachfrage dadurch gut vorhergesagt werden kann.[44]

---

41 Griliches (1961, 1971) und Chow (1968). Die neue Literatur umfasst Saviotti (1985), Trajtenberg (1990a) und Dorison (1992). Der *Hedonismus* ist eine in der Antike begründete philosophische Lehre, nach welcher das höchste Prinzip das Streben nach Genuss ist. Insofern bedeuten hedonische Preise solche, die aus reinem Genussstreben des Konsumenten gebildet werden und nichts als seine Wünsche repräsentieren. Insbesondere ergeben sich hedonische Preise nicht aus den Kosten der Inputfaktoren Kapital und Arbeit. Griliches (1971a, S. 4) merkt an, dass der wertebelastete Begriff „hedonischer"Ansatz durch „Eigenschaftenansatz" ersetzt werden könne. Dennoch soll zur Unterscheidung anderer Eigenschaftenansätze hier der ursprüngliche Begriff beibehalten werden.

42 So bei Dorison (1992, S. 68).

43 Chow (1968).

44 Als Nebenergebnis zeigte sich, dass fast ausschließlich eine der beiden technischen Eigenschaften preisbestimmend war, nämlich die Speicherkapazität. Die technologischen Grenzen der da-

In der Notation von Saviotti[45] wird die Produktqualität wie folgt modelliert, wobei die in diesem Band bereits eingeführten Variablen beibehalten werden:

$$K^*_k = \Sigma_j \, a_j \, K^*_{kj} \, . \tag{10-1}$$

Dabei zählt k die verglichenen Produkte und j die Eigenschaften. Im Kapitel 3 ist der aggregierte technometrische Indikator K^*_k als eine über eine Funktionalcharakteristik abgeleitete Größe aus dem Eigenschaftenbündel K^*_{kj} dargestellt worden.[46] K^*_k wird jetzt als Produktqualität interpretiert, die einen hypothetischen Marktpreis M_k zusammen mit einem qualitätsunabhängigen Faktor a_o erklärt (u_k repräsentiert dabei den zufälligen statistischen Fehlerterm):

$$M_k = a_o + \Sigma_j \, a_j \, K^*_{kj} + u_k \, . \tag{10-2}$$

Mit Hilfe der Regressionsrechnung können die hedonischen Preise a_j bestimmt werden. Saviotti bemerkt hierzu: „Die Koeffizienten in der Preisgleichung können als eine Näherungsangabe für die Beurteilung des relativen Werts der jeweiligen Eigenschaften durch die Nutzer angesehen werden."[47]

Berechnung hedonischer Preise

Bei der Durchführung der Regressionsanalyse ist es günstig, Sensoren mit vielen fehlenden Angaben auszulassen. Die Bestimmung der hedonischen Preise beruht daher auf 68 Sensoren und elf Eigenschaften.[48] Die Regressionsrechnung kann genau die Hälfte der Varianz aufklären (R^2 = 0,50). Dies kann man je nach Standpunkt unterschiedlich interpretieren. Einerseits bedeutet dies, dass die Hälfte der Preisvariation sich allein aus den physikalisch-technischen Eigenschaften der Produkte erklären lässt. Andererseits verbleibt ebenfalls eine Hälfte in der Varianz der Preise, die nicht aus Qualitätsverbesserung erklärt werden kann, sondern in der Re-

---

maligen Zeit in Bezug auf eine Ausdehnung der Speicherkapazität standen einer noch schnelleren Marktausdehnung im Wege, so Chow (a. a. O.).

45 Saviotti (1985).

46 Siehe Formel (3-6). Der dort verwendete Index i, der verschiedene Produkte zählt, kann entfallen, da hier in jedem Falle Drucksensoren vorliegen.

47 Saviotti (1985, S. 312).

48 Wie bei Frenkel u. a. (1994) näher erläutert ist, enthält die Stichprobe zwölf Sensoren mit sehr lückenhaften Angaben; ferner ist die Eigenschaft „Genauigkeit" von erheblichen Datenlücken gekennzeichnet, so dass sie ebenfalls ausgeschlossen wurde. Aufgrund der Faktorenanalyse kann jedoch davon ausgegangen werden, dass der Hauptfaktor „Genauigkeit" im weiteren Sinne durch die übrigen Variablen mit hoher Faktorladung genügend repräsentiert bleibt. Wegen des Entfallens dieser Eigenschaft ergibt sich eine andere Stichprobe als die in Abbildung 10-2 mit n = 72 zugrundegelegte. Das Prinzip des Ausschlusses ist aber dasselbe.

putation des Herstellers liegt oder auf unterschiedliche Marketinganstrengungen, auf Service, Wartung, Gewohnheiten oder andere Präferenzen in einzelnen Marktsegmenten zurückgeht.

Von den elf Variablen sind nur zwei signifikant. Sie ergeben sich bei Anwendung der stufenweisen Regression, bei welcher die erklärenden Variablen in der Reihenfolge ihrer Fähigkeit, die erklärte Varianz zu erhöhen, hinzugenommen werden (gemäß einem F-Test). Der größte Koeffizient entfällt dabei auf die maximale Temperatur; er ist fast doppelt so groß wie der nächstgrößte Koeffizient für das Gewicht.[49] Es kann daher davon ausgegangen werden, dass den größten Beitrag zur Erklärung des Preises die *maximale Temperatur* und das *Gewicht* des Sensors darstellen. Dies sind die beiden entscheidenden Qualitätsvariablen. Interessanterweise können die beiden Variablen allein fast die gesamte qualitätsbedingte Varianz der Preise erklären (R^2_{adj} = 0,46 im Vergleich zu R^2 = 0,50 für alle Variablen).

Die Untersuchung der hedonischen Preise ergibt für Drucksensoren, dass unter elf technischen Eigenschaften bereits zwei den qualitätsbestimmten Teil der Sensorpreise erklären können, insgesamt fast die Hälfte der Preisvariation. Die zulässige Höchsttemperatur beeinflusst direkt die Einsatzmöglichkeiten im industriellen Bereich. Der industrielle Nachfrager ist bereit, höhere Preise bei ansonsten gleichen Produkten zu zahlen, wenn er von betrieblich auftretenden höheren Temperaturen am Einsatzort unabhängig wird (Drucksensoren kommen sehr häufig im Zusammenhang mit Motoren, Turbinen, Hydrauliken und chemischen Anlagen vor, bei denen regelmäßig höhere Temperaturen als die Raumtemperatur auftreten).

Interpretation hedonischer Preise: Stimme des Marktes?

Die Vermutung, dass leichte Ausführungen zu den wichtigsten Präferenzen der Konsumenten gehören, trifft nicht zu. Für Sensoren mit höherem Gewicht lässt sich am Sensormarkt ein höherer Preis durchsetzen. Dies hängt vermutlich damit zusammen, dass die schwereren Geräte haltbarer und unter Extrembedingungen höher beanspruchbar sind. Es muss in Erinnerung gerufen werden, dass aufgrund einer geringen Datenverfügbarkeit die Variable für Messgenauigkeit für die Analyse nicht zur Verfügung steht. Aus den verfügbaren Daten geht hervor, dass die genaueren Instrumente schwerer sind, vermutlich, weil sie aus robusteren Materialien bestehen.

---

49 Eigentlich stehen an zweiter und dritter Stelle die Parameter für die Temperaturstabilität (sowohl bei tiefen wie auch bei hohen Temperaturen). Es stellt sich allerdings heraus, dass die beiden Eigenschaften für Temperaturstabilität bei tiefen und bei hohen Temperaturen eine Multikollinearität erzeugen und somit einen unerwünschten statistischen Einfluss ausüben. Schließt man eine der beiden Variablen aus, ist die andere nicht mehr signifikant, so dass der Einfluss der Multikollinearität tatsächlich bereinigt werden kann.

Im Ergebnis verweist der gefundene Zusammenhang zwischen technischer Produktqualität und Preis auf einige Grundannahmen der Innovationstheorien zurück. Die Beobachtung, dass eine sehr kleine Zahl von Produkteigenschaften einen unproportioniert hohen Einfluss auf den Marktpreis nimmt, kann direkt als Erklärung dafür herhalten, dass sich im Laufe der Entwicklung einer innovativen Produktgruppe dominante Konstruktionen herausbilden. Diese sind im ersten und zweiten Kapitel theoretisch diskutiert worden. Die Möglichkeit der Reduktion einer schier unübersichtlichen Fülle von technischen Verästelungen auf wenige dominante Konstruktionen scheint eine unmittelbare Folge der Nachfragepräferenzen zu sein, die nur gewisse, aber nicht alle möglichen Eigenschaften mit höheren Preisen guttieren.

Die Befunde bestätigen auch die neue Konsumtheorie Lancasters[50], nach der die Nachfrager nicht an den Gütern an sich, sondern an ihren Eigenschaften interessiert sind. Aufgrund der Analyse des Sensormarkts lässt sich hinzufügen, an *einigen wenigen Eigenschaften*. So ist gezeigt worden, dass für Drucksensoren im Jahre 1991 Fragen der Materialeinsparung oder der Verwendung leichterer Materialien noch keine Rolle spielen, obwohl dies in der Literatur zum technischen Fortschritt bei Sensoren generell so postuliert wird. Offensichtlich überwiegen die mit schwereren Geräten verbundenen Eigenschaften (Haltbarkeit, Stabilität etc.). Ein unter erhöhten Produktionskosten hergestellter Sensor mit einem besonders geringen Gewicht, der sich in allen übrigen Eigenschaften von Konkurrenzprodukten nicht unterscheidet, wird am Markt die höheren Produktionskosten nicht amortisieren können. Einem entsprechenden Unternehmen, das genau diese Innovation beabsichtigt, kann nur geraten werden, auf die „Stimme des Marktes" zu hören und zumindest solange, wie keine ausreichende Nachfrage nach teureren, leichten Sensoren besteht, von einem entsprechenden Innovationsvorhaben Abstand zu nehmen. Der Einsatz der hedonischen Preise in Verbindung mit der Technometrie scheint ein interessantes Analyseinstrument für mikroökonomische wie auch betriebswirtschaftliche Verwendung zu sein, wenn die Präferenzstruktur nicht bekannt ist. Allerdings gibt es direktere Verfahren, Nachfragepräferenzen festzustellen, auf die im nächsten Abschnitt eingegangen wird.

10.3 Präferenzen der industriellen Nachfrager

Zu einem funktionierenden Markt wie dem Sensormarkt gehört es nach gängiger ökonomischer Auffassung, dass man die zutreffende Marktform angeben kann. Aufgrund der bisherigen Untersuchung der hedonischen Preise ist davon auszugehen, dass aus Sicht der Nachfrager keine Gleichartigkeit der Produkte besteht, son-

---

50 Lancaster (1991).

dern eine unvollkommene (heterogene) Konkurrenz vorliegt. Im Unterschied zur vollständigen Konkurrenz bestehen offenbar Präferenzen der Nachfrager für die angebotenen Güter. Damit tritt die Frage einer adäquaten Marktabgrenzung auf.

Im vorhergehenden Abschnitt ist gezeigt worden, dass den Herstellern, ihren Konkurrenten *und* den (industriellen) Nutzern - z. B. über Exponate und Messeunterlagen - Produkttypen, Messverfahren, technische Eigenschaften (Spezifikationen), Herstellerfirmen, Vertriebsfirmen und Preise bekannt sein können. Informationsdefizite über Substitutionsgüter könnten aus der Fülle der Information und der Segmentierung des Markts herrühren - aber dies ist kein prinzipielles Gegenargument, sondern eine Frage hinreichender Informationsverarbeitung, also eine Kostenfrage.[51] Auch mag es sein, dass entsprechende unentgeltliche Informationen aus Kunden-Lieferantenbeziehungen für die einzelnen Unternehmen bilateral in hinreichendem Maße vorliegen, sie sind jedoch in diesem Fall nicht schriftlich niedergelegt (kodifiziert) und damit nicht prinzipiell *allen* Marktteilnehmern zugänglich, was wiederum Transaktionskosten verursacht.

Kundenpräferenzen und fehlende Information

Gemäß dem Literaturstand im Marketingbereich misst man Kundenbewertungen mit Hilfe von Modellen der Mehrfachattribut-Auswahl.[52] Solche Modelle erklären die Bildung von (inneren) Einstellungen, die zur Bevorzugung der einen Marke über die andere führen. Dabei wird meist von einer linearen Kompensationsfähigkeit des einen Attributs durch das andere ausgegangen. Der wesentliche Nachteil dieser Marketing-Modelle ist die subjektive Natur der Bewertungen. Die Konsumenten wählen auf der Grundlage ihrer subjektiven Einschätzung aus und *nehmen dabei an*, dass ein bestimmtes Produkt die relevante Eigenschaft *habe*. Solche Annahmen

---

51 Die Segmentierung des Sensormarktes ist im Abschnitt 10.1 in verschiedener Hinsicht diskutiert worden. Die Kosten für die Informationsbeschaffung können grob aus dem Forschungsprojekt von Koschatzky u. a. (1996) und Frenkel u. a. (1994) abgeschätzt werden, auf dem auch die in diesem Kapitel verwendeten Sensordaten beruhen. Zwar war dies ein innovationsökonomisches Forschungsprojekt, wobei das Forschungsteam kein Marktteilnehmer am Sensormarkt ist, jedoch dürften sich die Kosten für einen Marktteilnehmer, der keine große interne Wissensbasis hat, z. B. ein mittelständisches Unternehmen, auf eine ähnliche Größenordnung belaufen. Die Kosten zur „Herstellung" eines Satzes möglichst vollständiger Informationen zum Sensormarkt *in einem bestimmten Jahr* müssen auf 50.000 bis 80.000 DM beziffert werden. Angesichts dieser Größenordnung ist Mitte der 80er Jahre der Versuch unternommen worden, eine ständig aktualisierte Sensordatenbank einzurichten, in der alle Marktteilnehmer online recherchieren können. Die Datenbank SENSOR des Hosts STN hat sich jedoch nicht rentiert und ist nach Auslaufen einer öffentlichen Anfangsförderung nach 1987 nicht mehr aktualisiert worden. Siehe bei Grupp u. a. (1987, S. 248 - 249) und Koschatzky u. a. (1996).

52 Übersichtsartikel sind Willkie und Pessemier (1973), Weinberg und Behrens (1978) sowie Curry und Menasco (1983). In der englischen Literatur wird der Begriff „Multi-attribute choice" verwendet. Attribute können z. B. die Produktqualität, der Preis *oder* modische Äußerlichkeiten sein. Die Attribute sind also nicht mit dem *technischen* Eigenschaftenbündel identisch.

stellen oft keine verlässliche Information für die Marketingabteilung eines Unternehmens dar, um ggf. die Marktstrategie zu verändern. Es könnte z. B. sein, dass bestimmte Eigenschaften einer Marke von den Nutzern schlecht bewertet werden, z. B. die Produktqualität, obwohl dies objektiv nicht zutrifft. Wenn die Marketingfachleute zuverlässig wüssten, dass die Kundenbewertung im Verhältnis zu Konkurrenzprodukten objektiv falsch ist, müsste nicht die Produktqualität selbst, sondern z. B. die Kommunikationsstrategie verändert werden. Auch hier stellen Innovationsindikatoren, in diesem Falle das *technometrische Benchmarking,* einen Ausweg dar, um zu objektiveren Messverfahren im Marketing zu kommen.

Gerade die neue Konsumtheorie einerseits und Schrifttum zum Marketing andererseits betonen die Wichtigkeit einer nachfrageorientierten Unternehmensstrategie.[53] Dabei bezieht sich das fehlende Stück Information nicht etwa nur auf solche Attribute wie die Preisspannen, welche die Nachfrager bereit sind zu zahlen (diese Angelegenheit kann man den Gleichgewichtskräften des Marktes überlassen), oder die Produktqualität schlechthin, sondern auf Detailinformationen über Präferenzen zum optimalen „Korb" von Eigenschaften des Produktes, die der Nachfrager bevorzugt. Schon aus Gründen des Firmengeheimnisses unter Wettbewerbern ist es fraglich, dass der Hersteller eines innovativen Produkts die Funktionen im einzelnen kennt, die sein Gerät beim (industriellen) Anwender auszuführen hat und wie sich die Ausprägungen der technischen Merkmale des Produkts hierfür eignen. Auch diese Information mag bilateral in hinreichendem Maße über Kunden-Lieferanten-Beziehungen bekannt sein; die übrigen Marktteilnehmer sind von dieser Information aber ausgeschlossen. Dies ist das entscheidende Informationsdefizit zur Erklärung von Innovationsprozessen, denn die technischen Eigenschaften innovativer Produkte müssen vor der Markteinführung festgelegt werden, also bevor Verkaufsgespräche mit potentiellen Kunden geführt werden können.[54] Für neu in den Markt eintretende Innovatoren gilt dies erst recht.

Es ist möglich, Informationen über die Konsumentenpräferenzen durch direkte Marktforschung einzuholen. Dies ist der übliche und in der Praxis verbreitete Weg, um in freien Märkten die fehlenden Informationsversatzstücke beizubringen. Ein ganzer Wirtschaftszweig für Marktforschung lebt hiervon. Für die Zwecke des Einbezugs „passender" Angaben zu Nachfragepräferenzen im vorliegenden Kontext wurde ebenfalls eine direkte Marktuntersuchung vorgenommen.[55] Dabei wurden Abnehmer von Industriesensoren mit Hilfe eines Fragebogens gebeten, die technometrisch bestimmten Eigenschaften der Sensoren nach ihrer Wichtigkeit auf einer

---

53 Levitt (1993) untersuchte das Scheitern von US-Unternehmen und konnte dies durch eine ungenügende Anpassung ihrer Produkte bzw. Dienstleistungen an die „Stimme des Marktes" erklären. Siehe auch Maital (1994, vor allem Kapitel 8).

54 Es sei denn, die Innovation ist vom Kunden angestoßen worden; dies ist eine häufige Initialfunktion für Innovationen (siehe z. B. Meyer-Krahmer 1989).

55 Die Einzelheiten sind von Frenkel u. a. (1994) dokumentiert worden.

Skala zwischen 0 und 10 zu beurteilen.[56] Derselbe Fragebogen wurde auch Sensorherstellern (FuE-Personal, Leiter der Fertigung, Vertriebsleiter) ausgehändigt, um die vom Hersteller wahrgenommene Präferenzeinschätzung ihrer industriellen Abnehmer erfassen zu können.

Bei einer solchen Umfrage gibt es zunächst das Problem fehlender Produktdaten nicht, so dass der Satz technischer Eigenschaften über die bisher betrachteten zwölf hinaus erweitert wurde. Es sollte bei der Erhebung auch geprüft werden, ob die vorliegenden technometrischen Informationen im Sinne der Nachfragepräferenzen überhaupt einschlägig sind. Insgesamt entstanden im Falle der Drucksensoren, die in diesem Kapitel als Teil des Sensormarktes betrachtet werden, 22 denkbare technische Eigenschaften.[57] Es konnten vollständig ausgefüllte Fragebögen von 50 Beziehern von Drucksensoren ausgewertet werden; die Angaben beziehen sich ebenfalls auf das Jahr 1991.

Mit diesem Datenmaterial zu Nachfragepräferenzen können Antworten zu folgenden Hypothesen gegeben werden (sie sind klassisch formuliert, d. h. so, wie sie für einen perfekten Markt im Gleichgewicht und dem Vorliegen vollständiger Information, die dann auch symmetrisch wäre, in der älteren Mikroökonomik formuliert würden):[58]

These 1: Die wichtigsten technischen Eigenschaften, welche die Hersteller ihren Kunden offenbaren, sind diejenigen, welche die Nachfrage präferiert.

These 2: Die Hersteller haben perfekte Kenntnis von den Nachfragepräferenzen.

These 3: Die Nachfrager auf einem Markt haben gleiche bzw. sehr ähnliche Präferenzen.

These 4: Die technische Qualität der Produkte ist bei den präferierten Eigenschaften höher als bei den übrigen.

These 5: Produkte, deren technische Qualität zu den Nachfragepräferenzen passt, erzielen höhere Marktpreise.

---

56 Dividiert man die daraus erhaltenen Indizes durch 10, dann ist das Ergebnis der Befragung auf das gleiche Zahlenintervall zwischen 0 und 1 festgelegt wie der technometrische Indikator.

57 Frenkel u. a. (1994).

58 Die neue Mikroökonomik begreift hingegen die durch Unsicherheit aus Informationslücken bedingte Bildung von Warteschlangen oder Lagerbeständen als geplante Aktionen der Wirtschaftseinheiten, die ihren Grund im optimalen Grad der Ressourcenallokation auf die Information im Vergleich zu ihren Kosten findet. Wenn ein Markt mit *asymmetrischer* Informationsverteilung vorliegt, wissen entweder zwar die Anbieter über die angebotene Qualität jeweils Bescheid, aber die Nachfrager können Qualitätsunterschiede weder erkennen noch sachliche Präferenzen bilden - oder umgekehrt.

Bekundete Nachfragepräferenzen

Aufgabe dieses Abschnittes ist es, die fünf oben formulierten Thesen für den Teilmarkt der Drucksensoren zu überprüfen. Zur Verfügung stehen Preise und technometrische Daten für 1991 (siehe Abschnitt 10.2) und eine Markterhebung zu den „bekundeten“ Nachfragepräferenzen und den wahrgenommenen Präferenzen aus der Sicht der Hersteller (ebenfalls für 1991).

Tabelle 10-1: Gegenüberstellung der Nachfragepräferenzen für Drucksensoren unterteilt in technometrisch relevante und nichtrelevante Eigenschaften (N = 50).[59]

Nr.	Kenngröße	Mittleres Gewicht	Standard-abweichung
	Technometrische Eigenschaften:		
1	Hysterese	0,915	0,114
2	Genauigkeit	0,894	0,151
3	Linearität	0,868	0,157
4	Messbereich	0,715	0,370
5	Überdruck	0,711	0,312
6	Maximale Umgebungstemperatur	0,702	0,226
7	Minimale Umgebungstemperatur	0,692	0,233
8	Thermische Stabilität	0,656	0,345
9	Größe	0,600	0,272
10	Maximale Spannung	0,483	0,288
11	Gewicht	0,417	0,276
	Durchschnitt	0,696 ± 0,151	0,249 ± 0,082
	Andere Eigenschaften:		
1	Wiederholbarkeit	0,909	0,102
2	Ansprechzeit	0,843	0,179
3	Sensitivität	0,764	0,256
4	Ausgangssignal	0,556	0,344
5	Mindestspannung	0,500	0,283
6	Isolationswiderstand	0,464	0,306
7	Resonanzfrequenz	0,417	0,339
8	Brückenwiderstand	0,338	0,283
9	Maximale Lagertemperatur	0,334	0,208
10	Minimale Lagertemperatur	0,334	0,208
11	Ausgangsimpedanz	0,329	0,307
	Durchschnitt	0,526 ± 0,206	0,256 ± 0,071

Tabelle 10.1 zeigt, dass unter den erhobenen 22 Qualitätseigenschaften elf aus der technometrischen Untersuchung bekannt sind[60] und weitere elf dort nicht für wich-

59 Kenngröße 8 ist zusammengefasst; siehe Fußnote 59.

60 Die beiden multikollinearen technometrischen Eigenschaften für die Temperaturstabilität bei tiefen und bei hohen Temperaturen sind bei der Markterhebung zusammengefasst worden und

tig erachtet werden. Die Auswahl der technometrischen Kennzahlen geschieht mit Hilfe von FuE-Personal der Hersteller, die im Sinne einer dominanten technischen Konstruktion kohärente Vorstellungen von wichtigen technischen Merkmalen ihres innovativen Produkts haben. Aufgrund dieser Einschätzungen formulieren Vertriebs- und Marketingabteilungen entsprechende Spezifikationsblätter, die sie ihren Kunden im Rahmen der üblichen Geschäftsbeziehungen und zum Beispiel auf Messen anbieten. Hierfür werden dann auch technische Daten offengelegt (kodifiziert).

Die anderen elf Eigenschaften sind zum Teil in ihrer Bedeutung unter den Experten strittig oder stellen nur die Einzelmeinungen von Außenseitern dar. Teilweise sind sie von einzelnen Nachfragern als „leider fehlend" in den Spezifikationsblättern bezeichnet worden. Tabelle 10-1 zeigt zweierlei: Zum einen liegen tatsächlich die gemittelten Präferenzen für die technometrischen Spezifikationen höher als für die anderen. Zum anderen - und dies ist vielleicht noch interessanter - sind die Varianzen bezüglich der technometrischen Kennzahlen kleiner als für die übrigen. Wenn man dies nicht nur statistisch interpretieren will, bedeutet es, dass die *Ansichten* der 50 befragten industriellen Nutzer von Drucksensoren bezüglich der technometrischen Kennzahlen weniger auseinandergehen als für die übrigen. Damit scheint sich zu bestätigen, dass die technometrischen Einschätzungen von den übrigen im wesentlichen darin unterschieden werden können, dass sie auf einem größeren Konsens der Fachwelt beruhen. Die technometrisch ausgewählten technischen Eigenschaften sind die konsensualen; dieses Verständnis liegt bereits in der theoretischen Konzeption begründet, nach der sich die technischen Fachkreise in ihren sozialen Interaktionen im Laufe der Zeit ein gemeinschaftliches Bild davon machen, was an einer Innovation wichtig ist. These 1 ist also tendenziell in der erwarteten Weise bestätigt worden; kritisch einzuwenden ist, dass die Stichprobe zu klein sein könnte, um signifikante Ergebnisse zu produzieren. Die Durchschnitte gemäß Tabelle 10-1 unterscheiden sich um eine, aber nicht um zwei Standardabweichungen.

Wahrgenommene Nachfragepräferenzen

Die zweite These bezieht sich darauf, ob die Hersteller der Sensoren die von den Kunden gesetzten Präferenzranglisten in ähnlicher Weise wahrnehmen. Aufgrund der Lieferantenbeziehungen, der Messegespräche und vieler weiterer Kontakte sollte im Idealfall beim Hersteller vollständige Information über die präferierten technischen Merkmale seiner Produkte in den Augen des Kunden vorliegen. Korreliert man den ganzen Satz der 22 Spezifikationen gemäß der Hersteller- und der Abnehmereinschätzung, ergibt sich ein deutliches Ergebnis: Die beiden Präfe-

---

treten nur als eine Eigenschaft auf. Zum Problem dieser Multikollinearität siehe Abschnitt 10.2, Fußnote 49.

renzskalen sind vollständig unkorreliert.[61] Der Markt tendiert dazu, technische Merkmale wie Linearität, Wiederholbarkeit und Hysterese hoch zu bewerten, während die Anbieter der Genauigkeit und der Fehlerfreundlichkeit (Überdruck) größeres Gewicht beimessen. These 2 muss klarerweise verworfen werden; es herrscht keine annähernd vollständige Information über die bekundeten Präferenzen der Nachfrager.

Ein weiteres Indiz für das Nichtvorliegen vollständiger Information über Kundenwünsche in einem relativ begrenzten Teilmarkt wie dem der Drucksensoren ergibt sich aus weiteren Beobachtungen, die Frenkel und Mitarbeiter gemacht haben.[62] Die Varianzen in den Einschätzungen einzelner Hersteller streuen erheblich - stärker als bei den Nachfragern. Da bei der Felderhebung Anonymität zugesagt war, ist es nicht möglich, Angaben dazu zu machen, welcher Art die Unternehmen sind, die die Nachfragepräferenzen relativ zuverlässig einschätzen können. Mit aller Vorsicht sei angedeutet, dass unter den Sensorherstellern mit krass von den Konsumentenpräferenzen abweichenden Einschätzungen durchaus auch größere Konzerne sind, so dass die Vermutung eines spezifischen Mittelstandsproblems durch die (unveröffentlichten) Daten nicht gestützt werden kann.

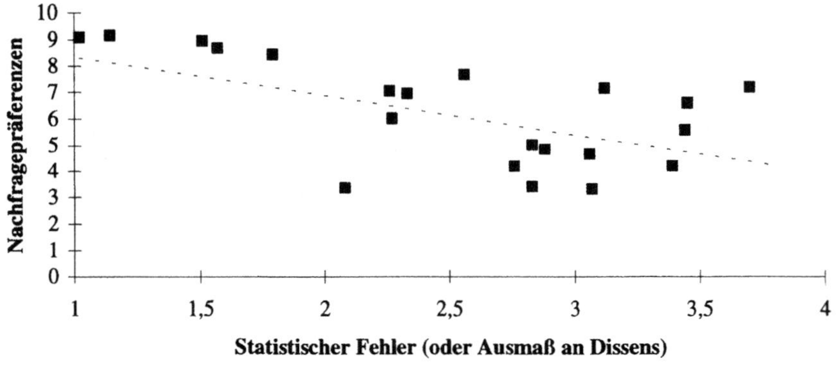

Abbildung 10-3: Gemittelte Konsumentenpräferenzen für 22 technische Eigenschaften von Drucksensoren und das Ausmaß an Dissens über die Einschätzung (1991, N = 50).

These 3 führt die Überlegungen zur Homogenität der Präferenzen weiter. In Tabelle 10-1 sind neben den bekundeten Präferenzwerten der Nachfrager auch die Standardabweichungen, die sich aus den Antworten ergeben haben, eingetragen. Sie

61 $R^2 = 0{,}105$; das Vorzeichen des Koeffizienten ist negativ.

62 Frenkel u. a. (1994).

stehen in einer Beziehung zu den Präferenzwerten selbst, und sind davon nicht unabhängig. Je höher die Bedeutung oder Funktionalität einer technischen Eigenschaft eingeschätzt wird, umsomehr sind sich die Nachfrager in ihrer Gesamtheit in dieser Einschätzung sicher.

Abbildung 10-3 zeigt das hohe Ausmaß an Übereinstimmung über die hochpräferierten technischen Eigenschaften. Für die insgesamt weniger bedeutsamen Qualitätsmerkmale gehen die Ansichten weiter auseinander. Die negative Relation fällt signifikant aus und ist robust.[63] These 3 kann ohne Zweifel als bestätigt gelten, was wiederum auf die Bedeutung von konsensbildenden Prozessen innerhalb von Wirtschaftsakteuren, in diesem Fall der Gruppe der Nachfrager nach Drucksensoren, hindeutet.

Strategisches FuE-Management und Nachfrageorientierung

Nachdem These 2 nicht bestätigt werden kann und zu konstatieren ist, dass die Hersteller wissensbasierter Innovationen (in diesem Falle von Drucksensoren) keine hinreichenden Vorstellungen von den Wünschen bzw. funktionellen Notwendigkeiten der Anwender haben, kann schon vermutet werden, dass sich auch These 4 nicht halten lässt. Sie setzt voraus, dass die antizipierten Bedürfnisse der industriellen Abnehmer innovativer Produkte bereits in Forschung und Entwicklung sowie Design und Konstruktion der technischen Spezifikationen berücksichtigt werden. Nur bei frühzeitigen und hinreichenden diesbezüglichen Informationen[64] kann das innovierende Unternehmen seine FuE-Projekte so ausgestalten, dass dabei die gewünschten (im wörtlichen Sinne) technischen Auslegungen entstehen.

Da ferner davon ausgegangen werden muss, dass technologische Interdependenzen bestehen und nicht alle, zum Teil konträren Anforderungen an die technische Auslegung gleichzeitig erfüllbar sind, und ferner die technischen Modifikationen sich auch von den Faktorkosten unterscheiden werden, wären ohnehin Kompromisse zwischen der technischen und kostenmäßigen Machbarkeit und dem Anforderungsprofil der Nachfrage anzustreben. Wegen des Fehlens von Informationen zur Funktionalität der Produkte ist anzunehmen, dass auch der Abstand der entstehenden Kompromißlösung vom Ideal im Rahmen des FuE-Projekts nicht bekannt ist. Dies gilt nicht für kundenspezifische Entwicklungen, bei denen *ein* späterer Abnehmer die Spezifikationen vorgibt. Auch in diesem Falle wäre es für das betriebliche Technologiemanagement aber interessant zu wissen, wie die so vorgegebene Liste von Anforderungen am Markt, d. h. bezüglich aller übrigen Abnehmer als dem einen Kunden, positioniert ist.

---

63 Koeffizient -1,45 (0,50), $R^2 = 0{,}878$.

64 Wiederum: Frühwarnfunktion für das betriebliche Technologiemanagement; siehe die kurzen Erörterungen im Abschnitt 10.1.

Für die 72 ausgewählten Produkte von elf innovativen Unternehmen in sechs Ländern, die im Abschnitt 10.2 näher analysiert wurden und die in Abbildung 10-2 eingegangen sind, kann getestet werden, inwieweit die technische Qualität dieser Produkte in Übereinstimmung mit den bekundeten Nachfragepräferenzen ist. Dabei wird von der Annahme ausgegangen, dass ein effizientes Unternehmen mit einem guten Informationsstand über Nachfragewünsche größeren Wert auf die hochpräferierten technischen Merkmale legt, die sich in einer entsprechend hohen technometrischen Messzahl äußern. Im Sinne der Kompromissfindung zwischen Faktorkosten und sich ausschließenden technischen Spezifikationen ist desweiteren anzunehmen, dass die technometrischen Messzahlen für die durch den Nachfrager geringer bewerteten Eigenschaften (bzw. nach dem obigen, die für den ganzen Teilmarkt weniger einheitlichen Bewertungen) nicht mit entsprechend hoher Qualität ausgestattet sind. Die technometrische Messzahl muss dann entsprechend niedriger liegen.

Stellt man die technometrischen Profile den Anforderungsprofilen gemäß den Zahlenwerten in Tabelle 10-1 gegenüber (wobei nur der technometrisch relevante Teil der Einschätzungen genommen wird), dann lässt sich ein Maß für die *Nachfrageorientierung NO* aus der mittleren quadratischen Abweichung der beiden Profile errechnen:

$$NO_k = \Sigma_j (K^*_{kj} - F_j)^2. \qquad (10\text{-}3)$$

Dabei bezeichnet F die bekundeten Nachfragepräferenzen; die anderen Variablen und Indices sind bereits eingeführt. Die Nachfrageorientierung ist bei kleinen Werten von NO groß.

Zwei Fälle zur Illustration

Die Regression zwischen den Indices für die Nachfrageorientierung der 72 Drucksensoren und K^* weist einen nichtsignifikanten und negativen Koeffizienten auf: - 0,01 (0,02). Auch die optimalen Sensoren der Stichprobe sind nur in einigen Eigenschaften an den Nachfragepräferenzen ausgerichtet und nicht in allen Qualitätsdimensionen. Zur Veranschaulichung betrachte man den optimalen und den am schlechtesten an den Nachfragewünschen orientierten Sensor (Abbildung 10-4). Der Drucksensor von Kyowa (Japan) weist technometrische Spezifikationen auf, die in den drei wichtigsten Eigenschaften (aus Nachfragesicht) hervorragende Merkmale haben, was aber für die „mittleren“ Präferenzen nicht mehr zutrifft. In den nachrangigen Eigenschaften weist dieser Sensor mittlere Qualitäten auf, was die Verbraucher akzeptieren dürften. Unter den 72 ausgewählten Produkten passt dieses am besten auf die Nachfragewünsche, jedenfalls bezüglich der wichtigsten Merkmale.

Das Gegenteil gilt für den Drucksensor von Pewatron, dessen beste technometrische Kennzahlen genau bei jenen Eigenschaften auftreten, welche die Bezieher an das Ende der Skala setzen. Dieser Sensor zeigt eine hohe Qualität bezüglich der weniger wichtigen Eigenschaften. Ebenfalls bemerkenswert ist, dass die entsprechenden Spezifikationen bezüglich der beiden wichtigsten Eigenschaften vom Anbieter gar nicht offengelegt werden, dem Anwender also nicht bekannt sein können. Dies scheint keine generelle Marketingstrategie des Unternehmens zu sein, denn gemäß den Messedaten[65] werden zu anderen Sensoren desselben Herstellers als dem hier betrachteten die entsprechenden Angaben etwa zur Hysterese durchaus gemacht. Abbildung 10-4 gibt einen visuellen Eindruck von der technischen Qualitätsdimension der beiden auffallenden Produkte im Hinblick auf die Nachfragepräferenzen.

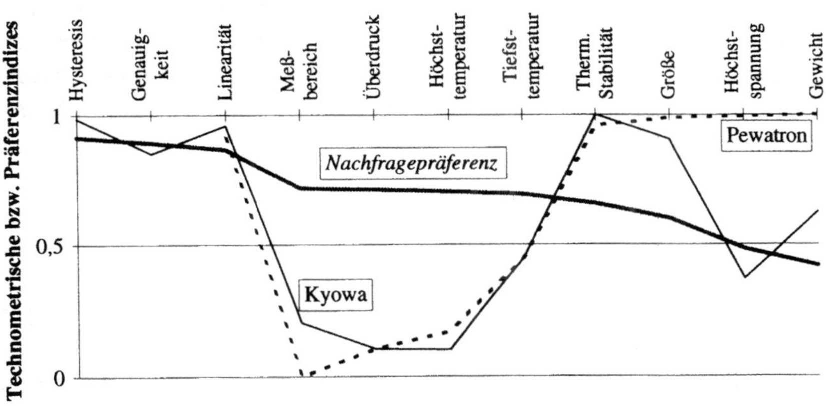

Abbildung 10-4: Bekundete Nachfragepräferenzen und technometrische Profile für zwei ausgewählte Drucksensoren (die Anordnung der technischen Eigenschaften folgt den Präferenzen in absteigender Reihe).

These 4 ist, wie schon zu erwarten war, nicht haltbar. Auch ein gut funktionierender Markt wie der Sensormarkt führt bezüglich der betrachteten Produkte nicht zu einem frühzeitigen Einbezug detaillierter Anforderungen der späteren Nachfrager in die technischen Qualitätsmerkmale innovativer Produkte. Dennoch kann der Sensormarkt mit den entsprechend suboptimal ausgelegten Produkten funktionieren, weil offenbar keine so optimalen Produkte angeboten werden, dass die fehlangepassten vom Markt verdrängt würden. Die Konsumenten wählen im verfügbaren Angebot unter verschiedenen Übeln das für sie geringste aus. Die starke Segmentierung ist bereits mehrfach betont worden. Zur weiteren Prüfung der These 4 müsste der Drucksensorenteilmarkt noch weiter segmentiert werden. Auch ohne eine solche Segmentierung ist anzunehmen, dass wesentlich andere als technische

65 Zu den technometrischen Datenquellen siehe Koschatzky u. a. (1996).

Attribute ebenso eine Rolle spielen wie z. B. Vertrauensverhältnisse, langjährige Lieferbeziehungen, unvollständige Kenntnis über die Angebote in Auslandsmärkten etc.[66]

Analytische Marktsegmentierung

Ob eine bessere Anpassung an die Kundenwünsche zu höheren Preisen führt, ist Gegenstand der letzten These. Zunächst soll jedoch - da nähere Angaben zur Segmentierung nicht vorliegen, geprüft werden, ob sich mit Hilfe einer Ähnlichkeitsuntersuchung des Eigenschaftenspektrums eine immanente sachliche Segmentierung der Produkte ergibt. Nach Backhaus muss das Segmentierungskriterium eine feststellbare Beziehung zum Beschaffungsverhalten aufweisen, das wiederum an der Funktionalität der Eigenschaften festgemacht werden kann (schließt man geographische und organisationelle Partialansätze zur Segmentierung aus, die hier nicht untersucht werden).[67] Eine multidimensionale Skalierung der 72 Sensoren nach den 11 Eigenschaften (Multikollinearität unterdrückt) ergibt ein *technometrisches Portfolio* gemäß Abbildung 10-5.[68]

Abbildung 10-5 zeigt eine große Streuung entlang der Abszisse mit einigen Clustern von homogenen Produkten. Es wird vorgeschlagen, das technometrische Portfolio zur Interpretation der Segmente heranzuziehen. Cluster A umfasst z. B. acht Produkte von drei Anbietern, alle mit höchster Genauigkeit und Linearität, aber geringer Temperaturtoleranz bei hohen Temperaturen, leicht und mit perfekter Hysterese. Die Hersteller der Produkte in Cluster B bedienen Marktsegmente, bei denen mittlere Drücke mit hoher, aber nicht höchster Genauigkeit gemessen werden, gute Linearität der Anzeige belanglos ist, aber thermische Stabilität auch bei höheren Temperaturen präferiert wird. Der Sensor von Kyowa aus Abbildung 10-4, der bezüglich der Spitzenwerte genau die Kundenwünsche trifft (aber nicht bezüglich der mittleren), erzielt einen Marktpreis von 444 US $ (1991) und liegt im Cluster C. Das Produkt von Pewatron, das technische Stärken bezüglich der weniger wichtigen Eigenschaften hat und für das die Spezifikationen der wichtigsten Merkmale gar nicht bekannt sind, erzielt einen Marktpreis von 18 US $ (1991) und liegt im Cluster D (es ist mit d gekennzeichnet). Sensor d ist eines der billigsten, relativ unzuverlässigen Produkte.

---

66 Auch die Analyse der hedonischen Preise im Abschnitt 10.2 hat ergeben, dass die technischen Spezifikationen nur die Hälfte der Preisvarianz erklären können.

67 Backhaus (1992, S.158 f.).

68 Das Distanzmaß ist nach (5-1) berechnet; Abbildung 10-6 ist unrotiert, der Stress mit L = 0,166 ist befriedigend, $R^2 = 0{,}87$ erklärt fast 90 % der Varianz, die Iteration wurde bei $\Delta L < 0{,}001$ abgebrochen.

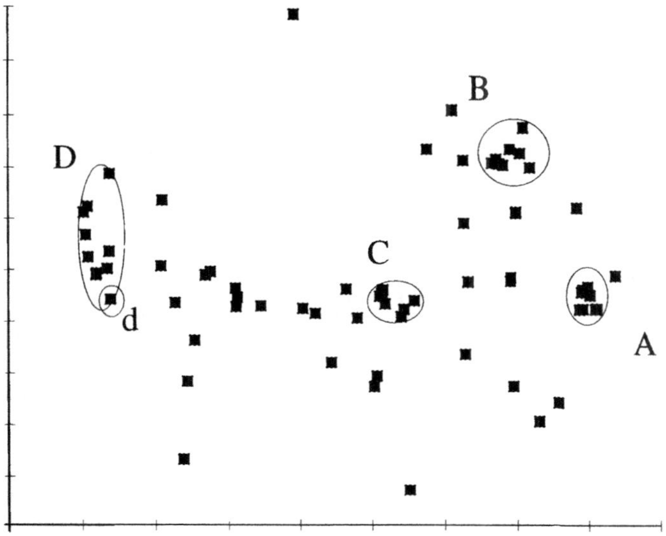

Abbildung 10-5: Multidimensionale Konfiguration der technischen Eigenschaften des Drucksensorenmarktes 1991 (N = 72).

Nachfrageorientierung und Preis

These 5 wird ebenfalls anhand der ausgewählten 72 Produkte getestet. Da nun eine Segmentierung des Marktes modelliert ist, kann die These wie folgt formuliert werden: Erzielen Sensoren mit einer größeren Orientierung der technischen Eigenschaften an den Nachfragewünschen einen höheren Preis, wenn man die Marktsegmentierung berücksichtigt? Im einzelnen wird eine zweistufige Analyse mit Hilfe eines Modells aus der TOBIT-Klasse durchgeführt. Dabei wird das zweistufige Schätzverfahren von Heckman benutzt, die Kombination einer PROBIT- mit einer nachfolgenden OLS-Schätzung.[69] Als Scheinvariablen (Dummy-Variablen) werden die Zugehörigkeiten in einem der vier Marktsegmente nach Abbildung 10-5 (Cluster A - D) sowie zwei Technologievariablen herangezogen: Dehnungsmessstreifentechnik oder piezoresistives Prinzip (siehe Abschnitt 10.2, Fußnote 31). Als exogene Variable diene die mit den Nachfragepräferenzen gewichtete technometrische Variable nach Definition (3-6).

Zunächst wird gefragt, welche Sensoren überhaupt einen hohen Preis erzielen. Die Verteilung der Preise ist rechtsschief; als Hochpreissegment wird das obere 30%-

69 Siehe z. B. bei Ronning (1991, S. 130 - 133).

Perzentil definiert.[70] Sodann wird - in der zweiten Stufe der Schätzung - gefragt, wie die Preise außerhalb des Hochpreissegments zu erklären sind. Das Ergebnis ist in Tabelle 10-2 zusammengestellt.[71]

Tabelle 10-2: Schätzergebnisse des zweistufigen TOBIT-Modells für den Preis der Drucksensoren.

Variable	PROBIT	OLS
n	72	50 (M < 522 $)
K*	7,01 (3,48)*	873,8 (327,6)*
Cluster A	0,04 (0,58)	317,0 (74,3)***
Cluster B	1,25 (0,56)*	-25,6 (78,3)
Cluster C	0,01 (0,55)	30,8 (63,0)
Cluster D	0,56 (0,54)	-58,9 (58,8)
Dehnungsmessstreifen	0,38 (0,51)	-249,0 (60,3)***
Piezoresistiv	-0,07 (0,51)	-64,7 (44,4)
Konstante	-3,75 (1,52)*	3,44 (127,4)

*** Signifikant auf dem 0,1 % - Niveau
** Signifikant auf dem 1 % - Niveau
* Signifikant auf dem 5 % - Niveau

Eine hohe, mit dem Kundennutzen gewichtete technische Qualität der Produkte erklärt signifikant den Zugang zum Segment hoher Preise. Technologische Fragen spielen dabei keine Rolle - die technische Brillanz überspielt alles. Im Marktsegment B werden signifikant höhere Preise erzielt. Bei mittleren oder niedrigen Preisen behält der gewichtete Technometrieindikator zwar seinen signifikanten Einfluss auf die Preishöhe, jetzt spielen aber auch herstellungstechnische Aspekte eine Rolle. In Marktsegment A (siehe Abbildung 10-5) werden signifikant höhere Preise erzielt als sonstwo. Mit der Technik der Rechnungsmessstreifen lassen sich hingegen keine teuren Sensoren absetzen. Wenn man also die Einflüsse der Segmentierung berücksichtigt und korrigiert, kommt der positive Zusammenhang zwischen technischer

70 Sensitivitätsanalysen mit anderen Perzentilen haben keinen maßgeblichen Einfluss auf die Schätzergebnisse erbracht. Die Begrenzung der OLS-Stichprobe auf die unteren 70 % der Fälle bedeutet eine Schwelle des Hochpreissegments bei 522 $. Der billigste Sensor kostet 18 $, der teuerste 2.375 $. Die unimodale Verteilung mit einem Modalwert von 367 $ besitzt ein arithmetisches Mittel bei 522 $; das entspricht der gesetzten Hochpreisschwelle.

71 Das zweistufige TOBIT-Modell kann einem Selektivitäts-Bias unterliegen. Da das Hochpreisperzentil klein ist, ist es zwar wenig wahrscheinlich, dass dieser Bias stark ist. Um den Einfluss abzuschätzen, wurde in einer Variante der Schätzung in Tabelle 10-2 die inverse Hazardrate bzw. Mills-Verhältniszahl berechnet und in die rechte Seite des OLS-Schätzers einbezogen (vgl. Ronning, 1991, S. 129, 131). Alle signifikanten Vorzeichen der Tabelle 10-2 bleiben jedoch erhalten. Die Selektivität wirkt zugunsten von K^*, das nun auf dem 0,1%-Niveau signifikant wird.

Qualität und Preis *innerhalb* jeden Segments zum Vorschein. Mit diesen Einschränkungen trifft These 5 zu.

Marktsegmentierung und technologische Verzweigung

Es würde im Rahmen der innovationsökonomischen Verdeutlichung der Zusammenhänge zwischen dem technischen Wandel, Nachfragepräferenzen und Preisen zu weit führen und ist auch nicht Aufgabe der Mikroökonomie, die Einzelfälle und die Besonderheiten der Preisbildung aufzuklären. Aus den technischen Merkmalen gemäß Abbildung 10-4 ergibt sich jedenfalls, dass das Produkt d in Cluster D von Pewatron nicht nur billig, sondern auch klein und leicht ist. Es handelt sich um einen modernen miniaturisierten Sensor, während die Produkte in Cluster A groß sind.

Das am Markt niedrig bewertete Produkt scheint genau in die viel diskutierte Hauptströmung der Miniaturisierung der Sensorik zu passen, nach der die Informationstechnik und die Mikroelektronik in den konventionellen Instrumentenbau eindringen. Der Markt honoriert dies 1991 preislich aber noch nicht und ist eher bereit, konventionelleren, größeren Geräten mit größerer Genauigkeit und Zuverlässigkeit den Vorzug zu geben. Ähnliche Feststellungen lassen sich auch mit der Methode der hedonischen Preise treffen (siehe Abschnitt 10.2).

Insofern gibt die Betrachtung des modernen Sensormarkts viele aufschlussreiche Hinweise auf die Trägheit dieses Marktes im Hinblick auf das Aufnehmen eines neuen wissenschaftlich-technologischen Paradigmas. In Anbetracht der Segmentierung dieses Marktes liegt vielleicht ein Bifurkationspunkt vor, an dem sich eine Produktdifferenzierung zwischen konventionellen Produkten und Halbleiterprodukten vollzieht bzw. das neue Paradigma die ersten Rückschläge verkraften muss, bevor es sich allgemein durchsetzt. Momentan haben die miniaturisierten Produkte objektive Nachteile bei der Bewertung der hochpräferierten Eigenschaften. Damit kommen zunächst für das technisch modernere Produktcluster nur diejenigen Abnehmer in Frage, die darauf keinen großen Wert legen (eher nichtindustrielle Anwendungen).[72]

Ausblick: Identifikation von Marktlücken

Insgesamt ergeben sich unübersichtliche Verhältnisse und manche gängige These zu Gleichgewichtsmärkten lässt sich nicht bestätigen. Die Nichtgültigkeit der älteren mikroökonomischen Thesen zur Informationssicherheit wird aber nicht nur von den empirischen Beobachtungen gestützt, sondern auch aufgrund theoretischer Überle-

72 Eine entsprechende Diskussion der verwendeten technischen Messprinzipien ist zusätzlich angebracht, unterbleibt hier aber.

gungen.[73] Im Rahmen des allgemeinen Gleichgewichts auf Märkten muss ein Anteil der Ressourcenkosten auf die Informationsbeschaffung entfallen, wie es die neue Mikroökonomie fordert.

Unter dem Aspekt der Validierung von Indikatoren ist zu betonen, dass der technometrische Indikator als Idealindikator zur mikroökonomisch fundierten Fortschrittsmessung konzipiert wurde. Im *betriebswirtschaftlichen Kontext* erhält er zusätzliche Bedeutung bei der Identifikation von Lücken auf Investitionsgütermärkten. In dieser Anwendung muss die Gültigkeit des technometrischen Profils bzw. Portfolios theoretisch zunächst als unbewiesen angesehen werden. Die Validierung mit Hilfe von Marktbefragungen zeigt jedoch die Gültigkeit des Ansatzes auch hier; die im Technometriemaß enthaltenen Eigenschaften werden von den Nachfragern für wichtiger erachtet als andere. Die mit Nachfragepräferenzen gewichtete Produktqualität determiniert die erzielbaren Preise, falls der Segmentierung des Marktes Rechnung getragen wird.

---

73 Siehe im 2. Kapitel.

Teil IV

Schlussfolgerungen

Mein Vorhaben lässt sich überall abbrechen; es gründet sich nicht auf große Erwartungen; es kann jeden Tag zu Ende gehen. (...) Es ist ja der größte Kummer auf meinen Wanderfahrten, dass ich nicht reisen kann mit dem Entschluss, dort, wo es mir gefiele, Hütten zu bauen; und dass ich immer ans Wiederkommen denken muss, weil es eben so Brauch ist.

Michèl de Montaigne

11 Grundzüge einer empirischen Innovationsökonomik

Marschieren wir zum Klang einer anderen Trommel.

Christopher Freeman

11.1 Angemessenheit und Gültigkeit der Fortschrittsmessung in der Zusammenschau

Untersuchungen zur *Messung des technischen Fortschritts* sind vor allem in Deutschland nicht sehr zahlreich vertreten, wenn man als Vergleichsmaß die Menge wirtschaftswissenschaftlicher Forschungsergebnisse insgesamt nimmt.[1] Kennzeichnend für das Forschungsgebiet ist ferner, dass nur wenige Kontaktpunkte zwischen den Disziplinen vorhanden sind, die sich mit der Rolle von Wissenschaft und Technik im wirtschaftlichen Geschehen befassen. Neben der mikroökonomischen Innovationsforschung und der makroökonomischen Wachstumsforschung beschäftigen sich vor allem die Betriebswirtschaft mit Planung und Kontrolle von FuE (Technologiemanagement) und die soziologische Forschung mit Technikgenese.

Innerhalb der volkswirtschaftlichen Innovationsforschung weisen Theorie wie Empirie bei diesem Thema häufig ungünstige Schnittstellen auf, die ein gegenseitiges „Einhaken" erschweren. Die theoretische und die ökonometrische Innovationsforschung haben sich daher über weite Strecken nebeneinander her entwickelt. Zudem zerfällt die *Innovationstheorie* in verschiedene Schulen, die zum Teil mit heftigen Worten auf die jeweils eigene Überlegenheit hinweisen. Zu nennen ist die neoklassische Innovationsforschung, die mit sehr komplexen entscheidungstheoretischen und spieltheoretischen Modellen viele Detailprozesse im Innovationsgeschehen modellieren kann, wie z. B. mehrstufige Patentrennen. Da die Innovation von ihrem Selbstverständnis her diskontinuierliche Eigenschaften haben kann, stellen sich Gleichgewichtsmodelle immer wieder als hinderlich heraus[2] und müssen durch - aus empirischer Sicht - wenig plausible Annahmen gestützt werden. Die neoklassi-

---

1 Granstrand (1994, S. 14 - 23) hat systematisch die wichtigsten Bücher und Zeitschriftenveröffentlichungen zu diesem Thema in der Nachkriegszeit recherchiert. In den 50er, 60er und 70er Jahren überstieg die Zahl der entsprechenden Werke nordamerikanischen Ursprungs diejenige europäischen Ursprungs um ungefähr das Dreifache. In den 80er und beginnenden 90er Jahren wächst das Forschungsgebiet insgesamt stark an und bringt eine ungefähr gleichgroße Zahl europäischer und amerikanischer Publikationen hervor. Unter den genannten europäischen Quellen stammen aber nur sehr wenige aus Deutschland. Unter den im Jahr 1992 auf diesem Gebiet höchstzitierten 20 Quellen ist kein deutsches Werk vertreten (a. a. O., S. 22).

2 So neuerdings Solow (1991, S. 5).

sche Wachstumstheorie hat in den jüngsten Jahren enorme Fortschritte zu verzeichnen und kann insbesondere den technischen Fortschritt endogenisieren und dabei Lernprozesse (steigende Skalenerträge) zulassen.

In den institutionen- oder evolutionsökonomischen Innovationstheorien versucht man entweder, mit verhaltenstheoretischen Ansätzen nahe an der Neoklassik zu modellieren, nunmehr aber die Unmöglichkeit geschlossener algebraischer Lösungen durch Simulationsmodelle auszugleichen. Die institutionenökonomischen Ansätze entfernen sich weiter von den klassischen Theorien und verzichten auf mathematisch-analytische Modelle.

Adäquationspostulat und Idealindikator

Misslich aus mikroökonometrischer Sicht bleibt in jedem Falle, dass sich aus keiner Innovationstheorie gleich welcher Lehrmeinung unmittelbare, konstitutive Messvorschriften für die Fortschrittsmessung ableiten lassen.[3] Dieses Buch versucht, der Innovationstheorie wie der Empirie einen neuen Weg dadurch zu weisen, dass das an sich bekannte, aber nicht eben häufig verwandte *Adäquationspostulat* in die Fortschrittsmessung eingeführt wird, denn „angewandte Wirtschaftsforschung setzt statistische Adäquation voraus".[4] Den spezifischen Problemen bei der Fortschrittsmessung muss dadurch Rechnung getragen werden, dass man die unterschiedlichen Sichtweisen in Theorie und Empirie und insbesondere die letztlich unüberbrückbare Diskrepanz zwischen Theorie und Beobachtung akzeptiert[5] und das Kernproblem offenlegt: Wirtschaftliche und soziale Prozesse sind auf der Basis von mechanistisch modellierten Theorien nicht befriedigend analysierbar. Versucht man, Messverfahren theoretisch inspiriert zu gestalten und die Adäquation dieser Verfahren mit den Theorien ausdrücklich zu diskutieren, können die Probleme der Theorielosigkeit der empirischen Innovationsforschung gemildert werden.[6]

---

3 Wagner (1982, S. 235) beklagt, dass Wirtschaftstheoretiker das Kriterium der prinzipiellen Falsifizierbarkeit ihrer Hypothesen gar nicht einhalten können, wenn sie weder Testmethoden kennen noch eine Ahnung davon haben, ob zutreffende wirtschaftsstatistische Daten vorliegen oder überhaupt existieren können.

4 A. a. O. (S. 235). Etymologisch geht der Begriff der statistischen Adäquation auf Aristoteles zurück. Menges (1988, S. 290 - 292) gibt einen Abriss der philosophischen Tradition und nennt eine Belegstelle bei Aristoteles; im Hochmittelalter wurde bei der Interpretation seines Werks der Begriff „Adaequatio" verwendet, um die Problematik der Anpassung der Begriffe der Vorstellungswelt an Realphänomene zu beschreiben. An früherer Stelle hat Menges laut Munsberg (1994, S. 27) die statistische Adäquation als das „Zurechtschneidern der Begriffe" aus der Theorie für die empirische Forschung bezeichnet.

5 Das Verhältnis von Theorie und Empirie diskutiert z. B. Kromphardt (1988).

6 Siehe bei Grohmann (1988, S. 41).

Wenn ein theoretischer Begriff in der Empirie einer operationalen Größe, einem statistischen Begriff, zugeordnet wird, der dem zugehörigen theoretischen Sachverhalt adäquat ist, ist ein definitorischer oder *Idealindikator* gefunden. Wenn jedoch die Operationaldefinitionen den Rang einer Konvention einnehmen, wie im Falle der Innovation (vergleiche das 1. Kapitel und insbesondere die Rolle der OECD bei der Schaffung solcher Konventionen), sind konkurrierende Idealindikatoren denkbar, da die Konvention in der Semantik des Begriffs, und nicht in der Theorie besteht. Dem Begriff der Innovation liegen - a fortiori - unterschiedliche Innovationstheorien und Wertauffassungen zugrunde, so dass adäquate Idealindikatoren nicht aus der Semantik der Konventionen abgeleitet werden können. Daher ist eine Befassung mit der Innovationstheorie unentbehrlich, um die Adäquationsdiskussion überhaupt führen zu können.

Akzeptiert man die Korrespondenzforderung in der Fortschrittsmessung, stellt sich für die empirische Innovationsforschung die Aufgabe, zu ungenügend „zugerichteten" theoretischen Konstrukten passende *Indikatoren* konstruieren zu müssen. Wenn die Empirie unkritisch gerade verfügbares Zahlenmaterial für ökonometrische Tests heranzöge, also ein theorieloses Messen betriebe, wäre die Gefahr, einen statistischen Adäquationsfehler zu begehen, groß. Die Adäquationsaufgabe ist aber auch der Theorie zu stellen, der manchmal - und so auch beim Fortschrittsbegriff - der Vorwurf des „Glasperlenspiels" zu machen ist, das keine Beziehung zum wirtschaftlichen Handeln erlaubt.[7] Der Vorwurf besteht darin, dass idealtypische theoretische Konstrukte entwickelt werden, die zwar den theoretischen Erfordernissen auf das beste genügen, aber die Messkonzeption nicht erkennen lassen.[8]

Technometrie als Idealkonzept unter Datenknappheit

In diesem Band wird (im Kapitel 3), ausgehend von der Nachfragetheorie Lancasters, die auf andere Nachfrager als die Haushalte erweitert wird, ein Messkonzept zur Messung der Produktqualität und des Produktfortschritts über die Veränderung der Eigenschaften aufgebaut und mit dem Stichwort *Technometrie* belegt. In einer ausführlichen Diskussion wird die Korrespondenz dieser Operationalisierung günstig beurteilt, weil das Messverfahren alle von der mikroökonomischen Theorie geforderten Aspekte sowohl in der neoklassischen wie auch in der institutionenökonomischen Ausdeutung nicht nur adäquat abbildet, sondern die teilweise unscharfen bzw. widersprüchlichen Typunterscheidungen formalmathematisch operationalisiert. Der technometrische Indikator wird daher als Idealindikator zur Fortschrittsmessung vorgeschlagen.

---

7 Grohmann (a. a. O., S. 25). Ähnlich auch Cohen und Levin (1989, S. 1096 f.).

8 Cohen und Levin (a. a. O.) sowie Munsberg (1992, S. 39).

Die *Bewährtheit des Konzepts* stellt sich aber als fraglich heraus. In der Literatur der letzten Jahre finden sich wenige überzeugende Anwendungen; einige verwandte Arbeiten anderer Forschungsgruppen sind inzwischen aufgegeben worden. Der wesentliche Mangel bezieht sich dabei auf das Vorhandensein adäquater Daten, nicht auf strukturelle oder logische Mängel des Konzepts. Die Datenbeschaffung ist so kostenaufwendig, dass sie in gewissen Fällen nur unvollständig oder gar nicht gelingt. Deshalb ist auch die Zuverlässigkeit des Verfahrens kritisch zu sehen, denn bei hohen Erhebungskosten ist der Luxus der intersubjektiven Überprüfung (Reliabilitätsprüfung) kaum bezahlbar. Dies gilt insbesondere für das Aufstellen von Zeitreihen und die Lösung des Aggregationsproblems. Obwohl befriedigende Aggregationsvorschriften für alle Ebenen vorliegen, werden technometrische Indikatoren meist nur für Partialmärkte erhoben. Die selektive Aggregation mit Hilfe von innovativen Warenkörben scheint jedoch ein erster Ausweg zu sein.

In dieser Situation stellt sich dringlich die Aufgabe, Hilfsindikatoren zu definieren, sie mit den technometrischen Indikatoren zu schätzen und dabei notgedrungen auf gewisse Gültigkeitsbereiche einzugrenzen. Hierfür wird ein *Referenzmodell* benötigt, das eine Diskussion der Gültigkeitsgrenzen verschiedener Hilfsindikatoren erlaubt. Das aufgestellte funktionale Referenzschema (1. Kapitel) bewährt sich unter diesem Aspekt, insbesondere ist die Dreiteilung von Innovationsindikatoren in Aufwands-, FuE-Ertrags- und Fortschrittsindikatoren mit den statistischen Konventionen gut verträglich. Allerdings kann das funktionale Referenzschema (noch) nicht formalmathematisch dargestellt werden, weil Art und Stärke der Rückkoppelungen zwischen den in Rechnung zu stellenden FuE-Tätigkeiten und den Innovationsphasen nicht direkt bestimmt werden können. Daher wird das Referenzschema auf einer deskriptiven, zeichnerisch dargestellten Ebene belassen. Die ungenügende mathematische Formalisierung des Referenzschema scheint typisch für ein wissenschaftliches Entwicklungsstadium zu sein, indem (vorläufig) relativ einfache Grundideen angewendet werden und erst später eine Formalisierung im Rahmen einer allgemeinen Theorie beabsichtigt ist.

Synopse der Hilfsindikatoren

Im Rest dieses Abschnitts werden die untersuchten *Hilfsindikatoren* in der Zusammenschau diskutiert und auch tabellarisch gegenübergestellt. Die ökonometrisch geschätzten Zusammenhänge sind ohne Ausnahme von der Innovationstheorie inspiriert, wobei die institutionen- bzw. evolutionsökonomischen Richtungen bzw. die neue Wachstumtheorie deutlichere Hinweise auf die Strukturierung der Schätzgleichungen geben als frühere Theorien. Es hat sich aber in keinem einzigen Fall ein sogenanntes „kritisches Experiment“ ergeben, bei dem sich der zu testende Sachverhalt zwischen einer neoklassischen und einer institutionenökonomischen Ableitung unterscheiden würde. Die verschiedenen innovationstheoretischen Schulen haben offenbar bislang noch keine so scharf gefassten, empirisch entscheidbaren Unterschiede bezüglich des Innovationsgeschehens herausgearbeitet. Auf die empirische *Ununterscheidbarkeit* der Innovationstheorien weisen auch Leschke und Wessling[9] hin. Sie meinen, dass die Nutznießer der theoretischen Konkurrenz der Lehrmeinungen diejenigen Ökonomen sein können, die nicht strikte Anhänger einer bestimmten Schule sind, sondern versuchen, konkrete Probleme zu lösen. Dies sei dann ein begrüßenswerter positiver externer Effekt der Schulenkonkurrenz, der zu kumulativem Fortschritt und einem vergrößerten Analyseinstrumentarium führen kann.

Grossekettler und Munsberg haben vorgeschlagen, die Hilfsindikatoren nach ihrer Güte zu unterscheiden.[10] Gemäß dem funktionalen Referenzschema ist es naheliegend, geeignete Hilfsindikatoren zunächst in der Klasse der anderen Fortschrittsindikatoren, und sodann unter den FuE-Ertragsindikatoren zu suchen. Aufwandsindikatoren erscheinen a priori als weniger geeignet. Tabelle 11-1 zeigt eine systematische Gegenüberstellung der in diesem Buch untersuchten Messzwecke und Messfehler. Die Tabelle muss nicht von jedem Betrachter so gelesen werden, wie sie gemeint ist, nämlich als Beurteilung der *Hilfsindikatoren*, die anstelle des technometrischen treten können, der ein Idealindikator sein soll. Wenn aufgrund von Konventionen etwa der Patentindikator als ideal angesehen wird, kann die Tabelle mit vertauschten Positionen gelesen werden, denn dann kann der (in der Innovationsökonomik relativ neue) technometrische Indikator entsprechend beurteilt werden.

Nicht in Tabelle 11-1 enthalten ist der Hilfsindikator, der aus *dem Abzählen von Innovationen* gebildet wird. Wie in Abschnitt 4.7 ausgeführt wird, ist ohne theoretische Fortschritte beim Begriff der Innovation keine operationale Messvorschrift für die Normeinheit beim Abzählen von Innovationen definiert, die ohne Mengen- oder Preiseinheiten auskommt. Der Hilfsindikator, der aus den *Umsätzen* eines Unternehmens mit *neuen Produkten* gewonnen wird, könnte im Prinzip einer Schätzung unterzogen werden, jedoch sind die bisher vorgelegten Daten ähnlich knapp wie die technometrischen, anders gegliedert und zur Zeit international nicht vergleichbar. Entsprechende Erhebungen werden aber für Deutschland neuerdings vom Zentrum

9 Leschke und Wessling (1993, S. 25f.).

10 Grossekettler (1995, S. 18f.) und Munsberg (1994, S. 39 und 71) leiten den Gültigkeitsgrad eines Hilfsindikators aus dem Korrelationsfehler zum Idealindikator ab, der sich prinzipiell mit Hilfe des Determinationskoeffizienten R^2 messen lässt. Wenn man als Folge der Datenknappheit bei technometrischen Spezifikationen einen Hilfsindikator wählt, welcher nicht vollkommen mit dem Idealindikator korreliert ist ($R^2 < 1$), kann man den dadurch entstehenden systematischen Fehler des Hilfsindikators als *gering, mäßig, tolerierbar groß* oder *inakzeptabel groß* einstufen. Die Gültigkeit ist dann mit den Attributen *hoch, befriedigend, tolerierbar* oder *unbefriedigend* zu versehen. Da in diesem Buch einfachste ökonometrische Befunde vorgelegt werden, wird vorgeschlagen, das Signifikanzmaß heranzuziehen. Man kann dann Hilfsindikatoren erster ($\alpha < 1$ %), zweiter ($\alpha < 5$ %) und dritter ($\alpha < 10$ %) Ordnung sowie invalide Indikatoren ($\alpha > 10$ %) unterscheiden.

Tabelle 11-1: Synopse von Messzwecken und Messfehlern bei der Fortschrittsmessung, wie sie in diesem Buch erläutert werden.

Messzweck: Fortschrittsbedingte(s,r) ...	**Kapitel**	**Niveau der Aggregation**	**Art der Datenknappheit (der Technometrie)**	**Hilfsindikator**	**Dessen Gültigkeit**
Produktionswachstum	6.2	Volkswirtschaft Branchen	Warenkorb, singuläre Querschnittsdaten	Nettoproduktionsindex	unbefriedigend
Beschäftigungswachstum	6.2	Volkswirtschaft Branchen	Warenkorb, singuläre Querschnittsdaten	Beschäftigungsindex	unbefriedigend
Produktionswachstum	6.2	Volkswirtschaft Märkte	Warenkorb, singuläre Querschnittsdaten	Produktionswert	befriedigend/ hoch
Wachstum des Außenbeitrags	6.4	Volkswirtschaft vs. Welt	Warenkorb, singuläre Querschnittsdaten	Außenbeitrag auf Gütermärkten	unbefriedigend
Wachstum der Ausfuhrquote	6.4	Volkswirtschaft vs. Welt	Warenkorb, singuläre Querschnittsdaten	Ausfuhr-Einfuhr-Quote	befriedigend
Anteil am Welthandel	6.4	Volkswirtschaft vs. OECD	Warenkorb, singuläre Querschnittsdaten	Relativer Welthandelsanteil	befriedigend
Außenhandelsvorteil	6.4	Volkswirtschaft vs. Welt	Warenkorb, singuläre Querschnittsdaten	Verborgener komp. Außenhandelsvorteil	hoch; auch bilateral zu Japan, USA
Intra-industrieller Handel	6.4	Volkswirtschaft vs. Welt	Warenkorb, singuläre Querschnittsdaten	Index des intraindustriellen Handels	hoch, aber invertiert; bilateral unbefriedigend
Wissensspezialisierung	7.2	DEU, USA, JPN	Warenkorb, singuläre Querschnittsdaten	Relativer Patentanteil	unbefriedigend
Wissensspezialisierung	7.2	DEU, USA, JPN	Warenkorb, singuläre Querschnittsdaten	Verborgene Patentspezialisierung	unbefriedigend
Wissensproduktion	7.2	DEU, USA, JPN	Warenkorb, singuläre Querschnittsdaten	Internationale Technologieproduktion	tolerierbar, als Bestandsgröße befriedigend
Wissensproduktion	7.2	DEU, USA, JPN	Warenkorb, singuläre Querschnittsdaten	Triadische Technologieproduktion	hoch, auch als Bestandsgröße
Marktausreifung	7.3	DEU, USA, JPN	Warenkorb, singuläre Querschnittsdaten	Ausreifungsgrad (aus Modalwert)	befriedigend außer DEU
Produktion öffentlicher Wissensgüter	8.3	Partialmarkt Laser	singuläre Querschnittsdaten	Triadische Technologieproduktion	tolerierbar

(wird fortgesetzt)

Preis aus öffentlichen Wissensgütern	8.4	Partialmarkt Lasermedizin	singuläre Querschnittsdaten	Durchschnittspreise	hoch, vor allem bei Varianzaufklärung
Preis aus öffentlichen Wissensgütern	8.4	Unternehmen Lasermedizin	Unternehmensbereitschaft	Strukturanalyse MDS	hoch bis unbefriedigend
Produktion privater Wissensgüter	9.3	Partialmarkt Solarzellen	Unternehmensbereitschaft	Triadische Technologieproduktion	tolerierbar
Produktion privater Wissensgüter	9.3	Partialmarkt Solarzellen	Unternehmensbereitschaft	Effizienzanalyse	tolerierbar
Koordinationsmängel	9.4	Partialmarkt Solarzellen	Unternehmensbereitschaft	Vermaschte Indikatoren	befriedigend
Marktausdehnung	9.4	Partialmarkt Solarzellen	Unternehmensbereitschaft	Weltmarktanteile	tolerierbar
Preis	10.2	Partialmarkt Drucksensoren	Unternehmensbereitschaft	Listenpreise, hedonische Preise	unbefriedigend
Produktprofile	10.2	Partialmarkt Drucksensoren	Unternehmensbereitschaft	Eigenschaftenprofile	tolerierbar
Nachfragepräferenzen	10.3	Partialmarkt Drucksensoren	Unternehmensbereitschaft	Expertenbefragung	befriedigend bis tolerierbar
Preise bei Segmentierung	10.3	Partialmarkt Drucksensoren	Unternehmensbereitschaft	Marktsegmentierung MDS	befriedigend bis hoch

für Europäische Wirtschaftsforschung, Mannheim, und von Infas in einer europaweit vergleichbaren Form durchgeführt, so dass diesem Mangel auf Seiten der Innovationsstatistik bald abgeholfen sein dürfte.[11]

Ebenfalls unterblieben ist in diesem Zusammenhang die Gültigkeitsprüfung der *totalen Faktorproduktivität.* Wie in Kapitel 4.9 ausgeführt, liegen technometrische Daten auf gesamtwirtschaftlicher Ebene über entsprechend lange Zeiträume nicht vor, so dass eine Schätzung der zeitlichen Veränderung der totalen Faktorproduktivität nicht möglich ist. Vor allem aber schließt dieses Messkonzept noch andere Sachverhalte als den Fortschritt ein, was eine generelle Problematik bei Residualgrößen bleibt.

Welches Messkonzept wählen?

Das fortschrittsbedingte *Beschäftigungs-* und *Produktionswachstum* auf Branchenebene ist mit befriedigenden Hilfsindikatoren nicht möglich, weil die Wirtschaftszweige nicht genügend disaggregiert werden können und sich unter dem Fortschrittsaspekt zu heterogen darstellen. Das *Produktionswachstum der Gütermärkte* ist hingegen ein befriedigend bis hoch korrellierender Fortschrittsindikator. Auch

11 ZEW/infas (1994).

können auf Gütermärkte bezogene Außenhandelsindikatoren befriedigende bis hohe Fortschrittsindikatoren sein, was insbesondere für den *verborgenen komparativen Außenhandelsvorteil* (RCA) und den *Index des intraindustriellen Handels* gilt, weniger für die Ausfuhr-Einfuhr-Quote und den relativen Welthandelsanteil. Der Außenbeitrag ist kein befriedigender Fortschrittsindikator. Zu beachten ist, dass der intraindustrielle Handel bei geringeren Fortschrittsunterschieden groß ausfällt und den Fortschrittsrückstand zwischen sehr fortgeschrittenen Volkswirtschaften unbefriedigend erklärt.

In zeitlicher Hinsicht kann die Fortschrittsproduktion mit *Patentindikatoren* gemessen werden, jedoch sind nicht alle Patentindikatoren gleichermaßen geeignet. Auf internationalem Niveau müssen mindestens die Patentdaten zweier Patentämter zusammengebracht werden, um befriedigende oder hochgültige Fortschrittsindikatoren zu gewinnen. Im besonderen Maße gilt dies für Patentindikatoren, die aus der Technologieproduktion in der *gesamten Triade* (Nordamerika, Westeuropa und Japan) abgeleitet sind. Derartige Patentindikatoren sind auch auf Partialmärkten manchmal noch tolerierbar. Wenn die Fortschrittsproduktion nicht aus (latent) öffentlichen, sondern aus privaten Wissensgütern (z. B. aus Erfahrungswissen) resultiert, sind sie unbefriedigend.

Ob *Durchschnittspreise* und *Marktanteile* oder eine Effizienzmessung der Preise Fortschrittsindikatoren sind, ist in jedem Einzelfall zu prüfen. In diesem Buch sind verschiedene Partialmärkte untersucht worden (Laser, Lasermedizin, Solarzellen, Drucksensoren), wobei sich jeweils sehr unterschiedliche Beurteilungen der Gültigkeit dieser Indikatoren ergeben. Für Wettbewerbsanalysen ergeben sich einige vermaschte Indikatoren zur *Diagnose von Koordinationsmängeln* (z. B. die Anbieterim Vergleich zur FuE-Konzentration), jedoch liegen auch hierzu bisher nur Analysen auf wenigen Partialmärkten vor.

Bei der betriebswirtschaftlichen Analyse von Investitionsgütermärkten ergibt sich die Möglichkeit, intervallskalierte *Eigenschaftenportfolios* aus technometrischen Daten aufzustellen und damit die üblichen Ordinalsskalierungen zu verfeinern und zu objektivieren. Mit Hilfe von *Expertenbefragungen* lassen sich Nachfragepräferenzen feststellen und zur Beurteilung der Fortschrittsorientierung einsetzen.

Das technometrische Messverfahren kann somit für *verschiedene Messzwecke* verwendet werden, die für verschiedene wirtschaftswissenschaftliche Fragestellungen wichtig sind. Die Problematik der Datenknappheit ist am ehesten für Partialmärkte mit nicht zu vielen Anbietern zu lösen, wobei auch hier bisher nur in ausgewählten Fällen Zeitreihen vorliegen. Auf gesamtwirtschaftlicher Ebene können die Analysen nur insoweit gelingen, als repräsentative *Warenkörbe* definiert sind. Bisher liegen solche technometrischen Daten für selektive Querschnittsbetrachtungen vor; soweit dem Verfasser bekannt ist, gibt es keine publizierten technometrischen Daten zum zeitlichen Längsschnitt eines solchen Warenkorbs. Für den Vergleich Deutschlands mit anderen Volkswirtschaften wird die Datenknappheit noch größer; zur Zeit sind bis auf wenige Ausnahmen nur Vergleiche mit den USA und Japan möglich.

Agenda für zukünftige Forschungsaufgaben

Folgende Aufgaben bleiben in *methodischer* Hinsicht auf der Liste für *zukünftige Forschungsarbeiten* vordringlich stehen (zu inhaltlichen Perspektiven siehe 11.2): Da das technometrische Messkonzept bei aller Knappheit der Daten interessante ökonomische Analysen verspricht, wäre zu hoffen, dass sich im Laufe der Zeit die Datenverfügbarkeit verbessert. Unverzichtbar wird aber auch weiterhin die Heranziehung von korrelativen Indikatoren sein müssen, deren Gültigkeit auch angesichts der Tabelle 11-1 in den jeweiligen Analysen sehr sorgfältig zu überprüfen ist. Verfehlt wäre es, die Einschätzung der Gültigkeit nach dieser Tabelle losgelöst von den konkreten Partialmärkten bzw. Messzwecken auf alle möglichen zukünftigen Anwendungen zu übertragen. Die Tabelle gibt vielmehr Hinweise, welche der vorgeschlagenen Hilfsindikatoren mutmaßlich höhere Erfolgsaussichten bei Verwendung in anderen Zusammenhängen haben, um die Fortschrittsökonomie und damit die Erklärung von Innovationsprozessen voranzubringen.

Es wird ferner interessant sein zu beobachten, ob in zukünftigen Forschungsarbeiten *neue* Methoden erarbeitet werden. Große Hoffnungen sind hier auf die Mikroökonometrie zu setzen, also die Anwendung der statistischen Wirtschaftsforschung auf Individualdaten (einzelne Unternehmen, Innovatoren, Produktgruppen etc.). Das bisher verwendete Repertoire in der empirischen Innovationsökonomik setzt zwar andere Akzente als in anderen Gebieten der empirischen Wirtschaftsforschung (worauf Kapitel 5 hinweist), gänzlich neue Methoden oder deutlich vom Standard abweichende Varianten sind zur Zeit aber noch nicht erkennbar. Schließlich muss die empirische Innovationsforschung versuchen, die Konturen und Zusammenhänge, die sie erkennt, in die Innovationstheorie einzubringen. Auf diese Weise gelingt es womöglich, schneller zu besseren, mathematisch formulierten Theorien zu kommen, welche die Eigenschaft besitzen, ihrerseits wiederum empirisch überprüfbar zu sein.

Aus diesem Band ergeben sich weitere Schlussfolgerungen, die weniger die Methoden und ihre Weiterentwicklung, sondern statistische Schlüsse zur Erklärung des technischen Wandels betreffen. Diese werden abschließend zusammengefasst.

11.2 Perspektiven der Erklärung des technischen Wandels

Schumpeter, dessen Arbeiten unsere heutigen Vorstellungen des Innovationsgeschehens stark beeinflusst haben, hat in seinem letzten, unvollendeten Werk auf die

Kontextbedingtheit des jeweiligen Forschungsstands hingewiesen: „Der jüngste Stand der Wissenschaft ist historisch bedingt und lässt sich nur dann in befriedigender Form darstellen, wenn diese historische Bedingtheit zum Ausdruck gebracht wird.“[12] So gilt auch für die Beiträge zur Erklärung des technischen Fortschritts, dass die empirische Innovationsforschung sich in den letzten Jahrzehnten einiger Fragen verstärkt angenommen hat und andere dabei liegen lassen musste. Deshalb können heute Teilaspekte des technischen Wandels gut, andere weniger gut erklärt werden.

Was man schon weiß und was man wissen möchte

Jüngst vorgelegten Handbuchbeiträgen zu den wichtigsten Ergebnissen empirischer Studien der Innovationsaktivität kann man entnehmen, dass die Größenhypothesen, der Zusammenhang von Monopol und Innovation, die Rolle der technischen Möglichkeiten und ihrer Aneignung und die innovative Diversifikation inzwischen gut bearbeitet sind.[13] Auf das knappste verkürzt: Die empirische Suche nach einem ausgeprägten Zusammenhang zwischen Unternehmensgröße und Innovation sowie der Rolle der Diversifikation ist ergebnislos verlaufen, hat wenig Unterstützung für die Ansicht beigebracht, dass die Industriekonzentration eine unabhängige und wichtige Determinante der Innovationsleistung ist, und nicht mit Bestimmtheit ergeben, ob der Nettoeffekt der Aneignungsbedingungen auf Innovationsanreize positiv oder negativ ist. Die mit dem vorliegenden Band erreichten exemplarischen Analysen versuchen vor diesem Hintergrund, zum Erkenntnisfortschritt in den eher gering bearbeiteten offenen Fragenkreisen beizutragen, also andere als die schon gut untersuchten Determinanten aufzuspüren.

In vorderster Linie wird der Versuch unternommen, zu einer besseren Durchdringung zwischen Innovationstheorie und empirischer Arbeit zu kommen. Die in Teil III vorgestellten Untersuchungen sind ohne Ausnahme *theoriegestützt*, während in der Literatur beklagt wird, dass die Wechselwirkung zwischen Theorie und Empirie im Innovationsgebiet ungenügend ausgeprägt sei und zu einem Verlust von „Ideen“ führe.[14] An zweiter Stelle werden Beiträge zur Aufklärung von Disparitäten zwischen *einzelnen Unternehmen* hinsichtlich ihrer innovativen Aktivität und Leistungsfähigkeit unternommen. Auch diesbezüglich wird eine „Lücke“ in der empirischen Innovationsliteratur diagnostiziert.[15] Zur Bewältigung dieser Aufgabe werden Methoden der Mikroökonometrie benötigt, die am individuellen „Fall“ ansetzen und nicht an Gliederungseinheiten wie Wirtschaftszweigen oder Partialmärk-

---

12 Schumpeter (1965, S. 33).

13 Siehe insbesondere Cohen und Levin (1989) und Cohen (1995).

14 Cohen und Levin (a.a.O., S. 1096).

15 A.a.O. (S. 1097).

ten. Ein weiteres wichtiges Anliegen gilt der Untersuchung von Komplementaritäten und Kongruenzen zwischen Unternehmen und *anderen Institutionen* wie etwa öffentlichen Forschungseinrichtungen, einem weiteren Desideratum der Innovationsforschung.[16]

Diese Überlegungen mögen die „historisch bedingte" begrenzte Auswahl der mit diesem Band vorgelegten Beiträge verdeutlichen. Wenn die Beobachtung zutrifft, „dass viel von unserem empirischen Verständnis der Innovation sich nicht von der Schätzung ökonometrischer Modelle, sondern vom Gebrauch anderer empirischer Methoden herleitet",[17] dann ist auch begründet, warum in diesem Buch von den fortgeschritteneren ökonometrischen Verfahren zugunsten der einfacheren Methoden wenig Gebrauch gemacht wird.

Marktentstehung, Lernprozesse, Wissensgüter

Wenn es erlaubt ist, zum Abschluss von den selbstverständlich immer zu beachtenden Detailannahmen in den untersuchten Fallbeispielen zu abstrahieren, dann kann man für entwickelte Volkswirtschaften wie etwa Deutschland folgende allgemeine Innovationserklärungen anbieten:[18] Von enormer Bedeutung für die Erklärung der Innovation ist eine differenzierte Betrachtung der Marktentwicklung. Entscheidendes Defizit bisheriger Modelle und auch empirischer Arbeiten ist es dabei, dass die frühen Phasen der Marktentwicklung, die man als *Marktentstehung* bezeichnen kann, meist unberücksichtigt bleiben. Widmet man sich diesem Thema, dann stellt man fest, dass zwei verschiedene theoretische Auffassungen koexistieren. Einerseits wird gesagt, dass Unternehmen mit der Zeit lernen können und deshalb ihre innovativen Produkte im Laufe der Zeit aneinander anpassen. Auf der anderen Seite gibt es Vorstellungen, dass sich die neuen Produkte der Pionierhersteller umso weniger unterscheiden, je neuer und mutmaßlich je weniger ausgereift ein Markt ist. Demnach lernen die imitierenden Unternehmen die neue Technologie entweder schnell oder sie finden wegen Präferenzbindung Nischenstrategien, um weiterhin Marktsegmente mit geringerwertiger Technologie zu bedienen.

Im Teil III sind erste, noch unvollständige Belege zu finden, die eher die letztere These bestätigen. Es scheint so zu sein, dass bei der Marktentstehung zunächst dissipative Stukturen entstehen und dabei die standardisierenden Lerneffekte gering sind, und erst sehr viel später kohärente *Lernprozesse* die dissipativen Kräfte dämpfen. Da verschiedene Nachfragerschichten jeweils andere Ausgestaltungen des innovativen Guts vorziehen, führt auch der Standardisierungsprozess nicht zu ho-

---

16 A.a.O. (S. 1074) und Cohen (a.a.O., S. 183).

17 Cohen und Levin (a.a.O., S. 1098).

18 Die Schlussfolgerungen gelten streng genommen jeweils nur für den in Teil III abgegrenzten Fall und werden hier pars pro toto verstanden.

mogenen Gütern. Insofern sollte in zukünftigen Forschungen der Nachfragedifferenzierung auch bei Einsetzen der Standardisierung größere Aufmerksamkeit geschenkt werden.

Zur Wechselwirkung zwischen innovierenden Unternehmen und ihrem (öffentlichen) institutionellen Umfeld, also dem Funtionieren von wissensgetriebenen Märkten, gibt es vielfältige neue Erkenntnisse. Die simple Gleichsetzung eines privaten Wissensguts mit vollständigem Ausschluss *und* Rivalität und eines öffentlichen Wissensguts mit Nichtausschluss *und* Nichtrivalität in Bezug auf das faktorgebundene und das faktorungebundene Wissen ist nur in einigen Fällen zutreffend. In anderen Fällen ist eine differenzierte *Güterklassifikation des Wissens* anzuwenden, die auch teilweisen Ausschluss und insbesondere erhebliche Externalitäten berücksichtigen muss.

Für *wissenschaftsgetriebene Märkte* kann gezeigt werden, dass die Anbieter innovativer Produkte teilweise aus unterschiedlichen Güterkategorien des Wissens schöpfen, die auch im Hinblick auf die Aneignungsfähigkeit der Innovationsrenten unterschiedlich zu beurteilen sind. Dies erklärt beispielsweise, dass der gewerbliche Rechtsschutz zumindest auf einem wissensgetriebenen Markt nur eine begrenzte Rolle einnimmt und zu differenziertem Unternehmensverhalten Anlass gibt. Gewisse nationale Grundmuster sind jedoch gerade hier zu beobachten. Die Zusammenarbeit zwischen der akademischen und der industriellen Welt hat also einerseits „nationale Kerne", ist aber auch schon stark internationalisiert.

Wachstum von Gütermärkten, Preisbildung

Das *Wachstum* der heutigen Nettoproduktion und der Beschäftigung kann nicht aus dem technischen Fortschritt abgeleitet werden, wenn man die Ebene von Wirtschaftszweigen betrachtet. Die Varianz innerhalb der Branchen ist so groß, dass insbesondere ein branchenbezogener Beschäftigungseffekt aus dem Fortschritt nicht feststellbar ist. Betrachtet man hingegen Gütermärkte, dann lässt sich zeigen, dass sich eine wachstumsfördernde Wirkung des technischen Fortschritts nach vier bis sieben Jahren einstellt. Dies gilt nicht nur für hochinnovative Märkte, sondern auch für solche, in denen geringe FuE-Ressourcen eingesetzt werden, und wird dadurch erklärt, dass es außer FuE auch andere Innovationsressourcen zur Produktion fortgeschrittener Güter gibt, insbesondere die Investitionen in moderne Maschinen und somit gebundene Inputfaktoren.

Nicht nur die Binnenproduktion, sondern auch der relative *Weltmarktanteil* einer Volkswirtschaft folgt der technischen Qualität der angebotenen Güter. Wenn eine Volkswirtschaft in einem bestimmten Markt die technologische Führerschaft inne hat, wird eher interindustrieller Handel mit anderen Volkswirtschaften stattfinden und folglich ein negativer Effekt auf den gütermarktbezogenen intraindustriellen

Handel ausgehen. Offenbar ist die produktionstechnische Verwandtheit der Wirtschaftszweige keine starke Determinante zur Erklärung des Fortschritts. Daher sollten künftige Forschungsarbeiten sich verstärkt den Gütermärkten als Analyseeinheiten zuwenden.

Wissensgetriebene Märkte haben eine weitere bemerkenswerte Eigenschaft: Auch wenn die *Preisbildung* der innovativen Produkte durch einzelne innovative Merkmalsausprägungen erklärt werden kann, können gewisse Anbieter, häufig sogenannte technologieorientierte Unternehmensgründungen, deren Produkte wesentlich auf öffentlichen Wissensgütern beruhen, auch bei ungünstiger Preis-Leistungs-Kombination eine stabile Nachfrage finden. Offenbar unterscheiden sich die Produkte in einem solchen Markt erheblich, was die Faktorkosten betrifft. Außerindustrielle Aktivitäten sind in den gewerblichen Kontext eingebunden.

Wachstumsstörung, Koordinationsmängel

Analysiert man die Marktfunktionen, die mit dem technischen Fortschritt legitimierbar sind, dann stößt man immer wieder auf die Behauptung von Koordinationsmängeln, die den Fortschritt behindern. Dieser Band betrachtet wichtige Aspekte der Funktionalität von innovativen Märkten und zeigt auf, wie diese in einer direkten Weise abgebildet werden können. Zumindest in Märkten, in denen die Vermutung einer *Störung* gegeben ist, können solche Analysen hilfreich sein. Dabei zeigt sich, dass keine dauerhaften Vorsprungsmonopole vorliegen, wenn zahlreiche Eintritte von Unternehmen auf einem innovativen Markt beobachtet werden. Wenn der Produktfortschritt in einem bestimmten Zeitpunkt als gestört erscheint, kann nicht immer eine klare Aussage zum Andauern getroffen werden. Oft stellt sich die vermeintliche Funktionsstörung in Einzelbetrachtungen als Ergebnis von X-Ineffizienzen heraus.

Oben ist bereits erwähnt worden, dass das Marktwachstum (auch international) überwiegend durch den Produktfortschritt auf Gütermärkten erklärt werden kann. Hinzuzufügen ist an dieser Stelle, dass empirische Evidenz dafür vorliegt, dass in einigen Fällen Marktwachstum durch die Verringerung der Produktheterogenität infolge der Rücknahme besonders fortgeschrittener Produkte vom Markt erzielt wird. Ferner kann die Bedeutung *intrasektoraler Disparitäten* im Innovationsgeschehen gerade im Falle der X-Ineffizienzen als belegt gelten.

Diese Erkenntnisse beruhen wesentlich auf einem methodischen Ansatz, der auch das Verfolgen von Unternehmen ermöglicht, die heute nicht mehr am Markt sind und somit Marktsignale weder senden noch empfangen können. Ein Desideratum für zukünftige Forschungsarbeiten ist es daher, bei Analysen von Partialmärkten und in Wettbewerbsstudien nicht in den (historischen) Fehler zu verfallen, nur die am Ende *überlebenden* Unternehmen zu analysieren und ihre Entwicklungsgeschichte nachzuzeichnen oder daraus gar Erfolgsfaktoren abzuleiten. Wenn Unternehmen mit ursprünglich wichtigen Innovationsaktivitäten in der Analyse nur deshalb nicht berücksichtigt werden, weil sie auf dem untersuchten, eventuell gestörten Markt nicht überlebt haben, entsteht in der Regel ein zu übersichtliches und zu günstiges Bild. Es sollte daher zu einer Standardforderung an zukünftige dynamische Analysen gehören, die am aktuellen Rand am Markt verschwundenen oder dort nie aufgetretenen Unternehmen in die retrospektive Analyse einzubeziehen.

Güternachfrage, ihre Eigenschaften, Information darüber

Ein ganz anderes Desideratum ist es, bei der zukünftigen Erklärung von Innovationsvorgängen neben Konsumgütern viel stärker auch *Investitionsgüter* zu betrachten. Dabei wird man feststellen, dass auch bei augenscheinlich monoton steigenden Zusammenhängen zwischen der Produktqualität und dem Preis nicht immer von sinkenden Grenzerträgen aus höherer technischer Qualität ausgegangen werden kann, wie es die Marketingtheorie fordert. Bei fortgeschrittenen Produkten kann die Preisvariation breiter werden. Versucht man den Zusammenhang mit *hedonischen Preisen* aufzuklären, dann ergibt sich, dass im Laufe der Entwicklung einer innovativen Produktgruppe dominante Konstruktionen herausgebildet werden, wobei eine sehr kleine Zahl von Produkteigenschaften einen unproportioniert hohen Einfluss auf den Marktpreis nimmt. Dies bestätigt, dass die Nachfrage insbesondere nach Investivgütern nicht an Gütern an sich, sondern an ihren *Eigenschaften* interessiert ist, vor allem an einigen *wenigen* Eigenschaften.

Gerade Investitionsgütermärkte sind in der Regel weder im *perfekten* Gleichgewicht noch liegen die für die Marktteilnehmer wichtigen Informationen *vollständig* vor. Ein hoher Anteil der Ressourcenkosten muss auf die *Informationsbeschaffung* entfallen, so dass die Fortschrittsmessung auch im betriebswirtschaftlichen Kontext zusätzliche Bedeutung für die Identifikation von Lücken auf Investitionsgütermärkten erhält.

In der Politik, in den Medien und in der breiten Öffentlichkeit ist die *zentrale Bedeutung der Innovation* erkannt worden. Auch viele Denkschulen der Wirtschaftswissenschaften haben sich inzwischen der Aufgabe angenommen, dem Innovationsthema nicht nur Randplätze zuzuweisen, sondern es etwas mehr in das Zentrum von Theorie, Empirie und Lehre zu rücken. Obwohl die empirische Innovationsforschung vor allem in den angelsächsischen Ländern auf dem besten Wege ist, ihren Rückstand durch Beiträge zur weiteren Erforschung des Gebiets abzutragen, sind Untersuchungen zur Messung des technisch-wissenschaftlichen Wandels vor allem in Deutschland immer noch nicht zahlreich vertreten, und dies, obwohl das Gebiet in den 80er und beginnenden 90er Jahren weltweit stark angewachsen ist. Nachdem versucht wurde, zu zeigen, was man schon messen kann und was auf der Wunschliste zukünftiger Verbesserungen stehen bleibt, wäre zu hoffen, dass sich dieses interessante Gebiet auch in Deutschland schnell und positiv entwickelt.

Literaturverzeichnis

Abernathy, W. J. und K. B. Clark, Innovation: mapping the winds of creative destruction, *Research Policy* 14, S. 3 - 22, 1985.

Abramovitz, M., Resources and output trends in the United States since 1870, *American Economic Review* 46, S. 5 - 23, 1956.

Acharya, R. und Th. Ziesemer, A Closed Economy Model of Horizontal and Vertical Product Differentiation: The Case of Innovation in Biotechnology, EUNETIC Conference on Evolutionary Economics of Technological Change, Straßburg, 1994.

Achilladelis, B., The dynamics of technological innovations: The sector of antibacterial medicines, *Research Policy* 22, S. 279 - 308, 1993.

Achilladelis, B., A. Schwarzkopf und M. Cines, A Study of innovation in the pesticide industry: Analysis of the innovation record of an industrial sector, *Research Policy* 16, S. 175 - 212, 1987.

Achilladelis, B., A. Schwarzkopf und M. Cines, The dynamics of technological innovations: The case of the chemical industry, *Research Policy* 19, S. 1 - 34, 1990.

Acs, Z. J. und D. B. Audretsch, *Innovation and Small Firms*, Cambridge/Mass., The MIT Press, 1990.

Acs, Z. J. und D. B. Audretsch, Analysing Innovation Output Indicators: The US Experience, in Kleinknecht und Bain (1993), S. 10 - 41.

Adden, H. und H. Schmale, Technologische Strukturen von Handelsströmen - Ein Vergleich von Meßverfahren, in Schmitt-Rink (1985), S. 7 - 108.

Adjubej, Ju. W. (Аджубей, Ю. В.), Gegenwärtige Trends der Auslandspatentierung von Firmen in kapitalistischen Ländern (Современные тенденции в зарубежном патентовании фирм капиталистических стран), *Вопросы Изобретательства* 1986 (4), S. 39 - 42, 1986.

Agentur für industrielle Wissenschaft und Technik (AIST) (Hrsg.), *Wagakuni sangyogi-jutsu no kokusaihikaku*, Tokyo, 1982.

Ahn, T. und L. M. Seiford, Sensitivity of DEA to models and variable sets in a hypothesis test setting: The efficiency of university operations, in Y. Ijiri (Hrsg.), *Creative and innovative approches to the science of management*, 1990.

Albrecht, E. und H. Kant, A model of the cycle "Science - Technology - Production" and its application to the development of semiconductor physics industry, *R&D Management* 8, S. 119 - 125, 1978.

Albrecht, E., H. Kant, G. Paetzold, Ch. Otto und O. Dohnert, *Zyklus Wissenschaft - Technik - Produktion*, Berlin, VEB Deutscher Verlag der Wissenschaften, 1982.

Alexander, A. J. und B. M. Mitchell, Measuring Technological Change of Heterogeneons Products, *Tech. Forecast. Soc. Change*, 27 S. 161 - 195, 1985.

Allen, P. M., Evolution, innovation and economics, in Dosi et al. (1988), S. 95 - 119.

Amendola, G., G. Dosi und E. Papagni, The Dynamics of International Competitiveness, *Weltwirtschaftliches Archiv* 129 (3), S. 451 - 471, 1993.

Amendola, G. und A. Perucci, Specialization and Competitiveness of Italian Industry in High-Technology Products, ENEA, Rom, 1990.

Anderson, E. S., Innovation and Quality Standardisation: The Evolution of Complex Industrial Systems and Complex Product Designs, International Joseph A. Schumpeter Society Conference, Münster, 1994.

Archibugi, D., Patenting as an indicator of technological innovation: a review, *Science and Public Policy* 19 (6), S. 357 - 368, 1992.

Archibugi, D., P. Cohendet, A. Kristensen und K.-A. Schäffer, Evaluation of the Community Innovation Survey (CIS), Phase I, European Innovation Monitoring System (EIMS), Publication No. 11, Aalborg u. a. Orte, 1994.

Archibugi, D., R. Evangelista und R. Simonetti, On the Definition and Measurement of Product and Process Innovations, in Shionoya und Perlman (1994), S. 7 - 24.

Archibugi, D. und J. Michie, The globalisation of technology: a new taxonomy, *Cambridge Journal of Economics* 19(1), S. 121 - 140, 1995.

Archibugi, D. und J. Michie (Hrsg.), *Trade, Growth and Technical Change*, Cambridge, Cambridge University Press, 1995 (im Druck).

Archibugi, D. und M. Pianta, Aggregate convergence and sectoral specialization in innovation, *J. Evol. Econ.* 4, S. 1 - 16, 1994.

Arnold, H., Wachstumsmarkt Sensorik, *Markt & Technik* 26, S. 78 - 79, 1991.

Arrow, K. J., Economic Welfare and the Allocation of Resources for Invention, in Nelson (1962).

Arrow, K. J., The Economic Implication of Learning by Doing, *Review of Economic Studies* 29, S. 155 - 173, 1962a.

Arvanitis, S. und H. Hollenstein, Die Messung der Innovationsintensität: Eine empirische Untersuchung anhand schweizerischer Unternehmensdaten, *Schweiz. Zeitschrift für Volkswirtschaft und Statistik* 3, 1994.

Asenkerschbaumer, S., *Analyse und Beurteilung von technischem Know-how*, Göttingen, Vandenhoeck & Ruprecht, 1987.

Atkinson, A. und J. E. Stiglitz, A New View of Technological Change, *Economic Journal* 79, S. 573 - 578, 1969.

Audretsch, D. B., Industrieökonomik, in von Hagen, Börsch-Supan und Welfens (1996), Bd. 1, S. 177 - 227.

Audretsch, D. B. und M. P. Feldman, R&D Spillovers and the Geography of Innovation and Production, International Joseph A. Schumpeter Society Conference, Münster, 1994.

Ausubel, J. H. und H. D. Langford (Hrsg.), *Lasers: Invention to Application,* Washington D. C., National Academy Press, 1987.

Ayres, R. U., Empirical Measures of Technological Change on the Sectoral Level, *Tech. Forecast. Soc. Change* 27, S. 229 - 247, 1985.

Backhaus, K., *Investitionsgütermarketing*, München, Verlag Franz Vahlen, 3. Auflage, 1992.

Backhaus, K., B. Erichson, W. Plinke und R. Weiber, *Multivariate Analysemethoden*, Berlin, Heidelberg, New York, Springer-Verlag, 6. Auflage, 1990.

Balassa, B., Trade Liberalisation and 'Relvealed' Comparative Advantage, *The Manchester School Econ. Soc. Stud.* XXXIII (2), S. 99 - 123, 1965.

Balassa, B., Tariff Reductions and Trade in Manufactures among the Industrial Countries, *American Economic Review* 56, S. 466 - 473, 1966.

Balassa, B., 'Revealed' Comparative Advantages Revisited: An Analysis of Relative Export Shares of the Industrial Countries, 1953 - 1971, *The Manchester School of Economic and Social Studies* 45, S. 327 - 344, 1977.

Balassa, B., The Determinants of Intra-Industry Specialisation in United States Trade, *Oxford Economic Papers* 38, S. 220 - 233, S. 1986.

Barbiroli, G., The elaboration of global performance indices for evaluating durable goods, *Technovation* 9, S. 83 - 100, 1989a.

Barbiroli, G., Elaborating a technological index for the evaluation of innovation quality, *Technovation* 9, S. 101 - 107, 1989b.

Barbiroli, G., Towards a definition and a dynamic measure of strategic technology, *Technovation* 12 (5), S. 285 - 296, 1992.

Barden, Ph. und B. Good, A New Indicator of Scientific Research in Industry, A Feasibility Study, CREST, British Library, Document Supply Centre, ohne Ort, 1990.

Barker, T., International trade and economic growth: an alternative to the neoclassical approach, *Cambridge Journal of Economics* 1, 1977.

Barro, R. J. (Hrsg.), *Modern Business Cycle Theory*, Cambridge, Mass., Harvard University Press, 1989.

Barth, H. J., Probleme einer theoretisch und methodisch adäquaten Nutzung statistischer Daten, in Freimann und Ott (1988), S. 62 - 74.

Basberg, B. L., Foreign Patenting in the U. S. as a Technology Indicator, *Research Policy* 12, S. 227 - 237, 1983.

Basberg, B. L., Patents and the Measurement of Technical Change: A Survey of the Literature, *Research Policy* 16, S. 131 - 141, 1987.

Bator, F. M., The anatomy of market failure, *Quarterly Journal Economics*, S. 351 - 379, 1958.

Baumol, W. J., *Entrepreneurship, Management, and the Structure of Payoffs*, Cambridge, Mass., The MIT Press, 1993.

Becher, G. und S. Kuhlmann (Hrsg.), *Evaluation of Technology Policy Programmes in Germany*, Norwell, Kluwer Academic Publ., 1994.

Bechmann, A., *Nutzwertanalyse, Bewertungstheorie und Planung*, Bern, Stuttgart, 1978

Bechmann, G. und W. Rammert (Hrsg.), *Technik und Gesellschaft, Jahrbuch 6*, Frankfurt, New York, Campus-Verlag, 1992.

Behörde für Wissenschaft und Technik (STA) (Hrsg.), *Kagaku gijutsu suijun oyobi kenkyu kaihatsu potenshiyal no sogoteki chosa bunseki*, Tokyo, STA, 1984.

Bellendorf, H., *Die internationale Wettbewerbsfähigkeit der deutschen Wirtschaft im weltweiten Strukturwandel*, Frankfurt, Peter Lang, 1993.

Benninghaus, H., *Deskriptive Statistik*, Stuttgart, B. G., Teubner, 1974.

Benzoni, L. und Ph. Fenoglio, Towards a concept of strategy input: Evaluation and choice of a technology in a vertically differentiated market, *Int. J. of Technology Management* 10 (4-6), S. 441 - 460, 1995.

Bernal, J. D., *The Social Function of Science*, London, Routledge & Kegan Paul, 1939.

Bernal, J. D., *Science and Industry in the Nineteenth Century*, London, Routledge & Kegan Paul, 1953.

Bernal, J. D., *Science in History*, vier Bände, Cambridge, Mass., MIT Press, 1971.

Bertin, G. Y. und S. Wyatt, *Multinationals and Industrial Property*, Wheatsheaf, Harvester, 1988.

Biervert, B., Was ist das Evolutorische, was das Ökonomische an der evolutorischen Ökonomik? in Biervert und Held (1992), S. 216 - 230.

Biervert B. und M. Held, Das Evolutorische in der Ökonomik: Neuerungen - Normen - Institutionen. Eine Einführung, in dieselben (1992), S. 7 - 22.

Biervert, B. und M. Held (Hrsg.), *Evolutorische Ökonomik*, Frankfurt, Campus, 1992.

Bijker, W. E., Th. P. Hughes und T. J. Pinch (Hrsg.), *The Social Construction of Technological Systems. New Directions in the Sociology and History of Technology*, Cambridge MA, MIT Press, 1987.

Blume, S. S., *Insight and Industry - On the Dynamics of Technological Change in Medicine*, Cambridge, MIT Press, 1992.

Böhme, G., Technische Zivilisation, in Bechmann, Rammert (1992), S. 17 - 39.

Boettcher, E., K.-E. Schenk und Ph. Herder-Dorneich (Hrsg.), *Jahrbuch für neue politische Ökonomie*, Band 6, Tübingen, 1987.

Bollmann, P., Technischer Fortschritt und wirtschaftlicher Wandel, Heidelberg, Physica-Verlag, 1990.

Bombach, G. u. a. (Hrsg.), *Technologischer Wandel - Analyse und Fakten*, Tübingen, 1986.

Borchert, M. und H. Grossekettler, *Preis- und Wettbewerbstheorie. Marktprozesse als analytisches Problem und ordnungspolitische Gestaltungsaufgabe*, Stuttgart, Verlag W. Kohlhammer, 1985.

Borg, I., *Anwendungsorientierte Multidimensionale Skalierung*, Berlin, Heidelberg, New York, Springer, 1981.

Branch, B., Research and Development Activity and Profitability: A Distributed Lag Analysis, *Journal of Political Economy* 82(5), S. 999-1011, 1974.

Bredeweg, U., U. Kowol und W. Krohn, Innovationstheorien zwischen Technik und Markt. Modelle der dynamischen Kopplung, in Rammert und Bechmann (1994), S. 187 - 205.

Breiner, S., K. Cuhls und H. Grupp, Technology Foresight Using a Delphi Approach: a Japanese-German Co-operation, *R&D Management* 24 (2), S. 141 - 153, 1994.

Brockhoff, K., Instruments for patent analyses in business firms, *Technovation* 12 (1), S. 41 - 58, 1992.

Brockhoff, K., *Forschung und Entwicklung, Planung und Kontrolle*, 3. Auflage, München, R. Oldenburg, 1992, und 4. Auflage, 1994.

Brooks, H., The relationship between science and technology, *Research Policy* 23, S. 477 - 486, 1994.

Brown, W. H. und M. J. Hirabayashi, Patents Having Multiple Inventors Who Reside in Different Countries, Workshop Innovation, Patents and Technological Strategies der OECD, Paper No. 37, Paris, Dezember 1994.

Bühner, R., Kapitalmarktbeurteilung von Technologiestrategie, *ZfB* 58 (12), S. 1323 - 1339, 1988.

Bullinger, H.-J. (Hrsg.), *Technikfolgenabschätzung*, Stuttgart, B. G. Teubner, 1994.

Bundesministerium für Forschung und Technologie (BMFT) (Hrsg.), *Bundesbericht Forschung 1993*, Selbstverlag, Bonn 1993.

Bundesministerium für Forschung und Technologie (BMFT) (Hrsg.), *Deutscher Delphi-Bericht zur Entwicklung von Wissenschaft und Technik*, Selbstverlag, Bonn 1993a.

Bundesministerium für Wirtschaft (BMWi), Verfügung in dem Verwaltungsverfahren 1. Daimler-Benz AG, Stuttgart, 2. Messerschmidt-Bölkow-Blohm GmbH, München, Gesch.-Zeichen IB6-2208 40/93, Bonn, 1989.

Bungard, W. und H. Lenk (Hrsg.), *Technikbewertung*, Frankfurt, Suhrkamp, 1988.

Bürkle, B., Data Envelopment Analysis: State-of-the-art und Bedeutung für das Gesundheitswesen, *Zeitschrift für öffentliche und gemeinwirtschaftliche Unternehmen* 17 (3), S. 273-291, 1994.

Burnett, J. N. (Hrsg.), *Technology and Science*, Davidson College, 1984.

Burns, T. R., The development of alternative energy technologies: entrepreneurs, new technology and social change, Berlin, Internationales Institut für Umwelt und Gesellschaft, Diskussionspapier 85-6, 1985.

Bush, V., *Science, The Endless Frontier*, Washington, D. C., 1945.

Callon, M., J. Law und A. Rip (Hrsg.), *Mapping the Dynamics of Science and Technology*, London, McMillan Press, 1986.

Camp, R., *Benchmarking: The Search for Industry Best Practises that Lead to Superior Performance*, ASQC Quality Press, 1989.

Cantner, U., H. Hanusch und G. Westermann, Detecting Technological Performance and Variety - An Empirical Approach to Technological Efficiency and Dynamics, in Helmstädter und Perlman (1996), im Druck.

Cantner, U., H. Hanusch und G. Westermann, Die DEA-Effizienz öffentlicher Stromversorger: Ein Beitrag zur Deregulierungsdiskussion, Institut für VWL, Universität Augsburg, Arbeitspapier #114, 1994.

Cantwell, J., The globalisation of technology: what remains of the product cycle model? *Cambridge Journal of Economics* 19(1), S. 155 - 174, 1995.

Cantwell, J., *Technological Innovation and Multinational Corporations*, Oxford, 1989.

Carlsson, B. (Hrsg.), *Industrial Dynamics,* Norwell, Kluwer, 1989.

Carlsson, B. und R. Stankiewicz, On the nature, function and composition of technical systems, *Journal of Evolutionary Economics* 1(2), S. 93 - 118, 1991.

Carlsson, B., E. Taymaz und K. Tryggestad, Factory Automation and Economic Performance: A Micro-to-Macro Analysis, in Granstrand (1994), S. 37 - 63.

Carpenter, M. P., M. Cooper und F. Narin, Linkage between Basic Research Literature and Patents, *Research Management* 13, S. 30 - 35, 1980.

Caves, R. E., International Differences in Industrial Organization, in Schmalensee und Willig (1989), S. 1225 - 1250.

Cawson, A. und P. Holmes, The new consumer electronics, in Freeman, Sharp und Walker (1991), S. 169 - 182.

Chakrabarti, A. K. und I. Dror, Technology transfers and knowledge interactions among defence firms in the USA: an analysis of patent citations, *Int. J. Technology Management* 9 (Nr. 5/6/7), S. 757 - 770, 1994.

Chakrabarti, A. K., H. H. Glismann und E.-J. Horn, Defence and Space Expenditures in the U.S.: An Inter-Firm Analysis, *Defence Economics* 3, S. 169 - 189, 1992.

Chandler, A., *Scale and Scope*, Cambridge, Mass., Harvard University Press, 1991.

Charnes, A., W. W. Cooper, A. Y. Lewin und L. M. Seiford, *Data Envelopment Analysis: Theory, Methodology, and Application*, Boston, Dordrecht, London, Kluwer Academic Publishers, 1994.

Charnes, A., W. W. Cooper und E. Rhodes, Measuring the efficiency of decision-making units, *European Journal of Operations Research* 2 (4), S. 339, 1978.

Charnes, A., W. W. Cooper und E. Rhodes, Measuring the efficiency of decision-making units (Corrections), *European Journal of Operations Research* 2, S. 429 - 444, 1979.

Charnes, A., W. W. Cooper und E. Rhodes, Evaluating program and managerial efficiency: an application of data envelopment analysis to program follow through, *Management Science* 27 (6), S. 668 - 697, 1981.

Charnes, A., W. W. Cooper und R. L. Clarke, *An Approach to Testing for Organizational Slack via Banker's Game Theoretic DEA Formulations*, Research Report CCS 613, Center of Cybernetic Studies, University of Texas at Austin, 1988.

Chesbrough, H. W., Firm Level Technology Trajectories: Implications for Industry Innovation, International Joseph A. Schumpeter Conference, Münster, 1994.

Chow, G., Technological Change and the Demand for Computers, *American Economic Review* 57, S. 1117 - 1130, 1967.

Clark, C., *The Conditions of Economic Progress*, London, Macmillan, 2. Auflage, 1951.

Clark, D. P., Recent Evidence on Determinants of Intra-Industry Trade, *Weltwirtschaftliches Archiv* 129, S. 332 - 343, 1993.

Clark, K. B., The interaction of design hierarchies and market concepts in technological evolution, *Research Policy* 14, S. 235 - 251, 1985.

Clark, N. und C. Juma, *Long-Run Economics*, London, Pinter Publishers, 1987.

Clark, N. und C. Juma, Evolutionary theories in economic thought, in Dosi et al. (1988), S. 197 - 218.

Clement, W. (Hrsg.), *Technological Forecasting*, Industriewissenschaftliches Institut, Schriftenreihe Technik & Wirtschaft, Band VIII, Wien, 1993.

Coase, R. H., The nature of the firm, *Economica* 4, S. 386 - 405, 1937.

Coase, R. H., The Nature of the Firm: Origin (Part 1), Meaning (Part 2) and Influence (Part 3), *Journal of Law, Economics, and Organization* 3 (1), S. 3 - 47, 1988.

Cohen, W. M. und R. C. Levin, Empirical Studies of Innovation and Market Structure, in Schmalensee und Willig (1989), S. 1059 - 1107.

Cohen, W. M. und D. A. Levinthal, Innovation and learning: the two faces of R&D - implications for the analysis of R&D investment, *Economic Journal* 99, S. 569 - 596, 1989.

Cohen, W. M. und S. Klepper, Firm Size and the Nature of Innovation within Industries: The Case of Process and Product R&D, International Joseph A. Schumpeter Society Conference, Kyoto, 1992.

Commons, J. R., *Institutional Economics: Its Place in Political Economy*, New York, Macmillan, 1934.

O'Connor, M., Entropic irreversibility and uncontrolled technological change in economy and environment, *J. Evol. Econ.* 3, S. 285 - 315, 1993.

Coombs, R., P. Saviotti und V. Walsh, *Economics and Technological Change*, Houndmills und London, Macmillan Education, 1987.

Coombs, R., P. Saviotti und V. Walsh, Technology and the firm: The convergence of economic and sociological approaches? in dieselben (1992), S. 1 - 24.

Coombs, R., P. Saviotti und V. Walsh (Hrsg.), *Technological change and company strategies: Economic and sociological perspectives*, London, Harcourt Brace Jovanovich Publishers, 1992.

Cordero, R., The measurement of innovation performance in the firm: An overview, *Research Policy* 19, S. 185 - 192, 1990.

Cowan, R. und D. Foray, Quandaries in the economics of dual technologies and spillovers from military to civilian research and development, *Research Policy* 24(6), S. 851-868, 1995.

Coward, H. R. und J. J. Franklin, Identifying the Science-Technology Interface: Matching Patent Data to a Bibliometric Model, *Science, Technology, & Human Values* 14, S. 50 - 77, 1989.

Cronin, B., *The Citation Process.* The Role and Significance of Citations in Scientific Communication, London, Taylor Graham, 1984.

Cuhls, K., *Qualitätszirkel in japanischen und deutschen Unternehmen*, Heidelberg, Physica-Verlag, 1993.

Curry, D. J. und M. B. Menasco, On the Separability of Weights and Brand Values: Issues and Empirical Results, *Journal of Consumer Research* 10, S. 83 - 95, 1983.

Cyert, R. M. und J. G. March, *A Behavioral Theory of the Firm*, Englewood Cliffs, 1963.

Dalum, B., Export Specialisation, Structural Competitiveness and National Systems of Innovation, in Lundvall (1992).

Dalum, B. und G. Villumsen, Uniqueness and Stability of OECD Export Specialisation Patterns: How do these Features Relate to Convergence - Divergence? EUNETIC Conference on Evolutionary Economics of Technological Change, Straßburg, 1994.

Daniels, P., Research and development, human capital and trade performance in technology-intensive manufactures: A cross-country analysis, *Research Policy* 22, S. 207 - 241, 1993.

Dantzig, G. B., Maximization of a linear function of variables subject to linear inequalities, in T. C. Koopmans (Hrsg.), *Activity Analysis of Production and Allocation*, New York, Wiley, 1951.

Dasgupta, P. S. und P. A. David, Information Disclosure and the Economics of Science and Technology, in Feiwel (1987).

Dasgupta, P. und P. A. David, Toward a new economics of science, *Research Policy* 23 (5), S. 487 - 521, 1994.

Dasgupta, P. und E. Maskin, The Simple Economics of Research Joint Ventures, *Economic Journal* 97, S. 581 - 595, 1987.

Dasgupta, P. und J. Stiglitz, Uncertainty, Industrial Structure and the Speed of R&D, *Bell Journal of Economics* 11, S. 1 - 28, 1980.

David, P. A., Positive Feldback and Research Productivity in Science: Reopening Another Black Box, in Granstrand (1994), S. 54 - 89.

David, P. A., D. Mowery und W. E. Steinmueller, Analysing the Economic Payoffs from Basic Research, *Econ. Innov. New Techn.* 2, S. 73 - 90, 1992.

Day, R. und G. Eliasson (Hrsg.), *The Dynamics of Market Economics*, Amsterdam, North-Holland, 1986.

Denison, E. F., *The Sources of Economic Growth in the United States and the Alternatives before Us*, New York, Comittee for Economic Development, 1962.

Deutsche Bundesbank (Hrsg.), Reale Wechselkurse als Indikatoren der internationalen Wettbewerbsfähigkeit, *Monatsberichte*, S. 47 - 60, Mai 1994.

Dhombres, J., On the track of ideas and explanations down the centuries: the history of science today, *Impact of Science on Society* 159, S. 187 - 206, 1990.

Diamond, A. M., The Core Journals of Economics, *Current Contents* 21 (1), S. 4 - 11, 1989.

Dieckheuer, G., *Internationale Wirtschaftsbeziehungen,* München, Wien, R. Oldenburg Verlag, 3. Auflage, 1995.

DiMaggio, P. J. und W. W. Powell, Introduction, in Powell and DiMaggio (Hrsg.), S. 1-38, 1991.

DIW - Deutsches Institut für Wirtschaftsforschung (Hrsg.), Internationale Vergleichbarkeit und Aussagekraft von Indikatoren zur Messung von Wettbewerbsfähigkeit, Berlin, 1991.

Dixit, A. und J. E. Stiglitz, Monopolistic Competition and Optimum Product Diversity, *The American Economic Review* 67, S. 297 - 308, 1977.

Dockès, P., Histoire 'raisonnée' et économie historique, *Revue Économique* 2, S. 181 - 208, 1991.

Dodson, E. N., Measurement of State of the Art and Technological Advance, *Tech. Forecast. Soc. Change* 27, S. 129 - 146, 1985.

Dopfer, K., Elemente einer Evolutionsökonomik: Prozeß, Struktur und Phasenübergänge, in Witt (1990), S. 19 - 47.

Dorison, F., *Produktbezogener technischer Fortschritt,* Ludwigsburg, Verlag Wissenschaft & Praxis, 1992.

Dosi, G., Technological Paradigms and Technological Trajectories, *Research Policy* 11, S. 147 - 162, 1982.

Dosi, G., *Technical Change and Industrial Transformation*, London, Houndsmills, Basingstoke, Hampshire, 1986.

Dosi, G., Sources, Procedures and Microeconomic Effects of Innovation, *Journal of Economic Literature* XXVI, S. 1120 - 1171, 1988.

Dosi, G., C. Freeman, R. Nelson, G. Silverberg und L. Soete (Hrsg.), *Technical Change and Economic Theory*, London, Pinter Publishers, 1988.

Dosi, G. und C. Freeman, The diversity of development patterns: On the process of catching-up, forging ahead and falling behind, International Economic Association Meeting, Varenna, 1992.

Dosi G. und L. Marengo, Some Elements of an Evolutionary Theory of Organizational Competences, in England (1994), S. 157 - 178.

Dosi, G. und J. S. Metcalfe, On Some Notions of Irreversibility in Economics, in Saviotti und Metcalfe (1991), S. 133 - 159.

Dosi, G. und R. R. Nelson, An introduction to evolutionary theories in economics, *J Evol Econ* 4 (3), S. 153 - 172, 1994.

Dosi, G. und L. Orsenigo, Macrodynamics and Microfoundations: an Evolutionary Perspective, in Granstrand (1994), S. 91 - 123.

Dosi, G., K. Pavitt und L. Soete, *The Economics of Technical Change and International Trade*, New York, Harvester Wheatsheaf, 1990a.

Dosi, G., J. Zysman und L. Tyson, Technology, trade policy and Schumpeterian efficiencies, in de la Mothe, J. und L. M. Durcharme (Hrsg.), *Science, Technology and Free Trade*, London, 1990.

Dror, I., The Process of Technology Evolution. Multitechnology Innovations as the Driving Force, *Tech. Forecast. Soc. Change* 44, S. 49 - 58, 1993.

Dunajeweskij, W. L. (Дунаевский, В. Л.), Die Arten von Bibliographieverweisungen in der Patentliteratur (Виды библиографических ссылок в патентной литературе), *Вопросы Изобретательства* 1984 (1), S. 47 - 50, 1984.

Ehrnberg, E. und S. Jacobsson, Indicators of discontinous technological change. An exploratory study of two discontinuities in the machine tool industry, Department of Industrial Management and Economics, Chalmers University of Technology, Göteborg, 1995.

EIRMA (Hrsg.), Evaluation of R&D Output, Working Group Reports No. 29 der European Industrial Research Management Association, Paris, 1985.

Eliasson, G., Technology, Economic Competence and the Theory of the Firm - Discussing the Economic Forces Behind Long-term Economic Growth, in Granstrand (1994), S. 125 - 164.

McElroy, E. E., *Applied Business Statistics*, San Francisco, Holden-Day, 1979.

Engelsman, E. C. und A. F. J. van Raan, The Netherlands in modern technology: A patent-based assessment, Ministry of Economic Affairs, Beleidsstudies technologie/economie, Den Haag, 1990.

Engelsman, E. C. und A. F. J. van Raan, A patent-based cartography of technology, *Research Policy* 23, S. 1 - 26, 1994.

England, R. W. (Hrsg.), *Evolutionary Concepts in Contemporary Economics*, Ann Arbor, The University of Michigan Press, 1994.

Esposito, E., Technology Measurement - A Composite Approach, *Tech. Forecast. Soc. Change* 43, S. 1 - 17, 1993.

Eßer, K., W. Hillebrand, D. Messner und J. Meyer-Stamer, Systemische Wettbewerbsfähigkeit, Deutsches Institut für Entwicklungspolitik, Berichte und Gutachten 11/1984, Berlin.

Essig, H., Methodische Probleme und statistische Möglichkeiten zur Messung von Forschungsaktivitäten, *Wirtschaft und Statistik* 10, S. 627 - 635, 1977.

Eto, H. und J. H. Lee, Foreign patenting and trade with regard to competitiveness, *Technovation* 13 (4), S. 221 - 233, 1993.

Evangelista, R., Embodied and Disembodied Innovative Activities: Evidence from the Italian Innovation Survey, in OECD (1996), S. 139 - 162.

Eversheim, W., Simultaneous Engineering - eine organisatorische Chance, in Verein Deutscher Ingenieure (Hrsg.), *Simultaneous Engineering. Neue Wege des Projektmanagements*, VDI-Berichte 758, Düsseldorf, 1989.

Ewers, H.-J. und M. Fritsch, Zu den Gründen staatlicher Forschungs- und Technologiepolitik, in Boettcher et al. (1987), S. 108 - 135.

Ewers, H.-J. und K. Rennings, Die monetären Schäden eines Super-GAUs in Biblis, Diskussionspapiere des Instituts für Verkehrswissenschaft an der Universität Münster Nr. 2, Münster, 1991.

Ewers, H.-J. und R. Wettmann, Innovationsorientierte Regionalpolitik, Schriftenreihe "Raumordnung" des Bundesministers für Raumordnung, Bauwesen und Städtebau, Bonn, 1980.

Fagerberg, J., International competitiveness, *Economic Journal* 98, S. 355 - 374, 1988.

Fagerberg, J., Why growth rates differ, in Dosi et al. (1988a), S. 432 - 457.

Fagerberg, J., Convergence or divergence? The impact of technology on „why growth rates differ"? *J Evol Econ* 5 (3), S. 269 - 284, 1995.

Fan, J., Endogenous technical progress, R&D periods and duration of business cycles, *Journal of Evolutionary Economics* 5 (4), S. 341-368, 1995.

Fantini, B., Some methodological problems in the history of contemporary life sciences, *Impact of Science on Society* 160, S. 289 - 302, 1990.

Farell, M. J., The Measurement of Productive Efficiency, *Journal of the Royal Statistical Society*, Series A, 120 (III), S. 253 - 290, 1957.

Faust, K., Das Innovationspotential der deutschen Industrie im Spiegel der Patentstatistik, *ifo-Schnelldienst* 17-18, S. 46 - 54, 1984.

Faust, K., Die technologische Herausforderung Europas im Spiegel der Patentstatistik, *ifo-Schnelldienst* 18, S. 20 - 23, 1986.

Faust, K. und H. Schedl, The International Competitive Position of German Industry, ifo-Institut für Wirtschaftsforschung, Studie für das National Institute for Research Advancement, Tokyo, München, 1984.

Feiwel, G. (Hrsg.), *Kenneth Arrow and the Ascent of Economic Theory*, New York, Mac Millan, 1987.

Feldmann, H., *Eine institutionalistische Revolution?* Zur dogmengeschichtlichen Bedeutung der modernen Institutionenökonomik, Berlin, Duncker & Humblot, 1995.

Feynman, R. P., R. B. Leighton und M. Sands, *The Feynman Lectures on Physics*, Reading, Mass., Addisson-Wesley, 1971.

Fisher, K. und P. Temin, Returns to Scale in Research and Development. What Does the Schumpeterian Hypothesis Imply? *Journal of Political Economy* 81, S. 56 - 70, 1973.

Fleischmann, G. und J. Esser (Hrsg.), *Technikentwicklung als sozialer Prozeß*, Frankfurt, 1989.

Flueckiger, G. E., Observation and Measurement of Technological Change, *Explorations in Economic History* 9 (2), S. 145 - 177, 1972.

Foster, J. The Institutionalist (Evolutionary) School, in Mair und Miller (1991), S. 207 - 232.

Franke, J., Technical Change and Social Regulation - Processes and Institutions, International Joseph A. Schumpeter Society Conference, Kyoto, 1992.

Freeman, C., Measurement of output of research and experimental development, Statistical Reports and Studies, Paris, UNESCO, 1969.

Freeman, C., *The Economics of Industrial Innovation*, London, Pinter Publishers, 2. Auflage, 1982.

Freeman, C., Recent Developments in Science and Technology Indicators: A Review, Manuskript, Science Policy Research Unit (SPRU), Brighton, University of Sussex, 1982a.

Freeman, C., *Technology Policy and Economic Performance*, London, Pinter Publishers, 1987.

Freeman, C., Introduction, in Dosi et al. (1988), S. 1 - 12.

Freeman, C., *The Economics of Innovation*, An Elgar Reference Collection, Aldershot, Edward Elgar Publishing Company, 1990.

Freeman, C., Schumpeter's 'Business Cycles' Revisited, in Heertje und Perlman (1990a), S. 17 - 38.

Freeman, C., The Nature of Innovation and Evolution of the Productive System, in OECD (1991), S. 303 - 314.

Freeman, C., *The Economics of Hope*, London, Pinter Publishers, 1992.

Freeman, C., Marching to the Sound of a Different Drum, EUNETIC Conference on Evolutionary Economics of Technological Change, Straßburg, 1994.

Freeman, C., Critical Survey: The economics of technical change, *Cambridge Journal of Economics* 18 (5), S. 463 - 514, 1994a.

Freeman, C., The 'National System of Innovation' in historical perspective, *Cambridge Journal of Economics* 19(1), S. 5 - 24, 1995.

Freeman, C., The Greening of Technology and Models of Innovation, *Technological Forecasting and Social Change* 53 (1), S. 27 - 39, 1996.

Freeman, C., J. Clark und L. Soete, *Unemployment and Technical Innovation*, London, Francis Pinter, 1982.

Freeman, C. und C. Perez, Structural Crises of adjustment, business cycles and investment behaviour, in Dosi et al. (1988), S. 38 - 66.

Freeman, C., M. Sharp und W. Walker (Hrsg.), *Technology and the Future of Europe: Global Competition and the Environment in the 1990s*, London, Pinter Publishers, 1991.

Freeman, C. und L. Soete (Hrsg.), *Explorations in the Economics of Technical Change*, London, Pinter Publishers, 1990.

Freeman, C., A. Young und J. Fuller, The Plastics Industry: A Comparative Study of Research and Innovation, *National Institute Economic Review* 26, S. 22 - 62, 1963.

Freimann, K.-D. und A. E. Ott (Hrsg.), *Theorie und Empirie in der Wirtschaftsforschung*, Tübingen, J. C. B. Mohr, 1988.

Frenkel, A., E. Harel, K. Koschatzky, H. Grupp und S. Maital, Identifying the Sources of Market Value for Science-Based Products: The Case of Industrial Sensors, The International Center for Research on the Management of Technology, Sloan School of Management, MIT, Working Paper WP # 111 - 94, Cambridge, Mass., 1994.

Frenkel, A., Th. Reiß, S. Maital, K. Koschatzky und H. Grupp, Technometric evaluation and technology policy: the case of biodiagnostic kits in Israel, *Research Policy* 23, S. 281 - 292, 1994a.

Fricke, W. (Hrsg.), *Jahrbuch Arbeit und Technik 1994*, Bonn, Verlag J. H. W. Dietz Nachfolger, 1994.

Fritsch, M. und H.-J. Ewers, Telematik und Raumentwicklung - Mögliche Auswirkungen neuer Telekommunikationstechniken auf die Raumstruktur und Schlußfolgerungen für die raumbezogene Politik, Reihe "kleine Schriften" der Gesellschaft für Regionale Strukturentwicklung, Bonn, 1985.

Fritsch, M., Th. Wein und H.-J. Ewers, *Marktversagen und Wirtschaftspolitik*, Mikroökonomische Grundlagen staatlichen Handelns, München, Verlag Franz Vahlen, 1993.

Frost, C. O., The Use of Citations in Literary Research: A Preliminary Classification of Citation Functions, *Literary Quarterly* 49 (4), S. 399 - 414, 1979.

Frumau, C. C. F., Choices in R&D and business portfolios in the electronics industry: What the bibliometric data show, *Research Policy* 21, S. 97 - 124, 1992.

Gahlen, B., F. Rahmeyer und M. Stadler, Zur internationalen Wettbewerbsfähigkeit der deutschen Wirtschaft, *Konjunkturpolitik* 32 (3), S. 130 - 150, 1986.

Gahlen, B. et al. (Hrsg.), *Wirtschaftswachstum, Strukturwandel und dynamischer Wettbewerb*, Heidelberg, Springer-Verlag, 1989.

Gahlen, B., H. Hesse und H. J. Ramser (Hrsg.), *Wachstumstheorie und Wachstumspolitik: Ein neuer Anlauf*. Schriftenreihe des Wirtschaftswissenschaftlichen Seminars Ottobeuren 20, Tübingen, J. C. B. Mohr, 1991.

Gambardella, A., Competitive advantages from in-house scientific research: The US pharmacentical industry in the 1980s, *Research Policy* 21, S. 391 - 407, 1992.

Garg, K. C. und P. Sharma, Solar Power Research: A Scientometrics Study of World Literature, *Scientometrics* 21, S. 147 - 157, 1991.

Gee, J. M. A., The Neoclassical School, in Mair und Miller (1991), S. 71 - 108.

Gehrke, B., H. Grupp, H. Legler, G. Münt, U. Schasse und U. Schmoch, *Innovationspotential und Hochtechnologie*, Heidelberg, Physica-Verlag, zweite, wesentlich erweiterte und aktualisierte Auflage, 1994.

Gerster, H. J., *Lange Wellen wirtschaftlicher Entwicklung*, Frankfurt, Verlag Peter Lang, 1988.

Gerybadze, A., *Innovation, Wettbewerb und Evolution*, Tübingen, J. C. B. Mohr, 1982.

Gibbons, M., R. Coombs, P. Saviotti and P. C. Stubbs, Innovation and Technical Change, *Research Policy* 11, S. 289 - 310, 1982.

Gibbons, M. und R. Johnston, The roles of science in technological innovations, *Research Policy* 3, S. 220 - 242, 1974.

Gibbons, M., C. Limoges, H. Nowotny, S. Schwartzman, P. Scott und M. Trow, *The new production of knowledge*, London, Sage Publications, 1994.

Giersch, H. (Hrsg.), *New Opportunities for Entrepreneurship*, Tübingen, Mohr, 1984.

Giersch, H., The Age of Schumpeter, *The American Economic Revue* 74 (2), 1984a.

Glänzel, W. und U. Schoepflin, Little Scientometrics, Big Scientometrics ... and Beyond, *Scientometrics* 30 (2-3), S. 375 - 384, 1994.

Glismann, H. H. und E.-J. Horn, Rüstungs- und Raumfahrtausgaben, technischer Fortschritt und internationale Wettbewerbsfähigkeit: Eine einzelwirtschaftliche Analyse, *Die Weltwirtschaft* 2, S. 118 - 124, 1989.

Goodacre, A. und I. Tonks, Finance and Technological Change, in Stoneman (1995), S. 298 - 341.

Gordon, R., Alternative Logics of Innovation and Global Competition in the U. S. Electronics Industry: A Comparative Assessment, in Okamura, Sakauchi, Nonaka (Hrsg.), *New Perspectives on Global Science and Technology Policy*, Tokyo, Mita Press, 1992.

Gordon, Th. J. and Th. R. Munson, A Proposed Convention for Measuring the State of the Art of Products or Processes, *Tech. Forecast. Soc. Change* 20, S. 1 - 26, 1981.

Granberg, A., Mapping the cognitive and institutional structures of an evolving advanced-materials field: The case of powder technology, R&D Dynamics Network Conference, Kyoto, 1993.

Grande, E. und J. Häusler, *Industrieforschung und Forschungspolitik*, Staatliche Steuerungspotentiale in der Informationstechnik, Frankfurt, Campus, 1994.

Granovetter, M. C., Economic action and social structure: the problem of embededdness, *American Journal of Sociology* 91, 481 ff., 1985.

Granstrand, O. (Hrsg.), *Economics of Technology*, Amsterdam, Elsevier, 1994.

Granstrand, O., Economics of Technology - An Introduction and Overview of a Developing Field, in derselbe (1994), S. 1 - 36.

Granstrand, O., Technological, Technical and Economic Dynamics - Towards a Systems Analysis Framework, in derselbe (1994), S. 189 - 221.

Green, Ch., The Greenhouse Effect and Environmentally Induced Technological Change, in Shionoya und Perlman (1994), S. 93 - 116.

Green, P. E. und Y. Wind, New way to measure consumers' judgments, *Harvard Business Review*, S. 107 - 117, Juli - August 1975.

Green, P. E. und V. Srinivasan, Conjoint Analysis in Consumer Research: Issues and Outlook, *Journal of Consumer Research* 5, S. 103 - 123, 1978.

Green, P. E. und V. Srinivasan, Conjoint Analysis in Marketing: New Developments With Implications for Research and Practice, *Journal of Marketing*, S. 3 - 18, Oktober 1990.

Greenway, D. und Ch. Milner, *The Economics of Intra-Industry Trade*, Oxford, 1986.

Greenway, D. und Ch. Milner, A Cross-Section Analysis of Intra-Industry Trade in the U. K., *European Economic Review* 25, S. 319 - 344, 1984.

Greiner, A. und H. Hanusch, Schumpeter's circular flow, learning by doing and cyclical growth, *J Evol Econ* 4 (3), S. 261 - 271, 1994.

Greiner, A. und H. Hanusch, Cyclical Innovations and Production: A Formal Model of the Firm Reflecting Schumpeterian Ideas, in Shionoya und Perlman (1994a), S. 157 - 169.

Greiner, A. und W. Semmler, Multiple Steady States, Indeterminacy and Cycles in a Basic Model of Endogenous Growth, *Journal of Economics*, 1995.

Grenzmann, Ch. und M. Müller (Hrsg.), *Wissenschafts- und Technologieindikatoren, Technologische Innovationen*, SV-Gemeinnützige Gesellschaft für Wissenschaftsstatistik, Materialien zur Wissenschaftsstatistik, Heft 8, Essen, 1994.

Griliches, Z., Hybrid Corn: An Exploration in the Economics of Technological Change, *Econometrica* 25, S. 501 - 522, 1957.

Griliches, Z., Research Costs and Social Returns: Hybrid Corn and Related Innovations, *Journal of Political Economy*, Oktoberheft, S. 419 - 431, 1958.

Griliches, Z., Hedonic Price Indexes for Automobiles: An Econometric Analysis of Quality Change, in NBER (1961), S. 137 - 196.

Griliches, Z., Introduction: Hedonic Price Indexes Revisited, in derselbe (1971), S. 3 - 15.

Griliches, Z. (Hrsg.), *Price Indexes and Quality Change*, Studies in New Methods of Measurement, Price Statistic Committee Federal Reserve Board, Cambridge, Mass., Harvard University Press, 1971.

Griliches, Z., Productivity, R&D, and Basic Research at the Firm Level in the 1970's, *American Economic Review* 76, S. 141 - 154, 1986.

Griliches, Z. (Hrsg.), *R&D, Patents and Productivity*, Chicago und London, 1988.

Griliches, Z., Patent Statistics as Economic Indicators: A Survey, *Journal of Economic Literature* XXVIII, S. 1661 - 1707, 1990.

Griliches, Z., R&D and Productivity: Econometric Results and Measurement Issues, in Stoneman (1995), S. 52 - 89.

Grohmann, H., Statistik im Dienst von Wirtschaftswissenschaft und Wirtschaftspolitik - Einige methodologische Betrachtungen zu ihren Zielen und Möglichkeiten, *Allgemeines Statistisches Archiv* 60, S. 320 - 356, 1976.

Grohmann, H., Die statistische Adäquation als Postulat einer sachgerechten Abstimmung zwischen Theorie und Empirie, in Freimann und Ott (1988), S. 25 - 42.

Gronau, M. (Hrsg.), *Technologien für Mikrosysteme - Stand und Entwicklung*, Düsseldorf, VDI-Verlag, 1993.

Grossekettler, H., Wie valide sind Fortschrittsindikatoren? Zur Gültigkeit von Messungen des technischen Fortschritts in den Branchen der deutschen Industrie, *Kyklos* 31, S. 223 - 253, 1978.

Grossekettler, H., Wettbewerbstheorie, in Borchert und Grossekettler (1985), S. 113 - 335.

Grossekettler, H., Marktprozesse als Gegenstand theoriegeleiteter empirischer Analysen: ein Forschungsbericht, in Gahlen et al. (1989), S. 321 - 357.

Grossekettler, H., Eine neue Methode zur Messung der Funktionsfähigkeit von Märkten: die KMK-Funktionsfähigkeitsanalyse, *DBW - Die Betriebswirtschaft* 51 (4), S. 467 - 489, 1991.

Grossekettler, H., Die Messung der Funktionsfähigkeit von Märkten mit Hilfe des Konzepts zur Koordinationsmängeldiagnose. Methodenbeschreibung und Anwendung bei einer In-vivo Inspektion realer Märkte, Volkswirtschaftliche Diskussionsbeiträge Nr. 195, Münster, 1995.

Grossman G. M. und E. Helpman, Endogenous Product Cycles, *The Economic Journal* 101, S. 1214 - 1229, 1991.

Grubel, H. G. und P. J. Lloyd, *Intra-Industry Trade: The Theory and Measurement of International Trade in Differentiated Products*, London, 1975.

Gruber, W., D. Mehta und R. Vernon, The R&D Factor in International Trade and International Investment of United States Industries, *Journal of Political Economy* LXXV (1), S. 20 - 37, 1967

Grunert, G., *Technologische Innovation und internationaler Handel*, Eine theoretische und empirische Analyse der außenwirtschaftlichen Beziehungen der kapitalistischen Industrieländer, Saarbrücken, Breitenbach, 1991.

Grupp, H. (Hrsg.), *Japanische Industrietechnologie im internationalen Vergleich*, Rohübersetzung aus dem Japanischen von M. Yoshimura (Originaltitel: Wagakuni sangyogijutsu nokoku saihikaku, Tokyo, AIST, 1982), FhG-ISI, 2. erweiterte Auflage, 1985.

Grupp, H., Die sozialen Kosten des Verkehrs, Grundriß zu ihrer Berechnung, *Verkehr und Technik* 9, S. 359 - 366, und 10, S. 403 - 407, 1986.

Grupp, H., The Concept of Entropy in Scientometrics and Innovation Research, *Scientometrics* 18, S. 219 - 239, 1990.

Grupp, H., Zur ergänzenden Funktion von Wissenschafts- und Technikindikatoren am Beispiel der Telekommunikationsforschung und -entwicklung in der Bundesrepublik Deutschland, *Wissenschaftliche Zeitschrift der Humboldt-Universität zu Berlin, Reihe Gesellschaftswissenschaften* 39 (9), S. 835 - 855, 1990a. Der Aufsatz ist gleichlautend auch in Englisch erschienen: On the supplementary functions of science and technology indicators, *Scientometrics* 19 (5/6), S. 447 - 472, 1990a.

Grupp, H., Innovation Dynamics in OECD Countries: Towards a Correlated Network of R&D Intensity, Trade, Patent and Technometric Indicators, in OECD (1991), S. 275 - 295.

Grupp, H. (Hrsg.), *Dynamics of Science-Based Innovation*, Berlin, Springer, 1992.

Grupp, H. (Hrsg.), *Technologie am Beginn des 21. Jahrhunderts*, Heidelberg, Physica-Verlag, 1993.

Grupp, H., Efficiency of government intervention in technical change in telecommunications: ten national economies compared, *Technovation* 13, S. 187 - 220, 1993a.

Grupp, H., Kritische Technologie: Technikbeobachtung und -vorausschau als Bestandteil der Technikfolgenabschätzung, in Clement, W. (1993b), S. 195 - 219.

Grupp, H., The Dynamics of Science-Based Innovation Reconsidered: Cognitive Models and Statistical Findings, in Grandstrand (1994), Kapitel 8, S. 223 - 251.

Grupp, H., Innovationsaktivitäten in strategischen Sektoren: Meßmethoden und empirische Befunde für ausgewählte Technologiegebiete, in Grenzmann und Müller (1994a), S. 71 - 96.

Grupp, H., The measurement of technical performance of innovations by technometrics and its impact on established technology indicators, *Research Policy* 23, S. 175 - 193, 1994b.

Grupp, H., Einordnung der Methoden der Technikfolgenabschätzung in das Gefüge der Wissenschaften, in Bullinger, H.-J. (1994c), S. 55 - 86.

Grupp, H., Science, High Technology and the Competitiveness of EC Nations, *Cambridge Journal of Economics* 19, S. 209 - 223, 1995.

Grupp, H., Spillover Effects and the Science Base of Innovation Reconsidered: An Empirical Macro-Economic Approach, *Journal of Evolutionary Economics* 6(2), S. 175 - 197, 1996.

Grupp, H., E. Albrecht und K. Koschatzky, By way of introduction: Alliances between science research and innovation research, in Grupp (1992), S. 3 - 17.

Grupp, H. und S. Hinze, International Orientation, Efficiency of and Regard for Research in East and West Germany: A Bibliometric Investigation of Aspects of Technology Genesis in the United Germany, *Scientometrics* 29, S. 83 - 113, 1994.

Grupp, H. und O. Hohmeyer, A Technometric Model for the Assessment of Technological Standards and their Application to Selected Technology-Intensive Products, *Tech. Forecast. Soc. Change* 30, S. 123 - 137, 1986.

Grupp, H., O. Hohmeyer, R. Kollert und H. Legler, *Technometrie*, Köln, Verlag TÜV Rheinland, 1987.

Grupp, H. und O. Hohmeyer, Technological Standards for Research-Intensive Product Groups and International Competitiveness, in van Raan (1988), S. 611 - 673.

Grupp, H., U. Kuntze und U. Schmoch, New Technology Indicators for the Evaluation of Research and Development Programmes, in Becher und Kuhlmann (1994a), S. 241 - 282.

Grupp, H. und H. Legler, *Spitzentechnik, Gebrauchstechnik, Innovationspotential und Preise. Trends, Positionen und Spezialisierung der westdeutschen Wirtschaft im internationalen Wettbewerb*, Köln, Verlag TÜV Rheinland, 1987.

Grupp, H., G. Licht, M. Beise und C. Hipp, Individual enterprise matched innovation and patent statistics in Germany: A scoping study of diversification, Beitrag zur Konferenz der Applied Econometrics Association (AEA), Luxemburg, November 1996.

Grupp, H., S. Maital, A. Frenkel und K. Koschatzky, The Relation Between Technological Excellence and Export Sales: A Data Envelopment Model and Comparison of Israel to EC Countries, *Research Evaluation* 2 (2), S. 87 - 101, 1992.

Grupp, H. und G. Münt, Trade on High-Technology Markets and Patent Statistics - Leading-Edge Versus High-Level Technology, in Archibugi und Michie (1997), Kapitel 7 (im Druck).

Grupp, H. und U. Schmoch, *Wissenschaftsbindung der Technik*, Heidelberg, Physica-Verlag, 1992.

Grupp, H. und U. Schmoch, At the crossroads in laser medicine and polyimide chemistry - Patent assessment of the expansion of knowledge, in Grupp (1992), S. 269 - 301, 1992a.

Grupp, H. und U. Schmoch, Beschreibung und Erklärung innovationsgerichteter Vorgänge - Ein Forschungsprogramm zwischen Ökonomie und Soziologie, in Halfmann et al. (1995), S. 227 - 243.

Grupp, H. und Th. Schnöring (Hrsg.)., *Forschung und Entwicklung für die Telekommunikation - Internationaler Vergleich mit zehn Ländern*, 2 Bände, Berlin, Heidelberg, New York, Springer-Verlag, 1990 und 1991.

Grupp, H. und Th. Schnöring, Research and development in telecommunication - National systems under pressure, *Telecommunications Policy*, Jan./Feb. 1992, S. 46 - 66.

Grupp, H. und B. Schwitalla, Innovationsdynamik der führenden Marktwirtschaften im technometrischen Vergleich, in Welfens und Balcerowicz (1988), S. 323 - 341.

Grupp, H. und L. Soete, Analysis of the Dynamic Relationship between Technical and Economic Performances in Information and Telecommunication Sectors, Synthesis Report, FhG-ISI und MERIT, Karlsruhe und Maastricht, 1992.

McGuckin, R. H., T. A. Abbott, P. Herrick und L. Norfolk, Measuring Advanced Technology Products Trade: A New Approach, *Journal of Official Statistics* 8 (2), S. 223 - 233, 1992.

Gzuk, R., *Messung und Effizienz von Entscheidungen*, Tübingen, J. C. B. Mohr, 1975.

Hack, L. und I. Hack, Vor Vollendung der Tatsachen. Die Rolle von Wissenschaft und Technologie in der dritten Phase der industriellen Revolution, Frankfurt, Fischer, 1985.

Haken, H. *Synergetik*, Berlin, Heidelberg, Springer-Verlag, 3. Auflage, 1990.

Halfmann, J., G. Bechmann und W. Rammert (Hrsg.), *Technik und Gesellschaft, Jahrbuch* 8, Frankfurt, New York, Campus-Verlag, 1995.

Handwörterbuch der Wirtschaftswissenschaft (HdWW), neun Bände, Stuttgart und New York, Gustav Fischer; Tübingen, J. C. B. Mohr; Göttingen und Zürich, Vandenhoeck & Ruprecht, 1977 - 1982 (1. Band 1977, 2. 1980, 3. 1981, 4. 1978, 5. 1980, 6. 1981, 7. 1977, 8. 1980, 9. 1982).

Hanusch, H. und U. Cantner, Neuere Ansätze in der Innovationstheorie und der Theorie des technischen Wandels - Konsequenzen für eine Industrie- und Technologiepolitik, in Meyer-Krahmer (1993), S. 12 - 46.

Harabi, N., Einflußfaktoren von Forschung und Entwicklung in der Schweizer Industrie, *Die Unternehmung - Schweizerische Zeitschrift für betriebswirtschaftliche Forschung und Praxis*, 43, S. 349 - 368, 1991.

Harabi, N., Determinanten des technischen Fortschritts: Eine empirische Analyse für die Schweiz, Wirtschaftswissenschaftliches Institut der Universität Zürich, Arbeitspapier, Reihe D, Nr. 21, 1992.

Harabi, N., Technologische Chancen und technischer Fortschritt: Eine empirische Untersuchung, Wirtschaftswissenschaftliches Institut der Universität Zürich, Arbeitspapier, Reihe D, Nr. 28, Zürich, 1993.

Harabi, N., Appropriability of technical innovations. An empirical analysis, *Research Policy* 24 (6), S. 981-992, 1995.

Harhoff, D., Strategic Spillover Production, Vertical Organisation, and Incentives for Research and Development, Dissertationsschrift, Alfred P. Sloan School of Management, MIT, Cambridge, Mass., unveröffentlicht, 1991.

Harhoff, D., Agglomerationen und regionale Spillovereffekte, Beitrag für das 24. Wirtschaftswissenschaftliche Seminar Ottobeuren, Universität Mannheim und Zentrum für Europäische Wirtschaftsforschung (ZEW), Mannheim, 1994.

Harhoff, D., Searching for R&D Spillovers Among German Manufacturing Firms, ZEW Workshop on Productivity, R&D, and Innovation at the Firm Level, Manuskript, Mannheim, Juni 1994a.

Harhoff, D. und H. König, Neuere Ansätze der Industrieökonomik - Konsequenzen für eine Industrie- und Technologiepolitik, in Meyer-Krahmer (1993), S. 47 - 67.

Harhoff, D. und G. Licht, F&E und Innovation - Meßversuche an einem Eisberg, in Löbbe (1995), S. 11 - 28.

Harhoff, D., G. Licht, M. Beise, J. Felder, E. Nerlinger und H. Stahl, *Innovationsaktivitäten kleiner und mittlerer Unternehmen,* Baden-Baden, Nomos, 1996.

Hartwig, H., Naturwissenschafliche und sozialwissenschaftliche Statistik, *Zeitschrift für die gesamte Staatswissenschaft* 112, S. 252 - 260, 1956.

Hasse, R. H. und W. Schäfer (Hrsg.), *Die Weltwirtschaft vor neuen Herausforderungen,* Strategischer Handel, Protektion und Wettbewerb, Göttingen, Vandenhoeck & Ruprecht, 1994.

von Hagen, J., A. Börsch-Supan und P. J. J. Welfens (Hrsg.), *Springers Handbuch der Volkswirtschaftslehre*, 2 Bde., Berlin, Heidelberg, Springer-Verlag, 1996.

von Hayek, F. A., *Freiburger Studien*, Tübingen, 1969.

von Hayek, F. A., Competition as a Discovery Procedure, in derselbe, *New Studies in Philosophy, Politics, Economics and the History of Ideas*, London, Routledge & Kegan Paul, S. 179 - 190, 1978.

Heertje, A. und Perlman, M. (Hrsg.), *Evolving Technology and Market Structure. Studies in Schumpeterian Economics*, Ann Arbor, The University of Michigan Press, 1990.

Heinen, E., *Einführung in die Betriebswirtschaftslehre*, 3. Auflage, Wiesbaden, 1970.

Helmstädter, E. Ein makroökonomisches Rahmenmodell der evolutorischen Ökonomik, in Witt (1990), S. 163 - 182.

Helmstädter, E. und M. Perlman (Hrsg.), *Economic Dynamism: Analysis and Policy*, Ann Arbor, The University of Michigan Press, 1996.

Helpman, E., International trade in the presence of product differentiation, economies of scale and monopolistic competition, *Journal of International Economics* 11, S. 305 - 340, 1981.

Helpman, E., A Simple Theory of International Trade with Multinational Corporations, *Journal of Political Economy* 92 (3), S. 451 - 471, 1984.

Helpman, E., International Links of Innovation Rates, in Vosgerau (1992), S. 277 - 306.

Henderson, R. und I. Cockburn, Scale, Scope and Spillovers: The Determinants of Research Productivity in Ethical Drug Discovery, Arbeitspapier WP # 3629 - 93, MIT und NBER, ohne Ort, 1993.

Henn, R. (Hrsg.), *Technologie, Wachstum und Beschäftigung*, Berlin, Heidelberg, Springer-Verlag, 1987.

Hesse, H., Die Bedeutung der reinen Theorie des internationalen Handels für die Erklärung des Außenhandels in der Nachkriegszeit, *Zeitschrift für die gesamte Staatswissenschaft* 122, S. 221 - 236, 1966.

Hesse, H., *Strukturwandlungen im Welthandel 1950 - 1960/61*, Tübingen, 1967.

Heuß, E., *Allgemeine Markttheorie*, Tübingen, Zürich, 1965.

Hicks, D., T. Ishizuka, P. Keen und S. Sweet, Japanese Corporations, Scientific Research and Globalisation, *Research Policy* 23 (4), S. 375 - 384, 1994.

Hildenbrand, W. und A. Mas-Collel (Hrsg.), *Contributions to Mathematical Economics in Honour of Gerard Debreu*, Amsterdam, Elsevier, 1986.

Hilke, W., *Bilanzpolitik*, Wiesbaden, 3. Auflage, 1991.

Hinze, S., Rechnergestützte Patentrecherche zu monoklonalen Antikörpern für die Jahre 1987 und 1988, Diplomarbeit, Berlin, Humboldt-Universität, 1990.

Hinze, S. und H. Grupp, Applied research and industrial development in East Germany: International comparison by performance indicators, *Technovation* 12 (4), S. 257 - 278, 1992.

Hinze, S. und H. Grupp, Scientometrics back into the Ivory Tower?, Manuskript, unveröffentlicht, 1994.

von Hippel, E., Cooperation between rivals: Informal know-how trading, in Carlsson (1989), Kapitel 7.

Hodgson, G. und E. Screpanti (Hrsg.), *Rethinking Economics: Markets, Technology and Economic Evolution*, London, Edward Elgar Publishing, 1991.

Hodgson, G. M., *Economics and Evolution*, Cambridge, Polity Press, 1993.

Höft, U., *Lebenszykluskonzepte*. Grundlage für das strategische Marketing- und Technologiemanagement, Berlin, Erich Schmidt Verlag, 1991.

Hohmeyer, O., *Soziale Kosten des Energieverbrauchs*, Heidelberg, Springer-Verlag, 1988.

Holland, D., Wechselwirkung von ökonomischer Dynamik und Theoriendynamik, Dissertation B (Habilitationsschrift), Berlin, Humboldt-Universität, 1988.

Holler, M. J. und G. Illing, *Einführung in die Spieltheorie*, Berlin, Springer-Verlag, 2. Auflage, 1993.

Holvad, T. und J. L. Hougaard, Measuring Technical Input Efficiency for Similar Product Limits: A Survey of the Non-Parametric Approach, European University Institute, Firenze, Working Paper ECO 93/20, 1993.

Homburg, S., Humankapital und endogenes Wachstum, *Zeitschrift für Wirtschafts- u. Sozialwissenschaften* 115 (3), S. 339-366, 1995.

Hornschild, K. und G. Neckermann unter Mitarbeit von F. Meyer-Krahmer, *Die deutsche Luft- und Raumfahrtindustrie, Stand und Perspektiven*, Frankfurt, New York, Campus, 1988.

Hounshell, D. A., The Medium is the Message, or How Context Matters: The RAND Corporation Builds on Economics of Innovation, 1946-1962, Typoskript, Carnegie-Mellon-Universität, Pittsburgh, ohne Jahr, vom Verfasser erhalten Juni 1996.

Hüttenrauch, R., Zur Methodik des vergleichenden Warentests, *Zeitschrift für Verbraucherpolitik* I (2), S. 143 - 150, 1977.

Hughes, K., The Interpretation and Measurement of R&D Intensity - A Note, *Research Policy* 17, S. 301 - 307, 1988.

Hughes, K. S., Intra-Industry Trade in the 1980s: A Panel Study, *Weltwirtschaftliches Archiv* 129, S. 562 - 572, 1993.

Hutzler, W. P., J. R. Nelson, R. Y. Pei and C. M. Francisco, Nonnuclear Air-to-Surface Ordnance for the Future: An Approach to Propulsion Technology Risk Assessment, *Tech. Forecast. Soc. Change* 27, S. 197 - 227, 1985.

Huxley, J. S., *Scientific Research and Social Needs*, London, Watts, 1934.

HWWA - Institut für Wirtschaftsforschung (Hrsg.), Internationale Wettbewerbsfähigkeit und strukturelle Anpassungserfordernisse, Hamburg, 1984.

Ingham, G., Some recent changes in the relationsship between economics and sociology, *Cambridge Journal of Economics* 20 (4), S. 243 - 275, 1996.

Irvine, J. und B. R. Martin, *Foresight in Science. Picking the Winners*, London, Dover, 1984.

Jaffe, A. B., Technological Opportunity and Spillovers of R&D: Evidence from Firms' Patent Profiles, and Market Value, *The American Econ. Rev.* 76 (5), S. 984 - 1001, 1986.

Jaffe, A. B., Characterizing the 'technological position' of firms, with application to quantifying technological opportunity and research spillovers, *Research Policy* 18, S. 87 - 97, 1989.

Jaffe, A. B., Real Effects of Academic Research, *American Econ. Rev.* 79, no. 5, S. 957 - 970, 1989a.

Jaffe, A. B., M. Trajtenberg und R. Henderson, Geographic Localization of Knowledge Spillovers as Evidenced by Patent Citations, *The Quarterly Journal of Economics*, S. 577 - 598, August 1993.

Jäger, K., Die analytische Integration des technischen Fortschritts in die Wirtschaftstheorie, in Bombach u. a. (1986).

Johnes, G. und J. Johnes, Apples and Oranges: The Aggregation Problem in Publication Analysis, *Scientometrics* 25, S. 353 - 365, 1992.

Johnson, A. A., M. B. Johnson und R. C. Buse, *Econometrics - Basic and Applied*, New York, Macmillan Publishing Comany, 2. Auflage, 1989.

Johnston, J., *Econometric methods*, Auckland u. a., Mc Graw-Hill International Book Company, 3. Auflage, 1984.

Johnston, R. und J. Hartley, Formulation and Development of High Technology Indicators, Centre for Technology and Social Change, Universität Wollongong, Australien, 1986.

Joly, P.-B. und V. Mangematin, Profile of public laboratories, industrial partnerships and organisation of R&D: the dynamics of industrial relationships in a large research organisation, *Research Policy* 25(6), S. 923 -932, 1996.

Kabla, I., Un indicateur de l'innovation: le brevet, *Economie et Statistique* 275-276, S. 95 - 109, 1994.

Kaldor, N., Capital Accumulation and Economic Growth, in Lutz und Hague (Hrsg.), S. 177 - 222, 1961.

Kaldor, N., *The effects of devaluation on trade, Further Essays on Applied Economics*, London, 1978.

Kallmann, A., *Skalierung in der empirischen Forschung*, München, Verlag V. Florentz, 1979.

Kamien, M. I. und N. L. Schwartz, *Market structure and innovation*, Cambridge, 1982.

Kantzenbach, E., *Die Funktionsfähigkeit des Wettbewerbs*, Göttingen, 1967.

Katsoulacos, *The Employment Effect of Technical Change*, Honiton, 1986.

Kaufer, E., *Industrieökonomik. Eine Einführung in die Wettbewerbstheorie*, München, Verlag Franz Vahlen, 1980.

Kaufer, E., *The Economics of the Patent System*, Chur, Harwood Academic Publishers, 1989.

Keck, O., The National System for Technical Innovation in Germany, in Nelson (1993), S. 115 - 157.

McKelvey, M., How do National Systems of Innovation Differ? A Critical Analysis of Porter, Freeman, Lundvall and Nelson, in Hodgson und Screpanti (1991).

Kendrick, J. W., Productivity Trends: Capital and Labor, *Review of Economics and Statistics* 38, S. 248 - 257, 1956.

Kendrick, J. W., *Productivity Trends in the United States*, New York, Princeton University Press, 1961.

Kendrick, J. W., Total Factor Produtivity - What it Does and Does Not Measure, in OECD (1991), S. 149 - 156.

Kessler, M., *Internationaler Technologiewettbewerb*, Heidelberg, Physica-Verlag, 1992.

Klatt, S., Die Qualität als Objekt der Wirtschaftswissenschaft, *Jahrbuch für Sozialwissenschaft* 12, S. 19 - 57, 1961.

Kleinknecht, A. und D. Bain (Hrsg.), *New Concepts in Innovation Output Measurement*, Ipswich, St. Martin's Press, 1993.

Kleinknecht, A., J. O. N. Reijnen und W. Smits, Collecting Literature-based Innovation Output Indicators: The Experience in the Netherlands, in Kleinknecht und Bain (1993), S. 42 - 84.

Klette, J., R&D, scope economies and company structure: A "not so fixed effect" model of plant performance, Manuskript, Statistics Norway and Norwegian School of Economcis and Business Management, Oslo, 30. Mai 1994.

Klevorick, A. K., R. C. Levin, R. R. Nelson und S. G. Winter, On the sources and significance of interindustry differences in technological opportunities, *Research Policy* 24, S. 185 - 205, 1995.

Kline, S. J., Innovation is not a Linear Process, *Research Management* 28, S. 36 - 45, 1985.

Kline, S. J. und Rosenberg, N., An Overview of Innovation, in Laudan und Rosenberg (1986), S. 275 - 306.

Klodt, H., Technologietransfer und internationale Wettbewerbsfähigkeit, *Aussenwirtschaft* 45 (I), S. 57 - 79, 1990.

Klodt, H., J. Stehn, A. Boss, K. Lammers, J. O. Lorz, R. Maurer, A D. Neu, K. H. Paque, A. Rosenschon und Ch. Walter, Standort Deutschland: Strukturelle Herausforderungen im neuen Europa, 5. Hauptbericht zur Strukturberichterstattung, Institut für Weltwirtschaft an der Universität Kiel, 1994.

Klüver, J., *Operationalismus*, Stuttgart, Friedrich Frommann Verlag, 1971.

Knight, K. E., A Functional and Structural Measurement of Technology, *Tech. Forecast. Soc. Change* 27, S. 107 - 127, 1985.

Kodama, F., Japanese Innovation in Mechatronics Technology: A Study of Technological Fusion, *Science and Public Policy* 13, S. 44 ff., 1986.

Kodama, F., Dynamics of National R&D Program, Research on Socio-Economic Aspects of Energy Systems, Tokyo, Ministerium für Bildung, Wissenschaft und Kultur, 1987.

Kodama, F., *Analyzing Japanese High Technologies*, London, Pinter Publishers, 1991.

König, H., Innovationsaktivität und Beschäftigung: Einige empirische Ergebnisse, in Henn (1987), S. 1008 - 1017.

Koschatzky, K., A. Frenkel, H. Grupp und S. Maital, A Technometric Assessment of Sensor Technology in Israel vs. Europe, the United States and Japan, *Int. J. Technology Management*, 11 (5/6), S. 667 - 687, 1996.

Kranzberg, M. The Wedding of Science and Technology: A Very Modern Marriage, in Burnett (1984), S. 27 - 37.

Krelle, W., *Präferenz- und Entscheidungstheorie*, Tübingen, 1968.

Krelle, W., *Theorie des wirtschaftlichen Wachstums unter Berücksichtigung von erschöpfbaren Ressourcen, Geld und Außenhandel*, Berlin, 1985.

Kromphardt, J., Das Verhältnis von Theorie und Empirie aus der Sicht wissenschaftstheoretischer Positionen, in Freimann und Ott (1988), S. 45- 59.

Kromphardt, J. und M. Teschner, Neuere Entwicklung der Innovationstheorie, *Vierteljahreshefte zur Wirtschaftsforschung*, ohne Bandnr., S. 235 - 248, 1986.

Krueger, A. B. und L. H. Summers, Industry rents: Evidence and implications, efficiency wages and the inter-industry wage structure, *Econometrica* 56 (2), S. 259 - 293, 1988.

Krugman, P. R., Increasing returns, monopolistic competition and international trade, *Journal of International Economics* 9, S. 469 - 479, 1979.

Krugman, P. R., Industrial Organization and International Trade, in Schmalensee und Willig (1989), S. 1179 - 1223.

Krugman, P. A., Myths and Realities of U. S. Competitiveness, *Science* 254, S. 811 - 815, 1991.

Krugman, P., Technological Change in International Trade, in Stoneman (1995), S. 342 - 365.

Krupp, H., Basic Research in German Research Institutions Excluding Universities and the Max-Planck Society, in Japan Society for the Promotion of Science (Hrsg.), Proceedings of the Japan-Germany Science Seminar, Tokyo, S. 73 - 109, 1984.

Krupp, H., *Energy Politics and Schumpeter Dynamics*, Tokyo, Berlin, Heidelberg, Springer-Verlag, 1992.

Krupp, H., *Zukunftsland Japan - Globale Evolution und Eigendynamik*, Darmstadt, WB-Verlag, 1996.

Krupp, H. und J. Weyer, Die gesellschaftliche Konstruktion einer neuen Technik. Legitimationsstrategie zur Durchsetzung der bemannten Raumfahrt als Beispiel, *Blätter für deutsche und internationale Politik* 7, S. 1068 - 1088 und 1249 - 1262, 1988.

Kruskal, J. B., Multidimensional scaling by optimizing goodness of fit to nonmetric hypotheses, *Psychometrica* 29, S. 1 - 27, 1964.

Kruskal, J. B. und M. Wish, *Multidimensional scaling*, Newbury Park, Calif., 1. Auflage 1978, 14. Auflage 1989.

Kucher, E. und H. Simon, Conjoint-Measurement - Durchbruch bei der Preisentscheidung, *HARVARDmanager* 3, 1987.

Küppers, B.- O., Ist die Biologie eine Geisteswissenschaft?, Interview in der Frankfurter Rundschau, 3. April 1993, S. ZB 2.

Kuhn, T. S., *The Structure of Scientific Revolutions*, Chicago, University of Chicago Press, 1962.

Lakatos, I., Falsifikation und die Methodologie wissenschaftlicher Forschungsprogramme, *Kritik und Erkenntnisfortschritt*, S. 89 - 189, 1974.

Lancaster, K. J., *Consumer Demand, A New Approach*, New York, London, 1971.

Lancaster, K. J., The Measurement of Changes in Quality, *The Review of Income and Wealth* 23, S. 157 - 172, 1977.

Lancaster, K. J., *Variety, Equity and Efficiency*, New York, Columbia University Press, 1979.

Lancaster, K., Intra-Industry Trade Under Perfect Monopolistic Competition, *Journal of International Economics* 6, S. 151 - 175, 1980.

Lancaster, K. J., The economics of product variety: a survey, *Marketing Science* 9, S. 189 - 206, 1990.

Lancaster, K. J., *Modern Consumer Theory*, Aldershot, Edward Elgar, 1991.

Lang, F. P. und R. Ohr (Hrsg.), *Openness and Development*, Heidelberg, Springer-Verlag, 1996.

Langenheder, W., Wissenschaftssoziologische Perspektiven der Technikbewertung, in Bungard und Lenk (1988), S. 261 - 282.

Laudan, R. und N. Rosenberg (Hrsg.), *The Positive Sum Strategy. Harnessing Technology for Economic Growth*, Washington, D. C., 1986.

Law, J. und M. Callon, The life and death of an aircraft: a network analysis of technical change, Paper prepared for a Workshop on Social and Historical Studies of Technology, Enschede, 1987.

Leamer, E. E., Leontief Paradox, in *The New Palgrave: A Dictionary of Economics*, Band 3, London, Macmillan, 1987.

Lee, F. und H. Has, A Quantitative Assessment of High-Knowledge Industries versus Low-Knowledge Industries, Seminaire d'experts sur la technologie, la productivité et l'emploi: Analyses macro-economiques et sectorielles, Paris, OECD, 1995.

Lee, H.-H. und Y.-Y Lee, Intra-Industry Trade in Manufactures: The Case of Korea, *Weltwirtschaftliches Archiv* 129, S. 159 - 171, 1993.

Lee, T. K. und L. L. Wilde, Market Structure and Innovation: A Reformulation, *The Quarterly Journal of Economics* 94, S. 429 - 436, 1980.

Legler, H., *Internationale Wettbewerbsfähigkeit der westdeutschen chemischen Industrie*, Berlin, Duncker & Humblot, 1982.

Legler, H., H. Grupp, B. Gehrke und U. Schasse, *Innovationspotential und Hochtechnologie*, Heidelberg, Physica-Verlag, 1992.

Leibenstein, H, Allocative Efficiency vs. "X-Efficiency", *American Economic Review* 56, S. 392 - 415, 1966.

Leibenstein, H. und S. Maital, Empirical estimation and partitioning of x-inefficiency: A Data Envelopment approach, *American Economic Association Papers and Proceedings*, 82, S. 428 - 433, 1992.

Lenk, H., *Pragmatische Vernunft. Philosophie zwischen Wissenschaft und Praxis*, Stuttgart, Philipp Reclam, 1979.

Lenk, H. und G. Ropohl, *Technische Intelligenz im systemtechnologischen Zeitalter*, Düsseldorf, 1976.

Lenz, R. A., A Heuristic Approach to Technology Measurement, *Tech. Forecast. Soc. Change* 27, S. 249 - 264, 1985.

Leontief, W., Domestic Production and Foreign Trade: The American Capital Position Reconsidered, *Proceedings of the American Philosophical Society* 97, S. 332 - 349, 1953.

Leschke, M. und E. Wessling, Evolutorik versus Neoklassik. Eine Analyse auf der Basis der Theorie wissenschaftlicher Forschungsprogramme, Westfälische Wilhelms-Universität Münster, Volkswirtschaftliche Diskussionsbeiträge Nr. 186, Münster, 1993.

Leuchtner, J. und C. Boekstiegel, Photovoltaik-Marktübersicht, Öko-Institut, Werkstattreihe Nr. 42, Freiburg, fünfte, aktualisierte Auflage, 1991.

Levin, R. C. und P. C. Reiss, Tests of a Schumpeterian Model of R&D and Market Structure, in Griliches (1984), S. 175 - 204.

Levin, R. C. und P. C. Reiss, Cost-reducing and demand-creating R&D with Spillovers, *RAND Journal of Economics* 19, S. 538 - 556, 1988.

Levitt, Th., *The Marketing Imagination*, New York, Free Press, 1993.

Liebowitz, S. J. und J. P. Palmer, Assessing the relative impacts of ecnomics journals, *J. Econ Lit.* 22, S. 77 - 88, 1984.

Lienhard, J. H., Some Ideas About Growth and Quality in Technology, *Tech. Forecast. Soc. Change* 27, S. 265 - 281, 1985.

Lindemann, Ch. und G. Müller, Zur ökonomischen Bewertung von Forschungs- und Entwicklungsaufgaben in der Lebensmittelproduktion (Teil I und Teil II), *Lebensmittelindustrie* 31, S. 147 - 149, und S. 204 - 206, 1984.

Lindqvist, S., Changes in the Technological Landscape: The Temporal Dimension in the Growth and Decline of Large Technological Systems, in Granstrand (1994), S. 271 - 288.

Littkemann, J., Das Investitionsverhalten von Unternehmen des Verarbeitenden Gewerbes, *Die Betriebswirtschaft* 55 (1), S. 77 - 94, 1995.

Löbbe, K., *Innovationen, Investitionen und Wettbewerbsfähigkeit der deutschen Wirtschaft*, Essen, Untersuchungen des RWI, 1995.

Loury, G. C., Market Structure and Innovation, *The Quanterly Journal of Economics* 93, S. 395 - 410, 1979.

Lucas, R. E., Expectations and the Neutrality of Money, *Journal of Economic Theory* 4, S. 103 - 124, 1972.

Lucas, R. E., On the Mechanics of Economic Development, *Journal of Monetary Economics* 22, S. 3 - 42, 1988.

Lucas, R. E., Why Doesn't Capital Flow from Rich to Poor Countries?, *American Econ. Rev.* 80 (2), S. 92 - 96, 1990.

Luckenbach, H., *Theorie des Haushalts*, Göttingen, 1975.

Lüdtke, K., Interdisziplinarität und Wissensentwicklung, *Journal for General Philosophy of Science* 26, S. 93 - 117, 1995.

Luhmann, N., *Die Wirtschaft der Gesellschaft*, Frankfurt, Suhrkamp, 1988.

Lundvall, B.- A., *Product Innovation and User-Producer Interaction*, Aalborg University Press, Aalborg, 1985.

Lundvall, B.- A., *National systems of innovation*, London, Pinter Publishers, 1992.

Lundvall, B.- A., The Learning Economy - Challanges to Economic Theory and Policy, Beitrag für die EAEPE-Konferenz in Kopenhagen, Universität Aalberg und OECD, Aalberg, 1994.

Lutz, F. A. und D. C. Hague (Hrsg.), *The Theory of Capital*, New York, St. Martin's Press, 1961.

Machlup, F., Operational Concepts and Mental Constructs in Model and Theory Formation, *Giornale degli Economisti e Annali di Economia* XIX (9-10), S. 553 - 582, 1960.

Machlup, F., Idealtypus, Wirklichkeit und Konstruktion, *Ordo - Jahrbuch für die Ordnung von Wirtschaft und Gesellschaft* 12, S. 21 - 57, 1960/61.

Machlup, F., *The Production and Distribution of Knowledge in the United States*, Princeton, N. J., 1962.

Machlup, F., Patentwesen: Geschichtlicher Überblick, *Handwörterbuch der Sozialwissenschaften* 8, S. 231 - 240, Stuttgart, Gustav Fischer Verlag, 1964.

Maital, S., *Executive Economics*, New York, The Free Press/Macmillan, 1994.

Maital, S., H. Grupp, A. Frenkel und K. Koschatzky, The Relation Between the Average Complexity of High-Tech Products and Their Diversity: An Empirical Test of Evolutionary Models, *Journal of Evolutionary Economics* 4, S. 273 - 288, 1994.

Majer, H., *Industrieforschung in der Bundesrepublik Deutschland*, Tübingen, J. C. B. Mohr, 1978.

Majer, H., Technology Measurement: The Functional Approach, *Tech. Forecast. Soc. Change* 27, S. 335 - 351, 1985.

Majer, H., Technischer Fortschritt und Qualitätsveränderung: die Identitätshypothese, in Seitz (1989), S. 1 - 17.

Majumdar, S. K., The Determinants of Investment in New Technology: An Examination of Alternative Hypotheses, *Tech. Forecast. Social Change 50* (3), S. 153-165, 1995.

Mansfield, E., Patents and Innovation: An Empirical Study, *Management Science* 32 (2), S. 173 - 181, 1986.

Mansfield, E., Academic research and industrial innovation, *Research Policy* 20, S. 1 - 12, 1991.

Margenau, H., *The Nature of Physical Reality*, New York, Mc Graw-Hill, 1950.

Martin, B. R., Research Foresight and the Exploitation of the Science Base, A report submitted to the Office of Science and Technology, Cabinett Office, SPRU, Sussex University, 1992.

Martino, J.P., Measurement of Technology Using Tradeoff Surfaces, *Tech. Forecast. Soc. Change* 27, S. 147 - 160, 1985.

Marshall, A., *Principles of economics*, London, 1898, zitiert nach der Macmillan-Ausgabe, 1959.

Marx, K., *Zur Kritik der politischen Ökonomie*, MEGA-Ausgabe II. 3.6., Berlin, 1982, Originalausgabe datiert um 1862.

Marx, K., *Das Kapital I*, Hamburg, Verlag von Otto Meissner, 1867; zitiert aus Ullstein, 4. Auflage, 1972.

Mason, J. H., Innovation in Professional Services: Potential Productivity and Trade Improvement, *Tech. Forecast. and Soc. Change* 42, S. 31 - 45, 1992.

Matzner, E., Forschungsplanung, Methoden und Ergebnisse der META-II-Studie aus der Sicht des Koordinators, in Oppenländer (1991a), S. 19 - 39.

Mayntz, R. und F. W. Scharpf, Der Ansatz des akteurzentrierten Institutionalismus, in dieselben (1995), S. 39-72.

Mayntz, R. und F. W. Scharpf (Hrsg.), *Gesellschaftliche Selbstregelung und politische Steuerung*, Frankfurt, Campus Verlag, 1995.

Meckl, R. und Ch. Rosenberg, Neue Ansätze zur Erklärung internationaler Wettbewerbsfähigkeit, Versuch einer Synthese zwischen volks- und betriebswirtschaftlicher Sichtweise, *Zeitschrift für Wirtschafts- u. Sozialwissenschaften* 115 (2), S. 211-230, 1995.

Meereis, J., Photovoltaik - Marktübersicht, Öko-Institut, Werkstattreihe Nr. 42, Freiburg, 1987.

Menger, C., Grundsätze der Volkswirtschaftslehre, Wien, 1871; Neudruck der 2. Auflage, ebenda, 1923.

Menges, G., Deskription und Inferenz (Moderne Aspekte der Frankfurter Schule), *Allgemeines Statistisches Archiv* 60, S. 290 - 319, 1976.

Menges, G., Die statistische Adäquation, *Jahrb. f. Nationalök. u. Stat.* 197 (4), S. 289 - 307, 1982.

Merges, R. P. und R. R. Nelson, Market Structure and Technical Advance: The Role of Patent Scope Decisions, CCC Working Paper No. 90-10, Center for Research in Management, University of California at Berkeley, 1990; auch erschienen als: The Complex Economics of Patent Scope, *Columbia Law Review* 90, S. 839 - 916, 1990.

Merton, R. K., Fluctuations in the rate of industrial innovation, *The Quarterly Journal of Economics* 49, S. 454 - 470, 1935.

Merton, R. K., *Social Theory and Social Structure*, revidierte und erweiterte Auflage, Glencoe, 1964.

Meyer-Abich, K. M. und B. Schefold, *Wie möchten wir in Zukunft leben*, München, C. H. Beck, 1981.

Meyer-Krahmer, F., Recent results in measuring innovation output, *Research Policy* 13, S. 175 - 182, 1984.

Meyer-Krahmer, F., *Der Einfluß staatlicher Technologiepolitik auf industrielle Innovationen*, Baden-Baden, Nomos Verlagsgesellschaft, 1989.

Meyer-Krahmer, F., The Effects of New Technologies on Employment, *Econ. Innov. New Techn.* 2, S. 131 - 149, 1992.

Meyer-Krahmer, F. (Hrsg.), *Innovationsökonomie und Technologiepolitik*, Heidelberg, Physica-Verlag, 1993.

Meyer-Krahmer, F. und H. Grupp, Strategische Sektoren der Bundesrepublik Deutschland - Empirische Befunde und Vermutungen, in Meyer-Krahmer (1993), S. 247 - 273.

Miller, A. G. und D. Mair, Introduction, in dieselben (1991), S. 1 - 20.

Miller, A. G. und D. Mair (Hrsg.), *A modern guide to economic thought*, Aldershot, Edgar Miller, 1991.

Mittelstraß, J., Am Krankenbett der Universität, *Wirtschaft & Wissenschaft* 2, S. 27 - 31, 1993.

Miyazaki, K., Measuring technological competences in the firm: What the case of optoelectronics shows, *Research Policy*, im Druck, 1996.

Möller, H. et al. (Hrsg.), *Umweltökonomik*. Beiträge zur Theorie und Politik, Königstein, 1982.

Mohnen, P. New Technologies and Interindustry Spillovers, *STI Review* 7, S. 131 - 147, 1990.

Mokyr, J., *The Lever of Riches: Technological Creativity and Economic Progress*, New York, Oxford, Oxford University Press, 1990.

Müller-Merbach, H., Entwurf zweidimensionaler Wirtschaftsgraphiken, *technologie & management*, 2/91, S. 24 - 33, 1991.

Münt, G., *Dynamik von Innovation und Außenhandel,* Entwicklung technischer und wirtschaftlicher Spezialisierungsmuster, Heidelberg, Physica-Verlag, 1996.

Münt, G. und H. Grupp, Changes in Technological and Trade Specialisation among Open Economies, in Lang and Ohr (1996), S. 3 - 31.

Munsberg, H., Der Verlauf von Markträumungsprozessen in den Branchen des Verarbeitenden Gewerbes der Bundesrepublik Deutschland, Frankfurt/M., Peter Lang, 1994.

Munsberg, H., Methodische Grundlagen einer Konstruktion von Ideal- und Hilfsindikatoren für das Koordinationsmängelkonzept, Westfälische Wilhelms-Universität, Volkswirtschaftliche Diskussionsbeiträge Nr. 150, Münster, 1992.

Narin, F. und D. Olivastro, Status report: Linkage between technology and science, *Research Policy* 21, S. 237 - 249, 1992.

NBER - National Bureau of Economic Research (Hrsg.), *The Price Statistics of the Federal Government*, No. 173, New York, 1961.

Neidhardt, F., The public as a communication system, *Public Understand. Sci.* 2, S. 339 - 350, 1993.

Nelson, R. R. (Hrsg.), *The Rate and Direction of Inventive Activity: Economic and Social Factors*, Princeton, 1962.

Nelson, R. R., What is public and what is private about technology? CCC Working Paper No. 90-9, Center for Research in Management, University of California at Berkeley, 1990.

Nelson, R. R., Capitalism as an engine of progress, *Research Policy* 19, S. 193 - 214, 1990a.

Nelson, R. R., A Retrospective, in Nelson (1993), S. 505 - 523.

Nelson, R. R. (Hrsg.), *National Innovation Systems*, A Comparative Analysis, New York, Oxford, Oxford University Press, 1993.

Nelson, R. R., Co-evolution of Industry Structure, Technology and Supporting Institutions, and the Making of Comparative Advantage, *Int. Journal of the Economics of Business*, 2 (2), S. 171 - 184, 1995.

Nelson, R. R. und N. Rosenberg, Technical Innovation and National Systems, in Nelson (1993), S. 3 - 21.

Nelson, R. R. und S. G. Winter, In Search of a Useful Theory of Innovation, *Research Policy* 6, S. 36 - 76, 1977.

Nelson, R. R. und S. G. Winter, *An Evolutionary Theory of Economic Change*, Cambridge, MA., Harvard University Press, 1982.

Nelson, R. R. und S. G. Winter, The Schumpeterian Tradeoff Revisited, *The American Economic Review* 72 (1), S. 114 - 132, 1982a.

Nelson, R. R. und G. Wright, The Rise and Fall of American Technological Leadership: The Postwar Era in Historical Perspective, *Journal of Economic Literature* XXX, S. 1931 - 1964, 1992.

Nettelsiefen, B., *Technischer Wandel und Beschäftigung; Rekonstruktion der Freisetzungs- und Beschäftigungsdebatten*, Frankfurt, Campus, 1981.

Neumark, F. (Hrsg.), Einführung des Herausgebers in Ricardo, D., *Grundsätze der politischen Ökonomie und der Besteuerung*, Frankfurt a. M., Europäische Verlagsanstalt, 1980.

Nonaka, I., The Knowledge-Creating Company, *Harvard Business Review*, Nov-Dec, S. 96 - 104, 1991.

Nooteboom, B. und R. W. Vossen, R&D Spending and Efficiency in Relation to Firm Size, International Joseph A. Schumpeter Society Conference, Kyoto, 1992.

North, D. Economic Performance Through Time, *AER* 84(3), S. 359 - 368, 1994.

Noyons, E.C.M, A.F.J. van Raan, H. Grupp und U. Schmoch, Exploring the science and technology interface: Inventor-Author relations in laser medicine research, *Research Policy* 23, S. 443 - 457, 1994.

OECD (Hrsg.), *Technology and Productivity - The Challenge for Economic Policy*, Paris, Selbstverlag, 1991.

OECD (Hrsg.), OECD Proposed Guidelines for Collecting and Interpreting Technological Innovation Data (Oslo Manual), Paris, 1992.

OECD (Hrsg.), Frascati Manual 1992, Proposed Standard Practice for Surveys of Research and Experimental Development, 5. Revision, Paris, 1993.

OECD (Hrsg.), Accessing and Expanding the Science and Technology Knowledge Base, DSTI/STP/TIP (94) 4, Manuskript, 1994.

OECD (Hrsg.), *Innovation, Patents and Technological Strategies,* Paris, Selbstverlag, 1996.

Oppenländer, K. H., Stilisierte Fakten des Innovationsprozesses und ihre Analyse, *ifo-Studien* 37, S. 165 - 180, 1991.

Oppenländer, K. H., Planung und Durchführung der META-II-Studie aus der Sicht des wissenschaftlichen Begleitausschusses, in derselbe (1991a), S. 8 - 15.

Oppenländer, K. H. (Hrsg.), *Beschäftigungsfolgen moderner Technologien*, Berlin, New York, de Gruyter, 1991a.

Osterkamp, R. und W. Schneider, Zur Umweltökonomik. Einführung und Überblick, in Möller et al. (1982), S. 5 - 27.

Ott, A. E., Technischer Fortschritt, in Handwörterbuch der Sozialwissenschaften, Bd. 10, Stuttgart, Tübingen und Göttingen, Gustav Fischer, J.C.B. Mohr und Vandenhoeck und Ruprecht, S. 302 - 316, 1959.

Otto, C., Wissenschaftstheoretische und empirische Untersuchungen zu ausgewählten Problemen der wissenschaftlichen und technischen Entwicklung auf der Grundlage von Science Citation Index- und Patentanalysen, Dissertation, Humboldt-Universität, Berlin, 1982.

Patel, P. und K. Pavitt, The continuing, widespread (and neglected) importance of improvements in mechanical technologies, *Research Policy* 23 (5), S. 533 - 545, 1994.

Patel, P. und K. Pavitt, Patterns of Technological Activity: their Measurement and Interpretation, in Stoneman (1995), S. 15 - 51.

Pavitt, K., R&D, patenting and innovative activities. A statistical exploration, *Research Policy* 11, S. 33 - 51, 1982.

Pavitt, K., Sectoral patterns of technical change: Towards a taxonomy and a theory, *Research Policy* 13, S. 343 - 373, 1984.

Pavitt, K., Patent Statistics as Indicators of Innovative Activities: Possibilities and Problems, *Scientometrics* 7, S. 77 - 99, 1985.

Pavitt, K., M. Robson und J. Townsend, The Size Distribution of Innovating Firms in the UK: 1945 - 1983, *The Journal of Industrial Economics* XXXV (3), S. 297 - 316, 1987.

Payson, S., *Quality Measurement in Economics, New Perspectives on the Evolution of Goods and Services*, Aldershot, Edwar Elgar, 1994.

Perez, C. Structural Change and Assimilation of New Technologies in the Economic and Social Systems, *Futures* 15, S. 357 - 375, 1983.

Perlitz, M. und H. Löbler, Brauchen Unternehmen zum Innovieren Krisen? *Zeitschrift für Betriebswirtschaftslehre* 55 (5), 1985.

Pfaffermayr, M., Foreign Outward Direct Investment and Exports in Austrian Manufacturing: Substitutes or Complements? Institut für Volkswirtschaftslehre, Johannes Kepler Universität Linz, Arbeitspapier 9506, 1995.

Pfeiffer, W. und P. Bischof, Produktlebenszyklen - Instrument jeder strategischen Produktplanung, in Steinmann (1982), S. 133 - 166.

Pfeiffer, W., G. Metze, W. Schneider und R. Amler, *Technologie-Portfolio zum Management strategischer Zukunftsgeschäftsfelder*, Göttingen, Vandenhoeck und Ruprecht, 4. Auflage, 1987.

Pfeiffer, W., W. Schneider und R. Dögl, Technologie-Portfolio-Management, in Staudt (Hrsg.), *Das Management von Innovationen*, Frankfurt, Frankfurter Zeitung, Blick durch die Wirtschaft, 1986, S. 107 - 124.

Pfetsch, F. R., Zum Stand der Innovationsforschung, in derselbe (1975), S. 9 - 24.

Pfetsch, F. R. (Red.), *Innovationsforschung als multidisziplinäre Aufgabe*, Göttingen, Vandenhoeck & Ruprecht, 1975.

Pianta, M., Technology and growth in OECD countries, 1970 - 1990, *Cambridge Journal of Economics* 19(1), S. 175 - 187, 1995.

Pianta, M., R. Evangelista und G. Perani, The Dynamics of Innovation and Employment: An International Comparison, Seminaire d'experts sur la technologie, la productivité et l'emploi: Analyses macro-economiques et sectorielles, Paris, OECD, 1995.

Piesch, W. und W. Förster (Hrsg.), *Angewandte Statistik und Wirtschaftsforschung heute*, Göttingen, Vandenhoeck & Ruprecht, 1982.

Pinch, T., The role of scientific communities in the development of science, *Impact of Science on Society* 159, S. 219 - 225, 1990.

Pindyck, R. S. und D. L. Rubinfeld, *Econometric Models & Economic Forecasts*, New York, McGraw-Hill, 3. Auflage 1991.

Polanyi, M., *The Tacit Dimension*, London, Routledge & Kegan, 1966.

Porter, M. E., *The Competitive Advantage of Nations*, London und Basingstoke, The Macmillan Press, 1990.

Posner, M. V., Technical Change and International Trade, *Oxford Economic Papers* 13, S. 323 - 341, 1961.

Powell, W. W. und P. J. DiMaggio (Hrsg.), *The New Institutionalism in Organizational Analysis*, Chicago, London, The University of Chicago Press, 1991.

Prescott, E. C., Theory Ahead of Business Cycle Measurement, *Federal Reserve Bank of Minneapolis Quarterly Review,* S. 9 - 22, 1986.

Pütz, Th., *Grundlagen der theoretischen Wirtschaftspolitik,* Stuttgart, 3. Auflage 1975.

PV News, Verschiedene Jahrgänge ab Band 3, 1984, bis Band 12, 1993.

van Raan (Hrsg.), *Handbook of Quantitative Studies of Science and Technology,* Amsterdam, North-Holland, 1988.

van Raan, A.F.J., A. J. Nederhof und H. F. Moed (Hrsg.), *Science and Technology Indicators,* Leiden, DSWO Press, 1989.

Rabeharisoa, V., A special mediation between science and technology - When inventors publish scientific articles in fuel cells research, in Grupp (1992), S. 45 - 72.

Radkau, J., Die Kerntechnik als historisches Individuum und als Paradigma, in Bechmann, Rammert (1992), S. 73 - 112.

Radner, R., Collusive Behaviour in Noncooperative Epsilon-Equilibria of Oligopolies with Long but Finite Lives, *Journal of Economic Theory* 22, S. 136 - 154, 1980.

Radner, R., Can Bounded Rationality Resolve the Prisoner's Dilemma? in Hildenbrand und Mas-Collel (1986), S. 387 - 399.

Raffée, H. und K.-P. Wiedmann (Hrsg.), *Strategisches Marketing,* Stuttgart, C. E. Poeschel Verlag, 1985.

Rahmeyer, F., Technischer Wandel und sektorales Produktivitätswachstum, *Jahrb. f. Nationalök. und Stat.* 211 (3-4), S.259 - 285, 1993.

Rahmeyer, F., Konzepte privater und staatlicher Innovationsförderung, *Zeitschrift für Wirtschafts- u. Sozialwissenschaften* 115 (1), S. 37-66, 1995.

Rammert, W., Technikgenese, Stand und Perspektiven der Sozialforschung zum Entstehungszusammenhang neuer Techniken, *Kölner Zeitschrift für Soziologie und Sozialpsychologie* 40, S. 747 - 761, 1988a.

Rammert, W., *Das Innovationsdilemma, Technikentwicklung im Unternehmen,* Opladen, Westdeutscher Verlag, 1988b.

Rammert, W., Wer oder was steuert den technischen Fortschritt? Technischer Wandel zwischen Steuerung und Evolution, *Soziale Welt Zeitschrift für Sozialwissenschaftliche Forschung und Praxis 1,* S. 1- 19, 1992.

Rammert, W., Modelle der Technikgenese - Von der Macht und der Gemachtheit technischer Sachen in unserer Gesellschaft, in Fricke (1994), S. 3 - 12.

Rammert, W., Die Technik in der Gesellschaft - Forschungsfelder und theoretische Leitdifferenzen im Deutschland der 90er Jahre, *Mitt. des Verb. Sozialwiss. Technikforschung* 13, S. 4 - 62, 1994a.

Rammert, W. und G. Bechmann (Hrsg.), *Technik und Gesellschaft Jahrbuch 7*, Frankfurt, New York, Campus-Verlag, 1994.

Ramser, H. J., Technischer Fortschritt, Wachstum und Beschäftigung: Ein einfaches Modell, in Henn (1987), S. 779 - 788.

Ramser, H. J., Industriepolitik und Wachstumstheorie, in Gahlen, Hesse, Ramser (1991), S. 305 - 327.

Ramser, H. J., Grundlagen der "neuen" Wachstumstheorie, *Wirtschaftswissenschaftliches Studium* 22, S. 117 - 123, 1993.

Ramser, H. J., Schumpetersche Konzepte in der Analyse des technischen Wandels, in Bombach u. a. (1986).

Rappa, M. A., Advanced Bibliometric Methods Applied to the Study of Emerging Technologies, in van Raan, Nederhof, Moed (Hrsg.), S. 421 - 448, 1989.

Rappa, M. A. und K. Debackere, Beyond Persistence: Understanding the Commmitment of Pioneers in Emerging Fields of Science and Technology, WP # 52-91, Sloan School of Management, MIT, Cambridge, MA, 1991.

Rappa, M. A. und K. Debackere, Technological Communities and the Diffusion of Knowledge, *R&D Management* 22, S. 209 - 220, 1992.

Ray, G. F., Full circle: The diffusion of technology, *Research Policy* 18, S. 1 - 18, 1989.

Raz, B., G. Steinberg und A. Ruina, A Quantitative Model of Technology Transfer and Technological 'Catch-Up', *Tech. Forecast. Soc. Change* 24, S. 31 - 44, 1983.

van Reenen, J., The Creation and Capture of Rents: Wages and Innovation in a Panel of U.K. Companies, *Quarterly Journal of Economics* CXI (1), S. 195 - 226, 1996.

Reger, G. und U. Schmoch (Hrsg.), *Organisation of Science and Technology at the Watershed*, Heidelberg, Physica, 1996.

Reinganum, J. F., Dynamic Games of Innovation, *Journal of Economic Theory* 25, S. 21 - 41, 1981.

Reinganum, J. F., A Dynamic Game of R and D: Patent Protection and Competitive Behaviour, *Econometrica* 50, S. 671 - 688, 1982.

Reiß, T., *Perspektiven der Biotechnologie*, Köln, Verlag TÜV Rheinland, 1990.

Reuter, N., *Der Institutionalismus. Geschichte und Theorie der evolutionären Ökonomie*, Marburg, Metropolis-Verlag, 1994.

Ricardo, D., The Principles of Political Economy and Taxation, London, New York, J. M. Dent & Sons, 1817. Deutsche Neuausgabe unter dem Titel "Grundsätze der politischen Ökonomie und der Besteuerung", Frankfurt a. M., Europäische Verlagsanstalt, 1980.

Richter, J., Technologie in Input-Output-Tabellen - Abbildungen von Produktionsverhältnissen oder statistische Artefakte? In Schnabl (1995), S. 179-196.

Richter, R., *Institutionen ökonomisch analysiert: Zur jüngeren Entwicklung auf dem Gebiete der Wirtschaftstheorie*, Tübingen, Mohr, 1994.

Rickerby, D. S. und A. Matthews, Market Perspectives and Future Trends, in dieselben (Hrsg.), Handbook of Surface Engineering, Glasgow, London, Blackie and Son, S. 343 - 364, 1991.

Riediger, S., Zum Zeitverhalten neuer technischer Konzeptionen (Basisinnovationen) dargestellt am Beispiel der Entwicklung, Produktion und Applikation neuer, hochveredelter polymerer Materialien, Dissertation A, Humboldt-Universität, Berlin, 1984.

Rivise, C. W., *Patent Applications*, Charlottesville, The Michie Company, 1933.

Roessner, J. D., Commercializing solar technology: The government role, *Research Policy* 13, S. 235 - 246, 1984.

Roessner, J. D., Prospects for a US national innovation policy, *Futures* 17, S. 224 - 231, 1985.

Romer, P. M., Increasing Returns and Long-Run Growth, *The Journal of the Political Economy* 94, S. 1002 - 1037, 1986.

Romer, P. M., Capital Accumulation in the Theory of Long-Run Growth, in Barro (Hrsg.), S. 51 - 127, 1989.

Romer, P. M., Endogenous Technological Change, *Journal of Political Economy* 98(5), S. S71 - S102, 1990.

Ronning, G., *Mikroökonometrie*, Heidelberg, Springer, 1991.

Ronning, G., Ökonometrie, in von Hagen, Börsch-Supan und Welfens (1996), Bd. 1, S. 77 - 133.

Ropohl, G., *Eine Systemtheorie der Technik*, München, Wien, 1979.

Ropohl, G., Ein Systemmodell der technischen Entwicklung, in Fleischmann und Esser (1989), S. 1 - 28.

Rose, K., *Grundlagen der Wachstumstheorie*, Göttingen, 1971.

Rosegger, G., Two cycles in life-science research, *Int. J. Technology Management* 7, S. 201 - 215, 1992.

Rosenberg, N., Science, Invention and Economic Growth, *Economic Journal*, S. 90 - 108, 1974.

Rosenberg, N., Karl Marx on the Economic Role of Science, *Journal of Political Economy* 82(4), S. 713-728, 1974a.

Rosenberg, N., *Perspectives on Technology*, Cambridge, Cambridge University Press, 1976.

Rosenberg, N., Marx as a Student of Technology, *Monthly Review: an independent Socialist magazine* 28, S. 56 - 77, 1976a.

Rosenberg, N., *Inside the Black Box: Technology and Economics*, Cambridge, 1982.

Rosenberg, N., Science - Technology - Economy Interactions, in Granstrand (1994), S. 323 - 337.

Rosenberg, N. und R. R. Nelson, American universities and technical advance in industry, *Research Policy* 23, S. 323 - 348, 1994.

Roslanowska-Plichcinska, K., Measuring the Technical-Technological State of Products and Processes, *Tech. Forecast. Soc. Change* 33, S. 63 - 74, 1988.

Roy, C. und N. Cross, *Bicycles: Invention and Innovation*, London, 1983.

Sachverständigenrat zur Begutachtung der gesamtwirtschaftlichen Entwicklung, Jahresgutachten 1981, Bonn, 1981.

Sachverständigenrat zur Begutachtung der gesamtwirtschaftlichen Entwicklung, Jahresgutachten 1993/94, Deutscher Bundestag, 12. Wahlperiode, Drucksache 12/6170, Bonn, 1993.

Sahal, D., A theory of measurement of technological change, *Int. J. Systems Sci.* 8 (6), S. 671 - 682, 1977.

Sahal, D., Foundation of Technometrics, *Tech. Forecast. Soc. Change* 27, S. 1 - 37, 1985a.

Sahal, D., Technological Guideposts and Innovation Avenues, *Research Policy* 14, S. 61 - 82, 1985b.

Salter, W. E. G., *Productivity and Technological Change*, Cambridge, 1960.

Samgin, Ju. S. (Самгин, Ю. С.), Die Möglichkeit der Benutzung der Patentdokumente für eine Abschätzung des technischen Niveaus der Entwicklung der industriellen Produktion (Особености использования патентной документации для оценки техническово уровня разрабатываемой промышленной продукции), *Вопросы Изобретательства* 1977 (6), S. 37 - 43, 1977.

Samuels, W. J., Critical survey: The present state of institutional economics, *Cambridge Journal of Economics* 19, S. 569 - 590, 1995.

Samuelson, P. A., A note on the pure theory of consumer's behavior, *Economica* 5, S. 61 - 71, 1938.

Samuelson, P. A., *Economics*, 11. Auflage, versch. Orte, McGraw-Hill, 1980.

Sargent, T. J. und N. Wallace, Rational Expectations and the Theory of Economic Policy, *Journal of Monetary Economics* 2, S. 169- 183, 1976.

Saviotti, P. P, An Approach to the Measurement of Technology Based on the Hedonic Price Method and Related Methods, *Tech. Forecast. Soc. Change* 27, S. 309 - 334, 1985.

Saviotti, P. P., The Measurement of Changes in Technological Output, in van Raan (1988), S. 555 - 610.

Saviotti, P. P., Information, variety and entropy in technoeconomic development, *Research Policy* 17, S. 89 - 103, 1988a.

Saviotti, P. P., The Role of Variety in Economic and Technological Development, in Saviotti und Metcalfe (1991), S. 172 - 208.

Saviotti, P. P., Variety, Economic and Technological Development, in Shionoya und Perlman (1994), S. 27 - 48.

Saviotti, P. P., Technology mapping and the evaluation of technical change, *Int. J. of Technology Management* 10 (4-6), S. 407 - 425, 1995.

Saviotti, P. P. und A. Bowman, Indicators of Output of Technology, in Gibbons, M. und P. Gummett (Hrsg.), *Science and Technology Policy in the 1980s and Beyond*, London, Longman, 1984.

Saviotti, P. P. und G. S. Mani, Competition, variety and technological evolution: a replicator dynamics model, *Journal of Evolutionary Economics* 5 (4), S. 369-392, 1995.

Saviotti, P. P. und J. S. Metcalfe, A Theoretical Approach to the Construction of Technological Output Indicators, *Research Policy* 13, S. 141 - 151, 1984.

Saviotti, P. P. und J. S. Metcalfe, Present Development and Trends in Evolutionary Economics, in dieselben (1991), S. 1 - 30.

Saviotti, P. P. und J. S. Metcalfe (Hrsg.), *Evolutionary Theories of Economic and Technological Change*, Chur, Harwood academic publishers, 1991.

Saviotti, P. P., P. C. Stubbs, R. W. Coombs und M. Gibbons, An Approach to the Construction of Indexes of Technological Change of Technological Sophistication, *Tech. Forecast. Soc. Change* 21, S. 133 - 147, 1982.

Schäffer, K.-A., Fehler in der Statistik, in Handwörterbuch 7 (1977), S. 233 - 238.

Schaich, E., Die statistische Adäquation in kritischer Betrachtung, *Jahrbücher für Statistik und Landeskunde in Baden-Württemberg* 29, S. 52 - 57, 1984.

Schaldach, H. G. H., *Konzeption und Erklärungsansätze technologischer Disparitäten,* Frankfurt, Bern, Peter Lang, 1985.

Schalk, H. J., G. Untiedt und J. Lüschow, Technische Effizienz, Wachstum und Konvergenzen in den Arbeitsmarktregionen der Bundesrepublik Deutschland (West), Westfälische Wilhelms-Universität Münster, Volkswirtschaftliche Diskussionsbeiträge Nr. 192, Münster, 1994.

Schankerman, M., Les statistiques sur les renouvelments des brevets: un moyen pour mesurer la valeur de la protection par brevet ainsi que la production de l'activité inventive, *STI* 8, S. 107 - 132, 1991.

Schankerman M. und A. Pakes, Estimates of the Value of Patent Rights in European Countries During the Post-1950 Period, *The Economic Journal* 96, S. 1052 - 1076, 1986.

Schanz, G. W., *Sensoren - Fühler der Meßtechnik*, Heidelberg, 1986.

Scherer, F. M., Firm Size, Market Structure, Opportunity, and the Output of Patented Inventions, *American Economic Review* 55, S. 1097 - 1125, 1965.

Scherer, F. M., Research and Development Resource Allocation under Rivalry, *Quarterly Journal of Economics* 81, S. 359 - 394, 1967.

Scherer, F. M., *Industrial Market Structure and Economic Performance*, 2. Auflage, Chicago, 1980.

Scherer, F. M., Inter-industry Technology Flows in the United States, *Research Policy* 11, S. 227 - 245, 1982.

Scherer, F. M., The Propensity to Patent, *Int. Journal of Industrial Organisation* 1/83, S. 107 - 128, 1983.

Scherer, F. M., The World Productivity Growth Slump, in Wolff (1986), S. 15 - 27.

Scherer, F. M., Schumpeter and Plausible Capitalism, *Journal of Economic Literature* XXX, S. 1416 - 1433, 1992.

Scherer, F. M., Competing for Comparative Advantage Through Technological Innovation, in Granstrand (1994), S. 339 - 353.

Schips, B. und H. Kaplanek, Lohnniveau, Wettbewerbsfähigkeit und Beschäftigung: Einige ökonomische Überlegungen zur wirtschaftspolitischen Argumentation mit den Kosten des Faktors Arbeit, in Henn (1987), S. 1018 - 1040.

Schmalensee, R. und R. D. Willig (Hrsg.), *Handbook of Industrial Organization, Volume II,* Amsterdam u. a., Elsevier Science Publishers, 1989.

Schmidt-Tiedemann, K. J., A New Model of the Innovation Process, *Research Management* 25, S. 18 - 21, 1982.

Schmidt-Tiedemann, K. J., Das Labor als moralische Anstalt betrachtet, *Phys. Bl.* 48, S. 253, 1992.

Schmitt-Rink, G. (Hrsg.), *Die Technologieintensität von Handelsströmen*, Bochum, Studienverlag Dr. N. Brockmeyer, 1985.

Schmoch, U., *Wettbewerbsvorsprung durch Patentinformation - Handbuch für die Recherchenpraxis*, Köln, Verlag TÜV Rheinland, 1990.

Schmoch, U., S. Breiner, K. Cuhls, S. Hinze und G. Münt, The Organisation of Interdisciplinarity - Research Structures in the Areas of Medical Lasers and Neural Networks, in Reger und Schmoch (1996), S. 267-372.

Schmoch, U., H. Grupp, W. Mannsbart und B. Schwitalla, *Technikprognosen mit Patentindikatoren*, Köln, Verlag TÜV Rheinland, 1988.

Schmoch, U. und H. Grupp, Patents between Corporate Strategy and Technology Output: An Approach to the Synoptic Evaluation of US, European and German Patent Data, in van Raan, Nederhof, Moed (1989), S. 49 - 67.

Schmoch, U., S. Hinze, G. Jaeckel, N. Kirsch, F. Meyer-Krahmer und G. Münt, The Role of the Scientific Community in the Generation of Technology, in Reger und Schmoch (1996a), S. 1-138.

Schmoch, U., N. Kirsch, W. Ley, E. Plescher und K. O. Jung, Analysis of Technical Spin-Off Effects of Space-related R&D by Means of Patent Indicators, *Acta Astronautica* 24, S. 353 - 362, 1991.

Schmoch, U. und N. Kirsch, *Analysis of International Patent Flows*, Endbericht an die OECD, Karlsruhe, FhG-ISI, 1993.

Schmoch, U. und Th. Schnöring, Technological Strategies of telecommunications equipment manufacturers, *Telecommunications Policy* 18 (5), S. 397 - 413, 1994.

Schmoch, U., E. Strauß, H. Grupp und Th. Reiß, Monitoring the science-based field of biotechnology by means of patent indicators, *Research Evaluation* 1 (2), S. 61 - 68, 1991.

Schmoch, U., E. Strauß, H. Grupp und Th. Reiß, Indicators of the Scientific Base of European Patents, Report to the CEC, DG XII, Karlsruhe, FhG-ISI, 1993.

Smolny, W., Sources of Productivity Growth - An empirical analysis with German sectoral data, Jahrestagung des Vereins für Sozialpolitik, Linz, 1995.

Schmookler, J., *Invention and Economic Growth*, Cambridge, MA, 1966.

Schnabl, H., *Technologieverflechtung und Strukturwandel*, Tübingen, J. C. B. Mohr (Paul Siebeck), 1995.

Schneider, M., *Zyklizität von Wissenschaft und Ökonomie*, Frankfurt, Campus, 1991.

Schneider, J. und Th. Ziesemer, What's New and What's Old in New Growth Theory: Endogenous Technology, Microfoundation and Growth Rate Predictions, *Zeitschrift für Wirtschafts- u. Sozialwissenschaften* 115 (3), S. 429-472, 1995.

Schneider, V. und R. Mayntz, Akteurzentrierter Institutionalismus in der Technikforschung - Fragestellung und Erklärungsansätze, in Halfmann et al. (1995), S. 107-130.

Schumann, J., "Neue Mikroökonomik" und "Theorie der Eigentumsrechte": Ansätze zur Ergänzung der mikroökonomischen Theorie, *WIST* 7 (7), S. 307 - 312, 1978.

Schumann, J., *Grundzüge der mikroökonomischen Theorie*, Berlin, Springer-Verlag, 6. Auflage, 1992.

Schumpeter, J. A., *Theorie der wirtschaftlichen Entwicklung*, München und Leipzig, 1911, zitiert nach der 6. Auflage, Berlin, 1964.

Schumpeter, J. A., *Konjunkturzyklen: Eine theoretische, historische und statistische Analyse des kapitalistischen Prozesses*, Göttingen, 1961; Übersetzung aus der englischen Originalausgabe, 1939.

Schumpeter, J. A., *Capitalism, Socialism and Democracy*, New York, 1942, zitiert nach der deutschen Übersetzung, 4. Auflage, München, 1975.

Schumpeter, J. A., *Geschichte der ökonomischen Analyse*, Göttingen, Vandenhoeck & Ruprecht, 1965.

Schwitalla, B., *Messung und Erklärung industrieller Innovationsaktivitäten*, Heidelberg, Physica-Verlag, 1993.

Schwitalla, B. und H. Grupp, Measuring and Explaining Industrial Innovation Activities - An Empirical Analysis of West German Firms, ZEW Workshop on Productivity, R&D, and Innovation at the Firm Level, Manuskript, Mannheim, Juni 1994.

Scitovsky, T., Two concepts of external economies, *Journal of Political Economy* 62, S. 143 - 151, 1954.

Seitz, T. (Hrsg.), *Wirtschaftliche Dynamik und technischer Wandel*, Stuttgart, New York, Gustav Fischer Verlag, 1989.

Shannon, C. E. und W. Weaver, *The Mathematical Theory of Communication*, Urbana, University of Illinois Press, 1949.

Sherman, H. D., Improving the Productivity of Service Businesses, *Sloan Management Review* 25, S. 11 - 23, 1984.

Shionoya, Y. und M. Perlman (Hrsg.), *Innovation in Technology, Industries and Institutions*, Ann Arbor, The University of Michigan Press, 1994.

Shillito, M. L., *Advanced Quality Function Deployment: Linking Technology to Market and Company Needs,* New York, Wiley, 1994.

Shoham, A., S. Lifshitz und S. Maital, Technometric Benchmarking: Identifying Sources of Superior Customer Value, erscheint 1996.

Shrum, W., Quality Judgements of Technical Fields: Bias, Marginality and the Role of the Elite, *Scientometrics* 8, S. 35 - 57, 1985.

Silverberg, G., Adoption and diffusion of technology as a collective evolutionary process, in Freeman und Soete (1990), S. 177 - 192.

Simon, H., *Models of Man*, New York, Wiley, 1957.

Simon, H., On the Bevavioural and Rational Foundations of Economic Dynamics, in Day, Eliasson (1986).

Skolimowski, H., The Structure of Thinking in Technology, *Technology and Culture* 7, S. 371 - 383, 1966.

Smelser, N. und R. Swedberg (Hrsg.), *The Handbook of Economic Sociology*, Princeton, Princeton University Press, 1994.

Smith, A., An Inquiry into the Nature and Causes of the Wealth of Nations, Dent edition von 1910, Originalausgabe datiert von 1776.

Smith, K., New Innovation Indicators: Conceptual Basis and Practical Problems, OECD Conference on consequences of the technology-economy programme for the development of indicators, Paris, 1990.

Smith, K., Technological innovation indicators: experience and prospects, *Science and Public Policy* 19 (6), S. 383 - 392, 1992.

Soete, L. G., The Impact of Technological Innovation on International Trade Patterns: The Evidence Reconsidered, *Research Policy* 16, S. 101 - 130, 1987.

Soete, L. G. und S.M.E. Wyatt, The Use of Foreign Patenting as an Internationally Comparable Science and Technology Output Indicator, *Scientometrics* 5, S. 31 - 54, 1983.

Solow, R., A Contribution to the Theory of Economic Growth, *The Quarterley Journal of Economics* 70, S. 65 - 94, 1956.

Solow, R. M., Technical Change and the Aggregate Production Function, *Review of Economics and Statistics* 39, S. 312 - 320, 1957.

Solow, R. M., New Directions in Growth Theory, in Gahlen et al. (1991), S. 3 - 17.

Sorokin, P. A., *Social and cultural dynamics*, vol. 2, New York, 1962.

Soskice, D., Innovation Strategies of Companies: A Comparative Institutional Approach of Some Cross-Country Differences, in WZB-Jahrbuch, Berlin, Wissenschaftszentrum Berlin, S. 271 - 289, 1994.

Souder, W. E. und P. Shrivastava, Towards a Scale for Measuring Technology in New Product Innovations, *Research Policy* 14, S. 151 - 160, 1985.

Specht, G., Grundprobleme eines strategischen markt- und technologieorientierten Innovationsmanagements, *Wirtschaftswissenschaftliches Studium* 15 (12), S. 609 - 613, 1986.

Sraffa, P., *Production of Commodities by Means of Commodities*, Cambridge, Cambridge University Press, 1960.

Stadler, M., *Marktstruktur und technologischer Wandel*. Eine modelltheoretische Analyse im Rahmen der Industrieökonomik, Berlin, Springer-Verlag, 1989.

Stadler, M., Die Modellierung des Innovationsprozesses: Ein integrativer Mikro-Makro-Ansatz, *ifo-Studien, Zeitschrift für empirische Wirtschaftsforschung* 39 (3-4), S. 159 - 189, 1993.

Stankiewicz, R., Technology as an autonomous, socio-cognitive system, in Grupp (1992), S. 19 - 44.

Steele, B. D., An Economic Theory of Technological Products, *Tech. Forecast. Soc. Change* 48, S. 221 - 242, 1995.

Steenkamp, J.-B. E. M., *Product Quality*, Assen, Van Gorcum, 1989.

Steinmann, H. (Hrsg.), *Planung und Kontrolle*, 1982.

Stenberg, L., Molecular beam epitaxy - A meso-view of Japanese research organisation, in Grupp (1992), S. 161 - 223.

Stern, N., The Determinants of Growth, *Economic Journal* 101, S. 122 - 133, 1991.

Stewart, M. B., Noncooperative Oligopoly and Preemptive Innovation without Winner-Take-All, *The Quarterly Journal of Economics* 98, S. 681 - 694, 1983.

Stigler, G. J., *Capital and Rates of Return in Manufacturing Industries*, Princeton, N. J., 1963.

Stonemann, P., *The Economic Analysis of Technological Change*, Oxford, Oxford University Press, 1983.

Straßberger, F., Technischer Wandel und wirtschaftliches Wachstum: Einige jüngere Entwicklungen, empirische Ergebnisse und wirtschaftliche Konsequenzen, *Vierteljahrshefte zur Wirtschaftsforschung* 64 (2), S. 200 - 220, 1995.

Straubhaar, Th., Internationale Wettbewerbsfähigkeit einer Volkswirtschaft - was ist das? *Wirtschaftsdienst* X, S. 534 - 540, 1994.

Straubhaar, Th., Wissen als strategische Grundlage der internationalen Wettbewerbsfähigkeit, in Hasse und Schäfer (1994a), S. 111 - 131.

SV-Gemeinnützige Gesellschaft für Wissenschaftsstatistik (Hrsg.), *Forschung u. Entwicklung in der Wirtschaft*, Ergebnisse 1991, Eckdaten 1992, Planung 1993, Essen, 1993.

Swann, P., Can High Technology Services Prosper if High Technology Manufacturing Doesn't? International Joseph A. Schumpeter Society Conference, Münster, 1994.

Täger, U., Untersuchung der Aussagefähigkeit von Patentstatistiken hinsichtlich technologischer Entwicklungen, München, ifo-Institut, 1979.

Takei, F., Product Competitiveness Evaluation - Quantitative Analysis for Development Strategy, *Tech. Forecast. Soc. Change* 28, S. 123 - 139, 1985.

Teece, D J., Profiting from Technological Innovation: Implications for Integration, Collaboration, Licensing and Public Policy, *Research Policy* 15, S. 285 - 305, 1986.

Thore, S., Cost Effectiveness and Competitiveness in the Computer Industry: A New Metric, The University of Texas at Austin, Technology Knowledge Activities, Vol. 1 (2), S. 1 - 10, 1993.

Tichy, G., Die endogene Innovation als Triebkraft in Schumpeters Konjunkturtheorie, *ifo-Studien* 31 (1), 1985.

Tijssen, R. J. W., A Scientometric Cognitive Study of Neural Network Research: Expert Mental Maps versus Bibliometric Maps, *Scientometrics* 28, S. 111 - 136, 1993.

Tirole, J., *Industrieökonomik*, München, Wien, R. Oldenburg Verlag, 1995; amerikanische Originalausgabe 1988.

Tong, X. und J. D. Frame, Measuring national technological performance with patent claims data, *Research Policy* 23, S. 133 - 141, 1994.

Trabold, H., Die internationale Wettbewerbsfähigkeit einer Volkswirtschaft, *Vierteljahreshefte zur Wirtschaftsforschung* 64 (2), S. 169 - 185, 1995.

Trajtenberg, M., *Economic Analysis of Product Innovation - The Case of CT Scanners*, Cambridge, Mass., Harvard University Press, 1990a.

Trajtenberg, M., A Penny for your Quotes: Patent Citations and the Value of Innovations, *RAND Journal of Economics* 21, S. 172 - 187, 1990b.

Trajtenberg, M., R. Henderson und A. Jaffe, University versus Corporate Patents: A Window on the Basicness of Inventions, CEPR Publication No. 372. Center for Economic Policy Research, Stanford University, Stanford, CA, 1994.

Tsukahara, S. und K. Yamada, A note on the time lag between the life cycle of a discipline and resource allocation in Japan, *Research Policy* 11, S.133 - 140, 1982.

Unkelbach, T., *Wirtschaftswachstum durch Innovationen,* Frankfurt a. M., Peter Lang, 1995.

Utterback, J. M. und W. J. Abernathy, A Dynamic Model of Process and Product Innovation, *Omega* 3, S. 639 - 656, 1975.

Utterback, J. M. und F. F. Suárez, Innovation Competition and Industry Structure, *Research Policy* 22, S. 1 - 21, 1993.

Vassiloglou, M. und D. Giokas, A Study of the Relative Efficiency of Bank Branches: An Application of Data Envelopment Analysis, *Journal of the Operational Research Society* 41 (7), S. 591-597, 1990.

VDI-Technologiezentrum (Hrsg.), *Technologiefrühaufklärung*, Stuttgart, C. E. Poeschel Verlag, 1992.

Veblen, Th., Why is economics not an evolutionary science?, *Quarterly Journal of Economics* 12, S. 373 - 397, 1898.

Veblen, Th., *The Theory of the Leisure Class: An Economic Study of Institutions*, London, Macmillan, 1899.

Vernon, R., International Investment and International Trade in the Product Cycle, *Quarterly Journal of Economics* 80, S. 190 - 207, 1966.

Verspagen, B., Trade, technology and employment: Some recent issues in the evolutionary analysis of open economy macro-dynamics, EUNETIC Conference on Evolutionary Economics of Technological Change, Straßburg, 1994.

van Vianen, B. G., H. F. Moed und A. F. J. van Raan, An exploration of the science base of recent technology, *Research Policy* 19, S. 61 - 81, 1990.

van Vianen, B. und A. F. J. van Raan, Knowledge Expansion in Applied Science: A Bibliometric Study of Laser Medicine and Polyimide Chemistry, in Grupp (1992), S. 227 - 267.

Vosgerau, H.-J., Die Internationalisierung der Wirtschaft und ihrer Bedeutung für das Wirtschaftswachstum, in Gahlen et al. (1991), S. 135 - 156.

Vosgerau, H.-J. (Hrsg.), *European Integration in the World Economy,* Buchreihe „Studies in International Economics and Institutions", Berlin, Springer, 1992.

Wagner, A., Volkswirtschaftliche Beispiele zur Bedeutung der statistischen Adäquation: Wachstumszyklen und Realkapital, in Piesch und Förster (1982), S. 235 - 253.

Wakelin, K., The Impact of Technology on Bilateral OECD Trade, EUNETIC Conference on Evolutionary Economics of Technological Change, Straßburg, 1994.

Walras, L., *Eléments d'économique politique pure on théorie de la richesse social,* Original datiert von 1874, Paris, Edition définitive, 1926.

Walsh, V., Invention and innovation in the chemical industry: Demand-pull or discovery-push?, *Research Policy* 13, S. 211 - 234, 1984.

Walsh, V., The evaluation of design, *Int. J. of Technology Management* 10 (4-6), S. 489 - 510, 1995.

Wassil'ew, W. D. (Васильев, В. Д.), Die Bestimmung der Wichtigkeit von Auslandspatenten bei der Durchführung von Patentuntersuchungen (Определение значимости зарубежных изобретений дри дроведении патентных исследований), *Вопросы Изобретательства* 1980 (2), S. 47 - 52, 1980.

Weber, H., *Grundlagen einer Didaktik des Mathematisierens*, Frankfurt a. M., Verlag Peter Lang, 1980.

Weder, R. und H. G. Grubel, The New Growth Theory and Coasean Economics: Institutions to Capture Externalities, *Weltwirtschaftliches Archiv* 129, S. 488 - 512, 1993.

Weinberg, P. und G. Behrens, Produktqualität. Methodische und verhaltenswissenschaftliche Grundlagen, WIST 7 (1), S. 15 - 18, 1978.

Weitzman, M. L., Optimal Search for the Best Alternative, *Econometrica* 47 (3), S. 641-654, 1979.

von Weizsäcker, C. C., *Barriers to Entry*, Berlin, Heidelberg, Springer-Verlag, 1980.

von Weizsäcker, C. C., Free Entry into Telecommunications?, in Giersch (1984), S. 201 - 239.

Welfens, P. J. J. und L. Balcerowicz (Hrsg.), *Innovationsdynamik im Systemvergleich*, Heidelberg, Physica-Verlag, 1988.

Whinnery, J. R., Interactions Between the Science and Technology of Lasers, in Ausubel und Langford (1994).

Whitney, G., Patterns of Authorship in Major Bibliographic Databases: The European Region, *Scientometrics* 26 (2), S. 275 - 292, 1993.

Wiedmann, K.-P., Konzeptionelle und methodische Grundlagen der Früherkennung, in Raffée und Wiedmann (1985), S. 301 - 348.

Wilkie, W. L. und E. A. Pessemier, Issues in Marketing's Use of Multi-attribute Models, *Journal of Marketing Research* 10, S. 428 - 441, 1973.

Williamson, O. E., *The Economics of Discretionary Behaviour*, Englewood Cliffs, 1964.

Williamson, O. E., *Markets and Hierarchies: Analysis and Antitrust Implications*, New York, 1975.

Williamson, O. E., The Economic Institutions of Capitalism, New York, London Free Press, Macmillan, 1985.

Wirz, W., Zur Logik des Qualitätsbegriffs, *Jahrbücher für Nationalökonomie und Statistik*, 104, S. 1 - 11, 1915.

Witt, K., *Individualistische Grundlagen der evolutorischen Ökonomik*, Tübingen, 1987.

Witt, U., Einleitung: Warum evolutorische Ökonomik?, in Witt (1990), S. 9 - 17.

Witt, U. (Hrsg.), *Studien zur Evolutorischen Ökonomik* I, Schriften des Vereins für Sozialpolitik, Neue Folge Band 195/I, Berlin, Duncker & Humblot, 1990.

Witt, K., Überlegungen zum gegenwärtigen Stand der evolutorischen Ökonomik, in Biervert und Held (1992), S. 23 - 55.

Witt, U., Evolutionary Economics: An Interpretative Survey, International Joseph A. Schumpeter Society Conference, Kyoto, 1992a.

Witt, U., Introduction: What Evolutionary Economics Is All About, in derselbe (1992b), S. XIII - XVII.

Witt, U. (Hrsg.), *Evolutionary Economics*, Aldershot, Edward Elgar, 1992b.

Woeckener, B., Innovation, externalities, and the state: a synergetic approach, *J Evol Econ* 3, S. 225 - 248, 1993.

Wolter, F., Factor Proportions, Technology and West German Industry's International Trade Patterns, *Weltwirtschaftliches Archiv* 113, S. 250 - 267, 1977.

Wolff, R. (Hrsg.), *Organising Industrial Development*, Berlin, New York, Walter de Gruyter, 1986.

Workshop (3rd) on High-Efficiency Solar Cells, Special Feature, *Science and Technology in Japan*, January, S. 15 - 25, 1993.

Zajac, E. E., Technological Winds of Creation and Destruction in Telecommunications: A Case Study, in Heertje und Perlman (1990), S. 247 - 262.

Zentrum für Europäische Wirtschaftsforschung (ZEW) und Institut für angewandte Sozialwissenschaft (infas) (Hrsg.), Innovationsverhalten der deutschen Wirtschaft, Mannheim, ohne Jahr, vermutlich 1994.

Ziegler, B., *Leitfaden zum Grundstudium der Volkswirtschaftslehre*, Gernsbach, Deutscher Betriebswirte Verlag, 1991.

Zysman, J., Trade, technology and national competition, *Int. J. Technology Management* 7, No. 1 - 3, S. 161 - 189, 1992.

Sachverzeichnis

(Schließt historische Personen dann ein, wenn sie nicht im Literaturverzeichnis enthalten sind. Verweise auf Begriffe, die häufig vorkommen, führen zu den Stellen, an denen sie definiert oder ausführlicher erläutert sind.)

G

H

I

J

K

L

M

N

Q

R

S

X

Z

GPSR Compliance

The European Union's (EU) General Product Safety Regulation (GPSR) is a set of rules that requires consumer products to be safe and our obligations to ensure this.

If you have any concerns about our products, you can contact us on ProductSafety@springernature.com

In case Publisher is established outside the EU, the EU authorized representative is:

Springer Nature Customer Service Center GmbH
Europaplatz 3
69115 Heidelberg, Germany

Batch number: 10105420

Printed by Printforce, the Netherlands